Princípios
de física

Dados Internacionais de Catalogação na Publicação (CIP)
(Câmara Brasileira do Livro, SP, Brasil)

Serway, Raymond A.
 Princípios de física / Raymond A. Serway, John W. Jewett Jr. ; revisão técnica Sergio Roberto Lopes. – São Paulo : Cengage Learning, 2018.

 1. reimpr. da 2. ed. brasileira de 2014.
 Título original: Principles of physics.
 Conteúdo: V. 4. Óptica e física moderna.
 5. ed. norte-americana.
 ISBN 978-85-221-1639-3

 1. Física 2. Óptica I. Jewett, John W. II. Título.

14-03636 CDD-539-535

Índices para catálogo sistemático:

 1. Física moderna   539
 2. Óptica: Física   535

tradução da 5ª edição norte-americana

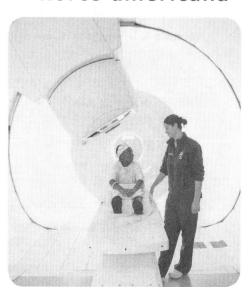

Princípios de física

Volume 4
Óptica e Física Moderna

Raymond A. Serway
James Madison University

John W. Jewett, Jr.
California State Polytechnic University, Pomona

Tradução:

EZ2 Translate (Capítulos 24 ao 30)
Foco Traduções (Capítulo 31)

Revisão técnica:

Sergio Roberto Lopes
Doutor em Ciência Espacial pelo Instituto Nacional de Pesquisas Espaciais
Professor associado da Universidade Federal do Paraná

Austrália • Brasil • México • Cingapura • Reino Unido • Estados Unidos

Princípios de física
Volume 4 – Óptica e física moderna
Tradução da 5ª edição norte-americana
Raymond A. Serway; John W. Jewett, Jr.

Gerente editorial: Noelma Brocanelli

Supervisora de produção gráfica:
   Fabiana Alencar Albuquerque

Editora de desenvolvimento: Gisela Carnicelli

Título original: Principles of Physics
   (ISBN 13: 978-1-133-11000-2)

Tradução: ez2 translate e Foco Traduções

Revisão técnica: Sergio Roberto Lopes

Copidesque e revisão: Bel Ribeiro, Eduardo Kobayashi,
   Fábio Gonçalves e IEA Soluções Educacionais

Diagramação: Triall Composição Editorial Ltda.

Indexação: Casa Editorial Maluhy

Editora de direitos de aquisição e iconografia: Vivian Rosa

Analista de conteúdo e pesquisa: Javier Muniain

Capa: MSDE/Manu Santos Design

Imagem da capa: Achim Prill/Thinkstock

© 2013, 2015 Cengage Learning Edições Ltda.

Todos os direitos reservados. Nenhuma parte deste livro poderá ser reproduzida, sejam quais forem os meios empregados, sem a permissão, por escrito, da Editora. Aos infratores aplicam-se as sanções previstas nos artigos 102, 104, 106 e 107 da Lei nº 9.610, de 19 de fevereiro de 1998.

Esta editora empenhou-se em contatar os responsáveis pelos direitos autorais de todas as imagens e de outros materiais utilizados neste livro. Se porventura for constatada a omissão involuntária na identificação de algum deles, dispomo-nos a efetuar, futuramente, os possíveis acertos.

A Editora não se responsabiliza pelo funcionamento dos links contidos neste livro que possam estar suspensos.

Para informações sobre nossos produtos, entre em contato pelo telefone **0800 11 19 39**

Para permissão de uso de material desta obra, envie seu pedido para
direitosautorais@cengage.com

© 2015 Cengage Learning. Todos os direitos reservados.

ISBN-13: 978-85-221-1639-3
ISBN-10: 85-221-1639-3

Cengage Learning
Condomínio E-Business Park
Rua Werner Siemens, 111 – Prédio 11 – Torre A – Conjunto 12
Lapa de Baixo – CEP 05069-900 – São Paulo – SP
Tel.: (11) 3665-9900 – Fax: (11) 3665-9901
SAC: 0800 11 19 39

Para suas soluções de curso e aprendizado, visite
www.cengage.com.br

Dedicamos este livro às esposas, Elizabeth e Lisa, e aos nossos filhos e netos por sua adorável compreensão quando passamos o tempo escrevendo em vez de estarmos com eles.

Impresso no Brasil
Printed in Brazil
1. reimpr. – 2018

Sumário

Sobre os autores   vii
Prefácio   ix
Ao aluno   xxiv

Contexto 8 | **Lasers**   1

24 Ondas eletromagnéticas   4

24.1 Corrente de deslocamento e forma geral da Lei de Ampère   5
24.2 Equações de Maxwell e descobertas de Hertz   6
24.3 Ondas eletromagnéticas   8
24.4 Energia transportada por ondas eletromagnéticas   12
24.5 Momento linear e pressão de radiação   15
24.6 Espectro das ondas eletromagnéticas   18
24.7 Polarização das ondas de luz   19
24.8 Conteúdo em contexto: as propriedades especiais da luz de laser   21

25 Reflexão e refração da luz   34

25.1 A natureza da luz   34
25.2 Modelo de raio na óptica geométrica   35
25.3 Modelo de análise: onda sob reflexão   36
25.4 Modelo de análise: onda sob refração   39
25.5 Dispersão e prismas   44
25.6 Princípio de Huygens   45
25.7 Reflexão interna total   47
25.8 Conteúdo em contexto: fibras ópticas   49

26 Formação de imagens por espelhos e lentes   61

26.1 Imagens formadas por espelhos planos   61
26.2 Imagens formadas por espelhos esféricos   64
26.3 Imagens formadas por refração   70
26.4 Imagens formadas por lentes finas   73
26.5 O olho   80
26.6 Conteúdo em contexto: algumas aplicações médicas   82

27 Óptica ondulatória   92

27.1 Condições para interferência   93
27.2 Experimento de fenda dupla de Young   93
27.3 Modelo de análise: ondas em interferência   95
27.4 Mudança de fase devido à reflexão   98
27.5 Interferência em películas finas   98
27.6 Padrões de difração   101
27.7 Resolução de aberturas circulares e de fenda única   104
27.8 A grade de difração   107
27.9 Difração de raios X por cristais   109
27.10 Conteúdo em contexto: holografia   110

Contexto 8 | **Conclusão**   Usando lasers para gravar e ler informação digital   121

Contexto 9 | **Conexão cósmica**   125

28 Física quântica   127

28.1 Radiação de corpo negro e Teoria de Planck   128
28.2 O efeito fotoelétrico   133
28.3 O efeito Compton   138
28.4 Fótons e ondas eletromagnéticas   141
28.5 As propriedades de ondas das partículas   141
28.6 Um novo modelo: a partícula quântica   145
28.7 O experimento da fenda dupla revisto   147
28.8 O princípio da incerteza   148
28.9 Uma interpretação da mecânica quântica   150
28.10 Uma partícula em uma caixa   152
28.11 Modelo de análise: partícula quântica sob condições de fronteira   156
28.12 A equação de Schrödinger   157
28.13 Tunelamento através de uma barreira de energia potencial   159
28.14 Conteúdo em contexto: a temperatura cósmica   162

29 Física atômica   173

29.1 Primeiros modelos estruturais do átomo   174
29.2 Reavaliando o átomo de hidrogênio   175
29.3 As funções de onda para o hidrogênio   178
29.4 Interpretação física dos números quânticos   181
29.5 O princípio da exclusão e a tabela periódica   186
29.6 Mais sobre o espectro atômico: visível e raio X   190
29.7 Conteúdo em contexto: átomos no espaço   194

30 Física nuclear   203

30.1 Algumas propriedades do núcleo   204
30.2 Energia de ligação nuclear   208
30.3 Radioatividade   210
30.4 O processo de decaimento radioativo   214
30.5 Reações nucleares   221
30.6 Conteúdo em contexto: o mecanismo das estrelas   223

31 Física de partículas   235

31.1 As forças fundamentais da natureza   236
31.2 Pósitrons e outras antipartículas   237
31.3 Mésons e o início da física de partículas   239
31.4 Classificação das partículas   242
31.5 Leis de conservação   243
31.6 Partículas estranhas e estranheza   247
31.7 Medindo os tempos de vida das partículas   248
31.8 Encontrando padrões nas partículas   249
31.9 Quarks   251
31.10 Quarks multicoloridos   254
31.11 O modelo padrão   255
31.12 Conteúdo em contexto: investigando o sistema menor para entender o maior   257

Contexto 9 | **Conclusão**   Problemas e perspectivas   268

Apêndices   A-1
Respostas dos testes rápidos e problemas ímpares   R-1
Índice remissivo   I-1

Sobre os autores

Raymond A. Serway recebeu seu doutorado no Illinois Institute of Technology e é Professor Emérito na James Madison University. Em 2011, foi premiado com um grau honorífico de doutorado pela sua *alma mater*, Utica College. Em 1990, recebeu o prêmio Madison Scholar Award na James Madison University, onde lecionou por 17 anos. Dr. Serway começou sua carreira de professor na Clarkson University, onde conduziu pesquisas e lecionou de 1967 a 1980. Recebeu o prêmio Distinguished Teaching Award na Clarkson University em 1977 e o Alumni Achievement Award da Utica College em 1985. Como Cientista Convidado no IBM Research Laboratory em Zurique, Suíça, trabalhou com K. Alex Müller, que recebeu o Prêmio Nobel em 1987. Serway também foi cientista visitante no Argonne National Laboratory, onde colaborou com seu mentor e amigo, o falecido Dr. Sam Marshall. Serway é coautor de *College Physics*, nona edição; *Physiscs for Scientists and Engineers*, oitava edição; *Essentials of College Physics*; *Modern Physics*; terceira edição; e o livro-texto "Physics" para ensino médio, publicado por Holt McDougal. Adicionalmente, Dr. Serway publicou mais de 40 trabalhos de pesquisa no campo de Física da Matéria condensada e ministrou mais de 60 palestras em encontros profissionais. Dr. Serway e sua esposa, Elizabeth, gostam de viajar, jogar golfe, pescar, cuidar do jardim, cantar no coro da igreja e, especialmente, de passar um tempo precioso com seus quatro filhos e nove netos e, recentemente, um bisneto.

John W. Jewett, Jr. concluiu a graduação em Física na Drexel University e o doutorado na Ohio State University, especializando-se nas propriedades ópticas e magnéticas da matéria condensada. Dr. Jewett começou sua carreira acadêmica na Richard Stockton College of New Jersey, onde lecionou de 1974 a 1984. Atualmente, Professor Emérito de Física da California State Polytechnic University, em Pomona. Durante sua carreira técnica de ensino, o Dr. Jewett foi ativo em promover a educação efetiva da física. Além de receber quatro prêmios National Science Foundation, ajudou a fundar e dirigir o Southern California Area Modern Physics Institute (SCAMPI) e o Science IMPACT (Institute for Modern Pedagogy and Creative Teaching). As honrarias do Dr. Jewett incluem o Stockton Merit Award na Richard Stockton College em 1980, foi selecionado como professor de destaque na California State Polytechnic University em 1991-1992 e recebeu o prêmio de excelência no Ensino de Física Universitário da American Association of Physics Teachers (AAPT) em 1998. Em 2010, recebeu o "Alumni Achievement Award" da Universidade de Drexel em reconhecimento às suas contribuições no ensino de Física. Já apresentou mais de 100 palestras, tanto nos EUA como no exterior, incluindo múltiplas apresentações nos encontros nacionais da AAPT. Dr. Jewett é autor de *The World of Physics: Mysteries, Magic, and Myth*, que apresenta muitas conexões entre a Física e várias experiências do dia a dia. Além de seu trabalho como coautor de *Física para Cientistas e Engenheiros*, ele é também coautor de *Princípios da Física*, bem como de *Global Issues*, um conjunto de quatro volumes de manuais de instrução em ciência integrada para o ensino médio. Dr. Jewett gosta de tocar teclado com sua banda formada somente por físicos, gosta de viagens, fotografia subaquática, aprender idiomas estrangeiros e colecionar aparelhos médicos antigos que podem ser utilizados como aparatos em suas aulas. O mais importante, ele adora passar o tempo com sua esposa, Lisa, e seus filhos e netos.

Prefácio

Princípios de Física foi criado como um curso introdutório de Física baseado em cálculo para alunos de engenharia e ciência e para alunos de pré-medicina que estejam fazendo cursos rigorosos de física. Esta edição traz muitas características pedagógicas novas, notadamente um sistema de aprendizagem web integrado*, uma estratégia estruturada para resolução de problemas que use uma abordagem de modelagem. Baseado em comentários de usuários da edição anterior e sugestões de revisores, um esforço foi realizado para melhorar a organização, a clareza de apresentação, a precisão da linguagem e acima de tudo a exatidão.

Este livro-texto foi inicialmente concebido em função dos problemas mais conhecidos apresentados no ensino do curso introdutório de Física baseada em cálculo. O conteúdo do curso (e portanto o tamanho dos livros didáticos) continua a crescer, enquanto o número das horas de contato com os alunos ou diminuiu ou permaneceu inalterado. Além disso, um curso tradicional de um ano aborda um pouco de toda a Física depois do século XIX.

Ao preparar este livro-texto, fomos motivados pelo interesse disseminado de reformar o ensino e aprendizado da Física por meio de uma pesquisa de educação em Física (PER). Um esforço nessa direção foi o Projeto Introdutório da Universidade de Física (IUPP), patrocinado pela Associação Norte-Americana de Professores de Física e o Instituto Norte-Americano de Física. Os objetivos principais e diretrizes deste projeto são:

- Conteúdo do curso reduzido seguindo o tema "menos pode ser mais";
- Incorporar naturalmente Física contemporânea no curso;
- Organizar o curso no contexto de uma ou mais "linhas de história";
- Tratar todos os alunos igualmente.

Ao reconhecer no decorrer dos anos a necessidade de um livro didático que pudesse alcançar essas diretrizes, estudamos os diversos modelos IUPP propostos e os diversos relatórios dos comitês IUPP. Eventualmente, um de nós (Serway) esteve envolvido de modo ativo na revisão e planejamento de um modelo específico, inicialmente desenvolvido na Academia da Força Aérea dos Estados Unidos, intitulado "A Particles Approach to Introductory Physics". Uma visita prolongada à Academia foi realizada com o Coronel James Head e o Tenente Coronel Rolf Enger, os principais autores do modelo de partículas, e outros membros desse departamento. Esta colaboração tão útil foi o ponto inicial deste projeto.

O outro autor (Jewett) envolveu-se com o modelo IUPP chamado "Physics in Context", desenvolvido por John Rigden (American Institute of Physics), David Griffths (Universidade Estadual de Oregon) e Lawrence Coleman (Universidade do Arkansas em Little Rock). Este envolvimento levou a Fundação Nacional de Ciência (NSF) a conceder apoio para o desenvolvimento de novas abordagens contextuais e, finalmente, à sobreposição contextual usada neste livro e descrita com detalhes mais adiante.

O enfoque combinado no IUPP deste livro tem as seguintes características:

- É uma abordagem evolucionária (em vez de uma abordagem revolucionária), que deve reunir as demandas atuais da comunidade da Física.
- Ela exclui diversos tópicos da Física clássica (como circuitos de corrente alternada e instrumentos ópticos) e coloca menos ênfase no movimento de objetos rígidos, óptica e termodinâmica.
- Alguns tópicos na Física contemporânea, como forças fundamentais, relatividade especial, quantização de energia e modelo do átomo de hidrogênio de Bohr, são introduzidos no início deste livro.
- Uma tentativa deliberada é feita ao mostrar a unidade da Física e a natureza geral dos princípios da Física.
- Como ferramenta motivacional, o livro conecta aplicações dos princípios físicos a situações biomédicas interessantes, questões sociais, fenômenos naturais e avanços tecnológicos.

Outros esforços para incorporar os resultados da pesquisa em educação em Física tem levado a várias das características deste livro descritas a seguir. Isto inclui Testes Rápidos, Perguntas Objetivas, Prevenção de Armadilhas, E Se?, recursos nos exemplos de trabalho, o uso de gráficos de barra de energia, a abordagem da modelagem para solucionar problemas e a abordagem geral de energia introduzida no Capítulo 7 (Volume 1).

---

* Trata-se da Ferramenta Enhanced WebAssign, que pode ser comprada por meio de cartão de acesso, contatando vendas.brasil@cengage.com.

Objetivos

Este livro didático de Física introdutória tem dois objetivos principais: fornecer ao aluno uma apresentação clara e lógica dos conceitos e princípios básicos da Física e fortalecer a compreensão dos conceitos e princípios por meio de uma ampla gama de aplicações interessantes para o mundo real. Para alcançar esses objetivos, enfatizamos argumentos físicos razoáveis e a metodologia de resolução de problemas. Ao mesmo tempo, tentamos motivar o aluno por meio de exemplos práticos que demonstram o papel da Física em outras disciplinas, entre elas, engenharia, química e medicina.

Alterações para esta edição

Inúmeras alterações e melhorias foram feitas nesta edição. Muitas delas se deram em resposta a descobertas recentes na pesquisa em educação de Física e a comentários e sugestões proporcionadas pelos revisores do manuscrito e professores que utilizaram as primeiras quatro edições. A seguir são representadas as maiores mudanças nesta quinta edição:

Novos contextos. O contexto que cobre a abordagem é descrito em "Organização". Esta edição introduz dois novos Contextos: para o Capítulo 15 (no volume 2 desta coleção), "Ataque cardíaco", e para os Capítulos 22-23 (volume 3), "Magnetismo e medicina". Ambos os novos Contextos têm como objetivo a aplicação dos princípios físicos no campo da biomedicina.

No Contexto "Ataque cardíaco", estudamos o fluxo de fluidos através de um tubo, como analogia ao fluxo de sangue através dos vasos sanguíneos no corpo humano. Vários detalhes do fluxo sanguíneo são relacionados aos perigos de doenças cardiovasculares. Além disso, discutimos novos desenvolvimentos no estudo do fluxo sanguíneo e ataques cardíacos usando nanopartículas e imagem computadorizada.

O contexto de "Magnetismo em Medicina" explora a aplicação dos princípios do eletromagnetismo para diagnóstico e procedimentos terapêuticos em medicina. Começamos focando em usos históricos para o magnetismo, incluindo vários dispositivos médicos questionáveis. Mais aplicações modernas incluem procedimentos de navegação magnética remota em ablação de cateter cardíaco para fibrilação atrial, simulação magnética transcraniana para tratamento de depressão e imagem de ressonância magnética como ferramenta de diagnóstico.

Exemplos trabalhados. Todos os exemplos trabalhados no texto foram reformulados e agora são apresentados em um formato de duas colunas para reforçar os conceitos da Física. A coluna da esquerda mostra informações textuais que descrevem as etapas para a resolução do problema. A coluna da direita mostra as manipulações matemáticas e os resultados dessas etapas. Esse *layout* facilita a correspondência do conceito com sua execução matemática e ajuda os alunos a organizarem seu trabalho. Os exemplos seguem rigorosamente a Estratégia Geral de Resolução de Problemas apresentada no Capítulo 1 para reforçar hábitos eficazes de resolução de problemas. Na maioria dos casos, os exemplos são resolvidos simbolicamente até o final, em que valores numéricos são substituídos pelos resultados simbólicos finais. Este procedimento permite ao aluno analisar o resultado simbólico para ver como o resultado depende dos parâmetros do problema, ou para tomar limites para testar o resultado final e correções. A maioria dos exemplos trabalhados no texto pode ser atribuída à tarefa de casa no Enhanced WebAssign. Uma amostra de um exemplo trabalhado encontra-se na próxima página.

Revisão linha a linha do conjunto de perguntas e problemas. Para esta edição, os autores revisaram cada pergunta e cada problema e incorporaram revisões destinadas a melhorar tanto a legibilidade como a transmissibilidade. Para tornar os problemas mais claros para alunos e professores, este amplo processo envolveu edição de problemas para melhorar a clareza, adicionando figuras, quando apropriado, e introduzindo uma melhor arquitetura de problema, ao quebrá-lo em partes claramente definidas.

Dados do Enhanced WebAssign utilizados para melhorar perguntas e problemas. Como parte da análise e revisão completa do conjunto de perguntas e problemas, os autores utilizaram diversos dados de usuários coletados pelo WebAssign, tanto de professores quanto de alunos que trabalharam nos problemas das edições anteriores do *Princípios de Física*. Esses dados ajudaram tremendamente, indicando quando a frase nos problemas poderia ser mais clara, fornecendo, desse modo, uma orientação sobre como revisar problemas de maneira que seja mais facilmente compreendida pelos alunos e mais facilmente transmitida pelos professores no WebAssign. Por último, os dados foram utilizados para garantir que os problemas transmitidos com mais frequência fossem mantidos nesta nova

Prefácio | **xi**

> **WebAssign** Mais exemplos também estão disponíveis para serem atribuídos como interativos no sistema de gestão de lição de casa avançada WebAssign, caso adquira o acesso conforme nota da página IX.

> Cada solução foi escrita para acompanhar de perto a Estratégia Geral de Solução de Problemas, descrita no Capítulo 1, de modo que reforce os bons hábitos de resolução de problemas.

Exemplo 6.6 | Um bloco empurrado sobre uma superfície sem atrito

Um bloco de 6,0 kg inicialmente em repouso é puxado para a direita ao longo de uma superfície horizontal sem atrito por uma força horizontal constante de 12 N. Encontre a velocidade escalar do bloco após ele ter se movido 3,0 m.

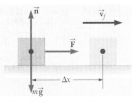

Figura 6.14 (Exemplo 6.6) Um bloco é puxado para a direita sobre uma superfície sem atrito por uma força horizontal constante.

SOLUÇÃO

Conceitualização A Figura 6.14 ilustra essa situação. Imagine puxar um carro de brinquedo por uma mesa horizontal com um elástico amarrado na frente do carrinho. A força é mantida constante ao se certificar que o elástico esticado tenha sempre o mesmo comprimento.

Categorização Poderíamos aplicar as equações da cinemática para determinar a resposta, mas vamos praticar a abordagem de energia. O bloco é o sistema e três forças externas agem sobre ele. A força normal equilibra a força gravitacional no bloco e nenhuma dessas forças que agem verticalmente realizam trabalho sobre o bloco, pois seus pontos de aplicação são deslocados horizontalmente.

Análise A força externa resultante que age sobre o bloco é a força horizontal de 12 N.

> Cada passo da solução encontra-se detalhada em um formato de duas colunas. A coluna da esquerda fornece uma explicação para cada etapa matemática da coluna da direita, para melhor reforçar os conceitos físicos.

Use o teorema do trabalho-energia cinética para o bloco, observando que sua energia cinética inicial é zero:
$$W_{ext} = K_f - K_i = \tfrac{1}{2}mv_f^2 - 0 = \tfrac{1}{2}mv_f^2$$

Resolva para encontrar v_f e use a Equação 6.1 para o trabalho realizado sobre o bloco por $\vec{F}$:
$$v_f = \sqrt{\frac{2W_{ext}}{m}} = \sqrt{\frac{2F\Delta x}{m}}$$

Substitua os valores numéricos:
$$v_f = \sqrt{\frac{2(12\,\text{N})(3,0\,\text{m})}{6,0\,\text{kg}}} = 3,5\text{ m/s}$$

Finalização Seria útil para você resolver esse problema novamente considerando o bloco como uma partícula sob uma força resultante para encontrar sua aceleração e depois como uma partícula sob aceleração constante para encontrar sua velocidade final.

E se? Suponha que o módulo da força nesse exemplo seja dobrada para $F' = 2F$. O bloco de 6,0 kg acelera a 3,5 m/s em razão dessa força aplicada enquanto se move por um deslocamento $\Delta x'$. Como o deslocamento $\Delta x'$ se compara com o deslocamento original Δx?

Resposta Se puxar forte, o bloco deve acelerar a uma determinada velocidade escalar em uma distância mais curta, portanto, esperamos que $\Delta x' < \Delta x$. Em ambos os casos, o bloco sofre a mesma mudança na energia cinética ΔK. Matematicamente, pelo teorema do trabalho-energia cinética, descobrimos que

$$W_{ext} = F'\Delta x' = \Delta K = F\Delta x$$
$$\Delta x' = \frac{F}{F'}\Delta x = \frac{F}{2F}\Delta x = \tfrac{1}{2}\Delta x$$

e a distância é menor que a sugerida por nosso argumento conceitual.

> **E se?** Afirmações aparecem em cerca de 1/3 dos exemplos trabalhados e oferecem uma variação da situação colocada no texto de exemplo. Por exemplo, esse recurso pode explorar os efeitos da alteração das condições da situação, determinar o que acontece quando uma quantidade é levada para um valor limite particular, ou perguntar se a informação adicional pode ser determinada com a situação problema. Este recurso incentiva os alunos a pensar sobre os resultados do exemplo e auxilia na compreensão conceitual dos princípios.

> O resultado final são símbolos; valores numéricos são substituídos no resultado final.

---

edição. No conjunto de problemas de cada capítulo, o quartil superior dos problemas no WebAssign tem números sombreados para facilitar a identificação, permitindo que professores encontrem mais rápido os problemas mais populares do WebAssign.

Para ter uma ideia dos tipos das melhorias feitas nesta edição, veja a seguir como um certo problema foi apresentado na edição anterior e como está apresentado nesta edição.

xii | Princípios de física

Problemas da quarta edição... ... Após a revisão para a quinta edição:

35. (a) Considere um objeto extenso cujas diferentes porções têm diversas elevações. Suponha que a aceleração da gravidade seja uniforme sobre o objeto. Prove que a energia potencial gravitacional do sistema Terra-corpo é dada por $U = Mgy_{CM}$, em que M é a massa total do corpo e y_{CM} é a posição de seu centro de massa acima do nível de referência escolhido. (b) Calcule a energia potencial gravitacional associada a uma rampa construída no nível do solo com pedra de densidade 3 800 kg/m² e largura uniforme de 3,60 m (Figura P8.35). Em uma visão lateral, a rampa aparece como um triângulo retângulo com altura de 15,7 m na extremidade superior e base de 64,8 m.

37. Exploradores da floresta encontram um monumento antigo na forma de um grande triângulo isóceles, como mostrado na Figura P8.37. O monumento é feito de dezenas de milhares de pequenos blocos de pedra de densidade 3 800 kg/m³. Ele tem 15,7 m de altura e 64,8 m de largura em sua base, com espessura de 3,60 m em todas as partes ao longo do momento. Antes de o monumento ser construído muitos anos atrás, todos os blocos de pedra foram colocados no solo. Quanto trabalho os construtores tiveram para colocar os blocos na posição durante a construção do monumento todo? *Observação*: A energia potencial gravitacional de um sistema corpo-Terra é definida por $U_g = Mgy_{CM}$, onde M é a massa total do corpo e y_{CM} é a elevação de seu centro de massa acima do nível de referência escolhido.

> É fornecido um contexto para o problema.

> A quantidade solicitada é requerida de forma mais pessoal, perguntando o trabalho realizado pelos homens, em vez de perguntar a energia potencial gravitacional.

Figura P8.35

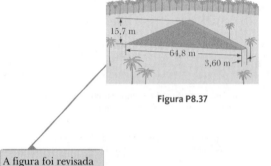

Figura P8.37

> A figura foi revisada e as dimensões foram acrescentadas.

> A expressão para a energia potencial gravitacional é fornecida, enquanto no original era solicitado que esta fosse provada. Isso permite que o problema funcione melhor no Enhanced WebAssign.

Organização de perguntas revisadas. Reorganizamos os conjuntos de perguntas de final do capítulo para esta nova edição. A seção de Perguntas apresentada na edição anterior está agora dividida em duas: Perguntas Objetivas e Perguntas Conceituais.

Perguntas objetivas são de múltipla escolha, verdadeiro/falso, classificação, ou outros tipos de perguntas de múltiplas suposições. Algumas requerem cálculos projetados para facilitar a familiaridade dos alunos com as equações, as variáveis utilizadas, os conceitos que as variáveis representam e as relações entre os conceitos. Outras são de natureza mais conceitual e são elaboradas para encorajar o pensamento conceitual. As perguntas objetivas também são escritas tendo em mente as respostas pessoais do usuário do sistema.

Perguntas conceituais são mais tradicionais, com respostas curtas e do tipo dissertativo, exigindo que os alunos pensem conceitualmente sobre uma situação física.

Problemas. Os problemas do final de capítulo são mais numerosos nesta edição e mais variados (no total, mais de 2 200 problemas são dados ao longo dos livros da coleção). Para conveniência tanto do aluno como do professor, cerca de dois terços dos problemas são ligados a seções específicas do capítulo, incluindo a seção Conteúdo em contexto. Os problemas restantes, chamados "Problemas adicionais", não se referem a seções específicas. O ícone **BIO** identifica problemas que lidam com aplicações reais na ciência e medicina. As respostas dos problemas ímpares são fornecidas no final do livro. Para identificação facilitada, os números dos problemas simples estão impressos em preto; os números de problemas de nível intermediário estão impressos em cinza; e os de problemas desafiadores estão impressos em cinza sublinhado.

Novos tipos de problemas. Apresentamos quatro novos tipos de problemas nesta edição:

Q|C **Problemas quantitativos e conceituais** contêm partes que fazem que os alunos pensem tanto quantitativa quanto conceitualmente. Um exemplo de problema Quantitativo e Conceitual aparece aqui:

Prefácio | **xiii**

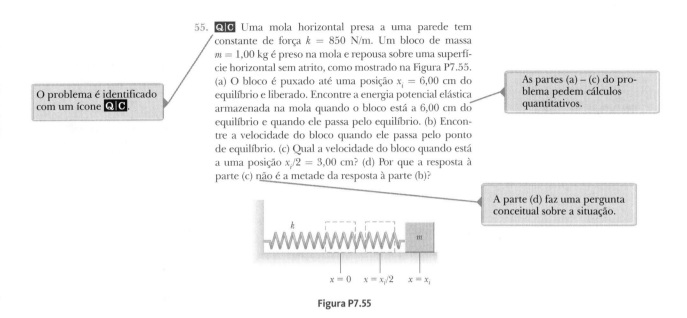

55. **Q|C** Uma mola horizontal presa a uma parede tem constante de força $k = 850$ N/m. Um bloco de massa $m = 1,00$ kg é preso na mola e repousa sobre uma superfície horizontal sem atrito, como mostrado na Figura P7.55. (a) O bloco é puxado até uma posição $x_i = 6,00$ cm do equilíbrio e liberado. Encontre a energia potencial elástica armazenada na mola quando o bloco está a 6,00 cm do equilíbrio e quando ele passa pelo equilíbrio. (b) Encontre a velocidade do bloco quando ele passa pelo ponto de equilíbrio. (c) Qual a velocidade do bloco quando está a uma posição $x_i/2 = 3,00$ cm? (d) Por que a resposta à parte (c) não é a metade da resposta à parte (b)?

O problema é identificado com um ícone **Q|C**.

As partes (a) – (c) do problema pedem cálculos quantitativos.

A parte (d) faz uma pergunta conceitual sobre a situação.

Figura P7.55

S **Problemas simbólicos** pedem que os alunos os resolvam utilizando apenas manipulação simbólica. A maioria dos entrevistados na pesquisa pediu especificamente um aumento no número de problemas simbólicos encontrados no livro, pois isso reflete melhor a maneira como os professores querem que os alunos pensem quando resolvem problemas de Física. Um exemplo de problema simbólico aparece aqui:

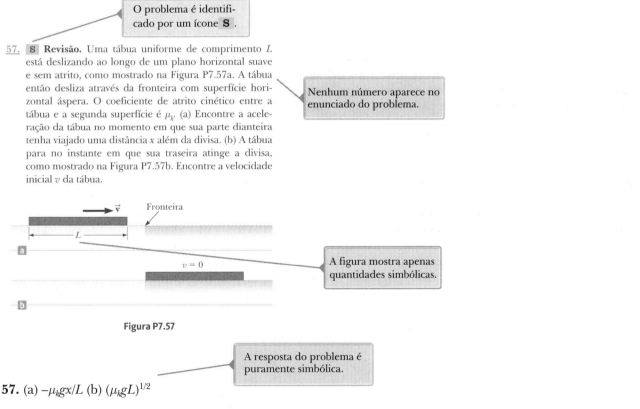

O problema é identificado por um ícone **S**.

57. **S** **Revisão.** Uma tábua uniforme de comprimento L está deslizando ao longo de um plano horizontal suave e sem atrito, como mostrado na Figura P7.57a. A tábua então desliza através da fronteira com superfície horizontal áspera. O coeficiente de atrito cinético entre a tábua e a segunda superfície é μ_k. (a) Encontre a aceleração da tábua no momento em que sua parte dianteira tenha viajado uma distância x além da divisa. (b) A tábua para no instante em que sua traseira atinge a divisa, como mostrado na Figura P7.57b. Encontre a velocidade inicial v da tábua.

Nenhum número aparece no enunciado do problema.

A figura mostra apenas quantidades simbólicas.

Figura P7.57

A resposta do problema é puramente simbólica.

57. (a) $-\mu_k gx/L$ (b) $(\mu_k gL)^{1/2}$

PD **Problemas dirigidos** ajudam os alunos a decompor os problemas em etapas. Um típico problema de Física pede uma quantidade física em um determinado contexto. Entretanto, frequentemente, diversos conceitos devem ser utilizados e inúmeros cálculos são necessários para obter essa resposta final. Muitos alunos não estão acostumados a esse nível de complexidade e frequentemente não sabem por onde começar. Um problema dirigido divide um problema-padrão em passos menores, o que permite que os alunos apreendam todos os conceitos e estratégias necessários para chegar à solução correta. Diferentemente dos problemas de Física padrão, a orientação é frequentemente

xiv | Princípios de física

O problema é identificado com um ícone **PD**.

28. **PD** Uma viga uniforme repousando em dois pinos tem comprimento $L = 6,00$ m e massa $M = 90,0$ kg. O pino à esquerda exerce uma força normal n_1 sobre a viga, e o outro, localizado a uma distância $\ell = 4,00$ m da extremidade esquerda, exerce uma força normal n_2. Uma mulher de massa $m = 55,0$ kg pisa na extremidade esquerda da viga e começa a caminhar para a direita, como na Figura P10.28. O objetivo é encontrar a posição da mulher quando a viga começa a inclinar. (a) Qual é o modelo de análise apropriado para a viga antes de começar a inclinar? (b) Esboce um diagrama de força para a viga, rotulando as forças gravitacionais e normais agindo sobre ela e posicionando a mulher a uma distância x à direita do primeiro pino, que é a origem. (c) Onde está a mulher quando a força normal n_1 é maior? (d) Qual é n_1 quando a viga está prestes a inclinar? (e) Use a Equação 10.27 para encontrar o valor de n_2 quando a viga está prestes a inclinar. (f) Usando o resultado da parte (d) e a Equação 10.28, com torques calculados em torno do segundo pino, encontre a posição x da mulher quando a viga está prestes a inclinar. (g) Verifique a resposta para a parte (e) calculando os torques em torno do ponto do primeiro pino.

O objetivo do problema é identificado.

A análise começa com a identificação do modelo de análise apropriado.

São fornecidas sugestões de passos para resolver o problema.

O cálculo associado ao objetivo é solicitado.

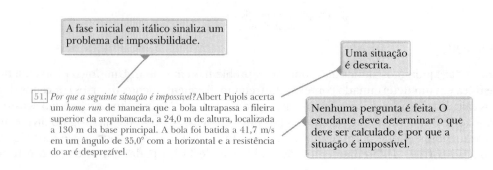

Figura P10.28

incorporada no enunciado do problema. Os problemas dirigidos são lembretes de como um aluno pode interagir com um professor em seu escritório. Esses problemas (há um em cada capítulo do livro) ajudam a treinar os alunos a decompor problemas complexos em uma série de problemas mais simples, uma habilidade essencial para a resolução de problemas. Um exemplo de problema dirigido aparece acima.

Problemas de impossibilidade. A pesquisa educacional em Física enfatiza pesadamente as habilidades dos alunos para resolução de problemas. Embora a maioria dos problemas deste livro esteja estruturada de maneira a fornecer dados e pedir um resultado de cálculo, dois problemas em cada capítulo, em média, são estruturados como problemas de impossibilidade. Eles começam com a frase *Por que a seguinte situação é impossível?* Ela é seguida pela descrição de uma situação. O aspecto impactante desses problemas é que não é feita nenhuma pergunta aos alunos a não ser o que está em itálico inicial. O aluno deve determinar quais perguntas devem ser feitas e quais cálculos devem ser efetuados. Com base nos resultados desses cálculos, o aluno deve determinar por que a situação descrita não é possível. Essa determinação pode requerer informações de experiência pessoal, senso comum, pesquisa na Internet ou em impresso, medição, habilidades matemáticas, conhecimento das normas humanas ou pensamento científico.

Esses problemas podem ser designados para criar habilidades de pensamento crítico nos alunos. Eles são também engraçados, tendo o aspecto de "mistérios" da física para serem resolvidos pelos alunos individualmente ou em grupos. Um exemplo de problema de impossibilidade aparece aqui:

A fase inicial em itálico sinaliza um problema de impossibilidade.

Uma situação é descrita.

Nenhuma pergunta é feita. O estudante deve determinar o que deve ser calculado e por que a situação é impossível.

51. *Por que a seguinte situação é impossível?* Albert Pujols acerta um *home run* de maneira que a bola ultrapassa a fileira superior da arquibancada, a 24,0 m de altura, localizada a 130 m da base principal. A bola foi batida a 41,7 m/s em um ângulo de 35,0° com a horizontal e a resistência do ar é desprezível.

Figura 10.28 Dois pontos em um cilindro rolando tomam trajetórias diferentes através do espaço.

Maior número de problemas emparelhados. Com base no parecer positivo que recebemos em uma pesquisa de mercado, aumentamos o número de problemas emparelhados nesta edição. Esses problemas são de outro modo idênticos, um pedindo uma solução numérica e o outro, uma derivação simbólica. Existem agora três pares desses problemas na maioria dos capítulos, indicados pelo sombreado mais escuro no conjunto de problemas do final de capítulo.

Revisão minuciosa das ilustrações. Cada ilustração desta edição foi revisada com um estilo novo e moderno, ajudando a expressar os princípios da Física de maneira clara e precisa. Cada ilustração também foi revisada para garantir que as situações físicas apresentadas correspondam exatamente à proposição do texto sendo discutido.

Também foi acrescentada nesta edição uma nova característica: "indicadores de foco", que indicam aspectos importantes de uma figura ou guiam os alunos por um processo ilustrado pela arte ou foto. Esse formato ajuda os alunos que aprendem mais facilmente utilizando o sentido da visão. Exemplos de figuras com indicadores de foco aparecem a seguir.

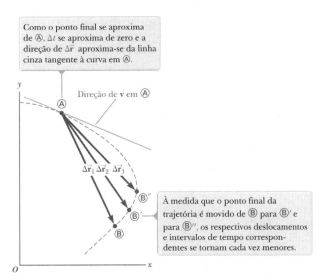

Figura 3.2 Como uma partícula se move entre dois pontos, sua velocidade média é na direção do vetor deslocamento $\Delta \vec{r}$. Por definição, a velocidade instantânea em Ⓐ é direcionada ao longo da linha tangente à curva em Ⓐ.

Expansão da abordagem do modelo de análise. Os alunos são expostos a centenas de problemas durante seus cursos de Física. Os professores têm consciência de que um número relativamente pequeno de princípios fundamentais formam a base desses problemas. Quando está diante de um problema novo, um físico forma um modelo que pode ser resolvido de maneira simples, identificando os princípios fundamentais aplicáveis ao problema. Por exemplo, muitos problemas envolvem a conservação da energia, a segunda lei de Newton ou equações cinemáticas. Como o físico já estudou esses princípios extensamente e entende as aplicações associadas, ele pode aplicar o conhecimento como um modelo para resolução de um problema novo.

Embora fosse ideal que os alunos seguissem o mesmo processo, a maioria deles tem dificuldade em se familiarizar com toda a gama de princípios fundamentais disponíveis. É mais fácil para os alunos identificar uma situação do que um princípio fundamental. A abordagem de Modelo de Análise que enfocamos nesta revisão mostra um conjunto de situações que aparecem na maioria dos problemas de Física. Essas situações baseiam-se na "entidade" e um dos quatro modelos de simplificação: partícula, sistema, objeto rígido e onda.

Uma vez identificado o modelo de simplificação, o aluno pensa no que a "entidade" está fazendo ou em como ela interage com seu ambiente, o que leva o aluno a identificar um modelo de análise em particular para o problema. Por exemplo, se o objeto estiver caindo, ele é modelado como uma partícula. Ele está em aceleração constante por causa da gravidade. O aluno aprendeu que essa situação é descrita pelo modelo de análise de uma partícula sob aceleração constante. Além disso, esse modelo tem um número pequeno de equações associadas para serem usadas na resolução dos problemas, as equações cinemáticas no Capítulo 2. Por essa razão, uma compreensão da situação levou a um modelo de análise, que identifica um número muito pequeno de equações para solucionar o problema em vez da grande quantidade de equações que os alunos veem no capítulo. Desse modo, a utilização de modelos de análise leva o aluno ao princípio fundamental que o físico identificaria. Conforme o aluno ganha mais experiência, ele dependerá menos da abordagem de modelo de análise e começará a identificar os princípios fundamentais diretamente, como o físico faz. Essa abordagem também é reforçada no resumo do final de capítulo sob o título Modelo de Análise para Resolução de Problemas.

Mudanças de conteúdo. O conteúdo e a organização do livro didático são essencialmente os mesmos da quarta edição. Diversas seções em vários capítulos foram dinamizadas, excluídas ou combinadas com outras seções para permitir uma apresentação mais equilibrada. Os Capítulos 6 e 7 foram completamente reorganizados para preparar alunos para uma abordagem unificada para a energia que é usada ao logo do texto. Atualizações foram acrescentadas para refletir o estado atual de várias áreas de pesquisa e aplicação da Física, incluindo uma nova seção sobre a matéria escura e informações sobre descobertas de novos objetos do cinto de Kuiper, comparação de teorias de concorrentes de percepção de campo em humanos, progresso na utilização de válvulas de grade de luz (GLV) para aplicações ópticas, novos experimentos para procurar a radiação de fundo cósmico, desenvolvimentos na procura de evidências do plasma *quark-gluon*, e o *status* do Acelerador de Partículas (LHC).

Organização

Temos incorporado um esquema de "sobreposição de contexto" no livro didático, em resposta à abordagem "Física em Contexto" na IUPP. Esta característica adiciona aplicações interessantes do material em usos reais. Temos desenvolvido esta característica flexível; é uma "sobreposição" no sentido que o professor que não quer seguir a abordagem contextual possa simplesmente ignorar as características contextuais adicionais sem sacrificar completamente a cobertura do material existente. Acreditamos, no entanto, que muitos alunos serão beneficiados com esta abordagem.

A organização de sobreposição de contexto divide toda a coleção (31 capítulos no total, divididos em quatro volumes) em nove seções, ou "Contextos", após o Capítulo 1, conforme a seguir:

Número do contexto	Contexto	Tópicos de Física	Capítulos
1	Veículos de combustível alternativo	Mecânica clássica	2-7
2	Missão para Marte	Mecânica clássica	8-11
3	Terremotos	Vibrações e ondas	12-14
4	Ataques cardíacos	Fluidos	15
5	Aquecimento global	Termodinâmica	16-18
6	Raios	Eletricidade	19-21
7	Magnetismo na medicina	Magnetismo	22-23
8	Lasers	Óptica	24-27
9	A conexão cósmica	Física moderna	28-31

Cada Contexto começa com uma seção introdutória que proporciona uma base histórica ou faz uma conexão entre o tópico do Contexto e questões sociais associadas. A seção introdutória termina com uma "pergunta central" que motiva o estudo dentro do Contexto. A seção final de cada capítulo é uma "Conexão com o contexto", que discute como o material específico no capítulo se relaciona com o Contexto e com a pergunta central. O capítulo final em cada Contexto é seguido por uma "Conclusão do Contexto". Cada conclusão aplica uma combinação dos princípios aprendidos nos diversos capítulos do Contexto para responder de forma completa a pergunta central. Cada capítulo e suas respectivas Conclusões incluem problemas relacionados ao material de contexto.

Características do texto

A maioria dos professores acredita que o livro didático selecionado para um curso deve ser o guia principal do aluno para a compreensão e aprendizagem do tema. Além disso, o livro didático deve ser facilmente acessível e deve ser estilizado e escrito para facilitar a instrução e a aprendizagem. Com esses pontos em mente, incluímos muitos recursos pedagógicos, relacionados abaixo, que visam melhorar sua utilidade tanto para alunos quanto para professores.

Resolução de problemas e compreensão conceitual

Estratégia geral de resolução de problemas. A estratégia geral descrita no final do Capítulo 1 oferece aos alunos um processo estruturado para a resolução de problemas. Em todos os outros capítulos, a estratégia é empregada em cada exemplo de maneira que os alunos possam aprender como ela é aplicada. Os alunos são encorajados a seguir essa estratégia ao trabalhar nos problemas de final de capítulo.

Na maioria dos capítulos, as estratégias e sugestões mais específicas estão incluídas para solucionar os tipos de problemas caracterizados nos problemas de final de capítulo. Esta característica ajuda aos alunos a identificar as etapas essenciais para solucionar problemas e aumenta suas habilidades como solucionadores de problemas.

Pensando em Física. Temos incluído vários exemplos de Pensando em Física ao longo de cada capítulo. Essas perguntas relacionam os conceitos físicos a experiências comuns ou estendem os conceitos além do que é discutido no material textual. Imediatamente após cada uma dessas perguntas há uma seção "Raciocínio" que responde à pergunta. Preferencialmente, o aluno usará estas características para melhorar o entendimento dos conceitos físicos antes de começar a apresentação de exemplos quantitativos e problemas para solucionar em casa.

Figuras ativas. Muitos diagramas do texto foram animados para se tornarem Figura Ativas (identificadas na legenda da figura), parte do sistema de tarefas de casa on-line Enhanced WebAssign. Vendo animações de fenômenos de processos que não podem ser representados completamente numa página estática, os alunos aumentam muito o seu entendimento conceitual. Além disso, com as animações de figuras, os alunos podem ver o resultado da mudança de variáveis, explorações de conduta sugeridas dos princípios envolvidos na figura e receber o *feedback* em testes relacionados à figura.

Testes rápidos. Os alunos têm a oportunidade de testar sua compreensão dos conceitos da Física apresentados por meio de Testes Rápidos. As perguntas pedem que os alunos tomem decisões com base no raciocínio sólido, e algumas delas foram elaboradas para ajudá-los a superar conceitos errôneos. Os Testes Rápidos foram moldados em um formato objetivo, incluindo testes de múltipla escolha, falso e verdadeiro e de classificação. As respostas de todas as perguntas no Teste Rápido encontram-se no final do texto. Muitos professores preferem utilizar tais perguntas em um estilo de "interação com colega" ou com a utilização do sistema de respostas pessoais por meio de *clickers*, mas elas também podem ser usadas no formato padrão de *quiz*. Um exemplo de Teste Rápido é apresentado a seguir.

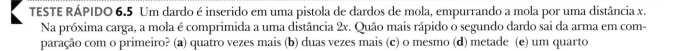

TESTE RÁPIDO 6.5 Um dardo é inserido em uma pistola de dardos de mola, empurrando a mola por uma distância x. Na próxima carga, a mola é comprimida a uma distância $2x$. Quão mais rápido o segundo dardo sai da arma em comparação com o primeiro? (**a**) quatro vezes mais (**b**) duas vezes mais (**c**) o mesmo (**d**) metade (**e**) um quarto

Prevenção de armadilhas. Mais de 150 Prevenções de Armadilhas (tais como a que se encontra à direita) são fornecidas para ajudar os alunos a evitar erros e equívocos comuns. Esses recursos, que são colocados nas margens do texto, tratam tanto dos conceitos errôneos mais comuns dos alunos quanto de situações nas quais eles frequentemente seguem caminhos que não são produtivos.

Resumos. Cada capítulo contém um resumo que revisa os conceitos e equações importantes vistos no capítulo. Nova na quinta edição é a seção do Resumo Modelo de Análise para solução de problemas, que ressalta os modelos de análise relevantes apresentados num dado capítulo.

> **Prevenção de Armadilhas | 1.1**
>
> **Valores sensatos**
> Gerar intuição sobre valores normais de quantidades ao resolver problemas é importante porque se deve pensar no resultado final e determinar se ele parece sensato. Por exemplo, se estiver calculando a massa de uma mosca e chegar a um valor de 100 kg, essa resposta é *insensata* e há um erro em algum lugar.

---

* Veja nota na página IX.

Perguntas. Como mencionado nas edições anteriores, a seção de perguntas da edição anterior agora está dividida em duas: Perguntas Objetivas e Perguntas Conceituais. O professor pode selecionar itens para atribuir como tarefa de casa ou utilizar em sala de aula, possivelmente com métodos de "instrução de grupo" e com sistemas de resposta pessoal. Mais de setecentas Perguntas Objetivas e Conceituais foram incluídas nesta edição.

Problemas. Um conjunto extenso de problemas foi incluído no final de cada capítulo; no total, esta edição contém mais de 2 200 problemas. As respostas dos problemas ímpares são fornecidas no final do livro.

Além dos novos tipos de problemas mencionados anteriormente, há vários outros tipos de problemas caracterizados no texto:

- **Problemas biomédicos.** Acrescentamos vários problemas relacionados a situações biomédicas nesta edição (cada um relacionado a um ícone BIO), para destacar a relevância dos princípios da Física aos alunos que seguem este curso e vão se formar em uma das ciências humanas.

- **Problemas emparelhados.** Como ajuda para o aprendizado dos alunos em solucionar problemas simbolicamente, problemas numericamente emparelhados e problemas simbólicos estão incluídos em todos os capítulos do livro. Os problemas emparelhados são identificados por um fundo comum.

- **Problemas de revisão.** Muitos capítulos incluem problemas de revisão que pedem que o aluno combine conceitos vistos no capítulo atual com os discutidos nos capítulos anteriores. Esses problemas (identificados como Revisão) refletem a natureza coesa dos princípios no texto e garantem que a Física não é um conjunto espalhado de ideias. Ao enfrentar problemas do mundo real, como o aquecimento global e as armas nucleares, pode ser necessário contar com ideias da Física de várias partes de um livro didático como este.

- **"Problemas de fermi".** Um ou mais problemas na maioria dos capítulos pedem que o aluno raciocine em termos de ordem de grandeza.

- **Problemas de projeto.** Vários capítulos contêm problemas que pedem que o aluno determine parâmetros de projeto para um dispositivo prático de maneira que ele possa funcionar conforme necessário.

- **Problemas com base em cálculo.** A maioria dos capítulos contém pelo menos um problema que aplica ideias e métodos de cálculo diferencial e um problema que utiliza cálculo integral.

Representações alternativas. Enfatizamos representações alternativas de informação, incluindo representações mentais, pictóricas, gráficas, tabulares e matemáticas. Muitos problemas são mais fáceis de resolver quando a informação é apresentada de forma alternativa, alcançando os vários métodos diferentes que os alunos utilizam para aprender.

Apêndice de matemática. O anexo de matemática (Anexo B), uma ferramenta valiosa para os alunos, mostra as ferramentas matemáticas em um contexto físico. Este recurso é ideal para alunos que necessitam de uma revisão rápida de tópicos, tais como álgebra, trigonometria e cálculo.

Aspectos úteis

Estilo. Para facilitar a rápida compreensão, escrevemos o livro em um estilo claro, lógico e atrativo. Escolhemos um estilo de escrita que é um pouco informal e descontraído, e os alunos encontrarão um texto atraente e agradável de ler. Os termos novos são cuidadosamente definidos, evitando a utilização de jargões.

Definições e equações importantes. As definições mais importantes estão em negrito ou fora do parágrafo, em texto centralizado para adicionar ênfase e facilidade na revisão. De maneira similar, as equações importantes são destacadas com uma tela de fundo para facilitar a localização.

Notas de margem. Comentários e notas que aparecem na margem com um ícone ▶ podem ser utilizados para localizar afirmações, equações e conceitos importantes no texto.

Nível matemático. Introduzimos cálculo gradualmente, lembrando que os alunos com frequência fazem cursos introdutórios de Cálculo e Física ao mesmo tempo. A maioria das etapas é mostrada quando equações básicas são desenvolvidas e frequentemente se faz referência aos anexos de matemática do final do livro didático. Embora os vetores sejam abordados em detalhe no Capítulo 1, produtos de vetores são apresentados mais adiante no texto, em pontos onde sejam necessários para aplicações da Física. O produto escalar é apresentado no Capítulo 6, que trata da energia de um sistema; o produto vetorial é apresentado no Capítulo 10, que aborda o momento angular.

Figuras significativas. Tanto nos exemplos trabalhados quanto nos problemas do final de capítulo, os algarismos significativos foram manipulados com cuidado. A maioria dos exemplos numéricos é trabalhada com dois ou três algarismos significativos, dependendo da precisão dos dados fornecidos. Os problemas do final de capítulo regularmente exprimem dados e respostas com três dígitos de precisão. Ao realizar cálculos estimados, normalmente trabalharemos com um único algarismo significativo. (Mais discussão sobre algarismos significativos encontra-se no Capítulo 1.)

Unidades. O sistema internacional de unidades (SI) é utilizado em todo o texto. O sistema comum de unidades nos Estados Unidos só é utilizado em quantidade limitada nos capítulos de mecânica e termodinâmica.

Apêndices e páginas finais. Diversos anexos são fornecidos no fim do livro. A maioria do material anexo representa uma revisão dos conceitos de matemática e técnicas utilizadas no texto, incluindo notação científica, álgebra, geometria, trigonometria, cálculo diferencial e cálculo integral. A referência a esses anexos é feita em todo o texto. A maioria das seções de revisão de matemática nos anexos inclui exemplos trabalhados e exercícios com respostas. Além das revisões de matemática, os anexos contêm tabela de dados físicos, fatores de conversão e unidades SI de quantidades físicas, além de uma tabela periódica dos elementos. Outras informações úteis – dados físicos e constantes fundamentais, uma lista de prefixos padrão, símbolos matemáticos, alfabeto grego e abreviações padrão de unidades de medida – aparecem nas páginas finais.

Soluções de curso que se ajustarão às suas metas de ensino e às necessidades de aprendizagem dos alunos

Avanços recentes na tecnologia educacional tornaram os sistemas de gestão de tarefas para casa e os sistemas de resposta ferramentas poderosas e acessíveis para melhorar a maneira como os cursos são ministrados. Não importa se você oferece um curso mais tradicional com base em texto, se está interessado em utilizar ou se atualmente utiliza um sistema de gestão de tarefas para casa, como o Enhanced WebAssign. **Para mais informações sobre como comprar o cartão de acesso a esta ferramenta, contate: vendas.brasil@cengage.com. Recurso em inglês.**

Sistemas de gestão de tarefas para casa

Enhanced WebAssign para Princípios de Física, tradução da 5ª edição norte-americana (*Principles of physics, 5th edition*). Exclusivo da Cengage Learning, o Enhanced WebAssign oferece um programa on-line extenso de Física para encorajar a prática que é tão fundamental para o domínio do conceito. A pedagogia e os exercícios meticulosamente trabalhados nos nossos textos se tornaram ainda mais eficazes no Enhanced WebAssign. O Enhanced WebAssign inclui o Cengage YouBook, um livro interativo altamente personalizável. O WebAssign inclui:

- Todos os problemas quantitativos de final de capítulo.
- Problemas selecionados aprimorados com *feedbacks* direcionados. Veja um exemplo de *feedback* direcionado na sequência.
- Tutoriais Master It (indicados no texto por um ícone **M**) para ajudar os alunos a trabalharem no problema um passo de cada vez. Um exemplo de tutorial Master It aparece na próxima página.
- Vídeos de resolução Watch It (indicados no texto por um ícone **w**) que explicam estratégias fundamentais de resolução de problemas para ajudar os alunos a passarem pelas etapas do problema. Além disso, os professores podem escolher incluir sugestões de estratégias de resolução de problemas.
- Verificações de conceitos.
- Tutoriais de simulação de Figuras Ativas.
- Simulações PhET.

xx | Princípios de física

A fish swimming in a horizontal plane has velocity $\vec{v}_i = (4\hat{i} + 1\hat{j})$ m/s at a point in the ocean where the position relative to a certain rock is $\vec{r}_i = (10\hat{i} - 4\hat{j})$ m. After the fish swims with constant acceleration for 20 s, its velocity is $\vec{v} = (20\hat{i} - 4\hat{j})$ m/s.

(a) What are the components of the acceleration?
$a_x = \boxed{.3}$ ✗ m/s²
You appear to have interchanged the position and velocity values.
$a_y = \boxed{.05}$ ✗ m/s²
Acceleration is determined from the *change* in velocity in this time interval.

(b) What is the direction of the acceleration with respect to unit vector $\hat{i}$?
$\boxed{-350.5}$ ✗° (counterclockwise from the +x-axis is positive)
You appear to have correctly calculated the angle using your incorrect values from part (a).

(c) If the fish maintains constant acceleration, where is it at $t = 20$ s?
$x = \boxed{}$ ✗ m
$y = \boxed{}$ ✗ m

In what direction is it moving?
$\boxed{}$ ✗° (counterclockwise from the +x-axis is positive)

Need Help? [Read It] [Watch It] [Master It] [Chat About It]

> Problemas selecionados incluem *feedback* para tratar dos erros mais comuns que os estudantes cometem. Esse *feedback* foi desenvolvido por professores com vários anos de experiência em sala de aula. (em inglês)

Master it

A fish swimming in a horizontal plane has velocity $\vec{v}_i = (3.00\hat{i} + 1.00\hat{j})$ m/s at a point in the ocean where the position relative to a certain rock is $\vec{r}_i = (6.00\hat{i} - 3.7\hat{j})$ m. After the fish swims with constant acceleration for 12.0 s, its velocity is $\vec{v} = (22.0\hat{i} - 15\hat{j})$ m/s.

(a) What are the components of the acceleration?

(b) What is the direction of the acceleration with respect to unit vector $\hat{i}$?

(c) If the fish maintains constant acceleration, where is it at $t = 21.0$ s?

Part 1 of 7 - Conceptualize

The fish is speeding up and changing direction. We choose to write separate equations about the x and y components of its motion.

[Continue]

> Os tutoriais **Master It** ajudam os estudantes a organizar o que necessitam para resolver um problema com as seções de *conceitualização* e *categorização* antes de trabalhar em cada etapa. (em inglês)

Part 2 of 7 - Categorize

Model the fish as a particle under constant acceleration. We use our old standard equations for constant-acceleration straight line motion, with x and y subscripts to make them apply to parts of the whole motion.

Part 3 of 7 - Analyze (a)

At $t = 0$, the initial velocity $\vec{v} = (3.00\hat{i} + 1.00\hat{j})$ m/s and the initial position vector $\vec{r}_i = (6.00\hat{i} - 3.7\hat{j})$ m

At the first 'final' point we consider, 12.0 s later, $\vec{v} = (22.0\hat{i} - 15\hat{j})$ m/s

$a_x = \dfrac{\Delta v_x}{\Delta t} = \dfrac{22.0 \text{ m/s} - \boxed{3} \checkmark \text{ m/s}}{12.0 \text{ s}} = \boxed{1.1}$ ✗ m/s²

$a_y = \dfrac{\Delta v_x}{\Delta t} = \dfrac{\boxed{-13} \text{ ✗ m/s} - 1.00 \text{ s}}{12.0 \text{ s}} = \boxed{-1.4}$ ✗ m/s²

[Submit] [Skip]

> Tutoriais **Master It** ajudam os estudantes a trabalhar em cada passo do problema. (em inglês)

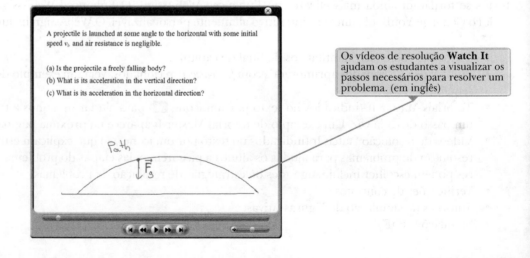

A projectile is launched at some angle to the horizontal with some initial speed v_i, and air resistance is negligible.

(a) Is the projectile a freely falling body?
(b) What is its acceleration in the vertical direction?
(c) What is its acceleration in the horizontal direction?

> Os vídeos de resolução **Watch It** ajudam os estudantes a visualizar os passos necessários para resolver um problema. (em inglês)

- A maioria dos exemplos trabalhados, melhorados com sugestões e *feedback*, para ajudar a reforçar as habilidades de resolução de problemas dos alunos.
- Cada Teste Rápido oferece aos alunos uma grande oportunidade de testar sua compreensão conceitual.
- O Cengage YouBook.

O WebAssign tem um eBook em inglês personalizável e interativo, o **Cengage YouBook**, que direciona o livro-texto para se encaixar no seu curso e conectar você com os seus alunos. Você pode remover ou reorganizar capítulos no índice e direcionar leituras designadas que combinem exatamente com o seu programa. Ferramentas poderosas de edição permitem a você fazer mudanças do jeito desejado – ou deixar tudo do jeito original. Você pode destacar trechos principais ou adicionar notas adesivas nas páginas para comentar um conceito na leitura, e depois compartilhar qualquer uma dessas notas individuais e trechos marcados com os seus alunos, ou mantê-los para si. Você também pode editar o conteúdo narrativo no livro de texto adicionando uma caixa de texto ou eliminando texto. Com uma ferramenta de *link* útil, você pode entrar num ícone em qualquer ponto do *eBook* que lhe permite fazer *links* com as suas próprias notas de leitura, resumos de áudio, vídeo-palestras, ou outros arquivos em um site pessoal ou em qualquer outro lugar da web. Um simples *widget* do YouTube permite que você encontre e inclua vídeos do YouTube de maneira fácil diretamente nas páginas do *eBook*. Existe um quadro claro de discussão que permite aos alunos e professores encontrarem outras pessoas da sua classe e comecem uma sessão de *chat*. O Cengage YouBook ajuda os alunos a ir além da simples leitura do livro didático. Os alunos também podem destacar o texto, adicionar as suas próprias notas e marcar o livro. As animações são reproduzidas direto na página no ponto de aprendizagem, de modo que não sejam solavancos, mas sim verdadeiros aprimoramentos na leitura. Para mais informações sobre como comprar o cartão de acesso a esta ferramenta, contate: vendas.brasil@cengage.com. Recurso em inglês.

- Oferecido exclusivamente no WebAssign, o **Quick Prep** para Física é um suprimento de álgebra matemática de trigonometria dentro do contexto de aplicações e princípios físicos. O Quick Prep ajuda os alunos a serem bem-sucedidos usando narrativas ilustradas com exemplos em vídeo. O tutorial para problemas Master It permite que os alunos tenham acesso e sintonizem novamente o seu entendimento do material. Os Problemas Práticos que acompanham cada tutorial permitem que tanto o aluno como o professor testem o entendimento do aluno sobre o material.

O Quick Prep inclui os seguintes recursos:

- 67 tutoriais interativos
- 67 problemas práticos adicionais
- Visão geral de cada tópico que inclui exemplos de vídeo
- Pode ser feito antes do começo do semestre ou durante as primeiras semanas do curso
- Pode ser também atribuído junto de cada capítulo na forma *just in time*

Os tópicos incluem: unidades, notação científica e figuras significativas; o movimento de objetos em uma reta; funções; aproximação e gráficos; probabilidade e erro; vetores, deslocamento e velocidade; esferas; força e projeção de vetores.

Material complementar

O material complementar *on-line* está disponível no site da Cengage, na página do livro. O material contém:

Para o **professor**:
- Glossário
- Imagens coloridas do livro
- Manual de soluções

Para o **aluno**:
- Glossário
- Imagens coloridas do livro

Agradecimentos

Antes de começar o trabalho nesta revisão, conduzimos duas pesquisas separadas de professores para fazer uma escala das suas necessidades em livros-texto do mercado sobre Física introdutória com base em cálculo. Ficamos espantados não apenas pelo número de professores que queriam participar da pesquisa, mas também pelos seus comentários perspicazes. O seu *feedback* e sugestões ajudaram a moldar a revisão desta edição; nós os agradecemos. Também agradecemos às seguintes pessoas por suas sugestões e assistência durante a preparação das edições anteriores deste livro:

Edward Adelson, Ohio State University; Anthony Aguirre, University of California em Santa Cruz; Yildirim M. Aktas, University of North Carolina–Charlotte; Alfonso M. Albano, Bryn Mawr College; Royal Albridge, Vanderbilt University; Subash Antani, Edgewood College; Michael Bass, University of Central Florida; Harry Bingham, University of California, Berkeley; Billy E. Bonner, Rice University; Anthony Buffa, California Polytechnic State University, San Luis Obispo; Richard Cardenas, St. Mary's University; James Carolan, University of British Columbia; Kapila Clara Castoldi, Oakland University; Ralph V. Chamberlin, Arizona State University; Christopher R. Church, Miami University (Ohio); Gary G. DeLeo, Lehigh University; Michael Dennin, University of California, Irvine; Alan J. DeWeerd, Creighton University; Madi Dogariu, University of Central Florida; Gordon Emslie, University of Alabama em Huntsville; Donald Erbsloe, United States Air Force Academy; William Fairbank, Colorado State University; Marco Fatuzzo, University of Arizona; Philip Fraundorf, University of Missouri-St. Louis; Patrick Gleeson, Delaware State University; Christopher M. Gould, University of Southern California; James D. Gruber, Harrisburg Area Community College; John B. Gruber, San Jose State University; Todd Hann, United States Military Academy; Gail Hanson, Indiana University; Gerald Hart, Moorhead State University; Dieter H. Hartmann, Clemson University; Richard W. Henry, Bucknell University; Athula Herat, Northern Kentucky University; Laurent Hodges, Iowa State University; Michael J. Hones, Villanova University; Huan Z. Huang, University of California em Los Angeles; Joey Huston, Michigan State University; George Igo, University of California em Los Angeles; Herb Jaeger, Miami University; David Judd, Broward Community College; Thomas H. Keil, Worcester Polytechnic Institute; V. Gordon Lind, Utah State University; Edwin Lo; Michael J. Longo, University of Michigan; Rafael Lopez-Mobilia, University of Texas em San Antonio; Roger M. Mabe, United States Naval Academy; David Markowitz, University of Connecticut; Thomas P. Marvin, Southern Oregon University; Bruce Mason, University of Oklahoma em Norman; Martin S. Mason, College of the Desert; Wesley N. Mathews, Jr., Georgetown University; Ian S. McLean, University of California em Los Angeles; John W. McClory, United States Military Academy; L. C. McIntyre, Jr., University of Arizona; Alan S. Meltzer, Rensselaer Polytechnic Institute; Ken Mendelson, Marquette University; Roy Middleton, University of Pennsylvania; Allen Miller, Syracuse University; Clement J. Moses, Utica College of Syracuse University; John W. Norbury, University of Wisconsin–Milwaukee; Anthony Novaco, Lafayette College; Romulo Ochoa, The College of New Jersey; Melvyn Oremland, Pace University; Desmond Penny, Southern Utah University; Steven J. Pollock, University of Colorado-Boulder; Prabha Ramakrishnan, North Carolina State University; Rex D. Ramsier, The University of Akron; Ralf Rapp, Texas A&M University; Rogers Redding, University of North Texas; Charles R. Rhyner, University of Wisconsin-Green Bay; Perry Rice, Miami University; Dennis Rioux, University of Wisconsin – Oshkosh; Richard Rolleigh, Hendrix College; Janet E. Seger, Creighton University; Gregory D. Severn, University of San Diego; Satinder S. Sidhu, Washington College; Antony Simpson, Dalhousie University; Harold Slusher, University of Texas em El Paso; J. Clinton Sprott, University of Wisconsin em Madison; Shirvel Stanislaus, Valparaiso University; Randall Tagg, University of Colorado em Denver; Cecil Thompson, University of Texas em Arlington; Harry W. K. Tom, University of California em Riverside; Chris Vuille, Embry – Riddle Aeronautical University; Fiona Waterhouse, University of California em Berkeley; Robert Watkins, University of Virginia; James Whitmore, Pennsylvania State University

Princípios de Física, quinta edição, teve sua precisão cuidadosamente verificada por Grant Hart (Brigham Young University), James E. Rutledge (University of California at Irvine) e Som Tyagi (Drexel University).

Estamos em débito com os desenvolvedores dos modelos IUPP "A Particles Approach to Introductory Physics" e "Physics in Context", sob os quais boa parte da abordagem pedagógica deste livro didático foi fundamentada.

Vahe Peroomian escreveu o projeto inicial do novo contexto em Ataques Cardíacos, e estamos muito agradecidos por seu esforço. Ele ajudou revisando os primeiros rascunhos dos problemas.

Agradecemos a John R. Gordon e Vahe Peroomian por ajudar no material, e a Vahe Peroomian por preparar um excelente *Manual de Soluções*. Durante o desenvolvimento deste texto, os autores foram beneficiados por várias discussões úteis com colegas e outros professores de Física, incluindo Robert Bauman, William Beston, Don Chodrow, Jerry Faughn, John R. Gordon, Kevin Giovanetti, Dick Jacobs, Harvey Leff, John Mallinckrodt, Clem Moses, Dorn Peterson, Joseph Rudmin e Gerald Taylor.

Agradecimentos especiais e reconhecimento aos profissionais da Brooks/Cole Publishing Company – em particular, Charles Hartford, Ed Dodd, Brandi Kirksey, Rebecca Berardy Schwartz, Jack Cooney, Cathy Brooks, Cate Barr e Brendan Killion – pelo seu ótimo trabalho durante o desenvolvimento e produção deste livro-texto. Reconhecemos o serviço competente da produção proporcionado por Jill Traut e os funcionários do Macmillan Solutions e o esforço dedicado na pesquisa de fotos de Josh Garvin do Grupo Bill Smith.

Por fim, estamos profundamente em débito com a família, esposa e filhos, por seu amor, apoio e sacrifícios de longo prazo.

Raymond A. Serway
St. Petersburg, Flórida

John W. Jewett, Jr.
Anaheim, Califórnia

Ao aluno

Convém oferecer algumas palavras de conselho que sejam úteis para você, aluno. Antes de fazê-lo, supomos que tenha lido o Prefácio, que descreve as várias características do livro didático e dos materiais de apoio que o ajudarão durante o curso.

Como estudar

Frequentemente, pergunta-se aos professores, "Como eu deveria estudar Física e me preparar para as provas?" Não há resposta simples para essa pergunta, mas podemos oferecer algumas sugestões com base em nossas experiências de aprendizagem e ensino durante anos.

Antes de tudo, mantenha uma atitude positiva em relação ao assunto, tendo em mente que a Física é a mais fundamental de todas as ciências naturais. Outros cursos de ciência que vêm a seguir usarão os mesmos princípios físicos; assim, é importante que você entenda e seja capaz de aplicar os vários conceitos e teorias discutidos no texto.

Conceitos e princípios

É essencial que você entenda os conceitos e princípios básicos antes de tentar resolver os problemas solicitados. Você poderá alcançar essa meta com a leitura cuidadosa do livro didático antes de assistir à aula sobre o material tratado. Ao ler o texto, anote os pontos que não estão claros para você. Certifique-se, também, de tentar responder às perguntas dos Testes Rápidos ao chegar a eles durante a leitura. Trabalhamos muito para preparar perguntas que possam ajudar você a avaliar sua compreensão do material. Estude cuidadosamente os recursos E Se? que aparecem em muitos dos exemplos trabalhados. Eles ajudarão a estender sua compreensão além do simples ato de chegar a um resultado numérico. As Prevenções de Armadilhas também ajudarão a mantê-lo longe dos erros mais comuns na Física. Durante a aula, tome notas atentamente e faça perguntas sobre as ideias que não entender com clareza. Tenha em mente que poucas pessoas são capazes de absorver todo o significado de um material científico com uma única leitura; várias leituras do texto, juntamente com suas anotações, podem ser necessárias. As aulas e o trabalho em laboratório suplementam o livro didático e devem esclarecer parte do material mais difícil. Evite a simples memorização do material. A memorização bem-sucedida de passagens do texto, equações e derivações não indica necessariamente que entendeu o material. A compreensão do material será melhor por meio de uma combinação de hábitos de estudo eficientes, discussões com outros alunos e com professores, e sua capacidade de resolver os problemas apresentados no livro didático. Faça perguntas sempre que acreditar que o esclarecimento de um conceito é necessário.

Horário de estudo

É importante definir um horário regular de estudo, de preferência, diariamente. Leia o programa do curso e cumpra o cronograma estabelecido pelo professor. As aulas farão muito mais sentido se ler o material correspondente à aula antes de assisti-la. Como regra geral, seria bom dedicar duas horas de tempo de estudo para cada hora de aula. Caso tenha algum problema com o curso, peça a ajuda do professor ou de outros alunos que fizeram o curso. Pode também achar necessário buscar mais instrução de alunos experientes. Com muita frequência, os professores oferecem aulas de revisão além dos períodos de aula regulares. Evite a prática de deixar o estudo para um dia ou dois antes da prova. Muito frequentemente, essa prática tem resultados desastrosos. Em vez de gastar uma noite toda de estudo antes de uma prova, revise brevemente os conceitos e equações básicos e tenha uma boa noite de descanso.

Uso de recursos

Faça uso dos vários recursos do livro, discutidos no Prefácio. Por exemplo, as notas de margem são úteis para localizar e descrever equações e conceitos importantes e o negrito indica definições importantes. Muitas tabelas úteis estão contidas nos anexos, mas a maioria é incorporada ao texto em que elas são mencionadas com mais frequência. O Anexo B é uma revisão conveniente das ferramentas matemáticas utilizadas no texto.

Depois de ler um capítulo, você deve ser capaz de definir quaisquer grandezas novas apresentadas nesse capítulo e discutir os princípios e suposições que foram utilizados para chegar a certas relações-chave. Os resumos do capítulo podem ajudar nisso. Em alguns casos, você pode achar necessário consultar o índice remissivo do livro para localizar certos tópicos. Você deve ser capaz de associar a cada quantidade física o símbolo correto utilizado para representar a quantidade e a unidade na qual ela é especificada. Além disso, deve ser capaz de expressar cada equação importante de maneira concisa e precisa.

Solucionando problemas

R.P. Feynman, prêmio Nobel de Física, uma vez disse: "Você não sabe nada até que tenha praticado". Concordando com essa afirmação, aconselhamos que você desenvolva as habilidades necessárias para resolver uma vasta gama de problemas. Sua habilidade em resolver problemas será um dos principais testes de seu conhecimento em Física; portanto, você deve tentar resolver tantos problemas quanto possível. É essencial entender os conceitos e princípios básicos antes de tentar resolver os problemas. Uma boa prática consiste em tentar encontrar soluções alternativas para o mesmo problema. Por exemplo, você pode resolver problemas em mecânica usando as leis de Newton, mas muito frequentemente um método alternativo que utilize considerações sobre energia é mais direto. Você não deve se enganar pensando que entende um problema meramente porque acompanhou a resolução dele na aula. Deve ser capaz de resolver o problema e outros problemas similares sozinho.

O enfoque de resolução de problemas deve ser cuidadosamente planejado. Um plano sistemático é especialmente importante quando um problema envolve vários conceitos. Primeiro, leia o problema várias vezes até que esteja confiante de que entendeu o que ele está perguntando. Procure quaisquer palavras-chave que ajudarão a interpretar o problema e talvez permitir que sejam feitas algumas suposições. Sua capacidade de interpretar uma pergunta adequadamente é parte integrante da resolução do problema. Em segundo lugar, você deve adquirir o hábito de anotar a informação dada num problema e aquelas grandezas que precisam ser encontradas; por exemplo, você pode construir uma tabela listando tanto as grandezas dadas quanto as que são procuradas. Este procedimento é utilizado algumas vezes nos exemplos trabalhados do livro. Finalmente, depois que decidiu o método que acredita ser apropriado para um determinado problema, prossiga com sua solução. A Estratégia Geral de Resolução de Problemas orientará nos problemas complexos. Se seguir os passos desse procedimento (Conceitualização, Categorização, Análise, Finalização), você facilmente chegará a uma solução e terá mais proveito de seus esforços. Essa estratégia, localizada no final do Capítulo 1, é utilizada em todos os exemplos trabalhados nos capítulos restantes de maneira que você poderá aprender a aplicá-lo. Estratégias específicas de resolução de problemas para certos tipos de situações estão incluídas no livro e aparecem com um título especial. Essas estratégias específicas seguem a essência da Estratégia Geral de Resolução de Problemas.

Frequentemente, os alunos falham em reconhecer as limitações de certas equações ou de certas leis físicas numa situação particular. É muito importante entender e lembrar as suposições que fundamentam uma teoria ou formalismo em particular. Por exemplo, certas equações da cinemática aplicam-se apenas a uma partícula que se move com aceleração constante. Essas equações não são válidas para descrever o movimento cuja aceleração não é constante, tal como o movimento de um objeto conectado a uma mola ou o movimento de um objeto através de um fluido. Estude cuidadosamente o Modelo de Análise para Resolução de Problemas nos resumos do capítulo para saber como cada modelo pode ser aplicado a uma situação específica. Os modelos de análise fornecem uma estrutura lógica para resolver problemas e ajudam a desenvolver suas habilidades de pensar para que fiquem mais parecidas com as de um físico. Utilize a abordagem de modelo de análise para economizar tempo buscando a equação correta e resolva o problema com maior rapidez e eficiência.

Experimentos

A Física é uma ciência baseada em observações experimentais. Portanto, recomendamos que tente suplementar o texto realizando vários tipos de experiências práticas, seja em casa ou no laboratório. Essas experiências podem ser utilizadas para testar as ideias e modelos discutidos em aula ou no livro didático. Por exemplo, o brinquedo comum "slinky" é excelente para estudar propagação de ondas, uma bola balançando no final de uma longa corda pode ser utilizada para investigar o movimento de pêndulo, várias massas presas no final de uma mola vertical ou elástico podem ser utilizadas para determinar sua natureza elástica, um velho par de óculos de sol polarizado e algumas lentes descartadas e uma lente de aumento são componentes de várias experiências de óptica, e uma medida aproximada da aceleração em queda livre pode ser determinada simplesmente pela medição com um cronômetro do intervalo de tempo necessário para uma bola cair de uma altura conhecida. A lista dessas experiências é infinita. Quando os modelos físicos não estão disponíveis, seja imaginativo e tente desenvolver seus próprios modelos.

Novos meios

Se possível, incentivamos muito a utilização do produto Enhanced WebAssign (veja nota na página IX). É bem mais fácil entender Física se você a vê em ação e os materiais disponíveis no Enhanced WebAssign permitirão que você se torne parte dessa ação. Para mais informações sobre como adquirir o cartão de acesso a esta ferramenta, contate: vendas.brasil@cengage.com (recurso em inglês).

Esperamos sinceramente que você considere a Física uma experiência excitante e agradável e que se beneficie dessa experiência independentemente da profissão escolhida. Bem-vindo ao excitante mundo da Física!

O cientista não estuda a natureza porque é útil; ele a estuda porque se realiza fazendo isso e tem prazer porque ela é bela. Se a natureza não fosse bela, não seria suficientemente conhecida, e se não fosse suficientemente conhecida, a vida não valeria a pena.

— **Henri Poincaré**

Contexto 8

Lasers

A invenção do laser foi amplamente creditada a Arthur L. Schawlow e Charles H. Townes, por muitos anos, após a publicação de uma proposta, em 1958, na edição da *Physical Review*. Schawlow e Townes receberam a patente para o dispositivo em 1959. Em 1960, o primeiro laser foi construído e operado por Theodore Maiman. Este dispositivo utilizava um cristal de rubi para criar a luz do laser, que era emitida em pulsos a partir da extremidade de um cilindro de rubi. Uma lâmpada de flash foi utilizada para excitar a ação do laser.

Em 1977, a primeira vitória após 30 anos de uma longa batalha foi completada, quando Gordon Gould, um estudante de pós-graduação na Universidade de Columbia em 1950, recebeu uma patente para a invenção do laser em 1957, bem como a definição do termo. Acreditando erroneamente que deveria ter um protótipo funcional antes de solicitar o pedido de patente, não o apresentou antes de 1959, o que Schawlow e Townes fizeram. A batalha legal de Gould terminou em 1987. Nesse tempo, a tecnologia de Gould estava sendo largamente utilizada na indústria e na medicina. Sua vitória finalmente resultou no controle sobre os direitos de patente, talvez 90% dos lasers utilizados e vendidos nos Estados Unidos.

Desde o desenvolvimento do primeiro dispositivo, a tecnologia laser tem experimentado um enorme

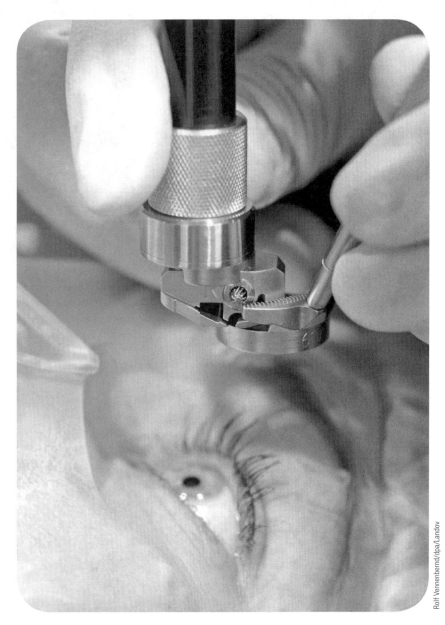

Figura 1 Um paciente pronto para receber a luz de laser durante a cirurgia do olho.

desenvolvimento. Atualmente, estão disponíveis lasers que cobrem os comprimentos de onda nas regiões infravermelhas, visíveis e ultravioletas. Vários tipos utilizam sólidos, líquidos e gases como meio ativo. Embora o laser original emitisse uma luz ao longo de um intervalo muito estreito em torno de um comprimento fixo de onda, lasers ajustáveis, estão disponíveis agora, com comprimento de onda que pode ser variado.

O laser é uma ferramenta tecnológica onipresente em nossas vidas. Suas aplicações incluem as cirurgias ocular Lasik (abordada com mais detalhes no capítulo 26), e cirúrgia de "solda" de retinas descoladas; topografia de precisão e medição do comprimento, fonte potencial para induzir reações de fusão nuclear, cortes de precisão de metais e outros materiais, e telecomunicações através de fibras ópticas.

Também utilizamos os lasers para ler informações a partir de CDs de aúdio e aplicativos de software. Tocadores de DVD e Blu-ray usam lasers para ler as informações de vídeo. São, ainda, usados em lojas de varejo para a leitura de informações sobre preços e estoque de produtos por meio de rótulos. No laboratório, podem ser utilizados para aprisionar átomos e resfriá-los a microkelvins acima do zero absoluto, e mover

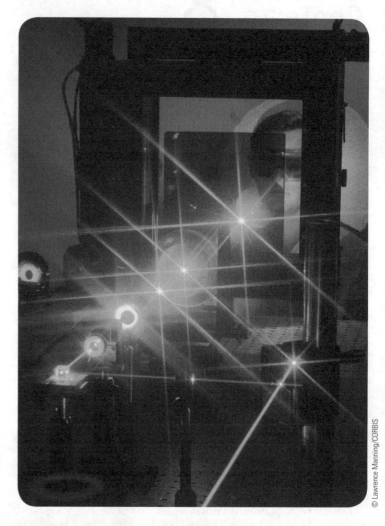

Figura 2 O laser original de rubi emitia luz vermelha, assim como muitos outros desenvolvidos logo depois. Hoje, os lases estão disponíveis em uma variedade de cores e de diferentes regiões do espectro eletromagnético. Nesta fotografia, um laser verde é usado para realizar pesquisa científica.

Figura 3 Uma máquina de corte a laser recorta uma espessa folha de aço.

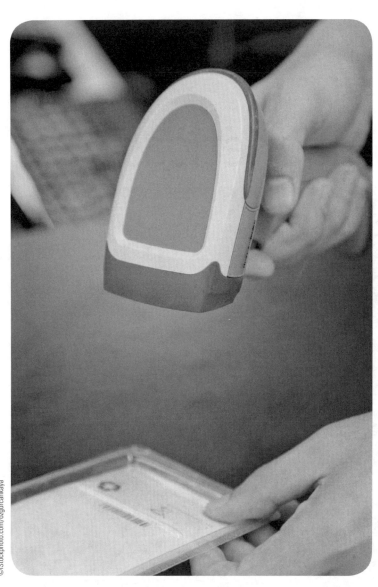

Figura 4 Um leitor de código de barras usa a luz laser para identificar os produtos que estão sendo comprados. A reflexão do código de barras na embalagem alimenta um computador que determina o preço do produto.

os organismos biológicos microscópicos sem causar danos no entorno.

Essas e outras aplicações são possíveis por conta das características únicas da luz de laser. Além disso, sendo quase monocromática, esta luz também é altamente direcional e pode, portanto, ser nitidamente focalizada para produzir regiões de extrema intensidade.

Neste contexto, investigaremos a física da radiação eletromagnética e óptica, e aplicaremos os princípios para melhor compreensão do comportamento do laser e suas aplicações. O foco principal do nosso estudo estará na tecnologia de fibras ópticas e como são utilizadas na indústria e na medicina. Vamos estudar a natureza da luz e como responder à nossa questão central:

> **O que há de especial na luz laser, e como ela é usada em aplicações tecnológicas?**

Capítulo 24

Ondas eletromagnéticas

Sumário

24.1 Corrente de deslocamento e forma geral da Lei de Ampère

24.2 As equações de Maxwell e descobertas de Hertz

24.3 Ondas eletromagnéticas

24.4 Energia transportada por ondas eletromagnéticas

24.5 Momento linear e pressão de radiação

24.6 Espectro das ondas eletromagnéticas

24.7 Polarização das ondas de luz

24.8 Conteúdo em contexto: as propriedades especiais da luz de laser

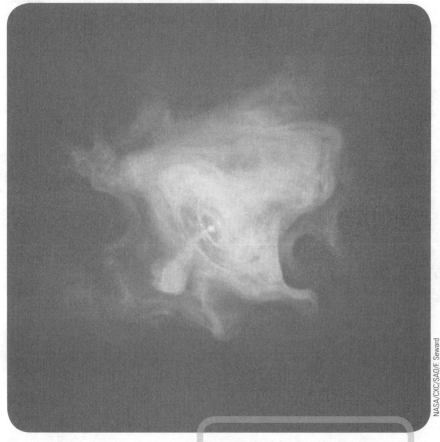

Embora nem sempre tenhamos ciência da presença delas, as ondas eletromagnéticas permeiam nosso ambiente. Na forma de luz visível, nos permitem ver o mundo ao nosso redor. As ondas infravermelhas da superfície da Terra aquecem o nosso ambiente; as de radiofrequência transmitem nosso entretenimento favorito no rádio; as micro-ondas cozinham nosso alimento e são utilizadas nos sistemas de comunicação de radar; e a lista vai longe. As ondas descritas no Capítulo 13 (Volume 2) são mecânicas, que exigem um meio para se propagar. Por outro lado, as ondas eletromagnéticas podem se propagar pelo vácuo. Apesar dessa diferença entre ondas mecânicas e eletromagnéticas, muito do comportamento nos modelos de onda dos Capítulos 13 e 14 é semelhante para as eletromagnéticas.

A finalidade deste capítulo é explorar as propriedades das ondas eletromagnéticas. As leis fundamentais da eletricidade e do magnetismo – equações de Maxwell – formam a base de todos os fenômenos eletromagnéticos. Uma dessas equações prevê que um campo elétrico variável no tempo produz um campo magnético, assim como um campo magnético variável no tempo

As ondas eletromagnéticas cobrem um amplo espectro de comprimentos de ondas, com diversas faixas de comprimento e propriedades distintas. Esta foto da Nebulosa Crab foi feita com raios X, que são como luz visível, porém para comprimentos de onda muito curtos. Neste capítulo, estudaremos as características comuns do raio X, luz visível e outras formas de radiação eletromagnética.

produz um campo elétrico. Com base nessa generalização, Maxwell forneceu a importante ligação final entre os campos elétrico e magnético. Sua mais dramática previsão das equações é a existência de ondas eletromagnéticas que se propagam pelo espaço vazio com a velocidade da luz. Essa descoberta conduziu a muitas aplicações práticas, como comunicação por rádio, televisão e celular e a compreensão de que a luz é uma forma de radiação eletromagnética.

24.1 | Corrente de deslocamento e forma geral da Lei de Ampère

Vimos que cargas em movimento, ou correntes, produzem campos magnéticos. Quando um condutor que carrega corrente tem alta simetria, podemos calcular o campo magnético utilizando a Lei de Ampère, dada pela Equação 22.29:

$$\oint \vec{B} \cdot d\vec{s} = \mu_0 I$$

em que a integral de linha é sobre qualquer caminho fechado pelo qual a corrente de condução passa; corrente de condução é definida por $I = dq/dt$.

Nesta seção, devemos utilizar o termo *corrente de condução* para nos referirmos ao tipo de corrente já discutido, ou seja, a corrente transportada por partículas carregadas em um fio. Utilizamos este termo para diferenciar essa corrente de um tipo diferente que apresentaremos em breve. A Lei de Ampère nesta forma é válida somente se a corrente de condução for contínua no espaço. Maxwell reconheceu esta limitação e modificou a Lei de Ampère para incluir todas as situações possíveis.

Esta limitação pode ser compreendida considerando um capacitor sendo carregado, como na Figura 24.1. Quando há corrente de condução nos fios, a carga nas placas se altera, mas não há corrente de condução entre as placas. Considere as duas superfícies S_1 (um círculo, como indicado em cinza escuro) e S_2 (um paraboloide passando entre as placas) na Figura 24.1 limitadas pelo mesmo caminho P. A Lei de Ampère diz que a integral de linha de $\vec{B} \cdot d\vec{s}$ ao redor desse caminho deve ser igual a $\mu_0 I$, onde I é a corrente de condução por qualquer superfície limitada pelo caminho P.

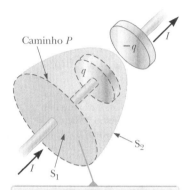

A corrente de condução I no fio passa somente por S_1, o que leva a uma contradição na Lei de Ampère, que é resolvida somente se for postulada uma corrente de deslocamento por S_2.

Figura 24.1 Duas superfícies S_1 e S_2 próximas à placa de um capacitor são ligadas pelo mesmo caminho P.

Quando o caminho P for considerado como limite de S_1, o lado direito da Equação 22.29 é $\mu_0 I$, porque a corrente de condução passa por S_1 enquanto o capacitor está carregando. No entanto, quando o caminho se limita em S_2, o lado direito da Equação 22.29 é zero, pois nenhuma corrente de condução passa por S_2. Portanto, surge uma situação contraditória devido à descontinuidade da corrente! Maxwell resolveu assim este problema postulando um termo adicional no lado direito da Equação 22.29, chamado **corrente de deslocamento** I_d, definida como

$$I_d \equiv \epsilon_0 \frac{d\Phi_E}{dt} \qquad \text{24.1} \blacktriangleleft \quad \blacktriangleright \text{Corrente de deslocamento}$$

Lembre-se de que Φ_E é o fluxo do campo elétrico, definido como $\Phi_E \equiv \oint \vec{E} \cdot d\vec{A}$ (Eq. 19.14). (Aqui, a palavra "deslocamento" não tem o mesmo significado que no Capítulo 2 (Volume 1), historicamente arraigada na linguagem física; no entanto, continuaremos a utilizá-la.)

A Equação 24.1 é interpretada da seguinte forma. Conforme o capacitor está sendo carregado (ou descarregado), o campo elétrico variável entre as placas pode ser considerado como equivalente a uma corrente entre as placas que age como uma continuação da corrente de condução no fio. Quando a expressão para a corrente de deslocamento dada pela Equação 24.1 for adicionada à corrente de condução no lado direito da Lei de Ampère, a dificuldade representada na Figura 24.1 é resolvida. Não importa qual superfície limitada pelo caminho P seja escolhida, ou a corrente de condução ou a de deslocamento passa por ele. Com esta nova noção de corrente de deslocamento, podemos expressar a forma geral da Lei de Ampère (às vezes chamada **Lei de Ampère-Maxwell**) conforme[1]

$$\oint \vec{B} \cdot d\vec{s} = \mu_0 (I + I_d) = \mu_0 I + \mu_0 \epsilon_0 \frac{d\Phi_E}{dt} \qquad \text{24.2} \blacktriangleleft \quad \blacktriangleright \text{Lei de Ampère–Maxwell}$$

---

[1] Estritamente falando, esta expressão é válida somente no vácuo. Se um material magnético estiver presente, uma corrente de magnetização também deve ser inclusa no lado direito da Equação 24.2 para tornar a Lei de Ampère totalmente geral.

6 | Princípios de física

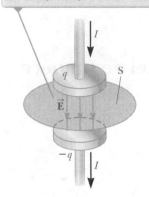

As linhas do campo elétrico entre as placas criam um fluxo elétrico pela superfície S.

Figura 24.2 Quando há uma corrente de condução nos fios, um campo elétrico variando $\vec{E}$ existe entre as placas do capacitor.

James Clerk Maxwell
Físico teórico escocês (1831–1879)
Maxwell desenvolveu as teorias eletromagnética da luz e cinética dos gases, e explicou a natureza dos anéis de Saturno e a visão de cor. A interpretação bem-sucedida de Maxwell do campo eletromagnético resultou nas equações de campo que levam seu nome. Formidável habilidade matemática combinada com grande percepção lhe permitiram conduzir o estudo da teoria eletromagnética e cinética. Ele faleceu de câncer antes dos 50 anos.

▶ Lei de Gauss

▶ Lei de Gauss para o magnetismo

▶ Lei de Faraday

▶ Lei de Ampère–Maxwell

Podemos compreender o significado desta expressão remetendo-nos à Figura 24.2. O fluxo elétrico pela superfície S é $\Phi_E = \int \vec{E} \cdot d\vec{A} = EA$, onde A é a área das placas do capacitor e E, o módulo do campo elétrico uniforme entre as placas. Se q é a carga nas placas em qualquer instante, então $E = \sigma/\epsilon_0 = q/(\epsilon_0 A)$ (veja o Exemplo 19.12). Portanto, o fluxo elétrico em S é

$$\Phi_E = EA = \frac{q}{\epsilon_0}$$

Assim, a corrente de deslocamento em S é

$$I_d = \epsilon_0 \frac{d\Phi_E}{dt} = \frac{dq}{dt} \qquad \textbf{24.3}\blacktriangleleft$$

Ou seja, a corrente de deslocamento I_d em S é precisamente igual à de condução I nos fios conectados ao capacitor!

Considerando a superfície S, podemos identificar a corrente de deslocamento como a origem do campo magnético no limite da superfície. Esta corrente tem origem física no campo elétrico variável no tempo. O ponto central desse formalismo é que os campos magnéticos são produzidos *tanto* pelas correntes de condução quanto pelos campos elétricos variáveis no tempo. Este resultado foi um exemplo excelente do trabalho teórico de Maxwell e contribuiu para os principais avanços na compreensão do eletromagnetismo.

� **TESTE RÁPIDO 24.1** No circuito RC, o capacitor começa a descarregar. (**i**) Durante a descarga, na região do espaço entre as placas do capacitor, existe (a) corrente de condução, mas nenhuma corrente de deslocamento, (b) corrente de deslocamento, mas nenhuma corrente de condução, (c) as correntes de condução e de deslocamento, ou (d) nenhuma corrente de nenhum tipo? (**ii**) Na mesma região do espaço, existe (a) um campo elétrico, mas nenhum campo magnético, (b) um campo magnético, mas nenhum campo elétrico, (c) ambos os campos, tanto elétrico quanto magnético, ou (d) nenhum campo de nenhum tipo?

24.2 | Equações de Maxwell e descobertas de Hertz

Apresentamos quatro equações consideradas como a base de todos os fenômenos elétricos e magnéticos. Estas equações, desenvolvidas por Maxwell, são tão fundamentais para os fenômenos eletromagnéticos, assim como as leis de Newton são para os fenômenos mecânicos. De fato, a teoria que Maxwell desenvolveu é mais abrangente do que ele imaginou, uma vez que era coerente com a teoria especial de relatividade, como Einstein demonstrou em 1905.

As equações de Maxwell representam as leis de eletricidade e magnetismo que já discutimos, mas têm consequências adicionais importantes. Para simplificar, apresentaremos as **equações de Maxwell** como aplicadas ao espaço livre, isto é, na ausência de qualquer material dielétrico ou magnético. As quatro equações são

$$\oint \vec{E} \cdot d\vec{A} = \frac{q}{\epsilon_0} \qquad \textbf{24.4}\blacktriangleleft$$

$$\oint \vec{B} \cdot d\vec{A} = 0 \qquad \textbf{24.5}\blacktriangleleft$$

$$\oint \vec{E} \cdot d\vec{s} = -\frac{d\Phi_B}{dt} \qquad \textbf{24.6}\blacktriangleleft$$

$$\oint \vec{B} \cdot d\vec{s} = \mu_0 I + \epsilon_0 \mu_0 \frac{d\Phi_E}{dt} \qquad \textbf{24.7}\blacktriangleleft$$

A Equação 24.4 é a Lei de Gauss: o fluxo elétrico total por qualquer superfície fechada é igual à carga total interna daquela superfície dividida por ϵ_0. Esta lei relaciona um campo elétrico à distribuição de carga que o cria.

A Equação 24.5 é a Lei de Gauss para o magnetismo, e declara que o fluxo magnético total em uma superfície fechada é zero. Ou seja, a quantidade de linhas do campo magnético que entra em um volume fechado deve ser igual à que o deixa, o que implica que as linhas de campo magnético não podem começar ou terminar em qualquer ponto. Se assim o fizessem, significaria que os monopolos magnéticos isolados existiram em tais pontos. O fato de que monopolos magnéticos isolados não foram observados na natureza pode ser considerado como uma confirmação da Equação 24.5.

A Equação 24.6 é a Lei de Indução de Faraday, que descreve a criação de um campo elétrico por um fluxo magnético variável. Esta lei afirma que a fem, a integral de linha do campo elétrico ao redor de qualquer caminho fechado, é igual à taxa de variação do fluxo magnético em qualquer superfície limitada por esse caminho. Uma consequência da Lei de Faraday é a corrente induzida em um circuito condutor colocado em um campo magnético variável no tempo.

A Equação 24.7 é a Lei de Ampère-Maxwell, que descreve a criação de um campo magnético por um campo elétrico variável e pela corrente elétrica: a integral de linha do campo magnético ao redor de qualquer caminho fechado é a soma de μ_0 multiplicado pela corrente total por aquele caminho, e $\epsilon_0\mu_0$ multiplicado pela taxa de variação do fluxo elétrico em qualquer superfície limitada por aquele caminho.

Uma vez que os campos elétricos e magnéticos forem conhecidos em algum ponto no espaço, a força que age em uma partícula de carga q pode ser calculada com base na expressão

$$\vec{F} = q\vec{E} + q\vec{v} \cdot \vec{B} \qquad 24.8 \blacktriangleleft \quad \blacktriangleright \text{Lei da Força de Lorentz}$$

Esta relação é chamada **Lei da Força de Lorentz**. (Vimos essa relação anteriormente como Eq. 22.6.) As equações de Maxwell, junto com esta lei da força, descrevem por completo todas as interações eletromagnéticas clássicas no vácuo.

Note a simetria das equações de Maxwell. As Equações 24.4 e 24.5 são simétricas, independentemente da ausência do termo para os monopolos magnéticos na Equação 24.5. Além disso, as Equações 24.6 e 24.7 são simétricas de modo que as integrais de linha de $\vec{E}$ e $\vec{B}$ ao redor de um caminho fechado estão relacionadas à taxa de variação dos fluxos magnético e elétrico, respectivamente. As equações de Maxwell são de importância fundamental não somente para o eletromagnetismo, mas para toda a ciência. Hertz escreveu "Não se pode deixar de sentir que estas fórmulas matemáticas têm existência independente e inteligência própria, que são mais inteligentes que nós, mais inteligentes do que os seus descobridores, uma vez que extraímos mais delas do que incluímos".

Na próxima seção, mostraremos que as Equações 24.6 e 24.7 podem ser combinadas para obter uma equação de onda tanto para o campo elétrico quanto para o magnético. No espaço vazio, onde $q = 0$ e $I = 0$, a solução para essas duas equações mostra que a velocidade na qual as ondas eletromagnéticas se deslocam é equivalente à velocidade medida da luz. Este resultado levou Maxwell a prever que as ondas de luz são uma forma de radiação eletromagnética.

Hertz realizou os experimentos que verificaram as previsões de Maxwell. O aparato experimental que Hertz utilizou para gerar e detectar as ondas eletromagnéticas está mostrado esquematicamente na Figura 24.3. Uma bobina de indução é conectada a um transmissor feito de dois eletrodos esféricos separados por um intervalo estreito. A bobina fornece curtos pulsos de tensão para os eletrodos, tornando um positivo e o outro negativo. É gerada uma faísca entre as duas esferas quando o campo elétrico próximo a um dos eletrodos ultrapassa a constante dielétrica no ar (3×10^6 V/m; veja a Tabela 20.1). Os elétrons livres em um campo elétrico forte são acelerados e ganham energia suficiente para ionizar quaisquer moléculas atingidas. Essa ionização produz mais elétrons, que podem acelerar e causar ionizações adicionais. Conforme o ar no intervalo é ionizado, torna-se um condutor muito melhor, e a descarga entre os eletrodos exibe oscilação em uma frequência muito alta. Do ponto de vista do circuito elétrico, esse aparato experimental é equivalente a um circuito LC, no qual a indutância é da bobina, e a capacitância se deve aos eletrodos esféricos. Ao aplicar a regra de circuito de Kirchhoff a um circuito LC, semelhante ao aplicado no circuito RC na Seção 21.9, podemos mostrar que a corrente no circuito LC oscila em movimentos harmônicos simples na frequência

$$\omega = \frac{1}{\sqrt{LC}} \qquad 24.9 \blacktriangleleft$$

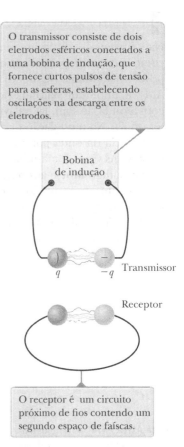

Figura 24.3 Diagrama esquemático do aparato de Hertz para a geração e detecção de ondas eletromagnéticas.

8 | Princípios de física

Heinrich Rudolf Hertz
Físico alemão (1857–1894)
Hertz fez sua descoberta mais importante de ondas eletromagnéticas em 1887. Após descobrir que a velocidade de uma onda eletromagnética era a mesma que a da luz, mostrou que as ondas eletromagnéticas, assim como as ondas de luz, podem ser refletidas, refratadas e difratadas. O hertz, igual a uma vibração completa, ou ciclo por segundo, é nomeado em sua homenagem.

Como L e C são pequenos no aparato de Hertz, a frequência de oscilação é alta, da ordem de 100 MHz. As ondas eletromagnéticas são irradiadas nessa frequência como resultado da oscilação (e, portanto, aceleração) de cargas livres no circuito transmissor. Hertz conseguiu detectá-las utilizando um circuito simples de fio com seu próprio intervalo de faíscas (receptor). Tal circuito receptor, colocado a muitos metros do transmissor, tem a própria indutância efetiva, capacitância e frequência natural de oscilação. No experimento de Hertz, as faíscas foram induzidas no intervalo dos eletrodos receptores quando a frequência do receptor foi ajustada para ser compatível com a do transmissor. Desta maneira, Hertz demonstrou que a corrente oscilante induzida no receptor foi produzida pelas ondas eletromagnéticas irradiadas pelo transmissor. Sua experiência é análoga ao fenômeno mecânico no qual um diapasão responde às vibrações acústicas de outro idêntico que está oscilando.

Ademais, Hertz mostrou, em uma série de experimentos, que a radiação gerada por esse dispositivo de intervalo de faíscas exibia as propriedades de interferência de onda, difração, reflexão, refração e polarização, que são, todas, propriedades exibidas pela luz, conforme veremos neste capítulo e nos Capítulos 25 a 27. Portanto, ficou evidente que as ondas de radiofrequência que Hertz estava gerando tinham propriedades semelhantes àquelas das ondas de luz, e que eram diferentes somente na frequência e no comprimento de onda. Talvez seu experimento mais convincente tenha sido a medição da velocidade dessa radiação. Ondas de frequência conhecida eram refletidas de uma folha de metal e criavam um padrão de interferência de onda estável cujos pontos nodais poderiam ser detectados. A distância medida entre os pontos nodais permitiu a determinação do comprimento de onda λ. Utilizando a relação $v = \lambda f$ (Eq. 13.12), Hertz descobriu que v estava próxima de 3×10^8 m/s, a velocidade conhecida c da luz visível.

> **PENSANDO EM FÍSICA 24.1**

Na transmissão de rádio, uma onda de rádio serve como uma onda portadora, e a onda de som é sobreposta nesta última. Na modulação de amplitude (rádio AM), a amplitude da onda portadora varia de acordo com a onda de som. (A palavra *modulação* significa "alteração".) Na modulação de frequência (rádio FM), a frequência da onda portadora varia de acordo com a de som. Às vezes, a marinha utiliza luzes piscantes para enviar código Morse aos navios vizinhos, um processo semelhante à transmissão de rádio. Este processo é AM ou FM? O que é frequência portadora? O que é frequência do sinal? O que é antena de transmissão? O que é antena receptora?

Raciocínio O piscar da luz de acordo com o código Morse é uma drástica modulação de amplitude por conta de esta desta variar entre um valor máximo e zero. Neste sentido, é semelhante ao código binário alternado utilizado em computadores e discos rígidos. A frequência portadora é aquela com luz visível, da ordem de 10^{14} Hz. A frequência do sinal depende da habilidade do operador do sinal, mas é da ordem de poucos hertz, conforme a luz acende e apaga. A antena de transmissão para este sinal modulado é o filamento da lâmpada incandescente na origem do sinal. A antena receptora é o olho. ◀

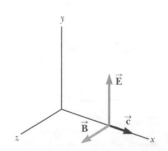

Figura Ativa 24.4 Os campos em uma onda eletromagnética se deslocando a uma velocidade $\vec{c}$ na direção x positiva em um ponto no eixo x. Estes campos dependem somente de x e t.

24.3 | Ondas eletromagnéticas

Na sua teoria unificada do eletromagnetismo, Maxwell mostrou que os campos elétricos e magnéticos dependentes do tempo são compatíveis com a equação de onda linear. (A equação de onda linear para ondas mecânicas é a 13.20.) A descoberta mais significante desta teoria é a previsão da existência de **ondas eletromagnéticas**.

As equações de Maxwell preveem que uma onda eletromagnética consiste de campos elétricos e magnéticos oscilantes. Os campos variáveis induzem um ao outro, que mantêm a propagação da onda; um campo elétrico variável induz um campo magnético, e um campo magnético variável induz um campo elétrico. Os vetores $\vec{E}$ e $\vec{B}$ são perpendiculares um ao outro e à direção de propagação, conforme indicado na Figura Ativa 24.4, em um instante no tempo em um ponto no espaço. A direção da propagação é a direção do produto de vetorial $\vec{E} \times \vec{B}$, que devemos explorar de modo mais completo na Seção 24.4.

Na Figura Ativa 24.4, escolhemos a direção da propagação da onda como sendo o eixo *x* positivo. Escolhemos o eixo *y* como paralelo ao vetor de campo elétrico. Dadas tais escolhas, é necessário que o campo magnético $\vec{B}$ esteja na direção *z*, como na Figura Ativa 24.4. Essas ondas nas quais os campos elétricos e magnéticos estão restritos para ser paralelos a determinadas direções são chamadas **ondas linearmente polarizadas.** Além disso, vamos supor que em qualquer ponto no espaço na Figura Ativa 24.4 os módulos *E* e *B* dos campos dependem somente de *x* e *t*, não das coordenadas *y* ou *z*.

Vamos imaginar também que a fonte das ondas eletromagnéticas seja tal que uma onda irradiada de *qualquer* posição no plano *yz* (não apenas da origem, como pode ser sugerido pela Figura Ativa 24.4) se propague na direção *x* e que tais ondas sejam emitidas em fase. Se definirmos um **raio** como a linha ao longo da qual a onda se propaga, todos os raios dessas ondas serão paralelos. Essa coleção toda de ondas é frequentemente chamada **onda plana.** Uma superfície que conecta pontos de fase igual em todas as ondas, que podemos chamar **frente de onda**, é um plano geométrico. Em comparação, uma fonte pontual de radiação envia as ondas em todas as direções. Uma superfície que conecta pontos de fase igual para esta situação é uma esfera, e, por isso, chamamos a radiação de uma fonte pontual de **onda esférica.**

> **Prevenção de Armadilhas | 24.1**
> **O que é "a" onda?**
> O que queremos dizer por *onda simples?* A palavra onda representa tanto a emissão a partir de um *ponto simples* ("onda radiada de *qualquer* posição no plano *yz*" no texto) quanto a coleção de ondas de *todos os pontos* da origem (**"onda plana"** no texto). Você deve ser capaz de utilizar este termo nos dois sentidos e compreender o significado a partir do contexto.

Para gerar a previsão das ondas eletromagnéticas, começamos com a Lei de Faraday, a Equação 24.6:

$$\oint \vec{E} \cdot d\vec{s} = -\frac{d\Phi_B}{dt}$$

Vamos novamente presumir que a onda eletromagnética está se deslocando na direção *x*, com o campo elétrico $\vec{E}$ na direção positiva *y* e o $\vec{B}$ na direção positiva *z*.

Considere um retângulo com largura *dx* e altura ℓ no plano *xy*, conforme indicado na Figura 24.5. Para aplicar a Equação 24.6, vamos, primeiro, resolver a integral de linha de $\vec{E} \cdot d\vec{s}$ ao redor desse retângulo em sentido anti-horário quando a onda está passando por ele. As contribuições das partes superior e inferior do retângulo são zero, porque $\vec{E}$ é perpendicular à $d\vec{s}$ para esses caminhos. Podemos expressar o campo elétrico do lado direito do retângulo como

$$E(x + dx) \approx E(x) + \frac{dE}{dx}\bigg]_{t\,\text{constante}} dx = E(x) + \frac{\partial E}{\partial x} dx$$

em que *E(x)* é o campo do lado esquerdo do retângulo nesse instante.[2] Portanto, a integral de linha sobre este retângulo é de aproximadamente

$$\oint \vec{E} \cdot d\vec{s} = [E(x + dx)]\ell - [E(x)]\ell \approx \ell \left(\frac{\partial E}{\partial x}\right) dx \qquad \textbf{24.10} \blacktriangleleft$$

Como o campo magnético está na direção *z*, o fluxo magnético no retângulo de área $\ell\, dx$ é aproximadamente $\Phi_B = B\ell\, dx$ (presumindo que *dx* seja muito pequeno comparado com o comprimento de onda). A derivada de tempo do fluxo magnético resulta em

$$\frac{d\Phi_B}{dt} = \ell\, dx \frac{dB}{dt}\bigg]_{x\,\text{constante}} = \ell\, dx \frac{\partial B}{\partial t} \qquad \textbf{24.11} \blacktriangleleft$$

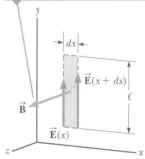

Figura 24.5 No momento em que uma onda plana se move positivamente ao longo da direção *x*, passa através de um caminho retangular de comprimento *dx* disposto sobre o plano *xy*, o campo elétrico na direção *y* varia de $\vec{E}(x)$ a $\vec{E}(x + dx)$.

> De acordo com a Equação 24.12, esta variação espacial em $\vec{E}$ proporciona o aumento de um campo magnético variável no tempo ao longo da direção *z*.

Substituindo as Equações 24.10 e 24.11 na Equação 24.6 resulta em

$$\ell\left(\frac{\partial E}{\partial x}\right) dx = -\ell\, dx \frac{\partial B}{\partial t}$$

$$\frac{\partial E}{\partial x} = -\frac{\partial B}{\partial t} \qquad \textbf{24.12} \blacktriangleleft$$

De modo semelhante, podemos derivar uma segunda equação iniciando pela quarta equação de Maxwell no espaço vazio (Eq. 24.7). Neste caso, a integral de linha de $\vec{B} \cdot d\vec{s}$ é avaliada ao redor de um retângulo que está no plano *xz* e

---

[2] Por conta de *dE/dx* nesta equação ser expressa como a mudança em *E* em relação a *x* em um dado instante *t*, *dE/dx* é equivalente à derivada parcial $\partial E/\partial x$. Da mesma forma, *dB/dt* significa a mudança em *B* em relação ao tempo em uma posição particular *x*; portanto, na Equação 24.11, podemos substituir *dB/dt* por $\partial B/\partial t$.

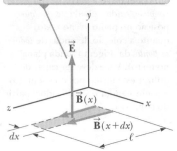

De acordo com a Equação 24.15, esta variação espacial em $\vec{B}$ proporciona o aumento de um campo elétrico variável no tempo ao longo da direção y.

Figura 24.6 No momento em que uma onda plana passa através de um caminho retangular de largura dx disposto no plano xz, o campo magnético na direção z varia de $\vec{B}(x)$ a $\vec{B}(x+dx)$.

com largura dx e comprimento ℓ, como na Figura 24.6. Observando que o módulo do campo magnético muda de $B(x)$ para $B(x+dx)$ sobre a largura dx, e que a integral de linha está sendo computada no sentido anti-horário quando vista de cima na Figura 24.6, a integral de linha deste retângulo deve ser aproximadamente

$$\oint \vec{B} \cdot d\vec{s} = [B(x)]\ell - [B(x+dx)]\ell \approx -\ell\left(\frac{\partial B}{\partial x}\right)dx \qquad \text{24.13} \blacktriangleleft$$

O fluxo elétrico pelo retângulo é $\Phi_E = E\ell\,dx$, que, quando diferenciado em relação ao tempo, resulta

$$\frac{\partial \Phi_E}{\partial t} = \ell\,dx\,\frac{\partial E}{\partial t} \qquad \text{24.14} \blacktriangleleft$$

Substituindo as Equações 24.13 e 24.14 na Equação 24.7 resulta em

$$-\ell\left(\frac{\partial B}{\partial x}\right)dx = \mu_0\epsilon_0\,\ell\,dx\left(\frac{\partial E}{\partial t}\right)$$

$$\frac{\partial B}{\partial x} = -\mu_0\epsilon_0\frac{\partial E}{\partial t} \qquad \text{24.15} \blacktriangleleft$$

Tomando a derivada da Equação 24.12 com relação a x e combinando o resultado com a Equação 24.15 resulta

$$\frac{\partial^2 E}{\partial x^2} = -\frac{\partial}{\partial x}\left(\frac{\partial B}{\partial t}\right) = -\frac{\partial}{\partial t}\left(\frac{\partial B}{\partial x}\right) = -\frac{\partial}{\partial t}\left(-\mu_0\epsilon_0\frac{\partial E}{\partial t}\right) \qquad \text{24.16} \blacktriangleleft$$

$$\frac{\partial^2 E}{\partial x^2} = \mu_0\epsilon_0\frac{\partial^2 E}{\partial t^2}$$

Da mesma maneira, tomando a derivada da Equação 24.15 com relação a x e combinando com a Equação 24.12 resulta

$$\frac{\partial^2 B}{\partial x^2} = \mu_0\epsilon_0\frac{\partial^2 B}{\partial t^2} \qquad \text{24.17} \blacktriangleleft$$

As Equações 24.16 e 24.17 têm, ambas, a forma da equação da onda linear[3] com a velocidade da onda v substituída por c, em que

▶ Velocidade das ondas eletromagnéticas

$$c = \frac{1}{\sqrt{\mu_0\epsilon_0}} \qquad \text{24.18} \blacktriangleleft$$

Vamos avaliar esta velocidade numericamente:

$$c = \frac{1}{\sqrt{(4\pi \times 10^{-7}\,\text{T}\cdot\text{m/A})(8{,}854\,19 \times 10^{-12}\,\text{C}^2/\text{N}\cdot\text{m}^2)}}$$

$$= 2{,}997\,92 \times 10^8 \text{ m/s}$$

Como esta velocidade é precisamente a mesma que a da luz no espaço vazio, somos levados a acreditar (corretamente) que a luz é uma onda eletromagnética.

A solução mais simples para as Equações 24.16 e 24.17 é a onda senoidal, para a qual os módulos dos campos E e B variam com x e t de acordo com as expressões

$$E = E_{\text{máx}}\cos(kx - \omega t) \qquad \text{24.19} \blacktriangleleft$$

$$B = B_{\text{máx}}\cos(kx - \omega t) \qquad \text{24.20} \blacktriangleleft \qquad \blacktriangleright \text{ Campos elétrico e magnético senoidais}$$

---

[3] A equação de onda linear está na forma $(\partial^2 y/\partial x^2) = (1/v^2)(\partial^2 y/\partial t^2)$, onde v é a velocidade da onda e y a função de onda. A equação de onda linear foi introduzida na Equação 13.20, e sugerimos que você revise a Seção 13.2.

em que $E_{máx}$ e $B_{máx}$ são os valores máximos dos campos. O número angular de onda é $k = 2\pi/\lambda$, em que λ é o comprimento de onda. A frequência angular é $\omega = 2\pi f$, onde f é a frequência de onda. A razão ω/k iguala a velocidade da onda eletromagnética, c:

$$\frac{\omega}{k} = \frac{2\pi f}{2\pi/\lambda} = \lambda f = c$$

em que utilizamos a Equação 13.12, $v = c = \lambda f$, que está relacionada à velocidade, à frequência e ao comprimento de onda de qualquer onda contínua. Portanto, para as ondas eletromagnéticas, o comprimento de onda e a frequência são relacionadas por

$$\lambda = \frac{c}{f} = \frac{3{,}00 \times 10^8 \text{ m/s}}{f} \qquad \text{24.21} \blacktriangleleft$$

A Figura Ativa 24.7 é uma representação gráfica, em um instante, de uma onda eletromagnética senoidal linearmente polarizada movendo-se na direção x positiva.

Tomando as derivadas parciais das Equações 24.19 (com relação a x) e 24.20 (com relação a t) resulta

$$\frac{\partial E}{\partial x} = -kE_{máx} \text{ sen } (kx - \omega t)$$

$$\frac{\partial B}{\partial t} = \omega B_{máx} \text{ sen } (kx - \omega t)$$

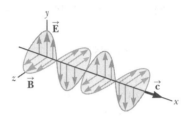

Figura Ativa 24.7 Uma onda eletromagnética senoidal move-se na direção x positiva com velocidade c.

Substituindo esses resultados na Equação 24.12 mostra que, em qualquer instante,

$$kE_{máx} = \omega B_{máx}$$

$$\frac{E_{máx}}{B_{máx}} = \frac{\omega}{k} = c$$

Utilizando estes resultados, junto com as Equações 24.19 e 24.20, resulta em

$$\boxed{\frac{E_{máx}}{B_{máx}} = \frac{E}{B} = c} \qquad \text{24.22} \blacktriangleleft$$

Ou seja, em cada instante, a divisão do módulo do campo elétrico com o módulo do campo magnético em uma onda eletromagnética iguala-se à velocidade da luz.

Finalmente, observe que as ondas eletromagnéticas obedecem ao princípio de superposição (que discutimos na Seção 14.1 em relação às ondas mecânicas), porque as equações diferenciais envolvendo E e B são lineares. Por exemplo, podemos acrescentar duas ondas com a mesma frequência e polarização simplesmente adicionando os módulos de dois campos elétricos algebricamente.

> **Prevenção de Armadilhas | 24.2**
> **$\vec{E}$ é mais intenso que $\vec{B}$?**
> Como o valor de c é muito grande, alguns estudantes interpretam incorretamente a Equação 24.22 no sentido de que o campo elétrico é muito mais forte do que o campo magnético. Os campos elétrico e magnético são medidos em unidades diferentes, o que impede uma comparação direta entre eles. Na Seção 24.4, veremos que os campos elétrico e magnético contribuem igualmente com a energia da onda.

Efeito Doppler para luz

Outra característica das ondas eletromagnéticas é que há uma mudança na frequência observada das ondas quando há movimento relativo entre a origem das ondas e o observador. Este fenômeno, conhecido como efeito Doppler, foi apresentado no Capítulo 13 (Volume 2), pois pertence ao estudo das ondas sonoras. No caso do som, o movimento da origem em relação ao meio de propagação pode ser distinguido do movimento do observador em relação ao meio. No entanto, as ondas de luz devem ser analisadas de forma diferente, pois não exigem nenhum meio de propagação e não existe nenhum método para distinguir o movimento da fonte de luz do movimento do observador.

Se uma fonte de luz e um observador se aproximarem um do outro com uma velocidade relativa v, a frequência f' medida pelo observador é

$$f' = \sqrt{\frac{c+v}{c-v}} f \qquad \text{24.23} \blacktriangleleft \blacktriangleright \text{ Efeito Doppler para ondas eletromagnéticas}$$

em que f é a frequência da origem medida no sistema de repouso. Essa equação do efeito Doppler, diferente da equação do efeito Doppler para o som, depende somente da velocidade relativa v da origem e do observador, e vale para velocidades relativas tão altas quanto c. Como você pode esperar, a equação prevê que $f' > f$ quando a origem e o observador se aproximam. Para o caso em que a origem e o observador se afastam, obteremos a expressão para o caso substituindo os valores negativos para v na Equação 24.23.

O mais espetacular e dramático uso do efeito Doppler para as ondas eletromagnéticas é a medição das mudanças na frequência da luz emitida pelo movimento de um corpo astronômico, como uma galáxia. A luz emitida pelos átomos e normalmente encontrada na extremidade violeta do espectro é deslocada em direção à extremidade vermelha do espectro para átomos em outras galáxias, indicando que estas estão se *afastando* de nós. O astrônomo americano Edwin Hubble (1889–1953) realizou medições extensivas desse *desvio para* o *vermelho* para confirmar que a maioria das galáxias está se afastando de nós, indicando que o Universo está se expandindo.

Exemplo 24.1 | Uma onda eletromagnética

Uma onda eletromagnética senoidal de frequência 40,0 MHz propaga-se em um espaço livre na direção x como na Figura 24.8.

(A) Determine o comprimento e o período da onda.

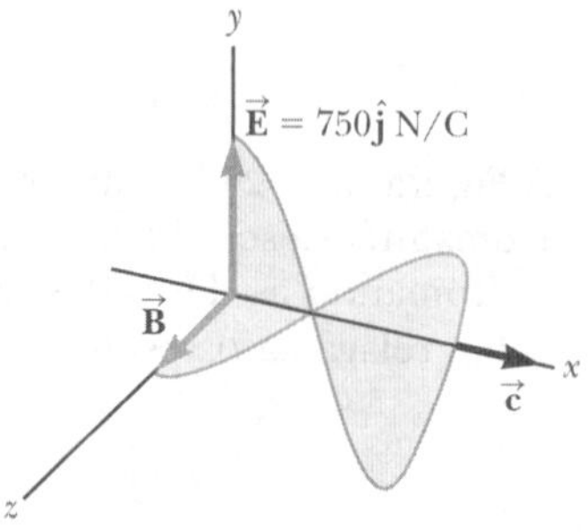

Figura 24.8 (Exemplo 24.1) Em um momento, uma onda plana eletromagnética movendo-se na direção x tem um campo elétrico máximo de 750 N/C na direção y positiva.

SOLUÇÃO

Conceitualize Imagine a onda na Figura 24.8 se propagando à direita ao longo do eixo x, com os campos elétrico e magnético oscilando em fase.

Categorize Determinamos os resultados utilizando as equações desenvolvidas nesta seção; portanto, categorizamos este exemplo como um problema de substituição.

Utilize a Equação 24.21 para encontrar o comprimento de onda:

$$\lambda = \frac{c}{f} = \frac{3{,}00 \times 10^8 \text{ m/s}}{40{,}0 \times 10^6 \text{ Hz}} = 7{,}50 \text{ m}$$

Descubra o período T da onda como o inverso da frequência:

$$T = \frac{1}{f} = \frac{1}{40{,}0 \times 10^6 \text{ Hz}} = 2{,}50 \times 10^{-8} \text{ s}$$

(B) Em algum ponto e em algum instante, o campo elétrico atinge seu valor máximo de 750 N/C e é direcionado ao longo do eixo y. Calcule o módulo e a direção do campo magnético nesta posição e tempo.

SOLUÇÃO

Utilize a Equação 24.22 para descobrir o módulo do campo magnético:

$$B_{\text{máx}} = \frac{E_{\text{máx}}}{c} = \frac{750 \text{ N/C}}{3{,}00 \times 10^8 \text{ m/s}} = 2{,}50 \times 10^{-6} \text{ T}$$

Por conta de $\vec{E}$ e $\vec{B}$ serem perpendiculares à direção da propagação de onda (neste caso, x), concluímos que $\vec{B}$ está na direção z.

(C) Um observador no eixo x, à direita na Figura 24.8, move-se para a esquerda ao longo do eixo x a 0,500c. Qual frequência este observador mede para a onda eletromagnética?

SOLUÇÃO Utilize a Equação 24.23 para o efeito Doppler para descobrir a frequência observada:

$$f' = \sqrt{\frac{c+v}{c-v}} f = 40{,}0 \text{ MHz} \sqrt{\frac{c+(+0{,}500c)}{c-(+0{,}500c)}}$$

$$= 69{,}3 \text{ MHz}$$

Substituímos v como um número positivo por conta de o observador estar se movendo em direção à origem.

24.4 | Energia transportada por ondas eletromagnéticas

Na Seção 13.5, descobrimos que as ondas mecânicas transportam energia. As ondas eletromagnéticas também transportam energia, e, como se propagam pelo espaço, podem transferir energia para corpos colocados em seu caminho. Essa noção foi apresentada no Capítulo 7 (Volume 1), quando discutimos os mecanismos de transferência na equação de conservação de energia e foi observada novamente no Capítulo 17 (Volume 2) na discussão da radiação térmica. A taxa de transferência de energia em uma onda eletromagnética é descrita por um vetor $\vec{S}$, **vetor de Poynting**, definido pela expressão

$$\vec{S} \equiv \frac{1}{\mu_0} \vec{E} \times \vec{B}$$ 24.24 ◀ ▶ Vetor de Poynting

O módulo do vetor de Poynting representa a taxa na qual a energia passa por uma unidade de área da superfície perpendicular ao fluxo, e sua direção está ao longo da propagação da onda (Fig. 24.9). Portanto, o vetor de Poynting representa a *potência por unidade de área*. As unidades SI do vetor de Poynting são J/s·m² = W/m².

Como exemplo, vamos avaliar o módulo de $\vec{S}$ para uma onda eletromagnética plana. Temos $|\vec{E} \times \vec{B}| = EB$ porque $\vec{E}$ e $\vec{B}$ são perpendiculares um ao outro. Nesse caso,

$$S = \frac{EB}{\mu_0}$$ 24.25 ◀

> **Prevenção de Armadilhas** | 24.3
> **Um valor instantâneo**
> O vetor de Poynting dado pela Equação 24.24 é dependente do tempo. O módulo varia com o tempo, alcançando o valor máximo no mesmo instante dos módulos de $\vec{E}$ e $\vec{B}$.

Porque $B = E/c$, podemos também expressar o módulo do vetor de Poynting como

$$S = \frac{E^2}{\mu_0 c} = \frac{cB^2}{\mu_0}$$

Essas equações para S aplicam-se a qualquer instante de tempo.

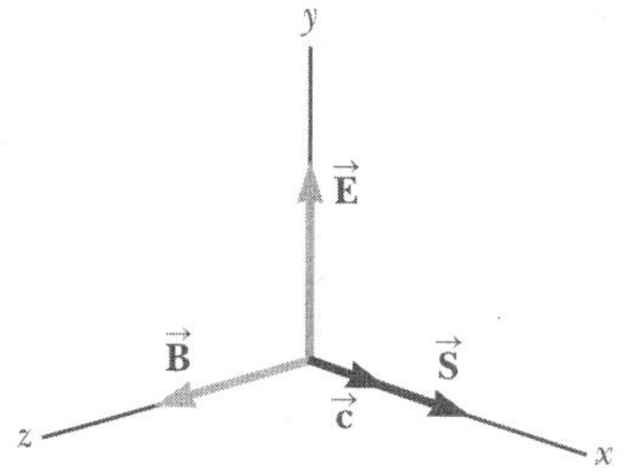

O que é de maior interesse para uma onda eletromagnética senoidal (Eqs. 24.19 e 24.20) é a média temporal de S em um ou mais ciclos, que é a **intensidade** I, ou seja, a potência média por unidade de área. Quando essa média é obtida, temos uma expressão envolvendo a média de tempo de $\cos^2(kx - \omega t)$, que é igual a $\frac{1}{2}$. Portanto, o valor médio de S (ou a intensidade da onda) é

Figura 24.9 O vetor de Poynting $\vec{S}$ para uma onda eletromagnética está ao longo da direção de propagação da onda.

$$I = S_{\text{méd}} = \frac{E_{\text{máx}} B_{\text{máx}}}{2\mu_0} = \frac{E^2_{\text{máx}}}{2\mu_0 c} = \frac{cB^2_{\text{máx}}}{2\mu_0}$$ 24.26 ◀ ▶ Intensidade da onda

Lembre-se de que a energia por unidade de volume u_E, que é a densidade de energia instantânea associada ao campo elétrico (Seção 20.9), é dada na Equação 20.31:

$$u_E = \frac{1}{2}\epsilon_0 E^2$$ 24.27 ◀

e que a densidade de energia instantânea u_B associada ao campo magnético (Seção 23.7) é dada pela Equação 23.22:

$$u_B = \frac{B^2}{2\mu_0}$$ 24.28 ◀

Como E e B variam com o tempo em uma onda eletromagnética, as densidades de energia assim também variam. Utilizando as relações $B = E/c$ e $c = 1/\sqrt{\epsilon_0 \mu_0}$, a Equação 24.28 se torna

$$u_B = \frac{(E/c)^2}{2\mu_0} = \frac{\epsilon_0 \mu_0}{2\mu_0} E^2 = \frac{1}{2}\epsilon_0 E^2$$

Comparando este resultado com a expressão para u_E, vemos que

$$u_B = u_E$$

Ou seja, para uma onda eletromagnética, a densidade de energia instantânea associada ao campo magnético é igual à densidade de energia instantânea associada ao campo elétrico. Portanto, em dado volume, a energia é igualmente compartilhada pelos dois campos.

A **densidade total da energia instantânea** u é igual à soma das densidades de energia associadas aos campos elétrico e magnético:

$$u = u_E + u_B = \epsilon_0 E^2 = \frac{B^2}{\mu_0}$$ ▶ Densidade de energia instantânea total de uma onda eletromagnética

Quando esta densidade total de energia instantânea tiver sua média obtida em um ou mais ciclos de uma onda eletromagnética, obteremos novamente um fator de $\frac{1}{2}$. Portanto, a energia média total de uma onda eletromagnética por unidade de volume é

▶ Densidade de energia média de uma onda eletromagnética

$$u_{méd} = \epsilon_0(E^2)_{méd} = \tfrac{1}{2}\epsilon_0 E^2_{máx} = \frac{B^2_{máx}}{2\mu_0}$$ 24.29◀

Comparando este resultado com a Equação 24.26 para o valor médio de *S*, temos que

$$I = S_{méd} = cu_{méd}$$ 24.30◀

Em outras palavras, a intensidade de uma onda eletromagnética é igual à densidade média de energia multiplicada pela velocidade da luz.

TESTE RÁPIDO 24.2 Uma onda eletromagnética propaga-se na direção *y* negativa. O campo elétrico em um ponto do espaço é momentaneamente orientado na direção *x* positiva. Em qual direção está o campo magnético naquele ponto momentaneamente orientado? (a) na direção *x* negativa, (b) na direção *y* positiva, (c) na direção *z* positiva, (d) na direção *z* negativa

TESTE RÁPIDO 24.3 Quais das seguintes quantidades não variam no tempo para as ondas eletromagnéticas planas? (a) módulo do vetor de Poynting, (b) densidade de energia u_E, (c) densidade de energia u_B, (d) intensidade *I*

Exemplo 24.2 | Campos na página

Estime o módulo máximo dos campos elétrico e magnético da luz incidente nesta página por conta da luz visível vinda da lâmpada da sua mesa. Trate a lâmpada incandescente como uma fonte pontual da radiação eletromagnética, que é 5% eficiente na transformação de energia vinda pela transmissão elétrica para energia que sai pela luz visível.

SOLUÇÃO

Conceitualize O filamento da sua lâmpada incandescente emite radiação eletromagnética. Quanto mais brilhante a luz, maior é o módulo dos campos elétrico e magnético.

Categorize Por conta de a lâmpada incandescente ser tratada como uma fonte pontual, ela irradia igualmente em todas as direções, de modo que a radiação eletromagnética de saída pode ser modelada como uma onda esférica.

Analise Mencionamos que a intensidade é equivalente à energia média da radiação por unidade de área. Para uma fonte pontual irradiando uniformemente em todas as direções, a potência é distribuída igualmente pela área de superfície $4\pi r^2$ de uma esfera expandindo-se em *r* centrada na origem. Portanto, $I = P_{méd}/4\pi r^2$, onde *P* representa a potência.

Ajuste esta expressão para *I* igual à intensidade de uma onda eletromagnética dada pela Equação 24.26:

$$I = \frac{P_{méd}}{4\pi r^2} = \frac{E^2_{máx}}{2\mu_0 c}$$

Resolva para o módulo do campo elétrico:

$$E_{máx} = \sqrt{\frac{\mu_0 c P_{méd}}{2\pi r^2}}$$

Vamos fazer algumas suposições sobre os números que devem ser inseridos nesta equação. A saída da luz visível de uma lâmpada incandescente de 60 W que opera a uma eficiência de 5% é de aproximadamente 3,0 W pela luz visível. (A energia restante é transferida para fora da lâmpada por condução e radiação invisível). Uma distância razoável da lâmpada para a página deve ser de 0,30 m.

Substitua estes valores:

$$E_{máx} = \sqrt{\frac{(4\pi \times 10^{-7}\ \text{T}\cdot\text{m/A})(3,00 \times 10^8\ \text{m/s})(3,0\ \text{W})}{2\pi(0,30\ \text{m})^2}}$$

$$= 45\ \text{V/m}$$

Utilize a Equação 24.22 para descobrir o módulo do campo magnético:

$$B_{máx} = \frac{E_{máx}}{c} = \frac{45\ \text{V/m}}{3,00 \times 10^8\ \text{m/s}} = 1,5 \times 10^{-7}\ \text{T}$$

Finalize Este valor do módulo do campo magnético é duas ordens de grandeza menor que o campo magnético da Terra.

24.5 | Momento linear e pressão de radiação

As ondas eletromagnéticas transportam momentos lineares assim como energia. Portanto, resulta que a pressão é exercida em uma superfície quando uma onda eletromagnética com ela colide. Nesta discussão, vamos supor que a onda eletromagnética atinja a superfície em incidência normal e transporte uma energia total T_{RE} para ela em um intervalo de tempo Δt. Se a superfície absorve toda a energia incidente T_{RE} nesse intervalo de tempo, Maxwell mostrou que o momento linear total $\vec{p}$ transferido para essa superfície tem módulo

$$p = \frac{T_{RE}}{c} \quad \text{(absorção completa)} \qquad 24.31 \blacktriangleleft$$

▶ Momento linear cedido para uma superfície totalmente absorvente

A pressão de radiação P exercida na superfície é definida como força por unidade de área F/A. Vamos combinar esta definição com a Segunda Lei de Newton:

$$P = \frac{F}{A} = \frac{1}{A}\frac{dp}{dt}$$

Se, agora, substituíssemos p, o momento linear transferido para a superfície pela radiação, da Equação 24.31, teríamos

$$P = \frac{1}{A}\frac{dp}{dt} = \frac{1}{A}\frac{d}{dt}\left(\frac{T_{RE}}{c}\right) = \frac{1}{c}\frac{(dT_{RE}/dt)}{A}$$

> **Prevenção de Armadilhas | 24.4**
> **Muitos p's**
> Temos p para o momento linear e P para pressão, e ambos são relacionados a P para Potência! Certifique-se de colocar esses símbolos corretamente.

Reconhecemos que $(dT_{ER}/dt)/A$ como a taxa na qual a energia chega à superfície por unidade de área, que é o módulo do vetor de Poynting. Portanto, a pressão de radiação P exercida na superfície perfeitamente absorvente é

$$P = \frac{S}{c} \quad \text{(absorção completa)} \qquad 24.32 \blacktriangleleft$$

▶ Pressão de radiação exercida em uma superfície totalmente absorvente

Uma superfície absorvente para a qual toda energia incidente é absorvida (nada é refletido) é chamada **corpo negro**. Uma discussão mais detalhada sobre corpo negro será apresentada no Capítulo 28.

Como descobrimos na última seção, a intensidade de uma onda eletromagnética I é igual ao valor médio de S (Eq. 24.26); assim, podemos expressar a pressão de radiação média como

$$P_{méd} = \frac{S_{méd}}{c} = \frac{I}{c} \quad \text{(absorção completa)} \qquad 24.33 \blacktriangleleft$$

Além disso, como $S_{méd}$ representa a potência por unidade de área, descobrimos que a potência média liberada para uma superfície de área A é (utilizando "Potência" para representar a potência, porque temos P para pressão)

$$(Potência)_{méd} = IA \quad \text{(absorção completa)} \qquad 24.34 \blacktriangleleft$$

Se a superfície for um refletor perfeito, o momento linear liberado em um intervalo de tempo Δt para uma incidência normal é duas vezes aquele dado pela Equação 24.31, ou $p = 2T_{RE}/c$. Ou seja, um momento linear T_{RE}/c é liberado primeiro pela onda incidente, e depois novamente pela onda refletida, uma situação análoga a uma bola que colide elasticamente com uma parede.[4] Finalmente, a pressão de radiação exercida em uma superfície perfeitamente refletora para incidência normal da onda é duas vezes aquela dada pela Equação 24.32, ou

$$P = \frac{2S}{c} \quad \text{(reflexão completa)} \qquad 24.35 \blacktriangleleft$$

Embora as pressões de radiação sejam muito pequenas (aproximadamente 5×10^{-6} N/m² para luz direta do Sol), elas têm sido medidas utilizando-se as balanças de torção, como a indicada na Figura 24.10. É permitido que a luz atinja um espelho ou um disco negro, ambos suspensos por uma fibra fina. A luz que atinge o disco negro é totalmente absorvida, e então todo o momento linear é transferido para o disco. A luz que atinge o espelho (incidência normal) é totalmente refletida, e, portanto, a transferência de

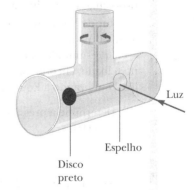

Figura 24.10 Um aparelho para a medição da pressão exercida pela luz. Na prática, o sistema está contido em alto vácuo.

---

[4] Para incidência *oblíqua*, o momento transferido é $2T_{RE}\cos\theta/c$ e a pressão é dada por $P = 2S\cos^2\theta/c$, onde θ é o ângulo entre a normal à superfície e a direção de propagação.

momento linear é duas vezes maior que a transferida para o disco. A pressão de radiação é determinada medindo-se o ângulo pelo qual a haste de conexão horizontal rotaciona. O instrumento deve ser colocado em um alto vácuo para eliminar os efeitos de correntes de ar.

TESTE RÁPIDO 24.4 Em um aparelho como o da Figura 24.10, suponha que o disco preto é substituído por um outro com metade do raio. Qual dos seguintes itens ficam diferentes após o disco ser substituído? **(a)** pressão de radiação no disco **(b)** força de radiação no disco **(c)** momento de radiação cedida para o disco em dado intervalo de tempo

PENSANDO EM FÍSICA 24.2

Há uma grande quantidade de poeira no espaço interplanetário no Sistema Solar. Embora essa poeira possa teoricamente ter uma variedade de tamanhos, do de uma molécula para cima, muito pouco disso é menor do que aproximadamente 0,2 μm no nosso Sistema Solar. Por quê? (*Dica*: O Sistema Solar originalmente contém partículas de poeira de todos os tamanhos.)

Raciocínio As partículas de poeira no Sistema Solar estão sujeitas a duas forças: a gravitacional em direção ao Sol e a de pressão de radiação por conta da luz do Sol, que aponta para longe do Sol. A força gravitacional é proporcional ao cubo do raio da partícula de poeira esférica porque é proporcional à massa da partícula. A força de radiação é proporcional ao quadrado do raio porque depende da seção reta circular da partícula. Para partículas maiores, a força gravitacional é maior do que a da pressão de radiação. Para as menores, abaixo de aproximadamente 0,2 μm, a força maior da pressão de radiação varre estas partículas para fora do Sistema Solar. ◄

Exemplo **24.3** | Energia solar

O Sol transfere aproximadamente 1.000 W/m² de energia para a superfície da Terra.

(A) Calcule a incidência total de potência em um telhado com dimensões 8,00 m × 20,0 m.

SOLUÇÃO

Conceitualize Deve ser fácil imaginar a energia partindo do Sol e atingindo o telhado. Esta transferência de energia é representada por T_{RE} na Equação 7.2.

Categorize Utilizaremos as equações desenvolvidas nesta seção para este problema; então, o categorizamos como um problema de substituição.

O vetor de Poynting tem um módulo médio de $I = S_{méd}$ = 1.000 W/m², que representa a potência por unidade de área. Presumindo que a radiação possui incidência normal no telhado, encontre a potência tranferida para todo o telhado utilizando a Equação 24.34:

$(Potência)_{méd} = IA = (1.000 \text{ W/m}^2)(8,00 \text{ m})(20,0 \text{ m})$
$= 1,60 \times 10^5 \text{ W}$

(B) Determine a pressão de radiação e a força de radiação no telhado, presumindo que sua cobertura seja um absorvedor perfeito.

SOLUÇÃO

Utilizando a Equação 24.33 com $I = 1.000$ W/m², encontre a pressão de radiação média no telhado:

$P_{méd} = \dfrac{I}{c} = \dfrac{1.000 \text{ W/m}^2}{3,00 \times 10^8 \text{ m/s}} = 3,33 \times 10^{-6} \text{ N/m}^2$

Levando em conta que a pressão é definida como força por unidade de área, encontre a força de radiação no telhado:

$F = P_{méd} A = (3,33 \times 10^{-6} \text{ N/m}^2)(8,00 \text{ m})(20,0 \text{ m})$
$= 5,33 \times 10^{-4} \text{ N}$

Exemplo 24.4 | Pressão de uma caneta laser

Quando as pessoas fazem apresentações, muitas utilizam uma caneta laser para direcionar a atenção do público para a informação na tela. Se uma caneta de 3,0 mW cria uma mancha na tela que tenha 2,0 mm de diâmetro, determine a pressão de radiação na tela que reflete 70% da luz que a atinge. A potência de 3,0 mW é o valor médio no tempo.

SOLUÇÃO

Conceitualize Imagine ondas atingindo a tela e exercendo nela uma pressão de radiação. A pressão não deve ser muito grande.

Categorize Este problema envolve um cálculo de pressão de radiação utilizando uma abordagem como a da Equação 24.32 ou a 24.35, mas é complicado pelos 70% de reflexão.

Analise Começamos a determinar o módulo do vetor de Poynting do feixe.

Divida a potência média no tempo liberada pela onda eletromagnética pela seção reta do feixe:

$$S_{méd} = \frac{(Potência)_{méd}}{A} = \frac{(Potência)_{méd}}{\pi r^2} = \frac{3,0 \times 10^{-3} \text{ W}}{\pi \left(\frac{2,0 \times 10^{-3} \text{ m}}{2}\right)^2} = 955 \text{ W/m}^2$$

Agora, vamos determinar a pressão de radiação do feixe de laser. A Equação 24.35 indica que um feixe completamente refletido aplicaria uma pressão média de $P_{méd} = 2S_{méd}/c$. Podemos modelar a reflexão real conforme segue. Imagine que a superfície absorve o feixe, resultando na pressão $P_{méd} = S_{méd}/c$. Então, a superfície emite o feixe, resultando em pressão adicional $P_{méd} = S_{méd}/c$. Se a superfície emite somente uma fração f do feixe (de modo que f é a quantidade de feixe incidente refletido) a pressão em razão do feixe emitido é $P_{méd} = fS_{méd}/c$.

Utilize este modelo para encontrar a pressão total na superfície em razão da absorção e reemissão (reflexão):

$$P_{méd} = \frac{S_{méd}}{c} + f\frac{S_{méd}}{c} = (1 + f)\frac{S_{méd}}{c}$$

Avalie esta pressão para um feixe que reflita 70%:

$$P_{méd} = (1 + 0,70)\frac{955 \text{ W/m}^2}{3,0 \times 10^8 \text{ m/s}} = 5,4 \times 10^{-6} \text{ N/m}^2$$

Finalize A pressão tem um valor extremamente pequeno, como esperado. (Lembre-se, da Seção 15.1, de que a pressão atmosférica é aproximadamente 10^5 N/m²). Considere o módulo do vetor de Poynting, $S_{méd} = 955$ W/m². É aproximadamente o mesmo que a intensidade da luz do Sol na superfície da Terra. Por esta razão, não é seguro apontar o feixe da caneta laser nos olhos de uma pessoa, o que pode ser mais perigoso do que olhar diretamente para o Sol.

Navegação espacial

Ao imaginar uma viagem para outro planeta, em geral pensamos nos motores dos foguetes tradicionais, que convertem energia química em combustível transportado na nave espacial em energia cinética. Uma alternativa interessante para esta abordagem é a **navegação espacial**. Uma nave destinada a isso contém uma vela muito grande que reflete luz. Seu movimento depende da pressão da luz, ou seja, a força exercida na vela pela reflexão da luz do Sol. Os cálculos realizados (antes de os primeiros projetos de espaço-navegação serem arquivados pela redução orçamentária do governo norte-americano) mostraram que os veleiros espaciais viajariam para e de planetas em tempos semelhantes aos dos foguetes tradicionais, mas por um custo menor.

Os cálculos mostraram que a força de radiação do Sol em um veleiro com velas grandes seria igual ou levemente maior do que a força gravitacional. Se essas duas forças são iguais, o veleiro pode ser modelado como uma partícula em equilíbrio, pois a força gravitacional dirigida para o Sol equilibra a força com sentido oposto exercida pela sua luz. Se o veleiro tem uma velocidade inicial em alguma direção para longe do Sol, ele se moveria em uma linha reta sob a ação dessas duas forças, sem necessidade de combustível. Por outro lado, uma nave espacial tradicional, com o motor de foguete desligado, desaceleraria por conta da força gravitacional sobre ele devido ao Sol. Tanto a força na vela quanto a gravitacional do Sol caem com o inverso do quadrado da separação Sol-veleiro. Portanto, teoricamente, o movimento em linha reta do veleiro continuaria para sempre sem precisar de combustível.

Utilizando apenas o movimento transmitido para o veleiro pelo Sol, a nave alcançaria Alpha Centauri em aproximadamente 10.000 anos. Esse intervalo de tempo pode ser reduzido para 30 a 100 anos utilizando-se o *sistema de potência emitida* por raio de luz. Neste conceito, a luz do Sol é coletada pelo aparelho de transformação em órbita ao

Usar óculos de sol que não bloqueiam os raios ultravioletas (UV) é pior para os olhos do que não usá-los. As lentes de quaisquer óculos de sol absorve alguma luz visível, fazendo que a pupila dilate. Se as lentes também não bloqueiam o raio UV, mais danos podem ser causados aos olhos por conta das pupilas dilatadas. Se você não usa óculos de sol, suas pupilas se contraem, você aperta os olhos e menos raios UV entram neles. Óculos de sol de alta qualidade bloqueiam praticamente toda a luz UV que causa danos aos olhos.

redor da Terra e é convertida em feixes de laser ou de micro-ondas direcionados para o veleiro. A força desses feixes intensos de radiação aumenta a aceleração de navegação e o tempo de transição é significantemente reduzido. Utilizando esta técnica, os cálculos indicam que o veleiro atingiria a velocidade projetada de até 20% da velocidade da luz.

24.6 | Espectro das ondas eletromagnéticas

As ondas eletromagnéticas se deslocam pelo vácuo com velocidade c, frequência f e comprimento de onda λ. Os diversos tipos de ondas eletromagnéticas, todas produzidas por cargas aceleradas, estão indicados na Figura 24.11. Observe a ampla faixa de frequências e comprimentos de ondas. Vamos descrever brevemente os tipos de ondas indicados na Figura 24.11.

Ondas de rádio são o resultado das cargas em aceleradas; por exemplo, por fios condutores em uma antena de rádio. Elas são geradas pelos aparelhos eletrônicos, como osciladores LC, e utilizadas em sistemas de comunicação de rádio e televisão.

Micro-ondas (ondas curtas de rádio) têm comprimento de onda entre 1 mm e 30 cm e também são geradas por aparelhos eletrônicos. Devido ao seu curto comprimento de onda, são bem adaptadas para sistemas de radar utilizados na navegação de aeronaves e para o estudo das propriedades atômicas e moleculares. As ondas do aparelho micro-ondas são exemplo de aplicações domésticas.

Ondas infravermelhas têm comprimentos de onda variando de aproximadamente 1 mm até o comprimento mais longo da onda de luz visível, 7×10^{-7} m. Essas ondas, produzidas por corpos em temperatura ambiente e pelas moléculas, são prontamente absorvidas pela maioria dos materiais. A radiação infravermelha tem muitas aplicações práticas e científicas, incluindo fisioterapia, fotografia infravermelha e espectroscopia vibracional. Seu controle remoto para TV ou DVD provavelmente utiliza um feixe infravermelho para se comunicar com o dispositivo de vídeo.

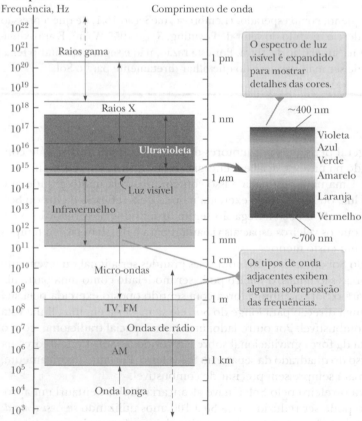

Figura 24.11 Espectro eletromagnético.

Luz visível, a forma mais familiar de ondas eletromagnéticas, é a parte do espectro que o olho humano pode detectar. A luz é produzida por corpos quentes, como filamentos de lâmpadas incandescentes, e pela reorganização de elétrons em átomos e moléculas. Os comprimentos de onda da luz visível são classificados por cores, variando de violeta ($\lambda \approx 4 \times 10^{-7}$ m) a vermelho ($\lambda \approx 7 \times 10^{-7}$ m). A sensibilidade do olho humano é uma função do comprimento de onda, e tem uma sensibilidade máxima para comprimentos de onda de aproximadamente $5,5 \times 10^{-7}$ m (amarelo-verde). A Tabela 24.1 fornece as correspondências aproximadas entre o comprimento de onda da luz visível e a cor atribuída a ela pelos humanos. A luz é a base da ciência da óptica, e será discutida nos Capítulo 25 a 27.

Luz ultravioleta cobre comprimentos de onda variando de aproximadamente 4×10^{-7} m (400 nm) para baixo a aproximadamente 6×10^{-10} m (0,6 nm). O Sol é uma fonte importante de ondas ultravioletas, que são a principal fonte de bronzeamento e causa de queimaduras. Os átomos na estratosfera absorvem a maioria das ondas ultravioletas do Sol (o que é favorável, pois, em grande quantidade, têm efeitos prejudiciais ao ser humano). Um elemento importante da estratosfera é o ozônio (O$_3$), que resulta das reações entre o oxigênio e a radiação ultravioleta. Essa proteção de ozônio converte a radiação ultravioleta letal de alta energia em radiação infravermelha inofensiva. Uma grande preocupação vem crescendo com relação à diminuição da proteção da camada de ozônio devido ao uso de uma classe química chamada clorofluorcarbono (por exemplo, freon) em latas de spray de aerossol e em refrigeradores.

Raios X são ondas eletromagnéticas com comprimentos de onda na faixa de aproximadamente 10^{-8} m (10 nm) para baixo a 10^{-13} m (10^{-4} nm). A fonte de raio X mais comum é a aceleração dos elétrons de alta energia bombardeando alvo metálico. Raios X são utilizados como uma ferramenta de diagnóstico na medicina e como tratamento para determinadas formas de câncer. Como eles podem danificar e/ou destruir tecidos e organismos vivos, deve-se tomar muito cuidado para evitar exposição e superexposição desnecessárias; também são utilizados no estudo da estrutura de cristais; seus comprimentos de onda são comparáveis às distâncias de separação atômica ($\approx$ 0,1 nm) em sólidos.

Raios gama são ondas eletromagnéticas emitidas pelos núcleos radioativos e durante algumas reações nucleares. Os comprimentos de onda variam de aproximadamente 10^{-10} m a menos de 10^{-14} m. São altamente penetrantes e causam sérios danos quando absorvidos pelos tecidos vivos. Por consequência, o trabalho próximo a tais radiações perigosas deve ser protegido com materiais altamente absorventes, como camadas de chumbo.

> **TESTE RÁPIDO 24.5** Em muitas cozinhas, o forno de micro-ondas é utilizado para cozinhar. A frequência das micro-ondas é da ordem de 10^{10} Hz. Esses comprimentos de onda são da ordem de (**a**) quilômetros, (**b**) metros, (**c**) centímetros ou (**d**) micrômetros?

> **TESTE RÁPIDO 24.6** Uma onda de rádio de frequência na ordem de 10^5 Hz é utilizada para transportar uma onda sonora com frequência na ordem de 10^3 Hz. O comprimento dessa onda é da ordem de (**a**) quilômetros, (**b**) metros, (**c**) centímetros ou (**d**) micrômetros?

TABELA 24.1
Correspondência aproximada entre comprimentos de onda de luz visível e cor

Faixa de comprimento de onda (nm)	Descrição da cor
400–430	Violeta
430–485	Azul
485–560	Verde
560–590	Amarelo
590–625	Laranja
625–700	Vermelho

Observação: As faixas de comprimento de onda aqui são aproximadas. Pessoas diferentes descreverão cores de formas diferentes.

Prevenção de Armadilhas | 24.5
Raios de calor
Raios infravermelhos são chamados "raios de calor". Esta terminologia é um termo equivocado. Embora a radiação infravermelha seja utilizada para aumentar ou manter a temperatura, como no caso de manter a comida aquecida com "lâmpadas de aquecimento" em restaurantes *fast-food*, todos os comprimentos de ondas de radiação eletromagnética transportam energia que pode causar o aumento da temperatura de um sistema. Por exemplo, considere utilizar seu forno de micro-ondas para assar uma batata, cuja temperatura aumenta por conta das micro-ondas.

> **PENSANDO EM FÍSICA 24.3**
>
> **BIO** Centro de sensibilidade da visão
>
> O centro de sensibilidade dos nossos olhos está próximo da mesma frequência do centro de distribuição de comprimento de onda da luz do Sol. Isso não é uma coincidência maravilhosa?
>
> **Raciocínio** Não é coincidência, mas, sim, o resultado da evolução biológica. Os seres humanos evoluíram para ser visualmente mais sensíveis aos comprimentos de ondas mais fortes do Sol. É uma conjectura interessante imaginar os alienígenas de outro planeta, com o Sol em uma temperatura diferente, chegando à Terra. Seus olhos teriam o centro de sensibilidade em diferentes comprimentos de onda em relação aos nossos. Como seria a visão deles na Terra se comparada à nossa? ◄

24.7 | Polarização das ondas de luz

Conforme aprendemos na Seção 24.3, os vetores elétrico e magnético associados com uma onda eletromagnética são perpendiculares um ao outro e também à direção da propagação de onda, conforme indicado na Figura Ativa 24.4. O fenômeno da polarização descrito nesta seção é uma propriedade que especifica as direções dos campos elétrico e magnético associados a uma onda eletromagnética.

Um feixe comum de luz consiste de uma grande quantidade de ondas emitidas pelos átomos da fonte de luz. Cada átomo produz uma onda com orientação própria do campo elétrico $\vec{E}$, correspondendo à direção de vibração no átomo. A direção da polarização da onda eletromagnética é definida como aquela na qual $\vec{E}$ está vibrando. No entanto, como todas as direções de vibrações são possíveis em um grupo de átomos que emite um feixe de luz, o feixe resultante é uma superposição de ondas produzidas pelas fontes atômicas individuais. O resultado é um feixe de luz **não polarizado**, representado esquematicamente na Figura 24.12a. A direção da propagação da onda nesta figura é perpendicular à página. A figura sugere que *todas* as direções do vetor campo elétrico que estão em um plano perpendicular à direção de propagação são igualmente prováveis.

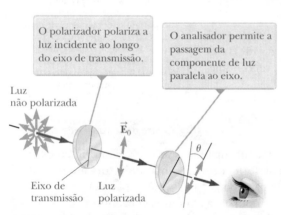

Figura 24.12 (a) Um feixe de luz não polarizado visto ao longo da direção de propagação (perpendicular à página). O vetor campo elétrico variável no tempo pode estar em qualquer direção no plano da página com probabilidades iguais. (b) Um feixe de luz linearmente polarizado com o vetor campo elétrico variável no tempo na direção vertical.

Um feixe de luz é dito **linearmente polarizado** se a orientação de $\vec{E}$ for a mesma para todas as ondas individuais em *todos os instantes* em um ponto particular, conforme sugerido na Figura 24.12b. (Às vezes, tal onda é descrita como **plano polarizado.**) A onda descrita na Figura Ativa 24.4 é um exemplo de onda linearmente polarizada ao longo do eixo y. Como o campo se propaga na direção x, $\vec{E}$ está sempre ao longo do eixo y. O plano formado por $\vec{E}$ e a direção de propagação são chamados **plano de polarização** da onda. Na Figura Ativa 24.4, o plano de polarização é o plano xy. É possível obter uma onda linearmente polarizada de uma onda não polarizada removendo-se da não polarizada todos os componentes dos vetores de campo elétrico, exceto os que estão em um plano único.

A técnica mais comum para polarizar a luz é enviá-la através de um material que permita a passagem apenas dos componentes dos vetores campo elétrico que são paralelos a uma direção característica do material, chamada **direção polarizante**. Em 1938, E. H. Land descobriu tal material, que chamou **Polaroide**, que polariza a luz pela absorção seletiva por moléculas orientadas. Esse material é fabricado em folhas finas de hidrocarbonetos de cadeia longa, que são esticadas durante a fabricação; assim, as moléculas se alinham. Após uma folha ter sido imersa em uma solução com iodo, as moléculas se tornam bons condutores elétricos. No entanto, a condução ocorre principalmente ao longo das cadeias de hidrocarbonetos, pois os elétrons de valência das moléculas podem se deslocar facilmente somente ao longo das cadeias (elétrons de valência são elétrons "livres" que podem se deslocar facilmente através do condutor). Como resultado, as moléculas *absorvem* prontamente a luz, cujo vetor campo elétrico é paralelo ao comprimento e *transmitem* a luz, cujo vetor campo elétrico é perpendicular ao comprimento. É comum referir-se a uma direção às cadeias moleculares como **eixos de transmissão**. Um polarizador ideal permite a passagem dos componentes dos vetores elétricos, que são paralelos ao eixo de transmissão. Os componentes perpendiculares ao eixo de transmissão são absorvidos. Se a luz passa através de diversos polarizadores, independentemente do que seja transmitido, tem o plano de polarização paralelo à direção polarizante do último polarizador pelo qual passou.

Vamos obter uma expressão para a intensidade da luz que passa pelo material polarizado. Na Figura Ativa 24.13, um feixe de luz não polarizado incide sobre a primeira película polarizada, chamada **polarizador**, onde o eixo de transmissão está conforme indicado. A luz que passa através dessa película é polarizada verticalmente, e o vetor campo elétrico transmitido é $\vec{E}_0$. Uma segunda película polarizada, chamada **analisador**, intercepta esse feixe com seu eixo de transmissão a um ângulo θ para seu eixo do polarizador. O componente de $\vec{E}_0$ que é perpendicular ao eixo do analisador é completamente absorvido, e o componente paralelo àquele eixo é $E_0 \cos\theta$. Sabemos, da Equação 24.26, que a intensidade transmitida varia com o *quadrado* da amplitude transmitida, então concluímos que a intensidade da luz (polarizada) transmitida varia como

Figura Ativa 24.13 Duas películas polarizantes cujos eixos de transmissão formam um ângulo θ. Somente uma fração da luz polarizada incidente no analisador é transmitida.

▶ Lei de Malus

$$I = I_{\text{máx}} \cos^2\theta \qquad \text{24.36} \blacktriangleleft$$

onde $I_{\text{máx}}$ é a intensidade da onda polarizada no analisador. Esta expressão, conhecida como **Lei de Malus**, aplica-se a quaisquer dos dois materiais polarizados cujos eixos de transmissão estão em um ângulo θ entre si. Com base nesta expressão, observe que a intensidade transmitida é um máximo quando os eixos de transmissão são paralelos ($\theta = 0$ ou $180°$), e zero (absorção completa pelo analisador) quando os eixos de transmissão são perpendiculares entre si. Essa variação em intensidade transmitida por um par de películas polarizadas é ilustrada na Figura 24.14. Como o valor médio de $\cos^2\theta$ é $\frac{1}{2}$, a intensidade da luz inicialmente não polarizada é reduzida à metade, como a luz que passa pelo polarizador ideal único.

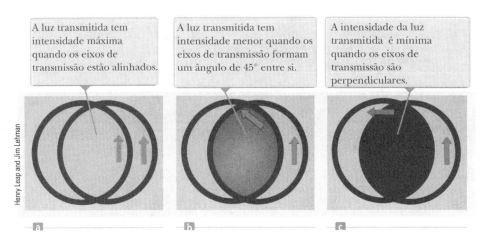

Figura 24.14 A intensidade da luz transmitida através de dois polarizadores depende da orientação relativa dos eixos de transmissão. As setas indicam o eixo de transmissão dos polarizadores.

> **TESTE RÁPIDO 24.7** Um polarizador para micro-ondas pode ser feito com uma grade de fios de metal paralelos a aproximadamente 1 cm de distância entre si. O vetor campo elétrico para as micro-ondas transmitidas por este polarizador está (a) paralelo ou (b) perpendicular aos fios de metal?

24.8 | Conteúdo em contexto: as propriedades especiais da luz de laser

Neste capítulo e nos próximos três, exploraremos a natureza do laser e várias de suas aplicações em nossa sociedade tecnológica. As propriedades primárias do laser que o torna útil nessas aplicações são:

- A luz é coerente. Os raios individuais de luz no feixe de laser mantêm uma relação de fase fixa entre si, resultando em nenhuma interferência destrutiva.
- A luz é monocromática. A luz do laser tem uma faixa de comprimento de onda muito pequena.
- A luz tem um pequeno ângulo de divergência. O feixe se espalha muito pouco, mesmo a longas distâncias.

Para compreender a origem dessas propriedades, vamos combinar nosso conhecimento dos níveis de energia atômica do Capítulo 11 (Volume 1) com algumas exigências especiais para os átomos que emitem laser.

Como descobrimos no Capítulo 11, as energias de um átomo são quantizadas. Utilizamos uma representação semigráfica chamada *diagrama de nível de energia* naquele capítulo para nos ajudar a compreender as energias quantizadas em um átomo. A produção do laser depende principalmente das propriedades desses níveis de energia nos átomos, a fonte da luz de laser.

A palavra *laser* é um acrônimo (em inglês) para **l**ight **a**mplification by **s**timulated **e**mission of **r**adiation (amplificação da luz por emissão estimulada de radiação). O nome completo indica uma das exigências do laser, que o processo da **emissão estimulada** deve ocorrer para se obter a ação de laser.

Suponha que um átomo está em estado excitado E_2, como na Figura Ativa 24.15, e um fóton com energia $hf = E_2 - E_1$ incide nele. O fóton incidente pode estimular o átomo excitado para retornar ao estado fundamental, e portanto, emitir um segundo fóton tendo a mesma energia hf e deslocando-se na mesma direção. Observe que o fóton incidente não é absorvido, então, depois da emissão estimulada, existem dois fótons idênticos: o incidente e o emitido. O fóton emitido está em fase com o incidente. Esses fótons podem estimular outros átomos a emitir fótons em uma cadeia de processos similares. A grande quantidade de fótons produzidos dessa maneira é a fonte da luz intensa e coerente em um laser.

Para a emissão estimulada resultar em laser, é preciso ter um acúmulo de fótons no sistema. As seguintes três condições devem ser satisfeitas para alcançar esse acúmulo:

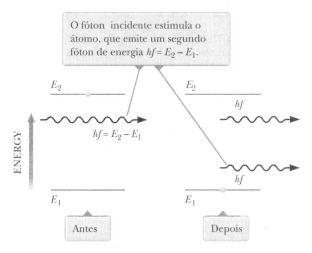

Figura Ativa 24.15 Emissão estimulada de um fóton por um fóton incidente de energia hf. Inicialmente, o átomo está no estado excitado.

Figura 24.16 Diagrama esquemático do desenho de um laser.

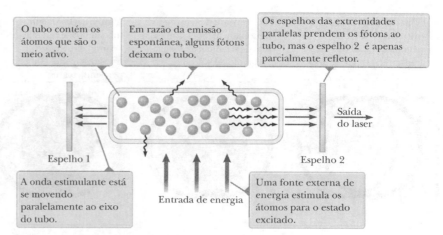

- O sistema deve estar em um estado de **inversão populacional.** Mais átomos devem estar em um estado excitado do que no estado fundamental. Os átomos neste último estado podem absorver os fótons, elevando-os para o estado excitado. A inversão populacional garante que teremos mais emissão de fótons dos átomos excitados do que absorção por aqueles no estado fundamental.
- O estado excitado do sistema tem de ser um *estado metaestável*, o que significa que o tempo de vida deve ser longo se comparado com o geralmente curto dos estados excitados, que geralmente é de 10^{-8} s. Neste caso, a emissão estimulada provavelmente ocorre antes da emissão espontânea. A energia de um estado metaestável é indicada com um asterisco, E^*.

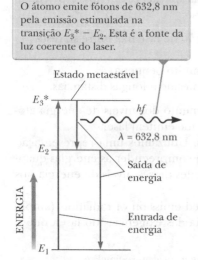

Figura 24.17 Diagrama de nível de energia para um átomo de neônio em um laser hélio-neônio.

- Os fótons emitidos devem ser confinados no sistema tempo suficiente para habilitá-los a estimular emissão adicional dos outros átomos excitados, o que é conseguido utilizando-se os espelhos refletores no fim do sistema. Uma extremidade é totalmente refletiva, e a outra, levemente transparente para permitir que o feixe de luz escape (Fig. 24.16).

Um aparelho que exibe a emissão de radiação estimulada é o laser de gás hélio--neônio. A figura 24.17 é um diagrama de nível de energia para o átomo de neônio nesse sistema. A mistura de hélio e neônio é confinada em um tubo de vidro selado nas extremidades pelos espelhos. Uma tensão aplicada pelo tubo faz que os elétrons varram o tubo, colidindo com os átomos desses gases e levando-os ao estado excitado. Os átomos de neônio são excitados para o estado E_3^* por este processo e também através das colisões com os átomos de hélio excitados. Ocorre a emissão estimulada, fazendo que os átomos de neônio passem para o estado E_2, também estimulando os átomos excitados ao redor. O resultado é a produção de luz coerente de comprimento de onda 632,8 nm.

Aplicações

Desde o desenvolvimento do primeiro laser em 1960, ocorreu um extraordinário crescimento na tecnologia a laser. Lasers que cobrem os comprimentos de onda nas regiões infravermelhas, visíveis e ultravioletas estão agora disponíveis. Suas aplicações incluem "soldagem" cirúrgica das retinas descoladas, pesquisa de precisão e medição de comprimento, corte de precisão de metais e outros materiais, além da comunicação por telefone utilizando fibras ópticas. Essas e outras aplicações são possíveis por conta das características únicas do laser, pois, além de ser altamente monocromático e direcional, pode ser focado com alta precisão para produzir regiões de intensa energia luminosa (com densidades de energia 10^{12} vezes maior que a da chama de um maçarico de corte típico).

Os lasers são utilizados na medição de distância de longo alcance (telemetria). Nos últimos anos, tornou-se importante na astronomia e na geofísica medir o mais precisamente possível as distâncias de diversos pontos na superfície da Terra em relação a outro na superfície da Lua. Para facilitar tais medições, os astronautas da *Apollo* montaram um quadrado de 0,5 m de prismas refletores na Lua, permitindo que os lasers direcionados da estação na Terra sejam retrofletidos para a mesma estação. Utilizando a velocidade de luz conhecida e medida do tempo de deslocamento de ida e volta de um pulso de laser, a distância da Terra à Lua pode ser determinada com uma precisão melhor que 10 cm.

Como diversos comprimentos de onda de laser podem ser absorvidos em tecidos biológicos específicos, os lasers têm várias aplicações médicas. Por exemplo, determinados procedimentos a laser têm reduzido muito a cegueira em pacientes com glaucoma e diabetes. Glaucoma é uma condição ocular muito comum caracterizada pela alta pressão do fluido no olho, uma condição que pode levar à destruição do nervo óptico. Uma simples cirurgia a laser (iridectomia) pode "queimar" e abrir um pequeno orifício em uma membrana obstruída, aliviando a pressão destrutiva. Um sério efeito colateral da diabetes é a neovascularização, proliferação de vasos sanguíneos fracos que muitas vezes vazam. Quando a neovascularização ocorre na retina, a visão deteriora (retinopatia diabética) e finalmente é destruída. Hoje, é possível direcionar a luz verde de um laser de argônio pelo cristalino e fluido ocular limpos, focando nas bordas da retina para, assim, fotocoagular os vasos fracos. Mesmo aqueles com problemas menores de visão, como miopia, estão se beneficiando do uso de laser para remodelar a córnea, modificando seu comprimento focal e reduzindo a necessidade de óculos.

BIO Uso do laser em oftalmologia

A cirurgia a laser é, agora, um procedimento diário em hospitais e clínicas médicas ao redor do mundo. A luz infravermelha a 10 μm do laser de dióxido de carbono pode cortar o tecido muscular, basicamente vaporizando a água contida no material celular. A potência necessária do laser para esta técnica é de aproximadamente 100 W. A vantagem da "faca a laser" sobre os métodos convencionais é que a radiação a laser corta o tecido e coagula o sangue ao mesmo tempo, reduzindo substancialmente a perda sanguínea. Além disso, a técnica virtualmente elimina a migração celular, uma consideração importante ao se remover tumores.

BIO Cirurgia a laser

Na pesquisa biológica e médica, com frequência é importante isolar e coletar células incomuns para estudo e cultivo. Um separador de células a laser marca células específicas com um corante fluorescente. Todas as células passam por um colar elétrico muito pequeno, no qual o laser promove a florescência do corante e um sensor marca a célula. Se emitir a luz correta, uma pequena carga elétrica é aplicada na célula, que, então, é defletida para o tubo de ensaio.

BIO Separador celular a laser

Uma empolgante área de pesquisa e aplicações tecnológicas surgiu nos anos 1990 com o desenvolvimento do *aprisionamento de átomos com laser*. A técnica, conhecida por *melaço óptico*, desenvolvida por Steven Chu, da Universidade de Stanford, e seus pares, envolve focar seis feixes de laser em uma pequena região da qual se deseja aprisionar os átomos. Cada par de laser está ao longo dos eixos *x*, *y* e *z* e emite luz em direções opostas (Fig. 24.18). A frequência do laser é ajustada para ficar levemente abaixo da de absorção do átomo. Imagine que um átomo foi colocado na região de armadilha e se move ao longo do eixo *x* positivo em direção ao laser que está emitindo a luz na sua direção (o laser mais à direita no eixo *x* da Fig. 24.18). Por causa do movimento do átomo, a luz do laser aparece como um desvio do efeito Doppler para cima em relação à frequência do sistema de referência do átomo. Portanto, há uma combinação entre o desvio da frequência do laser pelo efeito Doppler e a frequência de absorção do átomo, e o átomo absorve os fótons.[5] O momento linear transferido pelos fótons faz que o átomo seja puxado de volta para o centro da armadilha. Incorporando seis lasers, os átomos são puxados de volta para a armadilha, independentemente de como se movam ao longo dos eixos.

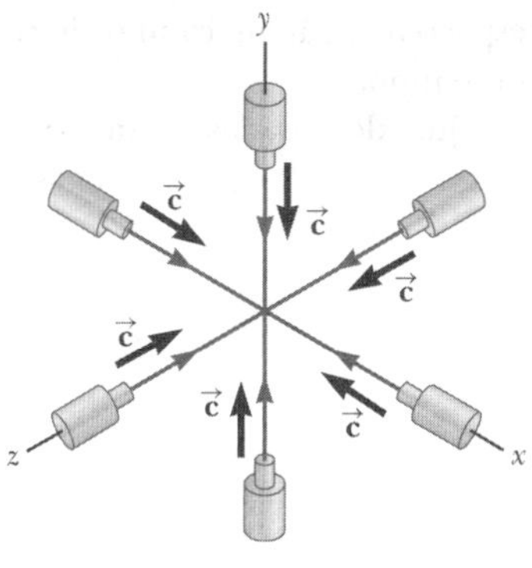

Em 1986, Chu desenvolveu *pinças ópticas*, aparelho que utiliza um único feixe de laser firmemente focado para capturar e manipular pequenas partículas. Em combinação com o microscópio, as pinças ópticas abriram várias possibilidades para os biólogos; são utilizadas para manipular bactérias vivas sem danificá-las, mover cromossomos dentro do núcleo de uma célula e medir as propriedades elásticas de uma única molécula de DNA. Chu compartilhou o Prêmio Nobel de Física de 1997 com mais dois pares pelo desenvolvimento das técnicas de confinamento óptico.

Figura 24.18 Uma armadilha óptica para átomos é formada no ponto de intersecção de seis feixes a laser contrapropagados ao longo dos eixos perpendiculares entre si.

Uma extensão do confinamento com laser, o *resfriamento a laser*, é possível porque as altas velocidades normais em átomos são reduzidas quando restritos à região da armadilha. Em consequência, a temperatura do conjunto de átomos pode ser reduzida para alguns microkelvins. A técnica de resfriamento a laser permite que os cientistas estudem o comportamento dos átomos em temperaturas extremamente baixas (Fig. 24.19).

Em 1920, Satyendra Nath Bose (1894–1974) estava estudando os prótons e investigando conjuntos de prótons idênticos, que podem estar no mesmo estado quântico. Einstein acompanhou o trabalho de Bose e previu que o conjunto de átomos poderia estar no mesmo estado quântico se a temperatura fosse baixa o suficiente. O conjunto

---

[5] A luz do laser deslocando-se na mesma direção do átomo sofre um decréscimo na frequência, causado pelo efeito Doppler, então não há absorção. Portanto, o átomo não é empurrado para fora da armadilha pelo laser diametralmente oposto.

Este ponto é a amostra de átomos de sódio aprisionados.

Figura 24.19 Um membro da equipe do National Institute of Standarts and Technology (Instituto Nacional de Padrões e Tecnologia) observa uma amostra de átomos de sódio aprisionados resfriada a uma temperatura medida em microkelvins.

de átomos proposto é chamado *condensado de Bose–Einstein*. Em 1995, utilizando o resfriamento a laser complementado com o resfriamento evaporativo, o primeiro condensado Bose–Einstein foi criado em laboratório por Eric Cornell e Carl Wieman, que receberam o Prêmio Nobel de Física de 2001 por esse trabalho. Muitos laboratórios agora estão criando os condensados de Bose–Einstein e estudando suas propriedades e possíveis aplicações. Um resultado interessante foi relatado pelo grupo da Universidade de Harvard, conduzido por Lene Vestergaard Hau em 2001. Ela e seus pares anunciaram que conseguiram fazer um pulso de luz parar completamente utilizando o condensado de Bose–Einstein.[6]

Mais recentemente, cientistas descobriram um novo tipo de condensado de Bose–Einstein em uma quase partícula chamada *polariton*.[7] O polariton, que é a superposição de um fóton e uma excitação eletrônica em um sólido, geralmente existe por apenas alguns picossegundos em uma cavidade óptica. Esses condensados são únicos, pois extremamente leves se comparados aos condensados atômicos e, portanto, exibem efeitos quânticos em temperaturas mais altas.

Exploramos as propriedades gerais do laser neste capítulo. No Conteúdo em contexto do Capítulo 25, abordaremos a tecnologia das fibras ópticas, nas quais lasers são utilizados em variadas aplicações.

> **RESUMO**

Corrente de deslocamento I_d é definida como

$$I_d \equiv \epsilon_0 \frac{d\Phi_E}{dt} \qquad \text{24.1}◀$$

e representa uma corrente efetiva através de uma região do espaço na qual um campo elétrico está variando em função do tempo.

Quando usadas com a lei da força de Lorentz ($\vec{F} = q\vec{E} + q\vec{v} \times \vec{B}$), as **equações de Maxwell** descrevem todos os fenômenos eletromagnéticos:

$$\oint \vec{E} \cdot d\vec{A} = \frac{q}{\epsilon_0} \qquad \text{24.4}◀$$

$$\oint \vec{B} \cdot d\vec{A} = 0 \qquad \text{24.5}◀$$

$$\oint \vec{E} \cdot d\vec{s} = -\frac{d\Phi_B}{dt} \qquad \text{24.6}◀$$

$$\oint \vec{B} \cdot d\vec{s} = \mu_0 I + \epsilon_0\mu_0 \frac{d\Phi_E}{dt} \qquad \text{24.7}◀$$

Ondas eletromagnéticas, previstas pelas equações de Maxwell, têm as seguintes propriedades:

- Os campos elétrico e magnético satisfazem, cada um, as seguintes equações de onda, que podem ser obtidas a partir da terceira e da quarta equações de Maxwell:

$$\frac{\partial^2 E}{\partial x^2} = \mu_0 \epsilon_0 \frac{\partial^2 E}{\partial t^2} \qquad \text{24.16}◀$$

$$\frac{\partial^2 B}{\partial x^2} = \mu_0 \epsilon_0 \frac{\partial^2 B}{\partial t^2} \qquad \text{24.17}◀$$

- Ondas eletromagnéticas se deslocam no vácuo com a velocidade da luz $c = 3{,}00 \times 10^8$ m/s, onde

$$c = \frac{1}{\sqrt{\mu_0 \epsilon_0}} \qquad \text{24.18}◀$$

- Os campos elétrico e magnético de uma onda eletromagnética são perpendiculares entre si e perpendiculares à direção de propagação da onda; logo, ondas eletromagnéticas são transversais. Os campos elétrico e magnético de uma onda eletromagnética senoidal plana que se propaga na direção positiva do eixo *x* podem ser escritos

---

[6] C. Liu, Z. Dutton, C. H. Behroozi, e L. V. Hau, Observation of Coherent Optical Information Storage in an Atomic Medium Using Halted Light Pulses, *Nature*, p. 409, 490-493, 25 de janeiro de 2001.

[7] D. Snokeand P., Littlewood, Polariton Condensates, *Physics Today*, p. 42-47, agosto de 2010.

$$E = E_{\text{máx}} \cos(kx - \omega t) \quad \textbf{24.19}◀$$

$$B = B_{\text{máx}} \cos(kx - \omega t) \quad \textbf{24.20}◀$$

onde ω é a frequência angular da onda, e k é o número angular da onda. Estas equações representam soluções especiais para as equações de onda para $\vec{E}$ e $\vec{B}$.

- Os módulos instantâneos de $\vec{E}$ e $\vec{B}$ em uma onda eletromagnética são relacionados pela expressão

$$\frac{E}{B} = c \quad \textbf{24.22}◀$$

- Ondas eletromagnéticas carregam energia. A taxa de fluxo de energia que atravessa uma área unitária é descrita pelo **vetor de Poynting** $\vec{S}$, onde

$$\vec{S} \equiv \frac{1}{\mu_0} \vec{E} \times \vec{B} \quad \textbf{24.24}◀$$

O valor médio para o vetor de Poynting para uma onda eletromagnética plana tem módulo

$$I = S_{\text{méd}} = \frac{E_{\text{máx}} B_{\text{máx}}}{2\mu_0} = \frac{E_{\text{máx}}^2}{2\mu_0 c} = \frac{cB_{\text{máx}}^2}{2\mu_0} \quad \textbf{24.26}◀$$

A potência média por unidade de área (intensidade) de uma onda eletromagnética plana senoidal é igual ao valor médio do vetor de Poynting tomado sobre um ou mais ciclos.

- Ondas eletromagnéticas carregam momento linear e, portanto, podem exercer pressão em superfícies. Se uma onda eletromagnética de intensidade I é totalmente absorvida pela superfície na qual sua incidência é normal, a pressão de radiação na superfície é

$$P = \frac{S}{c} \quad \text{(absorção completa)} \quad \textbf{24.32}◀$$

Se a superfície reflete totalmente uma onda de incidência normal, a pressão é dobrada.

O **espectro eletromagnético** inclui ondas que variam em uma ampla faixa de frequências e comprimentos de onda.

Luz polarizada de intensidade $I_{\text{máx}}$ incide em um filme polarizador, a luz assim transmitida tem intensidade igual a $I_{\text{máx}} \cos^2 \theta$, onde θ é o ângulo entre o eixo de transmissão do filme polarizador e o vetor campo elétrico da luz incidente.

PERGUNTAS OBJETIVAS

1. Uma fonte pequena irradia uma onda eletromagnética com frequência simples no vácuo igualmente em todas as direções. **(i)** Conforme a onda se move, sua frequência (a) aumenta, (b) diminui ou (c) permanece constante? A partir das mesmas alternativas, responda à mesma questão sobre **(ii)** seu comprimento de onda, **(iii)** sua velocidade, **(iv)** sua intensidade e **(v)** a amplitude de seu campo elétrico.

2. Um estudante trabalhando com um aparelho transmissor como o de Heinrich Hertz deseja ajustar os eletrodos para gerar ondas eletromagnéticas com uma frequência da metade do tamanho em relação a antes. **(i)** Qual deve ser o tamanho da capacitância efetiva do par de eletrodos? (a) Quatro vezes maior que antes, (b) duas vezes maior que antes, (c) metade do tamanho de antes, (d) um quarto do tamanho de antes, (e) nenhuma dessas respostas. **(ii)** Após fazer o ajuste necessário, qual será o comprimento de onda da onda transmitida? Escolha a partir das mesmas alternativas da parte (i).

3. Suponha que você carregue um pente quando o passa no seu cabelo e depois o segure próximo a um ímã de barra. Os campos elétrico e magnético produzidos constituem uma onda eletromagnética? (a) Sim, necessariamente. (b) Sim, porque partículas carregadas estão se movendo dentro do ímã de barra. (c) Pode ser, mas somente se os campos elétrico do pente e magnético do ímã estiverem perpendiculares. (d) Pode ser, mas somente se tanto o pente quanto o ímã estiverem em movimento. (e) Pode ser, se o pente ou o ímã, ou ambos, estiverem acelerando.

4. Uma onda eletromagnética plana com frequência única move-se no vácuo na direção positiva x. Sua amplitude é uniforme no plano yz. **(i)** Conforme a onda se move, sua frequência (a) aumenta, (b) diminui, ou (c) permanece constante? A partir das mesmas alternativas, responda à mesma questão sobre **(ii)** seu comprimento de onda, **(iii)** sua velocidade, **(iv)** sua intensidade e **(v)** a amplitude de seu campo magnético.

5. Um típico forno de micro-ondas opera a uma frequência de 2,45 GHz. Qual é o comprimento de onda associado com as ondas eletromagnéticas no forno? (a) 8,20 m (b) 12,2 cm (c) $1,20 \times 10^8$ m (d) $8,20 \times 10^{-9}$ m (e) nenhuma das respostas.

6. Uma onda eletromagnética com módulo de campo magnético de pico de $1,50 \times 10^{-7}$ T tem campo elétrico de pico associado de qual módulo? (a) $0,500 \times 10^{-15}$ N/C (b) $2,00 \times 10^{-5}$ N/C (c) $2,20 \times 10^4$ N/C (d) 45,0 N/C (e) 22,0 N/C.

7. Quais das afirmações a seguir são verdadeiras com relação a ondas eletromagnéticas propagando-se pelo vácuo? Mais de uma afirmação pode estar correta. (a) Todas as ondas têm o mesmo comprimento de onda. (b) Todas as ondas têm a mesma frequência. (c) Todas as ondas propagam-se a $3,00 \times 10^8$ m/s. (d) Os campos elétrico e magnético associados com as ondas estão perpendiculares um em relação ao outro e em relação à direção da propagação de onda. (e) A velocidade das ondas depende de sua frequência.

8. Se a luz polarizada plana for enviada para dois polarizadores, a primeira a 45° e a segunda a 90° do plano de polarização original, qual fração da intensidade polarizada original passa pelo último polarizador? (a) 0 (b) $\frac{1}{4}$ (c) $\frac{1}{2}$ (d) $\frac{1}{8}$ (e) $\frac{1}{10}$.

9. Um grão de poeira interplanetário esférico de 0,2 mm de raio está a uma distância r_1 do Sol. A força gravitacional exercida pelo Sol nele equilibra a força devido à pressão da radiação da luz do Sol. **(i)** Suponha que o grão se mova a uma distância $2r_1$ do Sol e seja liberado. Nesse local, qual é a força líquida exercida nele? (a) Em direção ao Sol, (b) em direção oposta ao Sol, (c) zero, (d) impossível de determinar sem saber a massa do grão. **(ii)** Suponha, agora, que o grão se mova de volta para sua localização original em r_1, comprimido, de forma que se cristaliza em uma esfera com densidade significativamente mais alta, e depois é liberado. Nesta situação, qual é a força exercida no grão? Escolha a partir das mesmas alternativas da parte (i).

10. Suponha que a amplitude do campo elétrico em uma onda eletromagnética no plano seja E_1 e a amplitude do campo magnético B_1. A fonte da onda é, a seguir, ajustada de modo que a amplitude do campo elétrico dobra até se tornar $2E_1$. **(i)** O que acontece com a amplitude do campo magnético neste processo? (a) Torna-se quatro vezes maior. (b) Torna-se duas vezes maior. (c) Pode ficar constante. (d) Fica da metade do tamanho. (e) Fica um quarto do tamanho. **(ii)** O que acontece com a intensidade da onda? Escolha a partir das mesmas alternativas da parte (i).

11. **(i)** Ordene, do maior para o menor, os tipos de onda a seguir de acordo com suas faixas de comprimento de onda a partir daquelas com o comprimento típico ou médio, marcando qualquer caso de igualdade: (a) raios gama (b) micro-ondas, (c) ondas de rádio (d) luz visível (e) raios X. **(ii)** Ordene, do maior para o maior, os tipos de onda de acordo com suas frequências. **(iii)** Ordene, do mais rápido para o mais lento, os tipos de onda de acordo com suas velocidades. Utilize as mesmas alternativas da parte (i).

12. Considere uma onda eletromagnética propagando-se na direção positiva de y. O campo magnético associado com a onda no mesmo local em um instante aponta na direção negativa de x, como mostra a Figura PO24.12. Qual é a direção do campo elétrico nesta posição e neste instante? (a) direção positiva de x (b) direção positiva de y (c) direção positiva de z (d) direção negativa de z (e) direção negativa de y.

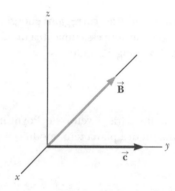

Figura PO24.12

PERGUNTAS CONCEITUAIS

1. Apesar do advento da televisão digital, algumas pessoas ainda utilizam antenas portáteis na parte de cima de seus aparelhos (Fig. PC24.1), em vez de adquirir televisão a cabo ou antena parabólica. Algumas direções da antena receptora oferecem uma recepção melhor que outras. Além disso, a melhor direção varia de canal para canal. Explique.

Figura PC24.1 Pergunta Conceitual 1 e Problema 62.

2. Para uma energia incidente específica de uma onda eletromagnética, por que a pressão de radiação em uma superfície perfeitamente reflexiva é duas vezes maior que aquela em uma superfície perfeitamente absorvível?

3. Por que uma fotografia infravermelha de uma pessoa tem aparência diferente em relação a outra tirada sob luz visível?

4. Um prato vazio, de plástico ou vidro, removido de um forno micro-ondas pode estar frio ao ser tocado, mesmo que a comida em outro prato esteja quente. Como este fenômeno é possível?

5. Estações de rádio geralmente anunciam "notícias instantâneas". Se isto quer dizer que você pode escutar as notícias no instante em que o narrador fala, esta afirmação é verdadeira? Qual intervalo de tempo aproximado é necessário para que uma mensagem viaje de Maine até a Califórnia por ondas de rádio? (Suponha que as ondas possam ser detectadas nessa faixa.)

6. Liste pelo menos três diferenças entre ondas sonoras e ondas de luz.

7. Descreva a relevância física do vetor de Poynting.

8. Quando a luz (ou outra radiação eletromagnética) se desloca por dada região, (a) o que oscila? (b) O que é transportado?

9. Se houver uma corrente de alta frequência em um solenoide contendo um núcleo metálico, este se torna aquecido devido à indução. Explique por que aumenta a temperatura do material nesta situação.

10. O que uma onda de rádio faz com as cargas na antena receptora para fornecer um sinal para o rádio do seu carro?

11. Qual conceito novo a forma generalizada de Maxwell da Lei de Ampère inclui?

12. Suponha que uma criatura de outro planeta tenha olhos que são sensíveis à radiação infravermelha. Descreva o que o alienígena veria se olhasse para sua biblioteca. Especificamente, o que brilharia e o que ficaria indistinto?

PROBLEMAS

WebAssign Os problemas que se encontram neste capítulo podem ser resolvidos *on-line* na Enhanced WebAssign (em inglês).

1. denota problema direto; 2. denota problema intermediário; 3. denota problema desafiador;
1. denota problema mais frequentemente resolvidos no Enhanced WebAssign.
BIO denota problema biomédico;
PD denota problema dirigido;

M denota tutorial Master It disponível no Enhanced WebAssign;
QC denota problema que pede raciocínio quantitativo e conceitual;
S denota problema de raciocínio simbólico;
sombreado denota "problemas emparelhados" que desenvolvem raciocínio com símbolos e valores numéricos;
W denota solução no vídeo Watch It disponível no Enhanced WebAssign

Seção 24.1 Corrente de deslocamento e forma geral da Lei de Ampère

1. Considere a situação mostrada na Figura P24.1. Um campo elétrico de 300 V/m está restrito a uma área circular com $d = 10{,}0$ cm de diâmetro e direcionado para fora e perpendicular ao plano da figura. Se o campo estiver aumentando a uma taxa de 20,0 V/m · s, quais são (a) a direção e (b) o módulo do campo magnético no ponto P, $r = 15{,}0$ cm do centro do círculo?

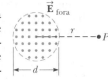

Figura P24.1

2. **W** Uma corrente de 0,200 A está carregando um capacitor que tem placas circulares de raio 10,0 cm. Se a separação das placas for de 4,00 mm, (a) qual é a taxa de aumento no tempo do campo elétrico entre as placas? (b) Qual é o campo magnético entre as placas a 5,00 cm do centro?

3. **M** Uma corrente de 0,100 A está carregando um capacitor que tem placas quadradas de 5,00 cm em cada lado. A separação das placas é de 4,00 mm. Encontre (a) a taxa de variação no tempo do fluxo elétrico entre as placas e (b) a corrente de deslocamento entre as placas.

Seção 24.2 As equações de Maxwell e descobertas de Hertz

4. Um indutor de 1,05-μH está conectado em série a um capacitor variável na seção de sintonia de um aparelho de rádio de ondas curtas. Qual capacitância sintoniza o circuito para o sinal de uma transmissão a 6,30 MHz?

5. **M** Um próton move-se por uma região contendo um campo elétrico uniforme dado por $\vec{E} = 50{,}0\hat{j}$ V/m e um campo magnético uniforme $\vec{B} = (0{,}200\hat{i} + 0{,}300\hat{j} + 0{,}400\hat{k})$ T. Determine a aceleração do próton quando tem velocidade de $\vec{v} = 200\hat{i}$ m/s.

6. **W** Um elétron move-se por um campo elétrico uniforme $\vec{E} = (2{,}50\hat{i} + 5{,}00\hat{j})$ V/m e um campo magnético uniforme $\vec{B} = 0{,}400\hat{k}$ T. Determine a aceleração do elétron quando tem velocidade $\vec{v} = 10{,}0\hat{i}$ m/s.

7. **W** A chave na Figura P24.7 está conectada na posição a por um longo intervalo de tempo. Em $t = 0$, a chave é colocada na posição b. Após esse tempo, quais são (a) a frequência de oscilação do circuito LC, (b) a carga máxima que aparece no capacitor, (c) a corrente máxima no indutor e (d) a energia total que o circuito possui em $t = 3{,}00$ s?

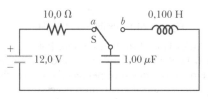

Figura P24.7

8. Uma barra muito longa e fina transporta carga elétrica com densidade linear 35,0 nC/m. Ela está ao longo do eixo x e se move na direção x a uma velocidade de $1{,}50 \times 10^7$ m/s. (a) Encontre o campo elétrico que a haste cria no ponto ($x = 0$, $y = 20{,}0$ cm, $z = 0$). (b)) Encontre o campo magnético que ela cria no mesmo ponto. (c) Encontre a força exercida em um elétron nesse ponto movendo-se à velocidade de $(2{,}40 \times 10^8)\hat{i}$ m/s.

Seção 24.3 Ondas eletromagnéticas

Observação: Suponha que o meio seja o vácuo, a não ser que esteja especificado de outro modo.

9. **Revisão.** Um padrão de onda estacionária é obtido por ondas de rádio entre duas folhas de metal a 2,00 m de distância, qual é a menor distância entre as placas que produz um padrão de onda estacionária. Qual é a frequência das ondas de rádio?

10. Verifique, por substituição, que as seguintes equações são soluções para as Equações 24.16 e 24.17, respectivamente:

$$E = E_{máx} \cos(kx - \omega t)$$
$$B = B_{máx} \cos(kx - \omega t)$$

11. A velocidade de uma onda eletromagnética propagando-se em uma substância não magnética transparente é $v = 1/\sqrt{\kappa \mu_0 \epsilon_0}$, onde κ é a constante dielétrica da substância. Determine a velocidade da luz na água, que tem constante dielétrica de 1,78 em frequências ópticas.

12. *Por que a seguinte situação é impossível?* Uma onda eletromagnética propaga-se pelo espaço vazio com os campos elétrico e magnético descritos por

$$E = 9{,}00 \times 10^3 \cos[(9{,}00 \times 10^6)x - (3{,}00 \times 10^{15})t]$$
$$B = 3{,}00 \times 10^{-5} \cos[(9{,}00 \times 10^6)x - (3{,}00 \times 10^{15})t]$$

onde todos os valores numéricos e variáveis estão em unidades SI.

13. **M** A Figura P24.13 mostra uma onda senoidal eletromagnética no plano propagando-se na direção x. Suponha

que o comprimento de onda seja 50,0 m e que o campo elétrico vibre no plano *xy* com amplitude de 22,0 V/m. Calcule (a) a frequência da onda e (b) o campo magnético $\vec{B}$ quando o campo elétrico atingir seu valor máximo na direção negativa *y*. (c) Obtenha uma expressão para $\vec{E}$ com a unidade vetorial correta, valores numéricos para $B_{máx}$, *k* e *ω*, cujo módulo possui a forma

$$B = B_{máx} \cos(kx - \omega t)$$

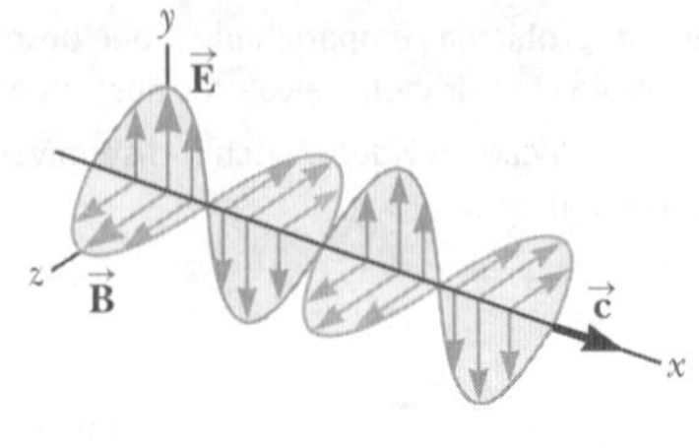

Figura P24.13 Problemas 13 e 64.

14. (a) A distância da Estrela do Norte, Polaris, é aproximadamente $6,44 \times 10^{18}$ m. Se Polaris fosse se extinguir hoje, depois de quantos anos você perceberia que ela desapareceu? (b) Qual é o intervalo de tempo necessário para a luz solar atingir a Terra? (c) Qual é o intervalo de tempo necessário para um sinal de micro-ondas viajar da Terra para a Lua e da Lua para a Terra? (d) Qual é o intervalo de tempo necessário para uma onda de rádio viajar uma vez ao redor da Terra em um grande círculo, perto da sua superfície? (e) Qual é o intervalo de tempo necessário para a luz alcançar você a partir da queda de um raio a 10,0 km de distância?

15. Um físico ultrapassou a luz vermelha do semáforo. Quando ele encosta, diz ao policial que o efeito Doppler fez que a luz vermelha, de comprimento de onda de 650 nm, lhe parecesse verde, com um comprimento de onda de 520 nm. O policial registra uma multa de trânsito por excesso de velocidade. Com que velocidade o físico estava se deslocando de acordo com o próprio testemunho?

16. **M** Em unidades SI, o campo elétrico em uma onda eletromagnética é descrito por

$$E_y = 100 \operatorname{sen}(1,00 \times 10^7 x - \omega t)$$

Encontre (a) a amplitude das oscilações do campo magnético correspondente, (b) o comprimento de onda *λ*, e (c) a frequência *f*.

17. **Revisão.** Um forno de micro-ondas é alimentado por um magnetron, dispositivo eletrônico que gera ondas eletromagnéticas de 2,45 GHz de frequência. As micro-ondas entram no forno e são refletidas pelas paredes. O padrão de onda estacionário produzido no forno pode cozinhar os alimentos de forma irregular, com pontos quentes nos alimentos nos ventres e pontos frios nos nós, por isso um prato giratório é utilizado para girar a comida e distribuir a energia. Se um forno micro-ondas projetado para uso com prato giratório for, ao invés disso, utilizado com um prato numa posição fixa, os ventres podem aparecer como queimaduras em alimentos como cenoura ou queijo. A distância de separação entre as queimaduras é medida como 6 cm ± 5%. A partir desses dados, calcule a velocidade das micro-ondas.

18. O radar policial detecta a velocidade de um carro (Fig. P24.18) conforme segue. As micro-ondas de uma frequência precisamente conhecida são transmitidas para o carro. O carro em movimento reflete as micro-ondas com um efeito Doppler. As ondas refletidas são recebidas e combinadas com uma versão atenuada da onda transmitida. Os batimentos ocorrem entre os dois sinais de micro-ondas.

A frequência de batimento é medida. (a) Para uma onda eletromagnética refletida de volta para sua fonte de um espelho que se aproxima a uma velocidade *v*, mostre que a onda refletida tem frequência

$$f' = \frac{c+v}{c-v}f$$

em que *f* é a frequência da fonte. (b) Observando que *v* é muito menor que *c*, mostre que a frequência de batimento pode ser registrada como $f_{batimento} = 2v/\lambda$. (c) Qual frequência de batimento é medida para um carro à velocidade de 30,0 m/s se as micro-ondas estiverem na frequência 10,0 GHz? (d) Se a medição de frequência de batimento na parte (c) tiver uma incerteza de ±5,0 Hz, qual é a incerteza na medição de velocidade?

Figura P24.18

19. Uma estação de radar meteorológico Doppler transmite um pulso de ondas de rádio a uma frequência de 2,85 GHz. Com base em uma porção relativamente pequena de gotas de chuva com uma orientação de 38,6° a nordeste, a estação recebe um pulso refletido após 180 μs com uma frequência deslocada para cima de 254 Hz. Com base em uma porção semelhante de gotas de chuva com uma orientação de 39,6° a nordeste, a estação recebe um pulso refletido após o mesmo prazo de tempo, com uma frequência deslocada para baixo de 254 Hz. Esses pulsos têm as frequências mais altas e mais baixas que a estação recebe. (a) Calcule os componentes de velocidade radial de ambas as porções de gotas de chuva. (b) Suponha que essas gotas estão rodando uniformemente em um vórtice rotativo. Descubra a velocidade angular da rotação.

20. Uma fonte de luz afasta-se de um observador a uma velocidade v_S que é pequena se comparada a *c*. (a) Mostre que a mudança fracionária no comprimento de onda medido é dada pela expressão aproximada

$$\frac{\Delta\lambda}{\lambda} \approx \frac{v_S}{c}$$

Esse fenômeno é conhecido como *desvio para o vermelho*, pois a luz visível é deslocada para o vermelho. (b) As medições espectroscópicas da luz a *λ* = 397 nm vinda de uma galáxia em Ursa Maior revelam um deslocamento para o vermelho de 20,0 nm. Qual é a velocidade de afastamento da galáxia?

21. **Revisão.** Uma civilização alienígena ocupa um planeta em órbita de uma anã marrom, a muitos anos-luz de distância. O plano da órbita do planeta é perpendicular à linha da anã marrom ao Sol, então o planeta está próximo de uma posição fixa em relação ao Sol. Os extraterrestres têm amado as transmissões de *MacGyver* no canal 2 de televisão a uma frequência de 57,0 MHz. A linha de visão deles para nós é o plano da órbita da Terra. Encontre a diferença entre as frequências mais altas e mais baixas recebidas por eles devido ao movimento da órbita da Terra ao redor do Sol.

22. **W** Uma onda eletromagnética no vácuo tem uma amplitude de campo elétrico de 220 V/m. Calcule a amplitude do campo magnético correspondente.

Seção 24.4 Energia transportada por ondas eletromagnéticas

23. **M** Qual é o módulo médio do vetor de Poynting a 5,00 km de um transmissor de rádio transmitindo isotropicamente

(igualmente em todas as direções) com uma potência média de 250 kW?

24. A que distância de uma fonte de ondas eletromagnéticas de 100 W $E_{máx} = 15,0$ V/m?

25. **W** Se a intensidade da luz solar na superfície terrestre sob céu claro é 1.000 W/m², que quantidade de energia eletromagnética por metro cúbico está contida na luz solar?

26. Quando um laser de alta potência é utilizado na atmosfera terrestre, o campo elétrico associado com o feixe do laser pode ionizar o ar, transformando-o em um plasma condutor que reflete a luz do laser. No ar seco a 0 °C e 1 atm a decomposição ocorre para campos com amplitudes acima de aproximadamente 3,00 MV/m. (a) Qual a intensidade do feixe de laser que produzirá este campo? (b) Nesta intensidade máxima, que potência pode ser fornecida por um feixe cilíndrico de 5,00 mm de diâmetro?

27. O filamento de uma lâmpada incandescente tem uma resistência de 150 Ω e carrega uma corrente direta de 1,00 A. O filamento tem 8,00 cm de comprimento e 0,900 mm de raio. (a) Calcule o vetor de Poynting na superfície do filamento, associado com os campos elétrico estático que produz a corrente e magnético estático da corrente. (b) Encontre o módulo dos campos elétrico e magnético estático na superfície do filamento.

28. Considere uma estrela brilhante no céu escuro. Suponha que sua distância da Terra seja 20,0 anos-luz e que a potência de saída seja $4,00 \times 10^{28}$ W, por volta de 100 vezes a do Sol. (a) Encontre a intensidade da luz da estrela na Terra. (b) Encontre a potência da luz da estrela que a Terra intercepta. Um ano-luz é a distância percorrida pela luz no vácuo em um ano.

29. **M** Uma comunidade planeja construir uma instalação para converter a radiação solar em energia elétrica necessitando de 1,00 MW de potência; o sistema a ser instalado tem eficiência de 30,0% (ou seja, 30,0% da energia solar incidente na superfície são convertidos em energia útil que pode alimentar a comunidade). Presumindo que a luz do sol tem intensidade constante de 1.000 W/m², qual deve ser a área eficaz de uma superfície perfeitamente *absorvente* utilizada em tal instalação?

30. Em uma região de espaço livre, o campo elétrico em um instante de tempo é $\vec{E} = (80,0\hat{i} + 32,0\hat{j} - 64,0\hat{k})$ N/C e o campo magnético é $\vec{B} = (0,200\hat{i} + 0,080\hat{j} + 0,290)$ μT. (a) Mostre que os dois campos são perpendiculares um ao outro. (b) Determine o vetor de Poynting para esses campos.

31. **W Revisão.** Uma estação de rádio AM transmite isotropicamente (igualmente em todas as direções) com potência média de 4,00 kW. Uma antena receptora de 65,0 cm de comprimento está em um local a 4 milhas do transmissor. Calcule a amplitude da fem que é induzida por este sinal entre as extremidades da antena receptora.

Seção 24.5 **Momento linear e pressão de radiação**

32. **W** Uma maneira possível de voo espacial é colocar uma folha de alumínio perfeitamente reflexiva em órbita ao redor da Terra e então utilizar a luz do Sol para empurrar essa "vela solar". Suponha que uma vela de área $A = 6,00 \times 10^5$ m² e massa $m = 6,00 \times 10^3$ kg seja colocada em órbita de frente para o Sol. Ignore todos os efeitos gravitacionais e suponha uma intensidade solar de 1.370 W/m². (a) Qual força é exercida na vela? (b) Qual é a aceleração da vela? (c) Supondo que a aceleração calculada na parte (b) permaneça constante, encontre o intervalo de tempo necessário para que a vela atinja a Lua, a $3,84 \times 10^8$ m de distância, iniciando do repouso na Terra.

33. **M** Um laser de hélio-neônio de 15,0 mW emite um feixe de seção transversal circular com diâmetro de 2,00 mm. (a) Encontre o campo elétrico máximo no feixe. (b) Qual energia total está contida em um comprimento de 1,00 m do feixe? (c) Encontre o momento linear transportado por um comprimento de 1,00 m do feixe.

34. **S** Um laser de hélio-neônio de potência *P* emite um feixe de seção transversal circular com um raio *r*. (a) Encontre o campo elétrico máximo no feixe. (b) Qual energia total está contida em um comprimento ℓ do feixe? (c) Encontre o momento linear transportado por um comprimento ℓ do feixe.

Seção 24.6 **Espectro das ondas eletromagnéticas**

35. Além das transmissões a cabo e por satélite, os canais de televisão ainda utilizam bandas VHF e UHF para transmitir digitalmente seus sinais. Doze canais de televisão VHF (de 2 a 13) estão na faixa de frequências entre 54,0 MHz e 216 MHz. É atribuída a cada canal uma largura de 6,00 MHz, com as duas faixas de 72,0-76,0 MHz e 88,0-174 MHz reservadas para fins que não TV (o canal 2, por exemplo, fica entre 54,0 e 60,0 MHz.). Calcule a faixa de comprimento de onda de transmissão para (a) o canal 4, (b) o canal 6 e (c) o canal 8.

36. **W** Obtenha uma estimativa da ordem de grandeza para a frequência de uma onda eletromagnética com comprimento de onda igual a (a) sua altura e (b) espessura de uma folha de papel. Como cada onda é classificada no espectro eletromagnético?

37. Quais são os comprimentos de ondas eletromagnéticas no espaço livre que têm frequências de (a) $5,00 \times 10^{19}$ Hz e (b) $4,00 \times 10^9$ Hz?

38. **BIO** Uma máquina de diatermia, utilizada em fisioterapia, gera a radiação eletromagnética que proporciona o efeito de "calor profundo" quando absorvida no tecido. Uma frequência designada para a diatermia é 27,33 MHz. Qual é o comprimento de onda dessa radiação?

39. Suponha que você está a 180 m de um transmissor de rádio. (a) A quantos comprimentos de onda você está do transmissor se a estação se chama a 1.150 AM? (As frequências de banda AM são em quilohertz.) (b) E se esta estação estiver na 98,1 FM? (As frequências da banda FM estão em megahertz.)

40. **Q|C** Uma notícia importante é transmitida por ondas de rádio para pessoas sentadas próximas a seus rádios a 100 km da estação, e por ondas sonoras para pessoas sentadas na redação a 3,00 m do narrador. Tomando a velocidade do som no ar como 343 m/s, quem recebe a notícia primeiro? Explique.

41. **BIO** O olho humano é mais sensível à luz que tem comprimento de onda de $5,50 \times 10^{-7}$ m, que está na região verde-amarela do espectro eletromagnético visível. Qual é a frequência dessa luz?

42. Classifique as ondas com frequências de 2 Hz, 2 kHz, 2 MHz, 2 GHz, 2 THz, 2 PHz, 2 EHz, 2 ZHz, e 2 YHz no espectro eletromagnético. Classifique as ondas com comprimentos de onda de 2 km, 2 m, 2 mm, 2 μm, 2 nm, 2 pm, 2 fm, e 2 am.

43. **Revisão.** Cargas em aceleração irradiam ondas eletromagnéticas. Calcule o comprimento de onda da radiação produzida por um próton em um ciclotron com raio de 0,500 m e campo magnético de 0,350 T.

44. Um pulso de radar retorna ao receptor-transmissor após o tempo total de deslocamento de $4,00 \times 10^{-4}$ s. A que distância está o corpo que reflete a onda?

Sesão 24.7 Polarização das ondas de luz

45. **M** A luz plana polarizada é incidente em um único disco de polarização com a direção de $\vec{E}_0$ paralela à direção do eixo de transmissão. Por qual ângulo o disco deve ser rotacionado para que a intensidade no feixe transmitido seja reduzida para um fator de (a) 3,00, (b) 5,00 e (c) 10,0?

46. **S** Na Figura P24.46, suponhamos que os eixos de transmissão dos discos polarizados esquerdo e direito sejam perpendiculares. Além disso, deixe o disco central ser rotacionado em um eixo comum com velocidade angular ω. Mostre que se a luz não polarizada for incidente no disco esquerdo com uma intensidade $I_{máx}$, a intensidade do feixe emergente do disco direito é

$$I = \tfrac{1}{16} I_{máx}(1 - \cos 4\omega t)$$

Este resultado significa que a intensidade do feixe emergente é modulado a uma taxa quatro vezes maior que a de rotação do disco central. *Sugestão*: Utilize as identidades trigonométricas

$$\cos^2 \theta = \tfrac{1}{2}(1 + \cos 2\theta) \text{ e } \text{sen}^2 \theta = \tfrac{1}{2}(1 - \cos 2\theta)$$

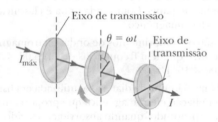

Figura P24.46

47. Você utiliza uma sequência de filtros polarizados ideais, cada um com seu eixo fazendo o mesmo ângulo com o do filtro anterior, para rotacionar o plano de polarização do feixe de luz polarizado por um total de 45,0°. Você quer ter uma redução de intensidade de no máximo 10,0%. (a) Quantos polarizadores são necessários para alcançar seu objetivo? (b) Qual é o ângulo entre os polarizadores adjacentes?

48. Duas películas polarizadoras são colocadas junto com seus eixos de transmissão cruzados de modo que nenhuma luz seja transmitida. Uma terceira película é inserida entre elas com seu eixo de transmissão a um ângulo de 45,0° em relação a cada um dos outros eixos. Encontre a fração da intensidade de luz não polarizada incidente transmitida pela combinação das três películas. (Suponha que cada película polarizadora seja ideal.)

49. **W** A luz não polarizada passa por duas folhas Polaroide ideais. O eixo da primeira é vertical, e o da segunda está 30,0° na vertical. Qual fração da luz incidente é transmitida?

50. Dois transceptores de rádio portáteis com antenas dipolares são separados por uma grande e fixa distância. Se a antena de transmissão é vertical, qual fração da potência máxima recebida aparecerá na receptora quando estiver inclinada na vertical por (a) 15,0°, (b) 45,0° e (c) 90,0°?

Seção 24.8 Conteúdo em contexto: as propriedades especiais do laser

51. **W** Os lasers de alta potência são utilizados nas fábricas para cortar panos e metais (Fig. P24.51). Um laser tem diâmetro de feixe de 1,00 mm e gera um campo elétrico com amplitude de 0,700 MV/m no alvo. Encontre (a) a amplitude do campo magnético produzido, (b) a intensidade do laser e (c) a potência do laser.

Figura P24.51 Aparelho de corte a laser montado em um braço robótico sendo utilizado para cortar uma placa metálica.

52. A Figura P24.52 mostra partes do diagrama de nível de energia dos átomos de hélio e neônio. Uma descarga elétrica excita o átomo He do estado fundamental (arbitrariamente determinado com energia $E_1 = 0$) para o estado excitado de 20,61 eV. O átomo He excitado colide com um átomo Ne no estado fundamental e o excita para o estado de 20,66 eV. A ação a laser acontece em transições de elétron de E_3^* para E_2 nos átomos Ne. Com base nos dados da figura, mostre qual o comprimento de onda do laser He–Ne é aproximadamente 633 nm.

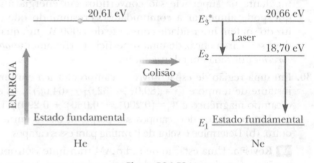

Figura P24.52

53. **W** Um laser de neodímio-ítrio-alumínio-granada utilizado em cirurgia ocular emite um pulso de 3,00 mJ em 1,00 ns, focado em um ponto de 30,0 μm de diâmetro na retina. (a) Encontre (em unidades SI) a potência por unidade de área na retina. (Na indústria óptica, essa quantidade é chamada *irradiância*). (b) Quanta energia é liberada pelo pulso para uma área de tamanho molecular, considerando uma área circular de 0,600 nm de diâmetro?

54. **Revisão.** A Figura 24.16 representa a luz refletida entre dois espelhos nas extremidades de um laser como duas ondas se propagando. Estas ondas, que se deslocam em direções opostas, constituem uma onda estacionária. Se as superfícies refletoras são filmes metálicos, o campo elétrico tem nós em ambas as extremidades. A onda estacionária eletromagnética

é análoga à da corda representada na Figura Ativa 14.9 (Capítulo 14 – Volume 2). (a) Suponha que o laser hélio--neônico tem espelhos paralelos e perfeitamente lisos a 35.124 103 cm de distância. Suponha ainda que, na média, seja possível amplificar com eficiência somente a luz com comprimentos de ondas entre 632,808 40 nm e 632,809 80 nm. Descubra a quantidade de componentes (direções) que constituem a luz de laser e o comprimento de onda de cada componente com precisão de oito dígitos. (b) Descubra a velocidade média quadrática para um átomo de neônio a 120 °C. (c) Mostre que, a esta temperatura, o efeito Doppler para a emissão de luz por meio do movimento de átomos de neônio deve realisticamente produzir uma largura de banda do amplificador de luz maior que 0,001 40 nm assumido na parte (a).

55. O laser de dióxido de carbono é um dos mais poderosos já desenvolvidos. A diferença de energia entre dois níveis de laser é de 0,117 eV. Determine (a) a frequência e (b) o comprimento de onda da radiação emitida por esse laser. (c) Em qual porção do espectro eletromagnético está essa radiação?

56. Um laser vermelho pulsado emite uma luz a 694,3 nm. Para um pulso de 14,0 ps com 3,00 J de energia, encontre (a) o comprimento físico do pulso à medida que ele se desloca pelo espaço e (b) a quantidade de fótons nele. (c) Presumindo que o feixe tenha uma seção cruzada circular com 0,600 cm de diâmetro, encontre a quantidade de fótons por milímetro cúbico.

57. **M** Um laser vermelho libera um pulso de 10,0 ns de energia média de 1,00 MW. Se os fótons têm comprimento de onda de 694,3 nm, quantos deles são contidos nesse pulso?

58. **QC** A quantidade N de átomos em um estado particular é chamada população daquele estado. Esta quantidade depende da energia e da temperatura daquele estado. Em equilíbrio térmico, a população de átomos no estado da energia E_n é dada pela expressão de distribuição Boltzmann

$$N = N_g e^{-(E_n - E_g)/k_B T}$$

onde N_g é a população do estado fundamental de energia E_g, k_B a constante de Boltzmann e T a temperatura absoluta. Para simplificar, presuma que tal nível de energia tenha somente um estado quântico associado a ele. (a) Antes de a energia ser ligada, os átomos de neônio em um laser estão em um equilíbrio térmico a 27,0 °C. Descubra a taxa de equilíbrio das populações dos estados E_4^* e E_3 indicada na transição vermelha na Figura P24.58. Os lasers operam por uma produção artificial inteligente de uma "inversão populacional" entre os estados de energia atômica superior e inferior envolvidos na transição de laser. Este termo significa que mais átomos estão no estado excitado superior do que no inferior. Considere a transição $E_4^* - E_3$ na Figura P24.58. Suponha que haja mais de 2% de átomos no estado superior do que no inferior. (b) Para demonstrar como a situação está anormal, descubra a temperatura para a qual a distribuição de Boltzmann descreve uma inversão populacional de 2,00%. (c) Por que tal situação não ocorre naturalmente?

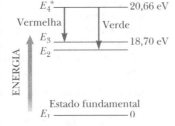

Figura P24.58

Problemas Adicionais

59. A intensidade da radiação solar no topo da atmosfera terrestre é 1.370 W/m². Supondo que 60% da energia solar de entrada atinjam a superfície terrestre e que você absorva 50% da energia incidente, faça uma estimativa da ordem de grandeza da quantidade de energia solar que você absorve se tomar banho de sol por 60 minutos.

60. Uma meta do programa espacial russo é iluminar as cidades do norte com a luz refletida para a Terra a partir de uma superfície espelhada com 200 m de diâmetro em órbita. Diversos protótipos menores já foram construídos e colocados em órbita. (a) Suponha que a luz do Sol, com intensidade de 1.370 W/m², atinge o espelho quase perpendicularmente e que a atmosfera da Terra permita que 74,6% da energia da luz do Sol passe por ela em um dia limpo. Qual é a potência recebida pela cidade quando o espelho espacial está refletindo a luz? (b) O projeto é para que a luz do Sol refletida cubra um círculo de 8,00 km de diâmetro. Qual é a intensidade da luz (o módulo médio do vetor de Poynting) recebida pela cidade? (c) Esta intensidade é igual a que porcentagem do componente vertical da luz do Sol em São Petersburgo em janeiro, quando o Sol alcança um ângulo de 7,00° acima do horizonte ao meio-dia?

61. Suponha que a intensidade da radiação solar incidente nas nuvens da Terra seja 1.370 W/m². (a) Considerando a separação média da Terra e do Sol como $1,496 \times 10^{11}$ m, calcule a potência total irradiada pelo Sol. Determine os valores máximos (b) do campo elétrico e (c) do campo magnético na luz solar na localização da Terra.

62. **S** Revisão. Na ausência da entrada de cabo ou de antena parabólica, um aparelho de televisão pode utilizar uma antena receptora dipolar para canais VHF e outra em forma de espira para canais UHF. Na Figura PC24.1, as "orelhas de coelho" formam a antena VHF, e a espira menor de fio é a antena UHF. Esta produz uma fem partindo do fluxo magnético variável na espira. O canal de televisão transmite um sinal com frequência f, e o sinal tem amplitude de campo elétrico $E_{máx}$ e de campo magnético $B_{máx}$ no local da antena receptora. (a) Utilizando a Lei de Faraday, obtenha uma expressão para a amplitude da fem que aparece em uma antena de uma espira circular, com raio r que é pequena comparada com o comprimento de onda. (b) Se o campo elétrico no sinal aponta verticalmente, qual orientação da espira apresenta a melhor recepção?

63. **M** Uma antena parabólica com diâmetro de 20,0 m recebe (na incidência normal) um sinal de rádio de uma fonte distante, como mostra a Figura P24.63. O sinal de rádio é uma onda senoidal contínua com amplitude $E_{máx} = 0,200$ μV/m. Suponha que a antena absorva toda a radiação que atinge a parabólica. (a) Qual é a amplitude do campo magnético nessa onda? (b) Qual é a intensidade da radiação recebida por essa antena? (c) Qual é a potência recebida pela antena? (d) Que força é exercida pelas ondas de rádio na antena?

Figura P24.63

64. **PD** **Q|C** Você pode querer revisar a Seção 13.5 sobre o transporte de energia por ondas sinusoidais em cordas. A figura P24.13 é uma representação gráfica de uma onda eletromagnética movendo-se na direção x. Queremos encontrar uma expressão para a intensidade dessa onda por meio de um processo diferente daquele pelo qual a Equação 24.26 foi gerada. (a) Esboce um gráfico do campo elétrico nessa onda no instante $t = 0$, fazendo que seu papel represente o plano xy. (b) Calcule a densidade de energia u_E no campo elétrico como uma função de x no instante $t = 0$. (c) Calcule a densidade de energia no campo magnético u_B como uma função de x neste instante. (d) Encontre a densidade total de energia u como uma função de x, expressa somente em termos da amplitude de campo elétrico. (e) A energia em uma "caixa de sapato" de comprimento λ e área frontal A é $E_\lambda = \int_0^\lambda uA\,dx$. (O símbolo E_λ para energia em um comprimento de onda imita a notação da Seção 13.5.) Execute a integração para computar a quantidade dessa energia em termos de A, λ, $E_{máx}$ e constantes universais. (f) Podemos pensar no transporte de energia por toda onda como uma série dessas caixas de sapato passando como se fossem transportadas em uma esteira. Cada caixa passa por um ponto em um intervalo de tempo definido como o período $T = 1/f$ da onda. Encontre a potência que a onda transporta pela área A. (g) A intensidade da onda é a potência por unidade de área pela qual a onda passa. Calcule esta intensidade em termos de $E_{máx}$ e constantes universais. (h) Explique como seu resultado se compara ao dado na Equação 24.26.

65. Considere uma partícula pequena e esférica de raio r localizada no espaço a uma distância $R = 3{,}75 \times 10^{11}$ m do Sol. Suponha que a partícula tenha superfície perfeitamente absorvível e densidade de massa $\rho = 1{,}50$ g/cm³. Utilize $S = 214$ W/m² como valor da intensidade solar no local da partícula. Calcule o valor de r para o qual a partícula está em equilíbrio entre a força gravitacional e aquela exercida pela radiação solar.

66. **S** Considere uma partícula pequena e esférica de raio r localizada no espaço a uma distância R do Sol, de massa M_S. Suponha que a partícula tenha uma superfície perfeitamente absorvível e densidade de massa ρ. O valor da intensidade solar no local da partícula é S. Calcule o valor de r para o qual a partícula está em equilíbrio entre a força gravitacional e aquela exercida pela radiação solar. Sua resposta deve ser em termos de S, R, ρ e outras constantes.

67. **Revisão.** Um espelho circular de 1,00 m de diâmetro focaliza os raios do Sol em uma placa circular absorvível de 2,00 cm de raio, que segura uma lata contendo 1,00 L de água a 20,0 °C. (a) Se a intensidade solar for 1,00 kW/m², qual é a intensidade na placa absorvível? Na placa, quais são os módulos máximos dos campos (b) $\vec{E}$ e (c) $\vec{B}$? (d) Se 40,0% da energia forem absorvidos, qual intervalo de tempo é necessário para colocar a água em seu ponto de ebulição?

68. Em 1965, Arno Penzias e Robert Wilson descobriram a radiação cósmica de micro-ondas deixada pela expansão do Universo após o "big bang". Suponha que a densidade de energia dessa radiação de fundo seja $4{,}00 \times 10^{-14}$ J/m³. Determine a amplitude de campo elétrico correspondente.

Problemas de Revisão. A Seção 17.10 discutiu radiação eletromagnética como um modo de transferência de energia. Os problemas 69 a 71 utilizam as ideias introduzidas neste capítulo.

69. **Revisão.** Uma gata preta de 5,50 kg e seus quatro filhotinhos pretos, cada um com massa de 0,800 kg, dormem abraçados em um tapete numa noite fria, com seus corpos formando um hemisfério. Suponha que este tenha temperatura de superfície de 31,0 °C, emissividade de 0,970 e densidade uniforme de 990 kg/m³. Encontre (a) o raio do hemisfério, (b) a área de sua superfície curvada, (c) a potência irradiada emitida pelos gatos na sua superfície curvada e (d) a intensidade da radiação nessa superfície. Você pode pensar na onda eletromagnética emitida como tendo uma frequência única predominante. Encontre (e) a amplitude do campo elétrico na onda eletromagnética fora da superfície da pilha e (f) a amplitude do campo magnético. (g) **E se?** Na próxima noite, os filhotes dormem sozinhos, curvando-se em hemisférios separados de sua mãe. Encontre a potência total irradiada da família (por razões de simplicidade, ignore a absorção da radiação dos gatos no ambiente).

70. **Q|C** **Revisão.** Gliese 581c é o primeiro planeta terrestre extrassolar descoberto semelhante à Terra. Sua estrela mãe, Gliese 581, é uma anã vermelha que irradia ondas eletromagnéticas com potência $5{,}00 \times 10^{24}$ W, que é somente 1,30% da potência do Sol. Suponha que a emissividade do planeta seja igual para luz infravermelha e visível, e o planeta tenha temperatura de superfície uniforme. Identifique (a) a área projetada na qual o planeta absorve a luz de Gliese 581 e (b) a área radiante do planeta. (c) Se uma temperatura média de 287 K for necessária para existência de vida em Gliese 581c, qual deveria ser o raio da órbita do planeta?

71. **Revisão.** Um usuário doméstico tem um aquecedor de água solar instalado no teto de sua residência. O aquecedor é uma caixa plana e fechada com isolação térmica excelente. Seu interior é pintado de preto e sua face frontal é feita de vidro isolante. Sua emissividade para luz visível é 0,900, e sua emissividade para luz infravermelha é 0,700. A luz do Sol ao meio-dia incide perpendicularmente ao vidro com intensidade de 1.000 W/m², e nenhuma água entra ou sai da caixa. Encontre a temperatura de equilíbrio no interior da caixa. (b) **E se?** O usuário doméstico constrói uma caixa idêntica sem tubos de água, que fica no chão em frente à casa. Ele a utiliza como uma estrutura fria, onde planta sementes no começo da primavera. Supondo que o mesmo Sol do meio-dia esteja em um ângulo de elevação de 50,0°, encontre a temperatura de equilíbrio do interior da caixa quando suas fendas de ventilação estiverem bem fechadas.

Figura P24.71

72. A fonte de micro-ondas produz uma radiação de frequência 20,0 GHz, com cada pulso durando 1,00 ns. Um refletor parabólico, cujo raio da área da face é de 6,00 cm, é utilizado para focar as micro-ondas em um feixe paralelo de radiação conforme indicado na Figura P24.72. A potência média durante cada pulso é de 25,0 kW. (a) Qual é o comprimento de onda dessas micro-ondas? (b) Qual é a energia total contida em casa pulso? (c) Calcule a densidade média de energia dentro de cada pulso. (d) Determine a amplitude dos campos elétrico e magnético nessas micro-ondas. (e) Presumindo que este feixe pulsado atinja uma superfície *absorvente*, calcule a força exercida na superfície durante 1,00 ns de cada pulso.

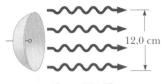

Figura P24.72

73. Uma micro-onda linearmente polarizada de comprimento 1,50 cm está direcionada ao longo do eixo x positivo. O vetor campo elétrico atinge o valor máximo de 175 V/m e vibra no plano xy. Supondo que a componente do campo magnético da onda possa ser formulada como $B = B_{máx}$ sen $(kx - \omega t)$, dê valores para (a) $B_{máx}$, (b) k, e (c) ω. (d) Determine em qual plano o vetor campo magnético vibra. (e) Calcule o valor médio do vetor de Poynting para esta onda. (f) Se ela fosse direcionada para a incidência normal em uma película perfeitamente reflexiva, qual pressão de radiação exerceria? (g) Qual aceleração seria imposta a uma película de 500 g (perfeitamente reflexiva e na incidência normal) com dimensões de 1,00 m × 0,750 m?

74. A potência eletromagnética irradiada por uma partícula não relativística com carga q movendo-se com aceleração a é

$$P = \frac{q^2 a^2}{6\pi\epsilon_0 c^3}$$

onde ϵ_0 é a permissividade do espaço livre (também chamada permissividade do vácuo) e c é a velocidade da luz no vácuo. (a) Mostre que o lado direito desta equação tem unidades de watts. Um elétron é colocado em um campo elétrico constante de módulo 100 N/C. Determine (b) a aceleração do elétron e (c) a potência eletromagnética irradiada por ele. (d) **E se?** Se um próton for posicionado em um cíclotron com raio de 0,500 m e campo magnético de módulo 0,350 T, qual potência eletromagnética esse próton irradia logo antes de sair do cíclotron?

75. **Revisão.** Um astronauta, pendurado no espaço a 10,0 m de sua espaçonave e em repouso em relação a ela, tem massa (incluindo equipamentos) de 110 kg. Como tem uma lanterna de 100 W que forma um feixe direcionado, ele considera utilizá-lo como um foguete de fóton para impulsionar a si mesmo continuamente em direção à espaçonave. (a) Calcule o intervalo de tempo necessário para atingir a espaçonave com este método. (b) **E se?** Suponha que, em vez disso, o astronauta jogue a lanterna de 3,00 kg na direção contrária à espaçonave. Após ser jogada, a lanterna se move, recuando, a 12,0 m/s em relação a ele. Após qual intervalo de tempo o astronauta atingirá a espaçonave?

Capítulo 25

Reflexão e refração da luz

Sumário

25.1 A natureza da luz
25.2 Modelo de raio na óptica geométrica
25.3 Modelo de análise: onda sob reflexão
25.4 Modelo de análise: onda sob refração
25.5 Dispersão e prismas
25.6 Princípio de Huygens
25.7 Reflexão interna total
25.8 Conteúdo em contexto: fibras ópticas

O capítulo anterior serve como uma ponte entre o eletromagnetismo e a área da Física chamada óptica. Agora que já estabelecemos a natureza ondulatória da radiação eletromagnética, estudaremos o comportamento da luz visível e aplicaremos o que aprendemos para toda a radiação eletromagnética. Nossa ênfase neste capítulo será o comportamento da luz à medida que se encontra na interface entre dois meios.

Até agora, concentramo-nos na natureza ondulatória da luz, discutindo-a em termos do nosso modelo simplificado da onda. Entretanto, à medida que aprendermos mais sobre o comportamento da luz, voltaremos ao nosso modelo simplificado de partícula, especialmente quando incorporarmos as noções de Física Quântica, que começam no Capítulo 28. Conforme discutiremos na Seção 25.1, um longo debate histórico aconteceu entre os defensores dos modelos de onda e de partícula da luz.

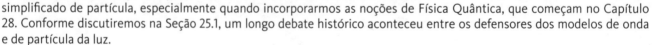

A aparência de um arco-íris depende de três fenômenos ópticos discutidos neste capítulo: reflexão, refração e dispersão.

25.1 | A natureza da luz

Encontramos luz todos os dias, logo que abrimos os olhos pela manhã. Essa experiência diária envolve um fenômeno que, na verdade, é bastante complicado. Desde o início deste livro, discutimos os modelos de partícula e de onda como modelos simplificados para nos ajudar a compreender os fenômenos físicos. Ambos foram aplicados para o comportamento da luz. Até o início do século XIX, a maioria dos cientistas achava que a luz era um fluxo de partículas emitido por uma fonte de luz. De acordo com este modelo, as partículas de luz estimulam o sentido da visão ao entrar no olho. O arquiteto chefe desse modelo de luz foi Isaac Newton. O modelo oferecia uma explicação simples para alguns fatos experimentais sobre a natureza da luz — ou seja, as leis da reflexão e da refração – que serão discutidos neste capítulo.

A maioria dos cientistas da época aceitou o modelo de luz como partícula. Durante a vida de Newton, entretanto, outro modelo foi proposto – que via a luz como tendo propriedades parecidas com as de uma onda. Em 1678, o físico e astrônomo holandês Christian Huygens mostrou que um modelo ondulatório de luz também podia explicar as leis da reflexão e refração. O modelo ondulatório não recebeu aceitação imediata por diversas razões. Todas as ondas conhecidas na época (som, água etc.) viajavam por um meio, porém, a luz do Sol podia viajar para a Terra através do espaço vazio. Apesar da evidência experimental para a natureza ondulatório da luz ter sido descoberta por Francesco Grimaldi (1618–1663) por volta de 1660, a maioria dos cientistas rejeitou o modelo ondulatório por mais de um século, e aderiu ao modelo de partícula de Newton, em função, principalmente, da sua grande reputação como cientista.

A primeira demonstração clara e convincente de natureza ondulatório da luz foi fornecida em 1801, pelo inglês Thomas Young (1773–1829), que mostrou que, sob condições apropriadas, a luz exibe comportamento de interferência. Isto é, as ondas de luz emitidas por uma única fonte, viajando por duas trajetórias diferentes, podem chegar a um ponto, combinar-se, e se anular pela interferência destrutiva. Tal comportamento não pôde ser explicado naquela época por um modelo de partícula, porque os cientistas não podiam imaginar como duas ou mais partículas podiam se juntar e se anular umas às outras. Mais desenvolvimentos durante o século XIX levaram à aceitação geral do modelo de luz como onda.

Um desenvolvimento crítico para a compreensão da luz foi o trabalho de James Clerk Maxwell, que em 1865 previu matematicamente que a luz é uma forma de onda eletromagnética de alta frequência. Como discutido no Capítulo 24, Hertz, em 1887, forneceu uma confirmação experimental da teoria de Maxwell, ao produzir e detectar outras ondas eletromagnéticas. Além disso, Hertz e outros investigadores mostraram que essas ondas apresentavam reflexão, refração e todas as propriedades características das ondas.

Embora o modelo de onda eletromagnética parecesse estar bem estabelecido e pudesse explicar a maioria das propriedades conhecidas da luz, alguns experimentos não puderam ser explicados pela suposição de que a luz era uma onda. O mais desafiador desses experimentos foi o *efeito fotoelétrico*, descoberto por Hertz, em que os elétrons são ejetados de um metal quando sua superfície é exposta à luz. Exploraremos este experimento em detalhes no Capítulo 28.

Em vista desses desenvolvimentos, a luz deve ser considerada como tendo uma natureza dupla. Em alguns casos, a luz age como uma onda, e, em outros, como uma partícula. O modelo clássico de onda eletromagnética dá uma explicação adequada da propagação da luz e sua interferência, ao passo que o efeito fotoelétrico e outros experimentos envolvendo a interação da luz com matéria são mais bem explicados supondo-se que a luz é uma partícula. Luz é luz, com certeza. A pergunta "A luz é uma onda ou uma partícula?" é inapropriada; em alguns experimentos, medimos suas propriedades de onda; em outros suas propriedades de partícula. Essa curiosa natureza da luz pode ser inquietante neste momento, mas será esclarecida quando apresentarmos a noção de uma *partícula quântica*. O fóton, uma partícula de luz, é nosso primeiro exemplo deste tipo de partícula, que devemos explorar mais a fundo no Capítulo 28. Até lá, nos concentraremos nas propriedades da luz que podem ser satisfatoriamente explicadas com o modelo ondulatório.

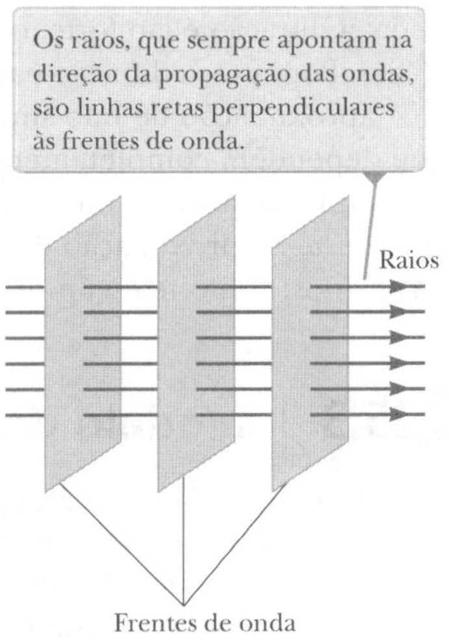

Figura 25.1 Uma onda plana propagando-se para a direita.

25.2 | Modelo de raio na óptica geométrica

No início de nosso estudo da óptica, devemos usar um modelo simplificado chamado **modelo de raio**, ou **aproximação de raio**. **Raio** é uma linha reta desenhada ao longo da direção da propagação de uma única onda, mostrando sua trajetória à medida que ela viaja pelo espaço. A aproximação de raio envolve os modelos geométricos com base nessas linhas retas. Os fenômenos explicados com a aproximação de raio não dependem explicitamente da natureza ondulatória da luz, apenas de sua propagação ao longo de uma linha reta.

Um conjunto de ondas de luz pode ser representado por frentes de onda (definidas na Seção 24.3), conforme ilustrado na Figura 25.1 para uma onda plana, apresentada na Seção 24.3. A definição de uma frente de onda exige que os raios sejam perpendiculares à frente de onda em cada posição no espaço.

Figura Ativa 25.2 Uma onda plana de comprimento de onda λ incidindo em uma barreira na qual há uma abertura de diâmetro d.

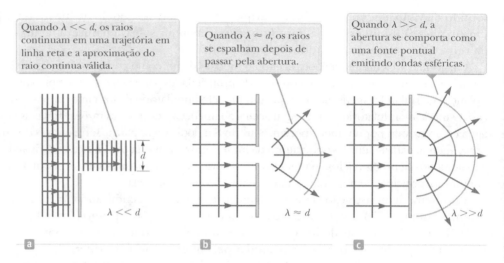

Se uma onda plana encontra uma barreira contendo uma abertura cujo tamanho d é grande em relação ao comprimento de onda λ, como na Figura Ativa 25.2a, as ondas individuais que emergem da abertura continuam a se deslocar em linha reta (exceto por alguns pequenos efeitos de borda); portanto, a aproximação de raio continua sendo válida. Se o tamanho da abertura for da ordem do comprimento de onda como na Figura Ativa 25.2b, as ondas (e, por consequência, os raios desenhados) espalham-se para fora da abertura em todas as direções. Dizemos que a onda plana incidente sofre *difração* à medida que passa pela abertura. Se esta for pequena em relação ao comprimento de onda, a difração é tão forte, que a abertura pode ser aproximada como uma fonte pontual de ondas (Figura Ativa 25.2c). Portanto, a difração é mais pronunciada conforme a razão d/λ se aproxima de zero.

A aproximação de raio supõe que $\lambda \ll d$, de modo que não nos preocuparemos com os efeitos da difração, que dependem completamente da natureza ondulatória da luz. Adiaremos o estudo da difração até o Capítulo 27. A aproximação de raio é usada neste e no Capítulo 26. O material nesses capítulos é em geral chamado *óptica geométrica*. A aproximação de raio é muito boa para o estudo de espelhos, lentes, primas e instrumentos ópticos associados, como telescópios, câmeras e óculos.

25.3 | Modelo de análise: onda sob reflexão

No Capítulo 13 (Volume 2), apresentamos uma versão unidimensional do modelo de uma onda sob reflexão considerando ondas em cordas. Quando essa onda encontra uma descontinuidade entre as cordas que representem velocidades de onda diferentes, parte da energia é refletida e parte, transmitida. Naquela discussão, as ondas eram restritas a se mover ao longo de uma corda unidimensional. Nesta discussão de óptica, não estamos sujeitos a essa restrição. As ondas de luz podem se deslocar em três dimensões.

A Figura 25.3 mostra diversos raios de luz incidindo em uma superfície. A menos que a superfície seja perfeitamente absorvente, alguma porção da luz é refletida pela superfície. (A porção transmitida será discutida na Seção 25.4.) Se a superfície for polida, os raios refletidos serão paralelos, como indicado na Figura 25.3a. A reflexão de luz de tal superfície é chamada **reflexão especular**. Se a superfície refletora for áspera, como na Figura 25.3b, ela refletirá os raios em várias direções. A reflexão de uma superfície áspera é conhecida como **reflexão difusa**. Uma superfície comporta-se como polida quando suas variações são pequenas em comparação com o comprimento de onda da luz incidente. Por exemplo, a luz passa pelos pequenos orifícios da porta de um forno micro-ondas, permitindo que você veja o interior porque os orifícios são grandes em relação aos comprimentos de onda da luz visível. No entanto, as micro-ondas, de comprimento de onda maior, refletem da porta como se esta fosse uma pedaço de metal sólido.

As Figuras 25.3c e 25.3d são fotografias da reflexão especular e difusa usando luz laser, visíveis pela poeira no ar, que dissemina a luz na direção da câmera. O feixe de laser refletido é claramente visível na Figura 25.3c. Na 25.3d, a reflexão difusa fez que o feixe incidente fosse refletido em várias direções, de modo que nenhum feixe de saída é visível.

A reflexão especular é necessária para a formação de imagens claras a partir de superfícies refletoras, um tópico que investigaremos no Capítulo 26. A Figura 25.4 mostra uma imagem resultante da reflexão especular de uma superfície plana de água. Se a superfície da água fosse irregular, reflexão difusa ocorreria e a imagem refletida não seria visível.

Capítulo 25 – Reflexão e refração da luz | 37

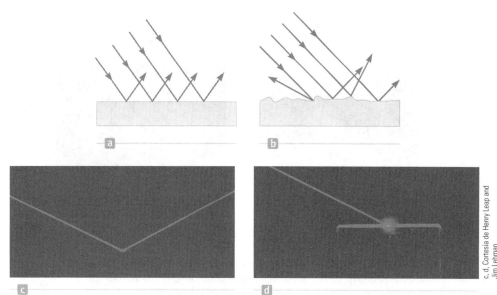

Figura 25.3 Representação esquemática (a) da reflexão especular, na qual os raios refletidos são todos paralelos, e (b) da reflexão difusa, na qual os raios refletidos deslocam-se em direções dispersas. (c) e (d) Fotografias de reflexão especular e difusa usando luz laser.

Ambos os tipos de reflexão podem ocorrer a partir da superfície de uma estrada que você observa quando dirige à noite. Em uma noite sem chuva, a luz dos veículos vindo em sua direção é dispersada para fora da estrada em direções diferentes (reflexão difusa) e a estrada é bastante visível. Em uma noite chuvosa, as pequenas irregularidades na superfície da estrada são preenchidas com água. Como a superfície da água é lisa, a luz sofre reflexão especular, e o brilho da luz refletida torna a estrada menos visível.

Vamos agora desenvolver a representação matemática para as ondas que sofrem reflexão. Considere um raio de luz que se propaga no ar e incide a um ângulo sobre uma superfície plana e lisa como na Figura Ativa 25.5. Os raios incidentes e refletidos formam ângulos de θ_1 e θ_1', respectivamente, com uma linha desenhada perpendicularmente à superfície no ponto onde o raio incidente a atinge. Experimentos mostram que o raio incidente, a normal à superfície e o raio refletido encontram-se no mesmo plano, e que **o ângulo de reflexão é igual ao de incidência**:

$$\theta_1' = \theta_1 \quad \quad \textbf{25.1} \blacktriangleleft$$

A equação 25.1 chama-se **Lei da Reflexão**. Por convenção, os ângulos de incidência e de reflexão são medidos a partir da normal à superfície, em vez de a partir da própria superfície. Porque a reflexão das ondas na interface entre dois meios é um fenômeno comum, identificamos um modelo de análise para esta situação: a **onda sob reflexão**. A Equação 25.1 é a representação deste modelo.

Na reflexão defusa, a Lei da Reflexão é obedecida *no que diz respeito à normal local*. Por causa da aspereza da superfície, a normal local varia significativamente de uma posição para outra. Neste livro, nossa preocupação será somente com a reflexão especular, usaremos o termo reflexão quando a ela nos referirmos.

Como você pode deduzir da Equação 25.1 e das figuras que vimos até agora, modelos geométricos são usados extensivamente no estudo da óptica. Como representamos as situações físicas com construções geométricas, a matemática dos triângulos e princípios de trigonometria serão muito utilizados.

A trajetória de um raio de luz é reversível. Por exemplo, o raio na Figura Ativa 25.5 propaga-se da parte superior esquerda, reflete-se do espelho, e então se move em direção ao ponto na parte superior direita. Se o raio se originasse no mesmo ponto na parte superior direita, seguiria a mesma trajetória para alcançar o mesmo ponto na parte superior esquerda. Essa propriedade reversível será útil quando elaborarmos construções geométricas para encontrar as trajetórias dos raios de luz.

Figura 25.4 Casas à beira-mar na Normandia, França, são refletidas na água do porto de Honfleur. Como a água é muito calma, a reflexão é especular.

38 | Princípios de física

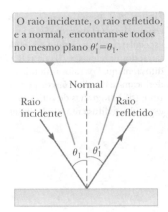

Figura Ativa 25.5 O modelo de onda sob reflexão.

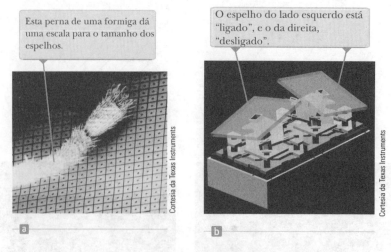

Figura 25.6 (a) Uma matriz de espelhos na superfície de um dispositivo de microespelhos digital. Cada espelho tem uma área de cerca de 16 μm^2. (b) Visualização aproximada de dois microespelhos individuais.

Uma aplicação prática da Lei da Reflexão é a projeção digital de filmes, programas de televisão e apresentações de computador. Um projetor digital utiliza um chip semicondutor óptico chamado *dispositivo digital de microespelhos*. Este dispositivo contém um conjunto de mais de um milhão de minúsculos espelhos (Fig. 25.6a) que podem ser inclinados individualmente por meio de sinais a um eletrodo específico sob a borda do espelho. Cada espelho corresponde a um pixel na imagem projetada. Quando o pixel correspondente a determinado espelho está brilhante, o espelho é colocado na posição "ligado" e é orientado de modo a refletir a luz de uma fonte iluminando o conjunto para a tela (Fig. 25.6b). Quando o pixel para este espelho estiver escuro, o espelho é colocado na posição "desligado" e é inclinado de modo que a luz seja refletida para fora da tela. O brilho do pixel é determinado pelo intervalo total de tempo durante o qual o espelho está na posição "ligado" durante a exibição da imagem.

Projetores digitais de filmes utilizam três dispositivos de microespelhos, um para cada uma das cores primárias: vermelho, azul e verde, de modo que os filmes possam ser exibidos com até 35 trilhões de cores. Como não há um mecanismo de armazenagem físico para o filme, este não degrada com o tempo, como acontece com os filmes de película. Além do mais, como o filme está inteiramente na forma de software de computador, pode ser exibido nos cinemas por meio de satélites, discos ópticos ou redes de fibra óptica.

> **Prevenção de Armadilhas | 25.1**
> **Notação de subscrito**
> Usamos o subscrito 1 na Equação 25.1 e na Figura Ativa 25.5 para nos referir aos parâmetros para a luz no meio inicial. Quando a luz se propaga de um meio para outro, usamos o subscrito 2 para os parâmetros associados com a luz no novo meio. Nesta discussão, a luz permanece no mesmo meio; então, somente podemos usar o subscrito 1.

> **TESTE RÁPIDO 25.1** Nos filmes, às vezes você vê um ator olhando para um espelho e pode ver seu rosto nele. Pode-se dizer com certeza que, durante as filmagens de tal cena, o ator vê no espelho: (a) o rosto dele (b) seu rosto (c) o rosto do diretor (d) a câmera do filme (e) impossível determinar.

> **PENSANDO A FÍSICA 25.1**
>
> Ao olhar para o exterior através de uma janela de vidro durante a noite, às vezes você vê uma imagem *dupla* de si mesmo. Por quê?
>
> **Raciocínio** A reflexão ocorre sempre que a luz encontra uma interface entre dois meios ópticos.
>
> Para o vidro da janela, há duas dessas interfaces. A primeira é sua superfície interior, e a segunda, a superfície exterior. Cada interface resulta em uma imagem. ◄

Exemplo **25.1 | O raio de luz duplamente refletido**

Dois espelhos formam um ângulo de 120° entre si, conforme ilustrado na Figura 25.7. Um raio incide no espelho M₁ a um ângulo de 65° com a normal. Encontre a direção do raio após este ser refletido no espelho M₂.

SOLUÇÃO

Conceitualize A Figura 25.7 ajuda a conceitualizar esta situação. O raio incidente reflete a partir do primeiro espelho, e o raio refletido é direcionado para o segundo espelho. Portanto, há uma segunda reflexão no segundo espelho.

Categorize Como as interações com ambos os espelhos são reflexos simples, aplicamos o modelo de onda sob reflexão e um pouco de geometria.

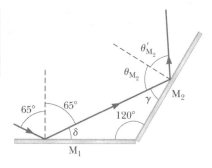

Figura 25.7 (Exemplo 25.1) Espelhos M₁ e M₂ formam um ângulo de 120° entre si.

Analise A partir da Lei de Reflexão, o primeiro raio refletido forma um ângulo de 65° com a normal.

Encontre o ângulo que o primeiro raio refletido forma com a horizontal:

$$\delta = 90° - 65° = 25°$$

A partir do triângulo formado pelo primeiro raio refletido e dos dois espelhos, encontre o ângulo que o raio refletido forma com M₂:

$$\gamma = 180° - 25° - 120° = 35°$$

Encontre o ângulo que o primeiro raio refletido forma com a normal M₂:

$$\theta_{M_2} = 90° - 35° = 55°$$

A partir da Lei de Reflexão, encontre o ângulo que o segundo raio refletido forma com a normal M₂:

$$\theta'_{M_2} = \theta_{M_2} = \boxed{55°}$$

Finalize Observe que este problema de reflexão, bem como outros, envolve o uso significativo de princípios associados com ângulos e triângulos de modelos geométricos. Certifique-se de consultar o Apêndice B para rever alguns desses princípios.

25.4 | Modelo de análise: onda sob refração

Fazendo referência novamente a nossa discussão sobre ondas em cordas do Capítulo 13, dissemos que parte da energia de uma onda incidente em uma descontinuidade na corda é transmitida através da descontinuidade. À medida que uma onda de luz se propaga por três dimensões, entender a onda de luz transmitida envolve novos princípios, que discutiremos agora.

Quando um raio de luz viajando por um meio transparente incide obliquamente em um fronteiro que leva a outro meio transparente, como na Figura Ativa 25.8a, parte do raio é refletida, mas parte é transmitida para o segundo meio. O raio que entra no segundo meio sofre uma mudança na direção na fronteira. Diz-se então que ele

Figura Ativa 25.8 (a) O modelo de onda sob refração. (b) Luz incidente no bloco de acrílico refrata tanto ao entrar quanto ao sair do bloco.

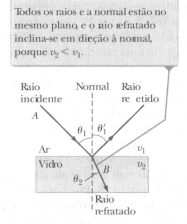

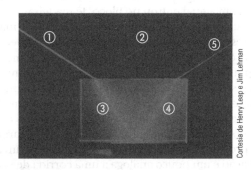

Figura Ativa 25.9 A refração da luz, conforme (a) se move do ar para o vidro e (b) do vidro para o ar.

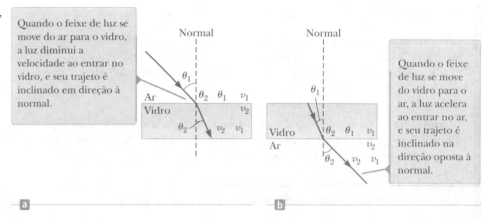

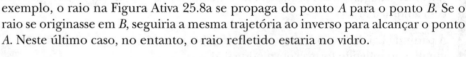

sofre **refração**. O raio incidente, o raio refletido e raio refratado encontram-se todos no mesmo plano. O **ângulo de refração** θ_2 na Figura Ativa 25.8a depende das propriedades dos dois meios e do ângulo de incidência por meio da relação

$$\frac{\operatorname{sen}\theta_2}{\operatorname{sen}\theta_1} = \frac{v_2}{v_1} \qquad 25.2$$

onde v_1 é a velocidade da luz no meio 1, e v_2 a velocidade da luz do meio 2. A equação 25.2 é a representação matemática do modelo de onda sob refração, embora encontremos uma forma mais usada na Equação 25.7.

A trajetória de um raio de luz através de uma superfície refratora é reversível, como foi o caso da reflexão. Por exemplo, o raio na Figura Ativa 25.8a se propaga do ponto A para o ponto B. Se o raio se originasse em B, seguiria a mesma trajetória ao inverso para alcançar o ponto A. Neste último caso, no entanto, o raio refletido estaria no vidro.

O lápis parcialmente imerso na água parece dobrado porque a luz a partir da parte inferior do lápis é refratada conforme ele passa pelo limite entre a água e o ar.

TESTE RÁPIDO 25.2 Se o feixe 1 for o incidente na Figura Ativa 25.8b, quais dos outros quatro feixes são refletidos e quais são refratados?

A Equação 25.2 mostra que, quando a luz se propaga de um material no qual sua velocidade é alta, para outro no qual sua velocidade é baixa, o ângulo de refração θ_2 é menor que o de incidência. O raio refratado, portanto, desvia em direção à normal, como mostrado na Figura Ativa 25.9a. Se o raio se propaga de um material no qual viaja lentamente para outro no qual viaja mais rapidamente, θ_2 é maior que θ_1; logo, o raio se desvia para longe da normal, como mostrado na Figura Ativa 25.9b.

O comportamento da luz à medida que passa do ar para outra substância, e então volta para o ar é, muitas vezes, fonte de confusão para o estudante. Por que esse comportamento é tão diferente de outras ocorrências em nossas vidas diárias? Quando a luz se propaga no ar, sua velocidade é $c = 3,0 \times 10^8$ m/s; ao entrar em um bloco de vidro, sua velocidade é reduzida para aproximadamente $2,0 \times 10^8$ m/s. Quando a luz ressurge no ar, sua velocidade aumenta para seu valor original: $3,0 \times 10^8$ m/s. Esse processo é bem diferente do que acontece, por exemplo, quando uma bala é disparada em um bloco de madeira. Neste caso, a velocidade da bala é reduzida à medida que atravessa a madeira, porque parte de sua energia original é usada para separar as fibras da madeira. Quando a bala entra no ar de novo, emerge em uma velocidade menor do que com a qual entrou no bloco de madeira.

Para ver por que a luz se comporta desta maneira, considere a Figura 25.10, que representa um feixe de luz penetrando um pedaço de vidro pela esquerda. Uma vez dentro do vidro, a luz pode encontrar um átomo, representado pelo ponto A na figura. Suponhamos que a luz seja absorvida pelo átomo, fazendo que este oscile (um detalhe representado pelas setas de pontas duplas na figura.) O átomo oscilante, em seguida, irradia (emite) o feixe de luz em direção a um átomo no ponto B, onde a luz é novamente absorvida. Os detalhes destas absorções e emissões são mais bem explicados em termos de Física Quântica, assunto que estudaremos no Capítulo 28. Por hora, pense no processo considerando que a luz passa de um átomo para outro através do vidro. (A situação é um pouco análoga a uma corrida de revezamento em que o bastão é passado entre os corredores da mesma equipe). Embora a luz se desloque de um átomo a

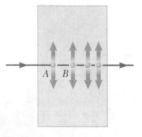

Figura 25.10 Luz passando de um átomo para outro em um meio. As esferas são átomos, e as setas verticais representam suas oscilações.

TABELA 25.1 | Índices de refração para várias substâncias

Substância	Índice de refração	Substância	Índice de refração
Sólidos a 20 °C		**Líquidos a 20 °C**	
Zircônia cúbica	2,20	Benzeno	1,501
Diamante (C)	2,419	Dissulfeto de carbono	1,628
Fluorita (CaF_2)	1,434	Tetracloreto de carbono	1,461
Quartzo fundido (SiO_2)	1,458	Xarope de milho	2,21
Fosfeto de gálio	3,50	Álcool etílico	1,361
Óptico, vidro	1,52	Glicerina	1,473
Vidro, sílex	1,66	Água	1,333
Gelo (H_2O)	1,309	**Gases a 0 °C, 1 atm**	
Poliestireno	1,49	Ar	1,000293
Cloreto de sódio (NaCl)	1,544	Dióxido de carbono	1,00045

Observação: Todos os valores são para a luz com comprimento de onda de 589 nm no vácuo.

outro através do espaço vazio entre eles com uma velocidade de $c = 3,0 \times 10^8$ m/s, as absorções e emissões de luz pelos átomos necessitam de tempo para ocorrer. Portanto, a velocidade *média* da luz através do vidro é menor do que *c*. Uma vez que a luz emerge para o ar, as absorções e emissões cessam e a velocidade média da luz retorna ao seu valor original.[1] Portanto, mesmo a luz estando dentro ou fora do material, sempre se propaga através do vácuo com a mesma velocidade.

A luz que passa de um meio para outro é refratada porque sua velocidade média é diferente nos dois meios. Na verdade, *a luz se propaga com sua velocidade máxima no vácuo*. É conveniente definir o **índice de refração** *n* de um meio como sendo a razão

$$n \equiv \frac{\text{velocidade da luz no vácuo}}{\text{velocidade da luz no meio}} = \frac{c}{v}$$

25.3 ◀ ▶ Índice de refração

Prevenção de Armadilhas | 25.2

n não é um inteiro aqui
Vimos *n* utilizado nos Capítulos 11, (Volume 1), para indicar o número quântico de uma órbita de Bohr, e no 14, para indicar o modo de onda estacionária em uma corda ou coluna de ar. Nesses casos, *n* era um número inteiro. O índice de refração *n não* é um inteiro.

A partir desta definição, vemos que o índice de refração é um número adimensional, maior ou igual à unidade, porque *v* em um meio é sempre inferior a *c*. Além disso, *n* é igual à unidade no vácuo. Os índices de refração para diversas substâncias estão listados na Tabela 25.1.

Conforme uma onda se propaga de um meio para outro, sua frequência não se altera. Consideremos primeiro esta noção para ondas que passam de uma corda leve para outra mais pesada. Se as frequências das ondas incidentes e das transmitidas nas duas cordas no ponto de junção fossem diferentes, as cordas não poderiam permanecer ligadas, porque as pontas unidas das duas extremidades não se moveriam para cima e para baixo em uníssono!

Para uma onda de luz que passa de um meio para outro, a frequência também permanece constante. Para ver por que, considere a Figura 25.11. Frentes de onda passam por um observador no ponto A no meio 1 com certa frequência e incidem na fronteira entre os meios 1 e 2. A frequência com que as frentes de onda passam por um observador no ponto B no meio 2 deve ser igual à que chegam ao ponto A. Se este não fosse o caso, as frentes de onda se acumulariam na fronteira, ou seriam destruídas ou criadas nela. Já que esta situação não ocorre, a frequência deve ser constante, quando um raio de luz passa de um meio para outro.

Portanto, como a relação $v = \lambda f$ (Eq. 13.12) tem de ser válida em ambos meios, e porque $f_1 = f_2 = f$, vemos que

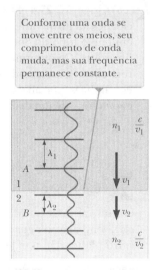

Figura 25.11 Uma onda se propaga do meio 1 para o meio 2, no qual move-se com velocidade inferior.

Conforme uma onda se move entre os meios, seu comprimento de onda muda, mas sua frequência permanece constante.

---

[1] Como uma analogia, considere um metrô entrando em uma cidade com velocidade constante *v* e, em seguida, parando em várias estações na região central da cidade. Mesmo que o metrô pudesse atingir a velocidade instantânea *v* entre as estações, a velocidade *média* através da cidade é menor do que *v*. Depois que o metrô deixa a cidade e não faz mais paradas, desloca-se novamente à velocidade constante *v*. Esta analogia, como muitas vezes acontece, não é perfeita, porque o metrô requer tempo para acelerar até a velocidade *v* entre as estações, enquanto a luz alcança a velocidade *c* imediatamente à medida que viaja entre os átomos.

$$v_1 = \lambda_1 f \quad \text{e} \quad v_2 = \lambda_2 f$$

> **Prevenção de Armadilhas | 25.3**
> **Uma relação inversa**
> O índice de refração é *inversamente* proporcional à velocidade da onda. Conforme a velocidade da onda v diminui, o índice de refração n aumenta. Portanto, quanto maior o índice de refração de um material, mais ele diminui *a velocidade* da luz a partir da velocidade no vácuo. Quanto mais a velocidade da luz diminui, mais θ_2 difere de θ_1 na Equação 25.7.

Porque $v_1 \neq v_2$, segue que $\lambda_1 \neq \lambda_2$. A relação entre o índice de refração e o comprimento de onda pode ser obtida dividindo-se estas duas equações e fazendo uso da definição do índice de refração dado pela Equação 25.3:

$$\frac{\lambda_1}{\lambda_2} = \frac{v_1}{v_2} = \frac{c/n_1}{c/n_2} = \frac{n_2}{n_1} \qquad \mathbf{25.4}◀$$

o que fornece

$$\lambda_1 n_1 = \lambda_2 n_2 \qquad \mathbf{25.5}◀$$

Segue da Equação 25.5 que o índice de refração de qualquer meio pode ser expresso como a razão

$$n = \frac{\lambda}{\lambda_n} \qquad \mathbf{25.6}◀$$

onde λ é o comprimento de onda de luz no vácuo, e λ_n o comprimento de onda no meio cujo índice de refração é n.

Estamos agora em posição para expressar a Equação 25.2 de forma alternativa. Se combinarmos a Equação 25.3 com a Equação 25.2, temos que

▶ Lei de Snell para refração

$$\boxed{n_1 \operatorname{sen}\theta_1 = n_2 \operatorname{sen}\theta_2} \qquad \mathbf{25.7}◀$$

A descoberta experimental desta relação geralmente é creditada a Willebrord Snell (1591-1626), portanto, é conhecida como **Lei de Snell para Refração**.[2] Refração de ondas em uma interface entre dois meios é um fenômeno comum, por isso identificamos um modelo de análise para esta situação: a **onda sob refração**. A Equação 25.7 é a representação matemática deste modelo de radiação eletromagnética. Outras ondas, como sísmicas e sonoras, também apresentam refração de acordo com este modelo; a representação matemática para estas ondas é a Equação 25.2.

TESTE RÁPIDO 25.3 A luz passa de material com índice de refração de 1,3 para outro com índice de refração 1,2. Em comparação com o raio incidente, o que acontece com o raio refratado? (a) Inclina-se em direção à normal. (b) Não é desviado. (c) Inclina-se para longe da normal.

TESTE RÁPIDO 25.4 4 Conforme a luz do Sol entra na atmosfera, ela refrata devido à pequena diferença entre as velocidades da luz no ar e no vácuo. O comprimento *óptico* do dia é definido como o intervalo de tempo entre o instante em que o topo do Sol é visível acima do horizonte e o instante no qual o topo do Sol desaparece abaixo da linha do horizonte. O comprimento *geométrico* do dia é definido como o intervalo de tempo entre o instante em que uma linha reta geométrica traçada a partir do observador até o topo do Sol começa a iluminar o horizonte e o instante no qual essa linha se põe abaixo do horizonte. Qual é mais longo, (a) o comprimento óptico de um dia ou (b) o comprimento geométrico de um dia?

PENSANDO A FÍSICA 25.2

BIO Visão debaixo d'água

Por que as máscaras de mergulho tornam a visão mais clara embaixo d'água? A máscara tem um pedaço de vidro plano; não tem lentes como os óculos.

Raciocínio A refração necessária para visualização focada no olho ocorre na interface ar-córnea. As lentes do olho realizam alguns ajustes finos dessa imagem, permitindo a acomodação de corpos em diferentes distâncias. Quando o olho é aberto embaixo d'água, a interface é água-córnea, ao invés de ar-córnea. Portanto, a luz da cena não é focalizada na retina, e a cena fica embaçada. A máscara de mergulho simplesmente fornece uma camada de ar na frente dos olhos, de modo que a interface ar-córnea é restabelecida e a refração é corrigida para focalizar a luz na retina.◀

---

[2] A mesma lei foi deduzida a partir da teoria de partícula da luz em 1637, por René Descartes (1596-1650) e, portanto, conhecida como Lei de Descartes na França.

Exemplo 25.2 | Ângulo de refração para vidro

Um raio de luz de comprimento de onda de 589 nm, propagando-se pelo ar incide em uma placa de vidro plana e lisa, a um ângulo de 30,0° em relação à normal.

(A) Encontre o ângulo de refração.

SOLUÇÃO

Conceitualize Estude a Figura Ativa 25.9a, que ilustra o processo de refração que ocorre neste problema.

Categorize Determinamos os resultados usando equações desenvolvidas nesta seção; então, categorizamos este exemplo como um problema de substituição.

Rearranje a Lei de Refração de Snell para encontrar sen θ_2:
$$\operatorname{sen} \theta_2 = \frac{n_1}{n_2} \operatorname{sen} \theta_1$$

Resolva para θ_2:
$$\theta_2 = \operatorname{sen}^{-1}\left(\frac{n_1}{n_2} \operatorname{sen} \theta_1\right)$$

Substitua os índices de refração da Tabela 25.1 e o ângulo incidente:
$$\theta_2 = \operatorname{sen}^{-1}\left(\frac{1,00}{1,52} \operatorname{sen} 30,0°\right) = 19,2°$$

(B) Encontre a velocidade dessa luz quando entra no vidro.

SOLUÇÃO

Resolva a Equação 25.3 para a velocidade da luz no vidro:
$$v = \frac{c}{n}$$

Substitua os valores numéricos:
$$v = \frac{3,00 \times 10^8 \text{ m/s}}{1,52} = 1,97 \times 10^8 \text{ m/s}$$

(C) Qual é o comprimento de onda dessa luz no vidro?

SOLUÇÃO

Use a Equação 25.6 para encontrar o comprimento de onda no vidro:
$$\lambda_n = \frac{\lambda}{n} = \frac{589 \text{ nm}}{1,52} = 388 \text{ nm}$$

Exemplo 25.3 | Luz passando através de uma lâmina

Um feixe de luz passa do meio 1 para o 2, este último uma placa espessa de material cujo índice de refração é n_2 (Fig. 25.12). Mostre que o feixe emergindo no meio 1 do outro lado está paralelo ao feixe incidente.

SOLUÇÃO

Conceitualize Siga o percurso do feixe de luz à medida que entra e sai da placa de material na Figura 25.12, onde assumimos que $n_2 > n_1$. O raio inclina-se em direção à normal ao entrar, e em direção oposta ao sair.

Categorize Determinamos os resultados usando equações desenvolvidas nesta seção; então, categorizamos este exemplo como um problema de substituição.

Aplique a Lei de Refração de Snell para a superfície superior:

Aplique a Lei de Snell para a superfície inferior:

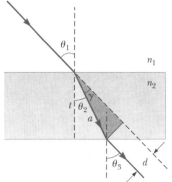

Figura 25.12 (Exemplo 25.3) A linha tracejada desenhada paralelamente ao raio que sai do fundo da placa representa o trajeto que a luz levaria se a placa não existisse.

(1) $\operatorname{sen} \theta_2 = \dfrac{n_1}{n_2} \operatorname{sen} \theta_1$

(2) $\operatorname{sen} \theta_3 = \dfrac{n_2}{n_1} \operatorname{sen} \theta_2$

continua

25.3 cont.

Substitua a Equação (1) na (2):
$$\operatorname{sen}\theta_3 = \frac{n_2}{n_1}\left(\frac{n_1}{n_2}\operatorname{sen}\theta_1\right) = \operatorname{sen}\theta_1$$

Portanto, $\theta_3 = \theta_1$ e a placa não altera a direção do feixe. Isso, no entanto, desloca o feixe paralelo a si mesmo pela distância d mostrada na Figura 25.12.

E Se? E se a espessura t da placa fosse o dobro? A distância de deslocamento d também dobraria?

Resposta Considere a região do trajeto da luz dentro da placa na Figura 25.12. A distância a é a hipotenusa de dois triângulos retângulos.

Encontre uma expressão para a a partir do triângulo cinza-claro.
$$a = \frac{t}{\cos\theta_2}$$

Encontre uma expressão para d a partir do triângulo cinza-escuro:
$$d = a\operatorname{sen}\gamma = a\operatorname{sen}(\theta_1 - \theta_2)$$

Combine essas equações:
$$d = \frac{t}{\cos\theta_2}\operatorname{sen}(\theta_1 - \theta_2)$$

Para um ângulo incidente θ_1, o ângulo refratado θ_2 é determinado somente pelo índice de refração; de modo que a distância de deslocamento d é proporcional a t. Se a espessura dobrar, o mesmo acontece com a distância de deslocamento.

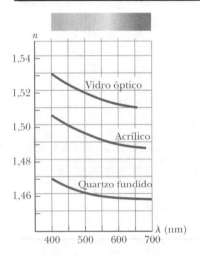

Figura 25.13 Variação do índice de refração com comprimento de onda no vácuo para três materiais.

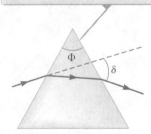

O ângulo do ápice Φ é aquele entre os lados do prisma, através dos quais a luz entra e sai.

Figura 25.14 Um prisma refrata um feixe de luz de comprimento de onda único e o desvia por um ângulo δ.

25.5 | Dispersão e prismas

Na seção anterior, desenvolvemos a Lei de Snell, que incorpora o índice de refração de um material. Na Tabela 25.1, apresentamos os valores do índice de refração para alguns materiais. Se fizermos medições cuidadosas, no entanto, descobriremos que o valor do índice de refração em qualquer meio, exceto no vácuo, depende do comprimento de onda da luz. A dependência do índice de refração em relação ao comprimento de onda, que resulta da dependência da velocidade da onda em relação a este comprimento, é chamada **dispersão**. A Figura 25.13 é uma representação gráfica desta variação no índice de refração com o comprimento de onda. Já que n é uma função do comprimento de onda, a Lei de Snell indica que o ângulo de refração quando a luz penetra um material depende do comprimento de onda da luz. Como vemos na Figura 25.13, o índice de refração para um material geralmente diminui com o aumento do comprimento de onda no espectro visível. Portanto, a luz violeta ($\lambda = 400$ nm) refrata mais do que a luz vermelha ($\lambda = 650$ nm) ao passar do ar para um material.

Para entender os efeitos da dispersão sobre a luz, considere o que acontece quando um raio de luz atinge um prisma, como mostrado na Figura 25.14. O ângulo do ápice ϕ do prisma é definido como mostrado na figura. Um raio de luz de único comprimento de onda que é incidente sobre o prisma a partir da esquerda emerge numa direção desviada da original de deslocamento por um ângulo de desvio δ, que depende do ângulo do ápice e do índice de refração do material do prisma. Agora, suponha que um feixe de luz branca (uma combinação de todos os comprimentos de onda visíveis) incide sobre um prisma. Por causa da dispersão, as diferentes cores refratam através de diferentes ângulos de desvio, e os raios que emergem a partir da segunda face do prisma se espalham em uma série de cores, conhecida como o **espectro visível**, como mostrado na Figura 25.15. Essas cores, em ordem decrescente de comprimento de onda são: vermelho, laranja, amarelo, verde, azul e violeta.[3] A luz violeta é a que desvia mais, a luz vermelha a que desvia menos, e as cores restantes no espectro visível permanecem entre estes dois extremos.

A dispersão da luz em um espectro é demonstrada de maneira mais vívida na natureza pela formação de um arco-íris, muitas vezes visto por um observador posicionado entre o Sol e a chuva. Para entender como um arco-íris se forma,

---
[3] Na época de Newton, as cores que hoje chamamos de azul-petróleo e azul eram chamadas azul e anil. Seu "jeans" é tingido com anil. Um dispositivo mnemônico para se lembrar as cores do espectro é a sigla VLAVAAV (ROYGBIV, em inglês), partindo das primeiras letras das cores: vermelho, laranja, amarelo, verde, azul, anil e violeta. Algumas pessoas pensam que esta sigla é o nome de uma pessoa, Roy G. Biv!

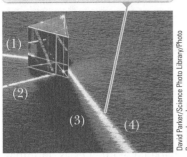

Figura 25.15 A luz branca entra em um prisma de vidro no canto superior esquerdo (1). Um feixe de luz refletido sai do prisma, logo abaixo do feixe de entrada (2). O feixe movendo-se em direção ao canto inferior direito mostra cores distintas. A luz violeta desvia-se ao máximo (3); a luz vermelha desvia-se ao mínimo (4).

Figura Ativa 25.16 Trajeto da luz solar através de uma gota de chuva esférica. A luz seguindo este caminho contribui para o arco-íris visível.

> **Prevenção de Armadilhas | 25.4**
> **Um arco-íris de muitos raios de luz**
> Representações gráficas, como a Figura Ativa 25.16, estão sujeitas a erros de interpretação. A figura mostra um raio de luz incidindo na gota de chuva e sofrendo reflexão e refração emergindo da gota de chuva em uma faixa de 40° a 42° em relação ao raio incidente. Esta figura pode ser interpretada de forma incorreta, no sentido de que *toda* luz entrando na gota sai por essa pequena faixa de ângulos. Na realidade, a luz sai da gota de chuva em uma faixa muito maior de ângulos, de 0° a 42°. Uma análise cuidadosa da reflexão e da refração da gota de chuva esférica mostra que a faixa de 40° a 42° é onde a *luz de intensidade maior* sai da gota de chuva.

considere Figura Ativa 25.16. Um raio de luz vindo de cima atinge uma gota esférica de água na atmosfera e é refratado e refletido conforme segue. Primeiro, é refratado na superfície frontal da gota, com a luz violeta se desviando ao máximo, e a luz vermelha ao mínimo. Na superfície traseira da gota, a luz é refletida e volta à superfície frontal, onde é novamente submetida à refração ao passar da água para o ar.

Como a luz entra na superfície frontal da gota em todas as posições, há uma série de ângulos emergentes para a luz sair da gota após ser refletida na superfície traseira. Uma análise cuidadosa da forma esférica da gota d'água, no entanto, mostra que o ângulo emergente de maior intensidade de luz é 42° para a luz vermelha e 40° para a luz violeta. Portanto, a luz da gota de chuva vista pelo observador é mais brilhante para estes ângulos, e o observador vê um arco-íris. A Figura 25.17 mostra a geometria para o observador. As cores do arco-íris são vistas em um intervalo de 40° a 42° a partir da direção antissolar, que é exatamente 180° do Sol. Se a luz vermelha for vista vindo de um pingo de chuva no alto do céu, a luz violeta dessa gota passa sobre a cabeça do observador e não é vista. Portanto, a porção do arco-íris na vizinhança desta gota é vermelha. A porção violeta do arco-íris vista por um observador é fornecida por gotas mais baixas no céu, que emitem luz violeta para os olhos do observador e luz vermelha abaixo dos olhos.

A fotografia na abertura deste capítulo mostra um *arco-íris duplo*. O arco-íris secundário é mais fraco do que o primário, e suas cores estão invertidas. O arco-íris secundário surge da luz que é refletida duas vezes pela superfície interna antes de sair da gota de chuva. Em laboratório, arco-íris foram observados nos quais a luz faz mais de 30 reflexões antes de sair da gota d'água. Como cada reflexão envolve alguma perda de luz devido à refração fora da gota, a intensidade desses arco-íris de ordem superior é muito pequena.

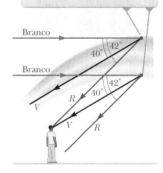

Figura 25.17 A formação de um arco-íris visto por um observador em pé com o Sol atrás de si. V = violeta; R = vermelho.

TESTE RÁPIDO 25.5 Em materiais dispersivos, o ângulo de refração para um raio de luz depende do comprimento de onda da luz. Verdadeiro ou falso: O ângulo de reflexão da superfície do material depende do comprimento da onda.

25.6 | Princípio de Huygens

Nesta seção, apresentamos uma construção geométrica proposta por Huygens em 1678, que supôs que a luz consiste de ondas, em vez de um feixe de partículas. Ele não tinha conhecimento do caráter eletromagnético da luz. Entretanto, seu modelo geométrico é adequado para compreender de diversos aspectos práticos da propagação da luz.

O princípio de Huygens é um modelo geométrico que nos permite determinar a posição de uma frente de onda a partir do conhecimento de uma frente de onda anterior:

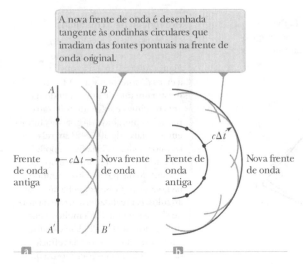

Figura 25.18 Construção de Huygens para (a) uma onda plana propagando-se para a direita e (b) uma onda esférica propagando-se para a direita.

Todos os pontos de uma dada frente de onda são supostos como fontes pontuais para a produção de ondas esféricas secundárias, chamadas *ondinhas* que se propagam para o exterior, com velocidades características de ondas naquele meio. Após um intervalo de tempo, a nova posição da frente de onda é a superfície que tange as ondinhas.

A Figura 25.18 ilustra dois exemplos simples da construção do princípio de Huygens. Primeiro, considere uma onda plana movendo-se através do espaço livre, como na Figura 25.18a. Em $t = 0$, a frente de onda é indicada pelo plano denominado AA'. Cada ponto nesta frente de onda é uma fonte pontual de uma ondulação. Mostrando três desses pontos, traçamos arcos circulares, cada um de raio $c\,\Delta t$, onde c é a velocidade da luz no espaço livre e Δt, intervalo de tempo durante o qual a onda se propaga. A superfície desenhada tangente a essas ondinhas é o plano BB', paralelo a AA'. Este é a frente de onda no final do intervalo de tempo Δt. De maneira similar, a Figura 25.18b mostra a construção de Huygens para uma onda esférica propagando-se para fora.

Uma demonstração convincente da existência das ondinhas de Huygens é obtida com ondas de água em um tanque raso (chamado tanque de ondulação), como na Figura 25.19. As ondas planas produzidas à esquerda das fendas emergem à direita como ondas circulares bidimensionais propagando-se para fora. Na onda plana, cada ponto na frente da onda atua como uma fonte de ondas circulares na superfície bidimensional da água. Em um momento posterior, a tangente das frentes de ondas circulares continua sendo uma linha reta. No momento em que a frente de onda encontra uma barreira, no entanto, ondas em todos os pontos na frente de onda, exceto as que encontram as aberturas, são refletidas. Para aberturas muito pequenas, podemos modelar essa situação como se uma única fonte de ondinhas de Huygens existisse em cada uma das duas aberturas. Como resultado, as ondinhas de Huygens provenientes dessas fontes únicas serão vistas como ondas circulares propagando-se para fora no lado direito da Figura 25.19. Este é um exemplo dramático de difração mencionado na seção de abertura deste capítulo, um fenômeno que estudaremos mais detalhadamente no Capítulo 27.

Christian Huygens
Físico e astrônomo holandês
(1629-1695)

Huygens é conhecido por suas contribuições aos campos da óptica e da dinâmica. Para Huygens, a luz era um tipo de movimento vibratório, espalhando-se e produzindo a sensação de luz quando colidia com o olho. Com base nesta teoria, ele deduziu as leis da reflexão e refração e explicou o fenômeno da dupla refração.

Princípio de Huygens aplicado à reflexão e refração

Agora, derivaremos as leis da reflexão e da refração usando o princípio de Huygens.

Para a lei da reflexão, consulte a Figura 25.20. A linha AB representa uma frente de onda plana da luz incidente conforme o raio 1 atinge a superfície. Neste instante, a onda em A envia uma ondinha de Huygens (que aparece em um momento posterior como o arco circular cinza-claro que passa por D); a luz refletida faz um ângulo γ' com a superfície. Ao mesmo tempo, a onda em B emite uma ondinha de Huygens (o arco circular que passa por C), com a luz incidente formando um ângulo γ com a superfície. A Figura 25.20 mostra essas ondinhas após um intervalo de tempo Δt, após o qual o raio 2 atinge a superfície. Já que ambos os raios 1 e 2 movimentam-se com a mesma velocidade, devemos ter $AD = BC = c\,\Delta t$.

O restante da nossa análise depende da geometria. Observe que os dois triângulos ABC e ADC são congruentes porque têm a mesma hipotenusa AC e porque $AD = BC$. A Figura 25.20 mostra que

$$\cos \gamma = \frac{BC}{AC} \qquad \text{e} \qquad \cos \gamma' = \frac{AD}{AC}$$

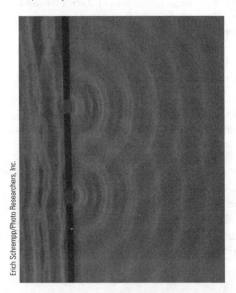

Figura 25.19 Ondas de água em um tanque de ondulação demonstram as ondinhas de Huygens. Uma onda plana incide sobre uma barreira com duas pequenas aberturas. As aberturas atuam como fontes de ondinhas circulares.

onde $\gamma = 90° - \theta_1$ e $\gamma' = 90° - \theta'_1$. Como $AD = BC$,

$$\cos \gamma = \cos \gamma'$$

Portanto,

$$\gamma = \gamma'$$
$$90° - \theta_1 = 90° - \theta'_1$$

e

$$\theta_1 = \theta'_1$$

que é a Lei da Reflexão.

Agora, vamos usar o princípio de Huygens para derivar a Lei da Refração de Snell. Concentramos nossa atenção no instante que o raio 1 atinge a superfície e o intervalo de tempo subsequente até o raio 2 atingir a superfície, como mostrado na Figura 25.21. Durante esse intervalo de tempo, a onda em A envia uma ondinha de Huygens (o arco que passa por D) e a luz refrata no material, formando um ângulo θ_2 com a normal à superfície. No mesmo intervalo de tempo, a onda em B envia uma ondinha de Huygens (o arco passando por C) e a luz continua a se propagar na mesma direção. Como ambas as ondinhas deslocam-se através de meios diferentes, seus raios são diferentes. O raio da ondinha de A é $AD = v_2 \Delta t$, onde v_2 é a velocidade da onda no segundo meio. O raio da ondinha de B é $BC = v_1 \Delta t$, onde v_1 é a velocidade da onda no meio original.

A partir dos triângulos ABC e ADC, temos

$$\text{sen } \theta_1 = \frac{BC}{AC} = \frac{v_1 \Delta t}{AC} \quad \text{e} \quad \text{sen } \theta_2 = \frac{AD}{AC} = \frac{v_2 \Delta t}{AC}$$

Dividindo a primeira equação pela segunda, temos

$$\frac{\text{sen } \theta_1}{\text{sen } \theta_2} = \frac{v_1}{v_2}$$

Contudo, a partir da Equação 25.3, sabemos que $v_1 = c/n_1$ e $v_2 = c/n_2$. Portanto,

$$\frac{\text{sen } \theta_1}{\text{sen } \theta_2} = \frac{c/n_1}{c/n_2} = \frac{n_2}{n_1}$$

e

$$n_1 \text{ sen } \theta_1 = n_2 \text{ sen } \theta_2$$

que é a Lei de Snell para Refração.

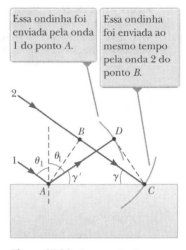

Figura 25.20 Construção de Huygens para provar a Lei da Reflexão.

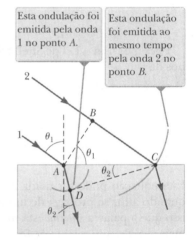

Figura 25.21 Construção de Huygens para provar a Lei de Snell para refração.

25.7 | Reflexão interna total

Um interessante efeito chamado **reflexão interna total** pode ocorrer quando a luz se propaga de um meio com alto índice de refração para outro com menor índice de refração. Considere um raio de luz que se propaga no meio 1 e chega ao limite entre este e o meio 2, onde $n_1 > n_2$ (Figura Ativa 25.22a). Várias direções possíveis do raio estão indicadas pelos raios 1 a 5. Os raios refratados são inclinados para longe da normal, porque $n_1 > n_2$. (Lembre-se de que, quando a luz refrata na interface entre os dois meios, também é parcialmente refletida. Estes raios também são mostrados na Figura Ativa 25.22a.) Em determinado ângulo incidente θ_c, chamado **ângulo crítico**, o raio de luz refratado propaga-se paralelamente ao limite, de modo que $\theta_2 = 90°$ (raio 4 na Figura Ativa 25.22a, mostrado por si só na Figura Ativa 25.22b). Para ângulos de incidência maior que θ_c, nenhum raio é refratado, e o raio incidente é totalmente refletido no limite, como o raio 5 na Figura Ativa 25.22a. Este raio é refletido no limite, como se tivesse atingido uma superfície refletora perfeita. Ele obedece à Lei de Reflexão; isto é, o ângulo de incidência é igual ao de reflexão.

Figura Ativa 25.22 (a) Raios propagam-se de um meio com índice de refração n_1 para outro com índice de refração n_2, onde $n_1 > n_2$. (b) O raio 4 está em destaque.

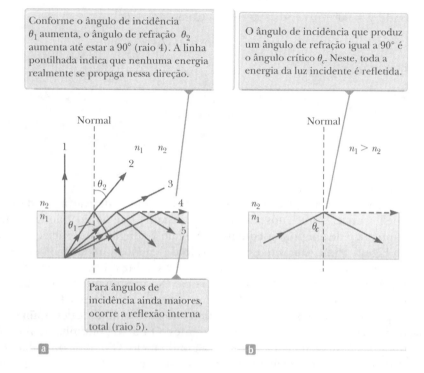

Conforme o ângulo de incidência θ_1 aumenta, o ângulo de refração θ_2 aumenta até estar a 90° (raio 4). A linha pontilhada indica que nenhuma energia realmente se propaga nessa direção.

O ângulo de incidência que produz um ângulo de refração igual a 90° é o ângulo crítico θ_c. Neste, toda a energia da luz incidente é refletida.

Para ângulos de incidência ainda maiores, ocorre a reflexão interna total (raio 5).

Podemos usar a Lei de Snell para encontrar o ângulo crítico. Quando $\theta_1 = \theta_c$, $\theta_2 = 90°$, e a Lei de Snell (Eq. 25.7) nos dá

$$n_1 \operatorname{sen} \theta_c = n_2 \operatorname{sen} 90° = n_2$$

$$\operatorname{sen} \theta_c = \frac{n_2}{n_1} \quad \text{(para } n_1 > n_2\text{)}$$

25.8 ◀

Esta equação pode ser usada apenas quando n_1 for maior que n_2. Isto é, a reflexão interna total ocorre somente quando a luz se propaga de um meio com alto índice de refração para outro com menor índice de refração. É por isso que a palavra *interna* está no nome. A luz deve estar inicialmente *dentro* de um material com índice de refração mais alto do que o meio de fora desse material. Se n_1 fosse menor que n_2, a Equação 25.8 daria sen $\theta_c > 1$, que não faz sentido, porque o seno de um ângulo nunca pode ser superior à unidade.

O ângulo crítico para a reflexão interna total é pequeno quando n_1 é consideravelmente maior que n_2. Exemplos desta situação são o diamante ($n = 2{,}42$ e $\theta_c = 24°$) e o vidro óptico ($n = 1{,}52$ e $\theta_c = 41°$), onde os ângulos indicados correspondem à luz refratando do material para o ar. A reflexão interna total combinada com a lapidação adequada faz que diamantes e cristais brilhem quando observados na luz.

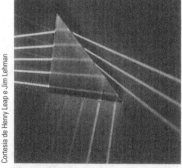

Figura 25.23 (Teste Rápido 25.6) Cinco raios de luz não paralelos entram em um prisma de vidro pela esquerda.

◀ **TESTE RÁPIDO 25.6** Na Figura 25.23, cinco raios de luz entram em um prisma de vidro pela esquerda. (i) Quantos destes raios sofrem reflexão interna total na superfície inclinada do prisma? (a) um (b) dois (c) três (d) quatro (e) cinco. (ii) Suponha que o prisma na Figura 25.23 possa ser girado no plano do papel. Para que todos os cinco raios sofram reflexão interna total na superfície inclinada, o prisma deve ser girado (a) no sentido horário ou (b) no sentido anti-horário?

◀ **TESTE RÁPIDO 25.7** Um feixe de luz branca incide numa interface vidro óptico-ar, conforme mostrado na Figura Ativa 25.22. O feixe incidente é girado no sentido horário, portanto, o ângulo de incidência θ aumenta. Devido à dispersão no vidro, algumas cores da luz sofrem reflexão interna total (raio 4 na Figura Ativa 25.22a) antes de outras, de modo que o feixe refratando no vidro não é mais branco. Qual é a última cor refratando para fora da superfície superior? (a) violeta (b) verde (c) vermelho (d) impossível determinar.

Exemplo **25.4** | **A visão a partir do olho de um peixe**

Encontre o ângulo crítico para um limite ar-água. (Suponha que o índice de refração da água seja 1,33.)

SOLUÇÃO

Conceitue Estude a Figura Ativa 25.22 para entender o conceito de reflexão interna total e o significado de ângulo crítico.

Categorize Usamos conceitos desenvolvidos nesta seção; portanto, categorizamos este exemplo como um problema de substituição.

Aplique a Equação 25.8 para a interface ar-água:

$$\text{sen}\,\theta_c = \frac{n_2}{n_1} = \frac{1,00}{1,33} = 0,752$$

$$\theta_c = \boxed{48,8°}$$

E Se? E se um peixe, numa lagoa parada, olhar para cima em direção à superfície em diferentes ângulos em relação à superfície, como na Figura 25.24? O que ele vê?

Resposta Porque o trajeto de um raio de luz é reversível, a luz que se propaga do meio 2 para o 1 na Figura Ativa 25.22a segue os trajetos mostrados, mas no sentido *oposto*. Um peixe olhando para cima em direção à superfície da água, como na Figura 25.24, pode ver para além da água se olhar para a superfície em um ângulo menor que o crítico. Portanto, quando a linha de visão do peixe formar um ângulo de $\theta = 40°$ com a normal à superfície, por exemplo, a luz acima da água atinge seu olho. Em $\theta = 48,8°$, o ângulo crítico para a água, a luz tem que planar ao longo da superfície da água antes de ser refratada para o olho do peixe; neste ângulo, o peixe pode, em princípio, ver toda a margem da lagoa. Para ângulos maiores que o crítico, a luz que atinge o peixe chega por meio de reflexão interna total na superfície. Portanto, em $\theta = 60°$, ele vê um reflexo do fundo da lagoa.

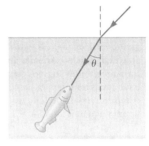

Figura 25.24 (Exemplo 25.4) **E Se?** Um peixe olha para cima em direção à superfície da água.

25.8 | Conteúdo em contexto: fibras ópticas

Uma aplicação interessante da reflexão interna total é o uso de hastes de vidro ou de plástico transparentes para "canalizar" a luz de um lugar para outro. Na indústria da comunicação, pulsos digitais de laser propagam-se ao longo desses tubos de luz, levando informações a uma taxa extremamente alta. Nesta Conexão com o contexto, investigamos a física deste avanço tecnológico.

Como indicado na Figura 25.25, a luz está confinada propagando-se em uma haste, mesmo ao redor de curvas, como resultado de sucessivas reflexões internas totais. Esse tubo de luz é flexível se fibras finas forem usadas ao invés de grossas. Um tubo de luz flexível é chamado **fibra óptica**. Se um feixe de fibras paralelas for utilizado para a construção de uma linha de transmissão óptica, imagens podem ser transferidas de um ponto para outro. Parte do Prêmio Nobel de Física de 2009 foi concedida a Charles K. Kao (1933) por sua descoberta de como transmitir sinais de luz a grandes distâncias por fibras de vidro finas. Esta descoberta levou ao desenvolvimento de uma grande indústria conhecida como *fibra óptica*.

Figura 25.25 A luz propaga-se em uma haste transparente curvada por múltiplas reflexões internas.

Uma fibra óptica prática consiste de um núcleo transparente rodeado por um *revestimento*, um material que tem índice de refração mais baixo que o núcleo. A combinação pode ser envolvida por uma *cobertura* plástica para prevenir danos mecânicos. A Figura 25.26 mostra uma vista em corte desta construção. Como o índice de refração do revestimento é inferior ao do núcleo, a luz que se desloca no núcleo sofre total reflexão interna se chegar na interface entre o núcleo e o revestimento em um ângulo de incidência que exceda o crítico. Neste caso, a luz "salta" ao longo do núcleo da fibra óptica, perdendo muito pouco de sua intensidade conforme se propaga. Qualquer perda de intensidade em uma fibra óptica deve-se, essencialmente, a reflexões das duas extremidades e à absorção do material da fibra.

Dispositivos de fibra óptica são particularmente úteis para a visualização de um corpo em local inacessível. Por exemplo, médicos geralmente usam esses dispositivos para examinar órgãos internos do corpo ou realizar cirurgias sem grandes incisões. Cabos de

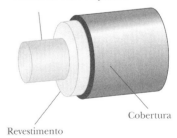

Figura 25.26 Construção de uma fibra óptica. A luz propaga-se no núcleo, que é cercado por um revestimento e uma cobertura protetora.

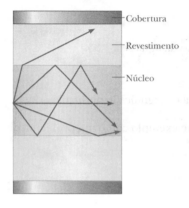

Figura 25.27 Uma fibra óptica de índice escalonado multimodo. Raios de luz entrando por uma grande variedade de ângulos passam através do núcleo. Aqueles que formam grandes ângulos com o eixo levam mais tempo para percorrer o comprimento da fibra do que os que fazem pequenos ângulos.

Feixes de fibras ópticas de vidro são utilizados para transportar sinais de voz, vídeo e de dados em redes de telecomunicações. Fibras típicas têm diâmetros de 60 μm.

Figura Ativa 25.28 (a) Pulso retangular de luz de laser a ser enviado em uma fibra óptica. (b) O pulso de luz emergente, que foi alargado devido à luz percorrer trajetos diferentes através da fibra.

fibras ópticas estão substituindo fios de cobre e cabos coaxiais nas telecomunicações, porque as fibras podem transportar um volume muito maior de chamadas telefônicas ou outras formas de comunicação em comparação com os fios elétricos.

A Figura 25.27 mostra uma vista em corte transversal lateral de um tipo simples de fibra óptica conhecido como *fibra de índice escalonado multimodo*. O termo *índice escalonado* refere-se à descontinuidade no índice de refração entre o núcleo e o revestimento, e *multimodo* significa que a luz que penetra na fibra em vários ângulos é transmitida. Este tipo de fibra é aceitável para a transmissão de sinais a curtas distâncias, mas não a longas, porque um pulso digital se espalha com a distância. Vamos imaginar que introduzimos um pulso perfeitamente retangular de luz laser no núcleo da fibra óptica. A Figura Ativa 25.28a mostra o comportamento temporal idealizado da intensidade da luz laser para o impulso incidente. A intensidade da luz de laser aumenta instantaneamente até seu valor máximo, permanece constante durante o pulso, e então instantaneamente cai para zero. A luz do pulso entrando ao longo do eixo no Figura 25.27 propaga-se pela distância mais curta e chega primeiro à outra extremidade. Os outros trajetos de luz representam maior distância de propagação por causa dos saltos angulares. Como resultado, a luz do pulso chega à outra extremidade em um período maior, e o pulso é espalhado, como na Figura Ativa 25.28b. Se uma série de pulsos representa zeros e uns de um sinal binário, esta propagação poderia fazer que os pulsos se sobrepusessem, ou reduzir a intensidade de pico abaixo do limite de detecção; qualquer situação resultaria na supressão da informação.

Uma forma de melhorar a transmissão óptica em tal situação é utilizar uma *fibra de índice graduado multimodo*, como mostra a Figura 25.29. Esta fibra tem um núcleo cujo índice de refração é menor para distâncias maiores a partir do centro. Com um núcleo de índice graduado, os raios de luz fora do eixo sofrem refração contínua e se curvam gradualmente para longe das bordas e de volta para o centro, como mostra o trajeto da luz na Figura 25.29. Tal encurvamento reduz o tempo de percurso através da fibra para raios fora do eixo e também reduz a propagação do pulso. O tempo de percurso é reduzido por dois motivos. Primeiro, o comprimento do percurso é reduzido. Segundo, na maior parte do tempo a onda se propaga na região de índices de refração menores, onde a velocidade da luz é maior do que no centro.

O efeito de propagação na Figura Ativa 25.28 pode ser ainda mais reduzido ou quase eliminado, projetando-se a fibra com duas alterações em relação à fibra de índice escalonado multimodo da Figura 25.27. O núcleo é feito muito pequeno, de modo que todos os trajetos dentro dele tenham aproximadamente o mesmo comprimento; e a diferença no índice de refração entre o núcleo e o revestimento é feita relativamente pequena, de modo que os raios fora do eixo penetrem no revestimento e sejam absorvidos. Essas alterações são sugeridas na Figura Ativa 25.30. Este tipo de fibra é chamado *fibra de índice escalonado monomodo*, e pode transportar informações em altas taxas de bits, pois os pulsos são minimamente espalhados.

Na realidade, o material do núcleo não é perfeitamente transparente. Ocorre alguma absorção e dispersão enquanto a luz se propaga pela da fibra óptica. A absorção transforma a energia transferida por radiação eletromagnética em aumento da energia interna na fibra. A dispersão faz a luz atingir a interface núcleo-revestimento em ângulos menores que o crítico para reflexão interna total, resultando em alguma perda no revestimento ou na cobertura. Mesmo com esses problemas, as fibras ópticas podem transmitir cerca de 95% da energia incidente ao longo de um quilômetro. Os problemas são minimizados usando-se um comprimento de onda tão longo quanto possível, para o qual o material do núcleo é transparente. Os centros de dispersão e absorção se tornam os menores possíveis para as ondas e minimizam a probabilidade de interação. Grande parte da comunicação por fibra óptica ocorre com a luz de lasers infravermelhos com comprimentos de onda de cerca de 1.300 nm.

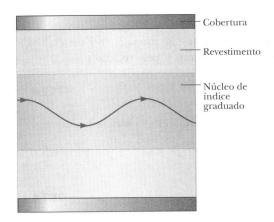

Figura 25.29 Uma fibra óptica de índice graduado multimodo. Devido ao índice de refração do núcleo variar radialmente, raios de luz fora do eixo percorrem trajetos curvos através do núcleo.

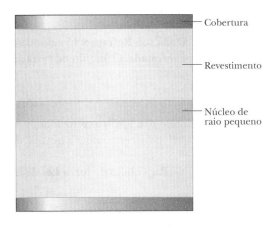

Figura Ativa 25.30 Uma fibra óptica de índice escalonado monomodo. O pequeno raio do núcleo e a pequena diferença entre os índices de refração do núcleo e do revestimento reduzem o alargamento dos impulsos de luz.

Uma aplicação comum é a utilização de fibras ópticas em telecomunicações, como já mencionado. Fibras ópticas também são utilizadas em "prédios inteligentes". Nesta aplicação, os sensores estão localizados em vários pontos dentro de um edifício, e uma fibra óptica transporta a luz de laser para o sensor, que a reflete de volta a um sistema de controle. Se alguma distorção ocorre no edifício em razão de terremoto ou outras causas, a intensidade da luz refletida do sensor se altera e o sistema de controle localiza o ponto de distorção através da identificação do sensor envolvido. Uma única fibra óptica pode transportar um sinal digital, como já descrevemos. Se for necessário que fibras ópticas transmitam a imagem de uma cena, será necessário utilizar um feixe delas. Uma utilização popular de tais feixes é a utilização de fibroscópios na medicina. Na Conexão com o contexto do Capítulo 26 investigaremos esses dispositivos.

RESUMO

Na óptica geométrica, usamos a **aproximação de raio**, na qual assumimos que a onda se propaga através de um meio em linhas retas na direção dos raios dessa onda. Ignoramos os efeitos de difração, o que é uma boa aproximação, desde que o comprimento de onda seja pequeno em comparação com as dimensões de qualquer abertura.

O **índice de refração** n de um material é definido como

$$n \equiv \frac{c}{v} \qquad 25.3 \blacktriangleleft$$

onde c é a velocidade da luz no vácuo e v a velocidade da luz no material.

Em geral, n varia com o comprimento de onda, chamado **dispersão**. O **princípio de Huygens** estabelece que todos os pontos de uma frente de onda podem ser tomados como fontes pontuais para a produção de ondinhas secundárias. Depois de determinado tempo, a nova posição da frente de onda é a superfície tangente dessas ondinhas secundárias.

A **reflexão interna total** pode ocorrer quando a luz se propaga de um meio com alto índice de refração para outro com menor índice de refração. O **ângulo crítico** de incidência θ_c na qual a reflexão interna total ocorre em uma interface é

$$\operatorname{sen} \theta_c = \frac{n_2}{n_1} \quad (\text{para } n_1 > n_2) \qquad 25.8 \blacktriangleleft$$

Modelo de análise para resolução de problemas

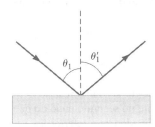

Onda sob Reflexão. A **Lei de Reflexão** afirma que, para um raio de luz (ou outro tipo de onda) incidente em uma superfície lisa, o ângulo de reflexão θ'_1 é igual ao de incidência θ_1:

$$\theta'_1 = \theta_1 \qquad 25.1 \blacktriangleleft$$

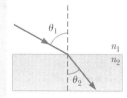

Onda sob Refração. Uma onda que cruza uma fronteira conforme se propaga do 1 para o 2, é **refratada**. O ângulo de refração θ_2 está relacionado ao incidente θ_1 pela relação

$$\frac{\operatorname{sen} \theta_2}{\operatorname{sen} \theta_1} = \frac{v_2}{v_1} \qquad 25.2◄$$

onde v_1 e v_2 são as velocidades da onda nos meios 1 e 2, respectivamente. Os raios incidente, refletido, refratado e a normal à superfície encontram-se todos no mesmo plano.

Para ondas de luz, a **Lei de Snell para Refração** afirma que

$$n_1 \operatorname{sen} \theta_1 = n_2 \operatorname{sen} \theta_2 \qquad 25.7◄$$

onde n_1 e n_2 são os índices de refração nos dois meios.

PERGUNTAS OBJETIVAS

1. O núcleo de uma fibra óptica transmite luz com uma perda mínima se for cercado pelo quê? (a) água (b) diamante (c) ar (d) vidro (e) quartzo fundido.

2. Uma fonte emite luz monocromática de comprimento de onda 495 nm no ar. Quando a luz passa por um líquido, seu comprimento de onda reduz para 434 nm. Qual é o índice de refração do líquido? (a) 1,26 (b) 1,49 (c) 1,14 (d) 1,33 (e) 2,03.

3. O índice de refração da água é aproximadamente $\frac{4}{3}$. O que acontece quando um feixe de luz desloca-se do ar para a água? (a) Sua velocidade aumenta para $\frac{4}{3}c$, e sua frequência diminui. (b) Sua velocidade diminui para $\frac{3}{4}c$, e seu comprimento de onda diminui por um fator de $\frac{3}{4}$. (c) Sua velocidade diminui para $\frac{3}{4}c$, seu comprimento de onda aumenta por um fator de $\frac{4}{3}$. (d) Sua velocidade e frequência permanecem as mesmas. (e) Sua velocidade diminui para $\frac{3}{4}c$, e sua frequência aumenta.

4. Em cada uma das seguintes situações, uma onda passa através de uma abertura de uma parede absorvente. Classifique as situações, daquela em que a onda é mais bem descrita pela aproximação de raio para aquela em que a onda que atravessa a abertura espalha-se mais uniformemente em todas as direções do hemisfério além da parede. (a) O som de um apito baixo a 1 kHz passa por uma porta de 1 m de largura. (b) A luz vermelha passa através da pupila do olho. (c) A luz azul passa através da pupila do olho. (d) A onda transmitida por uma estação de rádio AM passa por uma porta de 1 m de largura. (e) Um raio x atravessa o espaço entre os ossos da articulação do seu cotovelo.

5. O que acontece com uma onda de luz quando se desloca do ar para o vidro? (a) Sua velocidade permanece a mesma. (b) Sua velocidade aumenta. (c) Seu comprimento de onda aumenta. (d) Seu comprimento de onda permanece o mesmo. (e) Sua frequência permanece a mesma.

6. Que cor de luz refrata mais ao entrar em vidro óptico a partir do ar em um ângulo incidente θ em relação à normal? (a) violeta (b) azul (c) verde (d) amarela (e) vermelha.

7. Um raio de luz propaga-se do vácuo para uma placa de material com índice de refração n_1, em um ângulo incidente θ em relação à superfície. Posteriormente, passa para uma segunda placa, de material com índice de refração n_2, antes de voltar para o vácuo novamente. As superfícies dos diferentes materiais são todas paralelas umas às outras. À medida que a luz sai da segunda placa, o que pode ser dito sobre o ângulo final ϕ que a luz de saída forma com a normal? (a) $\phi > \theta$ (b) $\phi < \theta$ (c) $\phi = \theta$ (d) O ângulo depende dos valores de n_1 e n_2. (e) O ângulo depende do comprimento de onda da luz.

8. Suponha que você descubra experimentalmente duas cores de luz, A e B, originalmente deslocando-se na mesma direção no ar, que são enviadas através de um prisma de vidro, e que A muda de direção mais do que B. Qual desloca-se mais lentamente no prisma, A ou B? Alternativamente, há informações insuficientes para determinar qual se move mais lentamente ou não?

9. Dissulfeto de carbono ($n = 1,63$) é despejado em um recipiente de vidro óptico ($n = 1,52$). Qual é o ângulo crítico para a reflexão interna total de um raio de luz no líquido, quando este é incidente na superfície do líquido para o vidro? (a) 89,2° (b) 68,8° (c) 21,2° (d) 1,07° (e) 43,0°.

10. Para as questões a seguir, escolha entre as seguintes possibilidades: (a) sim; água (b) não; água (c) sim; ar (d) não; ar. (i) A luz pode sofrer reflexão interna total em uma interface lisa entre o ar e a água? Em caso afirmativo, em qual meio ela deve estar se propagando originalmente? (ii) O som pode sofrer reflexão interna total em uma interface lisa entre o ar e a água? Em caso afirmativo, em qual meio ele deve estar se propagando originalmente?

11. A luz que se propaga em um meio de índice de refração n_1 incide sobre outro com índice de refração n_2. Sob qual das seguintes condições pode ocorrer reflexão interna total na interface dos dois meios? (a) Os índices de refração têm relação $n_2 > n_1$. (b) Os índices de refração têm relação $n_1 > n_2$. (c) A luz viaja mais lentamente no segundo meio do que no primeiro. (d) O ângulo de incidência é inferior ao crítico. (e) O ângulo de incidência deve ser igual ao de refração.

12. A luz pode se propagar do ar para a água. Alguns trajetos possíveis para o raio de luz na água são mostrados na Figura PO25.12. Qual trajeto a luz provavelmente seguirá? (a) *A* (b) *B* (c) *C* (d) *D* (e) *E*.

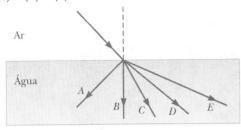

Figura PO25.12

13. Uma onda de luz se move entre os meios 1 e 2. Qual das seguintes são afirmações corretas relativas à sua velocidade, frequência e comprimento de onda nos dois meios, aos índices de refração dos meios e aos ângulos de incidência e refração? Mais de uma afirmação pode estar correta. (a) $v_1/\sen \theta_1 = v_2/\sen \theta_2$ (b) cossec θ_1/n_1 = cossec θ_2/n_2 (c) $\lambda_1/\sen \theta_1 = \lambda_2/\sen \theta_2$ (d) $f_1/\sen \theta_1 = f_2/\sen \theta_2$ (e) $n_1/$cossec $\theta_1 = n_2/$cossec θ_2.

14. Um raio de luz com comprimentos de onda azul e vermelho incide em um ângulo em uma placa de vidro. Qual dos esboços na Figura PO 25.14 representa o resultado mais provável? (a) *A* (b) *B* (c) *C* (d) *D* (e) nenhum deles.

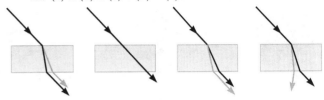

Figura PO25.14

PERGUNTAS CONCEITUAIS

1. Um feixe de laser que passa através de uma solução de açúcar não homogênea segue um trajeto curvo. Explique.

2. O caça F-117A stealth fighter (Fig. PC25.2) é especificamente projetado para ser um não retrorrefletor de radar. Quais aspectos de seu projeto o ajudam a alcançar este objetivo?

Figura PC25.2

3. As vitrines de algumas lojas de departamento são levemente inclinadas para dentro na parte inferior. Esta inclinação é para diminuir o brilho da iluminação pública e do Sol, o que dificulta os clientes olharem para dentro da vitrine. Esboce uma reflexão de raio de luz dessa vitrine para mostrar como este projeto funciona.

4. Um catálogo de suprimentos científicos divulga um material com índice de refração de 0,85. Este é um bom produto para se comprar? Explique sua resposta.

5. A reflexão interna total é aplicada no periscópio de um submarino submerso para permitir que o usuário observe eventos acima da superfície da água. Neste dispositivo, dois prismas são dispostos como mostrado na Figura PC25.5, de modo que um feixe incidente de luz segue o trajeto mostrado. Espelhos prateados e inclinados paralelamente poderiam ser usados, mas prismas de vidro sem superfícies prateadas proporcionam maior produção de luz. Proponha uma razão para essa maior eficiência.

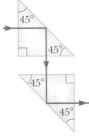

Figura PC25.5

6. Explique por que um diamante brilha mais do que um cristal de vidro de mesma forma e tamanho.

7. Em um restaurante, um trabalhador usa giz colorido para escrever os especiais do dia em um quadro-negro iluminado com um holofote. Em outro, um trabalhador escreve com giz de cera colorido em uma placa de acrílico transparente plana e lisa, com um índice de refração de 1,55. A placa permanece pendurada em frente a um pedaço de feltro preto. Luzes tubulares fluorescentes pequenas e brilhantes estão instaladas ao longo das bordas da placa, dentro de um canal opaco. A Figura PC25.7 mostra uma vista em corte da placa. (a) Explique por que os clientes em ambos os restaurantes veem as letras brilhantes contra um fundo preto. (b) Explique por que a placa no segundo restaurante pode usar menos energia da companhia elétrica do que o quadro-negro iluminado do primeiro. (c) Qual seria uma boa escolha para o índice de refração do material em relação ao giz de cera?

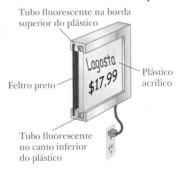

Figura PC25.7

8. As ondas sonoras têm muito em comum com as ondas de luz, incluindo as propriedades de reflexão e refração. Dê um exemplo de cada um desses fenômenos em ondas sonoras.

9. O nível de água em um vidro transparente, incolor, pode ser facilmente observado a olho nu. O nível do hélio líquido em um recipiente de vidro transparente é extremamente difícil de se ver a olho nu. Explique.

10. Tente fazer este experimento simples. Pegue duas xícaras opacas, coloque uma moeda no fundo de cada uma junto à borda,

e encha uma delas com água. Em seguida, visualize as xícaras por algum ângulo lateral, de modo que a moeda na água seja tão visível quanto mostrado à esquerda na Figura PC25.10. Observe que a moeda no ar não está visível, como mostrado à direita na Figura PC25.10. Explique essa observação.

Figura PC25.10

11. A Figura PC25.11a mostra um globo de enfeite de mesa contendo uma fotografia. A fotografia plana está no ar, no interior de uma fenda vertical localizada atrás de um compartimento cheio de água, que tem o formato de metade de um cilindro. Suponha que você está olhando para o centro da fotografia e, em seguida, gire o globo sobre um eixo vertical. Você descobre que o centro da fotografia desaparece quando o globo é girado além de certo ângulo máximo (Fig. PC25.11b). (a) Descreva este fenômeno e (b) descreva o que você vê quando gira o globo além deste ângulo.

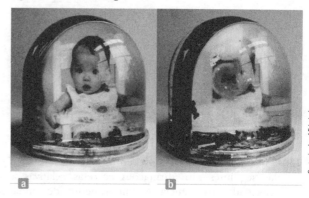

Figura PC25.11

12. Um círculo completo de arco-íris às vezes pode ser visto de um avião. Com uma escada, um irrigador de grama e um dia ensolarado, como você pode mostrar o círculo completo para crianças?

▶ PROBLEMAS

WebAssign Os problemas que se encontram neste capítulo podem ser resolvidos *on-line* na Enhanced WebAssign (em inglês).

1. denota problema direto; 2. denota problema intermediário; 3. denota problema desafiador;
1. denota problema mais frequentemente resolvidos no Enhanced WebAssign.
BIO denota problema biomédico;
PD denota problema dirigido;

M denota tutorial Master It disponível no Enhanced WebAssign;
Q|C denota problema que pede raciocínio quantitativo e conceitual;
S denota problema de raciocínio simbólico;
sombreado denota "problemas emparelhados" que desenvolvem raciocínio com símbolos e valores numéricos;
W denota solução no vídeo Watch It disponível no Enhanced WebAssign

Seção 25.2 **Modelo de raio na óptica geométrica**

Seção 25.3 **Modelo de análise: onda sob reflexão**

Seção 25.4 **Modelo de análise: onda sob refração**

Observação: Você pode procurar os índices de refração na Tabela 25.1.

1. **M** Um prisma que tem um ângulo de vértice de 50,0° é feito de zircônia cúbica. Qual é seu ângulo mínimo de desvio?

2. **PD** Um submarino está horizontalmente a 300 m da margem de um lago de água doce e 100 m abaixo da superfície da água. Um feixe de laser é enviado a partir do submarino, de modo que atinge a superfície da água a 210 m da margem. Um edifício localiza-se na margem, e o feixe de laser atinge um alvo no topo do edifício. O objetivo é encontrar a altura do alvo acima do nível do mar. (a) Desenhe um diagrama da situação, identificando os dois triângulos que são importantes para encontrar a solução. (b) Encontre o ângulo de incidência do feixe atingindo a interface ar-água. (c) Encontre o ângulo de refração. (d) Que ângulo o raio refratado forma com a horizontal? (e) Encontre a altura do alvo acima do nível do mar.

3. **W** Os dois espelhos ilustrados na Figura P25.3 encontram-se em um ângulo reto. O feixe de luz no plano vertical, indicado pelas linhas tracejadas, atinge o espelho 1, como mostrado. (a) Determine a distância que o feixe de luz refletido percorre antes de atingir o espelho 2. (b) Em que direção o feixe de luz se propaga após ser refletido do espelho 2?

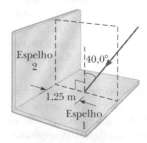

Figura P25.3

4. **Q|C W** Uma onda sonora plana no ar a 20°C, com comprimento de onda de 589 mm, incide sobre uma superfície plana de água, a 25°C, com um ângulo de incidência de 13,0°. Determine (a), o ângulo de refração para a

onda sonora e (b) o comprimento de onda do som na água. Um feixe estreito de luz amarela de sódio, com comprimento de onda 589 nm, no vácuo, incide do ar sobre uma superfície plana de água com um ângulo de incidência de 13,0°. Determine (c) o ângulo de refração e (d) o comprimento de onda da luz na água. (e) Compare e contraste o comportamento das ondas sonoras e de luz neste problema.

5. Quantas vezes o feixe incidente mostrado na Figura P25.5 é refletido por cada um dos espelhos paralelos?

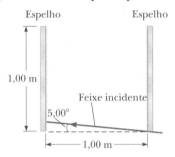

Figura P25.5

6. Dois espelhos planos, retangulares, ambos perpendiculares a uma folha de papel horizontal, são fixados de borda a borda, com suas superfícies refletoras perpendiculares uma à outra. (a) Um raio de luz no plano do papel atinge um dos espelhos com um ângulo arbitrário de incidência θ_1. Prove que a direção final do raio, depois de refletir em ambos os espelhos, é oposta à sua direção inicial. (b) **E se?** Agora, assuma que o papel é substituído por um terceiro espelho plano, tocando as bordas dos outros dois e perpendicular a ambos, criando um *retrorrefletor de vértice de cubo*. Um raio de luz incide a partir de qualquer direção no oitante do espaço delimitado pelas superfícies refletoras. Argumente que o raio vai refletir uma vez em cada espelho e que a sua direção final será oposta à sua direção original. Os astronautas da Apollo 11 colocaram um painel de retrorrefletores de vértice de cubo na Lua. A análise dos dados de cronometragem obtidos revela que o raio da órbita da Lua está aumentando a uma taxa de 3,8 cm/ano, uma vez que ela perde energia cinética por causa do atrito das marés.

7. Um raio de luz incide sobre uma superfície plana de um bloco de vidro óptico cercado por água. O ângulo de refração é 19,6°. Encontre o ângulo de reflexão.

8. [W] Um mergulhador submerso vê o Sol em um ângulo aparente de 45,0° acima da horizontal. Qual é a elevação real do Sol acima da horizontal?

9. Um disco de vídeo digital (DVD) registra informações em uma trilha espiral de aproximadamente 1 μm de largura. A faixa é composta por uma série de sulcos na camada de informação (Fig. P25.9a) que dispersa a luz a partir de um feixe de laser focado precisamente neles. O laser brilha por baixo, através de plástico transparente, de espessura t = 1,20 mm e de índice de refração 1,55 (Fig. P25.9b). Suponha que a largura do feixe de laser na camada de informação deva ser a = 1,00 μm para ler apenas uma faixa, e não as faixas vizinhas. Suponha que a largura do feixe, uma vez que entra no plástico transparente, seja w = 0,700 mm. Uma lente faz convergir o feixe em forma de cone com um ângulo de vértice $2\theta_1$ antes de entrar no DVD. Encontre o ângulo de incidência θ_1 da luz na borda do feixe cônico. Este projeto é relativamente imune a pequenas partículas de poeira que degradam a qualidade do vídeo.

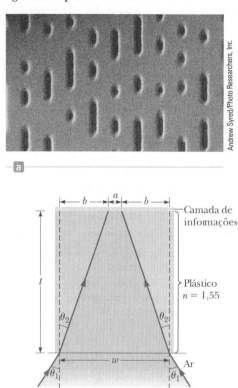

Figura 25.9 (a) Informações digitais em CDs e DVDs são armazenadas em sulcos ao longo de uma faixa do disco. (b) Seção reta de um feixe de laser em forma de cone usado nos leitores de DVD.

10. Quando olha através de uma janela, por qual intervalo de tempo a luz que você vê está atrasada por ter que passar pelo vidro em vez do ar? Faça uma estimativa de ordem de grandeza baseada nos dados que você especificar. Por quantos comprimentos de onda ela está atrasada?

11. [W] O comprimento de onda da luz de laser vermelha de hélio-neônio no ar é 632,8 nm. (a) Qual é a sua frequência? (b) Qual é o seu comprimento de onda no vidro que tem um índice de refração de 1,50? (c) Qual é a sua velocidade no vidro?

12. Um raio de luz inicialmente na água penetra em uma substância transparente a um ângulo de incidência de 37,0° e o raio transmitido é refratado a um ângulo de 25,0°. Calcule a velocidade da luz na substância transparente.

13. Encontre a velocidade da luz em (a) vidro duro, (b) água, e (c) zircônia cúbica.

14. Um feixe de laser incide a um ângulo de 30,0° com a vertical sobre uma solução de xarope de milho em água. O feixe é refratado a 19,24° com a vertical. (a) Qual é o índice de refração da solução de xarope? Suponha que a luz seja vermelha, com comprimento de onda no vácuo de 632,8 nm. Encontre (b) seu comprimento de onda, (c) sua frequência, e (d) sua velocidade na solução.

15. Um feixe de laser com comprimento de onda de 632,8 nm no vácuo incide a partir do ar sobre um bloco de acrílico,

como mostrado na Figura Ativa 25.8b. A linha de visão da fotografia é perpendicular ao plano em que a luz se desloca. Encontre (a) a velocidade, (b) a frequência, e (c) o comprimento de onda da luz no acrílico. Sugestão: Use um transferidor.

16. Um raio de luz atinge um bloco de vidro plano ($n = 1{,}50$) de espessura 2,00 cm a um ângulo de 30,0° com a normal. Trace o raio de luz através do vidro e encontre os ângulos de incidência e refração em cada superfície.

17. Luz não polarizada no vácuo incide sobre uma camada de vidro com índice de refração n. Os raios refletidos e refratados são perpendiculares uns aos outros. Encontre o ângulo de incidência. Este é chamado *ângulo de Brewster* ou *ângulo de polarização*. Nesta situação, a luz refletida é linearmente polarizada, com seu campo elétrico restrito à direção perpendicular ao plano que contém os raios e a normal.

18. As superfícies refletoras de dois espelhos planos se interceptam em um ângulo θ ($0° < \theta < 90°$), como mostrado na Figura P25.18. Para um raio de luz que atinge o espelho horizontal, mostre que o raio emergente cruzará o raio incidente em um ângulo $\beta = 180° - 2\theta$.

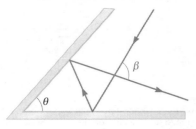

Figura P25.18

19. **W** Um tanque cilíndrico opaco com uma abertura superior tem um diâmetro de 3,00 m e é completamente preenchido com água. Quando o Sol da tarde alcança um ângulo de 28,0° acima do horizonte, a luz solar deixa de iluminar toda a parte inferior do tanque. Qual a profundidade do tanque?

20. **W** A Figura P25.20 mostra um feixe de luz refratado em óleo de linhaça formando um ângulo de $\alpha = 20{,}0°$ com a linha normal NN'. O índice de refração do óleo de linhaça é 1,48. Determine os ângulos (a) θ e (b) θ'.

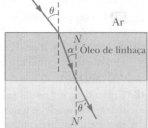

Figura P25.20

21. **BIO** Um feixe estreito de ondas ultrassônicas reflete no tumor do fígado ilustrado na Figura P25.21. A velocidade da onda é 10,0% menor no fígado do que no meio envolvente. Determine a profundidade do tumor.

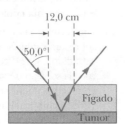

Figura P25.21

22. **W** Quando o raio de luz ilustrado na Figura P25.22 passa através do bloco de vidro de índice de refração $n = 1{,}50$, ele é deslocado lateralmente pela distância d. (a) Encontre o valor de d. (b) Encontre o intervalo de tempo necessário para a luz passar através do bloco de vidro.

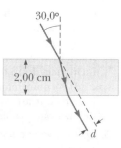

Figura P25.22

Seção 25.5 Dispersão e prismas

23. **M** O índice de refração para a luz violeta em vidro duro de sílica é 1,66, e para a luz vermelha é 1,62. Qual é a difusão angular da luz visível que passa através de um prisma de ângulo de vértice 60,0°, se o ângulo de incidência for 50,0°? Consulte a Figura P25.23.

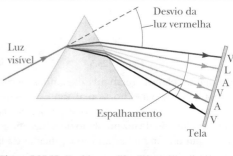

Figura P25.23 Problemas 23 e 24.

24. **S** O índice de refração para a luz violeta em vidro duro de sílica é n_V, e para a luz vermelha é n_R. Qual é a difusão angular da luz visível que passa através de um prisma de ângulo de vértice Φ se o ângulo de incidência for θ? Consulte a Figura P25.23.

25. Um raio de luz incide sobre o ponto médio de uma das faces de um prisma de vidro equiângulo ($n = 1{,}50$) a um ângulo de incidência de 30,0°. Trace o trajeto do raio de luz através do vidro e encontre os ângulos de incidência e de refração em cada superfície.

Seção 25.6 Princípio de Huygens

26. A velocidade de uma onda de água é descrita por $v = \sqrt{gd}$, onde d é a profundidade da água, suposta como pequena se comparada ao comprimento de onda. Como sua velocidade muda, as ondas de água refratam quando se movem em uma região de profundidade diferente. (a) Esboce um mapa de uma praia no lado leste de uma massa terrestre. Mostre linhas de contorno de profundidade constante sob a água, supondo uma descida razoavelmente uniforme. (b) Suponha que as ondas se aproximem da costa a partir de uma tempestade longínqua movendo-se na direção norte-nordeste. Demonstre que as ondas se movem praticamente perpendiculares ao litoral quando atingem a praia. (c) Esboce um mapa de uma linha costeira com baías e penínsulas alternadas, como sugerido na Figura P25.26. Faça, novamente, uma suposição razoável sobre o formato das linhas de contorno de profundidade constante. (d) Suponha que as ondas se aproximem da costa transportando energia com densidade uniforme ao longo de frentes de onda originalmente retas. Mostre que a energia que atinge a costa está concentrada nas penínsulas e tem menor intensidade nas baías.

Figura P25.26

Seção 25.7 Reflexão interna total

27. [W] Para luz de 589 nm, calcule o ângulo crítico para os materiais a seguir cercados pelo ar: (a) zircônia cúbica, (b) vidro sílex e (c) gelo.

28. [Q|C] Uma sala contém ar no qual a velocidade do som é 343 m/s. Suas paredes são feitas de concreto, no qual a velocidade do som é 1.850 m/s. (a) Encontre o ângulo crítico para reflexão interna total do som no limite concreto-ar. (b) Em qual meio o som deve inicialmente se propagar se sofrer reflexão interna total? (c) "Uma parede de concreto é um espelho altamente eficiente para o som". Apresente evidências a favor ou contra esta afirmação.

29. [M] Um prisma de vidro triangular com ângulo de vértice $\Phi = 60,0°$ tem índice de refração $n = 1,50$ (Fig. P25.29). Qual é o menor ângulo de incidência θ_1 para o qual um raio de luz pode emergir do outro lado?

30. [S] Um prisma de vidro triangular com ângulo de vértice Φ tem índice de refração n (Fig. P25.29). Qual é o menor ângulo de incidência $\angle_1$ para o qual um raio de luz pode emergir do outro lado?

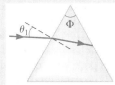

Figura P25.29
Problemas 29 e 30.

31. [M] Considere uma miragem comum formada por ar superaquecido imediatamente acima de uma estrada. Um caminhoneiro, cujos olhos estão 2,00 m acima da estrada, onde $n = 1,000\ 293$, olha para a frente. Ele percebe a ilusão de uma mancha de água além de um ponto na estrada no qual sua linha de visão forma um ângulo de 1,20° abaixo da horizontal. Encontre o índice de refração do ar imediatamente acima da superfície da estrada.

32. [Q|C] Por volta de 1965, os engenheiros da Toro Company inventaram um indicador de gasolina para pequenos motores, diagramado na Figura P25.32. O indicador não tem partes móveis. Ele consiste de uma placa plana de plástico transparente que se encaixa verticalmente em uma fenda na tampa do tanque de gasolina. Nenhuma parte do plástico tem revestimento reflexivo. O plástico projeta-se do topo horizontal até praticamente a parte inferior do tanque opaco. Seu canto inferior é cortado com facetas formando ângulos de 45° com a horizontal. Um operador de cortador de grama olha para baixo e vê um limite entre brilho e escuridão no indicador. A localização do limite, pela largura do plástico, indica a quantidade

Figura P25.32

de gasolina no tanque. (a) Explique como o indicador funciona. (b) Explique os requisitos de projeto, se for o caso, para o índice de refração do plástico.

Seção 25.8 Conteúdo em contexto: fibras ópticas

33. Uma fibra óptica de vidro ($n = 1,50$) é submersa na água ($n = 1,33$). Qual é o ângulo crítico para que a luz fique dentro da fibra?

34. *Por que a seguinte situação é impossível?* Um feixe de laser atinge uma extremidade da placa de material de comprimento $L = 42,0$ cm e espessura $t = 3,10$ mm, como mostrado na Figura P25.34 (fora de escala). Ele entra no material no centro da extremidade esquerda, atingindo-o em um ângulo de incidência $\theta = 50,0°$. O índice de refração da placa é $n = 1,48$. A luz faz 85 reflexões internas da parte superior e inferior da placa antes de sair na outra extremidade.

Figura P25.34

35. Suponha uma haste transparente de diâmetro $d = 2,00\ \mu m$ que tem índice de refração de 1,36. Determine o ângulo máximo θ para o qual os raios de luz incidentes na extremidade da haste na Figura P25.35 estão sujeitos à reflexão interna total ao longo das paredes da haste. Sua resposta define o tamanho do cone de aceitação para a haste.

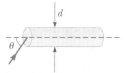

Figura P25.35

36. [Q|C] Uma fibra óptica tem índice de refração n e diâmetro d e é cercada pelo vácuo. A luz é enviada para a fibra ao longo de seu eixo, como mostrado na Figura P25.36. (a) Encontre o menor raio externo R_{min} permitido para uma curva na fibra se nenhuma luz escapar. (b) **E se?** Qual resultado a parte (a) prevê conforme d se aproxima de zero? Este comportamento é razoável? Explique. (c) Conforme n aumenta? (d) Conforme n se aproxima de 1? (e) Avalie R_{min} supondo que o diâmetro da fibra seja 100 μm e seu índice de refração seja 1,40.

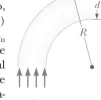

Figura P25.36

Problemas adicionais

37. [M] Uma pequena luminária na parte inferior de uma piscina está a 1,00 m abaixo da superfície. A luz que emerge da água parada forma um círculo na superfície. Qual é o diâmetro desse círculo?

38. Uma técnica para medição do ângulo de vértice de um prisma é mostrado na Figura P25.38. Dois raios paralelos de luz são direcionados para este vértice, de modo que os raios se refletem de faces opostas do prisma. A separação

Figura P25.38

angular γ dos dois raios refletidos pode ser medida. Mostre $\phi = \tfrac{1}{9}\gamma$.

39. **W** Uma vara de 4,00 m de comprimento está colocada verticalmente em um lago de água doce com profundidade de 2,00 m. O Sol está a 40,0° acima da horizontal. Determine o comprimento da sombra da vara no fundo do lago.

40. Considere uma interface horizontal entre o ar acima e um vidro de índice de refração 1,55 abaixo. (a) Desenhe um raio de luz incidente do ar no ângulo de incidência 30,0°. Determine os ângulos dos raios refletido e refratado e mostre-os no diagrama. (b) **E se?** Suponha, agora, que o raio de luz seja incidente do vidro no ângulo de 30,0°. Determine os ângulos dos raios refletido e refratado e mostre todos os três raios no novo diagrama. (c) Para raios incidentes do ar na superfície ar-vidro, determine e tabule os ângulos de reflexão e refração para todos os ângulos de incidência 10,0° em intervalos de 0° a 90,0°. (d) Faça o mesmo para raios de luz que chegam na interface pelo vidro.

41. Um raio de luz entra na atmosfera da Terra e desce verticalmente em direção à superfície a uma distância $h = 100$ km. O índice de refração no qual a luz entra na atmosfera é 1,00 e aumenta linearmente com a distância para chegar ao valor $n = 1,000\ 293$ na superfície da Terra. (a) Em qual intervalo de tempo a luz percorre esse caminho? (b) Em qual porcentagem o intervalo de tempo é maior que o necessário na ausência da atmosfera da Terra?

42. **S** Um raio de luz entra na atmosfera de um planeta e desce verticalmente em direção à superfície a uma distância h. O índice de refração no qual a luz entra na atmosfera é 1,00 e aumenta linearmente com a distância para chegar ao valor n na superfície do planeta. (a) Em qual intervalo de tempo a luz percorre esse caminho? (b) Em que fração o intervalo de tempo é maior que o necessário na ausência de uma atmosfera?

43. Três folhas de plástico têm índices desconhecidos de refração. A folha 1 está posicionada no topo da 2 e um feixe de laser está direcionado para as folhas de cima. O feixe de laser entra na folha 1 e depois atinge a interface entre ela e a 2 em um ângulo de 26,5° com a normal. O feixe refratado na folha 2 forma um ângulo de 31,7° com a normal. O experimento é repetido com a folha 3 no topo da 2 e, com o mesmo ângulo de incidência na interface folha 3-folha 2, o feixe refratado forma um ângulo de 36,7° com a normal. Se o experimento for repetido novamente com a folha 1 no topo da 3, com o mesmo ângulo de incidência da interface da folha 1-folha 3, qual é o ângulo esperado de refração na folha 3?

44. **S** A Figura P25.44 mostra a vista de cima de uma estrutura quadrada. As superfícies internas são espelhos planos. Um raio de luz entra em um pequeno buraco no centro de um espelho. (a) Em qual ângulo θ o raio deve entrar se sair pelo buraco após ser refletido uma vez para cada um dos outros três espelhos? (b) **E se?** Há outros valores de θ para os quais o raio pode sair após várias reflexões? Se sim, esboce um dos caminhos do raio.

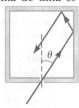

Figura P25.44

45. **W** Um raio de luz incide em um bloco retangular de plástico em um ângulo $\theta_1 = 45,0°$ e emerge em um ângulo $\theta_2 = 76,0°$, como mostrado na Figura P25.45. (a) Determine o índice de refração do plástico. (b) Se o raio de luz entra no plástico em um ponto $L = 50,0$ cm da face inferior, que intervalo de tempo é necessário para que o raio de luz se mova pelo plástico?

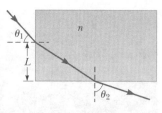

Figura P25.45

46. *Por que a seguinte situação é impossível?* A distância perpendicular de uma lâmpada a um grande espelho plano é duas vezes a distância perpendicular de uma pessoa ao espelho. A luz da lâmpada atinge a pessoa por dois caminhos: (1) propaga-se até o espelho e reflete dele para a pessoa, e (2) propaga-se diretamente à pessoa sem refletir no espelho. A distância total percorrida pela luz no primeiro caso é 3,10 vezes a percorrida pela luz no segundo caso.

47. Um caronista está em um pico de montanha isolada próximo do pôr do sol e observa um arco-íris causado por gotículas de água no ar a uma distância de 8,00 km ao longo de sua linha de visão para a luz mais intensa do arco-íris. O vale está a 2,00 km abaixo do pico da montanha e é inteiramente plano. Qual fração do arco circular completo do arco-íris é visível para o caronista?

48. Uma pessoa olhando para um contêiner vazio pode ver o canto mais afastado da sua parte inferior, como mostrado na Figura P25.48a. A altura do contêiner é h e sua largura é d. Quando ele estiver completamente cheio com um fluido de índice de refração n e visto do mesmo ângulo, a pessoa pode ver o centro de uma moeda no meio da parte inferior do contêiner, como mostrado na Figura P25.48b. (a) Mostre que a relação h/d é dada por

$$\frac{h}{d} = \sqrt{\frac{n^2 - 1}{4 - n^2}}$$

(b) Supondo que o contêiner tenha uma largura de 8,00 cm e esteja cheio de água, utilize a expressão acima para encontrar sua altura. (c) Para qual faixa de valores de n o centro da moeda não será visível para nenhum valor de h e d?

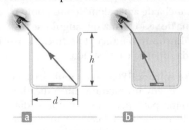

Figura P25.48

49. Quando a luz incide perpendicularmente sobre uma interface entre dois meios ópticos transparentes, a intensidade de luz refletida é dada pela expressão

$$S'_1 = \left(\frac{n_2 - n_1}{n_2 + n_1}\right)^2 S_1$$

Nesta equação, S_1 representa a intensidade média do vetor de Poynting na luz incidente (a intensidade incidente), S'_1

é a intensidade refletida e n_1 e n_2 são os índices de refração dos dois meios. (a) Que fração da intensidade incidente é refletida para um raio de luz de 589 nm incidindo normalmente na interface entre o ar e o vidro? (b) No item (a), há diferença se a luz está no ar ou no vidro ao atingir a interface?

50. Veja o Problema 49 que descreve como encontrar a intensidade da luz refletida após uma incidência normal na interface entre dois meios transparentes. (a) Para um raio de luz incidindo normalmente sobre uma interface entre o vácuo e um meio transparente de índice n, mostre que a intensidade S_2 da luz transmitida é dada por $\frac{S_2}{S_1} = 4n/(n+1)^2$. (b) A luz se propaga perpendicularmente através de uma placa de diamante, cercada por ar, com superfícies paralelas de entrada e saída. Aplique a tração transmitida da parte (a) para encontrar a transmissão total aproximada pela placa de diamante como uma porcentagem. Ignore a luz refletida para a frente e para trás dentro da placa.

51. Este problema tem como base os resultados dos Problemas 49 e 50. A luz se propaga perpendicularmente através de uma placa de diamante, cercada pelo ar, com superfícies paralelas de entrada e saída. Que fração da intensidade incidente é a luz transmitida? Inclua os efeitos da luz refletida para a frente e para trás dentro da placa.

52. As paredes de um santuário antigo estão perpendiculares às quatro direções cardeais da bússola. No primeiro dia da primavera, a luz do Sol nascente entra em uma janela retangular na parede leste. A luz percorre 2,37 m na horizontal, incidindo perpendicularmente na parede oposta à janela. Um turista observa a mancha de luz movendo-se na parede oeste. (a) Com qual velocidade o retângulo iluminado se move? (b) O turista segura um pequeno espelho plano e quadrado na parede oeste em uma face do retângulo de luz. Esse espelho reflete a luz de volta a um local na parede leste ao lado da janela. Com qual velocidade o quadrado menor de luz se move pela parede? (c) Visto a partir da latitude de 40,0° ao norte, o Sol nascente se move pelo céu ao longo de uma linha, formando um ângulo de 50,0° com o horizonte sudeste. Em qual direção a mancha retangular de luz na parede oeste do santuário se move? (d) Em qual direção o menor quadrado de luz na parede leste se move?

53. **M** O feixe de luz na Figura P25.53 atinge a superfície 2 no ângulo crítico. Determine o ângulo de incidência θ_1.

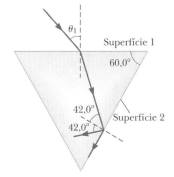

Figura P25.53

54. **Q|C** Um raio de luz com comprimento de onda de 589 nm incide a um ângulo θ sobre a superfície superior de um bloco de poliestireno, como mostrado na Figura P25.54. (a) Encontre o valor máximo de θ para o qual o raio refratado sofre reflexão interna total no ponto P localizado na face vertical esquerda do bloco. **E se?** Repita o cálculo para o caso no qual o bloco de poliestireno é imerso em (b) água e (c) dissulfeto de carbono. Explique suas respostas.

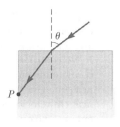

Figura P25.54

55. Um cilindro transparente de raio $R = 2,00$ m tem uma superfície espelhada na sua metade direita, como mostrado na Figura P25.55. Um raio de luz que se propaga no ar é incidente no lado esquerdo do cilindro. O raio de luz incidente e saindo estão paralelos e $d = 2,00$ m. Determine o índice de refração do material.

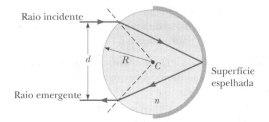

Figura P25.55

56. **Revisão.** Um espelho muitas vezes se torna reflexivo com uma película de alumínio. Ao ajustar a espessura da película metálica, pode-se fazer uma folha de vidro em um espelho que reflete entre 3% e 98% da luz incidente, transmitindo o restante. Prove que é impossível construir um "espelho unidirecional" que reflita 90% das ondas eletromagnéticas incidentes de um lado e 10% pelo outro. (*Sugestão*: Use o enunciado de Clausius da Segunda Lei da Termodinâmica.)

57. Um raio de luz passa do ar para a água. Para seu ângulo de desvio $\delta = |\theta_1 - \theta_2|$ ser 10,0°, qual deve ser seu ângulo de incidência?

58. **Q|C** Estudantes permitem que um feixe estreito de laser atinja uma superfície de água. Eles medem o ângulo de refração para ângulos selecionados de incidência e registram os dados mostrados na tabela a seguir. (a) Utilize os dados para verificar a Lei de Snell para Refração ao representar o seno do ângulo de incidência pelo seno do ângulo de refração. (b) Explique o que o formato do gráfico demonstra. (c) Utilize a representação resultante para deduzir o índice de refração da água, explicando como você fez.

Ângulo de incidência (graus)	Ângulo de refração (graus)
10,0	7,5
20,0	15,1
30,0	22,3
40,0	28,7
50,0	35,2
60,0	40,3
70,0	45,3
80,0	47,7

59. **S** A Figura P25.59 mostra uma vista aérea de uma sala de área de piso quadrada e lado L. No centro está um espelho configurado em um plano vertical, que gira em um eixo vertical em velocidade angular ω em um eixo que sai da página. Um feixe de laser vermelho brilhante entra do ponto central em uma parede da sala e atinge o espelho. Conforme este gira, o feixe refletido de laser cria um ponto vermelho que varre as paredes da sala. (a) Quando o ponto de luz na parede estiver a uma distância x do ponto O, qual é a sua velocidade? (b) Qual valor de x corresponde ao valor mínimo para a velocidade? (c) Qual é o valor mínimo para a velocidade? (d) Qual é a velocidade máxima do ponto na parede? (e) Em qual intervalo de tempo o ponto muda da sua velocidade mínima para a máxima?

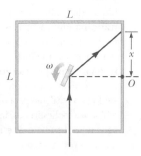

Figura P25.59

60. **Q|C** Conforme a luz solar entra na atmosfera terrestre, muda de direção devido à pequena diferença entre as suas velocidades no vácuo e no ar. A duração de um dia óptico é definida como o intervalo de tempo entre os instantes quando o topo do Sol nascente é visível logo acima do horizonte e quando o topo do Sol desaparece logo abaixo do plano horizontal. A duração do dia geométrico é definida como o intervalo de tempo entre os instantes em que uma linha matematicamente reta entre um observador e o topo do Sol surge no horizonte e em que essa linha fica abaixo do horizonte. (a) Explique qual é mais longo: um dia óptico ou um geométrico. (b) Encontre a diferença entre esses dois intervalos de tempo. Modele a atmosfera da Terra como uniforme, com índice de refração 1,000 293, superfície superior bem definida e profundidade de 8.614 m. Suponha que o observador esteja no equador da Terra, de modo que o caminho aparente do Sol nascente e poente esteja perpendicular ao horizonte.

61. **S** Um material com índice de refração n está cercado pelo vácuo e tem forma de um quarto de círculo de raio R (Fig. P25.61). Um raio de luz paralelo à base do material é incidente da esquerda a uma distância L acima da base e emerge do material no ângulo θ. Determine uma expressão para θ em termos de n, R e L.

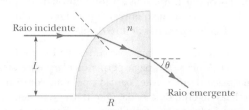

Figura P25.61

62. *Por que a seguinte situação é impossível?* Enquanto está no fundo de um calmo lago de água doce, um mergulhador vê o Sol em um ângulo aparente de 38,0° acima da horizontal.

Capítulo 26

Formação de imagens por espelhos e lentes

Sumário

26.1 Imagens formadas por espelhos planos
26.2 Imagens formadas por espelhos esféricos
26.3 Imagens formadas por refração
26.4 Imagens formadas por lentes finas
26.5 O olho
26.6 Conteúdo em contexto: algumas aplicações médicas

Os raios de luz vindo das folhas no fundo da cena não formam uma imagem focada na câmera que fotografou essa imagem. Em consequência, o fundo aparece muito desfocado. Raios de luz passando através das gotas de chuva, entretanto, foram alterados para formar uma imagem focada das folhas do plano de fundo para a câmera. Neste capítulo, investigaremos a formação de imagens conforme raios de luz são refletidos de espelhos e refratados através de lentes.

Este capítulo trata de imagens formadas quando a luz interage com superfícies planas e curvas. Observaremos que imagens de um objeto podem ser formadas por reflexão ou por refração, e que espelhos e lentes funcionam por causa deste fenômeno.

Imagens formadas por reflexão e refração são usadas numa variedade de dispositivos cotidianos, como espelhos retrovisores no seu carro, espelhos de barbear ou maquiar, câmeras, seus óculos e lentes de aumento (lupas). Além disso, muitos dispositivos mais científicos, como telescópios e microscópios, utilizam os princípios de formação da imagem discutidos neste capítulo.

Usaremos amplamente de modelos geométricos desenvolvidos a partir dos princípios de reflexão e refração. Tais modelos nos permitem desenvolver representações matemáticas para a localização de imagens de vários tipos de espelhos e lentes.

26.1 | Imagens formadas por espelhos planos

Começamos considerando o espelho mais simples possível, o plano. Considere uma fonte luz pontual[1] localizada em O na Figura 26.1, a uma distância p em frente ao espelho plano. A distância p é chamada **distância do objeto**. Os raios de luz deixam a fonte e são refletidos pelo espelho. No momento da reflexão, os raios continuam a divergir (espalhar-se). As linhas pontilhadas na Figura 26.1 são extensões dos raios divergentes de volta ao ponto de interseção em I.

---

[1] Imaginamos o objeto como uma fonte pontual de luz. Ele poderia realmente *ser* uma fonte pontual, como uma pequena lâmpada, mas, geralmente é um único ponto em algum objeto estendido que é iluminado do exterior por uma fonte de luz. Portanto, a luz refletida deixa o ponto no objeto como se o ponto fosse uma fonte de luz.

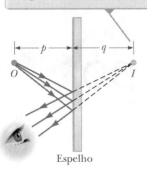

O ponto de imagem I é localizado atrás do espelho a uma distância q do espelho. A imagem é virtual.

Figura 26.1 Uma imagem formada pela reflexão de um espelho plano.

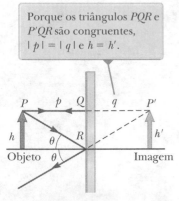

Porque os triângulos PQR e $P'QR$ são congruentes, $|p| = |q|$ e $h = h'$.

Figura Ativa 26.2 Uma construção geométrica usada para localizar a imagem de um objeto em frente a um espelho plano.

▶ Ampliação de uma imagem

Prevenção de Armadilha | 26.1
Ampliação não significa necessariamente aumento
Para outros elementos ópticos além de espelhos planos, a ampliação definida na Equação 26.1 pode resultar em um número com uma magnitude maior *ou* menor que 1. Portanto, apesar do uso cultural da palavra *ampliação* como indicativo de *aumento*, a imagem pode ser menor que o objeto. Veremos exemplos para tal situação neste capítulo.

Os raios divergentes parecem ao observador como vindos do ponto I atrás do espelho. Este ponto é chamado **imagem** do objeto em O. Independentemente do sistema estudado, sempre localizamos imagens ao estender os raios divergentes de volta ao ponto no qual se interceptam.[2] Imagens são localizadas tanto no ponto no qual raios de luz *de fato* divergem ou no qual *aparentam* divergir. Porque os raios na Figura 26.1 aparentam se originar em I, que está a uma distância q atrás do espelho, essa é a localização da imagem. A distância q é chamada **distância da imagem**.

As imagens são classificadas como **reais** ou **virtuais**. Uma **imagem real** é formada quando raios de luz passam por um ponto de imagem e divergem dele; uma **imagem virtual** é formada quando os raios de luz não passam através do ponto de imagem, mas somente aparentam divergir a partir desse ponto. A imagem formada pelo espelho na Figura 26.1 é virtual. A imagem do objeto observado no espelho plano é *sempre* virtual. Imagens reais podem ser reproduzidas numa tela (como no cinema), mas não as imagens virtuais. Veremos um exemplo de uma imagem real na Seção 26.2.

A Figura Ativa 26.2 é exemplo de uma representação gráfica especializada, chamada **diagrama de raio**, muito útil no estudo de espelhos e lentes. No diagrama de raio, um número pequeno dos milhares de raios que deixam uma fonte pontual são desenhados, e a localização da imagem é encontrada ao aplicar as leis da reflexão (e refração, no caso de superfícies de refração e lentes) a esses raios. Um diagrama de raio cuidadosamente desenhado nos permite construir um modelo geométrico, de modo que geometria e trigonometria possam ser usadas para resolver problemas matemáticos.

Podemos usar a geometria simples na Figura Ativa 26.2 para examinar as propriedades da imagem de objetos estendidos formados por espelhos planos. Vamos localizar a imagem da ponta da seta cinza-escuro. Para encontrar onde a imagem é formada, é necessário seguir pelo menos dois raios de luz conforme são refletidos no espelho. Um deles começa em P, segue o caminho horizontal PQ para o espelho, e reflete de volta para ele mesmo. O segundo raio segue o caminho oblíquo PR e reflete no mesmo ângulo, de acordo com a Lei da Reflexão. Podemos estender os dois raios refletidos de volta para o ponto de onde aparentam divergir, o ponto P'. Uma continuação deste processo para pontos além de P no objeto resultaria numa imagem (desenhada como uma seta cinza-claro) à direita do espelho. Estes raios e suas extensões nos permitem construir um modelo geométrico para a formação da imagem com base nos triângulos PQR e $P'QR$. Devido a estes dois triângulos serem idênticos, $PQ = P'Q$, ou $p = |q|$. (Usamos a notação do valor absoluto porque, como veremos em breve, a convenção de sinais está associada com os valores de p e q.) Portanto, concluímos que a imagem formada por um objeto localizado em frente a um espelho plano está tão longe do espelho quanto o objeto que está a frente dele.

Nosso modelo geométrico também mostra que a altura h do objeto é igual à altura h' da imagem. Definimos **ampliação lateral** (ou simplesmente **ampliação**) M de uma imagem como:

$$M \equiv \frac{\text{altura da imagem}}{\text{altura do objeto}} = \frac{h'}{h} \qquad \textbf{26.1} \blacktriangleleft$$

que é a definição geral da ampliação de qualquer tipo de imagem formada por um espelho ou lente. Como $h' = h$ neste caso, $M = 1$ para um espelho plano. Também notamos que a imagem está *direita* porque a seta da imagem aponta na mesma direção que a do objeto. Uma imagem direita é indicada matematicamente por um valor positivo da ampliação. (Mais tarde discutiremos situações nas quais imagens *invertidas*, com ampliações negativas, são formadas.)

Finalmente, note que um espelho plano produz uma imagem tendo uma *aparente* reversão esquerda-direita. Esta reversão pode ser vista posicionando-se em frente a um espelho e levantando a mão direita. A imagem que você observa levanta a mão esquerda. Da mesma forma, seu cabelo aparenta estar dividido do lado oposto, e uma pinta na sua bochecha direita aparenta estar na sua bochecha esquerda.

Esta reversão não é *realmente* uma reversão esquerda-direita. Imagine, por exemplo, deitar-se do lado esquerdo no chão, com o seu corpo paralelo à superfície do

---

[2] Seus olhos e cérebro interpretam os raios de luz divergentes como se originassem do ponto no qual os raios divergem. Seu sistema olho-cérebro pode detectar os raios somente *quando eles entram no seus olhos* e não tem acesso à informação sobre que experiências os raios tiveram antes de alcançar os seus olhos. Portanto, mesmo que os raios de luz não se *originem realmente* no ponto I, entram no olho como se tivessem, e I é o ponto no qual seu cérebro localiza o objeto.

espelho. Agora, sua cabeça está à esquerda, e seus pés à direita conforme você encara o espelho. Se chacoalhar seus pés, a imagem não chacoalha a cabeça. Porém, se você levantar sua mão direita, a imagem levantará a mão esquerda. Portanto, novamente parece uma reversão esquerda-direita, mas numa direção de cima para baixo!

A reversão esquerda-direita aparente é realmente uma reversão *de frente para trás* causada pelos raios de luz indo em direção do espelho e depois refletindo de volta. A Figura 26.3 mostra a mão direita de uma pessoa e sua imagem num espelho plano. Note que não há nenhuma reversão esquerda-direita; em vez disso, os polegares, tanto da real quanto da mão refletida, estão do lado esquerdo. É a reversão frente-trás que faz que a imagem da mão direita apareça semelhante à mão esquerda real do lado esquerdo da fotografia.

Uma experiência interessante com reversão frente-trás é permanecer em frente a um espelho enquanto segura uma transparência suspensa na sua frente, de modo que você possa ler o que está escrito. Você também pode ler a escrita na imagem da transparência. Você pode ter tido uma experiência semelhante se tiver um decalque transparente com palavras na janela traseira do seu carro. Se o decalque for colocado de forma que possa ser lido do lado de fora, você também poderá ler as palavras ao olhar pelo seu espelho retrovisor, sentado no banco da frente.

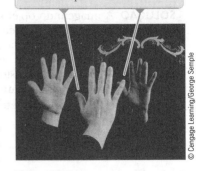

Figura 26.3 A imagem no espelho da mão direita de uma pessoa é revertida de frente para trás, o que faz que a imagem no espelho pareça ser uma mão esquerda.

TESTE RÁPIDO 26.1 Na vista de cima da Figura 26.4 a imagem da pedra vista pelo observador 1 é a *C*. Em qual dos cinco pontos *A, B, C, D* ou *E* o observador 2 vê a imagem?

TESTE RÁPIDO 26.2 Você está parado a uma distância aproximada de 2 m de um espelho que que tem gotas de água em sua superfície. Verdadeiro ou falso: é possível ver as gotas de água e sua imagem em foco ao mesmo tempo.

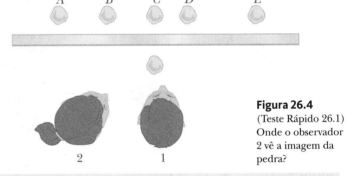

Figura 26.4 (Teste Rápido 26.1) Onde o observador 2 vê a imagem da pedra?

PENSANDO A FÍSICA 26.1

A maioria dos espelhos retrovisores em carros tem configuração diurna e noturna. A noturna diminui a intensidade da imagem, de modo que luzes de veículos transitando não ceguem o motorista temporariamente. Como funciona um espelho desse tipo?

SOLUÇÃO A Figura 26.5 mostra uma vista transversal de um espelho retrovisor em cada configuração. A unidade consiste num revestimento refletivo atrás de uma cunha de vidro. Na configuração diurna (Fig. 26.5a), a luz de um objeto atrás do carro atinge a cunha de vidro no ponto 1. A maior parte da luz entra na cunha, refratando conforme cruza a superfície frontal, e reflete na superfície traseira para voltar à superfície frontal, onde é refratada novamente conforme entra no ar como raio *B* (para brilho). Além disso, uma pequena porção da luz é refletida na superfície frontal do vidro como indicado pelo raio *E* (para escuridão).

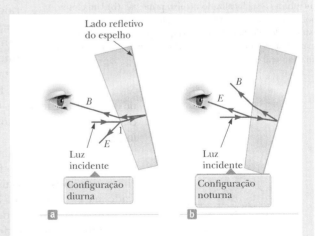

Figura 26.5 (Pensando em Física 26.1) Vistas transversais de um espelho retrovisor.

A luz refletida no escuro é responsável pela imagem observada quando o espelho está na configuração noturna (Fig. 26.5b). Neste caso, a cunha é girada de modo que o caminho seguido pela luz brilhante (raio *B*) não atinja o olho. Em vez disso, a luz refletida no escuro da superfície frontal da cunha viaja para o olho, e o brilho dos faróis transitando não se tornam um perigo. ◄

> **PENSANDO A FÍSICA 26.2**
>
> Dois espelhos planos são perpendiculares um ao outro, como mostrado na Figura 26.6, e um objeto é colocado no ponto O. Nesta situação, imagens múltiplas são formadas. Localize a posição destas imagens.
>
> **SOLUÇÃO** A imagem do objeto está em I_1 no espelho 1 e em I_2 no espelho 2. Além disso, uma terceira imagem é formada em I_3. Esta terceira imagem é a imagem I_1 no espelho 2, ou, equivalentemente, a imagem de I_2 no espelho 1. Isto é, a imagem em I_1 (ou I_2) serve como o objeto para I_3. Para formar esta imagem em I_3, os raios refletem duas vezes após deixar o objeto em O. ◄

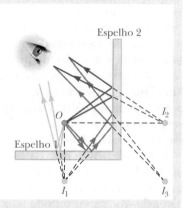

Figura 26.6 (Pensando em Física 26.2) Quando um objeto é localizado na frente de dois espelhos mutuamente perpendiculares, como mostrado, três imagens são formadas. Siga os raios de luz para entender a formação de cada imagem.

26.2 | Imagens formadas por espelhos esféricos

Na Seção 26.1, investigamos imagens formadas por superfícies planas de reflexão. Nesta, exploraremos imagens formadas por espelhos curvos, tanto de superfície côncava quanto convexa.

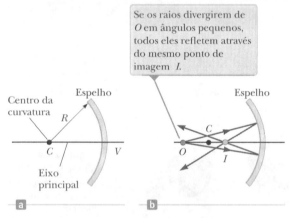

Figure 26.7 (a) Um espelho côncavo de raio R. O centro de curvatura C está localizado no eixo principal. (b) Uma fonte pontual de luz localizada em O em frente a um espelho côncavo esférico de raio R, onde O é qualquer ponto do eixo principal mais afastado do que R da superfície do espelho, forma uma imagem real em I.

Espelhos côncavos

Um espelho esférico, como seu nome sugere, tem a forma de um segmento de uma esfera. A Figura 26.7a mostra o corte transversal de um espelho curvo com sua superfície de reflexão representada pela linha curva sólida. Um espelho no qual a luz é refletida na superfície côncava interna é chamado espelho côncavo. O raio de curvatura do espelho é R, e seu centro de curvatura está no ponto C. O Ponto V é o centro do segmento esférico, e a linha desenhada através de C e V é chamada eixo principal do espelho. Agora, considere uma fonte de luz pontual colocada no ponto O na Figura 26.7b, no eixo principal e fora do ponto C. Dois raios divergentes que se originam em O são mostrados. Após refletirem no espelho, estes raios convergem e se encontram em I, o ponto de imagem. Depois, eles continuam divergindo a partir de I como se uma fonte de luz existisse ali. Portanto, se seus olhos detectarem os raios divergindo do ponto I, você afirmaria que a fonte de luz estaria localizada naquele ponto.

Este exemplo é o segundo que vimos de raios divergindo a partir de um ponto de imagem. Como os raios de luz passam através do ponto de imagem neste caso, diferente da situação mostrada na Figura Ativa 26.2, a imagem na Figura 26.7b é uma imagem real.

A seguir, vamos adotar o modelo simplificado que assume que todos os raios que divergem de um objeto formam ângulos pequenos com o eixo principal. Tais raios, chamados **raios paraxiais**, sempre refletem através do ponto de imagem, como mostrado na Figura 26.7b. Raios que formam ângulos grandes com o eixo principal, como mostrado na Figura 26.8, convergem em outros pontos no eixo principal, produzindo uma imagem desfocada.

Figura 26.8 Um espelho côncavo esférico produz uma imagem desfocada quando os raios de luz formam ângulos grandes com o eixo principal.

Podemos usar um modelo geométrico baseado no diagrama de raio da Figura 26.9 para calcular a distância de imagem q se soubermos a distância do objeto p e o raio de curvatura R. Por convenção, essas distâncias são medidas a partir do ponto V. A Figura 26.9 mostra dois dos muitos raios de luz deixando a ponta do objeto. Um raio passa através do centro de curvatura C do espelho, batendo dele perpendicularmente à sua superfície e refletindo de volta sobre si mesmo. O segundo raio atinge o espelho no ponto central V e reflete como mostrado, obedecendo à Lei da Reflexão. A imagem da ponta da seta está no ponto no qual esses dois raios refletidos se encontram. Usando esses raios, identificamos os triângulos retângulos cinza-escuro e cinza-claro na Figura 26.9. Do triângulo cinza-escuro, observamos que tg $\theta = h/p$, enquanto o triângulo cinza-claro fornece tg $\theta = -h'/q$. O sinal negativo significa que a imagem está invertida, portanto, h' é um número negativo. Assim, da Equação 26.1 e destes resultados, temos que a ampliação da imagem é

$$M = \frac{h'}{h} = \frac{-q \, \text{tg} \, \theta}{p \, \text{tg} \, \theta} = -\frac{q}{p}$$ 26.2◀

Podemos identificar dois triângulos retângulos adicionais na figura (formado a partir do ângulo α até h' e o formado a partir de α até h), com um ponto comum em C e ângulo α. Esses triângulos nos dizem que

$$\text{tg} \, \alpha = \frac{h}{p - R} \quad \text{e} \quad \text{tg} \, \alpha = -\frac{h'}{R - q}$$

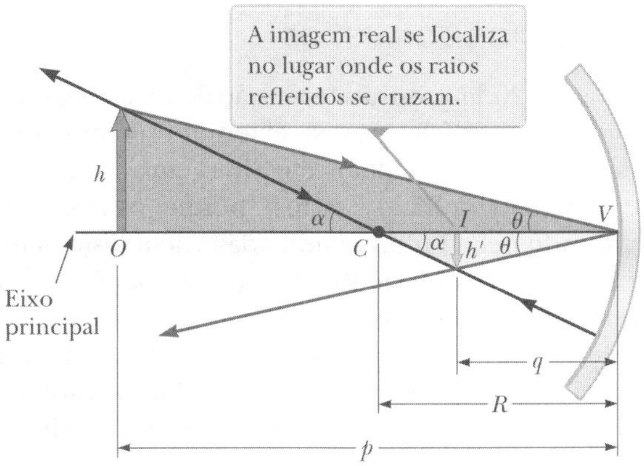

pelo qual temos que

$$\frac{h'}{h} = -\frac{R - q}{p - R}$$ 26.3◀

Figura 26.9 A imagem formada por um espelho côncavo esférico quando o objeto O se encontra fora do centro da curvatura C. Esta construção geométrica é usada para derivar a Equação 26.4.

Se compararmos as Equações 26.2 e 26.3, observamos que

$$\frac{R - q}{p - R} = \frac{q}{p}$$

A álgebra reduz esta expressão para

$$\frac{1}{p} + \frac{1}{q} = \frac{2}{R}$$ 26.4◀ ▶ Equação do espelho em termos dos raios de curvatura

que é chamada **equação do espelho**. Ela é aplicável somente para o modelo simplificado de raio paraxial.

Se o objeto estiver muito longe do espelho – isto é, se a distância do objeto p é grande comparada a R, de modo que possa se dizer que p tende ao infinito – $1/p \to 0$, e a Equação mostra que $q \approx R/2$. Em outras palavras, quando o objeto está muito afastado do espelho, o ponto de imagem está na metade do caminho entre o centro da curvatura e o centro do espelho, como mostrado na Figura 26.10a. Os raios são essencialmente paralelos nesta figura, porque somente aqueles poucos viajando paralelamente ao eixo desde o objeto distante chegam no espelho. Os raios não paralelos ao eixo não encontram o espelho. A Figura 26.10b mostra uma situação experimental, demonstrando o cruzamento dos raios de luz num mesmo ponto. O ponto no qual os raios paralelos se intersectam após refletirem no espelho é chamado **ponto focal** F do espelho. O ponto focal fica a uma distância f do espelho, chamada **distância focal**, um parâmetro associado com o espelho dada por

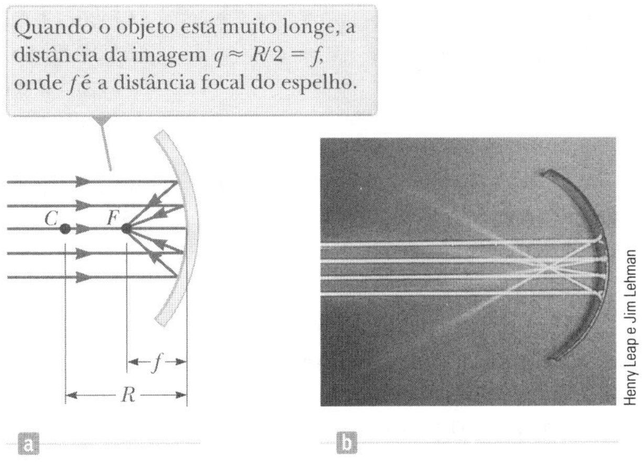

$$f = \frac{R}{2}$$ 26.5◀

Figura 26.10 (a) Raios de luz de um objeto distante ($p \approx \infty$) refletidos de um espelho côncavo através do ponto focal F. (b) Reflexão de raios paralelos de um espelho côncavo.

A equação do espelho pode então ser expressa em termos da distância focal:

$$\frac{1}{p} + \frac{1}{q} = \frac{1}{f}$$ 26.6◀ ▶ Equação do espelho em termos da distância focal

Esta é a comumente usada equação do espelho, em termos da distância focal do espelho, em vez do seu raio de curvatura, como na Equação 26.4. Veremos como utilizar esta equação em exemplos mais adiante.

Espelhos convexos

A Figura 26.11 mostra a formação de uma imagem por um **espelho convexo**, que é prateado para que a luz seja refletida desde a superfície convexa exterior. Espelhos convexos são, às vezes, chamados **espelhos divergentes,** porque os raios de qualquer ponto do objeto divergem após a reflexão, como se estivessem vindo de um ponto atrás do espelho. A imagem na Figura 26.11 é virtual, porque os raios refletidos somente aparentam originar-se no ponto da imagem, como indicado pelas linhas pontilhadas. Além disso, a imagem é sempre direita e menor que o objeto.

Não derivamos nenhuma equação para espelhos esféricos convexos, porque as Equações 26.2, 26.4 e 26.6 podem ser usadas tanto para espelhos côncavos como para convexos, caso sejam seguidos os procedimentos. Vamos nos referir à região na qual os raios de luz se originam e se movimentam em direção ao espelho como o *lado frontal* do espelho, e o outro como o *de trás*. Por exemplo, nas Figuras 26.9 e 26.11, o lado à esquerda do espelho é o frontal, e o lado à direita do espelho é o de trás. A Figura 26.12 mostra as convenções de sinais para distâncias de objeto e imagem, e a Tabela 26.1 sintetiza as convenções de sinais para todas as quantidades. Um dos elementos da tabela, o *objeto virtual*, é formalmente introduzido na Seção 26.4.

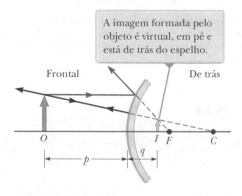

Figura 26.11 Formação de uma imagem por um espelho convexo esférico.

Figura 26.12 Sinais de p e q para espelhos côncavos e convexos.

Diagramas de raio em espelhos

Temos usado as representações gráficas especializadas chamadas diagramas de raios para ajudar a localizar imagens para espelhos planos e curvos. Agora, formalizaremos o procedimento para desenhar com precisão o diagrama de raios. Para construí-lo, devemos saber a posição do objeto, a localização do ponto focal e o centro de curvatura do espelho. Construiremos três raios nos exemplos mostrados na Figura Ativa 26.13. Somente dois raios são necessários para localizar a imagem, mas incluiremos um terceiro como verificação. Em cada porção da figura, a parte da direita mostra uma fotografia da situação descrita pelo diagrama de raio na parte da esquerda. Os três raios começam do mesmo ponto do objeto; nestes exemplos, o topo da seta do objeto é escolhido como o ponto de partida. Para os espelhos côncavos na Figura Ativa 26.13a e 26.13b, os raios são desenhados como a continuação:

- O raio 1 é desenhado do topo do objeto paralelo até o eixo principal e é refletido passando pelo ponto focal F.
- O raio 2 é desenhado do topo do objeto e passa através do ponto focal (ou como vindo do ponto focal se $p < f$) e é refletido paralelo ao eixo principal.
- O raio 3 é desenhado do topo do objeto e passa através do centro de curvatura C (ou como vindo do centro C se $p < f$) e é refletido de volta na mesma direção.

O ponto de imagem obtido deste modo deve sempre concordar com o valor de q calculado a partir da equação do espelho. Com espelhos côncavos, note o que acontece conforme o objeto é movimentado do infinito para perto do espelho. A imagem real e invertida na Figura Ativa 26.13a se move para a esquerda conforme o objeto se aproxima do espelho. Quando o objeto está no centro de curvatura, objeto e imagem estão à mesma distância

TABELA 26.1 | Convenções de sinais para aparelhos

Quantidade	Positivo quando...	Negativo quando...
Localização do objeto (p)	o objeto está em frente ao espelho (objeto real).	o objeto está atrás do espelho (objeto virtual).
Localização da imagem (q)	a imagem está em frente ao espelho (imagem real).	a imagem está atrás do espelho (imagem virtual).
Altura da imagem (h')	a imagem é direita.	a imagem está invertida.
Comprimento focal (f) e raio (R)	o espelho é côncavo.	o espelho é convexo.
Magnificação (M)	a imagem é direita.	a imagem está invertida.

do espelho e são do mesmo tamanho. Quando o objeto está no ponto focal, a imagem está infinitamente afastada para a esquerda. (Verifique estas três últimas afirmações com a equação do espelho!)

Quando o objeto permanece entre o ponto focal e a superfície do espelho, como na Figura Ativa 26.13b, a imagem é virtual, está em pé e localizada na parte de trás do espelho. A imagem é também maior que o objeto neste caso. A situação ilustra o princípio por trás do espelho de barbear ou de maquiar. Seu rosto é localizado mais perto do espelho côncavo que o ponto focal, de modo que você observa uma imagem direita

> **Prevenção de Armadilhas | 26.2**
> **Cuidado com os sinais**
> O sucesso em trabalhar com problemas de espelhos (assim como com aqueles que envolvem superfícies de refração e lentes finas) é amplamente determinado por escolhas adequadas do sinal para substituição na equação. A melhor forma de se tornar conhecido nestes problemas é trabalhar numa grande variedade deles por conta própria.

Uma antena parabólica de satélite é um refletor côncavo para sinais de televisão de um satélite em órbita ao redor da Terra. Devido ao satélite se encontrar muito longe, os sinais são carregados por micro-ondas que são paralelas quando elas atingem o disco. Estas ondas são refletidas pelo disco e são focadas no receptor.

> **Prevenção de Armadilhas | 26.3**
> **O ponto *focal* não é o ponto de *foco***
> O ponto focal *geralmente* não é o ponto no qual os raios de luz são focados para formar uma imagem. O ponto focal é determinado unicamente pela curvatura do espelho; ele não depende da localização do objeto. Em geral, uma imagem é formada em um ponto diferente do ponto focal de um espelho (ou uma lente). A *única* exceção é quando o objeto está a uma distância infinita do espelho.

Figura Ativa 26.13 Diagramas de raio para espelhos esféricos com fotografias correspondentes de imagens de velas.

aumentada, para auxiliá-lo(a) ao barbear ou ao aplicar maquiagem. Se você tiver um espelho deste tipo, olhe nele e movimente seu rosto para longe do espelho. Sua cabeça passará por um ponto no qual a imagem é indistinta, depois a imagem reaparecerá com o seu rosto de ponta-cabeça conforme você continua se afastando do espelho. A região onde a imagem é indistinta é onde sua cabeça passa através do ponto focal e a imagem é infinitamente afastada.

Note que a imagem da câmera na Figura Ativa 26.13 a e b está de ponta-cabeça. Independentemente da posição da vela, a câmera permanece mais afastada do espelho que o ponto focal, de modo que a imagem está invertida.

Para os espelhos convexos, como mostrado na Figura Ativa 26.13c, os raios são desenhados da seguinte maneira:

- O raio 1 é desenhado do topo do objeto paralelo ao eixo principal e é refletido para longe do ponto focal F.
- O raio 2 é desenhado do topo do objeto em direção ao ponto focal na parte de trás do espelho e é refletido paralelamente ao eixo principal.
- O raio 3 é desenhado do topo do objeto em direção ao centro de curvatura C na parte de trás do espelho e é refletido de volta na mesma direção.

A imagem de um objeto real num espelho convexo é sempre virtual e em pé. Note que as imagens tanto da vela quanto da câmera na Figura Ativa 26.13c são em pé. Conforme a distância do objeto aumenta, a imagem virtual se torna menor e se aproxima do ponto focal conforme p se aproxima do infinito. Aconselhamos você a construir outros diagramas para verificar como a posição da imagem varia com a do objeto.

Espelhos convexos são geralmente usados como dispositivos de segurança em lojas grandes, onde são colocados em posições altas na parede. O grande campo de visão da loja é diminuído pelo espelho convexo, de modo que os funcionários possam observar possíveis atividades de furto em corredores diferentes ao mesmo tempo. Espelhos do lado dos passageiros em automóveis também são feitos geralmente com a superfície convexa. Este tipo de espelho permite um campo maior da visão traseira do automóvel disponível para o motorista (Figura 26.14) do que os espelhos planos. Contudo, estes espelhos introduzem uma distorção da percepção, assim fazendo que os carros atrás do veículo aparentem ser menores, e portanto mais afastados.

Figura 26.14 Um caminhão se aproximando é visto num espelho convexo do lado direito de um automóvel. Note que a imagem do caminhão está focada, mas a borda do espelho não; isto demonstra que a imagem não está na mesma localização que a superfície do espelho.

Figura 26.15 (Teste Rápido 26.4) Que tipo de espelho é mostrado aqui?

TESTE RÁPIDO 26.3 Você quer atear fogo refletindo a luz do Sol com um espelho em um papel sob uma pilha de madeira. Qual seria a melhor escolha de tipo de espelho? (a) plano (b) côncavo (c) convexo.

TESTE RÁPIDO 26.4 Considere a imagem no espelho da Figura 26.15. Com base na aparência desta imagem, você concluiria que (a) o espelho é côncavo e a imagem é real, (b) o espelho é côncavo e a imagem é virtual, (c) o espelho é convexo e a imagem é real, ou (d) o espelho é convexo e a imagem virtual?

Exemplo **26.1** | **A imagem formada por um espelho côncavo**

Um espelho esférico tem distância focal de +10,0 cm.

(A) Localize e descreva a imagem para uma distância do objeto de 25,0 cm.

SOLUÇÃO

Conceitualize Devido à distância focal do espelho ser positiva, ele é um espelho côncavo (veja Tabela 26.1). Esperamos a possibilidade de ambas as imagens, real e virtual.

Categorize Devido à distância do objeto nesta parte do problema ser maior que a distância focal, esperamos que a imagem seja real. A situação é análoga àquela da Figura Ativa 26.13a.

26.1 *cont.*

Analise Encontre a distância da imagem usando a Equação 26.6:

$$\frac{1}{q} = \frac{1}{f} - \frac{1}{p}$$

$$\frac{1}{q} = \frac{1}{10,0 \text{ cm}} - \frac{1}{25,0 \text{ cm}}$$

$$q = \boxed{16,7 \text{ cm}}$$

Encontre a ampliação da imagem a partir da Equação 26.2:

$$M = -\frac{q}{p} = -\frac{16,7 \text{ cm}}{25,0 \text{ cm}} = \boxed{-0,667}$$

Finalize O valor absoluto de *M* é menor que o valor unitário; portanto, a imagem é menor que o objeto, e o sinal negativo para *M* indica que a imagem está invertida. Devido a *q* ser positivo, a imagem está localizada no lado frontal do espelho e é real. Olhe dentro da concavidade de uma colher brilhante ou fique longe de um espelho de barbear para ver esta imagem.

(B) Localize e descreva a imagem para uma distância do objeto de 10,0 cm.

SOLUÇÃO

Categorize Devido ao objeto estar no ponto focal, esperamos que a imagem esteja infinitamente afastada.

Analise Encontre a distância da imagem usando a Equação 26.6:

$$\frac{1}{q} = \frac{1}{f} - \frac{1}{p}$$

$$\frac{1}{q} = \frac{1}{10,0 \text{ cm}} - \frac{1}{10,0 \text{ cm}}$$

$$q = \boxed{\infty}$$

Finalize Este resultado significa que os raios originados a partir de um objeto posicionado no ponto focal de um espelho são refletidos de modo que a imagem seja formada numa distância infinita do espelho; isto é, os raios viajam paralelamente um ao outro após a reflexão. Esta é a situação numa luz de flash ou num farol de automóvel, em que o filamento da lâmpada é localizado no ponto focal do refletor, produzindo um raio paralelo de luz.

(C) Localize e descreva a imagem para uma distância do objeto de 5,0 cm.

SOLUÇÃO

Categorize Devido à distância do objeto ser menor que a distância focal, esperamos que a imagem seja virtual. A situação é análoga àquela da Figura Ativa 26.13b.

Analise Encontre a distância da imagem usando a Equação 26.6:

$$\frac{1}{q} = \frac{1}{f} - \frac{1}{p}$$

$$\frac{1}{q} = \frac{1}{10,0 \text{ cm}} - \frac{1}{5,00 \text{ cm}}$$

$$q = \boxed{-10,0 \text{ cm}}$$

Encontre a ampliação da imagem a partir da Equação 26.2:

$$M = -\frac{q}{p} = -\left(\frac{-10,0 \text{ cm}}{5,00 \text{ cm}}\right) = \boxed{+2,00}$$

Finalize A imagem é duas vezes maior que o objeto, e o sinal positivo para *M* indica que a imagem é direita (veja Fig. Ativa 26.13b). O valor negativo da distância da imagem indica que a imagem é virtual, como esperado. Coloque seu rosto perto do espelho de barbear para ver este tipo de imagem.

Exemplo 26.2 | A imagem formada por um espelho convexo

Um espelho retrovisor de um automóvel como mostrado na Figura 26.14 mostra a imagem de um caminhão localizado a 10,0 m do espelho. A distância focal do espelho é −0,60 m.

(A) Encontre a posição da imagem do caminhão.

SOLUÇÃO

Conceitualize Esta situação é representada na Figura Ativa 26.13c.

Categorize Devido ao espelho ser convexo, esperamos que forme uma imagem virtual direita reduzida para qualquer posição do objeto.

Analise Encontre a distância da imagem usando a Equação 26.6:

$$\frac{1}{q} = \frac{1}{f} - \frac{1}{p}$$

$$\frac{1}{q} = \frac{1}{-0,60 \text{ m}} - \frac{1}{10,0 \text{ m}}$$

$$q = -0,57 \text{ m}$$

(B) Encontre a ampliação desta imagem.

SOLUÇÃO

Analise Use a Equação 26.2:

$$M = -\frac{q}{p} = -\left(\frac{-0,57 \text{ m}}{10,0 \text{ m}}\right) = +0,057$$

Finalize O valor negativo de q na parte (A) indica que a imagem é virtual, ou seja, está atrás do espelho, como mostrado na Figura Ativa 26.13c. A ampliação na parte (B) indica que a imagem é muito menor que o caminhão, e é direita porque M é positivo. A imagem é reduzida em tamanho, de modo que o caminhão aparece mais afastado do que realmente está. Devido ao tamanho reduzido da imagem, estes espelhos levam a inscrição: "Objetos neste espelho estão mais perto do que aparentam". Observe no seu espelho retrovisor ou atrás de uma colher brilhante para ver uma imagem deste tipo.

26.3 | Imagens formadas por refração

Nesta seção, descrevemos como as imagens são formadas por refração de raios na superfície de um material transparente. Aplicaremos a Lei da Refração e usaremos o modelo simplificado no qual consideramos unicamente raios paraxiais.

Considere dois meios transparentes com índices de refração n_1 e n_2, cujo limite entre eles é uma superfície esférica com raio de curvatura R (Fig. 26.16). Assumiremos que o objeto no ponto O está no meio com índice de refração n_1. Como veremos, todos os raios paraxiais são refratados na superfície esférica e convergem num mesmo ponto I, o ponto de imagem.

Vamos proceder considerando a construção geométrica na Figura 26.17, que mostra um único raio deixando o ponto O e passando através do ponto I. A Lei de Snell aplicada a estes raios refratados dá

$$n_1 \sen \theta_1 = n_2 \sen \theta_2$$

Devido aos ângulos θ_1 e θ_2 serem pequenos para raios paraxiais, podemos usar a aproximação $\sen \theta \approx \theta$ (com ângulos em radianos). Logo, a Lei de Snell se torna

$$n_1 \theta_1 = n_2 \theta_2$$

Agora fazemos uso da análise geométrica dos triângulos, e lembramos que um ângulo externo de qualquer triângulo é igual à soma dos dois ângulos interiores opostos. Aplicando esta regra aos triângulos OPC e PIC na Figura 26.17 obtêm-se

$$\theta_1 = \alpha + \beta$$

$$\beta = \theta_2 + \gamma$$

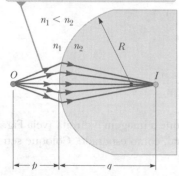

Figura 26.16 Uma imagem formada por refração numa superfície esférica.

Raios formando ângulos pequenos com o eixo principal divergem de um objeto pontual em O e são refletidos através de um ponto de imagem I.

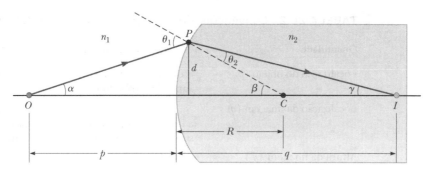

Figura 26.17 Geometria usada para derivar a Equação 26.8, assumindo que $n_1 < n_2$. O Ponto C é o centro da curvatura da superfície de curva refratora.

Se combinarmos as três últimas equações e eliminarmos θ_1 e θ_2, temos que

$$n_1\alpha + n_2\gamma = (n_2 - n_1)\beta \qquad \text{26.7} \blacktriangleleft$$

Na aproximação de ângulo pequeno, tg $\theta \approx \theta$, e então, a partir da Figura 26.17, podemos escrever as relações aproximadas

$$\text{tg } \alpha \approx \alpha \approx \frac{d}{p} \qquad \text{tg } \beta \approx \beta \approx \frac{d}{R} \qquad \text{tg } \gamma \approx \gamma \approx \frac{d}{q}$$

onde d é a distância mostrada na Figura 26.17. Substituímos estas equações na Equação 26.7 e dividimos por d para obter

$$\boxed{\frac{n_1}{p} + \frac{n_2}{q} = \frac{n_2 - n_1}{R}} \qquad \text{26.8} \blacktriangleleft \qquad \blacktriangleright \text{ Relação entre distância do objeto e imagem para uma superfície de refração}$$

Devido a esta expressão não envolver nenhum ângulo, todos os raios paraxiais deixando um objeto à distância p da superfície de refração serão focados na mesma distância q a partir da superfície na parte de trás.

Configurando uma construção geométrica com um objeto e uma superfície de refração, podemos mostrar que a ampliação de uma imagem devido a uma superfície de refração é

$$M = -\frac{n_1 q}{n_2 p} \qquad \text{26.9} \blacktriangleleft \qquad \blacktriangleright \text{ Ampliação de uma imagem formada por uma superfície de refração}$$

Assim como com espelhos, devemos usar uma convenção de sinais se formos aplicar as Equações 26.8 e 26.9 numa variedade de circunstâncias. Note que imagens reais são formadas do lado da superfície que é oposto ao de onde vem a luz. Isso é o contrário em espelhos, onde imagens reais são formadas no lado onde a luz é originada. Portanto, a convenção de sinais para superfícies esféricas de refração é similar à convenção para espelhos, reconhecendo a mudança nos lados da superfície para imagens reais e virtuais. Por exemplo, na Figura 26.17, p, q e R são todos positivos.

As convenções de sinais para superfícies esféricas de refração estão resumidas na Tabela 26.2. As mesmas convenções serão usadas para lentes finas discutidas na seção seguinte. Assim como com espelhos, assumimos que a frente da superfície de refração é o lado do qual a luz vem e se aproxima da superfície.

Superfícies planas de refração

Se a superfície de refração for plana, R se aproxima do infinito e a Equação 26.8 é reduzida a

$$\frac{n_1}{p} = -\frac{n_2}{q}$$

ou

$$q = -\frac{n_2}{n_1} p \qquad \text{26.10} \blacktriangleleft$$

Da Equação 26.10, vemos que o sinal de q é oposto ao de p. Portanto, a imagem formada por uma superfície de refração plana está no mesmo lado da superfície que o objeto. A situação é ilustrada na Figura Ativa 26.18 para o

TABELA 26.2 | Convenções de sinais para superfícies refratárias

Quantidade	Positivo quando...	Negativo quando...
Localização do objeto (p)	o objeto está em frente da superfície (objeto real).	o objeto está atrás da superfície (objeto virtual).
Localização da imagem (q)	a imagem está atrás da superfície (imagem real).	a imagem está na frente da superfície (imagem virtual).
Altura da imagem (h')	a imagem é direita.	a imagem está invertida.
Raio (R)	o centro de curvatura está atrás da superfície.	o centro de curvatura está na frente da superfície.

caso em que n_1 é maior que n_2, onde uma imagem virtual é formada entre o objeto e a superfície. Note que o raio refratado se curva para longe da normal, neste caso, porque $n_1 > n_2$.

O valor de q dado na Equação 26.10 é sempre menor em magnitude que p quando $n_1 > n_2$. Este fato indica que a imagem de um objeto localizado dentro de um material com índice de refração mais alto que aquele do qual ela é vista está sempre mais próximo da superfície plana de refração que o objeto em si. Portanto, corpos transparentes de água, como riachos e piscinas, sempre aparentam ser mais rasos do que realmente são, porque a imagem do fundo do corpo de água está mais próxima da superfície do que o fundo está realmente.

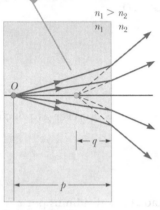

Figura Ativa 26.18 A imagem formada por uma superfície plana de refração. Todos os raios são assumidos como paraxiais.

Exemplo 26.3 | Olhar numa bola de cristal

Um conjunto de moedas está embutido num peso de papel esférico de plástico de raio 3,0 cm. O índice de refração do plástico é $n_1 = 1,50$. Uma moeda está localizada a 2,0 cm da borda da esfera (Fig. 26.19). Encontre a posição da imagem da moeda.

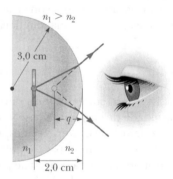

Figura 26.19
(Exemplo 26.3) Raios de luz de uma moeda embutida numa esfera plástica formam uma imagem virtual entre as superfícies do objeto e da esfera. Devido ao objeto estar dentro da esfera, a frente da superfície refratora é o *interior* da esfera.

SOLUÇÃO

Conceitualize Devido a $n_1 > n_2$, onde $n_2 = 1,00$ ser o índice de refração para o ar, os raios vindos da moeda na Figura 26.19 são refratados para longe da normal da superfície e divergem para o exterior.

Categorize Devido aos raios de luz serem originados num material e depois passarem por uma superfície curvada para outro material, este exemplo envolve uma imagem formada por refração.

Analise Aplique a Equação 26.8, levando em conta, a partir da Tabela 26.2, que R é negativo:

$$\frac{n_2}{q} = \frac{n_2 - n_1}{R} - \frac{n_1}{p}$$

$$\frac{1}{q} = \frac{1,00 - 1,50}{-3,0 \text{ cm}} - \frac{1,50}{2,0 \text{ cm}}$$

$$q = -1,7 \text{ cm}$$

Finalize O sinal negativo de q indica que a imagem está em frente à superfície; em outras palavras, está no mesmo meio que o objeto, como mostrado na Figura 26.19. Portanto, a imagem deve ser virtual. (Veja a Tabela 26.2.) A moeda parece estar mais perto da superfície do peso de papel do que realmente está.

Exemplo 26.4 | Aquele que escapou

Um peixe pequeno está nadando a uma profundidade d sob a superfície de um lago (Fig. 26.20).

(A) Qual é a profundidade aparente do peixe quando visto de cima?

SOLUÇÃO

Conceitualize Devido a $n_1 > n_2$, onde $n_2 = 1,00$ é o índice de refração para o ar, os raios vindos do peixe na Figura 26.20 são refratados para longe da normal na superfície e divergem para o exterior.

Categorize Devido à superfície de refração ser plana, R é infinito. Portanto, podemos usar a Equação 26.10 para determinar a localização da imagem com $p = d$.

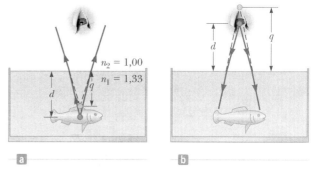

Figura 26.20 (Exemplo 26.4) (a) A profundidade aparente q do peixe é menor que a profundidade real d. Todos os raios são assumidos como paraxiais. (b) Seu rosto aparece para o peixe como se estivesse mais alto acima da superfície do que realmente está.

Analise Use os índices de refração dados na Figura 26.20a na Equação 26.10:

$$q = -\frac{n_2}{n_1}p = -\frac{1,00}{1,33}d = -0,752d$$

Finalize Devido a q ser negativo, a imagem é virtual, como indicado pelas linhas tracejadas na Figura 26.20a. A profundidade aparente é aproximadamente três quartos da profundidade real.

(B) Se seu rosto estivesse a uma distância d sobre a superfície da água, a qual distância aparente sobre a superfície o peixe veria seu rosto?

SOLUÇÃO

Os raios de luz do seu rosto são mostrados na Figura 26.20b.

Conceitualize Devido aos raios refratarem em direção à normal, seu rosto aparece mais alto na superfície do que realmente está.

Categorize Devido à superfície de refração ser plana, R é infinito. Portanto, podemos usar a Equação 26.10 para determinar a localização da imagem com $p = d$.

Analise Use a Equação 26.10 para encontrar a distância da imagem:

$$q = -\frac{n_2}{n_1}p = -\frac{1,33}{1,00}d = -1,33d$$

Finalize O sinal negativo de q indica que a imagem está no meio onde a luz foi originada, que é o ar acima da água.

26.4 | Imagens formadas por lentes finas

Uma **lente fina** típica consiste num pedaço de plástico ou vidro feito de modo que suas duas superfícies são tanto segmentos de esferas ou planas. Lentes são comumente usadas em instrumentos ópticos, como câmeras, telescópios e microscópios, para formar imagens por refração.

A Figura 26.21 mostra o corte transversal de algumas formas representativas de lentes. Estas lentes têm sido localizadas em dois grupos. Aquelas na Figura 26.21a são mais grossas no centro do que na borda, e as na Figura 26.21b mais finas no centro do que na borda. As do primeiro grupo são exemplos de **lentes convergentes**, e as do segundo são chamadas de **lentes divergentes**. A razão destes nomes se tornará aparente em breve.

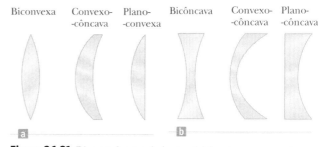

Figura 26.21 Diversas formas de lentes. (a) Lentes convergentes têm uma distância focal positiva e são mais grossas no meio. (b) Lentes divergentes têm uma distância focal negativa e são mais grossas nas bordas.

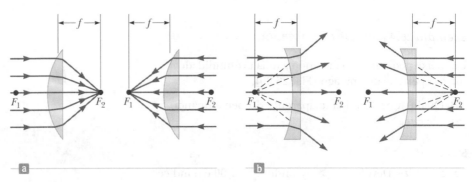

Figura 26.22 Raios paralelos de luz passam através de (a) uma lente convergente e (b) uma lente divergente. A distância focal é a mesma para raios de luz passando através de uma lente em qualquer direção. Ambos os pontos focais F_1 e F_2 estão à mesma distância da lente.

Prevenção de Armadilha | 26.4
Uma lente tem dois pontos focais mas uma única distância focal
Uma lente tem um ponto focal de cada lado, na frente e atrás. Contudo, há uma única distância focal; cada um dos pontos focais está localizado à mesma distância da lente (Fig. 26.22). Como resultado, a lente forma a imagem de um objeto no mesmo ponto se ela for virada ao contrário. Na prática, isto pode não acontecer, porque lentes reais não são infinitamente finas.

Assim como foi feito com espelhos, é conveniente definir um ponto chamado **ponto focal** para uma lente. Por exemplo, na Figura 26.22a, um grupo de raios paralelos ao eixo principal passa através do ponto focal após serem convergidos pela lente. A distância do ponto focal para a lente é novamente chamada **distância focal** f. A distância focal é a da imagem que corresponde a um objeto no infinito.

Para evitar as complicações que surgem da espessura da lente, adotamos um modelo simplificado chamado **aproximação da lente fina**, no qual a espessura da lente é assumida como desprezível. Como resultado, não faz diferença se consideramos a distância focal como sendo a distância entre o ponto focal e a superfície da lente ou entre o ponto focal e o centro da lente, porque a diferença nestes dois comprimentos é assumida como desprezível. (Desenharemos lentes nos diagramas com espessura de modo que elas possam ser vistas.) Uma lente fina tem uma distância focal e dois pontos focais, como ilustrado na Figura 26.22, correspondente a raios de luz paralelos viajando a partir da esquerda ou da direita.

Raios paralelos ao eixo divergem após passarem através de uma lente do formato mostrado na Figura 26.22b. Neste caso, o ponto focal é definido como o ponto do qual os raios divergentes aparentam se originar, como na Figura 26.22b. As Figuras 26.22a e 26.22b indicam o motivo de os nomes convergente e divergente serem aplicados às lentes da Figura 26.21.

Considere agora o diagrama na Figura 26.23 para um objeto localizado a uma distância p de uma lente convergente. O raio preto da ponta do objeto passa através do centro da lente. O raio cinza é paralelo ao eixo principal da lente (o eixo horizontal passando através do centro da lente), e, como resultado, passa através do ponto focal F após a refração. O ponto no qual estes dois raios se intersectam é o ponto de imagem numa distância q da lente.

A tangente do ângulo α pode ser encontrada usando a geometria dos triângulos cinza na Figura 26.23:

$$\operatorname{tg} \alpha = \frac{h}{p} \quad \text{e} \quad \operatorname{tg} \alpha = -\frac{h'}{q}$$

onde se tira

$$M = \frac{h'}{h} = -\frac{q}{p}$$

◀ 26.11

Portanto, a equação para ampliação de imagem por uma lente é a mesma que a equação para ampliação devido a um espelho (Eq. 26.2). Também notamos pela Figura 26.23 que

$$\operatorname{tg} \theta = \frac{d}{f} \quad \text{e} \quad \operatorname{tg} \theta = -\frac{h'}{q-f}$$

A altura d, entretanto, é a mesma que h. Portanto,

$$\frac{h}{f} = -\frac{h'}{q-f} \quad \rightarrow \quad \frac{h'}{h} = -\frac{q-f}{f}$$

Usando esta expressão em combinação com a Equação 26.11 temos

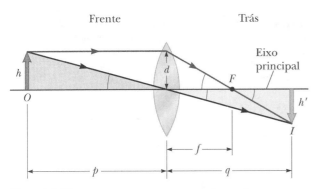

Figura 26.23 Construção geométrica para desenvolver a equação da lente fina.

Figura 26.24 Diagrama para obter os sinais de p e q para lentes finas. (Este diagrama também se aplica para superfícies de refração.)

$$\frac{q}{p} = \frac{q-f}{f}$$

que se reduz a

$$\frac{1}{p} + \frac{1}{q} = \frac{1}{f}$$

26.12◀ ▶ Equação da lente fina

Esta equação, chamada **equação da lente fina** (que é idêntica à equação do espelho, Eq. 26.6), pode ser usada com qualquer lente convergente ou divergente se forem aderidas algumas convenções de sinais. A Figura 26.24 é útil para obter os sinais de p e q. (Como com espelhos, chamamos o lado do qual a luz se aproxima de lado *frontal* da lente.) As convenções de sinais completas para lentes são fornecidas na Tabela 26.3. Note que, para esta convenção, uma lente convergente tem distância focal positiva, e uma lente divergente tem distância focal negativa. Portanto, os nomes positivo e negativo são geralmente atribuídos a estas lentes.

A distância focal para uma lente está relacionada às curvaturas da sua superfície e ao índice de refração n do material da lente por

$$\frac{1}{f} = (n-1)\left(\frac{1}{R_1} - \frac{1}{R_2}\right)$$

26.13◀ ▶ Equação dos fabricantes de lentes

onde R_1 é o raio de curvatura da superfície frontal, e R_2 o raio de curvatura da superfície de trás da lente. A Equação 26.13 permite que calculemos a distância focal a partir das propriedades conhecidas das lentes, chamada **equação do fabricante de lentes**. A Tabela 26.3 inclui a convenção de sinais para determinar o sinal dos raios R_1 e R_2.

Diagrama de raio para lentes finas

Nossas representações gráficas especializadas chamadas diagramas de raio são muito convenientes para localizar a imagem de uma lente fina ou sistema de lentes. Elas também ajudam a esclarecer a convenção de sinais já discutida. A Figura Ativa 26.25 ilustra o método para três situações de lente única. Para localizar a imagem de uma lente convergente (Figura Ativa 26.25a e 26.25b), os três raios seguintes são desenhados a partir do topo do objeto:

TABELA 26.3 | Convenções de sinais para lentes delgadas

Quantidade	Positivo quando . . .	Negativo quando . . .
Localização do objeto (p)	o objeto está na frente da lente (objeto real).	o objeto está atrás da lente (objeto virtual).
Localização da imagem (q)	a imagem está atrás da lente (imagem real).	a imagem está na frente da lente (imagem virtual).
Altura da imagem (h')	a imagem é direita.	a imagem está invertida.
R_1 e R_2	o centro de curvatura está atrás da lente.	o centro de curvatura está na frente da lente.
Comprimento focal (f)	lente convergente.	lente divergente.

76 | Princípios de física

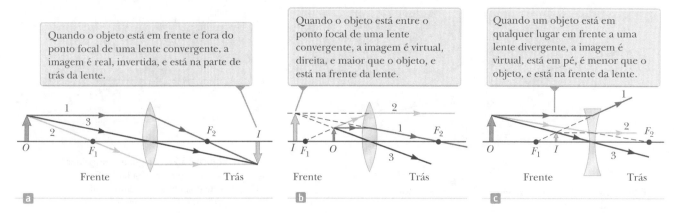

Figura Ativa 26.25 Diagramas de raio para localizar a imagem formada por lentes finas.

- O Raio 1 é desenhado paralelamente ao eixo principal. Após ser refratado pela lente, este raio passa através do ponto focal na parte de trás da lente.
- O raio 2 é desenhado passando pelo ponto focal no lado frontal da lente (ou como se viesse do ponto focal se $p < f$) e sai da lente paralelamente ao eixo principal.
- O raio 3 é desenhado passando pelo centro da lente e continua numa linha reta.

Para localizar a imagem de uma lente divergente (Figura Ativa 26.25c), os três raios seguintes são desenhados ao partir do topo do objeto:

- O raio 1 é desenhado paralelamente ao eixo principal. Após serem refratados pela lente, estes raios emergem diretamente para longe do ponto focal no lado frontal.
- O raio 2 é desenhado em direção ao ponto focal na parte de trás da lente e emerge da lente paralelamente ao eixo principal.
- O raio 3 é desenhado através do centro da lente e continua numa linha reta.

Nestes diagramas de raio, o ponto de interseção de qualquer um dos dois raios pode ser usado para localizar a imagem. O terceiro raio serve como verificação da construção.

Para a lente convergente na Figura Ativa 26.25a, na qual o objeto está *fora* do ponto focal frontal ($p > f$), a imagem é real e invertida, e está localizada na parte de trás da lente. Este diagrama poderia representar um projetor de filmes, no qual o filme é o objeto, a lente é o projetor, e a imagem é projetada na tela grande para o público assistir. O filme é colocado no projetor com a cena invertida (de ponta-cabeça) de modo que a imagem invertida esteja direita(não invertida) para o público.

Quando o objeto está *dentro* do ponto focal frontal ($p < f$), como na Figura Ativa 26.25b, a imagem é virtual e direita. Quando usada desta forma, a lente atua como uma lente de aumento, proporcionando um aumento direito da imagem para estudo mais próximo de um objeto. O objeto pode ser um carimbo, uma impressão digital, ou uma página impressa para alguém com visão deteriorada.

Para a lente divergente da Figura Ativa 26.25c, a imagem é virtual e é direita para todas as localizações possíveis do objeto. Uma lente divergente é usada num olho mágico de segurança numa porta para dar visão de ângulo amplo. Indivíduos com miopia usam óculos com lentes divergentes ou lentes de contato divergentes. Outro uso é para lentes panorâmicas para câmeras (embora uma "lente" de câmera sofisticada seja, na realidade, uma combinação de várias lentes). Uma lente divergente nesta aplicação cria uma imagem menor de um campo de visão amplo.

TESTE RÁPIDO 26.5 Qual o comprimento focal de uma vidraça? (a) zero (b) infinito (c) a espessura do vidro (d) impossível determinar.

TESTE RÁPIDO 26.6 Se você cobrir a metade superior da lente na Figura Ativa 26.25a com um pedaço de papel, qual das seguintes alternativas ocorre com a aparência da imagem do objeto? (a) A metade inferior desaparece. (b) A metade superior desaparece. (c) Toda a imagem é visível, porém menos clara. (d) Não há mudanças. (e) A imagem inteira desaparece.

> **PENSANDO A FÍSICA 26.3** **BIO** Lentes corretivas em máscaras de mergulho
>
> Máscaras de mergulho geralmente têm lentes construídas dentro do vidro para mergulhadores que não têm visão perfeita. Este tipo de máscara permite ao indivíduo mergulhar sem a necessidade de óculos, porque as lentes na placa facial realizam a refração necessária para fornecer uma visão clara. Óculos normais têm lentes que são curvadas em ambas as superfícies, frontal e traseira. As lentes numa placa facial de máscara de mergulho em geral possuem unicamente superfícies curvas na parte *interna* do vidro. Por que este desenho é conveniente?
>
> **Raciocínio** A razão principal para curvar unicamente a superfície interna das lentes na placa facial da máscara de mergulho é que o mergulhador possa ver claramente ao observar objetos na sua frente tanto sob a água como no ar. Considere os raios de luz se aproximando da máscara a uma normal em relação ao plano da placa facial. Se as superfícies curvadas estivessem na frente e atrás das lentes de mergulho da placa facial, a refração ocorreria em cada superfície. A lente pode ser desenhada de modo que estas duas refrações proporcionem visão clara enquanto o mergulhador está no ar. Quando o mergulhador está sob a água, entretanto, a refração entre a água e o vidro na primeira interface é agora diferente, porque o índice de refração da água é diferente daquele do ar. Portanto, a visão não seria clara sob a água.
>
> Fazendo a superfície exterior da lente plana, a luz não é refratada em incidência normal na placa facial na superfície externa *tanto na água quanto no ar*; toda a refração ocorre no vidro interno-superfície de ar. Portanto, a mesma refração corretiva existe na água e no ar, e o mergulhador pode ver claramente em ambos os ambientes. ◄

Exemplo **26.5** | **Imagens formadas por lentes convergentes**

Uma lente convergente tem distância focal de 10,0 cm.

(A) Um objeto é colocado a 30,0 cm das lentes. Construa um diagrama de raio, encontre a distância da imagem e descreva a imagem.

SOLUÇÃO

Conceitualize Devido à lente ser convergente, a distância focal é positiva (veja a Tabela 26.3). Esperamos a possibilidade de ambas as imagens, real e virtual.

Figura 26.26
(Exemplo 26.5)
Uma imagem é formada por uma lente convergente.

Categorize Devido à distância do objeto ser maior que a distância focal, esperamos que a imagem seja real. O diagrama de raio para esta situação é mostrado na Figura 26.26a.

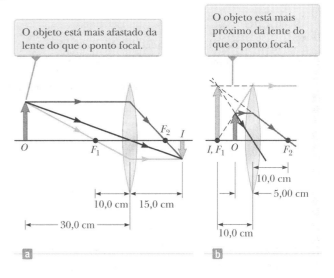

Analise Encontre a distância da imagem usando a Equação 26.12:

$$\frac{1}{q} = \frac{1}{f} - \frac{1}{p}$$

$$\frac{1}{q} = \frac{1}{10,0 \text{ cm}} - \frac{1}{30,0 \text{ cm}}$$

$$q = +15,0 \text{ cm}$$

Encontre a ampliação da imagem a partir da Equação 26.11:

$$M = -\frac{q}{p} = -\frac{15,0 \text{ cm}}{30,0 \text{ cm}} = -0,500$$

continua

26.5 cont.

Finalize O sinal positivo da distância da imagem indica que ela é mesmo real e está no lado de trás da lente. A ampliação da imagem indica que ela está reduzida em altura pela metade, e o sinal negativo para M indica que a imagem está invertida.

(B) Um objeto é colocado a 10,0 cm das lentes. Encontre a distância da imagem e descreva a imagem.

SOLUÇÃO

Categorize Devido ao objeto estar no ponto focal, esperamos que a imagem esteja infinitamente afastada.

Analise Encontre a distância da imagem usando a Equação 26.12:

$$\frac{1}{q} = \frac{1}{f} - \frac{1}{p}$$

$$\frac{1}{q} = \frac{1}{10,0 \text{ cm}} - \frac{1}{10,0 \text{ cm}}$$

$$q = \infty$$

Finalize Este resultado significa que os raios originados a partir de um objeto posicionado no ponto focal de uma lente são refratados de modo que a imagem seja formada numa distância infinita da lente; isto é, os raios viajam paralelamente um ao outro após a refração.

(C) Um objeto é colocado a 5,0 cm das lentes. Construa um diagrama de raio, encontre a distância da imagem e descreva a imagem.

SOLUÇÃO

Categorize Devido à distância do objeto ser menor que a distância focal, esperamos que a imagem seja virtual. O diagrama de raio para esta situação é mostrado na Figura 26.26b.

Analise Encontre a distância da imagem usando a Equação 26.12:

$$\frac{1}{q} = \frac{1}{f} - \frac{1}{p}$$

$$\frac{1}{q} = \frac{1}{10,0 \text{ cm}} - \frac{1}{5,00 \text{ cm}}$$

$$q = -10,0 \text{ cm}$$

Encontre a ampliação da imagem a partir da Equação 26.11:

$$M = -\frac{q}{p} = -\left(\frac{-10,0 \text{ cm}}{5,00 \text{ cm}}\right) = +2,00$$

Finalize A distância negativa da imagem indica que ela é virtual e formada no lado da lente onde a luz é incidente, a frente. A imagem é aumentada, e o sinal positivo de M indica que a imagem é direita.

E se? E se o objeto se movimentar até a superfície da lente de modo que $p \to 0$? Onde está a imagem?

Resposta Neste caso, devido a $p \ll R$, onde R é qualquer um dos raios da superfície da lente, a curvatura da lente pode ser ignorada. A lente deve ter o mesmo efeito que uma peça plana de material, o que sugere que a imagem está somente na frente da lente, em $q = 0$. Esta conclusão pode ser conferida matematicamente reorganizando a equação da lente fina:

$$\frac{1}{q} = \frac{1}{f} - \frac{1}{p}$$

Se deixarmos $p \to 0$, o segundo termo do lado direito se torna muito grande comparado ao primeiro, e podemos desprezar $1/f$. A equação fica

$$\frac{1}{q} = -\frac{1}{p} \to q = -p = 0$$

Portanto, q está no lado frontal da lente (porque tem sinal oposto de p) e exatamente na superfície da lente.

Combinações de lentes finas

Se duas lentes finais forem usadas para formar uma imagem, o sistema poderia ser tratado da seguinte forma. A posição da imagem da primeira lente é calculada como se a segunda não estivesse presente. A luz então se aproxima da segunda lente *como se* tivesse vindo originalmente da imagem formada pela primeira. Portanto, a imagem da primeira lente é tratada como o objeto da segunda. A imagem da segunda lente é a final do sistema. Se a imagem da primeira lente permanecer na parte de trás da segunda, a imagem é tratada como um *objeto virtual* para a segunda lente (i.e., p é negativo). O mesmo procedimento pode ser estendido para um sistema de três ou mais lentes. A ampliação total de um sistema de lentes finais é igual ao *produto* das ampliações das lentes separadas.

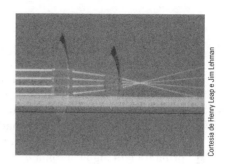

A luz vinda de um objeto distante é trazida a foco por duas lentes convergentes.

Exemplo 26.6 | Onde está a imagem final?

Duas lentes convergentes finas de distância focal $f_1 = 10{,}0$ cm e $f_2 = 20{,}0$ cm são separadas por 20,0 cm como ilustrado na Figura 26.27. Um objeto é localizado 30,0 cm à esquerda da lente 1. Encontre a posição e a ampliação da imagem final.

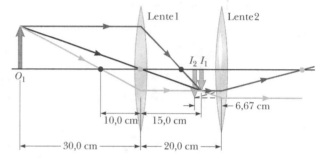

Figura 26.27 (Exemplo 26.6) Uma combinação de duas lentes convergentes. O diagrama de raio mostra a localização da imagem final (I_2) devido à combinação das lentes. Os pontos pretos são os pontos focais da lente 1, e os pontos cinza são os pontos focais da lente 2.

SOLUÇÃO

Conceitualize Imagine raios de luz passando através da primeira lente e formando uma imagem real (porque $p > f$) na ausência de uma lente secundária. A Figura 26.27 mostra este raio de luz formando a imagem invertida I_1. Quando os raios de luz convergem no ponto da imagem, não param. Eles continuam através do ponto de imagem e interagem com a segunda lente. Os raios deixando o ponto de imagem comportam-se da mesma forma que os raios deixando um objeto. Portanto, a imagem da primeira lente serve como o objeto da segunda.

Categorize Categorizamos este problema como um em que a equação da lente fina é aplicada de forma gradual às duas lentes.

Analise Encontre a localização da imagem formada pela lente 1 a partir da equação da lente fina:

$$\frac{1}{q_1} = \frac{1}{f} - \frac{1}{p_1}$$

$$\frac{1}{q_1} = \frac{1}{10{,}0 \text{ cm}} - \frac{1}{30{,}0 \text{ cm}}$$

$$q_1 = +15{,}0 \text{ cm}$$

Encontre a ampliação da imagem a partir da Equação 26.11:

$$M_1 = -\frac{q_1}{p_1} = -\frac{15{,}0 \text{ cm}}{30{,}0 \text{ cm}} = -0{,}500$$

A imagem formada por esta lente atua como objeto para a segunda. Portanto, a distância do objeto para a segunda lente é 20,0 cm − 15,0 cm = 5,00 cm.

Encontre a localização da imagem formada pela lente 2 a partir da equação da lente fina:

$$\frac{1}{q_2} = \frac{1}{20{,}0 \text{ cm}} - \frac{1}{5{,}00 \text{ cm}}$$

$$q_2 = -6{,}67 \text{ cm}$$

Encontre a ampliação da imagem a partir da Equação 26.11:

$$M_2 = -\frac{q_2}{p_2} = -\frac{-6{,}67 \text{ cm}}{5{,}00 \text{ cm}} = +1{,}33$$

A ampliação total M da imagem devido às duas lentes é o produto $M_1 M_2$:

$$M = M_1 M_2 = (-0{,}500)(1{,}33) = -0{,}667$$

Finalize O sinal negativo na ampliação total indica que a imagem final está invertida em relação ao objeto inicial. Devido ao valor absoluto da ampliação ser menor que 1, a imagem final é menor que o objeto. Devido a q_2 ser negativo, a imagem final está na frente ou à esquerda da lente 2. Estas conclusões são consistentes com o diagrama de raio na Figura 26.27.

continua

26.6 cont.

E se? Suponha que você queria criar uma imagem direita com este sistema de duas lentes. Quanto a segunda lente deve ser movida?

Resposta Devido ao objeto estar mais afastado da primeira lente que a distância focal desta, a primeira imagem está invertida. Consequentemente, a segunda lente deve inverter a imagem mais uma vez, de modo que a imagem final seja direita. Uma imagem invertida é somente formada por uma lente convergente se o objeto estiver fora do ponto focal. Portanto, a imagem formada pela primeira lente deve estar à esquerda do ponto focal da segunda lente na Figura 26.27. Para que isso aconteça, você deve mover a segunda lente pelo menos por uma distância afastada da primeira lente igual à soma $q_1 + f_2 = 15{,}0$ cm $+ 20{,}0$ cm $= 35{,}0$ cm.

26.5 | O olho BIO

Como uma câmera, o olho normal foca a luz e produz uma imagem nítida. Os mecanismos pelos quais o olho controla a quantidade de luz admitida e se ajusta para produzir imagens corretamente focadas, entretanto, são muito mais complexos, intricados e efetivos que aqueles encontrados na mais sofisticada das câmeras. Em todos os aspectos, o olho é uma maravilha fisiológica.

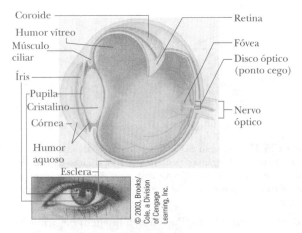

Figura 26.28 Partes importantes do olho.

A Figura 26.28 mostra as partes básicas do olho humano. A luz que entra no olho passa através de uma estrutura transparente chamada *córnea* (Fig. 26.29), atrás da qual há um líquido claro (o *humor aquoso*), uma abertura variável (a *pupila*, que é uma abertura na *íris*) e a *lente do cristalino*. A maior parte da refração ocorre na superfície externa do olho, onde a córnea é coberta com uma camada fina de lágrimas. Uma refração relativamente pequena ocorre na lente do cristalino porque o humor aquoso em contato com a lente tem índice médio de refração próximo ao da lente. A íris, que é a porção colorida do olho, é um diafragma muscular que controla o tamanho da pupila. A íris regula a quantidade de luz entrando no olho dilatando (ou abrindo) a pupila em condições de luz baixa, e contraindo (ou fechando) a pupila em condições de luz alta.

O sistema córnea-lente foca a luz na superfície traseira do olho, a *retina*, que consiste em milhões de receptores sensitivos chamados *bastonetes* e *cones*. Quando estimulados pela luz, estes receptores enviam impulsos através do nervo óptico para o cérebro, onde uma imagem é percebida. Por meio deste processo, uma imagem distinta de um objeto é observada quando chega à retina.

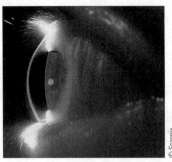

Figura 26.29 Fotografia aumentada da córnea do olho humano.

O olho foca num objeto ao variar o formato da lente maleável do cristalino através de um processo chamado **acomodação**. O ajuste da lente acontece tão rapidamente que nem percebemos a mudança. A acomodação é limitada, por isso objetos muito próximos ao olho produzem imagens desfocadas. O **ponto próximo** é a distância mais próxima na qual a lente pode se acomodar para focar a luz na retina. A distância geralmente aumenta com a idade, e tem um valor médio de 25 cm. Aos 10 anos de idade, o ponto próximo do olho é tipicamente próximo de 18 cm. Ele aumenta para aproximadamente 25 cm aos 20 anos de idade, para 50 cm aos 40 anos, e para 500 cm ou mais aos 60 anos. O **ponto remoto** do olho representa a maior distância para a qual a lente do olho relaxado pode focar luz na retina. Uma pessoa com visão normal pode ver objetos muito distantes e, portanto, tem um ponto remoto que pode se aproximar ao infinito.

Somente três tipos de células sensitivas à cor estão presentes na retina. São chamadas de cone vermelho, verde, e azul devido aos picos dos intervalos de cor aos quais elas respondem (Fig. 26.30). Se os cones vermelhos e verde forem estimulados simultaneamente (como seria o caso se luz amarela brilhasse sobre eles), o cérebro interpreta o que vê como amarelo. Se os três tipos de cones forem estimulados pelas cores separadas vermelha, azul e verde, a luz branca é vista. Se os três tipos de cones forem estimulados por uma luz que contenha *todas* as cores, como a luz do Sol, novamente a luz branca é vista.

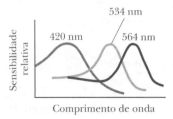

Figura 26.30 Sensibilidade de cor aproximada dos três tipos de cones na retina.

Televisores e monitores de computador tiram proveito desta ilusão visual por terem unicamente pontos vermelhos, verdes e azuis na tela. Com combinações específicas de brilho nestas cores primárias, nossos olhos são capazes de enxergar qualquer cor do arco-íris. Portanto, o limão amarelo que você vê num comercial de televisão não é realmente amarelo, mas vermelho e verde. O papel no qual esta página foi impressa é feito de fibras pequenas, opacas, translúcidas, que espalham a luz em todas as direções, e a mistura resultante de cores aparenta ser branca para o olho. Neve, nuvens e cabelos brancos não são realmente brancos. De fato, não existe nenhum pigmento branco. A aparência desses objetos é uma consequência do espalhamento de luz contendo todas as cores, que interpretamos como branco.

Condições do olho

Quando o olho sofre uma incompatibilidade entre a faixa de foco do sistema lente-córnea e seu comprimento, o resultado é que raios de luz vindos de um objeto próximo alcançam a retina antes de convergir para formar uma imagem como mostrado na Figura 26.31a, e esta condição é conhecida como **hipermetropia**. Uma pessoa com hipermetropia pode geralmente ver objetos afastados claramente, mas não objetos próximos. Apesar de o ponto próximo de um olho normal ser aproximadamente 25 cm, o ponto próximo de uma pessoa com hipermetropia é muito mais afastado. **BIO** Hipermetropia
O poder de refração na córnea e na lente é insuficiente para focar a luz de todos os objetos distantes satisfatoriamente. A condição pode ser corrigida colocando-se uma lente convergente na frente do olho, como mostrado na Figura 26.31b. A lente refrata os raios que se aproximam em direção ao eixo principal antes de entrarem no olho, permitindo-lhes que convirjam e foquem na retina.

Uma pessoa com **miopia**, outra condição de incompatibilidade, pode focar objetos próximos, mas não objetos afastados. O ponto remoto do olho com miopia não é infinito, e pode ser menor que 1 m. A distância focal máxima do olho com miopia é insuficiente para produzir uma imagem nítida na retina, e raios vindos de um objeto distante convergem em um ponto na frente da retina. **BIO** Miopia
Eles continuam após este ponto, divergindo, antes de finalmente atingir a retina e causar uma visão desfocada (Fig. 26.32a). A miopia pode ser corrigida com lentes divergentes, como mostrado na Figura 26.32b. A lente refrata os raios para longe do eixo principal antes de eles entrarem no olho, permitindo que se foquem na retina.

Começando na meia-idade, a maioria das pessoas perde algumas das suas habilidades de acomodação conforme seus músculos visuais se debilitam e as lentes endurecem. Diferente da hipermetropia, que é uma incompatibilidade entre o poder de foco e o comprimento de olho, **BIO** Presbiopia
a **presbiopia** (literalmente "visão do idoso") deve-se à redução da capacidade de acomodação. A córnea e a lente não possuem poder de foco suficiente para focar objetos próximos na retina. Os sintomas são os mesmos da hipermetropia, e a condição pode ser corrigida com lentes convergentes.

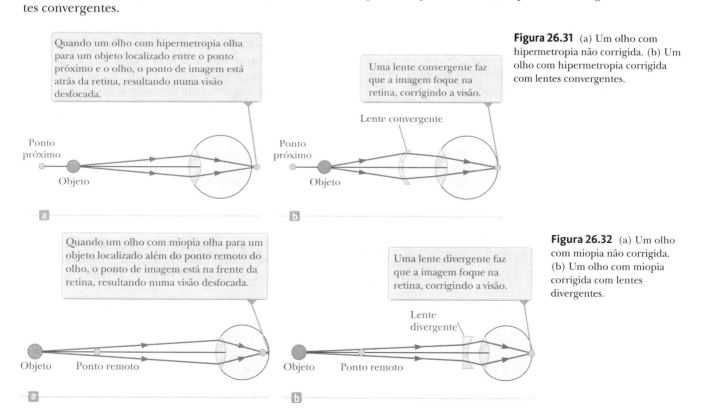

Figura 26.31 (a) Um olho com hipermetropia não corrigida. (b) Um olho com hipermetropia corrigida com lentes convergentes.

Figura 26.32 (a) Um olho com miopia não corrigida. (b) Um olho com miopia corrigida com lentes divergentes.

Em olhos com um defeito conhecido como **astigmatismo**, a luz de uma fonte de ponto produz uma imagem de linha na retina. Esta condição surge quando a córnea, a lente, ou as duas, não são perfeitamente simétricas. O astigmatismo pode ser corrigido com lentes que têm diferentes curvaturas em duas direções mutuamente perpendiculares.

BIO Astigmatismo

Optometristas e oftalmologistas geralmente prescrevem lentes medidas em **dioptrias**: a **potência** P de uma lente em dioptria é igual ao inverso da distância focal em metros: $P = 1/f$. Por exemplo, uma lente convergente de distância focal +20 cm tem poder de +5,0 dioptrias, e uma lente divergente de distância focal −40 cm tem poder de −2,5 dioptrias.

TESTE RÁPIDO 26.7 Duas pessoas num acampamento querem acender uma fogueira durante o dia. Uma delas é míope, e a outra é hipermíope. Os óculos de quem deve ser utilizado para focar os raios do Sol em um pouco de papel para começar o fogo? **(a)** qualquer um, **(b)** os do míope ou **(c)** os do hipermíope.

26.6 | Conteúdo em contexto: algumas aplicações médicas BIO

BIO Usos médicos do fibroscópio

O primeiro uso de fibras ópticas na Medicina apareceu com a invenção do *fibroscópio* em 1957. A Figura 26.33 indica a construção do fibroscópio, que consiste em dois feixes de fibras ópticas. O *feixe de iluminação* é um feixe *incoerente*, o que significa que nenhum esforço é feito para igualar a posição relativa das fibras nos dois extremos. Esta igualdade não é necessária, porque o único propósito deste feixe é levar a luz para iluminar a cena. Uma lente (chamada *lente objetiva*) é usada na extremidade interna do fibroscópio para criar uma imagem real da cena iluminada nas extremidades do *feixe de visão*. A luz da imagem é transmitida ao longo das fibras para a extremidade de visão. Uma lente ocular é usada nesta extremidade para aumentar a imagem que aparece no feixe de visão.

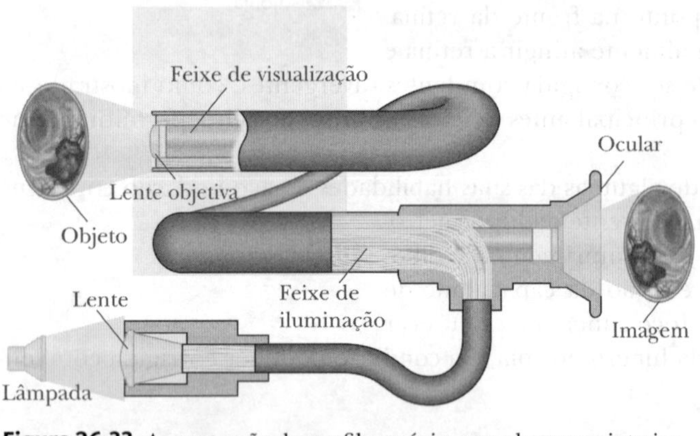

O diâmetro de um fibroscópio pode ser tão pequeno quanto 1 mm e ainda assim proporcionar uma excelente imagem óptica da cena a ser observada. Portanto, o fibroscópio pode ser inserido através de uma abertura cirúrgica muito pequena na pele e viajar através de áreas estreitas como artérias.

Figura 26.33 A construção de um fibroscópio para observar o interior de um corpo. A lente objetiva forma uma imagem real da cena no fim de um feixe de fibras ópticas. Esta imagem é carregada para o outro extremo do feixe, onde uma lente ocular é usada para amplificar a imagem para o médico.

Em outro exemplo, um fibroscópio pode ser passado através do esôfago em direção ao estômago para permitir que um médico observe úlceras. A imagem resultante pode ser vista diretamente pelo médico através de lentes oculares, mas geralmente é exibida num monitor de reprodução e digitalizada para armazenamento e análise por computador.

BIO Usos médicos do endoscópio

Endoscópios são fibroscópios com canais adicionais, além daqueles para iluminação e fibras de visão. Estes canais podem ser usados para retirar e introduzir fluidos, manipular fios, cortar tecidos, injeções e muitas outras aplicações cirúrgicas.

BIO Sistema Cirúrgico de da Vinci

O Sistema Cirúrgico de da Vinci utiliza um endoscópio para proporcionar uma imagem 3-D do local cirúrgico dentro do corpo. O endoscópio contém duas lentes para criar as imagens separadas que se combinam para formar uma imagem 3-D. As lentes fornecem imagens separadas para cada olho do cirurgião, permitindo que veja a imagem em 3-D. A imagem de qualidade reforçada proporciona ao cirurgião uma melhor visualização do local, enquanto os braços do robô proporcionam destreza reforçada e maior precisão.

Lasers são usados com endoscópios numa variedade de procedimentos médicos de diagnóstico e tratamento. Como exemplo de diagnóstico, a dependência no comprimento de onda da quantidade de reflexão de uma superfície permite que um fibroscópio seja usado para fazer medidas diretas da quantidade de oxigênio no sangue. Usando duas fontes laser, luz vermelha e infravermelha, são ambas enviadas para o sangue através de fibras ópticas. A hemoglobina reflete uma fração conhecida de luz infravermelha, indiferente ao oxigênio carregado. Portanto, a medida da reflexão infravermelha faz a contagem total de hemoglobina. A luz vermelha é muito mais refletida pela

BIO Uso do laser na medição de hemoglobina

hemoglobina que carrega oxigênio do que aquela que não o transporta. Portanto, a quantidade de luz laser vermelha refletida permite medir a capacidade do sangue do paciente em transportar oxigênio.

Lasers são usados para tratar condições médicas como *hidrocefalia*, que ocorre em cerca de 0,1% dos nascimentos. Esta condição envolve um aumento da pressão intracraniana devido a uma superprodução de fluido cerebroespinhal (CSF), uma obstrução do fluxo do CSF, ou absorção insuficiente do CSF. Além da hidrocefalia congênita, a condição pode ser adquirida posteriormente durante a vida devido a trauma na cabeça, tumor cerebral ou outros fatores.

O método de tratamento mais antigo para hidrocefalia obstrutiva envolve colocar um desvio (tubo) entre as câmaras ventriculares no cérebro para permitir a passagem do CSF. Uma nova alternativa é a *ventriculostomia de laser assistida*, na qual uma nova via para o CSF é feita com um laser infravermelho e um endoscópio tendo um final esférico, como mostrado na Figura 26.34. Conforme o raio laser atinge a extremidade esférica, a refração na superfície esférica faz que as ondas de luz se espalhem para fora em todas as direções, como se a extremidade do endoscópio fosse uma fonte pontual de radiação. O resultado é a diminuição rápida na intensidade a partir da esfera, evitando danos às estruturas vitais no cérebro que estão perto da área onde uma nova via de passagem será feita. A superfície da extremidade esférica é coberta por um material que absorve radiação infravermelha, e a energia de laser absorvida aumenta a temperatura da esfera. Conforme a esfera é colocada em contato com o local da via de passagem desejada, a combinação de alta temperatura e radiação laser permite que a esfera queime uma nova passagem para o CSF. Este tratamento requer muito menos tempo de recuperação, assim como significativamente menos cuidado pós-operatório do que aquele associado com a colocação de desvios.

Lasik (*keratomileusis in situ* assistida a laser) é uma forma de cirurgia refrativa ocular que usa laser para corrigir miopia, hipermetropia e astigmatismo. O procedimento cirúrgico envolve três passos. Primeiro, o anel de sucção de córnea é usado para imobilizar o olho. Após a imobilização, uma aba é criada na córnea usando, ou uma lâmina de metal, ou um laser. A aba é depois dobrada para revelar a seção média da córnea chamada *estroma*. No passo seguinte do procedimento, o formato do estroma é modificado usando um *laser excimer* de comprimento de onda de 193 nm. O laser excimer vaporiza o tecido de forma precisamente controlada, sem danificar o estroma adjacente. Finalmente, depois que a camada de estroma foi remodelada, a aba é reposicionada sobre a área tratada e permanece nesta posição por adesão natural até que a cura esteja completa.

Tatuagens podem ser removidas ou modificadas usando-se um laser especialmente projetado chamado *Q-switched*, que penetra a pele e atinge os pigmentos escuros da tatuagem, mas deixa o tecido circundante sem danos. O laser Q-switched fornece pequenas explosões de energia, medidas em nanossegundos, contendo uma grande quantidade de energia em cada explosão. A absorção de energia do laser quebra as grandes partículas de tinta em pequenas partes que podem ser naturalmente removidas por processos corporais normais. A curta duração do pulso previne que a energia se espalhe para o tecido circundante. O corpo leva vários meses para eliminar os pigmentos dissolvidos da tatuagem.

Pacientes com a próstata aumentada (hiperplasia prostática benigna) são algumas vezes tratados com cirurgia a laser. Neste tipo de cirurgia, conhecida pelo nome comum de RTU (ressecção transuretral de próstata), o laser remove tecido da próstata que está bloqueando o fluxo da urina. Uma variedade de lasers é usada neste procedimento, variando desde ondas visíveis até infravermelhas.

No Capítulo 27, investigaremos outra aplicação para lasers – a tecnologia da *holografia* – que tem crescido tremendamente nos últimos anos. Na holografia, imagens tridimensionais de objetos são gravadas numa película.

BIO Uso do laser no tratamento da hidrocefalia

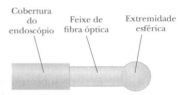

Figura 26.34 Uma sonda de endoscópio usada para abrir novas vias de passagem para fluido cerebroespinhal no tratamento da hidrocefalia. Os raios de luz atingem a temperatura da esfera e irradiam a partir da esfera para proporcionar energia para tecidos e queimar a nova via de passagem.

BIO Cirurgia Lasik

BIO Uso do laser em remoção de tatuagens

BIO Uso do laser em hiperplasia prostática benigna

SUMÁRIO

Uma **imagem** de um objeto é um ponto do qual a luz tanto diverge ou aparenta divergir após interagir com um espelho ou lente. Se a luz passar através do ponto de imagem, a imagem é **real**. Se somente parece divergir do ponto de imagem, a imagem é **virtual**.

No modelo simplificado de **raio paraxial**, a distância do objeto p e a distância da imagem q para um espelho esférico de raio R são relacionadas pela **equação do espelho**

$$\frac{1}{p} + \frac{1}{q} = \frac{2}{R} = \frac{1}{f} \qquad \textbf{26.4, 26.6}\blacktriangleleft$$

onde $f = R/2$ é a **distância focal** do espelho.

A **ampliação** M de um espelho ou lente é definida como a razão da altura da imagem h' pela altura do objeto h:

$$M = \frac{h'}{h} = -\frac{q}{p} \qquad \textbf{26.2, 26.11}\blacktriangleleft$$

Uma imagem pode ser formada por refração a partir de uma superfície esférica de raio R. As distâncias de objeto e de imagem para refração a partir da dita superfície são relacionadas por

$$\frac{n_1}{p} + \frac{n_2}{q} = \frac{n_2 - n_1}{R} \qquad \textbf{26.8}\blacktriangleleft$$

onde a luz incide vinda do meio do índice de refração n_1 e é refratada no meio cujo índice de refração é n_2.

Para uma lente fina, e na aproximação do raio paraxial, as distâncias de objeto e imagem são relacionadas pela **equação da lente fina**:

$$\frac{1}{p} + \frac{1}{q} = \frac{1}{f} \qquad \textbf{26.12}\blacktriangleleft$$

A **distância focal** f de uma lente fina no ar está relacionada à curvatura da sua superfície e ao índice de refração n do material da lente por

$$\frac{1}{f} = (n-1)\left(\frac{1}{R_1} - \frac{1}{R_2}\right) \qquad \textbf{26.13}\blacktriangleleft$$

Lentes convergentes têm comprimentos focais positivos, e **lentes divergentes** têm comprimentos focais negativos.

PERGUNTAS OBJETIVAS

1. Um objeto está localizado a 50,00 cm de uma lente convergente cuja distância focal é de 15,0 cm. Qual das seguintes afirmações é verdadeira com relação à imagem formada pela lente? (a) É virtual, direita e maior que o objeto. (b) É real, invertida e menor que o objeto. (c) É virtual, invertida e menor que o objeto. (d) É real, invertida e maior que o objeto. (e) É real, direita e maior que o objeto.

2. Se o rosto de Josh está a 30,0 cm na frente de um espelho de barbear côncavo, criando uma imagem vertical 1,50 vezes maior que o objeto, qual é a distância focal do espelho? (a) 12,0 cm (b) 20,0 cm (c) 70,0 cm (d) 90,0 cm (e) nenhuma das anteriores.

3. **BIO** Se os olhos de uma mulher são mais compridos do que o normal, como sua visão é afetada e como pode ser corrigida? (a) A mulher tem hipermetropia, e sua visão pode ser corrigida com lentes divergentes. (b) A mulher tem miopia, e sua visão pode ser corrigida com lentes divergentes. (c) A mulher tem hipermetropia, e sua visão pode ser corrigida com uma lente convergente. (d) A mulher tem miopia, e sua visão pode ser corrigida com uma lente convergente. (e) A visão da mulher não tem correção.

4. Duas lentes finas de distâncias focais $f_1 = 15,0$ e $f_2 = 10,0$ cm, respectivamente, são separadas por 35,0 cm ao longo de um eixo comum. A lente f_1 está localizada à esquerda da f_2. Um objeto é colocado agora 50,0 cm à esquerda da lente f_1, e uma imagem final é formada devido à luz passando pelas duas lentes. Por qual fator a imagem final é diferente em tamanho do objeto? (a) 0,600 (b) 1,20 (c) 2,40 (d) 3,60 (e) nenhuma das anteriores.

5. Uma lente convergente feita de vidro óptico tem distância focal de 15,0 quando usada no ar. Se a lente for imergida em água, qual será a distância focal? (a) negativa (b) menor que 15,0 cm (c) igual a 15,0 cm (d) maior que 15,0 cm (e) nenhuma das anteriores.

6. (i) Quando a imagem de um objeto é formada por um espelho plano, quais das seguintes afirmações são *sempre* verdadeiras? Mais de uma afirmação pode estar correta. (a) É virtual. (b) É real. (c) É direita. (d) É invertida. (e) Nenhuma destas afirmações é sempre verdadeira. (ii) Quando a imagem de um objeto é formada por um espelho côncavo, quais das afirmações anteriores são *sempre* verdadeiras? (iii) Quando a imagem de um objeto é formada por um espelho convexo, quais das afirmações precedentes são *sempre* verdadeiras?

7. **BIO** Se um homem tem os olhos mais curtos que o normal, como sua visão é afetada e como pode ser corrigida? (a) O homem tem hipermetropia, e sua visão pode ser corrigida com lentes divergentes. (b) O homem tem miopia, e sua visão pode ser corrigida com lentes divergentes. (c) O homem tem hipermetropia, e sua visão pode ser corrigida com lentes convergentes. (d) O homem tem miopia, e sua visão pode ser corrigida com lentes convergentes. (e) A visão do homem não tem correção.

8. (i) Quando a imagem de um objeto é formada por uma lente convergente, quais das seguintes afirmações são *sempre* verdadeiras? Mais de uma afirmação pode estar correta. (a) É virtual. (b) É real. (c) É direita. (d) É invertida. (e) Nenhuma destas afirmações é sempre verdadeira. (ii) Quando a imagem de um objeto é formada por uma lente divergente, quais das afirmações anteriores são *sempre* verdadeiras?

9. Lulu olha para sua imagem num espelho de maquiagem. Ela está aumentada quando Lulu está perto do espelho. Conforme ela se afasta, a imagem fica maior, depois, impossível de identificar quando ela está a 30,0 cm do espelho; depois invertida, quando ela está a mais de 30,0 cm; e finalmente invertida, pequena e nítida quando ela está muito mais longe do espelho. (i) O espelho é (a) convexo, (b) plano ou (c) côncavo? (ii) A amplitude de sua distância focal é (a) 0, (b) 15,0 cm, (c) 30,0 cm, (d) 60,0 cm ou (e) ∞?

10. Modele cada um dos seguintes dispositivos como uma lente convergente simples. Classifique os casos de acordo com a razão entre a distância entre o objeto e a lente e a distância focal da lente, do maior para o menor. (a) um projetor de filmes analógico exibindo um filme, (b) uma lente de aumento sendo utilizada para examinar um selo postal, (c) um telescópio refratário astronômico sendo utilizado para a obtenção de uma imagem nítida das estrelas em um detector eletrônico, (d) um holofote sendo utilizado para produzir um facho de raios paralelos a partir de uma fonte pontual, (e) uma lente de câmera sendo utilizada para fotografar um jogo de futebol.

11. Uma lente convergente de distância focal 8 cm forma uma imagem nítida de um objeto em uma tela. Qual é a menor distância possível entre o objeto e a tela? (a) 0, (b) 4 cm, (c) 8 cm, (d) 16 cm, (e) 32 cm.

12. Um objeto, representado pela seta cinza-escuro, é colocado em frente a um espelho plano. Qual dos diagramas da Figura PO26.12 descreve corretamente a imagem representada pela seta cinza-claro?

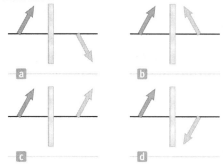

Figura PO26.12

PERGUNTAS CONCEITUAIS

1. Por que alguns veículos de emergência possuem o símbolo AIONÂJUBMA escrito na frente?

2. Uma fornalha solar pode ser construída usando um espelho côncavo para refletir e focar a luz do Sol no seu interior. Quais fatores no projeto do espelho de reflexão garantiriam temperaturas mais altas?

3. (a) Uma lente convergente pode ser feita para divergir luz se for colocada num líquido? (b) **E se?** E com um espelho convergente?

4. Explique esta afirmação: "O ponto focal de uma lente é a localização da imagem de um objeto pontual no infinito". (a) Discuta a noção de infinito em termos reais, já que ela se aplica a distâncias de objetos. (b) Com base nesta afirmação, você consegue pensar em um método simples para a determinação da distância focal de uma lente convergente?

5. Considere um espelho côncavo esférico com um objeto colocado à sua esquerda depois de seu ponto focal. Utilizando diagramas de raio, mostre que a imagem se move para a esquerda conforme o objeto se aproxima da distância focal.

6. **BIO** As lentes utilizadas em óculos, convergentes ou divergentes, sempre são projetadas para que o meio delas se curve para longe dos olhos, como as lentes centrais das Figuras 26.21a e 26.21b. Por quê?

7. Suponha que você quer usar uma lente convergente para projetar a imagem de duas árvores numa tela. Como mostrado na Figura PC26.7, uma árvore está a uma distância x da lente e a outra a $2x$. Você ajusta a tela de modo que a árvore mais próxima esteja focada. Se agora quiser que a árvore mais afastada esteja focada, você move a tela para perto ou para longe da lente?

8. Explique por que um peixe numa bacia esférica aparenta ser maior do que realmente é.

9. As equações $1/p + 1/q = 1/f$ e $M = -q/p$ aplicam-se às imagens formadas por um espelho plano? Explique sua resposta.

10. Na Figura Ativa 26.25a, assuma que a seta do objeto é substituída por outra que seja muito mais alta que a lente. (a) Quantos raios desde o topo do objeto atingirão a lente? (b) Quantos raios principais podem ser desenhados no diagrama de raio?

11. **BIO** Nas Figuras PC26.11a e 26.11b, quais óculos corrigem miopia e quais corrigem hipermetropia?

Figura PC26.11 Perguntas conceituais 11 e 12.

12. Bethany experimenta os óculos do seu avô, com hipermetropia, e os do seu irmão, com miopia, e reclama, "Tudo está desfocado". Por que os olhos de uma pessoa usando óculos não ficam desfocados? (Veja Fig. PC26.11.)

13. **BIO** Durante a cirurgia de olho Lasik (*keratomileusis in situ* assistida a laser), a forma da córnea é modificada vaporizando parte do seu material. Se a cirurgia for realizada para corrigir miopia, como a córnea deve ser remodelada?

14. **BIO** O nervo óptico e o cérebro invertem a imagem formada na retina. Por que não vemos tudo de ponta-cabeça?

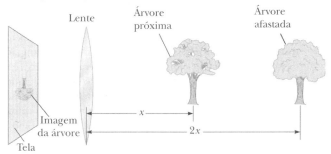

Figura PC26.7

15. A Figura PC26.15 mostra uma litografia de M. C. Escher, titulada *Mão com esfera de reflexão* (*Autorretrato num espelho esférico*). Escher comentou sobre o trabalho: "A imagem mostra um espelho esférico, segurado por uma mão esquerda. Mas como uma impressão é o reverso do desenho original na pedra, é a minha mão direita a que você vê representada. (Sendo canhoto, precisei da minha mão esquerda para fazer o desenho.) Essa reflexão do globo capta quase todo o entorno de uma pessoa numa imagem em forma de disco. O quarto inteiro, quatro paredes, o chão e o teto, tudo, embora distorcido, é comprimido nesse círculo pequeno. Sua própria cabeça, ou mais precisamente o ponto entre seus olhos, é o centro absoluto. Não importa como você se vira ou gira, você não pode sair desse ponto central. Você é o foco imutável, o centro inabalável, do seu mundo". Comente sobre a exatidão da descrição de Escher.

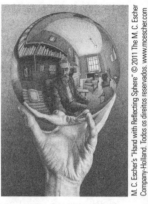

Figura PC26.15

PROBLEMAS

WebAssign Os problemas que se encontram neste capítulo podem ser resolvidos *on-line* na Enhanced WebAssign (em inglês).

1. denota problema direto; 2. denota problema intermediário;
3. denota problema desafiador;
1. denota problema mais frequentemente resolvidos no Enhanced WebAssign.
BIO denota problema biomédico;
PD denota problema dirigido;

M denota tutorial Master It disponível no Enhanced WebAssign;
Q|C denota problema que pede raciocínio quantitativo e conceitual;
S denota problema de raciocínio simbólico;
sombreado denota "problemas emparelhados" que desenvolvem raciocínio com símbolos e valores numéricos;
W denota solução no vídeo Watch It disponível no Enhanced WebAssign

Seção 26.1 Imagens formadas por espelhos planos

1. **W** Determine a altura mínima de um espelho plano vertical no qual uma pessoa de 178 cm de altura pode se ver completamente. *Sugestão*: Desenhar um diagrama de raio pode ajudar.

2. Dois espelhos planos têm suas superfícies de reflexão uma de cara com a outra, com a borda de um espelho em contato com a borda do outro, de modo que o ângulo entre os espelhos é α. Quando um objeto é colocado entre os espelhos, um número de imagens é formada. Em geral, o ângulo α é tal que $n\alpha = 360°$, onde n é um inteiro, o número de imagens formadas é $n - 1$. Graficamente, encontre todas as posições da imagem para o caso $n = 6$ quando um objeto pontual está entre os espelhos (mas não na mediatriz do ângulo).

3. Um periscópio (Fig. P26.3) é útil para visualizar objetos que não podem ser vistos diretamente. Ele pode ser utilizado em submarinos e para assistir a partidas de golfe ou desfiles quando se está atrás numa arquibancada lotada. Suponha que o objeto esteja a uma distância p_1 do espelho superior e os centros dos dois espelhos planos estão separados por uma distância h. (a) Qual é a distância da imagem final em relação ao espelho inferior? (b) A imagem final é real ou virtual? (c) Ela é direita ou invertida? (d) Qual é sua ampliação? (e) Ela parece estar invertida da esquerda para a direita?

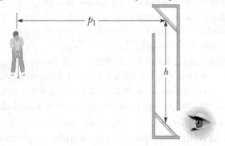

Figura P26.3

4. Em uma sala de ensaio de coral, duas paredes paralelas estão a 5,30 m de distância. Os cantores posicionam-se contra a parede norte. A organista, em direção à parede sul, senta-se a 0,800 m de distância da parede. Para que ela consiga ver o coro, um espelho plano de 0,600 m de largura está montado na parede sul, bem na sua frente. Qual é a largura da parede norte que pode ser vista pela organista? *Sugestão*: Desenhe um diagrama da vista superior para justificar sua resposta.

5. Uma pessoa entra em uma sala que possui dois espelhos planos nas paredes opostas. Os espelhos produzem múltiplas imagens da pessoa. Considere somente aquelas formadas no espelho da esquerda. Quando a pessoa se coloca a 2,00 m do espelho da parede da esquerda e a 4,00 m do da direita, encontre a distância da pessoa para as três primeiras imagens vistas no espelho da parede esquerda.

6. (a) O espelho do seu banheiro mostra você mais velho ou mais novo do que realmente é? (b) Calcule uma estimativa de ordem de grandeza para a diferença de idade com base nos dados que você especificar.

Seção 26.2 Imagens formadas por espelhos esféricos

7. **M** Um espelho convexo esférico tem raio de curvatura de 40,0 cm. Determine a posição da imagem virtual e a ampliação para as distâncias do objeto de (a) 30,0 cm e (b) 60,0 cm. (c) As imagens nas partes (a) e (b) são direitas ou invertidas?

8. Você estima, inconscientemente, a distância de um objeto do ângulo que ele forma em seu campo de visão. Este ângulo θ em radianos está relacionado à altura linear do objeto h e à distância d por $\theta = h/d$. Suponha que você esteja dirigindo e outro carro, com 1,50 m de altura, está a 24,0 m atrás de você. (a) Suponha que seu carro tenha um espelho retrovisor plano no lado do passageiro a 1,55 m dos seus olhos. A que distância dos seus olhos está a imagem do carro que o está seguindo? (b) Que ângulo a imagem forma em seu campo de visão? (c) **E se?** Agora, suponha que seu carro

tenha um espelho retrovisor convexo com raio de curvatura de 2,00 m (como sugerido na Fig. 26.14). A que distância dos seus olhos está a imagem do carro atrás de você? (d) Que ângulo a imagem forma com seus olhos? (e) Com base no seu tamanho angular, a que distância o carro que segue parece estar?

9. **W** Um objeto com 10,0 cm de altura é colocado na marca zero de uma régua. Um espelho esférico localizado em algum ponto da régua cria uma imagem direita do objeto, com 4,00 cm de altura e localizada na marca de 42,0 cm da régua. (a) O espelho é côncavo ou convexo? (b) Onde está o espelho? (c) Qual é a distância focal do espelho?

10. Certo enfeite de árvore de Natal é uma esfera prateada com diâmetro de 8,50 cm. (a) Se o tamanho da imagem criada por reflexão no enfeite é três quartos do tamanho real do objeto refletido, determine a localização do objeto. (b) Utilize um diagrama de raio principal para determinar se a imagem está direita ou invertida.

11. **M** Um espelho côncavo esférico tem raio de curvatura de 20,0 cm. (a) Descubra a localização da imagem para as distâncias do objeto de **(i)** 40,0 cm, **(ii)** 20,0 cm, e **(iii)** 10,0 cm. Para cada caso, diga se a imagem é (b) real ou virtual, e (c) se está em pé ou invertida. (d) Encontre a ampliação em cada caso.

12. **W** Em uma intersecção de corredores de um hospital, um espelho convexo esférico é montado no alto de uma parede para ajudar as pessoas a evitar colisões. O raio de curvatura do espelho é de 0,550 m. (a) Localize a imagem de um paciente a 10,0 m do espelho. (b) Indique se a imagem é direita ou invertida. (c) Determine a ampliação da imagem.

13. **BIO** Para colocar uma lente de contato no olho de um paciente, um *ceratômetro* pode ser utilizado para medir a curvatura da superfície do olho, a córnea. Este instrumento coloca um objeto iluminado a uma distância p da córnea. Esta reflete alguma luz do objeto, formando uma imagem dele. A ampliação M da imagem é medida pelo uso de um pequeno telescópio que permite a comparação da imagem formada pela córnea com a segunda imagem calibrada projetada no campo de visão por um arranjo prismático. Determine o raio de curvatura da córnea para o caso $p = 30,0$ cm e $M = 0,0130$.

14. Um espelho côncavo tem raio de curvatura de 60,0 cm. Calcule a posição e a ampliação da imagem de um objeto colocado em frente ao espelho a uma distância de (a) 90,0 cm e (b) 20,0 cm. (c) Desenhe diagramas de raio para obter as características da imagem em cada caso.

15. **W** (a) Um espelho côncavo esférico forma uma imagem invertida 4,00 vezes maior que o objeto. Supondo que a distância entre o objeto e a imagem seja de 0,600 m, encontre a distância focal do espelho. (b) **E se?** Suponha que o espelho seja convexo. A distância entre a imagem e o objeto é a mesma que na parte (a), mas a imagem é 0,500 o tamanho do objeto. Determine a distância focal do espelho.

16. **S** (a) Um espelho côncavo esférico forma uma imagem invertida e de tamanho diferente do objeto por um fator de $a > 1$. A distância entre o objeto e a imagem é d. Encontre a distância focal do espelho. (b) **E se?** Suponha que o espelho seja convexo, uma imagem direita seja formada, e $a < 1$. Determine a distância focal do espelho.

17. Uma grande sala de um museu possui um nicho em uma parede. Do plano do chão, o nicho aparece como um entalhe semicircular de raio 2,50 m. Um turista está na linha de centro do nicho, 2,00 m para fora do ponto mais profundo, e diz "Oi". Onde o som se concentra depois da reflexão do nicho?

18. **Q|C Revisão.** Uma bola é solta a partir do repouso em $t = 0$ a 3,00 m diretamente acima do centro de um espelho côncavo esférico que tem raio de curvatura de 1,00 m e se coloca em um plano horizontal. (a) Descreva o movimento da imagem da bola no espelho. (b) Em qual instante ou instantes a bola e sua imagem coincidem?

19. **M** Um espelho esférico é utilizado para formar uma imagem 5,00 vezes o tamanho de um objeto numa tela localizada a 5,00 m deste. (a) O espelho necessário deve ser côncavo ou convexo? (b) Qual é o raio de curvatura necessário para o espelho? (c) Onde o espelho deve ser posicionado em relação ao objeto?

20. *Por que a seguinte situação é impossível?* Em um canto cego de uma feira ao ar livre, um espelho convexo é montado para que os pedestres possam ver além da esquina antes de ali chegar e trombar em alguém que vem pela direção perpendicular. Os instaladores do espelho falharam ao levar em conta a posição do Sol, por isso, o espelho foca os raios de Sol em um arbusto próximo, que pega fogo.

21. **W** Um dedicado fã de carros esporte está polindo as superfícies interior e exterior de uma calota, que é uma delgada seção de esfera. Quando ele olha em um lado da calota, vê a imagem do seu rosto 30,0 cm atrás da calota. Então, vira a calota e vê outra imagem do seu rosto a 10,0 cm atrás dela. (a) A que distância seu rosto está da calota? (b) Qual é o raio de curvatura da calota?

22. Um dentista utiliza um espelho esférico para examinar um dente. Este está a 1,00 cm em frente ao espelho e a imagem é formada a 10,0 cm atrás do espelho. Determine (a) o raio de curvatura do espelho e (b) a ampliação da imagem.

Seção 26.3 Imagens formadas por refração

23. Uma placa de vidro sílex fica na parte inferior de um aquário. A placa tem 8,00 cm de espessura (dimensão vertical) e é coberta por uma camada de água com 12,0 cm de profundidade. Calcule a espessura aparente da placa vista diretamente por cima da água.

24. Um bloco cúbico de gelo de 50,0 cm de lado é colocado sobre uma partícula de poeira no nível do chão. Encontre a localização da imagem da partícula quando vista de cima. O índice de refração do gelo é 1,309.

25. Uma extremidade de uma longa haste de vidro ($n = 1,50$) tem a forma de uma superfície convexa com raio de curvatura de 6,00 cm. Um objeto está localizado no ar junto ao eixo da haste. Encontre as posições da imagem correspondente às distâncias do objeto de (a) 20,0 cm, (b) 10,0 cm e (c) 3,00 cm da extremidade convexa da haste.

26. **W** Um peixe dourado está nadando a 2,00 cm/s em direção à parede frontal de um aquário. Qual é a velocidade aparente do peixe medida por um observador olhando de fora da parede frontal do aquário?

27. **M** Uma esfera de vidro ($n = 1,50$) com raio de 15,0 cm possui uma pequena bolha de ar de 5,00 cm acima do seu centro. A esfera é vista por cima ao longo do raio estendido contendo a bolha. Qual é a profundidade aparente da bolha abaixo da superfície da esfera?

28. **BIO** Um modelo simples do olho humano ignora inteiramente sua lente. A maioria das coisas que o olho faz com a luz acontece na superfície externa da córnea transparente. Assuma que esta superfície tenha um raio de curvatura de 6,00 mm e que o globo ocular contenha justamente um fluido com índice de refração de 1,40. Prove que um objeto muito distante seria retratado na retina, 21,0 mm atrás da córnea. Descreva a imagem.

Seção 26.4 Imagens formadas por lentes finas

29. Uma lente fina tem um comprimento focal de 25,0 cm. Localize e descreva a imagem quando o objeto é colocado (a) 26,0 cm e (b) 24,0 cm à frente da lente.

30. **M** Um objeto está localizado a 20,0 cm à esquerda de uma lente divergente cuja distância focal é $f = -32,0$ cm. Determine (a) a localização e (b) a ampliação da imagem. (c) Construa um diagrama de raio para esta disposição.

31. **W** Uma lente de contato é feita de plástico com um índice de refração de 1,50. A lente tem um raio externo de curvatura de +2,00 cm e um raio interno de curvatura de + 2,50 cm. Qual é a distância focal da lente?

32. O uso de uma lente em certa situação é descrita pela equação

$$\frac{1}{p} + \frac{1}{-3,50p} = \frac{1}{7,50 \text{ cm}}$$

Determine (a) a distância do objeto e (b) a distância da imagem. (c) Use um diagrama de raio para obter uma descrição da imagem. (d) Identifique um dispositivo prático descrito pela equação dada e escreva um problema para o qual a equação apareça na solução.

33. A face esquerda de uma lente biconvexa tem raio de curvatura de 12,0 cm, e a face direita de raio de curvatura de 18,0 cm. O índice de refração do vidro é 1,44. (a) Calcule a distância focal da lente para luz incidente vinda da esquerda. (b) **E se?** Depois de girar a lente para mudar os raios de curvatura das duas faces, calcule a distância focal da lente para luz incidente vinda da esquerda.

34. **S** Suponha que um objeto tenha espessura dp, de forma que se estende da distância do objeto p para $p + dp$. (a) Prove que a espessura dq da imagem é dada por $(-q^2/p^2) dp$. (b) A ampliação longitudinal do objeto é $M_{\text{comprimento}} = dq/dp$. Como a ampliação longitudinal se relaciona com a ampliação lateral M?

35. Um objeto localizado a 32,0 cm na frente de uma lente forma uma imagem em uma tela a 8,00 cm atrás da lente. (a) Encontre a distância focal da lente. (b) Determine a ampliação. (c) A lente é convergente ou divergente?

36. Uma lente convergente tem distância focal de 20,0 cm. Localize a imagem para as distâncias de objeto de (a) 40,0 cm, (b) 20,0 cm e (c) 10,0 cm. Para cada caso, declare se a imagem é real ou virtual e se está direita ou invertida. Encontre a ampliação em cada caso.

37. A imagem da moeda na Figura P26.37 tem duas vezes o diâmetro da moeda verdadeira e está a 2,84 cm da lente. Determine a distância focal da lente.

Figura P26.37

38. **Q|C** Na Figura P26.38, uma lente convergente fina de distância focal 14,0 cm forma uma imagem de um quadrado $abcd$, que é de $h_c = h_b = 10,0$ cm de altura e repousa entre as distâncias de $p_d = 20,0$ cm e $p_a = 30,0$ cm da lente. Representemos com a', b', c', e d' os cantos respectivos da imagem. Usaremos q_a para representar a distância da imagem para os pontos a' e b', q_d a distância da imagem para os pontos c' e d' h'_b representa a distância do ponto b' para o eixo, e h'_c a altura c'. (a) Encontre q_a, q_d, h'_b, e h'_c. (b) Faça um esboço da imagem. (c) A área do objeto é 100 cm². Executando os seguintes passos, você avaliará a área da imagem. Usaremos q para representar a distância da imagem para qualquer ponto entre $a'e\ d'$, para o qual a distância de objeto é p. Usaremos h' para representar a distância do eixo até o ponto na borda da imagem entre b' e c' na distância de imagem q. Demonstre que:

$$|h'| = 10,0q\left(\frac{1}{14,0} - \frac{1}{q}\right)$$

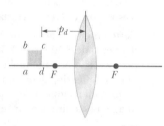

Figura P26.38

onde h' e q são em centímetros. (d) Explique por que a área geométrica da imagem é dada por

$$\int_{q_a}^{q_d} |h'| \, dq$$

(e) Resolva a integral para encontrar a área da imagem.

39. A Figura P26.39 ilustra o corte transversal de uma câmera. Ela tem uma única lente de distância focal de 65,0 mm, que é para formar uma imagem no CCD (dispositivo de carga acoplada) na parte de trás da câmera. Suponha que a posição da lente tenha sido ajustada para focar a imagem de um objeto distante. Quão longe e em que direção a lente deve ser movida para formar uma imagem nítida de um objeto que está a 2,00 m de distância?

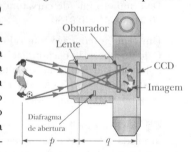

Figura P26.39

40. Um objeto está a uma distância d à esquerda de uma tela plana. Uma lente convergente de distância focal $f < d/4$ é colocada entre o objeto e a tela. (a) Mostre que existem duas posições da lente que formam uma imagem na tela e determine quão longe estas posições estão do objeto. (b) Como é que as duas imagens se diferenciam uma da outra?

41. **W** Um antílope está a uma distância de 20,0 m de uma lente convergente de distância focal 30,0 cm. A lente forma uma imagem do animal. (a) Se o antílope correr para longe da lente numa velocidade de 5,00 m/s, quão rápido a imagem se movimenta? (b) A imagem se movimenta em direção da lente ou para longe dela?

42. *Por que a seguinte situação é impossível?* Um objeto iluminado é colocado a uma distância $d = 2,00$ m de uma tela. Colocando uma lente convergente de distância focal $f = 60,0$ cm em dois locais entre o objeto e a tela, uma imagem nítida e real do objeto pode ser formada na tela. Num dos locais da lente, a imagem é maior que o objeto, e no outro, a imagem é menor.

43. **W** A lente de projeção em determinado projetor de slide é uma única lente fina. Um slide de 24,0 mm de altura será projetado de modo que sua imagem preencha a tela de 1,80 m de altura. A distância do slide até a tela é de 3,00 m. (a) Determine a distância focal da lente de projeção. (b) Quão longe do slide deveria ser colocada a lente do projetor de modo que a imagem fosse formada na tela?

Seção 26.5 O olho

44. **BIO** Uma pessoa com miopia não consegue ver objetos com clareza além de 25,0 cm de distância (seu ponto remoto). Se ela não tem astigmatismo e lentes de contato foram prescritas, (a) que potência e (b) que tipos de lentes são necessários para corrigir sua visão?

45. **BIO W** Os limites de acomodação para os olhos de uma pessoa com miopia são 18,0 cm e 80,0 cm. Quando ela utiliza seus óculos, consegue ver objetos distantes com clareza. A que distância mínima ela consegue enxergá-los com clareza?

46. **BIO Q|C** Um paciente tem um ponto próximo de 45,0 cm e um ponto remoto de 85,0 cm. (a) Uma única lente pode corrigir a visão deste paciente? Explique as opções do paciente. (b) Calcule a potência que as lentes precisam para corrigir o ponto próximo de modo que o paciente possa ver objetos a 25,0 cm de distância. Despreze a distância olho-lente. (c) Calcule a potência que a lente precisaria para corrigir o ponto remoto do paciente, novamente desprezando a distância olho-lente.

47. **BIO** O ponto próximo do olho de uma pessoa é 60,0 cm. Para ver objetos claramente a uma distância de 25,0 cm, qual deveria ser a (a) distância focal e (b) potência das lentes corretivas apropriadas? (Despreze a distância entre a lente e o olho).

48. **BIO** O ponto próximo do olho de uma criança é 10,0 cm; seu ponto remoto (com os olhos relaxados) é 125 cm. Cada lente de olho está a 2,00 cm da retina. (a) Entre quais limites, medidos em dioptrias, o poder da combinação lente–córnea varia? (b) Calcule o poder da lente dos óculos que a criança deveria usar para visão de distância relaxada. A lente seria convergente ou divergente?

49. **BIO** A visão de uma pessoa está prestes a ser corrigida com lentes bifocais. Ela pode ver claramente quando o objeto está entre 30 cm e 1,5 m do olho. (a) A parte superior dos bifocais (Fig. P26.49) deve ser desenhada para permitir que ela veja objetos distantes claramente. Qual é a potência que elas devem ter? (b) A parte inferior dos bifocais deve lhe permitir ver objetos localizados a 25 cm na frente do olho. Qual potência elas deveriam ter?

Figura P26.49

50. **BIO Q|C** Uma pessoa vê claramente usando óculos que têm uma potência de -4,00 dioptrias quando as lentes estão a 2,00 cm na frente de seus olhos. (a) Qual é o comprimento focal das lentes? (b) A pessoa é míope ou hipermíope? (c) Se a pessoa decidir trocar por lentes de contato colocadas diretamente no olho, qual potência de lente deveria ser prescrita?

Seção 26.6 Conteúdo em contexto: algumas aplicações médicas

51. **BIO** Você está desenhando um endoscópio para usar dentro de uma cavidade corporal cheia de ar. A lente na extremidade do endoscópio formará uma imagem convergindo o fim de um feixe de fibras ópticas. A imagem será então carregada pelas fibras ópticas para uma lente ocular na extremidade exterior do fibroscópio. O raio do feixe é 1,00 mm. A cena dentro do corpo que aparecerá dentro da imagem preenche um círculo de raio 6,00 cm. A lente será colocada a 5,00 cm do tecido que você quiser observar. (a) Quão longe da extremidade do feixe de fibra óptica devem ser colocadas as lentes? (b) Qual é a distância focal das lentes requeridas?

52. **BIO** Considere a sonda de endoscópio usada para tratar hidrocefalia mostrada na Figura 26.34. A extremidade esférica, com índice de refração 1,50, está ligada a um feixe de fibra óptica de raio 1,00 mm, que é menor que o raio da esfera. O centro da extremidade esférica está no eixo central do feixe. Considere a luz laser que viaja exatamente paralela ao eixo central do feixe e depois refrata para fora da superfície da esfera para o ar. (a) Na Figura 26.34, a luz que refrata para fora da esfera e viaja em direção à direita superior vem da metade superior ou da metade inferior da esfera? (b) Se a luz laser que viaja ao longo da borda do feixe de fibra óptica refratar para fora da esfera tangente à superfície da esfera, qual é o raio da esfera? (c) Encontre o ângulo de desvio do raio considerado na parte (b), isto é, o ângulo pelo qual sua direção muda conforme deixa a esfera. (d) Mostre que o raio considerado na parte (b) tem um ângulo maior de desvio do que qualquer outro raio. Mostre que a luz de todas as partes do feixe de fibra óptica não refrata para fora da esfera com simetria esférica; em vez disso, preenche um cone ao redor da direção frontal. Encontre o diâmetro angular do cone. (e) Na realidade, entretanto, a luz laser pode divergir da esfera com simetria esférica aproximada. Quais considerações que não mencionamos levariam a esta simetria esférica aproximada na prática?

Problemas Adicionais

53. O objeto na Figura P26.53 está na metade do caminho entre a lente e o espelho, os quais são separados por uma distância $d = 25,0$ cm. A magnitude do raio de curvatura do espelho é 20,0 cm, e a lente tem uma distância focal de $-16,7$ cm.

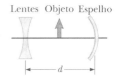

Figura P26.53

(a) Considerando apenas a luz que deixa o objeto e viaja primeiro em direção ao espelho, localize a imagem final formada por este sistema. (b) Esta imagem é real ou virtual? (c) É direita ou invertida? (d) Qual é a ampliação total?

90 | Princípios de física

54. **GP M** Numa sala escurecida, uma vela acesa está colocada a 1,50 m de uma parede branca. Uma lente está colocada entre a vela e a parede num local que faz que uma imagem maior e invertida se forme na parede. Quando a lente está nesta posição, a distância do objeto é p_1. Quando a lente é movida 90,0 cm em direção à parede, outra imagem da vela é formada na parede. A partir desta informação, queremos encontrar p_1 e a distância focal da lente. (a) A partir da equação da lente para a primeira posição da lente, escreva uma equação relacionando a distância focal f da lente com a distância do objeto p_1, sem outras variáveis na equação. (b) A partir da equação da lente para a segunda posição da lente, escreva outra equação relacionando a distância focal f da lente com a distância do objeto p_1. (c) Resolva as equações das partes (a) e (b) simultaneamente para encontrar p_1. (d) Utilize o valor parcial (c) para encontrar a distância focal f da lente.

55. A equação do fabricante de lentes aplica-se a uma lente imersa num líquido se n na equação for substituído por n_2/n_1. Aqui, n_2 se refere ao índice de refração do material da lente, e n_1 é aquele do meio ao redor da lente. (a) Uma determinada lente tem distância focal de 79,0 cm no ar e índice de refração de 1,55. Encontre sua distância focal na água. (b) Um determinado espelho tem distância focal de 79,0 cm no ar. Encontre sua distância focal na água.

56. **Q|C** Em várias aplicações, é necessário expandir ou diminuir o diâmetro de um feixe de raios de luz paralelos, o que pode ser realizado usando uma lente convergente e uma divergente combinadas. Suponha que você tem uma lente convergente de distância focal de 21,0 cm e uma lente divergente de distância focal de −12,0 cm. (a) Como você poderia organizar estas lentes para aumentar o diâmetro do feixe de raios paralelos? (b) Em que fator o diâmetro aumentaria?

57. A lente e o espelho na Figura P26.57 estão separados por d = 1,00 m e têm distância focal de +80,0 cm e −50,0 cm, respectivamente. Um objeto está colocado em p = 1,00 m à esquerda da lente, como mostrado. (a) Localize a imagem final formada pela luz que passou duas vezes pela lente. (b) Determine a ampliação geral da imagem, e (c) diga se ela é real ou invertida.

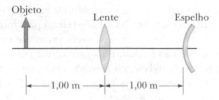

Figura P26.57

58. *Por que a seguinte situação é impossível?* Considere a combinação lente-espelho mostrada na Figura P26.58. A lente tem uma distância focal de f_L = 0,200, e o espelho de f_M = 0,500 m. A lente e o espelho são separados a uma distância d = 1,30 m, e um objeto é colocado a p = 0,300 m da lente. Movendo uma tela para várias posições à esquerda da lente, um estudante encontra duas posições diferentes na tela que produzem uma imagem nítida do objeto. Uma destas posições corresponde à luz deixando o objeto e viajando para a esquerda através da lente. A outra corresponde à luz viajando para a direita do objeto, refletindo no espelho e depois passando através da lente.

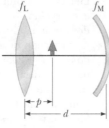

Figura P26.58

59. Um objeto real é localizado na extremidade zero de uma fita métrica. Um grande espelho esférico côncavo na extremidade dos 100 cm da fita métrica forma uma imagem de um objeto na posição de 70,0 cm. Um espelho pequeno esférico convexo colocado na posição 20,0 cm forma uma imagem final no ponto dos 10,0 cm. Qual é o raio de curvatura do espelho convexo?

60. Um sistema de *lente de aumento* é uma combinação de lentes que produz uma ampliação variável de um objeto fixo conforme ele mantém uma posição de imagem fixa. A ampliação é variada ao se mover uma ou mais lentes ao longo do eixo. Múltiplas lentes são usadas na prática, mas o efeito de aumento num objeto pode ser demonstrado com um sistema simples de duas lentes. Um objeto, duas lentes convergentes e uma tela são montados em uma bancada óptica. A lente 1, que está à direita do objeto, tem distância focal f_1 = 5,00 cm, e a lente 2, que está à direita da primeira lente, tem distância focal f_2 = 10,0 cm. A tela está à direita da lente 2. Inicialmente, um objeto está situado a uma distância de 7,50 cm à esquerda da lente 1, e a imagem formada na tela tem uma ampliação de +1,00. (a) Encontre a distância entre o objeto e a tela. (b) Ambas as lentes agora são movidas ao longo do seu eixo comum enquanto o objeto e a tela mantêm posições fixas, até que a imagem formada na tela tenha uma ampliação de +3,00. Encontre o deslocamento de cada lente desde sua posição inicial na parte (a). (c) A lente pode ser deslocada em mais de uma forma?

61. **M** Um objeto é colocado a 12,0 cm da esquerda de uma lente divergente de distância focal de −6,00 cm. Uma lente convergente de distância focal 12,0 cm é colocada a uma distância d da direita da lente divergente. Encontre a distância d de modo que a imagem final esteja infinitamente afastada da direita.

62. **S** Um objeto é colocado a uma distância p à esquerda de uma lente divergente de distância focal f_1. Uma lente convergente de distância focal f_2 é colocada a uma distância d à direita da lente divergente. Encontre a distância d de modo que a imagem final esteja infinitamente afastada da direita.

63. A distância entre um objeto e sua imagem direita é 20,0 cm. Se a ampliação for 0,500, qual é a distância focal da lente que está sendo usada para formar a imagem?

64. **S** A distância entre um objeto e a sua imagem direita é d. Se a ampliação for M, qual é a distância focal da lente que está sendo usada para formar a imagem?

65. **Revisão.** Uma lâmpada esférica de diâmetro 3,20 cm irradia luz em todas as direções, com potência de 4,50 W. (a) Encontre a intensidade da luz na superfície da lâmpada. (b) Encontre a intensidade da luz a 7,20 m de distância do centro da lâmpada. (c) A esta distância de 7,20 m, uma lente é configurada com seu eixo apontando em direção à lâmpada. A lente tem uma face circular com diâmetro de 15,0 cm e tem distância focal de 35,0 cm. Encontre o diâmetro da imagem da lâmpada. (d) Encontre a intensidade da luz na imagem.

66. **S** Derive a equação do fabricante de lentes que segue. Considere um objeto no vácuo a $p_1 = \infty$ de uma primeira superfície de refração de raio de curvatura R_1. Localize a sua imagem. Use esta imagem como o objeto para a segunda superfície de refração, que tem praticamente a mesma

localização que a primeira porque a lente é fina. Localize a imagem final, provando que está a uma distância de imagem q_2 dada por

$$\frac{1}{q_2} = (n-1)\left(\frac{1}{R_1} - \frac{1}{R_2}\right)$$

67. O disco do Sol delimita um ângulo de 0,533° com a Terra. Qual é (a) a posição e (b) o diâmetro da imagem solar formada por um espelho esférico côncavo com raio de curvatura de magnitude 3,00 m?

68. **Q|C** A ilusão de um morango flutuante é alcançada com dois espelhos parabólicos, cada um tendo uma distância focal de 7,50 cm, um na frente do outro, como mostrado na Figura P26.68. Se o morango é colocado no espelho inferior, sua imagem é formada na abertura pequena no centro do espelho superior, 7,50 cm acima do ponto mais baixo do espelho da base. A posição do olho na Figura P26.68a corresponde à vista do aparato na Figura P26.68b. Considere o caminho de luz marcado A. Note que este caminho de luz está bloqueado pelo espelho superior de modo que o próprio morango não é observável diretamente. O caminho de luz marcado B corresponde ao olho vendo a imagem do morango que é formada na abertura no topo do aparato. (a) Mostre que a imagem final é formada no local e descreva suas características. (b) Um efeito muito surpreendente é obtido ao apontar um feixe de luz de lanterna nesta imagem. Mesmo num ângulo oblíquo, o raio de luz entrante é aparentemente refletido da a imagem! Explique.

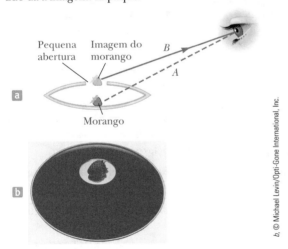

Figura P26.68

69. Um raio de luz paralelo entra num hemisfério de vidro perpendicular à face plana, como mostrado na Figura P26.69. A magnitude do raio do hemisfério é $R = 6,00$ cm, e seu índice de refração é $n = 1,560$. Assumindo que são raios paraxiais, determine o ponto no qual o feixe é focado.

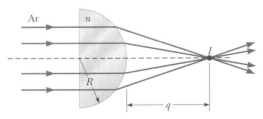

Figura P26.69

70. Um objeto de 2,00 cm de altura é colocado 40,0 cm à esquerda de uma lente convergente com distância focal de 30,0 cm. Uma lente divergente com distância focal de $-20,0$ cm é colocada 110 cm à direita da lente convergente. Determine (a) a posição e (b) a ampliação da imagem final. (c) A imagem é direita ou invertida? (d) **E se?** Repita da parte (a) à (c) para o caso em que a segunda lente é convergente com distância focal de 20,0 cm.

71. Um observador à direita da combinação espelho-lente mostrada na Figura P26.71 (não em escala) observa duas imagens reais que são do mesmo tamanho e estão na mesma localização. Uma imagem é direita, e a outra invertida. Ambas as imagens são 1,50 vezes maiores que o objeto. A lente tem distância focal de 10,0 cm. A lente e o espelho estão separados por 40,0 cm. Determine a distância focal do espelho.

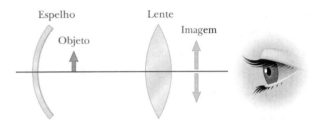

Figura P26.71

72. A Figura P26.72 mostra uma lente convergente fina para a qual os raios de curvatura das suas superfícies têm magnitudes de 9,00 cm e 11,0 cm. A lente está em frente a um espelho esférico côncavo com o raio de curvatura $R = 8,00$ cm. Assuma que os pontos focais F_1 e F_2 da lente estejam a 5,00 cm do centro da lente. (a) Determine o índice de refração do material da lente. A lente e o espelho estão separados por 20,0 cm, e um objeto é colocado 8,00 cm à esquerda da lente. Determine (b) a posição da imagem final e (c) sua ampliação como vista pelo olho na figura. (d) A imagem final é invertida ou está direita? Explique.

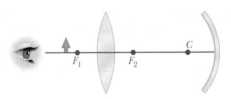

Figura P26.72

73. Assuma a intensidade da luz do Sol como sendo 1,00 kW/m² em uma dada localização. Um espelho côncavo de alta reflexão apontará em direção ao Sol para produzir uma potência de pelo menos 350 W no ponto de imagem. (a) Assumindo que o disco do Sol delimite um ângulo de 0,533° na Terra, encontre o raio requerido R_a da área da face circular do espelho. (b) Agora suponha que a intensidade de luz será no mínimo 120 kW/m² na imagem. Encontre a relação requerida entre R_a e o raio de curvatura R do espelho.

Capítulo 27

Óptica ondulatória

Sumário

27.1 Condições para interferência
27.2 Experimento de fenda dupla de Young
27.3 Modelo de análise: ondas em interferência
27.4 Mudança de fase devido à reflexão
27.5 Interferência em películas finas
27.6 Padrões de difração
27.7 Resolução de aberturas circulares e de fenda única
27.8 A grade de difração
27.9 Difração de raios X por cristais
27.10 Conteúdo em contexto: holografia

As cores na maioria das penas dos beija-flores não se devem a pigmentos. A iridescência que faz as cores brilhantes que geralmente aparecem na garganta e no peito da ave se deve a um efeito de interferência causado pelas estruturas nas penas. As cores variarão com o ângulo de visão.

Nos Capítulos 25 e 26, usamos a aproximação de raio para examinar o que acontece quando a luz reflete de uma superfície ou refrata num novo meio. Usamos o termo geral *óptica geométrica* para esta discussão. Este capítulo se preocupa com **a óptica ondulatória**, um tema que trata dos fenômenos ópticos de interferência e difração. Estes fenômenos não podem ser explicados adequadamente com a aproximação de raio. Devemos tratar a natureza de onda da luz de modo a entender estes fenômenos.

Introduzimos o conceito de interferência de onda no Capítulo 14 (Volume 2) para ondas unidimensionais. Este fenômeno depende do princípio de superposição, que indica que quando duas ou mais ondas mecânicas viajando se combinam num dado ponto, o deslocamento resultante dos elementos do meio neste ponto é a soma do deslocamento devido às ondas individuais.

Devemos ver a riqueza completa das ondas no modelo de interferência neste capítulo conforme o aplicamos à luz. Usamos ondas unidimensionais em cordas para introduzir interferência nas Figuras Ativas 14.1 e 14.2. Conforme discutimos a interferência de ondas de luz, duas mudanças maiores desta discussão prévia devem ser notadas. Primeiro, não devemos mais focar em ondas unidimensionais, de modo que devemos construir modelos geométricos para analisar esta situação em duas ou três dimensões. Segundo, devemos estudar ondas eletromagnéticas no lugar de ondas mecânicas. Portanto, o princípio de superposição precisa ser moldado em termos de adição de vetores de campo, em vez de deslocamentos dos elementos do meio.

27.1 | Condições para interferência

Na nossa discussão sobre interferência para ondas mecânicas no Capítulo 1 (Volume 1), descobrimos que duas ondas podem se agrupar construtiva ou destrutivamente. Na interferência construtiva entre ondas, a amplitude da onda resultante é maior que a das ondas individuais, enquanto na interferência destrutiva a amplitude resultante é menor que aquela de qualquer uma das ondas individuais. Ondas eletromagnéticas também sofrem interferência. Fundamentalmente, toda interferência associada a ondas eletromagnéticas resulta da combinação dos campos elétrico e magnético que constituem a onda individual.

Na Figura 14.4, descrevemos um dispositivo que permite que a interferência seja observada em ondas sonoras. Efeitos de interferência em ondas eletromagnéticas visíveis não são fáceis de observar, devido a seu curto comprimento de onda (de cerca de 4×10^{-7} a 7×10^{-7} m). Duas fontes produzindo duas ondas de comprimento de onda idêntico são necessárias para criar interferência. Para produzir um padrão de interferência estável, entretanto, as ondas individuais devem manter uma relação de fase constante entre elas, devendo ser **coerentes**. Como exemplo, as ondas sonoras emitidas por dois alto-falantes lado a lado impulsionados por um único amplificador podem produzir interferência, porque ambos respondem ao amplificador da mesma maneira ao mesmo tempo.

Se duas fontes de luz separadas forem colocadas lado a lado nenhum efeito de interferência seria observado, porque as ondas de luz de uma fonte são emitidas independentemente da outra fonte; portanto, as emissões das duas fontes não mantêm uma relação de fase constante entre elas durante o tempo de observação. Uma fonte de luz comum sofre mudanças aleatórias em intervalos de tempo menores que um nanossegundo. Portanto, as condições para interferência construtiva, interferência destrutiva ou algum estado imediato são mantidas unicamente para tais intervalos curtos de tempo. O resultado é que nenhum efeito de interferência é observado, porque o olho não pode acompanhar tais mudanças rápidas. Tais fontes de luz são conhecidas como **incoerentes**.

27.2 | Experimento de fenda dupla de Young

Um método comum para produzir duas fontes de luz coerentes é usar uma fonte monocromática para iluminar uma barreira contendo duas aberturas pequenas (geralmente em formato de fendas). A luz emergindo das duas fendas é coerente, porque uma única fonte produz o raio de luz original e as duas fendas servem unicamente para separar o raio original em duas partes (o que era, na verdade, feito com o sinal sonoro dos alto-falantes lado a lado na seção anterior). Qualquer mudança aleatória na luz emitida por uma fonte ocorre em ambos os raios ao mesmo tempo, e, como resultado, efeitos de interferência podem ser observados quando a luz das duas fendas chega à tela de exibição.

Se a luz viajasse unicamente na sua direção original depois de passar através das fendas, como mostra a Figura 27.1a, as ondas não se sobreporiam e nenhum padrão de interferência seria visto. Em vez disso, como discutimos no nosso tratamento do princípio de Huygens (Seção 25.6), as ondas se espalham para fora da fenda como mostra a Figura 27.1b. Em outras palavras, a luz se desvia do percurso em linha reta e entra na região que de outra forma seria sombreada. Como notado na Seção 25.2, esta divergência da luz a partir de sua linha inicial de percurso é chamada **difração**.

A interferência em ondas de luz de duas fontes foi demonstrada pela primeira vez por Thomas Young em 1801. Um gráfico esquemático do aparato que Young usou é mostrado na Figura Ativa 27.2a. Ondas de luz planas chegam à barreira que contém duas fendas paralelas S_1 e S_2. Estas duas fendas servem como um par de fontes de luz coerentes, porque ondas emergindo delas se originam da mesma frente de luz, e portanto mantêm uma relação de fase constante. A luz de S_1 e S_2 produz na tela de exibição um padrão visível de bandas paralelas brilhantes e escuras chamadas **franjas** (Figura Ativa 27.2b). Quando as luzes de S_1 e de S_2 chegam num ponto na tela tal que ocorre interferência construtiva nessa localização, uma franja brilhante aparece. Quando a luz das duas fendas se combinam destrutivamente em qualquer localização da tela, resulta numa franja escura.

A Figura 27.3 é um diagrama esquemático que nos permite gerar uma representação matemática modelando as interferências como se as ondas se combinassem na

Figura 27.1 (a) Se as ondas de luz não se espalharem após passar pela fenda, não ocorre nenhuma interferência. (b) As ondas de luz das duas fendas se sobrepõem conforme se espalham, preenchendo o que esperamos sejam regiões sombreadas com luz e produzindo franjas de interferência numa tela localizada à direita da fenda.

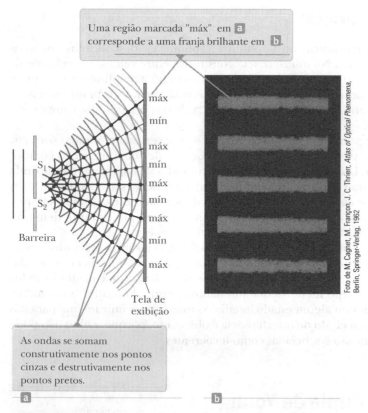

Figura Ativa 27.2 (a) Gráfico esquemático do experimento de fenda dupla de Young. Fendas S_1 e S_2 se comportam como fontes coerentes de ondas de luz que produzem um padrão de interferência na tela de exibição (não desenhado em escala). (b) Um aumento do centro de um padrão de franja formado na tela de exibição.

tela de exibição.[1] Na Figura 27.3a, duas ondas deixam as duas fendas em fase e batem na tela no ponto central O. Visto que as ondas percorrerem distâncias iguais, elas chegam na fase em O. Como resultado, a interferência construtiva ocorre nesta localização e uma franja brilhante é observada. Na Figura 27.3b, as duas ondas de luz começam novamente em fase, mas a onda inferior tem que viajar um comprimento de onda maior para atingir o ponto P na tela. Devido a onda inferior estar atrás da superior em exatamente um comprimento de onda, elas ainda chegam na fase em P. Portanto, uma segunda franja brilhante aparece nesta localização. Agora, considere o ponto R localizado entre O e P na Figura 27.3c. Nesta localização, a onda inferior está meio comprimento de onda atrás da superior quando chegam à tela. Portanto, o vale da onda inferior se sobrepõe à crista da onda superior, gerando uma interferência destrutiva em R. Por este motivo, você observa uma franja escura nesta localização.

O experimento de fenda dupla de Young é o protótipo para vários efeitos de interferências. Interferências de ondas são relativamente comuns em aplicações tecnológicas, de modo que este fenômeno representa um modelo de análise importante a ser entendido. Na próxima seção desenvolveremos representações matemáticas para interferência da luz.

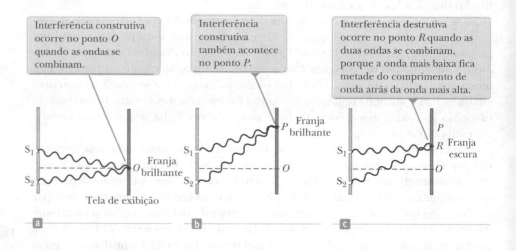

Figura 27.3 Ondas deixam as fendas e se combinam em vários pontos na tela de exibição. (As figuras não estão em escala.)

---

[1] A interferência ocorre em qualquer lugar entre as fendas e a tela, não somente na tela. Veja Pensando a Física 27.1. O modelo que propusemos nos dará um resultado válido.

27.3 | Modelo de análise: ondas em interferência

Podemos obter uma descrição quantitativa do experimento de Young com a ajuda de um modelo geométrico construído a partir da Figura 27.4a. A tela de exibição é localizada numa distância perpendicular L das fendas S_1 e S_2, as quais estão separadas por uma distância d. Considere o ponto P na tela. O ângulo θ é medido a partir de uma linha perpendicular à tela a partir do ponto médio entre as fendas e uma linha que vai do ponto médio ao ponto P. Identificamos r_1 e r_2 como as distâncias que as ondas percorrem desde a fenda até a tela. Assumimos que a fonte seja monocromática. Sob estas condições, as ondas emergindo de S_1 e S_2 têm o mesmo comprimento de onda e amplitude e estão em fase. A intensidade de luz na tela em P é o resultado da superposição da luz vindo de ambas as fendas. Note que do triângulo em cinza-claro na Figura 27.4a a onda da fenda inferior viaja mais que a onda da fenda superior numa quantidade δ (letra grega delta). A distância é chamada de **diferença de percurso**.

Se L for muito maior que d, os dois percursos podem ser considerados quase paralelos. Devemos adotar o modelo de simplificação no qual os dois percursos são exatamente paralelos. Neste caso, da Figura 27.4b, vemos que

$$\delta = r_2 - r_1 = d\,\mathrm{sen}\,\theta \qquad \textbf{27.1} \blacktriangleleft \quad \blacktriangleright \text{ Diferença de percurso}$$

Na Figura 27.4a, a condição $L \gg d$ não é cumprida, porque a figura não está em escala; na Figura 27.4b, os raios deixam a fenda como se a condição fosse satisfeita. Como já notado, o valor desta diferença de percurso determina se as duas ondas estarão em fase ou fora de fase quando chegam a P. Se a diferença de percurso for zero ou algum múltiplo inteiro do comprimento de onda, as duas ondas estarão em fase P e, consequentemente isso resultará em **interferência construtiva**. A condição para franjas brilhantes em P é, portanto

$$\delta = d\,\mathrm{sen}\,\theta_{\text{brilhante}} = m\lambda \qquad m = 0, \pm 1, \pm 2, \ldots \qquad \textbf{27.2} \blacktriangleleft \quad \blacktriangleright \text{ Condições para interferência construtiva}$$

O número m é um inteiro chamado **número de ordem**. A franja brilhante central em $\theta_{\text{brilhante}} = 0$ é associada com o número de ordem $m = 0$ e chamada máximo de ordem zero. O primeiro máximo em qualquer um dos lados, para o qual $m = \pm 1$, é chamado de **máximo de primeira ordem**, e assim por diante.

Similarmente, quando a diferença de percurso é um múltiplo ímpar de $\lambda/2$, as duas ondas que chegam em P estão 180° fora de fase e acabam criando uma **interferência destrutiva**. Portanto, a condição para franjas escuras em P é

$$\delta = d\,\mathrm{sen}\,\theta_{\text{escuro}} = (m + \tfrac{1}{2})\lambda \qquad m = 0, \pm 1, \pm 2, \ldots \qquad \textbf{27.3} \blacktriangleleft \quad \blacktriangleright \text{ Condições para interferência destrutiva}$$

Esta equação proporciona a posição *angular* das franjas. Ela também é útil para obter expressões para as posições *lineares* medidas ao longo da tela desde o ponto O até P. Do triângulo OPQ na Figura 27.4a, vemos que

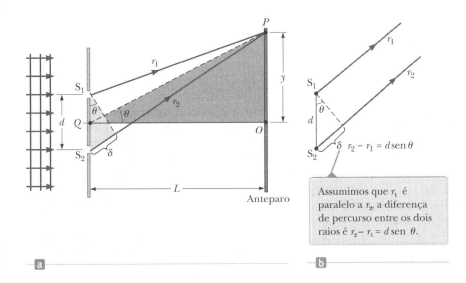

Figura 27.4 (a) Construção geométrica para descrever o experimento de fenda dupla de Young (não em escala). (b) As fendas, representadas como fontes, e os raios de luz saindo são assumidos como paralelos conforme viajam em direção a P. Para alcançar isso na prática, é essencial que $L \gg d$.

Assumimos que r_1 é paralelo a r_2, a diferença de percurso entre os dois raios é $r_2 - r_1 = d\,\mathrm{sen}\,\theta$.

$$\operatorname{tg} \theta = \frac{y}{L} \qquad \text{27.4} \blacktriangleleft$$

Usando este resultado, podemos observar que a posição linear das franjas brilhantes e escuras são dadas por

$$y_{\text{brilhante}} = L \operatorname{tg} \theta_{\text{brilhante}} \qquad \text{27.5} \blacktriangleleft$$

$$y_{\text{escuro}} = L \operatorname{tg} \theta_{\text{escuro}} \qquad \text{27.6} \blacktriangleleft$$

onde $\theta_{\text{brilhante}}$ e θ_{escuro} são dados pelas Equações 27.2 e 27.3.

Quando os ângulos para as franjas são pequenos, as franjas são igualmente espaçadas próximas ao centro do padrão. Para verificar esta afirmação, note que, para ângulos pequenos, $\operatorname{tg} \theta \approx \operatorname{sen} \theta$ e a Equação 27.5 dão a posição das franjas brilhantes como $y_{\text{brilhante}} = L \operatorname{sen} \theta_{\text{brilhante}}$. Incorporando a Equação 27.2, encontramos que

$$y_{\text{brilhante}} = L\left(\frac{m\lambda}{d}\right) \quad \text{(ângulos pequenos)} \qquad \text{27.7} \blacktriangleleft$$

e vemos que $y_{\text{brilhante}}$ é linear no número de ordem m, de modo que as franjas são igualmente espaçadas. Assim, também para franjas escuras

$$y_{\text{escuros}} = L \frac{(m + \frac{1}{2})\lambda}{d} \quad \text{(ângulos pequenos)} \qquad \text{27.8} \blacktriangleleft$$

Como demonstrado no Exemplo 27.1, o experimento de fenda dupla de Young proporciona um método para medir o comprimento de onda da luz. De fato, Young usou esta técnica para fazer isto precisamente. Adicionalmente, seu experimento deu ao modelo de onda de luz grande credibilidade. Era inconcebível que partículas de luz vindo através de fendas pudessem se cancelar entre si de uma maneira que explicaria as franjas escuras.

Os princípios discutidos nesta seção são a base do modelo de análise de **ondas em interferência**. Este modelo foi aplicado a ondas mecânicas em uma dimensão no Capítulo 14 (Volume 2). Aqui, observamos os detalhes de como aplicar deste modelo em três dimensões para a luz.

TESTE RÁPIDO 27.1 Qual das seguintes opções faz que as franjas num padrão de interferência de fenda dupla se afastem? (**a**) diminuir o comprimento de onda da luz, (**b**) diminuir a distância L da tela, (**c**) diminuir o espaçamento d da fenda, (**d**) imergir o aparato inteiro na água.

PENSANDO A FÍSICA 27.1

Considere um experimento de fenda dupla no qual um raio laser passa através de um par de fendas de espaçamento muito próximo e um padrão de interferência claro é exibido numa tela distante. Agora, suponha que você coloca partículas de fumaça entre a fenda dupla e a tela. Com a presença das partículas de fumaça, você veria os efeitos da interferência no espaço entre a fenda e a tela, ou somente os efeitos na tela?

Raciocínio Você vê os efeitos na área preenchida por fumaça. Raios de luz brilhante são direcionados para as áreas brilhantes na tela, e regiões escuras são direcionadas para as áreas escuras na tela. A construção geométrica mostrada na Figura 27.4a é importante para desenvolver a descrição matemática de interferência. É sujeita a interpretação errônea, entretanto, porque pode sugerir que a interferência pode ocorrer unicamente na posição da tela. Um gráfico melhor para esta situação é a Figura Ativa 27.2a, que mostra *caminhos* de interferência destrutiva e construtiva em todo o percurso desde as fendas até a tela. Estes caminhos são visíveis pela fumaça. ◄

Exemplo 27.1 | Medindo o comprimento de onda de uma fonte de luz

Uma tela de exibição é separada de uma fenda dupla por 4,80 m. A distância entre as duas fendas é 0,0300 mm. Uma luz monocromática é dirigida para a fenda dupla e forma um padrão de interferência na tela. A primeira franja escura está a 4,50 cm da linha central na tela.

(A) Determine o comprimento de onda da luz.

SOLUÇÃO

Conceitualize Estude a Figura 27.4 para garantir que você entende o fenômeno de interferência de ondas de luz. A distância de 4,50 cm é y na Figura 27.4.

Categorize Determinamos resultados usando as equações desenvolvidas nesta seção; então, categorizamos este exemplo como um problema de substituição. Como $L \gg y$, os ângulos para as franjas são pequenos.

Resolva a Equação 27.8 para o comprimento de onda e substitua os valores numéricos, tomando $m = 0$ para a primeira franja escura:

$$\lambda = \frac{y_{\text{escuro}} d}{(m + \frac{1}{2})L} = \frac{(4{,}50 \times 10^{-2}\,\text{m})(3{,}00 \times 10^{-5}\,\text{m})}{(0 + \frac{1}{2})(4{,}80\,\text{m})}$$

$$= 5{,}62 \times 10^{-7}\,\text{m} = \boxed{562\,\text{nm}}$$

(B) Calcule a distância entre as franjas brilhantes adjacentes.

SOLUÇÃO

Encontre a distância entre as franjas brilhantes adjacentes da Equação 27.7 e o resultado da parte (A):

$$y_{m+1} - y_m = L\frac{(m+1)\lambda}{d} - L\frac{m\lambda}{d}$$

$$= L\frac{\lambda}{d} = 4{,}80\,\text{m}\left(\frac{5{,}62 \times 10^{-7}\,\text{m}}{3{,}00 \times 10^{-5}\,\text{m}}\right)$$

$$= 9{,}00 \times 10^{-2}\,\text{m} = \boxed{9{,}00\,\text{cm}}$$

Para praticar, encontre o comprimento de onda do som no Exemplo 14.1 usando o procedimento da parte (A) deste exemplo.

Distribuição de intensidade do padrão de interferência de fenda dupla

Agora discutiremos brevemente a distribuição da intensidade da luz I (a energia levada pela luz por unidade de área por unidade de tempo) associada com o padrão de interferência de fenda dupla. Novamente, suponha que duas fendas representam fontes coerentes de ondas senoidais. Neste caso, as duas ondas têm a mesma frequência angular ω e uma diferença de fase constante ϕ. Embora as ondas tenham fases iguais na fenda, sua diferença de fase ϕ em P depende da diferença de percurso $\delta = r_2 - r_1 = d\,\text{sen}\,\theta$. Devido a diferença de percurso de λ corresponder à diferença de fase de 2π rad, podemos estabelecer a igualdade das relações.

$$\frac{\delta}{\phi} = \frac{\lambda}{2\pi}$$

$$\phi = \frac{2\pi}{\lambda}\delta = \frac{2\pi}{\lambda}d\,\text{sen}\,\theta \quad \blacktriangleleft 27.9$$

Esta equação nos diz como a diferença de fase ϕ depende do ângulo θ.

Embora não a provemos aqui, uma análise cuidadosa dos campos elétricos chegando na tela desde as duas fendas muito estreitas mostra que o **tempo médio de intensidade de luz** num ângulo dado θ é

$$I = I_{\text{máx}} \cos^2\left(\frac{\pi d\,\text{sen}\,\theta}{\lambda}\right) \quad \blacktriangleleft 27.10$$

onde $I_{\text{máx}}$ é a intensidade no ponto O na Figura 27.4a, diretamente atrás do ponto médio entre as fendas. Intensidade *versus* $d\,\text{sen}\,\theta$ é plotada na Figura 27.5.

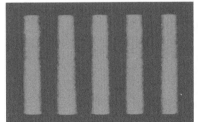

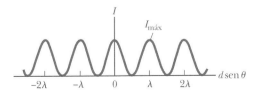

Figura 27.5 A intensidade da luz *versus* $d\,\text{sen}\,\theta$ para o padrão de interferência de fenda dupla quando a tela está longe das duas fendas ($L \gg d$).

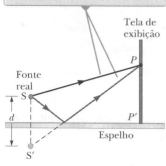

Um padrão de interferência é produzido na tela como resultado da combinação do raio direto (para a direita) e o raio refletido (para a esquerda).

Figura 27.6 Espelho de Lloyd. O raio refletido é submetido a uma mudança de fase de 180°.

27.4 | Mudança de fase devido à reflexão

O método de Young para produzir duas fontes de luz coerentes envolve a iluminação de um par de fendas com uma única fonte. Outro arranjo simples para produzir um padrão de interferência com uma única fonte de luz é conhecido como *espelho de Lloyd*. Uma fonte pontual de luz S é colocada perto do espelho, como ilustrado na Figura 27.6. Ondas podem alcançar o ponto *P* tanto pelo percurso direto de S até *P* quanto pelo percurso indireto envolvendo reflexão pelo espelho. O raio refletido bate na tela como se tivesse sido originado numa fonte S' localizada atrás do espelho.

Em pontos afastados da fonte, seria esperado um padrão de interferência das ondas vindas de S e S', da mesma forma como se observa para duas fontes coerentes reais nestes pontos. Na verdade, observa-se um padrão de interferência. As posições das franjas escuras e brilhantes, entretanto, são *reversas* em relação ao padrão de duas fontes reais coerentes (experimento de Young) porque as fontes coerentes S e S' se diferenciam em fase por 180°. Esta mudança de fase de 180° é produzida na reflexão. Em geral, uma onda eletromagnética sofre uma mudança de fase de 180° na reflexão em um meio de índice de refração maior que aquele no qual está viajando.

É útil desenhar uma analogia entre ondas de luz refletidas e as reflexões de uma onda transversal numa corda esticada quando a onda encontra um limite (Seção 13.4), como na Figura 27.7. O pulso refletido numa corda sofre uma mudança de fase de 180° quando é refletido numa extremidade fixa, e nenhuma mudança de fase quando é refletido numa extremidade livre, como ilustrado nas Figuras Ativas 13.12 e 13.13. Se o limite for entre duas cordas, a onda transmitida não exibirá mudança de fase. Da mesma forma, uma onda eletromagnética sofre uma mudança de fase de 180° quando é refletida no limite de um meio de índice de refração maior que aquele no qual está viajando. Não há mudança de fase para o raio refletido quando a onda é incidente num limite que leva a um meio de menor índice de refração. Em qualquer um dos casos, a onda transmitida não exibe mudança de fase.

27.5 | Interferência em películas finas

Efeitos de interferência podem ser observados em várias situações nas quais um raio de luz é espalhado e depois recombinado. Uma ocorrência comum é a aparição de faixas coloridas numa película de óleo na água, ou numa bolha de sabão iluminada com luz branca. A cor nesta situação resulta da interferência das ondas refletidas a partir da superfície oposta da película.

Considere uma película de espessura uniforme *t* e índice de refração *n*, como na Figura 27.8. Adotaremos um modelo simplificado no qual o raio de luz é incidente na película desde cima e quase normal à superfície da película. Dois raios são refletidos da película, um da superfície superior e o outro da superfície inferior depois que o raio refratado viajou

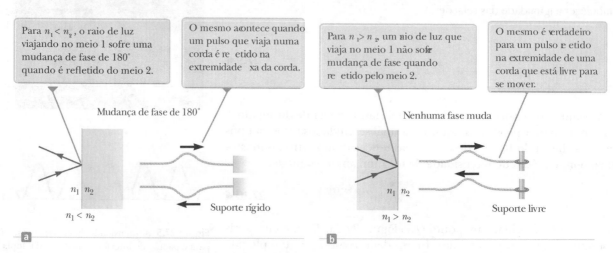

Figura 27.7 Comparações da reflexão de ondas de luz e ondas numa corda.

por dentro da película. Como a película é fina e tem lados paralelos, os raios refletidos são paralelos. Logo, raios refletidos da superfície superior podem interferir com raios refletidos da superfície inferior. Para determinar se os raios refletidos interferem construtiva ou destrutivamente, primeiro levamos em conta os seguintes fatos:

- Uma onda eletromagnética viajando desde um meio de índice de refração n_1 em direção a um meio de índice de refração n_2 sofre uma mudança de fase de 180° na reflexão quando $n_2 > n_1$. Nenhuma mudança de fase acontece na onda refletida se $n_2 < n_1$.
- O comprimento de onda λ_n da luz num meio com índice de refração n é

$$\lambda_n = \frac{\lambda}{n} \qquad \textbf{27.11}\blacktriangleleft$$

onde λ é o comprimento da onda da luz em espaço livre.

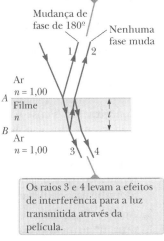

Figura 27.8 Caminhos de luz através de uma película fina.

Vamos aplicar estas regras para a película da Figura 27.8. De acordo com a primeira regra, o raio 1, que reflete na superfície superior (*A*), sofre uma mudança de fase de 180° em relação à onda incidente. O raio 2, que reflete na superfície inferior (*B*), não sofre mudança de fase em relação à onda incidente. Portanto, ignorando a diferença de percurso por enquanto, o raio 1 está 180° fora de fase com relação ao raio 2, uma distância de fase que é equivalente à distância percorrida de $\lambda_n/2$. Contudo, devemos considerar que o raio 2 viaja uma distância extra aproximadamente igual a $2t$ antes que as ondas se recombinem. A diferença *total* de fase aumenta da combinação da diferença de percurso e da mudança de fase de 180° na reflexão. Por exemplo, se $2t = \lambda_n/2$, os raios 1 e 2 se recombinarão na fase e a interferência resultante será construtiva. Em geral, a condição para interferência construtiva é

$$2t = (m + \tfrac{1}{2})\lambda_n \qquad m = 0, 1, 2, \ldots \qquad \textbf{27.12}\blacktriangleleft$$

Esta condição considera dois fatores: (a) a diferença no comprimento do percurso óptico (o termo $m\lambda_n$) e (b) a mudança de fase de 180° na reflexão (o termo $\lambda_n/2$). Como $\lambda_n = \lambda/n$, podemos escrever a Equação 27.12 na forma

$$2nt = (m + \tfrac{1}{2})\lambda \qquad m = 0, 1, 2, \ldots \qquad \textbf{27.13}\blacktriangleleft \quad \blacktriangleright \text{ Condição para interferência construtiva em películas finas}$$

Se a distância extra $2t$ viajada pelo raio 2 corresponde a um múltiplo inteiro de λ_n, as duas ondas se combinam fora de fase, resultando em interferência destrutiva. A equação geral para interferência destrutiva é

$$2nt = m\lambda \qquad m = 0, 1, 2, \ldots \qquad \textbf{27.14}\blacktriangleleft \quad \blacktriangleright \text{ Condição para interferência destrutiva em películas finas}$$

As condições anteriores para interferências construtiva e destrutiva são válidas quando o meio acima da superfície superior da película é o mesmo que o meio abaixo da superfície inferior. O meio ao redor pode ter um índice refrativo menor ou maior que o da película. Em qualquer um dos casos, os raios refletidos pelas duas superfícies estarão fora de fase em 180°. As condições são válidas também se meios diferentes estão acima e abaixo da película e se os dois têm n menor ou maior que aquele da película.

Se a película for colocada entre dois meios diferentes, um com $n < n_{\text{película}}$ e o outro com $n > n_{\text{película}}$, as condições para interferências construtiva e destrutiva são invertidas. Neste caso, uma mudança de fase de 180° ocorre para ambos, raio 1 refletindo da superfície *A* e raio 2 refletindo da superfície *B*, ou nenhuma mudança de fase acontece para ambos os raios; assim, a mudança global na fase relativa devido à refração é zero.

Os raios 3 e 4 na Figura 27.8 sofrem os a efeitos de interferência na luz transmitida através da película fina. A análise destes efeitos é semelhante àquela da luz refletida.

TESTE RÁPIDO 27.2 Em um acidente de laboratório, você derrama dois líquidos em água, nenhum deles se mistura com a água. Ambos formam películas finas na superfície da água. Quando as películas se tornam muito finas conforme os líquidos se espalham, você observa que uma película se torna brilhante e a outra escura na luz refletida. A película que aparece escura **(a)** tem um índice de refração maior que o da água, **(b)** tem um índice de refração menor que o da água, **(c)** tem um índice de refração igual ao da água, ou **(d)** tem um índice de refração menor que o da película brilhante.

100 | Princípios de física

TESTE RÁPIDO 27.3 Um slide de microscópio é colocado no topo de outro com suas bordas esquerdas em contato e um cabelo humano embaixo da borda direita do slide superior. Como resultado, um espaço de ar existe entre os slides. Um padrão de interferência resulta quando uma luz monocromática é refletida desde o espaço. O que aparece na borda esquerda dos slides? (**a**) uma franja escura, (**b**) uma franja brilhante, (**c**) impossível de determinar.

> **Estratégia para resolução de problemas: Interferência em filmes finos**
>
> Deve-se ter em mente as seguintes características quando se trabalha com problemas de interferência em filmes finos:
>
> 1. **Conceitualize** Pense sobre o que está acontecendo fisicamente nos problemas. Identifique a fonte de luz e a localização do observador.
> 2. **Categorize** Confirme a necessidade de atualizar técnicas para interferência de filme fino através da identificação do filme fino que causa a interferência.
> 3. **Analise** O tipo de interferência que ocorre é determinado pela relação de fase entre a porção da onda refletida na parte superior do filme e a refletida pela inferior. As diferenças de fase entre as duas porções têm duas causas: diferenças nas distâncias percorridas pelas duas porções e as mudanças de fase que ocorrem na reflexão. Ambos os casos precisam ser considerados no momento da determinação do tipo de interferência que ocorre. Se os meios acima e abaixo do filme tiverem índice de reflação maior que o do filme, ou se ambos tiverem índice menor, utilize a Equação 27.13 para interferência construtiva e a Equação 27.14 para destrutiva. Se o filme estiver localizado entre dois meios diferentes, um com $n < n_{filme}$ e o outro com $n > n_{filme}$, inverta estas duas equações para interferências destrutiva e construtiva.
> 4. **Finalize** Verifique seus resultados finais para ver se faz sentido fisicamente e se têm um tamanho adequado.

Exemplo 27.2 | Interferência numa película de sabão

Calcule a espessura mínima de uma bolha de sabão que resulta em interferência construtiva na luz refletida se a película é iluminada por uma luz de comprimento de onda no espaço livre de $\lambda = 600$ nm. O índice de refração da película de sabão é 1,33.

SOLUÇÃO

Conceitualize Imagine que a película da Figura 27.8 é sabão, com ar dos dois lados.

Categorize Determinamos o resultado usando uma equação desta seção; então, categorizamos este exemplo como um problema de substituição.

A espessura mínima de película para interferência construtiva na luz refletida corresponde a $m = 0$ na Equação 27.13. Solucione este problema para t e substitua os valores numéricos:

$$t = \frac{(0 + \frac{1}{2})\lambda}{2n} = \frac{\lambda}{4n} = \frac{(600 \text{ nm})}{4(1,33)} = 113 \text{ nm}$$

E se? O que acontece se a película tem o dobro da espessura? Esta situação produz interferência construtiva?

Resposta Usando a Equação 27.13, podemos solucionar para esta espessura na qual a interferência construtiva acontece:

$$t = (m + \tfrac{1}{2})\frac{\lambda}{2n} = (2m + 1)\frac{\lambda}{4n} \qquad m = 0, 1, 2, \ldots$$

Os valores permitidos de m mostram que a interferência construtiva ocorre para múltiplos ímpares da espessura correspondente a $m = 0$, $t = 113$ nm. Portanto, interferência construtiva *não* acontece para uma película que é duas vezes mais espessa.

Exemplo 27.3 | Revestimentos não reflexivos para células solares

Células Solares – dispositivos que geram eletricidade quando expostos à luz do Sol – são geralmente cobertas com uma película transparente e fina de monóxido de silício (SiO, $n = 1,45$) para minimizar perdas reflexivas da superfície. Suponha que uma célula solar de silício ($n = 3,5$) está coberta com uma película fina de monóxido de silício para este propósito (Fig. 27.9a). Determine a espessura mínima da película que produz a última reflexão num comprimento de onda de 550 nm, perto do centro de espectro visível.

27.3 cont.

SOLUÇÃO

Conceitualize A Figura 27.9a nos ajuda a visualizar o percurso dos raios na película de SiO que resulta em interferência na luz refletida.

Categorize Com base na geometria da camada de SiO, categorizamos este exemplo como um problema de interferência de películas finas.

Análise A luz refletida é mínima quando os raios 1 e 2 na Figura 27.9a se encontram em condições de interferência destrutiva. Nesta situação, *ambos* os raios sofrem uma mudança de fase de 180° na reflexão: o raio 1 na superfície superior de SiO e o raio 2 na superfície inferior de SiO. A mudança global na fase devido à reflexão é portanto zero, e a condição para um mínimo de reflexão requer uma diferença de percurso de $\lambda_n/2$, onde λ_n é

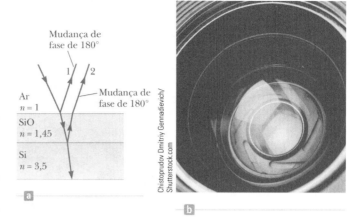

Figura 27.9 (Exemplo 27.3) (a) Perdas por reflexão de uma célula solar de silício são minimizadas ao cobrir a superfície da célula com uma película fina de monóxido de silício. (b) A luz refletida na lente da câmera coberta geralmente tem uma aparência violeta-avermelhada.

o comprimento de onda da luz em SiO. Portanto, $2nt = \lambda/2$, onde λ é o comprimento de onda no ar e n é o índice de refração de SiO.

Resolva a equação $2nt = \lambda/2$ para t e substitua os valores numéricos:

$$t = \frac{\lambda}{4n} = \frac{550 \text{ nm}}{4(1,45)} = 94,8 \text{ nm}$$

Finalize Uma célula solar tipicamente descoberta tem perdas de reflexão de até 30%, mas a cobertura de SiO pode reduzir este valor para cerca de 10%. A diminuição significativa na perda de reflexão aumenta a eficiência da célula solar, porque menor reflexão significa que mais luz solar entra no silício para criar portadores de carga na célula. Nenhuma cobertura pode ser feita perfeitamente não refletiva, porque a espessura necessária é dependente do comprimento de onda e a luz incidente cobre uma ampla gama de comprimentos de onda.

Lentes de vidro usadas em câmeras e outros instrumentos ópticos são geralmente cobertos com uma película transparente fina para reduzir ou eliminar a reflexão não desejada e para garantir a transmissão de luz através das lentes. A lente da câmera na Figura 27.9b tem diversas coberturas (de espessuras diferentes) para minimizar a reflexão das ondas de luz, tendo comprimentos de onda próximos ao centro do espectro visível. Como resultado, a pequena quantidade de luz que é refletida pela lente tem uma proporção maior das extremidades afastadas do espectro e geralmente é violeta-avermelhada.

27.6 | Padrões de difração

Nas Seções 25.2 e 27.2, discutimos brevemente o fenômeno de **difração**; agora, investigaremos este fenômeno de forma mais completa para ondas de luz. Em geral, a difração ocorre quando ondas passam através de aberturas pequenas, ao redor de obstáculos, ou por bordas afiadas.

Podemos esperar que a luz passando através de uma abertura pequena resulte simplesmente numa região ampla de luz numa tela devido ao espalhamento de luz conforme ela passa através da abertura. Contudo, encontramos algo mais interessante. Um **padrão de difração** que consiste em áreas iluminadas e escuras é observado, ligeiramente semelhante aos padrões de interferência discutidos anteriormente. Por exemplo, quando uma fenda estreita é colocada entre uma fonte de luz distante (ou um raio laser) e uma tela, a luz produz um padrão de difração como aquele na Figura 27.10. O padrão consiste numa banda central ampla e intensa (chamada **máximo central**), acompanhada por uma série de bandas adicionais mais estreitas e menos intensas (chamadas **máximos**) e uma série de bandas escuras (ou **mínimos**).

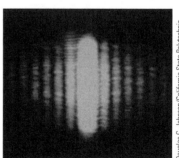

Figura 27.10 O padrão de difração que aparece na tela quando a luz passa através de uma fenda vertical estreita. O padrão consiste numa banda central ampla e uma série de bandas laterais menos intensas e mais estreitas.

A Figura 27.11 mostra a sombra de uma moeda, que exibe anéis brilhantes e escuros de um padrão de difração. O ponto brilhante no centro (chamado *ponto brilhante de Arago*, em homenagem ao seu descobridor, Dominique Arago) pode ser explicado usando a teoria ondulatória de luz. Ondas que difratam em todos os pontos na borda da moeda percorrem a mesma distância em direção ao ponto médio na tela. Portanto, o ponto médio é uma região de interferência construtiva, e um ponto brilhante aparece. Em contraste,

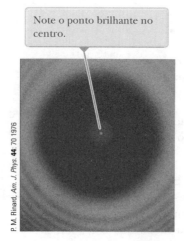

Figura 27.11 Padrão de difração criado pela iluminação de uma moeda, com esta posicionada no meio do caminho entre a tela e a fonte de luz.

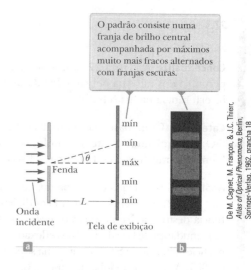

Figura ativa 27.12
(a) Geometria para analisar o padrão de difração de Fraunhofer de uma única fenda. (Não desenhado em escala.) (b) Fotografia de um padrão de difração de Fraunhofer de fenda única.

> **Prevenção de armadilha | 27.1**
> **Difração** *versus* **padrão de difração**
> *Difração* refere-se ao comportamento geral de ondas que se espalham conforme passam através de fendas. Usamos a difração para exemplificar a existência de padrões de interferência. *Padrão de difração* é atualmente um termo errôneo, porém, está profundamente enraizado na linguagem da Física. O padrão de difração visto numa tela quando uma única fenda é iluminada é realmente outro padrão de interferência. A interferência é entre partes da luz incidente iluminando diferentes regiões da fenda.

a partir do ponto de vista da óptica geométrica, o centro do padrão seria completamente filtrado pela moeda, e, assim, uma abordagem que não inclui a natureza ondulatória da luz não preverá um ponto de brilho central.

Consideremos uma situação comum, onde uma luz passa através de uma abertura estreita modelada como uma fenda e projetada numa tela. Como modelo simplificado, assumimos que a tela de observação está longe da fenda, de modo que os raios que as alcançam são aproximadamente paralelos. A situação pode ser alcançada experimentalmente usando lentes convergentes para focar os raios paralelos numa tela próxima. Neste modelo, o padrão na tela é chamado **padrão de difração de Fraunhofer**.[2]

A Figura Ativa 27.12a mostra a luz entrando numa única fenda a partir da esquerda e difratando conforme se propaga em direção à tela. A Figura Ativa 27.12b é uma fotografia do padrão de difração de fenda única de Fraunhofer. Uma franja brilhante é observada ao longo do eixo em $\theta = 0$, com franjas brilhantes e escuras alternadas em cada lado da franja brilhante central.

Até o momento, assumimos que fendas atuam como fontes pontuais de luz. Nesta seção, devemos determinar como suas larguras finitas são a base para o entendimento da natureza do padrão de difração de Fraunhofer produzido por uma única fenda. Podemos deduzir algumas características importantes deste problema examinando as ondas vindas de várias porções da fenda como mostrado no modelo geométrico da Figura 27.13. De acordo com o princípio de Huygens, cada porção da fenda atua como uma fonte de ondas. Portanto, a luz de uma porção da fenda pode interferir com a luz de outra porção, e a intensidade resultante na tela depende da direção θ.

Para analisar o padrão de difração, é conveniente dividir a fenda em duas metades, como na Figura 27.13. Todas as ondas que se originam na fenda estão em fase. Considere as ondas 1 e 3, que se originam na base e no centro da fenda, respectivamente. Para alcançar o mesmo ponto na tela de exibição, a onda 1 percorre uma distância maior que a onda 3 por uma quantidade igual à diferença de percurso $(a/2)\operatorname{sen}\theta$, onde a é a largura da fenda. Assim, a diferença de percurso entre as ondas 3 e 5 também é $(a/2)\operatorname{sen}\theta$. Se a diferença de percurso entre duas ondas for exatamente a metade do comprimento de onda (correspondendo à diferença de fase de 180°), as duas ondas se cancelam, resultando numa interferência destrutiva. Isso é verdade, de fato, para quaisquer duas ondas que se originam em pontos separados pela metade da largura da fenda, porque a diferença de fase entre esses dois pontos é 180°.

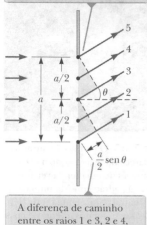

Figura 27.13 Caminhos de raios de luz que encontram uma fenda estreita de largura a e difratam em direção à tela, na direção descrita pelo ângulo θ.

---

[2] Se a tela fosse trazida para perto da fenda (e não fosse usada nenhuma lente), o padrão seria de difração de *Fresnel*. O padrão de Fresnel é mais difícil de analisar, por isso devemos restringir nossa discussão à difração de Fraunhofer.

Portanto, ondas da metade superior da fenda interferem destrutivamente com as da metade inferior quando

$$\frac{a}{2}\operatorname{sen}\theta = \pm \frac{\lambda}{2}$$

ou quando

$$\operatorname{sen}\theta = \pm \frac{\lambda}{a}$$

Se dividirmos a fenda em quatro partes, em vez de duas, e usarmos um raciocínio similar, encontramos que a tela é também escura quando

$$\operatorname{sen}\theta = \pm \frac{2\lambda}{a}$$

Da mesma forma, podemos dividir a fenda em seis partes e mostrar que a escuridão acontece na tela quando

$$\operatorname{sen}\theta = \pm \frac{3\lambda}{a}$$

Portanto, a condição geral para interferência destrutiva é

$$\operatorname{sen}\theta_{\text{escuro}} = m\frac{\lambda}{a} \quad m = \pm 1, \pm 2, \pm 3, \ldots \qquad 27.15$$

▶ Condição para interferência destrutiva em um padrão de difração

> **Prevenção de Armadilha | 27.2**
> **Equações semelhantes**
> A Equação 27.15 tem exatamente a mesma forma que a Equação 27.2, com d, a separação de fenda, usada na Equação 27.2 e a, a espessura da fenda, na Equação 27.15. Lembre-se, entretanto, que a Equação 27.2 descreve as regiões *brilhantes* em um padrão de interferência de duas fendas, enquanto a Equação 27.15 descreve as regiões *escuras* no padrão de difração de fenda única. Além disso, $m = 0$ não representa uma franja escura no padrão de difração.

A Equação 27.15 nos dá os valores de θ para os quais o padrão de difração tem intensidade zero, ou seja, uma franja escura é formada. Esta equação, entretanto, não indica nada a respeito da variação na intensidade ao logo da tela. As características gerais da distribuição de intensidade são mostradas na Figura Ativa 27.14: uma ampla franja central brilhante acompanhada por franjas brilhantes alternadas e muito mais fracas. As diversas franjas escuras (pontos de intensidade zero) ocorrem nos valores de θ que satisfazem a Equação 27.15. A posição dos pontos de interferência construtiva permanecem a aproximadamente metade do caminho entre as franjas escuras. Note que a franja brilhante central é de duas vezes a largura dos máximos mais fracos.

TESTE RÁPIDO 27.4 Suponha que a espessura da fenda na Figura Ativa 27.14 seja feita com a metade da largura. A franja brilhante central (**a**) se torna mais larga, (**b**) permanece igual, ou (**c**) se torna mais estreita?

PENSANDO A FÍSICA 27.2

Se a porta de uma sala de aula for levemente aberta, você pode ouvir sons vindo do corredor. Porém, não pode ver o que está acontecendo no corredor. O que contribui para a diferença?

Raciocínio O espaço entre a porta levemente aberta e a parede atua como uma única fenda para as ondas. Ondas sonoras têm comprimentos de onda maior que a largura da fenda, de modo que o som é efetivamente difratado pela abertura e espalhado através da sala. O som é então refletido pelas paredes, chão e teto, o que contribui para distribuir o som através de toda a sala. Comprimentos de onda da luz são muito menores que a largura da fenda, então, virtualmente nenhuma difração para a luz ocorre. Você deve ter uma linha direta de visão para detectar as ondas de luz. ◀

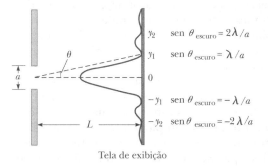

Figura Ativa 27.14 A distribuição da intensidade da luz para o padrão de difração de Fraunhofer para uma única fenda de largura a. As posições de dois mínimos em cada lado do máximo central são identificadas. (Não desenhado em escala.)

104 | Princípios de física

Exemplo 27.4 | O que são as franjas escuras?

Uma luz de comprimento de onda de 580 nm incide numa fenda tendo largura de 0,300 mm. A tela de exibição está a 2,00 m da fenda. Encontre a largura da franja brilhante central.

SOLUÇÃO

Conceitualize Com base na afirmação do problema, imaginamos um padrão de difração de fenda única similar ao da Figura Ativa 27.14.

Categorize Categorizamos este exemplo como uma aplicação direta da nossa discussão de padrões de difração de fenda única.

Analise Avalie a Equação 27.15 para as duas franjas escuras que acompanham a franja brilhante central, que corresponde a $m = \pm 1$:

$$\operatorname{sen} \theta_{escuro} = \pm \frac{\lambda}{a}$$

Faça y representar a posição vertical ao longo da tela de exibição na Figura Ativa 27.14, medida desde o ponto na tela diretamente atrás da fenda. Depois, $\tan \theta_{escuro} = y_1/L$, onde 1 subscrito refere-se à primeira franja escura. Devido a θ_{escuro} ser muito pequena, podemos usar a aproximação $\operatorname{sen} \theta_{escuro} \approx \tan \theta_{escuro}$; portanto, $y_1 = L \operatorname{sen} \theta_{escuro}$.

A largura da franja brilhante central é duas vezes o valor absoluto de y_1:

$$2|y_1| = 2|L \operatorname{sen} \theta_{escuro}| = 2\left|\pm L\frac{\lambda}{a}\right| = 2L\frac{\lambda}{a} = 2(2,00 \text{ m})\frac{580 \times 10^{-9} \text{ m}}{0,300 \times 10^{-3} \text{ m}}$$

$$= 7,73 \times 10^{-3} \text{ m} = \boxed{7,73 \text{ mm}}$$

Finalize Note que este valor é muito maior que a largura da fenda. Vamos explorar o que acontece se modificarmos a largura da fenda

E se? O que aconteceria se a largura da fenda aumentasse por uma ordem de magnitude de 3,00 mm? O que aconteceria com o padrão de difração?

Responda Com base na Equação 27.15, esperamos que os ângulos nos quais as bandas escuras aparecem diminuirão conforme a aumentar. Portanto, o padrão de difração se estreitaria.

Repita o cálculo com uma largura de fenda maior:

$$2|y_1| = 2L\frac{\lambda}{a} = 2(2,00 \text{ m})\frac{580 \times 10^{-9} \text{ m}}{3,00 \times 10^{-3} \text{ m}} \approx 7,73 \times 10^{-4} \text{ m} \approx \boxed{0,773 \text{ mm}}$$

Note que este resultado é menor que a largura da fenda. Em geral, para valores maiores de a, os diversos máximos e mínimos são tão próximos que somente uma área grande de brilho central semelhante à imagem geométrica da fenda é observada. Este conceito é muito importante para o projeto de instrumentos ópticos como telescópios.

27.7 | Resolução de aberturas circulares e de fenda única

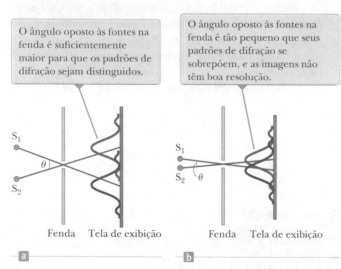

Figura 27.15 Duas fontes pontuais longe da fenda estreita, cada uma produz um padrão de difração. (a) As fontes são separadas por um ângulo grande. (b) As fontes são separadas por um ângulo pequeno. (Note que os ângulos são muito exagerados. Não desenhados em escala.)

Imagine que você está dirigindo no meio de um deserto escuro à noite, ao longo de uma estrada que é perfeitamente reta e plana por muitos quilômetros. Você vê outro veículo vindo na sua direção de uma certa distância. Quando o veículo está afastado, você pode não conseguir determinar se é um automóvel com dois faróis ou uma motocicleta com um farol. Conforme se aproxima, em certo ponto você será capaz de distinguir os dois faróis e determinar que é um automóvel. Uma vez que seja capaz de ver dois faróis separados, você descreve as fontes de luz como sendo **nítidas**.

A habilidade do sistema óptico para distinguir objetos no espaço próximo é limitada devido à natureza ondulatória da luz. Para entender esta limitação, considere a Figura 27.15, que mostra duas fontes de luz afastadas de uma fenda estreita. As fontes podem ser consideradas como duas fontes pontuais S_1 e S_2 que são incoerentes. Por exemplo, podem ser duas estrelas distantes observadas através da abertura do tubo de um telescópio. Se não acontecer difração, você observa dois pontos brilhantes distintos (ou imagens)

Capítulo 27 – Óptica ondulatória | 105

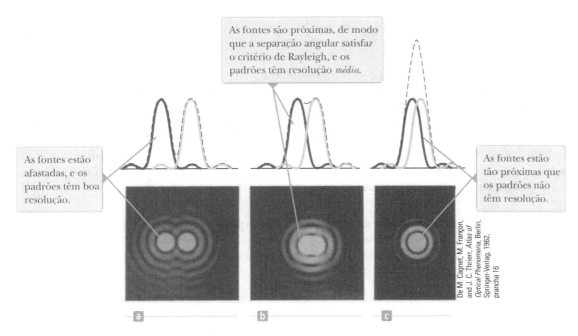

Figura 27.16 Padrões de difração individuais de duas fontes pontuais (curvas sólidas) e padrões resultantes (curvas pontilhadas) para várias separações angulares das fontes conforme a luz passa através de uma abertura circular. Em cada caso, a curva pontilhada é a soma das duas curvas sólidas.

na tela à direita na figura. Devido à difração, entretanto, cada fonte é retratada como uma região central brilhante acompanhada por bandas mais fracas brilhantes e escuras. O que é observado na tela é a soma de dois padrões de difração: um de S_1 e o outro de S_2.

Se as duas fontes estão afastadas o suficiente para garantir que seus respectivos máximos centrais não se sobreponham, como na Figura 27.15a, suas imagens podem ser distinguidas, e pode-se dizer que são nítidas. Se as fontes são próximas, entretanto, como na Figura 27.15b, os dois máximos centrais podem se sobrepor, e a fonte não seria nítida. Para decidir quando duas fontes são nítidas, a seguinte condição é geralmente usada:

Quando o máximo central de uma imagem cai para o primeiro mínimo de outra imagem, dizemos que as imagens são quase nítidas. Esta condição limitante de resolução é conhecida como **critério de Rayleigh**.

▶ critério de Rayleigh

A Figura 27.16 mostra os padrões de difração de aberturas circulares em três situações. Quando os objetos estão afastados, elas são bem nítidas (Fig. 27.16a). Elas são quase nítidas quando sua separação angular satisfaz o critério de Rayleigh (Figura 27.16b). Finalmente, as fontes não são nítidas na Figura 27.16c.

A partir do critério de Rayleigh, podemos determinar a separação angular mínima de $\theta_{\min}$ subtendida pelas fontes numa fenda tal que as fontes sejam quase nítidas. Na Seção 27.6, encontramos que o primeiro mínimo num padrão de difração de fenda única ocorre no ângulo que satisfaz a relação

$$\operatorname{sen} \theta = \frac{\lambda}{a}$$

onde a é a largura da fenda. De acordo com o critério de Rayleigh, essa expressão fornece a menor separação angular para a qual as duas fontes são nítidas. Como a $\lambda \ll a$ na maioria das situações, o sen θ é pequeno e podemos utilizar a aproximação sen $\theta \approx \theta$. Logo, o ângulo limite de resolução para uma fenda de largura a é

$$\theta_{\min} = \frac{\lambda}{a} \qquad \text{27.16} \blacktriangleleft \quad \blacktriangleright \text{ Ângulo limite de resolução para uma fenda}$$

onde $\theta_{\min}$ é expressa em radianos. Portanto, o ângulo subtendido pelas duas fontes na fenda deve ser *maior* que λ/a se as fontes estiverem nítidas.

Muitos sistemas ópticos usam aberturas circulares em vez de fendas. O padrão de difração de uma abertura circular, como observado na Figura 27.16, consiste num disco central circular brilhante rodeado de anéis progressivos mais tênues. A análise mostra que o ângulo limitante de resolução da abertura circular é

▶ Ângulo limitante de resolução para uma abertura circular

$$\theta_{mín} = 1{,}22 \frac{\lambda}{D}$$

27.17 ◀

onde D é o diâmetro de abertura. Note que a Equação 27.17 é similar à 27.16, exceto pelo fator de 1,22, que surge da análise matemática da difração numa abertura circular. Esta equação está relacionada com a dificuldade citada em ver os dois faróis no início desta seção. Quando observamos com os olhos, D na Equação 27.17 é o diâmetro da pupila. O padrão de difração formado quando a luz passa através das pupilas causa a dificuldade em distinguir os faróis.

Outro exemplo do efeito de difração na resolução para aberturas circulares é o telescópio astronômico. A extremidade do tubo através do qual a luz passa é circular, portanto, a habilidade do telescópio em distinguir a luz de estrelas próximas é limitada pelo diâmetro desta abertura.

TESTE RÁPIDO 27.5 Suponha que você esteja observando uma estrela binária com um telescópio e tenha dificuldades para focar as duas estrelas. Você decide usar um filtro colorido para maximizar a resolução. (O filtro de determinada cor transmite unicamente aquela cor de luz.) Que cor de filtro você deveria escolher? (**a**) azul, (**b**) verde, (**c**) amarelo, (**d**) vermelho.

PENSANDO A FÍSICA 27.3

Os olhos dos gatos têm pupilas que podem ser modeladas como fendas verticais. À noite, os gatos são mais bem-sucedidos em detectar luzes de faróis num carro distante ou luzes separadas verticalmente no mastro de um bote distante?

Raciocínio A largura de fenda efetiva na direção vertical dos olhos dos gatos é maior que aquela na direção horizontal. Portanto, os olhos têm maior poder de detecção para luzes separadas em direção vertical, e seriam mais efetivos para detectar as luzes no mastro de um bote. ◀

Exemplo 27.5 | Resolução do olho BIO

Luz de comprimento de onda de 500 nm, próximo ao centro do espectro visível, entra no olho humano. Embora o diâmetro da pupila varie de pessoa para pessoa, estimaremos um diâmetro diurno de 2 mm.

(A) Estime o ângulo limitante de resolução para este olho, assumindo que sua resolução seja limitada unicamente por difração.

SOLUÇÃO

Conceitualize Na Figura 27.16, identifique a abertura pela qual a luz viaja para atingir a pupila do olho. A luz passando através desta pequena abertura causa padrões de difração que ocorrem na retina.

Categorize Determinamos o resultado usando equações desenvolvidas nesta seção; então, categorizamos este exemplo como um problema de substituição.

Use a Equação 27.17, tomando $\lambda = 500$ nm e $D = 2$ mm:

$$\theta_{mín} = 1{,}22 \frac{\lambda}{D} = 1{,}22 \left(\frac{5{,}00 \times 10^{-7} \text{ m}}{2 \times 10^{-3} \text{ m}} \right)$$

$$\approx 3 \times 10^{-4} \text{ rad} \approx 1 \text{ min de arco}$$

(B) Determine a distância mínima de separação d entre duas fontes pontuais de modo que o olho possa distinguir se elas estão a uma distância $L = 25$ cm do observador (Fig. 27.17).

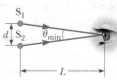

Figura 27.17 (Exemplo 27.5) Duas fontes pontuais separadas por uma distância d como observado pelo olho.

27.5 cont.

SOLUÇÃO

Notando que $\theta_{mín}$ é pequeno, encontre d:

$$\text{sen}\,\theta_{mín} \approx \theta_{mín} \approx \frac{d}{L} \rightarrow d = L\theta_{mín}$$

Substitua os valores numéricos:

$$d = (25\ \text{cm})(3 \times 10^{-4}\ \text{rad}) \approx 8 \times 10^{-3}\ \text{cm}$$

Este resultado é aproximadamente igual à espessura de um cabelo humano.

27.8 | A grade de difração

A **grade de difração**, um dispositivo útil para analisar fontes de luz, consiste em um grande número de fendas paralelas separadas por espaços iguais. Uma grade pode ser feita cortando-se ranhuras paralelas, separadas por espaços iguais, em uma placa de vidro ou metal com uma máquina reguladora de precisão. Em uma *grade de transmissão*, os espaços entre as linhas são transparentes para a luz, e, portanto, atuam como fendas separadas. Em uma *grade de reflexão*, os espaços entre as linhas são altamente reflexivos. Grades com muitas linhas muito próximas umas às outras podem ter espaços de fenda muito pequenos. Por exemplo, uma grade regulada com 5.000 linhas/cm tem um espaçamento de fenda de $d = (1/5.000)$ cm $= 2 \times 10^{-4}$ cm.

A Figura 27.18 mostra uma representação gráfica de uma seção de grade de difração plana. Uma onda plana incide a partir da esquerda, normal ao plano da grade. O padrão observado na tela à direita na Figura 27.18 é o resultado dos efeitos combinados de interferência e difração. Cada fenda produz difração, e os raios refratados interferem um com o outro para produzir o padrão final. Cada fenda atua como uma fonte de ondas, e todas as ondas começam nas fendas em fase. Para alguma direção arbitrária θ medida com relação a horizontal, entretanto, as ondas devem percorrer diferentes comprimentos de percurso antes de alcançar um ponto particular na tela. A partir da Figura 27.18, note que a diferença de percurso entre ondas de quaisquer duas fendas adjacentes é igual a $d\,\text{sen}\,\theta$. (Assumimos mais uma vez que a distância L até a tela é muito maior que d.) Se a diferença de percurso igualar um comprimento de onda ou algum múltiplo inteiro de um comprimento de onda, ondas de todas as fendas estarão em fase na tela e uma linha brilhante será observada. Quando a luz é incidente normalmente no plano da grade, a condição para o máximo no padrão de interferência no ângulo θ é, portanto[3]

$$d\,\text{sen}\,\theta_{brilhante} = m\lambda \quad m = 0, \pm 1, \pm 2, \pm 3, \ldots$$

27.18◄

> **Prevenção de Armadilha | 27.3**
> **Grade de difração é uma grade de interferência**
> Como padrão de difração, grade de difração é um termo impróprio, porém profundamente enraizado na linguagem da Física. A grade de difração depende da difração da mesma forma que a fenda dupla, espalhando a luz de modo que a luz vinda de diferentes fendas possa interferir. Seria mais correto chamá-la de grade de interferência, porém, grade de difração é o nome utilizado.

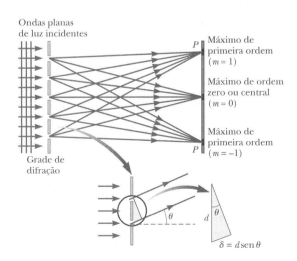

Figura 27.18 Visão lateral de uma grade de difração. Esta separação de fenda é d e a diferença de caminho entre as fendas adjacentes é $d\,\text{sen}\,\theta$.

---

[3] Note que esta equação é idêntica à Equação 27.2. Esta pode ser usada para um número de fendas de 2 para qualquer número N. A distribuição da intensidade pode mudar com o número de fendas, mas as localizações do máximo são as mesmas.

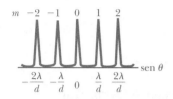

Figura Ativa 27.19 Intensidade versus θ para uma grade de difração. Os máximos de ordens zero, primeira e segunda são mostrados.

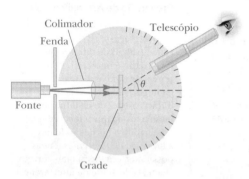

Figura Ativa 27.20 Gráfico de um espectrômetro de grade de difração. O raio incidente do colimador na grade é espalhado nos seus vários componentes de comprimento de onda com interferência construtiva para um comprimento de onda particular ocorrendo nos ângulos $\theta_{brilhante}$ que satisfazem a equação d sen $\theta_{brilhante} = m\lambda$, onde $m = 0, 1, 2, \ldots$.

Figura 27.21 Uma pequena porção de uma válvula de luz em grade. As fitas reflexivas alternadas em níveis diferentes funcionam como uma grade de difração, oferecendo controle de alta velocidade na direção de luz em direção ao dispositivo de exibição digital.

Esta expressão pode ser usada para calcular o comprimento de onda a partir do conhecimento do espaçamento de grade d e o ângulo de desvio θ. Se a radiação incidente contiver vários comprimentos de onda, o máximo de ordem m-ésima ordem para cada comprimento de onda ocorre no ângulo determinado pela Equação 27.18. Todos os comprimentos de onda são misturados em $\theta = 0$, correspondendo a $m = 0$.

A distribuição de intensidade para uma grade de difração é mostrada na Figura Ativa 27.19. Note a nitidez do máximo principal e a ampla gama de áreas escuras, que estão em contraste com as franjas amplas brilhantes características dos padrões de interferência de fenda dupla (veja Fig. 27.5).

Um arranjo simples para medir o comprimento de onda da luz é mostrado na Figura Ativa 27.20. Este arranjo é chamado *espectrômetro de grade de difração*. A luz a ser analisada passa através da fenda,[4] e um raio paralelo de luz sai do colimador perpendicular à grade. A luz difratada deixa a grade e exibe interferência construtiva nos ângulos que satisfazem a Equação 27.18. Um telescópio é usado para observar a imagem da fenda. O comprimento de onda pode ser determinado ao medir os ângulos precisos nos quais as imagens da fenda aparecem para as várias ordens.

O espectrômetro é uma ferramenta útil na *espectrometria atômica*, na qual a luz de um átomo é analisada para encontrar os componentes de comprimento de onda. Estes componentes de comprimento de onda podem ser usados para identificar o átomo como discutido na Seção 11.5. Estudaremos o espectro atômico no Capítulo 29.

Outra aplicação das grades de difração está na recentemente desenvolvida *válvula de luz em grade* (GLV), que pode competir no futuro próximo na videoprojeção com os dispositivos de microespelhos digitais (DMD), discutidos na Seção 25.3. A válvula de luz em grade consiste num microchip de silício alimentado por uma variedade de fitas paralelas de nitreto de silício cobertos por uma fina camada de alumínio (Fig. 27.21). Cada fita tem cerca de 20 μm de comprimento e cerca de 5 μm de largura, e é separada do substrato de silício por uma abertura de ar na ordem de 100 nm. Sem voltagem aplicada, todas as fitas estão no mesmo nível. Nesta situação, a variedade de fitas atua como uma superfície plana, refletindo de forma especular a luz incidente.

Quando uma voltagem é aplicada entre uma fita e um eletrodo no substrato de silício, uma força elétrica empurra a fita para baixo, perto do substrato. Fitas alternadas podem ser empurradas para baixo, enquanto aquelas no meio permanecem na configuração mais alta. Como resultado, a variedade de fitas atua como uma grade de difração, de modo que a interferência construtiva para um comprimento de onda particular de luz pode ser dirigido para a tela ou outro sistema óptico de exibição. Usando tais dispositivos, cada um para luz vermelha, azul e verde, é possível uma exibição com todas as cores.

A GLV tende a ser mais fácil de fabricar e de mais alta resolução comparada com os dispositivos DMD. Por outro lado, estes já ingressaram no mercado. Será interessante observar esta competição tecnológica nos anos futuros.

TESTE RÁPIDO 27.6 Uma luz ultravioleta de comprimento de onda de 350 nm incide numa grade de difração com espaçamento de fenda d e forma um padrão de interface numa tela a uma distância L. O brilho de posição angular $\theta_{brilhante}$ da interferência máxima é grande. As localizações das franjas de luz são feitas na tela. Agora, uma luz vermelha de comprimento de onda de 700 nm é usada com uma grade de difração para formar outro padrão de difração na tela. As franjas de luz deste padrão estarão localizadas nas marcas na tela se (**a**) a tela for deslocada numa distância $2L$ da grade, (**b**) a tela for deslocada a uma distância $L/2$ da grade, (**c**) a grade for substituída por um espaçamento de fenda de $2d$, (**d**) a grade for substituída por um espaçamento de fenda de $d/2$, ou (**e**) nada é mudado?

---

[4] Uma fenda comprida e estreita nos permite observar o espectro de raios na luz vindo dos sistemas atômico e molecular, como discutido no Capítulo 11 (Volume 1).

> **PENSANDO A FÍSICA 27.4**
>
> A luz branca refletida na superfície de um *compact disc* (CD) tem uma aparência multicolorida, como mostrado na Figura 27.22. Além disso, a observação depende da orientação do disco em relação ao olho e à posição da fonte de luz. Explique como isso funciona.
>
> **Raciocínio** A superfície de um CD tem uma faixa espiral com espaçamento de aproximadamente 1 μm que atua como uma grade de reflexão. A luz espalhada por estas faixas espirais próximas interfere construtivamente em direções que dependem do comprimento de onda e da direção da luz incidente. Qualquer seção do disco serve como uma grade de difração para a luz branca, enviando raios de interferência construtiva de cores diferentes em direções diferentes. As cores diferentes que você vê quando observa uma seção do disco mudam conforme a fonte de luz, o disco, ou se você se movimenta para mudar o ângulo de incidência ou o ângulo de visão. ◀

Figura 27.22 (Pensando a Física 27.4) Um CD observado sob luz branca. As cores observadas na luz refletida e suas intensidades dependem da orientação do disco em relação ao olho e à fonte de luz.

Exemplo 27.6 | As ordens de uma grade de difração

A luz monocromática de um laser de hélio-neônio (λ = 632,8 nm) incide normalmente numa grade de difração contendo 6.000 ranhuras por centímetro. Encontre o ângulo no qual os máximos de primeira e segunda ordens são observados.

SOLUÇÃO

Conceitualize Estude a Figura 27.18 e imagine que a luz vindo a partir da esquerda se origina no laser de hélio-neônio. Vamos avaliar os valores possíveis do ângulo θ para interferência construtiva.

Categorize Determinamos resultados usando as equações desenvolvidas nesta seção; então, categorizamos este exemplo como um problema de substituição.

Calcule a separação de fenda como o inverso do número de ranhuras por centímetro:

$$d = \frac{1}{6.000} \text{ cm} = 1{,}667 \times 10^{-4} \text{ cm} = 1.667 \text{ nm}$$

Resolva a Equação 27.18 para sen θ e substitua os valores numéricos pelo máximo de primeira ordem (m = 1) para encontrar

$$\text{sen } \theta_1 = \frac{(1)\lambda}{d} = \frac{632{,}8 \text{ nm}}{1{,}667 \text{ nm}} = 0{,}379\ 7$$

$$\theta_1 \approx \boxed{22{,}31°}$$

Repita para o máximo de segunda ordem (m = 2):

$$\text{sen } \theta_2 = \frac{(2)\lambda}{d} \approx \frac{2(632{,}8 \text{ nm})}{1{,}667 \text{ nm}} \approx 0{,}759\ 4$$

$$\theta_2 \approx \boxed{49{,}41°}$$

E se? O que acontece se você procurar o máximo de terceira ordem? Você o encontrará?

Resposta Para m = 3, encontramos sen θ_3 = 1,139. Devido a sen θ não poder exceder a unidade, este resultado não representa uma solução real. Portanto, somente os máximos de ordens zero, primeira e segunda podem ser observados para esta situação.

27.9 | Difração de raios X por cristais

Em princípio, o comprimento de onda de qualquer onda eletromagnética pode ser determinado se uma grade do próprio espaçamento (na ordem de λ) estiver disponível. Os **raios X**, descobertos em 1895 por Wilhelm Roentgen (1845-1923), são ondas eletromagnéticas com comprimentos de onda muito curtos (na ordem de 10^{-10} m = 0,1 nm). Em 1913, Max von Laue (1879-1960) sugeriu que a variedade regular de átomos num cristal, cujo espaçamento é conhecido como próximo de 10^{-10} m, pode atuar como uma grade de difração tridimensional para raios X. Experimentos subsequentes confirmaram sua predição. Os padrões de difração observados são complicados devido à natureza tridimensional dos cristais. Não obstante, a difração de raios X é uma técnica inestimável para elucidar estruturas cristalinas e para compreender a estrutura da matéria.

A Figura 27.23 é um arranjo experimental para observar a difração de raios X a partir de um cristal. Um feixe colimado de raio X com uma faixa contínua de comprimentos de onda incide no cristal. Os feixes difratados são

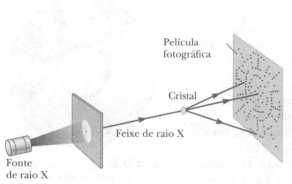

Figura 27.23 Gráfico esquemático da técnica usada para observar a difração de raios X por um cristal. A variedade de pontos formados na película é chamada padrão de Laue.

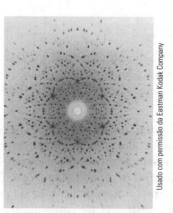
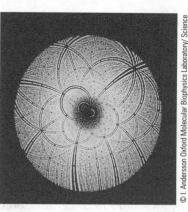

Figura 27.24 (a) Padrão de Laue de um único cristal mineral de berílio (silicato berílio alumínio). (b) Padrão de Laue da enzima Rubisco, produzido com um espectro de raio X de banda-larga. Esta enzima está presente em plantas e atua em processos de fotossíntese. O padrão de Laue é usado para determinar a estrutura cristalina da Rubisco.

Figura 27.25 A estrutura cristalina de cloridrato de sódio (NaCl). O comprimento da borda do cubo é $a = 0{,}564$ nm.

muito intensos em certas direções, correspondendo à interferência construtiva das ondas refletidas nas camadas de átomos no cristal. Os feixes difratados, que podem ser detectados por uma película fotográfica, formam uma variedade de pontos, conhecidos como padrão de Laue, como na Figura 27.24a. Você pode deduzir a estrutura cristalina analisando as posições e intensidades dos vários pontos no padrão. A Figura 27.24b mostra o padrão de Laue para enzimas cristalinas, usando uma ampla faixa de comprimentos de onda resultando em um padrão de redemoinho.

O arranjo de átomos em um cristal de NaCl é mostrado na Figura 27.25. As esferas menores representam íons de Na^+, e as esferas maiores representam íons de Cl^-. Cada unidade de célula (a forma geométrica que se repete no cristal) contém quatro íons de Na^+ e quatro de C^-. A célula unitária é um cubo cujo comprimento da aresta é a.

Os íons em um cristal encontram-se em vários planos, como mostrado na Figura 27.26. Suponha que um feixe de raio X incidente forma um ângulo θ com um dos planos como na Figura 27.26. (Note que o ângulo θ é tradicionalmente medido a partir da superfície de reflexão, em vez da normal, como no caso da Lei de Reflexão no Capítulo 25.) O feixe pode refletir em ambos os planos, inferior e superior; a construção geométrica na Figura 27.26, entretanto, mostra que o feixe que reflete na superfície inferior percorre uma distância maior que o que reflete na superfície superior. A diferença de percurso entre os dois raios é $2d\,\mathrm{sen}\,\theta$, onde d é a distância entre os planos. Os dois feixes se reforçam entre si (interferência construtiva) quando sua diferença de percurso iguala algum múltiplo inteiro do comprimento de onda λ. O mesmo é verdadeiro sobre a reflexão da família inteira dos planos paralelos. Portanto, a condição para interferência construtiva (máximo na onda refletida) é

$$2d\,\mathrm{sen}\,\theta = m\lambda \qquad m = 1, 2, 3, \ldots \qquad \textbf{27.19}\blacktriangleleft$$

A condição é conhecida como **Lei de Bragg**, em homenagem a W. Lawrence Bragg (1890-1971), que primeiro derivou a relação. Se o comprimento de onda e o ângulo de difração forem medidos, a Equação 27.19 pode ser usada para calcular o espaço entre planos atômicos.

27.10 | Conteúdo em contexto: holografia

Uma aplicação interessante do laser é a **holografia**, a produção de imagens tridimensionais de objetos. A física da holografia foi desenvolvida por Dennis Gabor (1900-1979) em 1948, pela qual recebeu, em 1971, o prêmio Nobel da Física. A necessidade de luz coerente para holografia, entretanto, atrasou a realização de imagens holográficas a partir do trabalho de Gabor até o

Figura 27.26 Uma descrição bidimensional da reflexão de um feixe de raio X para dois planos cristalinos paralelos separados por uma distância d. O feixe refletido no plano inferior viaja mais longe que o refletido no plano superior por uma distância igual a $2d\,\mathrm{sen}\,\theta$.

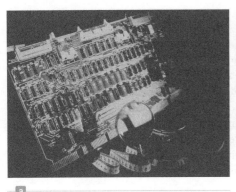 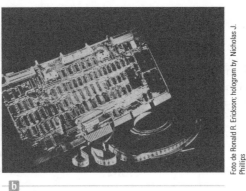

Figura 27.27 Neste holograma, uma placa de circuito é mostrada em duas perspectivas diferentes. Note a diferença na aparência da fita métrica e a vista através da lente de aumento em (a) e (b).

desenvolvimento do laser, na década de 1960. A Figura 27.27 mostra um holograma e o caráter tridimensional das suas imagens.

A Figura 27.28 mostra como um holograma é feito. A luz do laser é dividida em duas partes por um meio espelho de prata em B. Uma parte dos raios reflete no espelho para ser fotografada e atingir uma película fotográfica comum. A outra metade dos raios é divergida pela lente L_2, reflete nos espelhos M_1 e M_2, e finalmente atinge a película. Os dois raios se sobrepõem para formar um padrão extremamente complicado na película. Tal padrão pode ser produzido unicamente se a relação de fase das duas ondas for constante durante toda a exposição da película. Esta condição é conseguida iluminando-se a cena com luz vindo através de um furo ou com radiação laser coerente. O holograma grava não só a intensidade da luz espalhada no objeto (como em uma fotografia convencional), mas também a diferença de fase entre o de referência e o espalhado pelo objeto. Esta diferença de fase resulta em um padrão de interface que produz uma imagem com perspectiva tridimensional.

Figura 27.28 Arranjo experimental para produzir um holograma.

Em uma imagem de fotografia normal, uma lente é usada para focar a imagem de modo que cada ponto no objeto corresponda a um único ponto na película. Note que nenhuma lente é usada na Figura 27.28 para focar a luz na película. Portanto, a luz de cada ponto no objeto alcança *todos* os pontos na película. Como resultado, cada região da película de fotografia na qual o holograma é gravado contém informação sobre todos os pontos iluminados no objeto, o que leva a um resultado notável: Se uma seção pequena do holograma for cortada da película, a imagem completa pode ser formada a partir desta pequena peça!

Um holograma é mais bem observado ao se permitir que luz coerente passe através da película desenvolvida conforme você olha para trás ao longo da direção de onde os raios vêm. O padrão de interferência na película atua como uma grade de difração. A Figura 27.29 mostra dois raios de luz atingindo a película e passando através dela. Para cada raio, os raios $m = 0$ e $m = \pm 1$ no padrão de difração são mostrados surgindo do lado direito da película. Note que os raios $m = +1$ convergem para formar uma imagem real da cena, que não é a imagem normalmente observada. Estendendo os raios de luz que correspondem a $m = -1$ atrás da película, vemos que há uma imagem virtual localizada ali, com luz vindo dela exatamente da mesma forma que vem do objeto real quando a película é exposta. Esta imagem é aquela que observamos ao olhar através da película holográfica.

Hologramas estão oferecendo uma variedade de aplicações em exibição e em medições de precisão. Você pode ter um holograma no seu cartão de crédito. Este tipo especial é chamado de *holograma arco-íris*, designado a ser visto em luz branca refletiva.

Hologramas representam meios de armazenar informação visual usando lasers. Na Conclusão do Contexto, estudaremos meios de usar lasers para armazenar informação digital que pode ser convertida em ondas sonoras ou reproduções de vídeo.

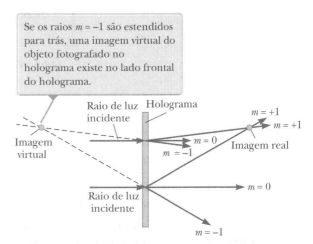

Figura 27.29 Dois raios de luz atingem um holograma em incidente normal. Para cada raio, raios saindo correspondentes a $m = 0$ e $m = \pm 1$ são mostrados.

RESUMO

Interferência das ondas de luz é o resultado da superposição linear de duas ou mais ondas em um ponto dado. Um padrão de interferência contínuo é observado se (1) as fontes tiverem comprimentos de onda idênticos e (2) as fontes forem coerentes.

A **intensidade de luz média** no tempo de um padrão de interferência de fenda dupla é

$$I = I_{máx} \cos^2\left(\frac{\pi d \operatorname{sen}\theta}{\lambda}\right) \quad \text{27.8}◀$$

onde $I_{máx}$ é a intensidade máxima na tela.

Uma onda eletromagnética viajando em um meio com índice de refração n_1 em direção a um meio com índice de refração n_2 sofre uma mudança de fase de 180° na reflexão quando $n_2 > n_1$. Nenhuma mudança de fase acontece na onda refletida se $n_2 < n_1$.

A condição para a interferência construtiva em uma película de espessura t e índice de refração n com o mesmo meio nos dois lados da película é dada por

$$\quad \text{27.13}◀$$

Da mesma maneira, a condição para interferência destrutiva é

$$2nt = m\lambda \quad m = 0, 1, 2, \ldots \quad \text{27.14}◀$$

Difração é o espalhamento de luz a partir de um percurso em linha reta quando a luz passa através de uma abertura ou em volta de obstáculos. Um **padrão de difração** pode ser analisado conforme a interferência de um número grande de fontes coerentes de Huygens se espalham através da abertura.

O padrão de difração produzido por uma única fenda de largura a a uma distância da tela consiste em um máximo central e regiões brilhantes e escuras alternadas de intensidade muito menor. Os ângulos θ nos quais o padrão de difração tem intensidade *zero* são dados por

$$\operatorname{sen}\theta_{escuro} = m\frac{\lambda}{a} \quad m = \pm 1, \pm 2, \pm 3, \ldots \quad \text{27.15}◀$$

O **critério de Rayleigh**, que é uma condição limitante para a resolução, diz que duas imagens formadas por uma abertura são apenas distinguíveis se o máximo central do padrão de difração para uma imagem cair no primeiro mínimo da outra imagem. O ângulo limitante de resolução para uma fenda de largura a é dado por $\theta_{mín} = \lambda/a$, e o ângulo limitante de resolução para uma abertura circular de diâmetro D é dado por $\theta_{mín} = 1{,}22\,\lambda/D$.

Uma **grade de difração** consiste em um número grande de fendas idênticas de igual espaçamento. A condição para a intensidade máxima no padrão de interferência de uma grade de difração para incidência normal é

$$d \operatorname{sen}\theta_{brilhante} = m\lambda \quad m = 0, 1, 2, 3, \ldots \quad \text{27.18}◀$$

onde d é o espaçamento entre fendas adjacentes e m é o número de ordem do máximo de difração.

Modelo de análise para resolução de problemas

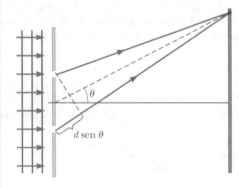

Ondas em interferência. O experimento de fenda dupla de Young serve como um protótipo para o fenômeno de interferência envolvendo radiação eletromagnética. Neste experimento, duas fendas separadas por uma distância d são iluminadas por uma fonte de luz de comprimento de onda único. A condição para franjas brilhantes (**interferência construtiva**) é

$$d \operatorname{sen}\theta_{brilhante} = m\lambda \quad m = 0, \pm 1, \pm 2, \ldots \quad \text{27.2}◀$$

A condição para franjas escuras (**interferência destrutiva**) é

$$d \operatorname{sen}\theta_{escuro} = (m + \tfrac{1}{2})\lambda \quad m = 0, \pm 1, \pm 2, \ldots \quad \text{27.3}◀$$

O número m é chamado de **número de ordem** da franja.

PERGUNTAS OBJETIVAS

1. Considere uma onda passando por uma fenda única. O que acontece com a largura do máximo central de seu padrão de difração se a fenda for feita com a metade de sua largura? (a) Torna-se um quarto maior. (b) Torna-se a metade da largura. (c) Não muda. (d) Torna-se duas vezes mais larga. (e) Torna-se quatro vezes mais larga.

2. Suponha que você realize o experimento de fenda dupla de Young com uma separação de fenda levemente menor que o comprimento de onda da luz. Como tela, você usa um semicilindro grande com seu eixo ao longo da linha média entre as fendas. Que padrão de interferência você verá na superfície interior do cilindro? (a) franjas escuras e brilhantes tão próximas que são indistinguíveis (b) uma franja central brilhante e somente duas franjas escuras (c) uma tela completamente brilhante com nenhuma franja escura (d) uma franja central escura e somente duas franjas brilhantes (e) uma tela completamente escura sem franjas brilhantes.

3. Suponha que o experimento de fenda dupla de Young seja realizado no ar utilizando luz vermelha com o aparato imerso em água. O que acontece com o padrão de interferência na tela? (a) Desaparece. (b) As franjas claras e escuras ficam no mesmo local, mas o contraste é reduzido. (c) As franjas claras

ficam próximas umas das outras. (d) As franjas claras ficam distanciadas. (e) Nenhuma mudança ocorre no padrão de interferência.

4. Quatro testes do experimento da fenda dupla de Young são conduzidos. (a) No primeiro, a luz azul passa através das duas fendas a 400 μm de distância e forma um padrão de interferência na tela a 4 m de distância. (b) No segundo, a luz vermelha passa através das mesmas fendas e recai sobre a mesma tela. (c) Um terceiro é realizado com luz vermelha e a mesma tela, mas as fendas encontram-se a 800 μm de distância. (d) Um teste final é realizado com luz vermelha, com fendas a 800 μm de distância e a tela a 8 m. (i) Classifique os testes (a) a (d), do maior para o menor valor, do ângulo entre o máximo central e o máximo de primeira ordem. Em sua classificação, anote qualquer caso de igualdade. (ii) Classifique os mesmos testes de acordo com a distância entre o máximo central e o máximo de primeira ordem na tela.

5. Uma onda de luz plana e monocromática incide em uma fenda dupla, ilustrada na Figura Ativa 27.2. (i) Conforme a tela de visualização é movida para longe da fenda dupla, o que acontece com a separação entre as franjas de interferência na tela? (a) Aumenta. (b) Diminui. (c) Permanece a mesma. (d) Pode aumentar ou diminuir, dependendo do comprimento de onda da luz. (e) Mais informações são necessárias. (ii) Conforme a separação entre as fendas aumenta, o que acontece com a separação entre as franjas de interferência na tela? Escolha entre as mesmas alternativas.

6. Uma película de óleo em uma poça num estacionamento exibe uma variedade de cores em padrões na forma de redemoinho. O que você pode dizer sobre a espessura dessa película? (a) É muito menor que o comprimento de onda da luz visível. (b) É da mesma ordem de grandeza do comprimento da luz visível. (c) É muito maior que o comprimento de onda da luz visível. (d) Deve possuir alguma relação com o comprimento de onda da luz visível.

7. Por que é vantajoso utilizar uma objetiva de diâmetro grande em um telescópio? (a) Ela difrata a luz com mais eficácia do que lentes objetivas com diâmetro menor. (b) Ela diminui sua ampliação. (c) Ela lhe permite ver mais corpos no campo de visão. (d) Ela reflete comprimentos de luz não desejados. (e) Ela aumenta sua resolução.

8. Uma fina camada de óleo ($n = 1,25$) flutua na água ($n = 1,33$). Qual é a espessura mínima diferente de zero do óleo na região que reflete luz verde forte ($\lambda = 530$ nm)? (a) 500 nm, (b) 313 nm, (c) 404 nm, (d) 212 nm (e) 285 nm.

9. Na Figura Ativa 27.12, assumimos que a fenda é uma barreira que é opaca para o raio X assim como para a luz visível. A fotografia na Figura 27.12b mostra o padrão de difração produzido com luz visível. O que aconteceria se o experimento fosse repetido com raios X como a onda de entrada e sem outras mudanças? (a) O padrão de difração é semelhante. (b) Não há padrão de difração notável, mas, em vez disso, há uma sombra projetada de alta intensidade na tela, tendo a mesma largura que a fenda. (c) O máximo central é muito mais amplo, e o mínimo ocorre em ângulos maiores do que com luz visível. (d) Nenhum raio X atinge a tela.

10. Um padrão de difração de Fraunhofer é produzido em uma tela localizada a 1,00 m de uma fenda única. Se uma fonte de luz de comprimento de onda $5,00 \times 10^{-7}$ m é usada e a distância do centro da franja de brilho central até a primeira franja escura é $5,00 \times 10^{-3}$ m, qual é a largura da fenda? (a) 0,0100 mm (b) 0,100 mm (c) 0,200 mm (d) 1,00 mm (e) 0,00500 mm.

11. Que combinação de fenômenos ópticos causa os padrões de brilho coloridos algumas vezes vistos em ruas molhadas cobertas com uma camada de óleo? Escolha a melhor resposta. (a) difração e polarização (b) interferência e difração (c) polarização e reflexão (d) refração e difração (e) reflexão e interferência.

12. **BIO** Quando você faz um raio X de tórax no hospital, o raio X passa através de um conjunto de costelas no seu peito. Suas costelas atuam como uma grade de difração para os raios X? (a) Sim elas produzem raios difratados que podem ser observados separadamente. (b) Não em grau mensurável. As costelas estão muito separadas. (c) Essencialmente não. As costelas estão muito próximas. (d) Essencialmente não. As costelas são poucas em número. (e) Absolutamente não. Raios X não podem ser difratados.

13. Um raio monocromático de luz de comprimento de onda de 500 nm ilumina uma fenda dupla com separação entre as fendas de $2,00 \times 10^{-5}$ m. Qual é o ângulo de franja brilhante de segunda ordem? (a) 0,0500 rad (b) 0,0250 rad (c) 0,100 rad (d) 0,250 rad (e) 0,0100 rad.

PERGUNTAS CONCEITUAIS

1. Um raio laser incide num ângulo sombreado na régua horizontal de um maquinista que tem uma escala calibrada finamente. A régua gravada na escala origina um padrão de difração em uma tela vertical. Discuta como você pode usar esta técnica para obter uma medida do comprimento de onda da luz laser.

2. Qual é a condição necessária na diferença do comprimento de percurso entre duas ondas para que interfiram (a) construtiva e (b) destrutivamente?

3. Por que a lente em uma câmera de boa qualidade é coberta por uma película fina?

4. Uma película de sabão é mantida na vertical no ar e observada em luz refletiva, como na Figura PC27.4. Explique por que a película parece ser escura no topo.

Figura PC27.4

5. Explique por que duas luzes de flash mantidas próximas não produzem um padrão de interferência em uma tela distante.

6. (a) No experimento de fenda dupla de Young, por que usamos luz monocromática? (b) Se for usada luz branca, como mudaria o padrão?

7. Se uma moeda é colada em uma folha de vidro e este arranjo for mantido em frente a um raio laser, a sombra projetada teria anéis de difração ao redor da sua borda e um ponto brilhante no centro. Como são possíveis estes efeitos?

8. Por que você pode ouvir atrás de corredores, mas não enxergar atrás deles?

9. Os átomos em um cristal permanecem em planos separados por algumas dezenas de nanômetros. Eles podem produzir um padrão de difração para luz visível como eles fazem com os raios X? Explique sua resposta com referência na Lei de Bragg.

10. Um laser produz um raio de alguns milímetros de largura, com intensidade uniforme ao longo da sua largura. Um cabelo é esticado verticalmente na frente do laser para cruzar o raio. (a) Como é o padrão de difração que ele produz em uma tela distante em relação àquele de uma fenda vertical igual ao cabelo em largura? (b) Como você pode determinar a largura do cabelo a partir de medições do seu padrão de difração?

11. Considere uma franja escura em um padrão de interferência de fenda dupla na qual quase não chega energia luminosa. A luz de ambas as fendas chega ao local da franja escura, mas as ondas se cancelam. Para onde vai a energia na posição das franjas escuras?

12. Mantendo sua mão no comprimento dos braços, você pode facilmente bloquear o Sol para não atingir seus olhos. Por que você não pode bloquear o som para não atingir seus ouvidos?

13. John William Strutt, Lorde Rayleigh (1842–1919), inventou uma buzina melhorada. Para avisar navios sobre uma linha costeira, a buzina deveria irradiar som em uma ampla folha horizontal sobre a superfície do oceano. Ela não deveria gastar energia pela transmissão de som para cima ou para baixo. A buzina de Rayleigh é mostrada em duas possíveis configurações, horizontal e vertical, na Figura PC27.13. Qual é a orientação correta? Decida se o comprimento da abertura retangular deveria ser horizontal ou vertical e discuta sobre sua decisão.

Figura PC27.13

PROBLEMAS

WebAssign Os problemas que se encontram neste capítulo podem ser resolvidos *on-line* na Enhanced WebAssign (em inglês).

1. denota problema direto; 2. denota problema intermediário; 3. denota problema desafiador;

1. denota problema mais frequentemente resolvidos no Enhanced WebAssign.

BIO denota problema biomédico;

PD denota problema dirigido;

M denota tutorial Master It disponível no Enhanced WebAssign;

Q|C denota problema que pede raciocínio quantitativo e conceitual;

S denota problema de raciocínio simbólico;

sombreado denota "problemas emparelhados" que desenvolvem raciocínio com símbolos e valores numéricos;

W denota solução no vídeo Watch It disponível no Enhanced WebAssign

Seção 27.1 **Condições para interferência**
Seção 27.2 **Experimento de fenda dupla de Young**
Seção 27.3 **Modelo de análise: ondas em interferência**

Nota: Os problemas 6, 10 e 12 do Capítulo 14 (Volume 2) podem ser resolvidos com esta seção.

1. **W** O experimento de fenda dupla de Young é realizado com luz de 589 nm e uma distância de 2,00 m entre as fendas e a tela. O mínimo da décima interferência é observado a 7,26 mm do máximo central. Determine o espaçamento das fendas.

2. **Q|C** O experimento de fenda dupla de Young dá fundamento aos *sistemas instrumentais de pouso* usados para guiar aeronaves em pousos seguros em alguns aeroportos quando a visibilidade é ruim. Embora sistemas reais sejam mais complicados que o exemplo aqui descrito, eles operam pelos mesmos princípios. Um piloto está tentando alinhar seu avião com a pista de pouso como sugerido na Figura P27.2. Duas antenas de rádio (os pontos pretos na figura) são posicionadas adjacentes à pista, separadas por d = 40,0 m. As antenas transmitem ondas de rádio coerentes não moduladas de 30,0 MHz. As linhas cinzas na Figura P27.2 representam percursos adiante cujo máximo nos padrões de interferência das ondas de rádio existe. (a) Encontre o comprimento de onda das ondas. O piloto "trava" o sinal forte irradiado ao longo do máximo de interferência e conduz o avião para manter no máximo o sinal recebido. Se ele se mantiver sobre no máximo central, o avião terá precisamente o alinhamento certo para pousar quando atingir a pista, como exibido pelo avião A. (b) **E se?** Suponha que o avião esteja voando ao longo do máximo de primeira ordem, como no caso do avião B. Quão longe do lado da linha central da pista estaria o avião quando ele estiver a 2,00 km das antenas, medidos ao longo da sua direção de viagem? (c) É possível dizer ao piloto que ele está no máximo errado ao mandar dois sinais de cada antena e equipando a aeronave com um receptor de dois canais. A razão entre as duas frequências não pode ser a razão de números inteiros (como $\frac{3}{4}$). Explique como este sistema de duas frequências funcionaria e por que não funcionaria necessariamente se as sequências estivessem relacionadas por uma razão de número inteiro.

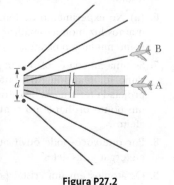

Figura P27.2

3. **M** Duas antenas de rádio separadas por d = 300 m, como mostrado na Figura P27.3, simultaneamente transmitem sinais idênticos no mesmo comprimento de onda. Um carro

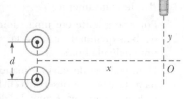

Figura P27.3

vai para o norte ao longo de uma linha reta na posição x = 1.000 m do ponto central entre as antenas e seu rádio recebe os sinais. (a) Se o carro está na posição do segundo máximo depois do ponto O quando se moveu uma distância y = 400 m em direção ao norte, qual é o comprimento de onda dos sinais? (b) Qual distância o carro ainda precisa percorrer a partir desta posição para encontrar o próximo mínimo na recepção? *Observação*: Não utilize a aproximação de ângulo pequeno neste problema.

4. **W** Um experimento de interferência de Young é realizado com uma luz de argônio azul-verde. A separação entre as fendas é 0,500 mm e a tela está localizada a 3,30 m das fendas. A primeira franja clara está localizada a 3,40 mm do centro do padrão de interferência. Qual é o comprimento de onda da luz do laser de argônio?

5. Duas fendas são separadas por 0,320 mm. Um raio de luz de 500 nm atinge as fendas, produzindo um padrão de interferência. Determine o número de máximo observado no intervalo angular de $-30,0° \leq \theta \leq 30,0°$.

6. **GP** Uma luz monocromática de comprimento de onda λ incide em um par de fendas separadas por $2,40 \times 10^{-4}$ m e forma um padrão de interferência em uma tela colocada a 1,80 m das fendas. A franja brilhante de primeira ordem está em uma posição $y_{brilhante} = 4,52$ mm medida a partir do centro do máximo central. A partir desta informação, gostaríamos de prever onde a franja para n = 50 se localizaria. (a) Supondo que as franjas se colocam linearmente ao longo da tela, descubra a posição da franja n = 50 multiplicando a posição da franja n = 1 por 50,0. (b) Encontre a tangente do ângulo que a franja brilhante de primeira ordem forma em relação à linha que se estende do ponto médio entre as fendas e o centro do máximo central. (c) Utilizando o resultado da parte (b) e a Equação 27.2, calcule o comprimento de onda da luz. (d) Calcule o ângulo para a franja brilhante de 50ª ordem usando a Equação 27.2. (e) Descubra a posição da franja brilhante de 50ª ordem na tela usando a Equação 27.5. (f) Comente sobre a conformidade entre as repostas das partes (a) e (e).

7. **M** Na Figura P27.7 (não em escala), L = 1,20 m e d = 0,120 mm, assuma que o sistema de fenda é iluminado com luz monocromática de 500 nm. Calcule a diferença de fase entre as duas frentes de onda chegando em P quando (a) $\theta = 0,500°$ e (b) y = 5,00 mm. (c) Qual é o valor de θ para o qual a diferença de fase é 0,333 rad? (d) Qual é o valor de θ para o qual a diferença de percurso é $\lambda/4$?

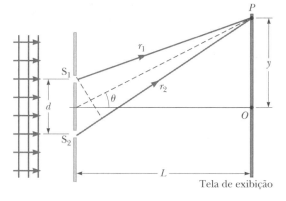

Figura P27.7 Problemas 7 e 8.

8. **M** Na Figura P27.7, L = 120 cm e d = 0,250 cm. As fendas são iluminadas com luz coerente de 600 nm. Calcule a distância y a partir do máximo central para o qual a intensidade média na tela é 75,0% do máximo.

9. Os dois alto-falantes de uma caixa de som estão separados por 35,0 cm. Um oscilador único faz os alto-falantes vibrarem em fase na frequência de 2,00 kHz. Em quais ângulos, medidos a partir da mediatriz perpendicular da linha que liga os alto-falantes, um observador distante ouviria a intensidade máxima do som? E a intensidade mínima do som? (Considere a velocidade do som como 340 m/s.)

10. **M Q|C** No arranjo de fenda dupla na Figura P27.10, d = 0,150 mm, L = 140 cm, λ = 643 nm e y = 1,80 cm. (a) Qual é a diferença de percurso δ para os raios a partir das duas fendas chegando em P? (b) Expresse esta diferença de percurso em função de λ. (c) P corresponde a um máximo, um mínimo ou uma condição intermediária? Forneça evidêmcias para sua resposta.

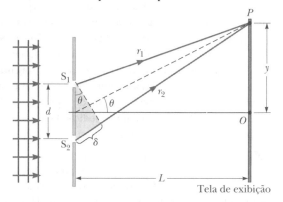

Figura P27.10

11. Um estudante segura um laser que emite luz com comprimento de onda de 632,8 nm. O raio laser passa através de um par de fendas separadas por 0,300 mm, em uma placa de vidro fixa à frente do laser. O raio laser então atinge perpendicularmente a tela, criando um padrão de interferência nela. O estudante começa a andar diretamente em direção à tela a 3,00 m/s. O máximo central na tela é estacionário. Encontre a velocidade do máximo de 50ª ordem na tela.

12. **S** Um estudante segura um laser que emite luz de comprimento de onda λ. O raio laser passa através de um par de fendas separadas por uma distância d, em uma placa de vidro fixa à frente do laser. O raio laser então atinge perpendicularmente a tela, criando um padrão de interferência nela. O estudante começa a andar em direção à tela em velocidade v. O máximo central na tela é estacionário. Encontre a velocidade do máximo de m ordem na tela, onde m pode ser muito grande.

13. **M** Um par de fendas estreitas e paralelas separadas por 0,250 mm são iluminadas por uma luz verde (λ = 546,1 nm). O padrão de interferência é observado em uma tela que está a 1,20 m de distância do plano das fendas paralelas. Calcule a distância (a) do máximo central até a primeira região brilhante em qualquer lado do máximo central e (b) entre a primeira e segunda bandas escuras no padrão de interferência.

14. **S** Raios de luz coerentes de comprimento de onda λ atingem um par de fendas separadas por uma distância d em um ângulo θ_1 em relação à normal do plano contendo as fendas, como mostrado na Figura P27.14. Os raios deixando as fendas formam um ângulo θ_2 em relação à normal, e um máximo de interferência é formado por esses raios em uma tela que

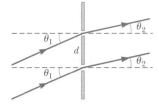

Figura P27.14

está a uma distância grande das fendas. Mostre que o ângulo θ_2 é dado por

$$\theta_2 = \text{sen}^{-1}\left(\text{sen}\,\theta_1 - \frac{m\lambda}{d}\right)$$

onde m é um inteiro.

15. Duas fendas são separadas por 0,180 mm. Um padrão de interferência é formado em uma tela a 80,0 cm de distância por uma luz de 656,3 nm. Calcule a fração da intensidade máxima a uma distância de $y = 0,600$ cm do máximo central.

16. *Por que a seguinte situação é impossível?* Duas fendas estreitas estão separadas por 8,00 mm em um pedaço de metal. Um feixe de micro-ondas atinge o metal perpendicularmente, passa através das duas fendas, e depois continua em direção a uma parede a certa distância. Você sabe que o comprimento de onda das radiações é 1,00 cm ±5%, mas deseja fazer uma medição mais precisa. Movendo um detector de micro-ondas ao longo da parede para estudar o padrão de interferência, você mede a posição da franja brilhante m = 1, que leva a uma medição bem-sucedida do comprimento de onda da radiação.

17. **W** Um armazém na beira do rio tem várias portas pequenas voltadas para o rio. Duas delas estão abertas como mostrado na Figura P27.17. As paredes do armazém estão equipadas com material que absorve o som. Duas pessoas estão a uma distância $L = 150$ m da parede com as portas abertas. A pessoa A está posicionada junto a uma linha que passa pelo ponto médio entre as portas abertas, e a pessoa B está a uma distância $y = 20$ m ao seu lado. Um barco no rio faz soar a buzina. Para a pessoa A, o som é alto e claro. Para a B, quase inaudível. O comprimento de onda principal das ondas sonoras é 3,00 m. Supondo que a pessoa B esteja na posição do primeiro mínimo, determine a distância d entre as portas, centro a centro.

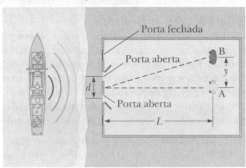

Figura P27.17

18. Em um local onde a velocidade do som é 343 m/s, uma onda de som de 2.000 Hz choca-se sobre duas fendas com 30,0 cm de distância uma da outra. (a) Em que ângulo o primeiro máximo de intensidade sonora se localiza? (b) **E se?** Se a onda sonora for substituída por micro-ondas de 3,00 cm, qual separação das fendas fornece o mesmo ângulo para o primeiro máximo de intensidade das micro-ondas? (c) **E se?** Se a separação das fendas for de 1,00 μm, qual frequência de luz fornece o mesmo ângulo para o primeiro máximo de intensidade de luz?

19. A intensidade na tela em certo ponto em um padrão de interferência de fenda dupla é 64,0% do valor máximo.

(a) Qual diferença de fase mínima (em radianos) entre as fontes produz este resultado? (b) Expresse esta diferença de fase como uma diferença de percurso para uma luz de 486,1 nm.

Seção 27.4 **Mudança de fase devido à reflexão**

Seção 27.5 **Interferência em películas finas**

20. **Q|C** Astrônomos observam a cromosfera do Sol com um filtro que deixa passar a linha espectral vermelha do hidrogênio, de comprimento de onda de 656,3 nm, chamada linha H_α. O filtro consiste de um dielétrico transparente de espessura d preso entre duas placas de vidro parcialmente aluminizadas. O filtro é mantido em temperatura constante. (a) Encontre o valor mínimo de d que produz transmissões máximas da luz H_α perpendicular se o dielétrico tem índice de refração de 1,378. (b) **E se?** Se a temperatura do filtro aumenta acima do valor normal, aumentando sua espessura, o que acontece com o comprimento de onda transmitido? (c) O dielétrico deixará passar também qual comprimento de onda aproximadamente visível? Uma das placas de luz é de cor vermelha para absorver esta luz.

21. Um meio possível para fazer que um avião seja invisível ao radar é cobri-lo com um polímero antirreflexivo. Se ondas de radar tiverem um comprimento de onda de 3,00 cm e o índice de refração do polímero for $n = 1,50$, quão espessa você faria a cobertura?

22. **M Q|C** Uma película de óleo ($n = 1,45$) flutuando na água é iluminada por uma luz branca com incidência normal. A película tem espessura de 280 nm. Encontre (a) o comprimento de onda e cor da luz no espectro visível refletida mais fortemente e (b) o comprimento de onda e cor da luz no espectro transmitido mais fortemente. Explique suas razões.

23. **W** Um raio de luz de 580 nm passa através de duas placas de vidro espaçadas próximo a incidência da normal, como mostrado na Figura P27.23. Para qual valor mínimo diferente de zero de separação de placa d a luz transmitida é brilhante?

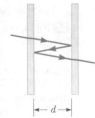

Figure P27.23

24. Uma bolha de sabão ($n = 1,33$) flutua no ar. Se a espessura da parede da bolha for 115 nm, que comprimento de onda da luz seria mais fortemente refletido?

25. **M** Um espaço de ar é formado entre duas placas de vidro separadas em uma das pontas por um cabo muito fino de corte transversal circular, como mostrado na Figura P27.25. Quando o espaço é iluminado de cima por uma luz de 600 nm e vista de cima, 30 franjas escuras são observadas. Calcule o diâmetro d do cabo.

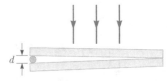

Figura P27.25 Problemas 25 e 57.

26. Um material com índice de refração de 1,30 é usado como uma cobertura antirreflexiva em um pedaço de vidro ($n = 1,50$). Qual deveria ser a espessura mínima da película para minimizar a reflexão da luz de 500 nm?

Seção 27.6 Padrões de difração

27. Som com frequência de 650 Hz de uma fonte distante passa através de uma entrada de 1,10 m de largura em uma parede que absorve som. Encontre (a) o número e (b) as direções angulares do mínimo de difração nas posições de escuta ao longo de uma linha paralela à parede.

28. **Q|C** Um raio laser horizontal de comprimento de onda de 632,8 nm tem um corte transversal circular de 2,00 mm de diâmetro. Uma abertura retangular será colocada no centro do raio de modo que, quando a luz atingir perpendicularmente a parede a uma distância de 4,50 m, o máximo central preenche um retângulo de 110 mm de largura e 6,00 mm de altura. As dimensões são medidas entre o mínimo e o máximo central. Encontre (a) a largura e (b) a altura da abertura requeridas. (c) A dimensão mais longa da porção brilhante central no padrão de difração é horizontal ou vertical? (e) Explique a relação entre estes dois retângulos usando um gráfico.

29. **M** Uma tela é colocada a 50,0 cm de uma fenda única, que é iluminada com luz de comprimento de onda de 690 nm. Se a distância entre o primeiro e o terceiro mínimo no padrão de difração for 3,00 mm, qual seria a largura da fenda?

30. **S** Uma tela é colocada a uma distância L de uma fenda única de largura a, e é iluminada com luz de comprimento de onda λ. Assuma $L \gg a$. Se a distância entre o mínimo para $m = m_1$ e $m = m_2$ no padrão de difração for Δy, qual é a largura da fenda?

31. Micro-ondas coerentes de comprimento de onda 5,00 cm entram em uma janela alta e estreita em um prédio essencialmente opaco a essas ondas. Se a janela tem 36,0 cm de largura, qual seria a distância do máximo central até o mínimo de primeira ordem ao longo de uma parede de 6,50 m da janela?

32. **W** Um laser de hélio-neônio (λ = 632,8 nm) é enviado através de uma fenda única de largura 0,300 mm. Qual é a largura do máximo central em uma tela a 1,00 m da fenda?

33. Um raio de luz verde monocromática é difratado por uma fenda de largura 0,550 mm. O padrão de difração se forma em uma parede a 2,06 m atrás da fenda. A distância entre as posições de intensidade zero dos dois lados da franja central brilhante é 4,10 mm. Calcule o comprimento de onda da luz.

Seção 27.7 Resolução de aberturas circulares e de fenda única

34. Um satélite espião pode consistir em um espelho côncavo de diâmetro grande formando uma imagem em um detector de câmera digital e enviando a fotografia para um receptor em terra por ondas de rádio. De fato, isto é um telescópio astronômico em órbita, olhando para baixo em vez de para cima. (a) Um satélite espião pode ler uma placa de carro? (b) Pode ler a data de uma moeda? Discuta suas respostas fazendo um cálculo de ordem de magnitude, especificando os dados que estimou.

35. **M** Um laser de hélio-neônio emite luz de comprimento de onda de 632,8 nm. A abertura circular através da qual o raio emerge tem diâmetro de 0,500 cm. Estime o diâmetro do raio a 10,0 km do laser.

36. **Q|C** Tubos estreitos, paralelos, brilhantes preenchidos com gás em uma variedade de cores formam letras maiúsculas para escrever o nome de uma boate. Os tubos adjacentes estão separados por 2,80 cm. Os tubos formando uma letra estão preenchidos com néon e irradiam predominantemente luz vermelha com comprimento de onda de 640 nm. Para outra letra, os tubos emitem predominantemente luz azul a 440 nm. A pupila do olho de um observador adaptado à escuridão tem 5,20 mm de diâmetro. (a) Que cor é mais fácil de enxergar? Explique sua decisão. (b) Se ela estiver a uma certa distância mais afastada, o observador pode enxergar os tubos separados de uma cor mas não de outra. A distância do observador deve estar em qual intervalo para poder enxergar os tubos de somente uma das duas cores?

37. **M** O pintor impressionista Georges Seurat criou pinturas com um número enorme de pontos de pigmento puro, cada um dos quais tendo aproximadamente 2,00 mm de diâmetro. A ideia foi ter cores como vermelho e verde próximas uma da outra para formar uma tela cintilante, como na sua obra-prima, *Tarde de domingo na ilha de La Grande Jatte* (Fig. P27.37). Assuma λ = 500 nm e um diâmetro de pupila de 5,00 mm. Acima de qual distância um observador seria capaz de discernir pontos individuais na tela? Consulte o material complementar *on-line* para visualização da imagem com as cores originais.

Figura P27.37 *Tarde de domingo na ilha de La Grande Jatte*, por Georges Seurat.

38. **BIO** A pupila do olho de um gato estreita-se em uma fenda vertical de largura 0,500 mm na luz do dia. Assuma que o comprimento de onda médio da luz seja 500 nm. Qual seria a resolução angular para ratos separados horizontalmente?

39. **W** Uma antena circular de radar em um navio da Guarda Costeira tem diâmetro de 2,10 m e funciona na frequência de 15,0 GHz. Dois botes pequenos são localizados a 9,00 km de distância do navio. Quão perto poderiam estar os dois botes de modo que sejam ainda identificados como dois objetos?

Seção 27.8 A grade de difração

Nota: Nos problemas a seguir, assuma que a luz seja normalmente incidente nas grades.

40. **M** Luz branca é espalhada nos seus componentes espectrais por uma grade de difração. Se a grade tivesse 2.000 ranhuras por centímetro, em qual ângulo a luz vermelha de

comprimento de onda de 640 nm apareceria em primeira ordem?

41. Um laser de hélio-neônio (λ = 632,8 nm) é usado para calibrar uma grade de difração. Se o máximo de primeira ordem ocorre a 20,5°, qual é o espaço entre as ranhuras adjacentes na grade?

42. **M** O espectro do hidrogênio inclui uma linha vermelha em 656 nm e uma linha azul-violeta em 434 nm. Quais são as separações angulares entre estas duas linhas espectrais para todas as ordens visíveis obtidas com uma grade de difração que tem 4.500 ranhuras/cm?

43. **W** A luz de um laser de argônio atinge uma grade de difração que tem 5.310 ranhuras por centímetro. Os máximos principais central e de primeira ordem estão separados por 0,488 m em uma parede a 1,72 m da grade. Determine o comprimento de onda da luz laser.

44. Uma grade com 250 ranhuras/mm é usada com fonte de luz incandescente. Assuma que o espectro visível esteja em um intervalo de comprimento de onda entre 400 nm e 700 nm. Em quantas ordens uma pessoa pode ver (a) o espectro visível inteiro e (d) a região de menor comprimento de onda do espectro visível?

45. **W** Três linhas espectrais discretas ocorrem nos ângulos de 10,1°, 13,7° e 14,8° no espectro de primeira ordem de um espectrômetro de grade. (a) Se a grade tivesse 3.660 ranhuras/cm, quais seriam os comprimentos de onda da luz? (b) Em quais ângulos são encontradas estas linhas no espectro de segunda ordem?

46. Mostre que sempre que uma luz branca passar através de uma grade de difração de qualquer tamanho de espaçamento, a extremidade violeta do espectro da terceira ordem em uma tela sempre se sobrepõe ao extremo vermelho do espectro da segunda ordem.

47. Considere um arranjo de fios paralelos com espaçamento uniforme de 1,30 cm entre os centros. No ar a 20,0 °C, o ultrassom com uma frequência de 37,2 kHz de uma fonte distante é incidente perpendicular ao arranjo. (a) Encontre o número de direções no outro lado do arranjo no qual há um máximo de intensidade. (b) Encontre o ângulo para cada uma destas direções relativas às direções do raio incidente.

Seção 27.9 **Difração de raios X por cristais**

48. **M** Se o espaçamento entre planos de átomos em cristais de NaCl fosse 0,281 nm, qual seria o ângulo previsto no qual raios X de 0,140 nm seriam difratados em um máximo de primeira ordem?

49. O iodeto de potássio (KI) tem a mesma estrutura cristalina que o NaCl, com planos atômicos separados por 0,353 nm. Um raio X monocromático mostra um máximo de difração de primeira ordem quando o ângulo de incidência é 7,60°. Calcule o comprimento de onda do raio X.

50. Em água de profundidade uniforme, um píer amplo é suportado por pilares separados por 2,80 m. As ondas do oceano de comprimento de onda uniforme rolam, movendo-se em uma direção que forma um ângulo de 80,0° com os pilares. Encontre os três maiores comprimentos de onda que são fortemente refletidos pelos pilares.

Seção 27.10 **Conteúdo em contexto: holografia**

51. Um laser de hélio-neônio pode produzir um feixe de laser verde em vez de vermelho. Consulte a Figura 24.17, que emite alguns níveis de energia E_1 e E_2. Após uma inversão de população ser estabelecida, os átomos de neônio fazem várias transições descendentes ao caírem do estado identificado como E_3^* até, finalmente, o nível E_1. Os átomos emitem luz vermelha com comprimento de onda de 632,8 nm e luz verde com comprimento de onda de 543 nm. Suponha que os átomos estejam em uma cavidade entre espelhos projetados para refletir a luz verde com alta frequência e permitir que a luz vermelha saia da cavidade imediatamente. Depois, a emissão estimulada pode levar ao acúmulo de um feixe colimado de luz verde entre os espelhos com intensidade maior que a da luz vermelha. Para gerar o feixe de laser irradiado, permite-se que uma pequena fração da luz verde escape por transmissão através de um espelho. Os espelhos que formam a cavidade ressonante podem ser feitos de camadas de dióxido de silício e de dióxido de titânio. (a) Qual a espessura de uma camada de dióxido de silício, entre camadas de dióxido de titânio, para minimizar a reflexão da luz vermelha? (b) Qual deve ser a espessura de uma camada similar, porém separada, de dióxido de silício para maximizar a reflexão da luz verde?

52. **Q|C** Um feixe largo de laser com comprimento de onda de 632,8 nm é dirigido através de várias fendas estreitas paralelas, separadas por 1,20 mm, e atinge uma folha de película fotográfica a 1,40 m de distância. O tempo de exposição é escolhido de modo que a película permaneça não exposta em todo lugar, exceto na região central de cada franja brilhante. (a) Encontre a distância entre estes máximos de interferência. A película é impressa como uma transparência; é opaca em todo lugar, exceto nas linhas expostas. Depois, a mesma luz de raio laser é dirigida através da transparência e atinge a tela 1,40 m a mais de distância. (b) Discuta sobre as várias regiões brilhantes, estreitas e paralelas, separadas por 1,20 mm, que aparecem na tela como imagens reais das fendas originais. (Uma linha de pensamento semelhante, em um jogo de futebol, levou Dennis Gabor a inventar a holografia.)

Problemas Adicionais

53. Efeitos de interferência são produzidos no ponto P em uma tela como resultado de raios diretos de uma fonte de 500 nm e raios refletidos de um espelho, como mostrado na Figura P27.53. Suponha que a fonte esteja a 100 m à esquerda da tela e 1,00 cm acima do espelho. Encontre a distância y para a primeira faixa escura acima do espelho.

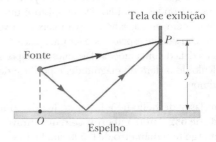

Figura P27.53

54. Levante sua mão e a mantenha reta. Pense no espaço entre seu dedo indicador e seu médio como uma fenda e pense no espaço entre seu dedo médio e o anelar como uma segunda fenda. (a) Considere a interferência resultante ao mandar luz visível coerente perpendicularmente através deste par de aberturas. Calcule uma ordem de magnitude estimada para o ângulo entre as zonas adjacentes de interferência construtiva. (b) Para fazer que os ângulos no padrão de interferência sejam fáceis de medir com um transferidor plástico, você deve usar uma onda eletromagnética com frequência de qual ordem de magnitude? (c) Como é classificada esta onda no espectro eletromagnético?

55. A luz de um laser de hélio-neônio ($\lambda = 632,8$ nm) incide em uma única fenda. Qual é a largura máxima da fenda para a qual nenhum mínimo de difração é observado?

56. **Q|C** Luz laser com comprimento de onda de 632,8 nm é dirigida através de uma única ou duas fendas e atinge uma tela a 2,60 m à frente. A Figura P27.56 mostra o padrão na tela, com uma régua sob ela. (a) A luz passa através de uma ou duas fendas? Explique como você determina a resposta. (b) Se for uma fenda, determine sua largura. Se forem duas, encontre a distância entre seus centros.

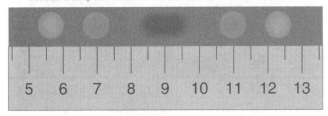

Figura P27.56

57. **BIO** Muitas células são transparentes e sem cor. Estruturas de grande interesse na Biologia e Medicina podem ser praticamente invisíveis para um microscópio comum. Para indicar o tamanho e a forma das estruturas celulares, um *microscópio de interferência* revela a diferença no índice de refração como uma mudança nas franjas de interferência. A ideia é exemplificada no seguinte problema. Um espaço de ar é formado entre duas placas de vidro em contato ao longo da sua borda e levemente separadas na borda oposta, como mostrado na Figura P27.25. Quando as placas são iluminadas de cima com uma luz monocromática, a luz refletida tem 85 franjas escuras. Calcule o número de franjas escuras que aparecem se água ($n = 1,33$) substituísse o ar entre as placas.

58. **S** A condição para interferência construtiva por reflexão de uma película fina no ar, como desenvolvido na Seção 27.5, assume uma incidência quase normal. **E se?** Suponha que a luz é incidente em uma película em um ângulo diferente de zero θ_1 (em relação à normal). O índice de refração da película é n, e a película está rodeada pelo vácuo. Encontre a condição para interferência construtiva que relacione a espessura t da película, o índice de refração n, o comprimento de onda λ da luz, e o ângulo de incidência θ_1.

59. Ambos os lados de uma película uniforme com índice de refração n e espessura d estão em contato com o ar. Para incidência normal de luz, um mínimo de intensidade é observado na luz refletida em λ_2 e um máximo de intensidade é observado em λ_1, onde $\lambda_1 > \lambda_2$. (a) Assumindo que nenhum mínimo de intensidade seja observado entre λ_1 e λ_2, encontre uma expressão para o número inteiro m nas Equações 27.13 e 27.14 em termos dos comprimentos de onda λ_1 e λ_2. (b) Assumindo $n = 1,40$, $\lambda_1 = 500$ nm e $\lambda_2 = 370$ nm, determine a melhor estimativa para a espessura da película.

60. **S** Dois comprimentos de onda $\lambda + \Delta\lambda$ (com $\Delta\lambda \ll \lambda$) são incidentes em uma grade de difração. Mostre que a separação angular entre as linhas espectrais e o espectro de ordem m-ésima é

$$\Delta\theta = \frac{\Delta\lambda}{\sqrt{(d/m)^2 - \lambda^2}}$$

onde d é o espaçamento de fenda e m o número de ordem.

61. Um raio de luz vermelha brilhante de comprimento de onda 654 nm passa através de uma grade de difração. O espaço além da grade é uma grande tela semicilíndrica centrada na grade, com seu eixo paralelo às fendas na grade. Quinze pontos brilhantes aparecem na tela. Encontre os possíveis valores (a) máximo e (b) mínimo para a separação de fenda na grade de difração

62. Uma câmera pinhole tem uma pequena abertura circular de diâmetro D. A luz de objetos distantes passa através da abertura em direção a outra caixa escura, atingindo uma tela localizada a uma distância L. Se D for muito grande, a exibição na tela será desfocada porque um ponto brilhante no campo de visão enviará luz num círculo de diâmetro levemente maior que D. Por outro lado, se a abertura D for muito pequena, a difração escurecerá a exibição na tela. A tela mostra uma imagem razoavelmente nítida se o diâmetro do disco central do padrão de difração, especificado pela Equação 27.17, for igual a D na tela. (a) Mostre que para luz monocromática com frentes de onda plana e $L \gg D$, a condição para uma visão nítida é cumprida se $D^2 = 2,44\,\lambda L$. (b) Encontre o diâmetro ótimo da câmera pinhole para luz de 500 nm projetada na tela a 15,0 cm de distância.

63. **Revisão.** Uma peça plana de vidro é mantida imóvel e horizontal acima da extremidade altamente polida, plana e superior de uma haste de metal vertical de 10,0 cm de comprimento que tem sua extremidade inferior firmemente fixada. A película fina de ar entre a haste e o vidro é observada brilhante com a luz refletida quando é iluminada por luz de comprimento de onda de 500 nm. Conforme a temperatura é levemente aumentada para 25,0 °C, a película muda de brilhante para escura e volta para brilhante 200 vezes. Qual é o coeficiente de expansão linear do metal?

64. **Revisão.** Um raio de luz de 541 nm é incidente em uma grade de difração que tem 400 ranhuras/mm. (a) Determine o ângulo do raio de segunda ordem. (b) **E se?** Se o aparato inteiro for submerso em água, qual seria o novo ângulo de difração de segunda ordem? (c) Mostre que os dois raios difratados das partes (a) e (b) estão relacionados pela Lei de Difração.

65. Uma luz de comprimento de onda de 500 nm é incidente normalmente em uma grade de difração. Se o máximo de terceira ordem do padrão de difração for observado a 32,0°, (a) qual seria o número de linhas por centímetro

para a grade? (b) Determine o número total de máximos primários que podem ser observados nesta situação.

66. A Figura P27.66 mostra um megafone em uso. Construa uma descrição teórica sobre como funciona um megafone. Você deve assumir que o som da sua voz é irradiado através da abertura da sua boca. A maioria das informações na fala não são carregadas por um sinal na frequência fundamental, mas em ruídos e harmônicos, com frequências de alguns milhares de hertz. Sua teoria permite alguma predição que seja fácil de testar?

Figura P27.66

67. As ondas de uma estação de rádio podem atingir um receptor caseiro por duas vias. Uma é uma via em linha reta do transmissor para a casa, a uma distância de 30,0 km. A outra é por reflexão da ionosfera (uma camada de moléculas de ar ionizadas na alta atmosfera). Assuma que esta reflexão acontece em um ponto médio entre o receptor e o transmissor, o comprimento de onda transmitido pela estação de rádio é de 350 m, e não acontece nenhuma mudança de fase na reflexão. Encontre a altura mínima da camada ionosférica de modo que ela possa produzir uma interferência destrutiva entre os raios diretos e refletidos.

68. **BIO Q|C** Penas iridescentes de pavão são exibidas na Figura P27.68a. A superfície de uma bárbula microscópica é composta de queratina transparente que sustenta hastes de melanina marrom-escura em uma trama regular, representada pela Figura P27.68b (suas unhas são feitas de queratina e a melanina é o pigmento escuro que dá cor à pele humana.) Em uma porção da pena que pode parecer turquesa (azul-esverdeado), suponha que as hastes de melanina estejam separadas uniformemente por 0,25 μm, com ar entre elas. (a) Explique como esta porção também pode parecer turquesa quando não há nenhum pigmento verde nem azul. (b) Explique como ela também pode parecer violeta se a luz sobre ela recair em diferentes direções. (c) Explique como ela pode apresentar cores diferentes aos seus dois olhos simultaneamente, o que é uma característica da iridescência. (d) Um CD pode parecer possuir qualquer cor do arco-íris. Explique por que esta porção da pena na Figura P27.68b não pode parecer amarela ou vermelha. (e) O que poderia ser diferente a respeito série de hastes de melanina em uma porção da pena que parece ser vermelha? Consulte o material complementar *on-line* para visualização da imagem com as cores originais.

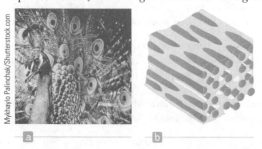

Figura P27.68 (a) Iridescência nas penas do pavão. (b) Seção microscópica de uma pena mostrando as hastes de melanina escura numa matriz de queratina pálida.

69. **BIO** *Very Large Array* (VLA) é radiotelescópico que possui um conjunto de 27 antenas parabólicas nos condados de Catron e Socorro, Novo México (Fig. P27.69). Elas podem ser movidas em pistas de trilhos, e seus sinais combinados fornecem um poder de resolução de uma abertura equivalente a uma antena de 36,0 km de diâmetro. (a) Se os detectores fossem colocados em uma frequência de 1,40 GHz, qual seria a resolução angular do VLA? (b) Nuvens de hidrogênio interestelar irradiam na frequência utilizada na parte (a). Qual deve ser a distância da separação de duas nuvens no centro da galáxia, 26.000 anos-luz de distância, para que sejam distinguidas? (c) **E se**? Conforme o telescópio olha para cima, um falcão circulando olha para baixo. Suponha que o falcão seja mais sensível à luz verde de comprimento de onda de 500 nm e tenha uma pupila de diâmetro 12,0 mm. Encontre a resolução angular do olho do falcão. (d) Um rato está no solo a 30,0 m abaixo. Por qual distância os bigodes do rato devem estar separados para que o falcão consiga distingui-los?

Figura P27.69

70. *Por que a seguinte situação é impossível?* Um técnico está enviando uma luz laser de comprimento de onda de 632,8 nm através de um par de fendas separadas por 30,0 μm. Cada fenda tem uma largura de 2,00 μm. A tela onde ele projeta o padrão não é suficientemente ampla, de modo que a luz do máximo de interferência de $m = 15$ perde a borda da tela e passa para a próxima estação de laboratório, surpreendendo um companheiro de trabalho.

Contexto 8

CONCLUSÃO

Usando lasers para gravar e ler informação digital

Agora, investigaremos os princípios da óptica, e poderemos responder a nossa questão principal do Contexto *Laser*.

> O que tem de especial a luz laser e como é usada em aplicações tecnológicas?

Nas Conexões com o contexto dos Capítulos 24 a 27, discutimos várias aplicações tecnológicas dos lasers. Nesta Conclusão, escolheremos mais uma do amplo número de possibilidades para armazenar e recuperar informação em discos compactos (assim como CD-ROMs e discos de vídeo digital, DVDs).

O armazenamento de informação em um pequeno volume de espaço é uma meta na qual os humanos têm trabalhado por várias décadas. Nos primórdios da computação, a informação era armazenada em cartões perfurados. Este método parece engraçado no mundo atual, especialmente porque a área utilizada para a colocação dos cartões representando uma página de texto em uma mesa era maior que a página original de texto.

O disco magnético de gravação e técnicas de armazenamento introduzido na década de 1950 permitiu a redução do espaço em comparação àquele ocupado pelos dados originais. O começo do armazenamento óptico ocorreu na década de 1970, com a introdução dos DVDs. Esses discos plásticos incluem fendas codificadas representando a informação análoga associada com o sinal de vídeo. Um laser, focado por lentes a um ponto de cerca de 1 micrômetro (μm) de diâmetro, é usado para ler os dados. Quando a luz laser reflete para fora da área plana do disco, a luz é refletida de volta para o sistema e é detectada. Quando a luz encontra uma fenda, uma parte sua é espalhada. A luz refletida na base da fenda interfere destrutivamente com aquela refletida na superfície, e uma pequena parte da luz incidente encontra seu caminho de volta para o sistema de detecção.

O próximo passo na história da gravação óptica envolve a revolução digital, exemplificada pela introdução do disco compacto, ou CD. A leitura do disco é semelhante àquela dos DVDs da década de 1970, mas a informação é armazenada em um formato *digital*. CDs de música foram rapidamente aceitos pelo público com muito mais entusiasmo que os DVDs. Pouco tempo depois da introdução dos CDs, foram anunciados planos de comércio de um disco óptico para armazenamento de informação para computadores, o CD-ROM.

Gravação digital

Na gravação digital, informação é convertida em um código binário (zeros e uns), semelhante aos pontos e linhas do código Morse. Primeiro, o formato de onda do som é *amostrado*, tipicamente em uma taxa de 44.100 vezes por segundo. A Figura 1 ilustra este processo. A frequência amostrada é muito mais alta que o intervalo superior da audição, cerca de 20.000 Hz, de modo que todas as frequências audíveis de som são amostradas nesta taxa. Durante cada amostragem, a pressão das ondas é mensurada e convertida para uma voltagem. Portanto, há 44.100 números associados a cada segundo do som sendo amostrado.

Figura 1 O som é digitalizado por amostragem, com a forma de onda do som em intervalos periódicos de tempo (entre as linhas verticais). Durante cada intervalo, um número é gravado para a voltagem média durante o intervalo. A taxa de amostragem mostrada aqui é muito menor que a taxa de amostragem atual de 44.100 por segundo.

121

TABELA 1 | Amostragem de números binários

Número em base 10	Número em binário	Soma
1	0000000000000001	1
2	0000000000000010	2 + 0
3	0000000000000011	2 + 1
10	0000000000001010	8 + 0 + 2 + 0
37	0000000000100101	32 + 0 + 0 + 4 + 0 + 1
275	0000000100010011	256 + 0 + 0 + 0 + 16 + 0 + 0 + 2 + 1

Figura 2 A superfície de um CD, mostrando as fendas. Transições entre fendas e planos correspondem a um. Regiões sem transições correspondem a zero.

Essas medidas são então convertidas para *números binários*, que são números expressos em base 2, em vez de base 10. A Tabela 1 mostra alguns exemplos de números binários. Geralmente, as medições de voltagem são gravadas em "palavras" de 16 bits, onde cada bit é um número um ou um zero. Portanto, o número de níveis diferentes de voltagem que pode ser atribuído códigos é $2^{16} = 65.536$. O número de bits em 1 segundo de som é $16 \times 44.100 = 705.600$. Estas cadeias de uns e zeros, em palavras de 16 bits, são gravadas na superfície de um CD.

A Figura 2 mostra a ampliação da superfície de um CD. Há dois tipos de áreas que são detectadas por um sistema de reprodução a laser: *planos* e *fendas*. Os planos são regiões intocadas da superfície do disco que são altamente refletivas. As fendas são áreas que foram queimadas na superfície por um laser gravador. O sistema de reprodução, descrito na continuação, converte as fendas e planos em uns e zeros binários.

Os números binários lidos do CD são convertidos de volta em voltagens, e a forma de onda é reconstruída como monstra a Figura 3. Devido à taxa de amostragem ser muito alta — 44.100 leituras de voltagem por segundo — a natureza gradual da forma de onda reconstruída não é evidente no som.

A vantagem da gravação digital está na alta fidelidade do som. Com a gravação analógica, qualquer pequena imperfeição na superfície de gravação ou no equipamento de gravação pode causar distorção na forma de onda.

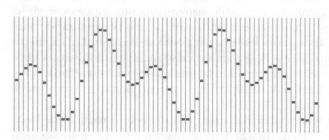

Figura 3 Reconstrução da onda de som exemplificada na Figura 1. Note que a reconstrução é gradual, em vez da forma de onda contínua na Figura 1.

Se todos os picos de um máximo em uma forma de onda forem separados de modo que somente tenham 90% da altura, por exemplo, haveria um efeito maior no espectro do som em uma gravação analógica. Com a gravação digital, entretanto, é necessária uma imperfeição maior para transformar um número um em zero.

Se uma imperfeição fizer que a magnitude de um número um seja 90% do valor original, ainda assim será registrado como um, e não haverá distorção. Outra vantagem da gravação digital é que a informação é extraída opticamente, de modo que não há desgaste mecânico no disco.

Reprodução digital

A Figura 4 mostra o sistema de detecção de um reprodutor de CD. Os componentes ópticos são montados em uma faixa (não mostrada na figura) que gira radialmente de modo que o sistema possa acessar todas as regiões do disco. O laser é localizado perto da base da figura, direcionando sua luz para cima. A luz é colimada por uma lente em um raio paralelo e passa através de um divisor de raio que não tem propósito para a luz que vai para cima, mas é importante para a luz que retorna. O raio laser é então focado em um ponto muito pequeno no disco pela lente objetiva.

Se a luz encontrar uma fenda no disco, a luz é espalhada e muito pouco dela retorna ao longo do caminho original. Se a luz encontrar uma região plana no disco onde não tenha sido gravada uma fenda, a luz reflete de volta ao longo do seu caminho original. A luz refletida move-se para baixo no gráfico, chegando ao divisor de raio sendo parcialmente refletido para a direita. As lentes focam o raio, que é então detectado pela fotocélula.

O sistema de reprodução recebe a luz refletida 705.600 vezes por segundo. Quando o laser se move de um plano para uma fenda, a luz refletida muda durante a amostragem e o bit é gravado como um número um. Se não houver mudança durante a amostragem, o bit é gravado como zero. O circuito eletrônico no reprodutor de CD converte as séries de zeros e uns de volta para o sinal audível.

O formato de DVD foi introduzido no Japão em 1996 e nos Estados Unidos em 1997. Um reprodutor de DVD usa luz laser de comprimento de onda 650 nm, em vez de luz de 780 nm usada no reprodutor de CD. Devido a este comprimento de onda mais curto, discos de DVD podem armazenar informação digital em fenda menores do que os CD, e isso faz parte do motivo pelo qual o DVD tem maior capacidade de armazenamento. Uma alternativa desenvolvida mais recentemente ao formato DVD é o Blue-ray, que usa luz de comprimento de onda ainda mais curto, 405 nm (azul/violeta), e tem capacidade de armazenamento de 50 GB para um disco de dupla camada. Blu-ray e outro formato de alta definição, HD DVD, foram envolvidos em uma guerra de formatos até o começo do 2008, quando o suporte para HD DVD foi retirado.

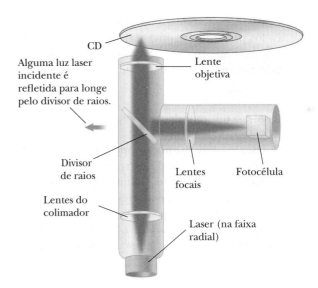

Problemas

1. Reprodutores de disco compacto (CD) e disco digital de vídeo (DVD) usam interferência para gerar um sinal forte a partir de uma elevação pequena. A profundidade de uma fenda é escolhida como sendo um quarto do comprimento de onda da luz laser usada para ler o disco. Então, a luz refletida na fenda e a luz refletida no plano adjunto diferem em comprimento de caminho percorrido em meio comprimento de onda, para interferir destrutivamente no detector. Conforme o disco gira, a intensidade da luz cai significativamente quando é refletida de perto da borda de uma fenda. O espaço entre a linha de frente e a borda de fuga de uma fenda determina o intervalo de tempo entre as flutuações. A série de intervalos de tempo é decodificada em séries de zeros e uns que carregam a informação armazenada. Assuma que uma luz infravermelha com comprimento de onda de 780 nm no vácuo é usada em um reprodutor de CD. O disco é revestido com plástico com índice de refração de 1,50. Qual deveria ser a profundidade de cada fossa? Um reprodutor de CD usa luz de comprimento de onda curto, e as dimensões das fendas são igualmente pequenas, um fator que resulta em uma grande capacidade de armazenamento em um DVD, comparado a um CD.

Figura 4 O sistema de detecção de um reprodutor de disco compacto. O laser (base) manda um raio de luz para cima. A luz laser é refletida de volta pelo disco e depois refletida para a direita pelo divisor de raio e entra numa fotocélula. A informação digital entra na fotocélula conforme pulsos de luz e são convertidos em informação de áudio.

2. O laser em um reprodutor de CD deve seguir precisamente a faixa espiral, ao longo da qual a distância entre uma curva e a próxima é somente de cerca de 1,25 μm. Um mecanismo de retroalimentação permite ao reprodutor reconhecer se o laser se desvia da faixa, de modo que o reprodutor possa conduzi-lo de volta. A Figura 5 mostra como a grade de difração é usada para fornecer informação para manter o raio na faixa. A luz laser passa através da grade de difração momentos antes de alcançar o disco. O máximo central forte do padrão de difração é usado para ler a informação nas fendas da faixa. Os dois máximos laterais de primeira ordem são usados para direcionamento. A grade é desenhada de modo que o máximo de primeira ordem caia nas superfícies planas em ambos os lados da faixa de informação. Os raios de ambos os lados são refletidos nos seus próprios detectores. Conforme ambos os raios são refletidos das superfícies lisas sem fendas, são detectados com alta intensidade constante. Se o raio principal perambular para fora da faixa, entretanto, um dos raios laterais começará a atingir as fendas na faixa de informação e a luz refletida diminuirá. Esta mudança é usada com um circuito eletrônico para guiar o raio de volta para a localização desejada. Assuma que a luz laser tenha comprimento de onda de 780 nm e que a grade de difração esteja posicionada a 6,90 μm do disco. Assuma que os raios de primeira ordem estejam prestes a atingir o disco a 0,400 μm em cada lado da faixa de informação. Qual deveria ser o número de ranhuras por milímetro na grade?

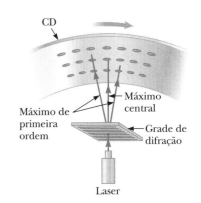

3. A velocidade com a qual a superfície de um disco compacto passa pelo laser é 1,3 m/s. Qual é o comprimento médio da faixa de áudio em um CD associado com cada bit da informação de áudio?

Figura 5 Sistema de rastreamento em um reprodutor de CD.

4. Considere a fotografia da superfície do disco compacto na Figura 2. Os dados de áudio sofrem processos complicados para reduzir uma variedade de erros ao lerem os dados. Portanto, uma "palavra" de áudio não é exposta linearmente no disco. Suponha que os dados tenham sido lidos a partir do disco, a codificação de erro tenha sido removida, e a palavra de áudio resultante seja

$$1\ 0\ 1\ 1\ 1\ 0\ 1\ 1\ 1\ 0\ 1\ 1\ 1\ 0\ 1\ 1$$

Qual é o número decimal representado por esta palavra de 16 bites?

5. O laser é usado também no processo de gravação para um *disco magneto-óptico*. Para gravar uma fenda, sua localização na camada ferromagnética no disco deve ser elevada acima da temperatura mínima, chamada temperatura de Curie. Imagine que os movimentos da superfície passem o laser em velocidade na ordem de 1 m/s e que a fenda é modelada como cilindro com 1 μm de profundidade com um raio de 1 μm. O material ferromagnético possui as seguintes propriedades: sua temperatura de Curie é 600 K, seu calor específico é 300 J/kg × °C, e sua densidade é 2×10^3 kg/m^3. Qual é a ordem de magnitude da intensidade do raio laser necessária para elevar a fossa acima da temperatura de Curie?

Contexto 9

Conexão cósmica

Neste Contexto final, investigamos os princípios incluídos na área da Física comumente chamada *moderna*. A Física moderna engloba a revolução na Física que começou no início do século XX. Começamos nossa discussão sobre este assunto no Capítulo 9 (Volume 1), com nosso estudo da relatividade. Outros aspectos da Física moderna têm aparecido em vários locais ao longo do livro, incluindo espectros atômicos e o Modelo de Bohr no Capítulo 11 (Volume 1), buracos negros neste mesmo capítulo, quantização de rotação e vibração molecular no Capítulo 17 (Volume 2), corpos negros no Capítulo 24, e a discussão do fóton também neste capítulo.

Neste livro, enfatizamos a importância dos modelos na compreensão dos fenômenos físicos. Na virada do século XX, a Física clássica foi bem estabelecida e forneceu muitos princípios em que modelos de fenômenos podiam ser construídos. Muitas observações experimentais, no entanto, não puderam ser postas em concordância com a teoria por meio de modelos clássicos. As tentativas de aplicar as leis da Física clássica para sistemas atômicos foram consistentemente sem sucesso em fazer previsões precisas do comportamento da matéria na escala atômica. Vários fenômenos, como radiação de

Figura 2 Supernova 1987A. (*Esquerda*) A região da Nuvem Grande Magalhães antes da supernova. (*Direita*) A supernova apareceu em 24 de fevereiro de 1987. A compreensão desta explosão cósmica é encontrada nas interações entre as partículas microscópicas dentro do núcleo.

Figura 1 O iPad da Apple, um tablet popular. O aparecimento de informações na tela deve-se ao comportamento dos elétrons microscópicos no circuito do microprocessador.

corpo negro, o efeito fotoelétrico e a emissão das linhas espectrais apresentadas por átomos em uma descarga de gás não puderam ser compreendidos dentro do quadro da Física clássica. Entre 1900 e 1930, no entanto, novos modelos chamados coletivamente de *Física Quântica* ou *Mecânica Quântica* foram altamente bem-sucedidos em explicar o comportamento dos átomos, moléculas e núcleos. Como a relatividade, a Física Quântica exige uma modificação das nossas ideias sobre o mundo físico. A Mecânica Quântica, contudo, não contradiz diretamente ou invalida a Mecânica clássica. Tal como acontece com a relatividade, as equações da Física Quântica reduzem para equações clássicas no domínio apropriado, isto é, quando as equações quânticas são usadas para descrever sistemas macroscópicos.

Um extenso estudo da Física Quântica certamente está além do escopo deste livro e, portanto, este Contexto é simplesmente uma introdução às suas ideias subjacentes. Um dos verdadeiros sucessos da Física Quântica é a conexão que faz entre os fenômenos microscópicos e a

125

Figura 3 Esta imagem de uma parte da Nebulosa Carina, 7.500 anos-luz da Terra, foi lançada para comemorar o 20º aniversário do lançamento e da implantação do Telescópio Espacial Hubble (24 de abril de 1990). O desenvolvimento significativo de novas estrelas está causando esta exposição. Vários jatos de material, tais como os que estão no topo da imagem, são causados por atração gravitacional do material para as superfícies das novas estrelas. As nuanças da imagem são devidas à luz emitida a partir de átomos individuais de oxigênio, nitrogênio e hidrogênio. A nebulosa Carina é membro de nossa própria galáxia. Do outro lado do céu inteiro, estima-se que o Telescópio Espacial Hubble pode detectar 100 bilhões de galáxias. Estima-se também que esta é uma fração muito pequena de todas as galáxias na parte visível do Universo. Para desenvolver uma teoria sobre a origem deste sistema tremendamente grande, precisamos entender quarks, as partículas mais fundamentais na atual teoria da física de partículas.

estrutura e evolução do Universo. Ironicamente, desenvolvimentos recentes da Física que verificam escalas cada vez menores nos permitem avançar nossa compreensão dos sistemas cada vez maiores que nos são familiares. Esta conexão entre o pequeno e o grande é o tema deste Contexto.

Vejamos alguns exemplos de sistemas macroscópicos e sua conexão com o comportamento de partículas microscópicas. Considere suas experiências com dispositivos eletrônicos comuns que são usados hoje para ver informações em um display de cristal líquido: calculadoras de mão, smartphones, computadores, tablets e televisores de tela plana. Os eventos que você observa – a aparência de números, listas de tarefas ou fotografias em um display de LCD – são macroscópicos, mas o que controla estes eventos macroscópicos? Eles são controlados por um microprocessador dentro do dispositivo eletrônico. A operação do microprocessador depende do comportamento dos elétrons dentro do chip de circuito integrado. A concepção e a fabricação do dispositivo eletrônico macroscópico não são possíveis sem uma compreensão do comportamento dos elétrons.

Como um segundo exemplo, a explosão de uma supernova é claramente um evento macroscópico; é uma estrela com um raio na ordem de bilhões de metros submetidos a um evento violento. Temos sido capazes de avançar nossa compreensão de tais eventos por estudar o núcleo atômico, que está na ordem de 10^{-15} m de tamanho.

Se imaginarmos um sistema ainda maior do que uma estrela – todo o Universo –, podemos avançar nossa compreensão da sua origem por pensar sobre partículas ainda menores do que o núcleo. Considere os constituintes dos prótons e nêutrons, chamados *quarks*. Os modelos baseados em quarks fornecem ainda mais a compreensão de uma teoria da origem do Universo chamada *Big Bang*. Neste Contexto, devemos estudar ambos, os quarks e o Big Bang.

Parece que quanto maior for o sistema que queremos investigar, menores são as partículas cujo comportamento devemos entender! Vamos explorar esta relação e estudar os princípios da Física Quântica enquanto respondemos à nossa questão central:

Como podemos ligar a física de partículas microscópicas à física do Universo?

Capítulo 28

Física quântica

Sumário

- **28.1** Radiação de corpo negro e Teoria de Planck
- **28.2** O efeito fotoelétrico
- **28.3** O efeito Compton
- **28.4** Fótons e ondas eletromagnéticas
- **28.5** As propriedades de ondas das partículas
- **28.6** Um novo modelo: a partícula quântica
- **28.7** O experimento da fenda dupla revisto
- **28.8** O princípio da incerteza
- **28.9** Uma interpretação da mecânica quântica
- **28.10** Uma partícula em uma caixa
- **28.11** Modelo de análise: partícula quântica sob condições de fronteira
- **28.12** A equação de Schrödinger
- **28.13** Tunelamento através de uma barreira de energia potencial
- **28.14** Conteúdo em contexto: a temperatura cósmica

Uma fotografia feita em um microscópio eletrônico de varredura mostra detalhes significativos de um ácaro de queijo, o *Tyrolichus casei*. O ácaro é tão pequeno, com comprimento máximo de 0,70 mm, que microscópios comuns não revelam detalhes anatômicos precisos. O funcionamento do microscópio eletrônico é baseado na natureza ondulatória dos elétrons, uma característica central na Física Quântica.

Nos capítulos anteriores deste livro, focamos a Física de partículas. O modelo de partícula era um modelo simplificado que nos permitia ignorar os detalhes desnecessários de um objeto quando se estuda seu comportamento. Posteriormente, combinamos partículas em modelos simplificados adicionais de sistemas e objetos rígidos. No Capítulo 13 (Volume 2), introduzimos a onda ainda como um modelo simplificado e descobrimos que poderíamos compreender o movimento de cordas vibrantes e as particularidades do som estudando ondas simples. Nos Capítulos 24 a 27, descobrimos que o modelo ondulatório da luz nos ajuda a entender muitos fenômenos associados com a óptica.

Espera-se que agora você tenha confiança em suas habilidades para analisar problemas em seus diferentes mundos de partículas e ondas. Sua confiança pode ter sido abalada de alguma forma pela discussão do início do Capítulo 25 (Volume 2), em que indicamos que a luz tem comportamentos que se assemelham tanto aos das ondas quanto das partículas.

Neste capítulo, voltamos a esta dupla natureza da luz e a estudamos mais detalhadamente. Este estudo leva a um novo modelo simplificado, a partícula quântica, e a um novo modelo de análise, a partícula quântica sob condições de contorno. Uma análise mais detalhada destes dois modelos mostra que partículas e ondas não são tão independentes como você poderia esperar.

28.1 | Radiação de corpo negro e Teoria de Planck

Prevenção de Armadilhas | 28.1
Espere ser desafiado
Se as discussões sobre Física Quântica, neste e em capítulos subsequentes, parecem estranhas e confusas para você, é porque toda sua experiência de vida inteira ocorreu no mundo macroscópico, onde os efeitos quânticos não são evidentes.

Como discutimos no Capítulo 17 (Volume 2), um objeto em qualquer temperatura emite uma energia chamada **radiação térmica**. As características desta radiação dependem da temperatura e das propriedades da superfície do objeto. Se a superfície está à temperatura ambiente, os comprimentos de onda da radiação térmica ocorrem principalmente na região do infravermelho e, portanto, não são observados pelos olhos. Conforme a temperatura da superfície aumenta, o objeto eventualmente começa a ficar incandescente. Em temperaturas suficientemente altas, o objeto aparenta ser branco, como no brilho do filamento de tungstênio quente de uma lâmpada. Um estudo detalhado da radiação térmica mostra que ela é constituída por uma distribuição contínua de comprimentos de onda de todas as partes do espectro eletromagnético.

De um ponto de vista clássico, radiação térmica origina-se a partir de partículas carregadas aceleradas perto da superfície do objeto. As cargas agitadas termicamente podem ter uma distribuição de acelerações, o que explica o contínuo espectro de radiação emitido pelo objeto. Até o final do século XIX, tornou-se evidente que esta explicação clássica da radiação térmica era inadequada. O problema básico estava na compreensão da distribuição de comprimentos de onda observada na radiação emitida por um objeto ideal chamado corpo negro. Como mencionado no Capítulo 24, **corpo negro** é um sistema ideal que absorve toda a radiação incidente sobre ele. Uma boa aproximação de um corpo negro é um pequeno orifício que leva para o interior de um objeto oco, como mostrado na Figura 28.1. A natureza da radiação emitida a partir do orifício depende apenas da temperatura das paredes da cavidade.

A distribuição do comprimento de onda da radiação de cavidades foi estudada extensivamente no final do século XIX. Os dados experimentais para a distribuição de energia na **radiação de corpo negro** em três temperaturas são mostrados na Figura Ativa 28.2. A distribuição de energia irradiada varia com o comprimento de onda e a temperatura. Duas características regulares da distribuição foram observadas nesses experimentos:

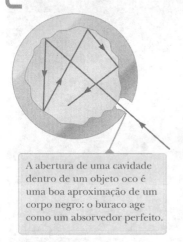

A abertura de uma cavidade dentro de um objeto oco é uma boa aproximação de um corpo negro: o buraco age como um absorvedor perfeito.

Figura 28.1 Um modelo físico de um corpo negro.

1. **A energia total da radiação emitida aumenta com a temperatura.** Discutimos esta característica brevemente no Capítulo 17, quando introduzimos a **Lei de Stefan**, Equação 17.36, para a energia emitida a partir de uma superfície de área A e temperatura T:

▶ Lei de Stefan
$$P = \sigma A e T^4$$
28.1 ◀

Para um corpo negro, a emissividade é $e = 1$ exatamente.

2. **O pico da distribuição de comprimento de onda desloca-se para comprimentos de onda mais curtos quando a temperatura aumenta.** Descobriu-se experimentalmente que esta mudança obedece à seguinte relação, chamada **Lei do Deslocamento de Wien**:

▶ Lei do Deslocamento de Wien
$$\lambda_{máx} T = 2{,}898 \times 10^{-3} \text{ m} \cdot \text{K}$$
28.2 ◀

O brilho que emana dos espaços entre esses briquetes de carvão quentes é, para uma aproximação, a radiação de corpo negro. A cor da luz depende da temperatura dos briquetes.

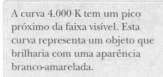

A curva 4.000 K tem um pico próximo da faixa visível. Esta curva representa um objeto que brilharia com uma aparência branco-amarelada.

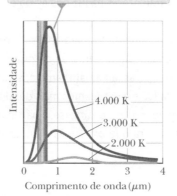

Figura Ativa 28.2 Intensidade da radiação de corpo negro *versus* comprimento de onda em três temperaturas. A faixa visível de comprimento de onda está entre 0,4 μm e 0,7 μm. A aproximadamente 6.000 K, o pico está no centro dos comprimentos de onda visíveis e o objeto parece branco.

onde $\lambda_{máx}$ é o comprimento de onda no qual a curva na Figura Ativa 28.2 tem seu pico e T é a temperatura absoluta da superfície emitindo a radiação.

Um modelo teórico de sucesso para a radiação de corpo negro deve prever o formato da curva na Figura Ativa 28.2, a dependência da energia sobre a temperatura, expressa na Lei de Stefan, e o deslocamento do pico com a temperatura, descrito pela Lei do Deslocamento de Wien. As primeiras tentativas de usar ideias clássicas para explicar os formatos das curvas na Figura Ativa 28.2 falharam.

Vamos considerar uma dessas primeiras tentativas. Para descrever a distribuição de energia de um corpo negro, definimos $I(\lambda,T)\, d\lambda$ como sendo a intensidade ou energia por unidade de área, emitida no intervalo de comprimento de onda $d\lambda$. O resultado de um cálculo baseado em uma teoria clássica da radiação de corpo negro conhecida como **Lei de Rayleigh-Jeans** é

$$I(\lambda,T) = \frac{2\pi c k_B T}{\lambda^4} \quad \quad \textbf{28.3} \blacktriangleleft \quad \blacktriangleright \text{Lei de Rayleigh-Jeans}$$

onde k_B é a constante de Boltzmann. O corpo negro é modelado como um orifício que leva a uma cavidade (Fig. 28.1), resultando em muitos modos de oscilação do campo eletromagnético causado por cargas aceleradas nas paredes da cavidade e a emissão de ondas eletromagnéticas em todos os comprimentos de onda. Na teoria clássica usada para derivar a Equação 28.3, assume-se que a energia média para cada comprimento de onda dos modos de onda estacionária seja proporcional à $k_B T$, com base no teorema de equipartição de energia, discutido na Seção 16.5.

Uma representação gráfica experimental do espectro de radiação de corpo negro, em conjunto com a previsão teórica da lei de Rayleigh-Jeans, é mostrada na Figura 28.3. Em comprimentos de onda longos, a lei de Rayleigh-Jeans concorda razoavelmente com os dados experimentais, mas em curtos, uma grande discordância aparece.

Conforme λ se aproxima de zero, a função $I(\lambda,T)$ dada pela Equação 28.3 se aproxima do infinito. Assim, de acordo com a teoria clássica, não só os comprimentos de onda curtos deveriam predominar em um espectro de corpo negro, mas também a energia emitida por qualquer corpo negro deve se tornar infinita no limite do comprimento de onda zero. Em contraste com esta previsão, os dados experimentais representados na Figura 28.3 mostram que conforme λ se aproxima de zero, $I(\lambda,T)$ também se aproxima. Esse descompasso entre a teoria e a experiência foi tão desconcertante, que os cientistas chamaram de *catástrofe do ultravioleta*. (Esta "catástrofe" – energia infinita – ocorre quando o comprimento de onda se aproxima de zero; a palavra *ultravioleta* foi aplicada porque os comprimentos de onda ultravioletas são curtos.)

Em 1900, Max Planck desenvolveu um modelo estrutural para a radiação de corpo negro que leva a uma equação teórica para a distribuição de comprimentos de onda que está completamente de acordo com os resultados experimentais em todos os comprimentos de onda. Seu modelo representa o nascimento da **Física Quântica**.

Usando os componentes de modelos estruturais introduzidos na Seção 11.2, podemos descrever o modelo de Planck da seguinte maneira:

1. *Uma descrição dos componentes físicos do sistema*: Planck identificou a radiação de corpo negro como resultante de osciladores, relacionada com as partículas carregadas dentro das moléculas do corpo negro. Os componentes do sistema são os osciladores e a radiação emitida por eles.
2. *Uma descrição do local onde os componentes estão localizados em relação um ao outro e como interagem*: Os osciladores que emitem radiação de corpo negro observável estão localizados na superfície do corpo negro. A energia do oscilador é quantizada, ou seja, ela só pode ter determinadas quantidades *discretas* de energia E_n dada por

$$E_n = nhf \quad \quad \textbf{28.4} \blacktriangleleft$$

onde n é um número inteiro positivo chamado **número quântico**,[1] f é a frequência do oscilador, e h é a **constante de Planck**, introduzida pela primeira

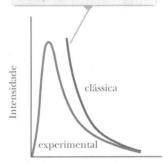

Figura 28.3 Comparação dos resultados experimentais e a curva prevista pela lei de Rayleigh-Jeans para a distribuição de radiação de corpo negro.

Max Planck
Físico alemão (1858–1947)
Planck apresentou o conceito de um "quantum de ação" (constante de Planck, h), numa tentativa de explicar a distribuição espectral da radiação de corpo negro, que lançou as bases para a teoria quântica. Em 1918, foi agraciado com o Prêmio Nobel de Física pela descoberta da natureza quantizada de energia.

---

[1] Introduzimos pela primeira vez a noção de um número quântico para sistemas microscópicos na Seção 11.5, na qual incorporamos o modelo de Bohr do átomo de hidrogênio. Vamos colocá-la em negrito novamente aqui, porque é uma noção importante para os demais capítulos deste livro.

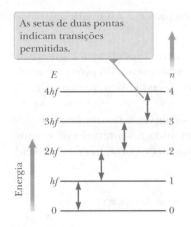

Figura 28.4 Níveis de energia permitidos para um oscilador com frequência natural f.

vez no Capítulo 11 (Volume 1). Como a energia de cada oscilador pode ter apenas valores discretos dados pela Equação 28.4, dizemos que a energia é **quantizada**. Cada valor de energia discreto corresponde a um **estado quântico** diferente, representado pelo número quântico n. Quando o oscilador está no estado quântico $n = 1$, sua energia é hf; quando está no estado quântico $n = 2$, sua energia é $2hf$; e assim por diante. Um oscilador irradia ou absorve a energia somente quando muda de estado quântico. Se permanece em um estado quântico, nenhuma energia é absorvida ou emitida.

3. *Uma descrição da evolução do sistema no tempo*: Como observado no final do componente de modelo estrutural 2, a radiação é emitida ou absorvida apenas quando o oscilador faz uma transição de um estado de energia para outro diferente. Os osciladores emitem ou absorvem energia em unidades discretas, semelhantes às transições discutidas no modelo de Bohr no Capítulo 11. Toda a diferença de energia entre os estados inicial e final na transição é emitida como um único *quantum* de radiação. Se a transição é de um estado para outro adjacente – digamos, do estado $n = 3$ para o $n = 2$ – a Equação 28.4 mostra que a quantidade de energia irradiada pelo oscilador é

$$E = hf \qquad 28.5◀$$

A Figura 28.4 mostra os níveis de energia quantizada e as transições permitidas propostos por Planck.

4. *Uma descrição da concordância entre as previsões do modelo e observações reais e, possivelmente, as previsões de novos efeitos que ainda não foram observados*: O teste do modelo de Planck será: O modelo preverá uma curva de distribuição de comprimento de onda que coincida melhor com os resultados experimentais na Figura Ativa 28.2 do que a expressão na Equação 28.3?

Essas ideias podem não parecer ousadas para você, porque já as vimos no modelo do átomo de hidrogênio de Bohr no Capítulo 11. É importante ter em mente, no entanto, que o modelo de Bohr não foi introduzido até 1913, ao passo que Planck fez suas suposições em 1900. O ponto-chave na teoria de Planck é a radical suposição de estados de energia quantizados.

Usando esta abordagem, Planck gerou uma expressão teórica para a distribuição do comprimento de onda que concordou muito bem com as curvas experimentais na Figura Ativa 28.2:

▶ Função de distribuição de comprimento de onda de Planck
$$I(\lambda, T) = \frac{2\pi hc^2}{\lambda^5 (e^{hc/\lambda k_B T} - 1)} \qquad 28.6◀$$

Esta função inclui o parâmetro h, que Planck ajustou de modo que sua curva corresponda aos dados experimentais em todos os comprimentos de onda. O valor deste parâmetro é encontrado como sendo independente do material de que o corpo negro é feito e da temperatura; ele é uma constante fundamental da natureza. O valor de h, a constante de Planck, que foi introduzido pela primeira vez no Capítulo 11, é

▶ Constante de Planck
$$h = 6{,}626 \times 10^{-34}\,\text{J}\cdot\text{s} \qquad 28.7◀$$

Prevenção de Armadilhas | 28.2
***n* é novamente um inteiro**
Nos capítulos anteriores sobre óptica, foi utilizado o símbolo n para o índice de refração, que não era um número inteiro. Estamos agora usando n novamente na forma em que foi utilizado no Capítulo 11 (Volume 1), para indicar o número quântico de uma órbita de Bohr, e no Capítulo 14, para indicar o modo de onda estacionária em uma corda ou em uma coluna de ar. Na Física Quântica, n é frequentemente utilizado como um número quântico inteiro para identificar determinado estado quântico de um sistema.

Em comprimentos de onda longos, a Equação 28.6 se reduz à expressão de Rayleigh-Jeans, Equação 28.3, e em comprimentos de onda curtos, prevê uma diminuição exponencial para $I(\lambda, T)$ com a diminuição do comprimento de onda, de acordo com resultados experimentais.

Quando Planck apresentou sua teoria, a maioria dos cientistas (incluindo Planck!) não considerou o conceito quântico realista. Acreditava-se ser um truque matemático que aconteceu prevendo os resultados corretos. Assim, Planck e outros continuaram a procurar o que acreditavam ser uma explicação mais racional da radiação de corpo negro. Os desenvolvimentos posteriores, no entanto, mostraram que uma teoria baseada no conceito quântico (em vez de em conceitos clássicos) era necessária para explicar inúmeros outros fenômenos no nível atômico. Não vemos os efeitos quânticos cotidianamente porque a energia que muda em um sistema macroscópico devido a uma transição entre estados adjacentes é uma fração tão pequena da energia total do sistema, que nunca poderíamos esperar detectar tal alteração. (Veja o Exemplo 28.2 para um exemplo numérico.) Portanto, mesmo que as mudanças na energia de um sistema macroscópico sejam realmente quantizadas e seguidas por pequenos saltos quânticos, nossos sentidos percebem a diminuição como contínua. Efeitos quânticos se tornam importantes e mensuráveis apenas no nível submicroscópico de átomos e moléculas. Além disso, resultados do *quantum* devem se misturar perfeitamente com resultados clássicos quando o número quântico se torna grande. Esta afirmação é conhecida como **princípio de correspondência**.

Você pode ter tido sua temperatura corporal medida no consultório médico por um *termômetro de ouvido*, que pode ler sua temperatura em questão de segundos (Fig. 28.5). Este tipo de termômetro mede a quantidade de radiação infravermelha emitida pela membrana timpânica em uma fração de segundo. Em seguida, converte a quantidade de radiação em uma leitura de temperatura. Este termômetro é muito sensível, porque a temperatura é elevada à quarta potência na Lei de Stefan. O Problema 3 no final do capítulo permite explorar a sensibilidade deste dispositivo.

BIO Termômetro de ouvido

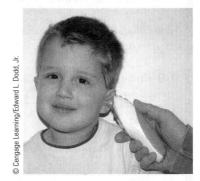

Figura 28.5 Um termômetro de ouvido mede a temperatura de um paciente por meio da detecção da intensidade da radiação infravermelha saindo do tímpano.

> **TESTE RÁPIDO 28.1** A Figura 28.6 mostra duas estrelas na constelação Órion. Betelgeuse parece brilhar vermelho, enquanto Rigel, em azul. Qual estrela tem temperatura de superfície superior? (a) Betelgeuse (b) Rigel (c) ambas têm a mesma (d) impossível determinar

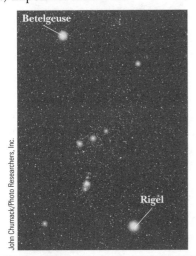

Figura 28.6 (Teste Rápido 28.1) Qual estrela é mais quente, Betelgeuse ou Rigel?

> **PENSANDO A FÍSICA 28.1**
>
> Você está observando uma chama amarela de vela, e seu parceiro de laboratório afirma que a luz da chama é atômica na origem. Você discorda, alegando que a chama da vela é quente, então a radiação deve ser térmica na origem. Antes que esse desentendimento leve a socos, como você poderia determinar quem está certo?
>
> **Raciocínio** A determinação simples poderia ser feita observando a luz da chama da vela através de um espectrômetro de rede de difração, que discutimos na Seção 27.8. Se o espectro de luz for contínuo, é de origem térmica. Se o espectro mostrar linhas discretas, é atômico na origem. Os resultados do experimento mostram que a luz é essencialmente térmica na origem, e origina-se nas partículas quentes de fuligem na chama da vela. ◀

> *Exemplo* **28.1** | **Radiação térmica de diferentes objetos** **BIO**
>
> **(A)** Encontre o comprimento de onda do pico da radiação do corpo negro emitida pelo corpo humano quando a temperatura da pele for 35 °C.
>
> **SOLUÇÃO**
>
> **Conceitualize** Radiação térmica é emitida a partir da superfície de qualquer objeto. O comprimento de onda de pico está relacionado com a temperatura da superfície por meio da Lei do Deslocamento de Wien (Eq. 28.2).
>
> **Categorize** Avaliamos os resultados usando uma equação desenvolvida nesta seção; então, categorizamos este exemplo como um problema de substituição.
>
> *continua*

28.1 cont.

Resolva a Equação 28.2 para $\lambda_{máx}$:

(1) $\lambda_{máx} = \dfrac{2{,}898 \times 10^{-3}\,\text{m} \cdot \text{K}}{T}$

Substitua a temperatura de superfície:

$\lambda_{máx} = \dfrac{2{,}898 \times 10^{-3}\,\text{m} \cdot \text{K}}{308\,\text{K}} = 9{,}41\,\mu\text{m}$

Esta radiação está na região infravermelha do espectro, e é invisível ao olho humano. Alguns animais (víboras verdes, por exemplo) são capazes de detectar a radiação deste comprimento de onda e, portanto, podem localizar a presa de sangue quente mesmo no escuro.

(B) Encontre o comprimento de onda de pico da radiação de corpo negro emitida pelo filamento de tungstênio de uma lâmpada, que opera a 2.000 K.

SOLUÇÃO

Substitua a temperatura do filamento na Equação (1): $\lambda_{máx} = \dfrac{2{,}898 \times 10^{-3}\,\text{m} \cdot \text{K}}{2.000\,\text{K}} = 1{,}45\,\mu\text{m}$

Esta radiação também está no infravermelho, o que significa que a maior parte da energia emitida por uma lâmpada não nos é visível.

(C) Encontre o comprimento de onda de pico da radiação de corpo negro emitida pelo Sol, que tem temperatura de superfície de aproximadamente 5.800 K.

SOLUÇÃO

Substitua a temperatura da superfície na Equação (1): $\lambda_{máx} = \dfrac{2{,}898 \times 10^{-3}\,\text{m} \cdot \text{K}}{5.800\,\text{K}} = 0{,}500\,\mu\text{m}$

Esta radiação está perto do centro do espectro visível, perto da cor de uma bola de tênis amarelo-esverdeada. Porque é a cor predominante na luz do Sol, nossos olhos evoluíram para ser mais sensíveis à luz de, aproximadamente, este comprimento de onda.

(D) Qual o total de energia emitida pela sua pele, assumindo que ela emita como um corpo negro?

SOLUÇÃO

Você precisa fazer uma estimativa da área da superfície da sua pele. Modele seu corpo como uma caixa retangular, de altura 2 m, largura 0,3 m e profundidade 0,2 m, e encontre sua área de superfície total:

$A = 2(2\,\text{m})(0{,}3\,\text{m}) + 2(2\,\text{m})(0{,}2\,\text{m}) + 2(0{,}2\,\text{m})(0{,}3\,\text{m})$
$\approx 2\,\text{m}^2$

Use a lei de Stefan, Equação 28,1, para encontrar a potência da radiação emitida:

$P = \sigma A e T^4 \approx (5{,}7 \times 10^{-8}\,\text{W/m}^2 \cdot \text{K}^4)(2\,\text{m}^2)(1)(308\,\text{K})^4$
$\approx 10^3\,\text{W}$

(E) Com base em sua resposta à parte (D), por que você não é tão brilhante como várias lâmpadas?

SOLUÇÃO

A resposta à parte (D) indica que sua pele está irradiando energia aproximadamente na mesma taxa na qual entram dez lâmpadas de 100 W por transmissão elétrica. Entretanto, você não está visivelmente brilhante, porque a maior parte desta radiação está na faixa do infravermelho, como descobrimos na parte (A), e nossos olhos não são sensíveis à radiação infravermelha.

Exemplo 28.2 | O oscilador quantizado

Um bloco de 2,00 kg está preso a uma mola sem massa que tem constante de força $k = 25{,}0$ N/m. A mola é esticada 0,400 m a partir de sua posição de equilíbrio e solta do repouso.

(A) Encontre a energia total do sistema e a frequência de oscilação de acordo com cálculos clássicos.

SOLUÇÃO

Conceitualize Entendemos os detalhes do movimento do bloco quando do nosso estudo do movimento harmônico simples no Capítulo 12 (Volume 2). Revise esse material, se necessário.

28.2 cont.

Categorize A frase "de acordo com cálculos clássicos" nos diz para categorizar esta parte do problema como uma análise clássica do oscilador. Modelamos o bloco como uma partícula em movimento harmônico simples.

Analise Com base na maneira como o bloco é colocado em movimento, sua amplitude é de 0,400 m.

Avalie a energia total do sistema bloco-mola usando a Equação 12.21:

$$E = \tfrac{1}{2}kA^2 = \tfrac{1}{2}(25{,}0\text{ N/m})(0{,}400\text{ m})^2 = \boxed{2{,}00\text{ J}}$$

Avalie a frequência de oscilação da Equação 12.14:

$$f = \frac{1}{2\pi}\sqrt{\frac{k}{m}} = \frac{1}{2\pi}\sqrt{\frac{25{,}0\text{ N/m}}{2{,}00\text{ kg}}} = \boxed{0{,}563\text{ Hz}}$$

(B) Assumindo que a energia do oscilador seja quantificada, encontre o número quântico n para o sistema oscilante com esta amplitude.

SOLUÇÃO

Categorize Esta parte do problema é classificada como uma análise quântica do oscilador. Modelamos o sistema bloco-mola como um oscilador de Planck.

Analise Resolva a Equação 28.4 para o número quântico n:

$$n = \frac{E_n}{hf}$$

Substitua os valores numéricos:

$$n = \frac{2{,}00\text{ J}}{(6{,}626 \times 10^{-34}\text{ J}\cdot\text{s})(0{,}563\text{ Hz})} = \boxed{5{,}36 \times 10^{33}}$$

Finalize Observe que $5{,}36 \times 10^{33}$ é um número quântico muito grande, típico de sistemas macroscópicos. Alterações entre estados quânticos para o oscilador são exploradas a seguir.

E se? Suponha que o oscilador faça uma transição do estado $n = 5{,}36 \times 10^{33}$ para o estado correspondendo a $n = 5{,}36 \times 10^{33} - 1$. Por quanto a energia do oscilador se altera nesta mudança de um *quantum*?

Resposta A partir da Equação 28.5 e do resultado da parte (A), a energia levada devido à transição entre estados diferindo em n por 1 é

$$E = hf = (6{,}626 \times 10^{-34}\text{ J}\cdot\text{s})(0{,}563\text{ Hz}) = 3{,}73 \times 10^{-34}\text{ J}$$

Esta alteração de energia devido a uma mudança de um *quantum* é fracionadamente igual a $3{,}73 \times 10^{-34}$ J/2,00 J, ou por ordem de uma parte em 10^{34}! Ela é uma fração tão pequena da energia total do oscilador que não pode ser detectada. Portanto, mesmo que a energia de um sistema macroscópico bloco-mola seja quantizada, e, de fato, diminua em pequenos saltos quânticos, nossos sentidos percebem a diminuição como contínua. Efeitos quânticos se tornam importantes e detectáveis apenas no nível submicroscópico de átomos e moléculas.

28.2 | O efeito fotoelétrico

A radiação de corpo negro foi historicamente o primeiro fenômeno a ser explicado com um modelo quântico. No final do século XIX, ao mesmo tempo que os dados estavam sendo coletados sobre radiação térmica, experiências mostraram que a incidência de luz sobre certas superfícies metálicas faz que elétrons sejam emitidos a partir dessas superfícies. Como mencionado na Seção 25.1, este fenômeno, descoberto por Hertz, é conhecido como **efeito fotoelétrico**. Os elétrons emitidos são chamados **fotoelétrons**.[2]

A Figura Ativa 28.7 é o diagrama esquemático de um aparelho de efeito fotoelétrico. É feito vácuo em um tubo de vidro ou de quartzo que contém uma placa de metal E conectada ao terminal negativo de uma bateria. Outra placa de metal C é mantida em potencial positivo pela bateria. Quando o tubo é mantido no escuro, o amperímetro lê zero, indicando que não há corrente no circuito. Quando a luz do comprimento de onda apropriado brilha na placa E, no entanto, uma corrente é detectada pelo amperímetro, indicando um fluxo de cargas através do intervalo entre E e C. Esta corrente resulta de elétrons emitidos pela placa negativa E (o emissor) e coletados na placa positiva C (o coletor).

---

[2] Fotoelétrons não são diferentes de outros elétrons. Eles recebem este nome apenas por causa de sua expulsão do metal por fótons no efeito fotoelétrico.

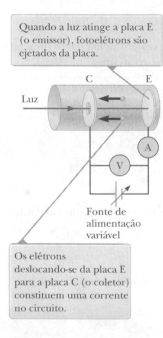

Figura Ativa 28.7 Um diagrama de circuito para estudo do efeito fotoelétrico.

A Figura Ativa 28.8, uma representação gráfica dos resultados de uma experiência fotoelétrica, representa a corrente fotoelétrica *versus* a diferença de potencial ΔV entre E e C para duas intensidades de luz. Para grandes valores positivos de ΔV, a corrente alcança o valor máximo. Além disso, a corrente aumenta conforme a intensidade da luz incidente aumenta, como se poderia esperar. Finalmente, quando ΔV é negativo — isto é, quando a polaridade da bateria é revertida para fazer E positivo e C negativo —, a corrente cai porque muitos dos fotoelétrons emitidos por E são repelidos pela placa coletora negativa C. Apenas os elétrons ejetados do metal com energia cinética maior que $e|\Delta V|$ alcançarão C, onde e é a magnitude da carga do elétron. Quando a magnitude de ΔV for igual a ΔV_s, o **potencial frenador**, nenhum elétron atinge C e a corrente é zero.

Vamos considerar a combinação do campo elétrico entre as placas e um elétron ejetado da placa E com energia cinética máxima como sendo um sistema isolado. Suponha que este elétron pare ao alcançar a placa C. Aplicando a versão de energia do modelo de sistema isolado, a Equação 7.2 torna-se:

$$\Delta K + \Delta U = 0 \quad \rightarrow \quad K_f + U_f = K_i + U_i$$

onde a configuração inicial do sistema refere-se ao instante em que o elétron sai do metal com a máxima energia cinética possível $K_{máx}$, e a configuração final é quando o elétron para imediatamente antes de tocar a placa C. Se definirmos a energia potencial elétrica do sistema na configuração inicial como sendo zero, a equação de energia acima pode ser escrita

$$0 + (-e)(-\Delta V_s) = K_{máx} + 0$$

$$K_{máx} = e\Delta V_s \qquad \qquad 28.8 \blacktriangleleft$$

Esta equação nos permite mensurar $K_{máx}$ experimentalmente ao medir a tensão na qual a corrente cai para zero.

A seguir, veremos várias características do efeito fotoelétrico, no qual as previsões feitas por um modelo estrutural baseadas em uma abordagem clássica, usando o modelo de ondas de luz, são comparadas com os resultados experimentais. Observe o forte contraste entre as previsões e os resultados.

1. Dependência da energia cinética fotoeletrônica na intensidade da luz

    Previsão clássica: Os elétrons devem absorver a energia de forma contínua a partir das ondas eletromagnéticas. À medida que a intensidade da luz incidente em um metal é aumentada, energia deve ser transferida para o metal a uma taxa maior, e os elétrons ser ejetados com mais energia cinética.

    Resultado experimental: A energia cinética máxima de fotoelétrons independe da intensidade da luz, como mostrado na Figura Ativa 28.8, com ambas as curvas caindo para zero com a mesma tensão negativa. (De acordo com a Equação 28.8, a energia cinética máxima é proporcional ao potencial frenados.)

2. Intervalo de tempo entre a incidência de luz e ejeção de fotoelétrons

    Previsão clássica: Em baixas intensidades de luz, um intervalo de tempo mensurável passa entre o instante em que a luz é acesa e o tempo que um elétron é ejetado do metal. Este intervalo de tempo é requerido para o elétron absorver a radiação incidente antes que adquira energia suficiente para escapar do metal.

    Resultado experimental: Os elétrons são emitidos a partir da superfície do metal quase *instantaneamente* (menos do que 10^{-9} s após a superfície ser iluminada), mesmo com intensidades de luz muito baixas.

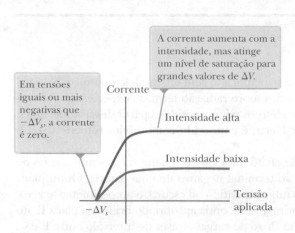

Figura Ativa 28.8 Corrente fotoelétrica *versus* diferença de potencial aplicado para duas intensidades de luz.

3. **Dependência da emissão de elétrons quanto à frequência de luz**

    Previsão clássica: Elétrons devem ser ejetados a partir do metal para qualquer frequência de luz incidente enquanto a intensidade de luz seja suficientemente alta, porque a energia é transferida para o metal, independentemente da frequência da luz incidente.

    Resultado experimental: Nenhum elétron é emitido se a frequência da luz incidente cai abaixo de certa **frequência de corte** f_c, cujo valor é característico do material que está sendo iluminado. Nenhum elétron é ejetado abaixo desta frequência de corte, independentemente da intensidade de luz.

4. **Dependência da energia cinética fotoeletrônica quanto à frequência da luz**

    Previsão clássica: Não deve haver nenhuma relação entre a frequência da luz e a energia cinética do elétron. A energia cinética deve estar relacionada com a intensidade da luz.

    Resultado experimental: A energia cinética máxima dos fotoelétrons aumenta com o aumento da frequência da luz.

Observe que *todas as quatro* previsões do modelo clássico estão incorretas. Uma explicação bem-sucedida do efeito fotoelétrico foi dada por Einstein, em 1905, o mesmo ano em que publicou sua teoria especial da relatividade. Como parte de um artigo geral sobre radiação eletromagnética, pelo qual recebeu o Prêmio Nobel de Física em 1921, Einstein estendeu o conceito de quantização de Planck para ondas eletromagnéticas. Ele assumiu que a luz (ou qualquer outra onda eletromagnética) de frequência f pode ser considerada uma corrente de *quanta*, independentemente da fonte de radiação. Hoje, chamamos esses *quanta* de **fótons**. Cada fóton tem uma energia E dada pela Equação 28.5, $E = hf$, e move-se no vácuo à velocidade da luz c, onde $c = 3{,}00 \times 10^8$ m/s.

TESTE RÁPIDO 28.2 Enquanto está ao ar livre, numa noite, você se expõe aos seguintes quatro tipos de radiação eletromagnética: luz amarela de uma lâmpada de sódio na rua, ondas de rádio de uma estação de rádio AM, ondas de rádio de uma estação de rádio FM e micro-ondas de uma antena de um sistema de comunicação. Classifique estes tipos de ondas em termos de energia de fótons, do maior para o menor.

Vamos organizar o modelo de Einstein para o efeito fotoelétrico usando os componentes de modelos estruturais:

1. *Uma descrição dos componentes físicos do sistema*: Imaginemos que o sistema consiste em dois componentes físicos: (1) um elétron que é ejetado por um fóton recebido e (2) o restante do metal.
2. *Uma descrição de onde os componentes estão localizados um em relação ao outro e como interagem*: No modelo de Einstein, um fóton de luz incidente fornece *toda* sua energia hf para um *único* elétron no metal. Portanto, a absorção de energia pelos elétrons não é um processo contínuo, como previsto no modelo de onda, mas sim descontínuo, em que a energia é fornecida para os elétrons em feixes. A transferência de energia é conseguida por meio de um evento um fóton / um elétron.
3. *Uma descrição da evolução do tempo do sistema*: Podemos descrever esta evolução aplicando o modelo de sistema não isolado para energia ao longo de um intervalo de tempo, que inclui a absorção de um fóton e a ejeção do elétron correspondente. A energia é transferida para o sistema por radiação eletromagnética, o fóton. O sistema tem dois tipos de energia: a potencial do sistema metal-elétron e a cinética do elétron ejetado. Portanto, podemos escrever a equação da conservação de energia (Eq. 7.2) como

$$\Delta K + \Delta U = T_{ER} \qquad 28.9$$

A transferência de energia para o sistema é aquela do fóton, $T_{RE} = hf$. Durante o processo, a energia cinética do elétron aumenta de zero para seu valor final, que assumimos ser o valor máximo possível $K_{máx}$. A energia potencial do sistema aumenta porque o elétron é empurrado para fora a partir do metal do qual é atraído. Definimos a energia potencial do sistema como zero quando o elétron está do lado de fora do metal. A energia potencial do sistema quando o elétron está no metal é $U = -\phi$, onde ϕ é chamada **função trabalho** do metal. Esta função representa a energia mínima com que um elétron está ligado ao metal e é da ordem de alguns elétrons-volt. A Tabela 28.1 lista valores

TABELA 28.1
Funções de trabalho de metais selecionados

Metal	ϕ (eV)
Na	2,46
Al	4,08
Cu	4,70
Zn	4,31
Ag	4,73
Pt	6,35
Pb	4,14
Fe	4,50

Observação: Os valores são típicos para os metais listados. Os valores reais podem variar dependendo se o metal for um único cristal ou policristalino, e, também, da face a partir da qual os elétrons são ejetados dos metais cristalinos. Além disso, diferentes procedimentos experimentais podem produzir valores diferentes.

selecionados. O aumento da energia potencial do sistema, quando o elétron é removido do metal, é a função trabalho ϕ. Substituindo essas energias na Equação 28.9, temos

$$(K_{máx} - 0) + [0 - (-\phi)] = hf$$

$$K_{máx} + \phi = hf \qquad \text{28.10} \blacktriangleleft$$

Se o elétron colide com outros elétrons ou íons metálicos ao ser ejetado, uma parte da energia de entrada é transferida para o metal, e o elétron é ejetado com menos energia cinética que $K_{máx}$.

4. *Uma descrição do acordo entre as previsões do modelo e as observações reais e, possivelmente, as previsões de novos efeitos que ainda não foram observados*: A previsão feita por Einstein é uma equação para a energia cinética máxima de um elétron ejetado como uma função da frequência da radiação incidente. Esta equação pode ser encontrada através de uma reorganização da Equação 28.10:

▶ Equação do efeito fotoelétrico
$$K_{máx} = hf - \phi \qquad \text{28.11} \blacktriangleleft$$

Com o modelo estrutural de Einstein, pode-se explicar as características observadas do efeito fotoelétrico que não podem ser entendidas usando conceitos clássicos:

1. Dependência da energia cinética dos fotoelétrons à intensidade da luz

   A Equação 28.11 mostra que $K_{máx}$ independe da intensidade da luz. A energia cinética máxima de qualquer um dos elétrons, que equivale a $hf - \phi$, depende apenas da frequência da luz e da função trabalho. Se a intensidade da luz for dobrada, o número de fótons que chegam por unidade de tempo é dobrado, o que duplica a taxa na qual os fotoelétrons são emitidos. A energia cinética máxima de qualquer fotoelétron, no entanto, se mantém inalterada.

2. Intervalo de tempo entre a incidência de luz e ejeção de fotoelétrons

   A emissão quase instantânea de elétrons é consistente com o modelo de fóton de luz. A energia incidente aparece em pequenos pacotes, e há uma interação de um para um entre fótons e elétrons. Se a luz incidente tem intensidade muito baixa, há muito poucos fótons chegando por intervalo de unidade de tempo; cada fóton, no entanto, pode ter energia suficiente para ejetar um elétron imediatamente.

3. Dependência da emissão de elétrons quanto à frequência de luz

   Como o fóton deve ter energia maior do que a função trabalho ϕ para ejetar um elétron, o efeito fotoelétrico não pode ser observado abaixo de certa frequência de corte. Se a energia de um fóton recebido não atende a este requisito, um elétron não pode ser ejetado da superfície, apesar de muitos fótons por unidade de tempo serem incidentes sobre o metal em um feixe de luz muito intenso.

4. Dependência da energia cinética fotoeletrônica à frequência da luz

   Um fóton de maior frequência tem mais energia e, portanto, ejeta um fotoelétron com mais energia cinética do que um fóton de menor frequência.

O resultado teórico de Einstein (Eq. 28.11) prevê uma relação linear entre a energia cinética máxima do elétron $K_{máx}$ e a frequência de luz f. Uma observação experimental de uma relação linear seria uma confirmação definitiva da teoria de Einstein. De fato, uma relação linear é observada conforme esboçado na Figura Ativa 28.9. A inclinação das curvas de todos os metais é a constante de Planck h. O valor absoluto da intercepção no eixo vertical é a função trabalho ϕ, que varia de um metal para outro. A intercepção no eixo horizontal é a frequência de corte, que está relacionada com a função trabalho por meio da relação $f_c = \phi/h$. Esta frequência de corte corresponde a um comprimento de **onda de corte** de

▶ Comprimento de onda de corte
$$\lambda_c = \frac{c}{f_c} = \frac{c}{\phi/h} = \frac{hc}{\phi} \qquad \text{28.12} \blacktriangleleft$$

onde c é a velocidade da luz. A luz com comprimento de onda *maior* que λ_c incidente sobre um material com a função trabalho ϕ não resulta na emissão de fotoelétrons.

A combinação hc ocorre frequentemente ao relacionar a energia de um fóton a seu comprimento de onda. Um atalho comum utilizado na solução dos problemas é expressar esta combinação em unidades úteis de acordo com o valor numérico

$$hc = 1.240 \text{ eV} \cdot \text{nm}$$

Um dos primeiros usos práticos do efeito fotoelétrico foi um detector em um medidor de luz de uma câmera. A luz refletida do objeto a ser fotografado atinge uma superfície fotoelétrica no medidor, fazendo-o emitir fotoelétrons que, em seguida, passam por um amperímetro sensível. A magnitude da corrente no amperímetro depende da intensidade da luz.

O fototubo, outra aplicação inicial do efeito fotoelétrico, atua como um interruptor em um circuito elétrico. Ele produz uma corrente no circuito quando a luz de frequência suficientemente alta cai sobre uma placa metálica nele, mas não produz corrente no escuro. Fototubos foram usados em dispositivos antirroubo e na detecção da trilha sonora em filmes cinematográficos. Os dispositivos semicondutores modernos substituíram dispositivos mais antigos baseados no efeito fotoelétrico.

O efeito fotoelétrico é usado hoje na operação de tubos fotomultiplicadores. A Figura 28.10 mostra a estrutura de tais dispositivos. Um fóton atingindo o fotocátodo ejeta um elétron através do efeito fotoelétrico. Este elétron é acelerado através da diferença de potencial entre o fotocátodo e o primeiro *dinodo*, mostrado como estando em +200 V em

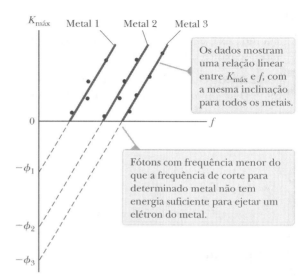

Figura Ativa 28.9 Um gráfico de resultados para $K_{máx}$ em função da frequência da luz incidente em um experimento típico de efeito fotoelétrico.

relação ao fotocátodo na Figura 28.10. Este elétron de alta energia atinge o dinodo e ejeta mais alguns elétrons. Este processo é repetido por uma série de dinodos em potenciais cada vez maiores até que um pulso elétrico seja produzido como milhões de elétrons atingindo o último dinodo. Portanto, o tubo é chamado *multiplicador* porque um fóton na entrada resultou em milhões de elétrons na saída.

O tubo fotomultiplicador é utilizado em detectores nucleares para detectar a presença de raios gama emitidos por núcleos radioativos, que estudaremos no Capítulo 30. Também é utilizado em astronomia, em uma técnica chamada *fotometria fotoelétrica*. Nesta técnica, a luz captada por um telescópio a partir de uma única estrela atinge um tubo fotomultiplicador por um intervalo de tempo. O tubo mede a energia total de luz durante este intervalo, que pode então ser convertida para a luminosidade da estrela.

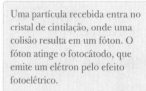

O tubo fotomultiplicador está sendo substituído em muitas observações astronômicas por um *dispositivo de carga acoplada* (DCC), que é o mesmo dispositivo usado em uma câmera digital. Nele, uma matriz de pixels é formada sobre a superfície de silício de um circuito integrado. Quando a superfície é exposta à luz de uma cena astronômica através de um telescópio, ou uma cena terrestre através de uma câmera digital, os elétrons gerados pelo efeito fotoelétrico são capturados em "armadilhas" sob a superfície. O número de elétrons está relacionado com a intensidade da luz que atinge a superfície. Um processador de sinal mede o número de elétrons associados a cada pixel e converte essa informação em um código digital que um computador pode usar para reconstruir e mostrar a cena.

A *câmera DCC de bombardeio* de elétrons permite maior sensibilidade do que uma DCC convencional. Neste dispositivo, os elétrons ejetados de um fotocátodo pelo efeito fotoelétrico são acelerados através de uma alta tensão antes de atingir uma matriz DCC. A maior energia dos elétrons resulta em um detector muito sensível de radiação de baixa intensidade.

A explicação do efeito fotoelétrico com um modelo quântico, combinada com o modelo quântico de Planck para a radiação do corpo negro, propiciou uma base sólida para futuras investigação em Física Quântica. Na próxima seção, apresentaremos um terceiro resultado experimental que fornece mais uma forte evidência da natureza quântica da luz.

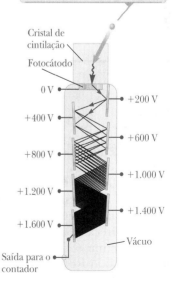

Figura 28.10 A multiplicação de elétrons em um tubo fotomultiplicador.

> **TESTE RÁPIDO 28.3** Considere uma das curvas da Figura Ativa 28.8. Suponha que a intensidade da luz incidente seja mantida fixa, mas sua frequência aumentada. Será que o potencial frenados nesta figura (a) permanece fixo, (b) move-se para a direita, ou (c) move-se para a esquerda?

> **TESTE RÁPIDO 28.4** Suponha que físicos clássicos tenham tido a ideia de planejar $K_{máx}$ versus f na Figura Ativa 28.9. Desenhe um gráfico de como o diagrama esperado se pareceria, com base no modelo de onda para a luz.

Exemplo 28.3 | O efeito fotoelétrico para sódio

Uma superfície de sódio é iluminada com luz de comprimento de onda 300 nm. Como indicado na Tabela 28.1, a função trabalho para o metal de sódio é 2,46 eV.

(A) Encontre a energia cinética máxima dos fotoelétrons ejetados.

SOLUÇÃO

Conceitualize Imagine um fóton atingindo a superfície do metal e ejetando um elétron. O elétron com energia máxima é aquele perto da superfície, que não sofre nenhuma interação com outras partículas no metal que reduziriam sua energia em seu caminho para fora do metal.

Categorize Avaliamos os resultados usando equações desenvolvidas nesta seção; portanto, categorizamos este exemplo como um problema de substituição.

Encontre a energia de cada fóton no feixe de luz iluminador a partir da Equação 28.5:

$$E = hf = \frac{hc}{\lambda}$$

A partir da Equação 28.11, encontre a energia cinética máxima do elétron:

$$K_{máx} = \frac{hc}{\lambda} - \phi = \frac{1.240 \text{ eV} \cdot \text{nm}}{300 \text{ nm}} - 2,46 \text{ eV} = \boxed{1,67 \text{ eV}}$$

(B) Encontre o comprimento de onda de corte λ_c para o sódio.

SOLUÇÃO

Calcule λ_c usando a Equação 28.12:

$$\lambda_c = \frac{hc}{\phi} = \frac{1.240 \text{ eV} \cdot \text{nm}}{2,46 \text{ eV}} = \boxed{504 \text{ nm}}$$

28.3 | O efeito Compton

Em 1919, Einstein propôs que um fóton de energia E carrega um momento igual a $E/c = hf/c$. Arthur Holly Compton levou mais longe a ideia de fóton momento de Einstein com o **efeito Compton.**

Antes de 1922, Compton e seus colaboradores tinham acumulado evidências que mostraram que a teoria ondulatória da luz clássica não conseguia explicar a dispersão de raios X a partir de elétrons. De acordo com a teoria clássica, ondas eletromagnéticas incidentes de frequência f_0 deveriam ter dois efeitos: (1) os elétrons deveriam acelerar na direção da propagação do raio X pela pressão da radiação (ver Seção 24.5), e (2) o campo elétrico oscilante deveria definir os elétrons em oscilação na frequência aparente da radiação conforme detectado pelo elétron em movimento. A frequência aparente detectada pelo elétron difere de f_0 devido ao efeito Doppler (ver Seção 24.3), pois o elétron absorve como uma partícula em movimento. O elétron então volta a irradiar como uma partícula em movimento, exibindo outro efeito Doppler na frequência de radiação emitida.

Como diferentes elétrons se movem com velocidades diferentes, dependendo da quantidade de energia absorvida a partir das ondas eletromagnéticas, a frequência da onda dispersa num determinado ângulo deveria mostrar uma distribuição de valores deslocados por conta do efeito Doppler. Contrariamente a esta previsão, o experimento de Compton mostrou que, em determinado ângulo, apenas *uma* frequência de radiação foi observada como sendo diferente da radiação incidente. Compton e seus colegas perceberam que a dispersão de fótons de raio X de elétrons poderia ser explicada tratando os fótons como partículas pontuais com energia hf e momento hf/c, e assumindo que a energia e o momento do sistema isolado do fóton e do elétron são conservados em uma colisão bidimensional. Ao fazer isso, Compton estava adotando um modelo de partícula para algo que era conhecido como uma onda, como Einstein tinha feito em sua explicação do efeito fotoelétrico. A Figura 28.11 mostra a imagem quântica da troca de momento e energia entre um fóton de raio X individual e um elétron. No modelo clássico, o elétron é empurrado ao longo da direção de propagação do raio X incidente por pressão de radiação. No modelo quântico na Figura 28.11, o elétron é disperso através de um ângulo ϕ no que diz respeito a esta direção, como se fosse uma colisão tipo bola de bilhar.

A Figura 28.12 é um diagrama esquemático do aparelho utilizado por Compton. Os raios X, dispersos a partir de um alvo de carbono, foram difratados por um espectrômetro de cristal rotativo, e a intensidade foi medida com uma câmara de ionização que gerou uma corrente proporcional à intensidade. O feixe incidente consistia de raios X monocromáticos de comprimento de onda $\lambda_0 = 0{,}071$ nm. As representações gráficas experimentais de intensidade *versus* comprimento de onda observadas por Compton por quatro ângulos de dispersão (correspondente a θ na Fig. 28.11) são mostradas na Figura 28.13. Os gráficos para os três ângulos diferentes de zero mostram dois picos, um em λ_0 e outro em $\lambda' > \lambda_0$. O pico deslocado em λ' é causado pela dispersão de raios X a partir de elétrons livres, que foi previsto por Compton como dependente do ângulo de dispersão como

$$\lambda' - \lambda_0 = \frac{h}{m_e c}(1 - \cos\theta) \qquad 28.13 \blacktriangleleft$$

Arthur Holly Compton
Físico norte-americano (1892–1962)
Compton nasceu em Wooster, Ohio, e frequentou o Wooster College e a Universidade de Princeton. Tornou-se o diretor do laboratório da Universidade de Chicago, onde conduziu o trabalho experimental a respeito de reações em cadeias nucleares sustentadas. Este trabalho foi de importância central para a construção da primeira arma nuclear. Sua descoberta do efeito Compton o levou a partilhar o Prêmio Nobel de Física de 1927 com Charles Wilson.

▶ Equação de deslocamento de Compton

Nesta expressão, conhecida como **equação de deslocamento de Compton**, m_e é a massa do elétron; $h/m_e c$ é chamado **comprimento de onda de Compton** λ_C para o elétron e tem o valor

$$\lambda_C = \frac{h}{m_e c} = 0{,}00243 \text{ nm} \qquad 28.14 \blacktriangleleft$$

▶ Comprimento de onda de Compton

As medições de Compton estavam em excelente acordo com as previsões da Equação 28.13. Elas foram os primeiros resultados experimentais para convencer a maioria dos físicos da validade fundamental da teoria quântica!

O efeito Compton deve ser mantido em mente por técnicos de raio X que trabalham em hospitais e laboratórios de radiologia. Raios X direcionados para dentro do corpo do paciente são dispersos pelos elétrons do corpo em todas as direções, como estabelece o efeito Compton. A Equação 28.13 mostra que o

BIO O efeito Compton e técnicos de raio X

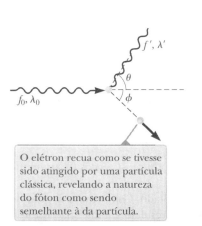

Figura 28.11 O modelo quântico para raio X dispersando um elétron.

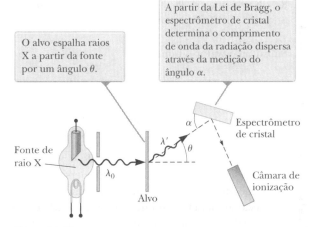

Figura 28.12 Diagrama esquemático do aparelho de Compton.

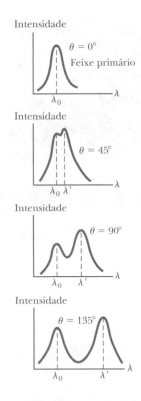

Figura 28.13 Intensidade do raio X disperso *versus* comprimento de onda para dispersão de Compton em $\theta = 0°, 45°, 90°$ e $135°$.

comprimento de onda disperso está ainda bem dentro da região de raios X, de forma que os raios X dispersos podem danificar o tecido humano. Em geral, os técnicos operam a máquina de raio X por trás de uma parede absorvente, para evitar a exposição aos raios X dispersos. Além disso, quando são tirados raios X da arcada dentária, um avental de chumbo é colocado sobre o paciente para reduzir a absorção de raios X dispersos por outras partes do corpo do paciente.

> **PENSANDO A FÍSICA 28.2**
>
> O efeito Compton envolve uma mudança no comprimento de onda, conforme os fótons são dispersos por diferentes ângulos. Suponha que um pedaço de material seja iluminado com um feixe de luz e, em seguida, visualizado de diferentes ângulos em relação ao feixe de luz. Veremos uma mudança de *cor correspondente* à variação no comprimento de onda da luz dispersa?
>
> **Raciocínio** A luz visível dispersa pelo material é submetida a uma mudança no comprimento de onda, mas a alteração é muito pequena para ser detectada como uma mudança de cor. A maior variação possível em comprimento de onda, em dispersão a 180°, é duas vezes o comprimento de onda de Compton, cerca de 0,005 nm, o que representa uma alteração inferior a 0,001% do comprimento de onda da luz vermelha. O efeito Compton só é detectável nos comprimentos de onda que são muito pequenos de início, de modo que o comprimento de onda de Compton é uma fração apreciável do comprimento de onda incidente. Como resultado, a radiação usual para observar o efeito Compton está na faixa de raios X do espectro eletromagnético. ◄

Exemplo **28.4** | **Dispersão de Compton a 45°**

Raios X de comprimento de onda $\lambda_0 = 0,200000$ são dispersos a partir de um bloco de material. Os raios X dispersos são observados a um ângulo de 45,0° do feixe incidente. Calcule seus comprimentos de onda.

SOLUÇÃO

Conceitualize Imagine o processo na Figura 28.11 com o fóton disperso a 45° em relação a sua direção original.

Categorize Avaliamos o resultado usando uma equação desenvolvida nesta seção; então, categorizamos este exemplo como um problema de substituição.

Resolva a Equação 28.13 para o comprimento de onda do raio X disperso:

$$\lambda' = \lambda_0 + \frac{h(1 - \cos\theta)}{m_e c}$$

Substitua os valores numéricos:

$$\lambda' = 0,200000 \times 10^{-9}\,\text{m} + \frac{(6,626 \times 10^{-34}\,\text{J}\cdot\text{s})(1 - \cos 45,0°)}{(9,11 \times 10^{-31}\,\text{kg})(3,00 \times 10^8\,\text{m/s})}$$

$$= 0,200000 \times 10^{-9}\,\text{m} + 7,10 \times 10^{-13}\,\text{m} = \boxed{0,200\,710\,\text{nm}}$$

E se? E se o detector fosse movido, de modo que os raios X dispersos fossem detectados a um ângulo maior que 45°? O comprimento de onda dos raios X dispersos aumentam ou diminuem conforme o ângulo θ aumenta?

Resposta Na Equação (1), se o ângulo θ aumenta, $\cos\theta$ diminui. Consequentemente, o fator $(1 - \cos\theta)$ aumenta. Portanto, o comprimento de onda disperso aumenta.

Também podemos aplicar um argumento de energia para chegar a este mesmo resultado. Conforme o ângulo de dispersão aumenta, mais energia é transferida do fóton incidente para o elétron. Como resultado, a energia do fóton disperso diminui com o aumento do ângulo de dispersão. Porque $E = hf$, a frequência do fóton disperso diminui, e como $\lambda = c/f$, o comprimento de onda aumenta.

28.4 | Fótons e ondas eletromagnéticas

O acordo entre as medições experimentais e previsões teóricas baseadas em modelos quânticos para fenômenos como o efeito fotoelétrico e o efeito Compton oferece clara evidência de que quando a luz e a matéria interagem, a luz se comporta como se fosse composta de partículas com energia hf e momento hf/c. Uma pergunta óbvia neste momento é: "Como a luz pode ser considerada um fóton quando ela apresenta propriedades ondulatórias?". Descrevemos luz em termos de fótons que têm energia e momento, que são parâmetros do modelo de partículas. Lembre-se, no entanto, de que a luz e outras ondas eletromagnéticas apresentam interferência e efeitos de difração, que são consistentes apenas com o modelo de onda.

Qual modelo é o correto? A luz é uma onda ou uma partícula? A resposta depende do fenômeno que está sendo observado. Alguns experimentos podem ser mais bem, ou exclusivamente, explicados com o modelo de fótons, enquanto outros são mais bem descritos, ou só podem sê-lo, com um modelo de onda. O resultado final é que devemos aceitar ambos os modelos e admitir que a verdadeira natureza da luz não é descritível em termos de qualquer imagem clássica única. Assim, a luz tem uma natureza dupla por exibir características tanto de onda quanto de partículas. Você deve reconhecer, no entanto, que o mesmo feixe de luz que pode ejetar fotoelétrons de um metal pode também ser difratado por uma grade. Em outras palavras, o modelo de partículas e o modelo ondulatório da luz se complementam.

O sucesso do modelo de partículas de luz na explicação do efeito fotoelétrico e do efeito Compton levanta muitas outras questões. Por que um fóton é uma partícula, qual é o sentido de sua "frequência" e "comprimento de onda", e o que determina sua energia e momento? A luz é, em certo sentido, simultaneamente uma onda e uma partícula? Embora fótons não tenham energia de repouso, pode alguma expressão simples descrever a massa efetiva de um fóton "em movimento"? Se um fóton "em movimento" tem massa, os fótons sofrem atração gravitacional? Qual é a extensão espacial de um fóton, e como um elétron absorve ou dispersa um fóton? Algumas dessas perguntas podem ser respondidas, mas outras exigem uma visão de processos atômicos que é muito pictórica e literal. Além disso, muitas destas perguntas resultam de analogias clássicas, como bolas de bilhar colidindo e ondas quebrando em uma praia. A mecânica quântica dá à luz uma natureza mais fluida e flexível, tratando os modelos de partículas e ondulatório da luz como necessários e complementares ao mesmo tempo. Nenhum dos dois modelos pode ser utilizado exclusivamente para descrever todas as propriedades da luz. Uma compreensão completa do comportamento observado da luz pode ser alcançada apenas se os dois modelos forem combinados de maneira complementar. Antes de discutir essa combinação mais detalhadamente, vamos agora dirigir nossa atenção das ondas eletromagnéticas para o comportamento das entidades que chamamos partículas.

28.5 | As propriedades de ondas das partículas

Sentimo-nos corpos muito confortáveis em adotar um modelo de partículas para a matéria porque estudamos conceitos como conservação de energia e momento para partículas, bem como os corpos estendidos. Portanto, pode ser ainda mais difícil do que era para luz aceitar que a *matéria* também tem uma natureza dupla!

Em 1923, em sua tese de doutorado, Louis Victor de Broglie postulou que, uma vez que os fótons têm características de onda e de partícula, talvez todas as formas de matéria tenham propriedades de ondas bem como de partículas. Este postulado era uma ideia altamente revolucionária, sem confirmação experimental na época. De acordo com De Broglie, um elétron em movimento apresenta características tanto de onda quanto de partícula. De Broglie explicou a fonte desta afirmação em seu discurso de aceitação do Prêmio Nobel de 1929:

> Por um lado, a teoria quântica da luz não pode ser considerada satisfatória, uma vez que ela define a energia de um corpúsculo de luz pela equação $E = hf$ contendo a frequência f. Agora, uma teoria puramente corpuscular não contém nada que nos permita definir uma frequência; por esta razão, portanto, somos obrigados, no caso da luz, a introduzir a ideia de um corpúsculo e de periodicidade simultaneamente. Por outro lado, a determinação do movimento estável de elétrons no átomo introduz números inteiros e, até este ponto, os únicos fenômenos que envolvem números inteiros em Física são os de interferência e de modos normais de vibração. Este fato sugeriu-me a ideia de que os elétrons também não poderiam ser simplesmente considerados como corpúsculos, mas que periodicidade lhes deve ser atribuída também.

Louis de Broglie
Físico francês (1892–1987)
Na Broglie nasceu em Dieppe, França. Em Sorbonne, Paris, estudou História, na preparação do que ele esperava ser uma carreira no serviço diplomático. O mundo da ciência tem sorte por ele ter mudado sua carreira para se tornar um físico teórico. De Broglie foi agraciado com o Prêmio Nobel de Física em 1929 por sua previsão da natureza ondulatória dos elétrons.

No Capítulo 9 (Volume 1), verificamos que a relação entre energia e momento para um fóton é $p = E/c$. Sabemos também, a partir da Equação 28.5, que a energia de um fóton é $E = hf = hc/\lambda$. Portanto, o momento de um fóton pode ser expresso como

$$p = \frac{E}{c} = \frac{hf}{c} = \frac{hc}{c\lambda} = \frac{h}{\lambda}$$

A partir desta equação, vemos que o comprimento de onda do fóton pode ser especificado pelo seu momento: $\lambda = h/p$. De Broglie sugeriu que partículas de materiais de momento p também deveriam ter propriedades de onda e um comprimento de onda correspondente dado pela mesma expressão. Como a magnitude do momento de uma partícula não relativística de massa m e velocidade u é $p = mu$, o **comprimento de onda de Broglie** daquela partícula é[3]

▶ Comprimento de onda de de Broglie de uma partícula

$$\lambda = \frac{h}{p} = \frac{h}{mu}$$

28.15◀

Além disso, em analogia com fótons, De Broglie postulou que as partículas obedecem à relação de Einstein $E = hf$; portanto, a frequência de uma partícula é

▶ Frequência de uma partícula

$$f = \frac{E}{h}$$

28.16◀

A dupla natureza da matéria é evidente nestas duas últimas equações, porque cada uma contém ambos os conceitos de partículas (p e E) e conceitos de onda (λ e f). Essas relações são estabelecidas experimentalmente para fótons. Existe verificação experimental para a natureza da onda de uma partícula, tal como do elétron? Vamos descobrir.

O Experimento Davisson–Germer

A proposta de De Broglie de que qualquer tipo de partícula apresenta propriedades tanto de onda quanto de partícula foi considerado inicialmente como pura especulação. Se partículas como os elétrons tinham propriedades tipo onda, nas condições corretas elas deveriam exibir efeitos de difração. Em 1927, três anos depois que De Broglie publicou seu trabalho, C. J. Davisson e L. H. Germer, dos Estados Unidos, conseguiram observar esses efeitos de difração e medir o comprimento de onda dos elétrons. Sua importante descoberta forneceu a primeira confirmação experimental da natureza ondulatória das partículas proposta por De Broglie.

Curiosamente, a intenção do experimento inicial de Davisson-Germer não era confirmar a hipótese de De Broglie. Na verdade, a descoberta foi feita por acaso (como é geralmente o caso). O experimento envolveu a dispersão de elétrons de baixa energia (≈ 54 eV) projetados em direção a um alvo de níquel no vácuo. Durante um experimento, a superfície de níquel foi mal oxidada devido a uma ruptura acidental no sistema de vácuo. Após o alvo de níquel ser aquecido em uma corrente de fluxo de hidrogênio para remover o revestimento de óxido, os elétrons por ela dispersos apresentaram intensidades máximas e mínimas em ângulos específicos. Os experimentadores finalmente perceberam que o níquel tinha formado grandes regiões cristalinas no aquecimento, e que os planos espaçados regularmente de átomos nas regiões cristalinas serviram como uma grade de difração (Seção 27.8) para os elétrons.

Pouco tempo depois, Davisson e Germer realizaram medições de difração mais extensas em elétrons dispersos a partir de alvos de um único cristal. Os resultados mostraram conclusivamente a natureza ondulatória dos elétrons e confirmaram a relação de De Broglie $p = h/\lambda$. Um ano mais tarde, em 1928, G. P. Thomson, da Escócia, observou padrões de difração em elétron ao passar elétrons através de folhas de ouro muito finas. Padrões de difração já foram observados para átomos de hélio, de hidrogênio e nêutrons. Assim, a natureza ondulatória das partículas foi estabelecida em uma variedade de formas.

Prevenção de Armadilhas | 28.3
O que é ondulação?
Se as partículas têm propriedades de onda, o que é ondulação? Você está familiarizado com as ondas em cordas, que são muito concretas. As ondas sonoras são mais abstratas, mas é provável que você se sinta confortável com elas. As ondas eletromagnéticas são ainda mais abstratas, mas pelo menos podem ser descritas em termos de variáveis físicas como campos elétricos e magnéticos. Em contraste, ondas associadas com as partículas são completamente abstratas, e não podem ser associadas com uma variável física. Mais à frente, neste capítulo, descrevemos a onda associada a uma partícula em termos de probabilidade.

---

[3] O comprimento de onda de De Broglie de uma partícula que se move em qualquer velocidade u, incluindo velocidades relativistas, é $\lambda = h/\gamma mu$, onde $\gamma = (1 - u^2/c^2)^{-1/2}$. Recorde-se que, no Capítulo 9, utilizamos u para a velocidade das partículas para distingui-la de v, a velocidade de um sistema de referência.

Capítulo 28 – Física quântica | 143

TESTE RÁPIDO 28.5 Um elétron e um próton movimentando-se em velocidades não relativísticas têm o mesmo comprimento de onda de De Broglie. Qual das seguintes quantidades também são as mesmas para as duas partículas? **(a)** velocidade **(b)** energia cinética **(c)** momento **(d)** frequência.

TESTE RÁPIDO 28.6 Discutimos dois comprimentos de onda associados ao elétron, o de Compton e o de De Broglie. Qual deles é um comprimento de onda físico real associado com o elétron? **(a)** o de Compton **(b)** o de De Broglie **(c)** ambos os comprimentos de onda **(d)** nenhum dos dois.

Exemplo 28.5 | Comprimentos de onda para corpos macro e microscópicos

(A) Calcule o comprimento de onda de De Broglie para um elétron ($m_e = 9,11 \times 10^{-31}$ kg) movendo-se a $1,00 \times 10^7$ m/s.

SOLUÇÃO

Conceitualize Imagine o elétron movendo-se através do espaço. De um ponto de vista clássico, é uma partícula sob velocidade constante. Do ponto de vista quântico, o elétron tem um comprimento de onda associado a ele.

Categorize Avaliamos o resultado usando uma equação desenvolvida nesta seção; então, categorizamos este exemplo como um problema de substituição.

Avalie o comprimento de onda de De Broglie usando a Equação 28.15:
$$\lambda = \frac{h}{m_e u} = \frac{6,63 \times 10^{-34} \text{ J} \cdot \text{s}}{(9,11 \times 10^{-31} \text{ kg})(1,00 \times 10^7 \text{ m/s})} = 7,27 \times 10^{-11} \text{ m}$$

A natureza de onda deste elétron pode ser detectada por técnicas de difração, como aquelas no experimento Davisson–Germer.

(B) Uma pedra de massa 50 g é jogada com velocidade de 40 m/s. Qual é seu comprimento de onda de De Broglie?

SOLUÇÃO

Avalie o comprimento de onda de De Broglie usando a Equação 28.15:
$$\lambda = \frac{h}{mu} = \frac{6,63 \times 10^{-34} \text{ J} \cdot \text{s}}{(50 \times 10^{-3} \text{ kg})(40 \text{ m/s})} = 3,3 \times 10^{-34} \text{ m}$$

Este comprimento de onda é muito menor do que qualquer abertura através da qual a rocha possivelmente poderia passar. Por isso, não poderíamos observar efeitos de difração, e, como resultado, as propriedades de onda de objetos de grande porte não podem ser observadas.

Exemplo 28.6 | Uma carga acelerada

Uma partícula de carga q e massa m é acelerada a partir do repouso por uma diferença de potencial elétrico ΔV. Supondo-se que a partícula se mova com uma velocidade não relativística, encontre seu comprimento de onda de De Broglie.

SOLUÇÃO

Conceitualize Imagine o movimento da partícula. Ele começa a partir do repouso e depois acelera devido à força do campo elétrico. À medida que a velocidade da partícula aumenta, seu comprimento de onda de De Broglie diminui.

Categorize Identificamos o sistema como a partícula e o campo elétrico, e aplicamos a versão de energia do modelo de sistema isolado. A configuração inicial do sistema ocorre no instante em que as partículas começam a se mover, e a configuração final é quando a partícula atinge sua velocidade final, após a aceleração pela diferença de potencial ΔV. Definimos a energia potencial elétrica do sistema na configuração inicial igual a zero.

Analise

Escreva a equação de conservação de energia (Eq. 7.2) para o sistema isolado:
$$\Delta K + \Delta U = 0$$

Substitua as energias inicial e final, reconhecendo que uma carga positiva acelera na direção da *diminuição* do potencial elétrico:
$$(\tfrac{1}{2}mu^2 - 0) + (-q\Delta V - 0) = 0$$

continua

28.6 cont.

Resolva para a velocidade final u:

$$u = \sqrt{\frac{2q\Delta V}{m}}$$

Substitua na Equação 28.15:

$$\lambda = \frac{h}{mu} = \frac{h}{m}\sqrt{\frac{m}{2q\Delta V}} = \frac{h}{\sqrt{2mq\Delta V}}$$

Finalize Observe que aumentar a carga da partícula ou a diferença de potencial diminuirá o comprimento de onda. Este resultado ocorre porque qualquer uma destas alterações fará que a partícula se mova com velocidade mais elevada. O aumento da massa da partícula diminuiria sua velocidade se todo o resto permanecesse o mesmo, por isso pode ser surpreendente ver que o aumento da massa também diminuirá o comprimento de onda de De Broglie. Tenha em mente, no entanto, que o comprimento de onda de De Broglie depende do *momento* da partícula. A velocidade diminui de acordo com a raiz quadrada do inverso da massa nesta situação, mas a expressão geral para o momento mostra uma proporcionalidade direta com a massa. Como resultado, para esta situação, o momento é proporcional à raiz quadrada da massa.

O microscópio eletrônico BIO

Um dispositivo prático que conta com as características ondulatórias de elétrons é o **microscópio eletrônico**. Um microscópio eletrônico de *transmissão*, usado para visualizar amostras finas planas, é mostrado na Figura 28.14. Em muitos aspectos, ele é semelhante a um microscópio óptico, mas tem maior poder de resolução, pois pode acelerar elétrons a altas energias cinéticas, dando-lhes comprimentos de onda muito curtos. Nenhum microscópio pode exibir detalhes que são significativamente menores do que o comprimento de onda das ondas usadas para iluminar o corpo. Tipicamente, os comprimentos de onda dos elétrons são cerca de 100 vezes menores do que aqueles da luz visível usada em microscópios ópticos. Como resultado, um microscópio eletrônico com lentes ideais seria capaz de distinguir detalhes cerca de 100 vezes menores do que os distinguidos por um microscópio óptico. (Radiação eletromagnética de mesmo comprimento de onda como dos elétrons em um microscópio eletrônico está na região de raios X do espectro.)

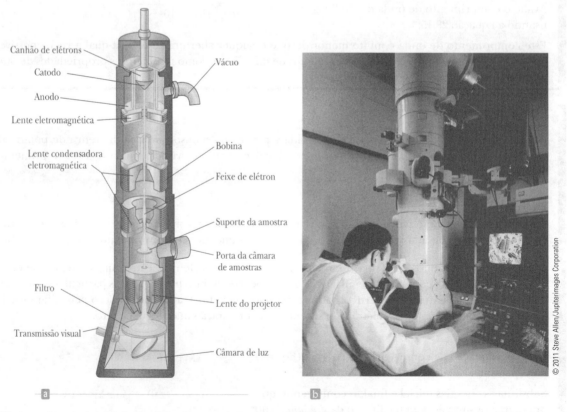

Figura 28.14 (a) Diagrama de um microscópio eletrônico de transmissão para a visualização de uma amostra finamente seccionada. As "lentes" que controlam o feixe de elétrons são bobinas de deflexão magnética. (b) Um microscópio eletrônico em uso.

O feixe de elétrons em um microscópio eletrônico é controlado pela deflexão eletrostática ou magnética, que atua sobre os elétrons para focar o feixe e formar uma imagem. Em vez de analisar a imagem através de um visor, como na microscopia óptica, o observador olha para uma imagem formada em um monitor ou outro tipo de tela de exibição. A fotografia no início deste capítulo mostra o detalhe surpreendente acessível com um microscópio eletrônico.

28.6 | Um novo modelo: a partícula quântica

As discussões apresentadas nas seções anteriores podem ser bastante preocupantes, pois consideramos os modelos de partícula e de onda como sendo distintos nos capítulos anteriores. A noção de que tanto a luz quanto as partículas materiais têm propriedades de partículas e de onda não se encaixa com esta distinção. Temos evidências experimentais, no entanto, que esta dupla natureza é exatamente o que devemos aceitar. Esta aceitação leva a um novo modelo simplificado, o **modelo de partícula quântica.** Adicionamos a partícula quântica aos outros modelos simplificados, dos quais construímos modelos de análise: a partícula, o sistema, o objeto rígido e a onda. Neste, as entidades têm tanto características de partículas quanto de ondas, e devemos escolher um comportamento adequado – partícula ou onda – para entender um fenômeno particular.

Nesta seção, vamos investigar este modelo, o que pode deixá-lo mais confortável com esta ideia. Como iremos demonstrar, podemos construir a partir de ondas uma entidade que apresenta propriedades de uma partícula.

Vamos analisar primeiro as características de partículas e ondas ideais. No modelo de partícula, uma partícula ideal tem tamanho zero. Como mencionado na Seção 13.2, no modelo de onda, uma onda ideal tem frequência única e é infinitamente longa. Portanto, uma característica essencial de identificação de uma partícula que a diferencia de uma onda é que ela está *localizada* no espaço. Vamos mostrar que podemos construir uma entidade localizada a partir de ondas infinitamente longas. Imagine desenhar uma onda ao longo do eixo x, com uma de suas cristas localizadas em $x = 0$, como na Figura 28.15a. Agora, desenhe uma segunda onda, de mesma amplitude, mas com frequência diferente, com uma de suas cristas também em $x = 0$. O resultado da sobreposição das duas ondas é um *batimento*, porque as ondas são alternadamente em fase e fora de fase. (Batimentos foram discutidos na Seção 14.5.) A Figura 28.15b mostra os resultados da sobreposição destas duas ondas.

Note que já introduzimos alguma localização ao realizar essa sobreposição. Uma onda simples tem a mesma amplitude em todos os lugares no espaço; nenhum ponto no espaço tem qualquer diferença de qualquer outro ponto. Ao adicionar uma segunda onda, no entanto, algo difere entre os pontos em fase e fora de fase no espaço.

Agora, imagine que mais e mais ondas são adicionadas às nossas duas originais, cada uma tendo uma nova frequência. Cada nova onda é adicionada de modo que uma das suas cristas esteja em $x = 0$. O resultado em $x = 0$ é que todas as ondas somam-se construtivamente. Quando consideramos um grande número de ondas, a probabilidade de um valor positivo de uma função de onda em qualquer ponto x é igual à de um valor negativo, e a interferência destrutiva ocorre em *toda parte*, exceto próximo a $x = 0$, onde sobrepusemos todas as cristas. O resultado é mostrado na Figura Ativa 28.16. A pequena região de interferência construtiva é chamada **pacote de ondas**, que é uma região localizada no espaço diferente de todas as outras, pois o resultado da superposição das ondas em qualquer outro lugar é zero. Podemos identificar o pacote de ondas como uma partícula, uma vez que ele tem a natureza localizada semelhante ao que reconhecemos como uma partícula!

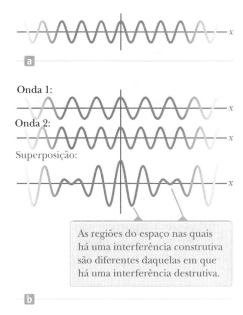

Figura 28.15 (a) Uma onda idealizada de uma única frequência exata é a mesma em todo espaço e tempo. (b) Se duas ondas ideais com frequências ligeiramente diferentes são combinadas, resultam em batimentos (Seção 14.5).

Figura Ativa 28.16 Se um grande número de ondas são combinadas, o resultado é um pacote de ondas, o que representa uma partícula.

A natureza localizada dessa entidade é a única característica de uma partícula que foi gerada com este processo. Não falamos sobre como o pacote de ondas pode atingir tais características das partículas, como massa, carga elétrica, rotação, e assim por diante. Portanto, você pode não estar completamente convencido de que construímos uma partícula. Como prova adicional de que o pacote de ondas pode representar a partícula, vamos mostrar que ele tem outra característica de partícula.

Voltemos à nossa combinação de apenas duas ondas, de modo a tornar simples a representação matemática. Considere duas ondas com amplitudes iguais mas frequências diferentes, de f_1 e f_2. Nós podemos representar as ondas matematicamente como

$$y_1 = A\cos(k_1 x - \omega_1 t) \quad \text{e} \quad y_2 = A\cos(k_2 x - \omega_2 t)$$

onde, como no Capítulo 13 (Volume 2), $\omega = 2\pi f$ e $k = 2\pi/\lambda$. Usando o princípio da superposição, adicionamos as ondas:

$$y = y_1 + y_2 = A\cos(k_1 x - \omega_1 t) + A\cos(k_2 x - \omega_2 t)$$

É conveniente escrever esta expressão de uma forma que se use a identidade trigonométrica

$$\cos a + \cos b = 2\cos\left(\frac{a-b}{2}\right)\cos\left(\frac{a+b}{2}\right)$$

Admitindo $a = k_1 x - \omega_1 t$ e $b = k_2 x - \omega_2 t$, descobrimos que

$$y = 2A\cos\left[\frac{(k_1 x - \omega_1 t) - (k_2 x - \omega_2 t)}{2}\right]\cos\left[\frac{(k_1 x - \omega_1 t) + (k_2 x - \omega_2 t)}{2}\right]$$

$$= \left[2A\cos\left(\frac{\Delta k}{2}x - \frac{\Delta\omega}{2}t\right)\right]\cos\left(\frac{k_1 + k_2}{2}x - \frac{\omega_1 + \omega_2}{2}t\right) \qquad 28.17 \blacktriangleleft$$

O segundo fator cosseno representa uma onda com número de onda e frequência iguais às médias dos valores para as ondas individuais.

O fator entre parênteses representa o envelope de onda, conforme mostrado na Figura Ativa 28.17. Observe que este fator também tem a forma matemática de uma onda. Este envelope da combinação pode deslocar-se pelo espaço com uma velocidade diferente das ondas individuais. Como um exemplo extremo dessa possibilidade, imagine combinar duas ondas idênticas movendo-se em direções opostas. Ambas movem-se com a mesma velocidade, mas o envelope tem velocidade *nula*, porque construímos uma onda estacionária, que estudamos na Seção 14.2.

Para uma onda individual, a velocidade é dada pela Equação 13.11:

▶ Velocidade de fase para uma onda

$$v_{\text{fase}} = \frac{\omega}{k}$$

Ela é chamada **velocidade de fase**, pois é a taxa de avanço de uma crista de uma onda simples, que é um ponto de fase fixa. Esta equação pode ser assim interpretada: a velocidade de fase de uma onda é a razão entre o coeficiente da variável temporal t e o coeficiente da variável espacial x na equação da onda, $y = A\cos(kx - \omega t)$.

O fator entre parênteses na Equação 28.17 tem a forma de uma onda; portanto, move-se com velocidade determinada por esta mesma razão:

$$v_g = \frac{\text{coeficiente da variável temporal}_t}{\text{coeficiente da variável espacial } x} = \frac{(\Delta\omega/2)}{(\Delta k/2)} = \frac{\Delta\omega}{\Delta k}$$

Figura Ativa 28.17 O padrão de batimento da Figura 28.15b com a função envelope (linha tracejada) sobreposta.

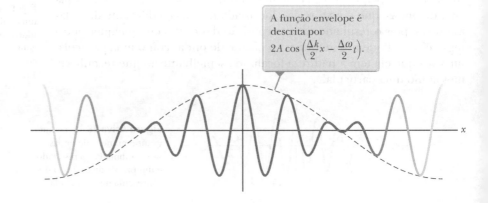

O subscrito *g* na velocidade indica que ela é geralmente chamada **velocidade de grupo**, ou velocidade do pacote de ondas (o *grupo* de ondas) que construímos. Geramos esta expressão para uma simples adição de duas ondas. Para uma superposição de um número muito grande de ondas para formar um pacote de ondas, esta relação torna-se uma derivada de:

$$v_g = \frac{d\omega}{dk} \qquad 28.18 \blacktriangleleft \quad \blacktriangleright \text{ Velocidade de fase de um pacote de ondas}$$

Vamos multiplicar o numerador e o denominador por $\hbar$, onde $\hbar = h/2\pi$:

$$v_g = \frac{\hbar\, d\omega}{\hbar\, dk} = \frac{d(\hbar\omega)}{d(\hbar k)} \qquad 28.19 \blacktriangleleft$$

Olhamos para os termos entre parênteses no numerador e denominador desta equação separadamente. Para o numerador

$$\hbar\omega = \frac{h}{2\pi}(2\pi f) = hf = E$$

Para o denominador,

$$\hbar k = \frac{h}{2\pi}\left(\frac{2\pi}{\lambda}\right) = \frac{h}{\lambda} = p$$

Portanto, a Equação 28.19 pode ser escrita como

$$v_g = \frac{d(\hbar\omega)}{d(\hbar k)} = \frac{dE}{dp} \qquad 28.20 \blacktriangleleft$$

Como estamos explorando a possibilidade de que o envelope de ondas combinadas represente a partícula, considere uma partícula livre em movimento com velocidade *u*, que é pequena quando comparada à da luz. A energia da partícula é a sua energia cinética:

$$E = \tfrac{1}{2}mu^2 = \frac{p^2}{2m}$$

Derivando essa equação em relação a *p*, onde *p* = *mu*, temos

$$v_g = \frac{dE}{dp} = \frac{d}{dp}\left(\frac{p^2}{2m}\right) = \frac{1}{2m}(2p) = u \qquad 28.21 \blacktriangleleft$$

Ou seja, a velocidade de grupo do pacote de ondas é igual à velocidade da partícula que é modelada para representar! Portanto, temos ainda mais confiança de que o pacote de ondas é uma forma razoável de modelar uma partícula.

TESTE RÁPIDO 28.7 Como uma analogia para pacotes de onda, considere um "pacote automóvel", que ocorre perto do local de um acidente em uma rodovia. A velocidade de fase é análoga à dos veículos individuais, conforme eles se movem pelo congestionamento causado pelo acidente. A velocidade de grupo pode ser identificada como a velocidade da borda de avanço do pacote de carros. Para o pacote de automóvel, a velocidade de grupo é (a) a mesma que a velocidade de fase, (b) menor que a velocidade de fase, ou (c) maior que a velocidade de fase?

28.7 | O experimento da fenda dupla revisto

Uma forma de cristalizar nossas ideias sobre a dualidade onda-partícula do elétron é considerar um experimento hipotético no qual os elétrons são disparados em uma fenda dupla. Considere um feixe paralelo de elétrons monoenergéticos que incide sobre uma fenda dupla, como na Figura 28.18. Vamos supor que as larguras das fendas são pequenas em comparação com o comprimento de onda dos elétrons, por isso não precisamos nos preocupar com difração máximos e mínimos, como discutido para a luz na Seção 27.6. Uma tela de detector de elétrons está posicionada longe das fendas, a uma distância muito maior do que a de separação *d* das fendas. Se a tela do detector coleta elétrons por um intervalo de tempo suficientemente longo, encontra-se um padrão típico de interferência de onda para as contagens por minuto, ou probabilidade de chegada de elétrons. Não seria de se esperar tal padrão de interferência se os elétrons se comportassem como partículas clássicas. É claro que os elétrons estão interferindo, o que é notadamente um comportamento ondulatório distinto.

Figura 28.18 Interferência de elétron. A distância entre as fendas d é muito maior que as larguras das fendas individuais, e muito menor que a distância entre a fenda e a tela do detector.

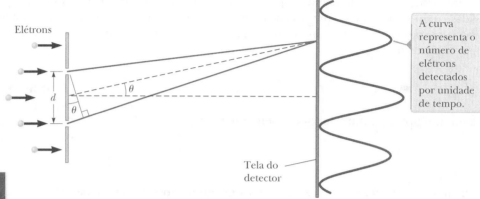

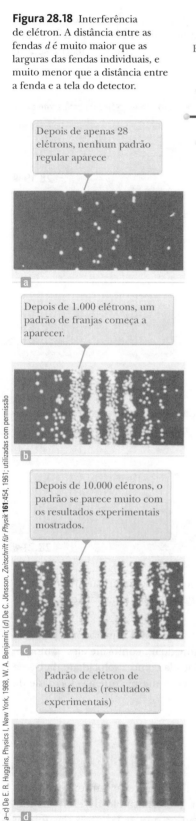

Figura Ativa 28.19 (a) a (c) Padrões de interferência simulados por computador para um feixe de elétrons incidente em uma fenda dupla. (d) Fotografia de um padrão de interferência de dupla fenda produzido por elétrons.

Se medirmos os ângulos θ nos quais a intensidade máxima de elétrons chega à tela do detector na Figura 28.18, verificamos que eles são descritos exatamente pela mesma equação que a da luz, ou $d\,\mathrm{sen}\,\theta = m\lambda$ (Eq. 27.2), onde m é o número de ordem e λ é o comprimento de onda dos elétrons. Portanto, a natureza dupla do elétron é claramente mostrada nesta experiência: os elétrons são detectados como partículas em um ponto localizado na tela do detector em algum instante de tempo, mas a probabilidade de chegada a esse local é determinada encontrando-se a intensidade de duas ondas interferentes.

Agora, imagine que diminuiremos a intensidade do feixe, de modo que um elétron chegue de cada vez à dupla fenda. É tentador assumir que o elétron atravessa a fenda 1 ou a fenda 2. Você pode argumentar que não há efeitos de interferência, pois não há um segundo elétron passando pela outra fenda para interferir com o primeiro. No entanto, essa suposição coloca muita ênfase no modelo de partículas do elétron. O padrão de interferência ainda é observado se o intervalo de tempo para a medição for suficientemente longo para muitos elétrons chegando à tela do detector! Esta situação é ilustrada pelos padrões simulados por computador na Figura Ativa 28.19, onde o padrão de interferência torna-se mais claro conforme o número de elétrons que atingem a tela do detector aumenta. Por isso, nossa hipótese de que o elétron é localizado e passa por apenas uma fenda quando ambas estão abertas deve estar errada (uma dolorosa conclusão!).

Para interpretar estes resultados, somos forçados a concluir que um elétron interage com as duas fendas *simultaneamente*. Se você tentar determinar experimentalmente por qual fenda o elétron passa, o ato de medição destrói o padrão de interferência. É impossível determinar por qual fenda o elétron passa. Na verdade, podemos dizer apenas que o elétron passa através de *ambas* as fendas! Os mesmos argumentos aplicam-se a fótons.

Se nos limitarmos a um modelo de partículas puro, é o conceito de desconfortável que o elétron possa estar presente em ambas as fendas ao mesmo tempo. A partir do modelo de partícula quântica, no entanto, a partícula pode ser considerada como construída a partir de ondas existentes por todo o espaço. Portanto, os componentes de onda do elétron estão presentes em ambas as fendas ao mesmo tempo, e isto leva a um modelo de interpretação mais confortável desta experiência.

28.8 | O princípio da incerteza

Sempre que se mede a posição ou velocidade de uma partícula em qualquer instante, as incertezas experimentais estão incorporadas nas medições. De acordo com a Mecânica Clássica, não existe nenhuma barreira fundamental para um refinamento final do aparelho ou procedimentos experimentais. Em outras palavras, é possível, em princípio, realizar tais medições com incerteza arbitrariamente pequena. A teoria quântica prevê, no entanto, que é fundamentalmente impossível realizar medições simultâneas de posição e momento de uma partícula com precisão infinita.

Em 1927, Werner Heisenberg introduziu este conceito, que agora é conhecido como **princípio de incerteza de Heisenberg**:

Se a medição da posição de uma partícula é feita com incerteza Δx e uma medição simultânea de sua dinâmica é feita com a incerteza Δp_x, o produto das duas incertezas nunca pode ser menor que $\hbar/2$:

$$\Delta x \, \Delta p_x \geq \frac{\hbar}{2}$$

28.22◀ ▶ Princípio de incerteza para momento e posição

Ou seja, é fisicamente impossível medir simultaneamente a posição e o momento exatos de uma partícula. Heisenberg teve o cuidado de salientar que as incertezas inevitáveis Δx e Δp_x não surgem de imperfeições nos instrumentos de medição práticos. Além disso, não surgem devido a qualquer perturbação do sistema que podemos causar no processo de medição. Pelo contrário, as incertezas surgem da estrutura quântica da matéria.

Para entender o princípio da incerteza, considere uma partícula da qual conhecemos o comprimento de onda com *exatidão*. De acordo com a relação de De Broglie $\lambda = h/p$, saberíamos o momento com precisão infinita, então $\Delta p_x = 0$.

Na realidade, como já mencionamos, uma onda com um único comprimento de onda existiria por todo o espaço. Qualquer região ao longo desta onda é a mesma que em qualquer outra região (consulte a Fig. 28.15a). Se perguntássemos: "Onde está a partícula que essa onda representa?", nenhuma localização em especial no espaço ao longo da onda poderia ser identificada com a partícula, porque todos os pontos ao longo da onda são os mesmos. Portanto, temos incerteza *infinita* na posição da partícula, e não sabemos nada sobre onde ela está. O conhecimento perfeito do momento custou-nos toda a informação sobre a posição.

Em comparação, agora considere uma partícula com alguma incerteza no momento, de modo que uma série de valores de momento são possíveis. De acordo com a relação de De Broglie, o resultado é uma série de comprimentos de onda. Portanto, a partícula não é representada por um comprimento de onda único, mas uma combinação de comprimentos de onda dentro desta série. Essa combinação forma um pacote de ondas, como discutimos na Seção 28.6 e ilustramos na Figura Ativa 28.16. Agora, se formos solicitados a determinar a localização da partícula, apenas podemos dizer que ela está em algum lugar na região definida pelo pacote de ondas, porque existe uma diferença distinta entre esta região e o resto do espaço. Portanto, ao perder algumas informações sobre o momento da partícula, ganhamos informações sobre sua posição.

Se perdêssemos todas as informações sobre o momento, estaríamos somando ondas de todos os comprimentos possíveis. O resultado seria um pacote de ondas de comprimento zero. Portanto, se não sabemos nada sobre o momento, sabemos exatamente onde a partícula está.

A forma matemática do princípio da incerteza afirma que o produto das incertezas na posição e momento será sempre maior do que algum valor mínimo. Este valor pode ser calculado a partir dos tipos de argumentos discutidos anteriormente, que resultam no valor de $\hbar/2$ na Equação 28.22.

Outra forma do princípio da incerteza pode ser gerada reconsiderando a Figura Ativa 28.16. Imagine que o eixo horizontal é o tempo, em vez da posição espacial x. Podemos, então, fazer os mesmos argumentos que fizemos sobre o conhecimento do comprimento de onda e da posição no domínio do tempo. As variáveis correspondentes seriam frequência e tempo. Devido à frequência estar relacionada com a energia da partícula por $E = hf$, o princípio da incerteza nesta forma é

$$\Delta E \, \Delta t \geq \frac{\hbar}{2}$$

28.23◀ ▶ Princípio de incerteza para energia e tempo

Werner Heisenberg
Físico teórico alemão (1901–1976)
Heisenberg obteve seu Ph.D. em 1923 na Universidade de Munique. Enquanto outros físicos tentaram desenvolver modelos físicos de fenômenos quânticos, Heisenberg desenvolveu um modelo matemático abstrato chamado *mecânica matricial*. Os modelos físicos mais amplamente aceitos foram mostrados como equivalentes à mecânica matricial. Heisenberg fez muitas outras contribuições significativas para a Física, incluindo seu famoso princípio de incerteza, pelo qual recebeu o Prêmio Nobel de Física em 1932, a previsão de duas formas de hidrogênio molecular e os modelos teóricos do núcleo.

Prevenção de Armadilhas | 28.4
O princípio da incerteza
Alguns alunos interpretam incorretamente o princípio de incerteza no sentido de que a medição interfere no sistema. Por exemplo, se um elétron é observado em um experimento hipotético usando um microscópio óptico, o fóton usado para ver o elétron colide com ele e o faz se mover, dando-lhe uma incerteza no momento. Este cenário não representa a base do princípio da incerteza, que é independente do processo de medição e baseia-se na natureza de onda da matéria.

Esta forma do princípio da incerteza sugere que a conservação de energia pode parecer estar violada por uma quantidade ΔE, contanto que seja apenas por um curto intervalo de tempo Δt consistente com a Equação 28.23. Vamos usar este conceito para estimar as energias de repouso de partículas no Capítulo 31.

Exemplo 28.7 | Localizando um elétron

A velocidade de um elétron é medida como sendo $5{,}00 \times 10^3$ m/s com uma precisão de 0,00300%. Encontre a incerteza mínima na determinação da posição deste elétron.

SOLUÇÃO

Conceitualize O valor fracionário determinado pela precisão da velocidade do elétron pode ser interpretado como a incerteza fracionada em seu dinamismo. Esta incerteza corresponde a uma incerteza mínima na posição do elétron por meio do princípio da incerteza.

Categorize Avaliamos o resultado usando conceitos desenvolvidos nesta seção; portanto, categorizamos este exemplo como um problema de substituição.

Suponha que o elétron esteja se movendo ao longo do eixo x e encontre a incerteza em p_x, sendo f a precisão da medição de sua velocidade:

$$\Delta p_x = m\,\Delta u_x = mfu_x$$

Resolva a Equação 28.22 para a incerteza na posição do elétron e substitua os valores numéricos:

$$\Delta x \geq \frac{\hbar}{2\,\Delta p_x} = \frac{\hbar}{2mfu_x} = \frac{1{,}055 \times 10^{-34}\,\text{J}\cdot\text{s}}{2(9{,}11 \times 10^{-31}\,\text{kg})(0{,}000\,030\,0)(5{,}00 \times 10^3\,\text{m/s})}$$

$$= 3{,}86 \times 10^{-4}\,\text{m} = \boxed{0{,}386\,\text{mm}}$$

28.9 | Uma interpretação da mecânica quântica

Fomos apresentados a algumas ideias novas e estranhas até agora neste capítulo. Em um esforço para entender melhor os conceitos de Física Quântica, vamos investigar outra ponte entre partículas e ondas. Primeiro, pensamos sobre radiação eletromagnética a partir do ponto de vista das partículas. Para uma situação particular na qual exista uma radiação eletromagnética, a probabilidade por unidade de volume de se encontrar um fóton em dada região de espaço em um instante de tempo é proporcional ao número de fótons por unidade de volume naquele tempo:

$$\frac{\text{Probabilidade}}{V} \propto \frac{N}{V}$$

O número de fótons por unidade de volume é proporcional à intensidade da radiação:

$$\frac{N}{V} \propto I$$

Agora, formamos a ponte para o modelo de ondas, recordando que a intensidade da radiação eletromagnética é proporcional ao quadrado da amplitude do campo elétrico da onda eletromagnética (Seção 24.4):

$$I \propto E^2$$

Igualando o início e o final dessa sequência de proporcionalidades, temos

$$\frac{\text{Probabilidade}}{V} \propto E^2 \qquad \text{28.24} \blacktriangleleft$$

Portanto, para a radiação eletromagnética, a probabilidade por unidade de volume de se encontrar uma partícula associada a esta radiação (o fóton) é proporcional ao quadrado da amplitude da onda associada à partícula.

Reconhecendo a dualidade onda-partícula tanto para a radiação eletromagnética quanto para a matéria, devemos suspeitar de uma proporcionalidade paralela para uma partícula material. Ou seja, a probabilidade por unidade de volume de se encontrar a partícula é proporcional ao quadrado da amplitude de uma onda que representa a partícula. Na Seção 28.5, aprendemos que há uma onda de De Broglie associada a cada partícula. A amplitude da onda de de Broglie associada com uma partícula não é uma quantidade mensurável (porque a função de onda representando uma partícula é geralmente uma função complexa, como discutiremos abaixo). Em contraste, o campo elétrico é uma quantidade mensurável de uma onda eletromagnética. A matéria análoga à Equação 28.24 relaciona o quadrado da amplitude da onda com a probabilidade de encontrar a partícula por unidade de volume. Como resultado, chamamos a amplitude da onda associada com a partícula de **amplitude de probabilidade**, ou **função de onda**, e lhe damos o símbolo Ψ. Em geral, a função de onda completa Ψ para um sistema depende das posições de todas as partículas no sistema e no tempo; portanto, pode ser escrita $\Psi(\vec{r}_1, \vec{r}_2, \vec{r}_3, \ldots, \vec{r}_j, \ldots, t)$, onde $\vec{r}_j$ é o vetor posição da partícula j -ésima no sistema. Para muitos sistemas de interesse, incluindo todos os deste texto, a função de onda Ψ é separável matematicamente no espaço e no tempo, e pode ser escrita como o produto de uma função do espaço ψ para uma partícula do sistema e uma função de tempo complexa:[4]

$$\Psi(\vec{r}_1, \vec{r}_2, \vec{r}_3, \ldots, \vec{r}_j, \ldots, t) = \psi(\vec{r}_j) e^{-i\omega t} \quad \text{28.25} \blacktriangleleft$$

▶ Função de onda Ψ dependente do espaço e tempo

onde $\omega\ (= 2\pi f)$ é a frequência angular da função de onda e $i = \sqrt{-1}$.

Para qualquer sistema no qual a energia potencial independe do tempo e depende somente das posições das partículas dentro do sistema, as informações importantes sobre o sistema estão contidas dentro da parte referente ao espaço da função de onda. A parte do tempo é simplesmente o fator $e^{-i\omega t}$. Portanto, o entendimento de ψ é o aspecto crítico de determinado problema.

A função de onda ψ é frequentemente uma quantidade complexa. A quantidade $|\psi|^2 = \psi^*\psi$, onde ψ^* é o complexo[5] conjugado de ψ, é sempre real e positivo, e proporcional à probabilidade por unidade de volume de encontrar a partícula em determinado ponto em algum instante. A função de onda contém em si toda a informação que pode ser conhecida sobre a partícula.

Esta interpretação de probabilidade da função de onda foi sugerida pela primeira vez por Max Born (1882–1970) em 1928. Em 1926, Erwin Schrödinger (1887–1961) propôs uma equação de onda que descreve a maneira pela qual a função de onda muda no espaço e no tempo. A *equação de onda de Schrödinger*, que examinaremos na Seção 28.12, representa um elemento-chave na teoria da Mecânica Quântica.

Na Seção 28.5, descobrimos que a equação de De Broglie relaciona o momento de uma partícula ao seu comprimento de onda através da relação $p = h/\lambda$. Se uma partícula livre ideal tem momento precisamente conhecido p_x, sua função de onda é uma onda senoidal de comprimento de onda $\lambda = h/p_x$, e a partícula tem probabilidade igual de estar em qualquer ponto ao longo do eixo x. A função de onda para tal partícula livre movendo-se ao longo do eixo x pode ser escrita como

> **Prevenção de Armadilhas** | 28.5
> **A função de onda pertence a um sistema**
> A linguagem comum na mecânica quântica é associar uma função de onda com uma partícula. A função de onda, no entanto, é determinada pela partícula e sua interação com o seu ambiente, de modo que é mais correto dizer que pertence a um sistema. Em muitos casos, a partícula é a única parte do sistema que sofre uma mudança, razão pela qual a linguagem comum desenvolveu-se. Você vai ver exemplos no futuro nos quais é mais adequado pensar na função de onda do sistema em vez da função de onda da partícula.

$$\psi(x) = A e^{ikx} \quad \text{28.26} \blacktriangleleft$$

▶ Função de onda de uma partícula livre

onde $k = 2\pi/\lambda$ é o número angular de onda e A é uma amplitude constante.[6]

Embora não possamos medir ψ, podemos medir a quantidade $|\psi_n|^2$, o quadrado absoluto de ψ, que pode ser interpretado conforme segue. Se ψ representa uma partícula única, $|\psi_n|^2$ – chamada **densidade de probabilidade** – é a probabilidade relativa por unidade de volume de a partícula ser encontrada em qualquer determinado ponto do volume. Esta interpretação também pode ser afirmada da seguinte maneira. Se dV é um elemento de volume pequeno envolvendo algum ponto, a probabilidade de se encontrar a partícula naquele elemento de volume é $|\psi_n|^2 dV$. Nesta seção, tratamos apenas de sistemas unidimensionais, onde a partícula deve ser localizada ao longo do eixo x e,

---

[4] A forma padrão de um número complexo é $a + ib$. A notação $e^{i\theta}$ é equivalente ao formato padrão, conforme segue:

$$e^{i\theta} = \cos\theta + i\,\mathrm{sen}\,\theta$$

Portanto, a notação $e^{-i\omega t}$ na Equação 28.25 é equivalente a $\cos(-\omega t) + i\,\mathrm{sen}(-\omega t) = \cos\omega t - i\,\mathrm{sen}\,\omega t$.

[5] Para um número complexo $z = a + ib$, o complexo conjugado é encontrado trocando i por $-i$: $z^* = a - ib$. O produto de um número complexo e seu conjugado complexo é sempre verdadeiro e positivo:

$$z^*z = (a - ib)(a + ib) = a^2 - (ib)^2 = a^2 - (i)^2 b^2 = a^2 + b^2$$

[6] Para a partícula livre, a função de onda completa, com base na Equação 28.25 é

$$\Psi(x, t) = A e^{ikx} e^{-i\omega t} = A e^{i(kx - \omega t)} = A[\cos(kx - \omega t) + i\,\mathrm{sen}(kx - \omega t)]$$

A parte real desta função de onda tem a mesma forma que as ondas que adicionamos para formar o pacote de ondas na Seção 28.6.

portanto, substituímos dV por dx. Neste caso, a probabilidade $P(x) dx$ de que a partícula será encontrada no intervalo infinitesimal dx ao redor do ponto x é

$$P(x) dx = |\psi|^2 dx \qquad 28.27$$

Como a partícula deve estar em algum lugar ao longo do eixo x, a somatória das probabilidades de todos os valores de x deve ser 1:

▶ Condição de normalização em ψ

$$\int_{-\infty}^{\infty} |\psi|^2 dx = 1 \qquad 28.28$$

Qualquer função de onda satisfazendo a Equação 28.28 é dita ser **normalizada**. Normalização é simplesmente uma declaração de que a partícula existe em algum ponto em todos os momentos.

Apesar de não ser possível determinar a posição de uma partícula com completa certeza, é possível especificar através de $|\psi_n|^2$ a probabilidade de observá-la em uma pequena região ao redor de determinado ponto. A probabilidade de se encontrar a partícula no intervalo arbitrariamente dimensionado $a \le x \le b$ é

$$P_{ab} = \int_a^b |\psi|^2 dx \qquad 28.29$$

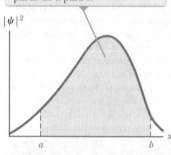

Figura 28.20 Uma curva de densidade de probabilidade arbitrária de uma partícula.

A probabilidade P_{ab} é a área sob a curva de $|\psi_n|^2$ versus x entre os pontos $x = a$ e $x = b$, como na Figura 28.20.

Experimentalmente, a probabilidade de se encontrar uma partícula em um intervalo próximo a algum ponto em algum instante é finita. O valor de tal probabilidade deve situar-se entre os limites 0 e 1. Por exemplo, se a probabilidade é de 0,3, existe uma chance de 30% de se encontrar a partícula no intervalo.

A função de onda ψ satisfaz uma equação de onda, assim como o campo elétrico associado a uma onda eletromagnética satisfaz uma equação de onda que segue a partir das equações de Maxwell. Como mencionado, a equação de onda satisfeita por ψ é a equação de Schrödinger (Seção 28.12), e ψ pode ser calculada a partir dela. Apesar de ψ não ser uma grandeza mensurável, todas as quantidades mensuráveis de uma partícula, tais como sua energia e momento, podem ser derivadas a partir do conhecimento de ψ. Por exemplo, uma vez que a função de onda para uma partícula é conhecida, é possível calcular a posição média em que você encontraria a partícula depois de muitas medições. Esta posição média é chamada o **valor esperado** de x, e definida pela equação

▶ Valor esperado para a posição x

$$\langle x \rangle \equiv \int_{-\infty}^{\infty} \psi^* x \psi \, dx \qquad 28.30$$

onde colchetes $\langle \; \rangle$ são usados para denotar valores esperados. Além disso, pode-se encontrar o valor esperado de qualquer função $f(x)$ associada à partícula usando a seguinte equação:

▶ Valor esperado para uma função $f(x)$

$$\langle f(x) \rangle \equiv \int_{-\infty}^{\infty} \psi^* f(x) \psi \, dx \qquad 28.31$$

28.10 | Uma partícula em uma caixa

Nesta seção, vamos aplicar algumas das ideias que desenvolvemos para um problema exemplo. Vamos escolher um problema simples: uma partícula confinada em uma região unidimensional do espaço, chamada *partícula em uma caixa* (embora a "caixa" seja unidimensional!). Do ponto de vista clássico, se uma partícula está confinada a saltar para trás e para a frente ao longo do eixo x entre duas paredes impenetráveis, como da representação gráfica na Figura 28.21a, seu movimento é descrito facilmente. Se a velocidade da partícula for u, a magnitude de seu momento mu permanece constante, assim como sua energia cinética. A física clássica não coloca restrições sobre os valores do momento e da energia de uma partícula. A abordagem da mecânica quântica para este problema é bem diferente, e requer que encontremos a função de onda adequada, consistente com as condições da situação.[7]

---

[7] Antes de continuar, talvez você queira rever as Seções 14.2 e 14.3 de ondas mecânicas estacionárias.

Devido às paredes serem impenetráveis, a probabilidade de se encontrar a partícula fora da caixa é zero, de modo que a função de onda $\psi(x)$ deve ser zero para $x < 0$ e para $x > L$, onde L é a distância entre as duas paredes. Uma condição matemática para qualquer função de onda é que ela deve ser contínua no espaço.[8] Portanto, se ψ é zero fora das paredes, também deve ser zero *nas* paredes; isto é, $\psi(0) = 0$ e $\psi(L) = 0$. Apenas as funções de onda que satisfizerem esta condição são permitidas.

A Figura 28.21b mostra uma representação gráfica da partícula em um problema de caixa, que representa graficamente a energia potencial do sistema partícula-ambiente como uma função da posição da partícula. Quando a partícula está no interior da caixa, a energia potencial do sistema não depende da localização da partícula, e podemos escolher seu valor como sendo zero. Fora da caixa, temos que garantir que a função de onda seja zero. Podemos fazer isso definindo a energia potencial do sistema como infinitamente grande, como se a partícula estivesse do lado de fora da caixa. Como a energia cinética é necessariamente positiva, a única maneira pela qual a partícula poderia estar fora da caixa é se o sistema tivesse uma quantidade infinita de energia.

A função de onda para uma partícula na caixa pode ser expressa como uma função senoidal real:[9]

$$\psi(x) = A \operatorname{sen}\left(\frac{2\pi x}{\lambda}\right) \quad \textbf{28.32} \blacktriangleleft$$

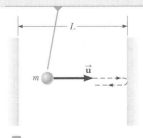

Esta *figura é uma representação* gráfica mostrando uma partícula de massa m e velocidade u saltando entre duas paredes impenetráveis separadas por uma distância L.

Esta função de onda deve satisfazer as condições limite nas paredes. A condição limite em $x = 0$ já está satisfeita, porque a função do seno é zero quando $x = 0$. Para a condição limite em $x = L$, temos:

$$\psi(L) = 0 = A \operatorname{sen}\left(\frac{2\pi L}{\lambda}\right)$$

que só pode ser verdadeiro se

$$\frac{2\pi L}{\lambda} = n\pi \quad \rightarrow \quad \lambda = \frac{2L}{n} \quad \textbf{28.33} \blacktriangleleft$$

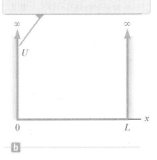

Esta figura é uma representação gráfica que mostra a energia potencial do sistema partículas-caixa. As áreas cinza são classicamente proibidas.

onde $n = 1, 2, 3, \ldots$. Portanto, apenas certos comprimentos de onda para a partícula são permitidos! Cada um desses permitidos corresponde a um estado quântico para o sistema, e n é o número quântico. Expressando a função em termos do número quântico n, temos

Figura 28.21 (a) A partícula em uma caixa. (b) A função energia potencial para o sistema.

$$\psi_n(x) = A \operatorname{sen}\left(\frac{2\pi x}{\lambda}\right) = A \operatorname{sen}\left(\frac{2\pi x}{2L/n}\right) = A \operatorname{sen}\left(\frac{n\pi x}{L}\right) \quad \textbf{28.34} \blacktriangleleft$$

▶ Funções de onda para partícula na caixa

As Figuras Ativa 28.22a e 28.22b são representações gráficas de ψ_n versus x e $|\psi_n|^2$ versus x para $n = 1, 2$ e 3 para a partícula na caixa. Observe que, embora ψ_n possa ser positivo ou negativo, $|\psi_n|^2$ é sempre positivo. Como $|\psi_n|^2$ representa uma densidade de probabilidade, um valor negativo para $|\psi_n|^2$ é sem sentido.

Uma inspeção mais detalhada da Figura Ativa 28.22b mostra que $|\psi_n|^2$ é zero nos limites, satisfazendo nossas condições de limite. Além disso, $|\psi_n|^2$ é igual a zero em outros pontos, dependendo do valor de n. Para $n = 2$, $|\psi_n|^2 = 0$ em $x = L/2$; para $n = 3$, $|\psi_n|^2 = 0$ em $x = L/3$ e $x = 2L/3$. O número de pontos zero aumenta em um cada vez que o número quântico assim também aumenta.

Como os comprimentos de onda da partícula são restritos pela condição $\lambda = 2L/n$, a magnitude do momento da partícula também é restrita a valores específicos,

---

[8] Se a função de onda não é contínua em um ponto, a derivada da função de onda nesse ponto é infinita. Esta questão leva a problemas na equação de Schrödinger, para a qual a função de onda é uma solução e é discutida na Seção 28.12.

[9] Mostramos que esta função é a correta explicitamente na Seção 28.12.

Figura Ativa 28.22 Os primeiros três estados permitidos para uma partícula confinada a uma caixa unidimensional. Os estados são mostrados sobrepostos na função de energia potencial da Figura 28.21b. As funções de onda e densidades de probabilidade são traçadas verticalmente a partir de eixos separados e estão deslocados verticalmente para maior clareza. As posições desses eixos sobre a função energia potencial sugere as energias relativas dos estados, mas as posições não são mostradas em escala.

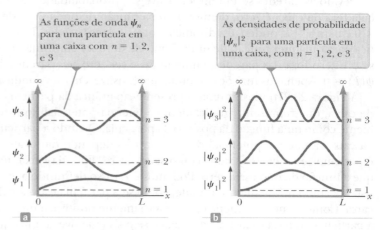

Prevenção de Armadilhas | 28.6
Lembrete: energia pertence a um sistema
Descrevemos a Equação 28.35 como representando a energia da partícula; ela é a linguagem comumente utilizada para o problema da partícula em uma caixa. Na realidade, estamos analisando a energia do *sistema* da partícula e qualquer ambiente que esteja estabelecendo as paredes impenetráveis. No caso de uma partícula na caixa, o único tipo de energia diferente de zero é a cinética, e ela pertence à partícula. Em geral, as energias que calculamos usando Física Quântica estão associadas a um sistema de partículas em interação, tais como os elétrons e prótons no átomo de hidrogênio, estudado no Capítulo 11.

▶ Energias quantizadas para uma partícula na caixa

que podemos encontrar com a expressão de comprimento de onda de De Broglie (Equação 28.15):

$$p = \frac{h}{\lambda} = \frac{h}{2L/n} = \frac{nh}{2L}$$

A partir desta expressão, descobrimos que os valores permitidos de energia, que é simplesmente a energia cinética das partículas, são

$$E_n = \tfrac{1}{2}mu^2 = \frac{p^2}{2m} = \frac{(nh/2L)^2}{2m}$$

$$E_n = \left(\frac{h^2}{8mL^2}\right) n^2 \quad n = 1, 2, 3, \ldots \qquad \textbf{28.35} \blacktriangleleft$$

Como vemos a partir desta expressão, a energia da partícula é quantizada, semelhante à nossa quantização de energia no átomo de hidrogênio no Capítulo 11 (Volume 1). A energia mais baixa permitida corresponde a $n = 1$, para a qual $E_1 = h^2/8mL^2$. Como $E_n = n^2 E_1$, o estado excitado correspondendo a $n = 2, 3, 4, \ldots$ tem energias dadas por $4E_1, 9E_1, 16E_1, \ldots$.

A Figura Ativa 28.23 é um diagrama[10] de nível de energia que descreve os valores de energia dos estados permitidos. Observe que o estado $n = 0$, para o qual E seria igual a zero, não é permitido. Portanto, de acordo com a Mecânica Quântica, a partícula nunca pode estar em repouso. A menor energia que ela pode ter, correspondente a $n = 1$, é chamada **energia do ponto zero**. Este resultado é claramente contraditório ao ponto de vista clássico, no qual $E = 0$ é um estado aceitável, assim como são todos os valores positivos de E.

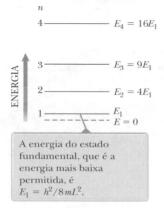

Figura Ativa 28.23 Diagrama de nível de energia para uma partícula confinada a uma caixa de comprimento unidimensional L.

▎**TESTE RÁPIDO 28.8** Considere um elétron, um próton e uma partícula alfa (um núcleo de hélio), cada um preso separadamente em caixas idênticas. (**i**) Qual partícula corresponde à energia do estado fundamental mais alta? (a) o elétron (b) o próton (c) a partícula alfa (d) a energia do estado fundamental é a mesma em todos os três casos. (**ii**) Qual partícula tem maior comprimento de onda quando o sistema está no estado fundamental? (a) o elétron (b) o próton (c) a partícula alfa (d) todas as três partículas têm o mesmo comprimento de onda.

▎**TESTE RÁPIDO 28.9** Uma partícula está em uma caixa de comprimento L. De repente, o comprimento da caixa aumenta para $2L$. O que acontece com os níveis de energia mostrados na Figura Ativa 28.23? (**a**) Nada; eles não são afetados. (**b**) Eles se distanciam. (**c**) Eles se aproximam.

---

[10] Introduzimos o diagrama de níveis de energia como uma representação semigráfica especializada no Capítulo 11.

Exemplo **28.8** | **Partículas microscópicas e macroscópicas em caixas**

(A) Um elétron está confinado entre duas paredes impenetráveis separadas por 0,200 nm. Determine os níveis de energia para os estados $n = 1$, 2 e 3.

SOLUÇÃO

Conceitualize Na Figura 28.21a, imagine que a partícula seja um elétron e que as paredes estejam muito próximas umas das outras.

Categorize Avaliamos os níveis de energia usando uma equação desenvolvida nesta seção; então, categorizamos este exemplo como um problema de substituição.

Use a Equação 28.35 para o estado $n = 1$:
$$E_1 = \frac{h^2}{8m_e L^2}(1)^2 = \frac{(6{,}63 \times 10^{-34}\,\text{J}\cdot\text{s})^2}{8(9{,}11 \times 10^{-31}\,\text{kg})(2{,}00 \times 10^{-10}\,\text{m})^2}$$
$$= 1{,}51 \times 10^{-18}\,\text{J} = \boxed{9{,}42\,\text{eV}}$$

Usando $E_n = n^2 E_1$, encontre as energias dos estados $n = 2$ e $n = 3$:
$$E_2 = (2)^2 E_1 = 4(9{,}42\,\text{eV}) = \boxed{37{,}7\,\text{eV}}$$
$$E_3 = (3)^2 E_1 = 9(9{,}42\,\text{eV}) = \boxed{84{,}8\,\text{eV}}$$

(B) Encontre a velocidade do elétron no estado $n = 1$.

SOLUÇÃO

Resolva a expressão clássica para a energia cinética para a velocidade da partícula:
$$K = \tfrac{1}{2} m_e u^2 \quad \rightarrow \quad u = \sqrt{\frac{2K}{m_e}}$$

Reconheça que a energia cinética das partículas é igual à energia do sistema e substitua E_n por K:
$$(1) \quad u = \sqrt{\frac{2E_n}{m_e}}$$

Substitua os valores numéricos da parte (A):
$$u = \sqrt{\frac{2(1{,}51 \times 10^{-18}\,\text{J})}{9{,}11 \times 10^{-31}\,\text{kg}}} = \boxed{1{,}82 \times 10^6\,\text{m/s}}$$

O fato de simplesmente colocar o elétron em uma caixa resulta numa velocidade mínima do elétron igual a 0,6% da velocidade da luz!

(C) Uma bola de beisebol de 0,500 kg está confinada entre duas paredes rígidas de um estádio que pode ser modelado como uma caixa de comprimento 100 m. Calcule a velocidade mínima da bola.

SOLUÇÃO

Conceitualize Na Figura 28.21a, imagine que a partícula seja a bola e que as paredes sejam as do estádio.

Categorize Esta parte do exemplo é um problema de substituição, no qual aplicamos uma abordagem quântica para um objeto.

Use a Equação 28.35 para o estado $n = 1$:
$$E_1 = \frac{h^2}{8mL^2}(1)^2 = \frac{(6{,}63 \times 10^{-34}\,\text{J}\cdot\text{s})^2}{8(0{,}500\,\text{kg})(100\,\text{m})^2} = 1{,}10 \times 10^{-71}\,\text{J}$$

Use a Equação (1) para encontrar a velocidade:
$$u = \sqrt{\frac{2(1{,}10 \times 10^{-71}\,\text{J})}{0{,}500\,\text{kg}}} = \boxed{6{,}63 \times 10^{-36}\,\text{m/s}}$$

Esta velocidade é tão pequena, que o objeto pode ser considerado em repouso, que é o que se esperaria para a velocidade mínima de um objeto macroscópico.

E se? E se um arremesso for rebatido, de forma que a bola se mova com uma velocidade de 150 m/s? Qual é o número quântico do estado em que a bola reside agora?

Resposta Esperamos que o número quântico seja muito grande, porque a bola é um objeto macroscópico.

Avalie a energia cinética da bola de beisebol:
$$\tfrac{1}{2}mu^2 = \tfrac{1}{2}(0{,}500\,\text{kg})(150\,\text{m/s})^2 = 5{,}62 \times 10^3\,\text{J}$$

A partir da Equação 28.35, calcule o número quântico n:
$$n = \sqrt{\frac{8mL^2 E_n}{h^2}} = \sqrt{\frac{8(0{,}500\,\text{kg})(100\,\text{m})^2(5{,}62 \times 10^3\,\text{J})}{(6{,}63 \times 10^{-34}\,\text{J}\cdot\text{s})^2}} = 2{,}26 \times 10^{37}$$

continua

> **28.8** *cont.*
>
> Esse resultado é um número quântico tremendamente grande. Conforme a bola de beisebol empurra o ar para fora do caminho, bate no chão e rola até parar, ela se move através de mais de 10^{37} estados quânticos. Esses estados estão tão próximos em energia, que não podemos observar as transições de um estado para outro. Ao invés disso, vemos o que parece ser uma variação suave na velocidade da bola. A natureza quântica do universo é simplesmente não evidente no movimento de objetos macroscópicos.

28.11 | Modelo de análise: partícula quântica sob condições de fronteira

A discussão sobre a partícula em uma caixa é muito parecida com aquela no Capítulo 14 (Volume 2), de ondas estacionárias em cordas:

- Como as extremidades da corda devem ser nós, as funções de onda para ondas permitidas deve ser zero nos limites da corda. Como a partícula em um caixa não pode existir fora desta, as funções de onda permitidas para a partícula devem ser zero nas fronteiras.
- As condições de fronteira nas ondas da corda levam à quantização dos comprimentos de onda e frequências das ondas. As condições de fronteira da função de ondas para a partícula em uma caixa levam à quantização dos comprimentos e frequências das partículas.

Na Mecânica Quântica, é muito comum as partículas estarem sujeitas às condições de fronteira. Portanto, introduzimos um novo modelo de análise, a **partícula quântica sob condições de fronteira**. De muitas maneiras, este modelo é semelhante ao das ondas sob condições de fronteira estudado na Seção 14.3. Na verdade, os comprimentos de onda permitidos para a função de onda de uma partícula em uma caixa (Eq. 28.33) são idênticas em forma aos comprimentos de onda permitidos para ondas mecânicas em uma corda fixa em ambas as extremidades (Eq. 14.5).

O modelo de partícula quântica sob condições de fronteira *difere* em alguns aspectos do modelo de ondas sob condições de fronteira:

- Na maioria dos casos de partículas quânticas, a função de onda *não* é uma função senoidal simples, como a função de onda para ondas em cordas. Além disso, a função de onda para uma partícula quântica pode ser uma função complexa.
- Para uma partícula quântica, a frequência está relacionada com a energia através de $E = hf$, assim, as frequências quantizadas levam a energias quantizadas.
- Não pode haver nenhum "nó" estacionário associado com a função de onda de uma partícula quântica sob condições de fronteira. Sistemas mais complexos do que a partícula em uma caixa têm funções de onda mais complicadas, e algumas condições de fronteira não podem levar a zeros da função de onda em pontos fixos.

Em geral,

> uma interação de uma partícula quântica com seu ambiente representa uma ou mais condições de fronteira, e, se a interação restringir a partícula a uma região finita do espaço, resulta em quantização da energia do sistema.

As condições de fronteira em funções de onda quânticas estão relacionadas com as coordenadas que descrevem o problema. Para a partícula em uma caixa, a função de onda deve ser zero em dois valores de *x*. No caso de um sistema tridimensional, tal como o átomo de hidrogênio, que discutiremos no Capítulo 29, o problema é mais bem apresentado em *coordenadas esféricas*. Estas, uma extensão das coordenadas polares planas introduzidas na Seção 1.6, consistem em uma coordenada radial *r* e duas coordenadas angulares. A geração da função de onda e aplicação das condições de fronteira para o átomo de hidrogênio estão além do escopo deste livro. Devemos, no entanto, examinar o comportamento de algumas das funções de onda do átomo de hidrogênio no Capítulo 29.

As condições de fronteira sobre as funções de onda que existem para todos os valores de *x* exigem que a função de onda se aproxime de zero conforme $x \to \infty$ (de modo que a função de onda possa ser normalizada) e se mantenha finita quando $x \to 0$. Uma condição de fronteira em todas as partes angulares das funções de onda é que adicionar

2π radianos ao ângulo deve retornar a função de onda para o mesmo valor, porque uma adição de 2π resulta na mesma posição angular.

28.12 | A equação de Schrödinger

Na Seção 24.3, discutimos a equação de onda para a radiação eletromagnética. As ondas associadas e partículas também satisfazem a equação de onda. Podemos supor que a equação de onda para partículas materiais é diferente daquela associada com fótons, porque as partículas materiais têm uma energia de repouso diferente de zero. A equação de onda apropriada foi desenvolvida por Schrödinger em 1926. Ao aplicar o modelo de partícula quântica sob condições de fronteira a um sistema quântico, a abordagem é determinar uma solução para esta equação e, em seguida, aplicar as condições de fronteira adequadas à solução, que produz as funções de onda e níveis de energia permitidos do sistema em questão. A manipulação adequada da função de onda, então, permite que se calcule todas as características mensuráveis do sistema.

A equação de Schrödinger, uma vez que se aplica a uma partícula de massa m confinada a se mover ao longo do eixo x e interagir com seu ambiente através de uma função de energia potencial $U(x)$ é

$$-\frac{\hbar^2}{2m}\frac{d^2\psi}{dx^2} + U\psi = E\psi \qquad 28.36$$

▶ Equação de Schrödinger independente do tempo

onde E é a energia total do sistema (partícula e ambiente). Como esta equação independe do tempo, é vulgarmente referida como a **equação de Schrödinger independente do tempo**. (Não vamos discutir a equação de Schrödinger dependente do tempo, cuja solução é Ψ, Eq. 28.25, neste texto.)

Essa equação é consistente com a versão de energia do modelo de sistema isolado. O sistema é a partícula e seu ambiente. O Problema 54 mostra, tanto para uma partícula livre quanto para uma partícula em uma caixa, que o primeiro termo da equação de Schrödinger reduz-se à energia cinética da partícula multiplicada pela função de onda. Portanto, a Equação 28.36 nos diz que a energia total é a soma das energias cinética e potencial, e que a energia total é uma constante: $K + U = E =$ constante.

Em princípio, se a energia potencial $U(x)$ para o sistema for conhecida, pode-se resolver a Equação 28.36 e obter as funções de onda e as energias para os estados permitidos do sistema. Como U pode variar de forma descontínua com a posição, pode ser necessário resolver a equação separadamente para várias regiões. No processo, as funções de onda para as diferentes regiões deve se juntar suavemente nos limites, e é necessário que $\psi(x)$ seja *contínuo*. Além disso, a fim de que $\psi(x)$ obedeça à condição de normalização, é necessário que $\psi(x)$ se aproxime de zero conforme x se aproxima de $\pm\infty$. Finalmente, $\psi(x)$ deve ter um *único valor* e $d\psi/dx$ deve também ser contínuo[11] para os valores finitos de $U(x)$.

A tarefa de resolver a equação de Schrödinger pode ser muito difícil, dependendo da forma da função de energia potencial. Como se vê, esta equação tem sido extremamente bem-sucedida em explicar o comportamento de sistemas atômicos e nucleares, enquanto a Física clássica não foi capaz de fazê-lo. Além disso, quando a Mecânica Quântica é aplicada a objetos macroscópicos, os resultados estão de acordo com a Física clássica, conforme exigido pelo princípio da correspondência.

Erwin Schrödinger
Físico teórico austríaco (1887–1961)
Schrödinger é mais conhecido como um dos criadores da Mecânica Quântica, cuja abordagem demonstrou ser matematicamente equivalente à mecânica matricial mais abstrata desenvolvida por Heisenberg. Schrödinger desenvolveu também papéis importantes nas áreas da mecânica estatística, visão de cores e relatividade geral.

A partícula em uma caixa através da equação de Schrödinger

Para ver como a equação de Schrödinger é aplicada a um problema, vamos voltar à nossa partícula em uma caixa unidimensional de comprimento L (consulte Fig. 28.21) e analisá-la com a equação de Schrödinger. Em associação com a Figura 28.21b, discutimos o diagrama de energia potencial que descreve o problema. Um diagrama de energia potencial como este é uma representação útil para compreender e resolver problemas com a equação de Schrödinger.

---

[11] Se $\frac{d\psi}{dx}$ não são contínuas, não poderíamos avaliar $\frac{d^2\psi}{dx^2}$ na Equação 28.36 no ponto de descontinuidade.

Por causa da forma da curva na Figura 28.21b, a partícula em uma caixa algumas vezes é dita como dentro de um **poço quadrado**,[12] onde **poço** é uma região voltada para cima da curva em um diagrama de energia potencial. (Uma região voltada para baixo é chamada *barreira*, que investigaremos na Seção 28.13.)

Na região $0 < x < L$, onde $U = 0$, podemos expressar a equação de Schrödinger na forma

$$\frac{d^2\psi}{dx^2} = -\frac{2mE}{\hbar^2}\psi = -k^2\psi \qquad \text{28.37}$$

onde

$$k = \frac{\sqrt{2mE}}{\hbar} \qquad \text{28.38}$$

A solução para a Equação 28.37 é uma função cuja segunda derivada é o negativo da mesma função multiplicada pela constante k^2. Reconhecemos as funções de seno e cosseno como satisfazendo este requisito. Portanto, a solução mais geral para a equação é uma combinação linear de duas soluções:

$$\psi(x) = A \operatorname{sen} kx + B \cos kx$$

onde A e B são constantes determinadas pelas condições de fronteira.

Nossa primeira condição de fronteira é que $\psi(0) = 0$:

$$\psi(0) = A \operatorname{sen} 0 + B \cos 0 = 0 + B = 0 \;\rightarrow\; B = 0$$

Portanto, nossa solução reduz-se a

$$\psi(x) = A \operatorname{sen} kx$$

A segunda condição de fronteira, $\psi(L) = 0$, quando aplicada à solução reduzida, dá

$$\psi(L) = A \operatorname{sen} kL = 0$$

que é satisfeita apenas se kL for um múltiplo integral de π, isto é, se $kL = n\pi$, onde n é um número inteiro. Devido a $k = \sqrt{2mE}/\hbar$, temos

$$kL = \frac{\sqrt{2mE}}{\hbar} L = n\pi$$

Para cada escolha inteira de n, esta equação determina uma energia quantizada E_n. Resolvendo para as energias permitidas E_n temos

$$E_n = \left(\frac{h^2}{8mL^2}\right) n^2 \qquad \text{28.39}$$

que são idênticas às energias permitidas na Equação 28.35.

Substituindo os valores de k na função de onda, as funções de onda permitidas $\psi_n(x)$ são dadas por

$$\psi_n(x) = A \operatorname{sen}\left(\frac{n\pi x}{L}\right) \qquad \text{28.40}$$

Esta função de onda está de acordo com a Equação 28.34.

A normalização desta relação mostra que $A = \sqrt{2/L}$. (Consulte o Problema 56 no final deste capítulo.) Portanto, a função de onda normalizada é

$$\psi_n(x) = \sqrt{\frac{2}{L}} \operatorname{sen}\left(\frac{n\pi x}{L}\right) \qquad \text{28.41}$$

O conceito de partículas aprisionadas em de poços de potenciais é usado no campo emergente da **nanotecnologia**, que se refere aos projetos e aplicações de dispositivos com dimensões que vão de 1 a 100 nm. A fabricação destes dispositivos muitas vezes envolve a manipulação individual de átomos ou pequenos grupos de átomos para formar estruturas como o curral quântico na Figura 28.24.

Uma área de interesse da nanotecnologia para os pesquisadores é o **ponto quântico**, uma pequena região que cresce num cristal de silício, e atua como

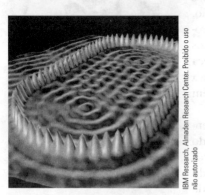

Figura 28.24 Esta é uma imagem de um curral quântico consistindo de um anel de 48 átomos de ferro localizados sobre uma superfície de cobre. O diâmetro do anel é de 143 nm, e a imagem foi obtida utilizando um microscópio de tunelamento de baixa temperatura (STM), como mencionado na Seção 28.13. Currais e outras estruturas são capazes de confinar ondas de elétrons da superfície. O estudo de tais estruturas irão desempenhar um papel importante na determinação do futuro de pequenos dispositivos eletrônicos.

---

[12] Ele é chamado de poço quadrado, mesmo que tenha uma forma retangular em um diagrama de energia potencial.

um poço potencial. Esta região pode capturar elétrons em estados com energias quantizadas. As funções de onda para uma partícula em um ponto quântico são semelhantes àquelas da Figura Ativa 28.22a se L estiver na ordem dos nanômetros. O armazenamento de informações binárias usando pontos quânticos é um campo ativo de pesquisa. Um esquema binário simples envolveria associar um com um ponto quântico contendo um elétron e zero com um ponto vazio. Outros esquemas envolvem células de vários pontos, de tal forma que arranjos de elétrons entre os pontos correspondam a uns e zeros. Vários laboratórios de pesquisa estão estudando as propriedades e aplicações potenciais de pontos quânticos. A informação deve estar chegando desses laboratórios a um ritmo constante nos próximos anos.

Exemplo 28.9 | Os valores esperados para uma partícula em uma caixa

Uma partícula de massa m está confinada em uma caixa unidimensional entre $x = 0$ e $x = L$. Encontre o valor esperado da posição x da partícula no estado caracterizado pelo número quântico n.

SOLUÇÃO

Conceitualize A Figura Ativa 28.22b mostra que a probabilidade de a partícula estar em uma determinada localização varia com a posição dentro da caixa. Você pode prever que valor esperado de x ocorrerá a partir da simetria das funções de onda?

Categorize A declaração do exemplo classifica o problema: nos concentramos em uma partícula quântica em uma caixa e no cálculo do seu valor esperado x.

Analise Na Equação 28.30, a integração de $-\infty$ para ∞ se reduz aos limites 0 a L porque $\psi = 0$ em todos os lugares, exceto na caixa.

Substitua a Equação 28.41 na 28.30 para encontrar o valor esperado de x:

$$\langle x \rangle = \int_{-\infty}^{\infty} \psi_n^* x \psi_n \, dx = \int_0^L x \left[\sqrt{\frac{2}{L}} \operatorname{sen}\left(\frac{n\pi x}{L}\right) \right]^2 dx$$

$$= \frac{2}{L} \int_0^L x \operatorname{sen}^2\left(\frac{n\pi x}{L}\right) dx$$

Calcule a integral, consultando uma tabela integral ou por integração matemática:[13]

$$\langle x \rangle = \frac{2}{L} \left[\frac{x^2}{4} - \frac{x \operatorname{sen}\left(2 \frac{n\pi x}{L}\right)}{4 \frac{n\pi}{L}} - \frac{\cos\left(2 \frac{n\pi x}{L}\right)}{8 \left(\frac{n\pi}{L}\right)^2} \right]_0^L$$

$$= \frac{2}{L} \left[\frac{L^2}{4} \right] = \frac{L}{2}$$

Finalize Este resultado mostra que o valor esperado de x está no centro da caixa para todos os valores de n, o que você deveria esperar da simetria do quadrado das funções de onda (a densidade de probabilidade) sobre o centro (Fig. Ativa 28.22 b).

A função de onda $n = 2$ na Figura Ativa 28.22b tem um valor de zero no ponto central da caixa. O valor esperado da partícula pode estar em uma posição na qual a partícula não tem nenhuma probabilidade de existir? Lembre-se de que o valor esperado é a posição *média*. Portanto, é provável que a partícula seja encontrada tanto à direita do ponto médio quanto à esquerda, e, assim, sua posição média está no ponto central, embora sua probabilidade de estar ali seja zero. Como uma analogia, considere um grupo de estudantes cuja pontuação média no exame final seja 50%. Não há exigência de que algum aluno atinja uma pontuação de exatos 50% para que a média de todos os alunos seja de 50%.

28.13 | Tunelamento através de uma barreira de energia potencial

Considere a função de energia potencial mostrada na Figura 28.25, na qual a energia potencial do sistema é nula em toda parte, exceto para uma região de largura L, onde a energia potencial tem um valor constante de U. Este tipo de função de energia potencial é chamada **barreira quadrada**, e U é chamado **altura da barreira**. Um fenômeno muito interessante e peculiar ocorre quando uma partícula em movimento encontra tal barreira de altura e largura

---

[13] Para integrar esta função, primeiro substitua o $\operatorname{sen}^2 (n\pi x/L)$ por $\frac{1}{2}\left(1 - \cos \frac{2n\pi x}{L}\right)$ (consulte a Tabela B.3 no Apêndice B), que permite expressar $\langle x \rangle$ como duas integrais. A segunda integral pode então ser avaliada por partes (Seção B.7 no Apêndice B).

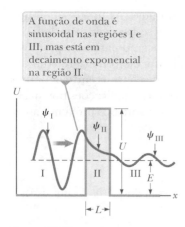

Figura 28.25 Função de onda ψ para uma partícula incidente a partir da esquerda em uma barreira de altura U e largura L. A função de onda é traçada verticalmente a partir de um eixo posicionado na energia da partícula.

A função de onda é sinusoidal nas regiões I e III, mas está em decaimento exponencial na região II.

Prevenção de Armadilhas | 28.7
"Altura" em um diagrama de energia

A palavra *altura* (como na *altura da barreira*) refere-se a uma energia em discussões sobre barreiras em diagramas de energia potencial. Por exemplo, podemos dizer que a altura da barreira é de 10 eV. Por outro lado, a *largura* de barreira refere-se ao uso tradicional de tal palavra, e é uma medida do comprimento físico real entre as duas localizações dos lados verticais da barreira.

finita. Considere uma partícula de energia $E < U$ que incida na barreira vinda da esquerda (consulte Fig. 28.25). Classicamente, a partícula é refletida pela barreira. Se a partícula existisse na região II, sua energia cinética seria negativa, o que não é permitido classicamente. Assim, a região II, e por sua vez a região III, são ambas classicamente *proibidas* para a partícula incidente vindo da esquerda. De acordo com a Mecânica Quântica, no entanto, todas as regiões são acessíveis à partícula, independentemente da sua energia. (Embora todas as regiões sejam acessíveis, a probabilidade de a partícula estar em uma região que é classicamente proibida é muita baixa.) De acordo com o princípio da incerteza, a partícula pode estar dentro da barreira, desde que o intervalo de tempo durante o qual ali esteja seja curto e consistente com a Equação 28.23. Se a barreira for relativamente estreita, este curto intervalo de tempo pode permitir que a partícula se mova através dela. Portanto, é possível compreendermos a passagem das partículas através da barreira com a ajuda do princípio da incerteza.

Vamos abordar esta situação usando uma representação matemática. A equação de Schrödinger tem soluções válidas em todas as três regiões, I, II, e III. As soluções nas regiões I e III são sinusoidais, como na Equação 28.26. Na região II, a solução é exponencial. Aplicando as condições de fronteira para as funções de onda, as três regiões devem unir-se suavemente nos fronteira. Uma solução completa pode ser encontrada como a representada pela curva da Figura 28.25. Portanto, a equação de Schrödinger e as condições de fronteira são satisfeitas, o que nos diz matematicamente que tal processo pode, teoricamente, ocorrer de acordo com a teoria quântica.

Porque a probabilidade de encontrar a partícula é proporcional a $|\psi_n|^2$, conclui-se que a oportunidade de encontrar a partícula além da barreira na região III é diferente de zero. Este resultado está em completo desacordo com a Física clássica. O movimento da partícula para o lado oposto da barreira é chamado **tunelamento** ou **transposição de barreira**.

A probabilidade de encapsulamento pode ser descrita com o **coeficiente de transmissão** T e o **coeficiente de reflexão** R. O coeficiente de transmissão representa a probabilidade de a partícula penetrar no outro lado da barreira, e o coeficiente de reflexão é a probabilidade de a partícula ser refletida pela barreira. Como a partícula incidente é refletida ou transmitida, é necessário que $T + R = 1$. Uma expressão aproximada para o coeficiente de transmissão, obtido quando $T \ll 1$ (uma barreira muito grande ou muito alta, tal que $U \gg E$), é

$$T \approx e^{-2CL}$$ ◀ 28.42

onde

$$C = \frac{\sqrt{2m(U-E)}}{\hbar}$$ ◀ 28.43

De acordo com a Física Quântica, a Equação 28.42 nos diz que T pode ser diferente de zero, o que contrasta com o ponto de vista clássico, que requer que $T = 0$. A observação experimental do fenômeno do tunelamento fornece mais confiança nos princípios da Física Quântica.

A Figura 28.25 mostra a função de onda de uma partícula em tunelamento através de uma barreira em uma dimensão. A função de onda similar com simetria esférica descreve a penetração da barreira de uma partícula saindo de um núcleo radioativo, que estudaremos no Capítulo 30. A função de onda existe tanto no interior como no exterior do núcleo, e sua amplitude é constante no tempo. Desta forma, a função de onda descreve corretamente a pequena, mas constante, probabilidade de que o núcleo vai decair. O momento do decaimento não pode ser previsto. Em geral, a Mecânica Quântica implica que o futuro é indeterminado. (Esta característica está em contraste com a Mecânica clássica, a partir da qual a trajetória de um corpo pode ser calculada com precisão arbitrariamente alta a partir do conhecimento preciso de sua posição e velocidade iniciais, e das forças exercidas sobre ele.) Devemos concluir que as leis fundamentais da natureza são probabilísticas.

Um detector de radiação pode ser utilizado para mostrar que um núcleo decai por irradiar uma partícula em determinado momento e em determinado sentido. Para salientar o contraste entre este resultado experimental e a função de onda que o descreve, Schrödinger imaginou uma caixa contendo um gato, uma amostra radioativa, um contador de radiação e um frasco de veneno. Quando um núcleo na amostra decai, o contador dispara a administração do veneno letal para o gato. A Mecânica Quântica prevê corretamente a probabilidade de encontrar o gato morto quando a caixa for aberta. Antes de a caixa ser aberta, o animal tem uma função de onda descrevendo-o como um gato fracionariamente morto, com alguma chance de estar vivo?

Esta questão está atualmente sob investigação, não com gatos reais, mas, por vezes, com experimentos de interferência construídos com base naquele descrito na Seção 28.7. Será que o ato de medir muda o sistema de probabilidade para um estado definitivo? Quando uma partícula emitida por um núcleo radioativo é detectada em um local particular, a função de onda que a descreve cai instantaneamente a zero em qualquer outro lugar no Universo? (Einstein chamou essa mudança de estado de "ação fantasmagórica a distância".) Existe uma diferença fundamental entre um sistema quântico e um sistema macroscópico? As respostas a estas perguntas são basicamente desconhecidas.

TESTE RÁPIDO 28.10 Qual das seguintes alterações aumentaria a probabilidade de transmissão de uma partícula através de uma barreira de potencial? (Você pode escolher mais que uma resposta.) (**a**) diminuir a largura da barreira (**b**) aumentar a largura da barreira (**c**) diminuir a altura da barreira (**d**) aumentar a altura da barreira (**e**) diminuir a energia cinética da partícula incidente (**f**) aumentar a energia cinética da partícula incidente

---

Exemplo **28.10** | Coeficiente de transmissão para um elétron

Um elétron de 30 eV incide sobre uma barreira quadrada de altura 40 eV.

(A) Qual é a probabilidade de tunelamento do elétron através da barreira se sua largura é de 1,0 nm?

SOLUÇÃO

Conceitualize Como a energia das partículas é menor do que a altura da barreira de potencial, esperamos que o elétron reflita na barreira com uma probabilidade de 100%, de acordo com a Física clássica. Devido ao fenômeno de tunelamento, no entanto, há uma probabilidade finita de que a partícula possa aparecer do outro lado da barreira.

Categorize Avaliamos a probabilidade usando uma equação desenvolvida nesta seção; então, categorizamos este exemplo como um problema de substituição.

Avalie a quantidade $U - E$ que aparece na Equação 28.43:

$$U - E = 40 \text{ eV} - 30 \text{ eV} = 10 \text{ eV} \left(\frac{1,6 \times 10^{-19} \text{ J}}{1 \text{ eV}} \right) = 1,6 \times 10^{-18} \text{ J}$$

Avalie a quantidade $2CL$ usando a Equação 28.43:

$$(1) \quad 2CL = 2 \frac{\sqrt{2(9,11 \times 10^{-31} \text{ kg})(1,6 \times 10^{-18} \text{ J})}}{1,055 \times 10^{-34} \text{ J} \cdot \text{s}} (1,0 \times 10^{-9} \text{ m}) = 32,4$$

A partir da Equação 28.42, encontre a probabilidade de tunelamento através da barreira:

$$T \approx e^{-2CL} = e^{-32,4} = 8,5 \times 10^{-15}$$

(B) Qual é a probabilidade de tunelamento do elétron através da barreira se sua largura é de 0,10 nm?

SOLUÇÃO

Neste caso, a largura L na Equação (1) é de um décimo do tamanho; então, avalie o novo valor de $2CL$:

$$2CL = (0,1)(32,4) = 3,24$$

A partir da Equação 28.42, encontre a nova probabilidade de tunelamento através da barreira:

$$T \approx e^{-2CL} = e^{-3,24} = 0,039$$

Na parte (A), o elétron tem aproximadamente uma chance em 10^{14} de tunelamento através da barreira. Na parte (B), no entanto, tem probabilidade muito maior (3,9%) de penetrar na barreira. Portanto, a redução da largura da barreira por apenas uma ordem de grandeza aumenta a probabilidade de tunelamento em aproximadamente 12 ordens de grandeza!

Aplicações de tunelamento

Como vimos, tunelamento é um fenômeno quântico, um resultado da natureza ondulatória da matéria. Muitas aplicações podem ser entendidas apenas com base no encapsulamento.

- **Decaimento alfa**. Uma forma de decaimento radioativo é a emissão de partículas alfa (núcleos de átomos de hélio) por núcleos instáveis e pesados (Capítulo 30). Para uma partícula alfa escapar do núcleo, ela deve penetrar uma barreira cuja altura é várias vezes maior do que a energia do sistema de partículas núcleo-alfa. A barreira se deve a uma combinação da força nuclear atraente (discutida no Capítulo 30) e a repulsão de Coulomb (discutida em detalhe no Capítulo 19) entre a partícula alfa e o resto do núcleo. Ocasionalmente, um túnel de partículas alfa atravessa a barreira, o que explica o mecanismo básico para este tipo de decaimento e as grandes variações nos tempos de vida médios de vários núcleos radioativos.
- **Fusão nuclear**. A reação básica que alimenta o Sol e, indiretamente, quase tudo no sistema solar, é a fusão, que estudaremos no Capítulo 30. Numa etapa do processo que ocorre no núcleo do Sol, prótons devem se aproximar uns dos outros a uma distância tão pequena que se fundam, formando um núcleo de deutério. De acordo com a Física clássica, esses prótons não podem superar e penetrar a barreira causada por sua repulsão elétrica mútua. Em termos de Mecânica Quântica, no entanto, os prótons são capazes de realizar tunelamento através da barreira e se fundirem.
- **Microscópio de varredura por tunelamento**. O microscópio de tunelamento, ou STM, é um dispositivo notável que usa o tunelamento para criar imagens de superfícies com resolução comparável ao tamanho de um único átomo. Uma pequena sonda com uma ponta muito fina faz um escaneamento muito perto da superfície de uma amostra. Uma corrente de tunelamento é mantida entre a sonda e a amostra; a corrente (que está relacionada com a probabilidade de tunelamento) é muito sensível à altura da barreira (que está relacionada com a separação entre a ponta e a amostra), como pode ser visto no Exemplo 28.10. Manter uma corrente de tunelamento constante produz um sinal de realimentação que é usado para levantar e baixar a sonda, conforme a superfície é digitalizada. Uma vez que o movimento vertical da sonda segue o contorno da superfície da amostra, uma imagem da superfície é obtida. A imagem do curral quântico mostrada na Figura 28.24 é feita com um microscópio de varredura por tunelamento.

28.14 | Conteúdo em contexto: a temperatura cósmica

Agora que introduzimos os conceitos de Física Quântica para partículas e sistemas microscópicos, veremos como podemos conectar estes conceitos a processos que ocorrem em uma escala cósmica. Para nossa primeira conexão deste tipo, considere o Universo como um sistema. Acredita-se que o Universo começou com uma explosão cataclísmica chamada **Big Bang**, mencionada pela primeira vez no Capítulo 5 (Volume 1). Devido a esta explosão, todo o material no Universo está se afastando. Essa expansão provoca um efeito Doppler na radiação remanescente do Big Bang, de tal forma que o comprimento de onda da radiação aumenta. Na década de 1940, Ralph Alpher, George Gamow e Robert Hermann desenvolveram um modelo estrutural do Universo no qual previram que a radiação térmica do Big Bang ainda deve estar presente, e que agora deveria ter uma distribuição de comprimento de onda de acordo com um corpo negro com temperatura de poucos graus Kelvin.

Em 1965, Arno Penzias e Robert Wilson, do Bell Telephone Laboratories, estavam medindo a radiação da Via Láctea usando uma antena especial de 20 pés como um radiotelescópio. Eles notaram um consistente "ruído" de fundo de radiação nos sinais da antena. Apesar de seus grandes esforços para testar hipóteses alternativas para a origem do ruído em termos de interferência do Sol, uma fonte desconhecida na Via Láctea, problemas estruturais na antena, e até mesmo a presença de fezes de pombos nela, nenhuma das hipóteses era suficiente para explicar o ruído.

O que Penzias e Wilson estavam detectando era a radiação térmica do Big Bang. O fato de ela ter sido detectada pelo seu sistema, independentemente da direção da antena, era consistente com a radiação que está sendo espalhada por todo o Universo, como o modelo do Big Bang prevê. A medição da intensidade dessa radiação sugeriu que a temperatura associada com a radiação era de cerca de 3 K, consistente com a previsão, de 1940, de Alpher, Gamow e Hermann. Embora a intensidade medida fosse consistente com a sua previsão, a medição foi feita em apenas um único comprimento de onda. Total concordância com o modelo do Universo como um corpo negro viria somente se medições em vários comprimentos de onda demonstrassem uma distribuição em comprimentos de onda consistente com a Figura Ativa 28.2.

Nos anos seguintes da descoberta de Penzias e Wilson, outros pesquisadores fizeram medições em diferentes comprimentos de onda. Em 1989, o satélite Cobe (Cosmic Background Explorer – Explorador da radiação de Fundo Cósmico) foi lançado pela Nasa e acrescentou medições críticas em comprimentos de onda abaixo de 0,1 cm. Os resultados dessas medições levou a um Prêmio Nobel de Física para os principais pesquisadores em 2006. Vários pontos dos dados do Cobe são mostrados na Figura 28.26. A Sonda Anisotrópica de Micro-ondas Wilkinson, lançada em junho de 2001, apresenta dados que permitem a observação das diferenças de temperatura no cosmos na faixa de microkelvins. Observações em andamento também estão sendo feitas a partir de instalações terrestres, associadas a projetos como o QUaD, Qubic e Telescópio do Polo Sul. Além disso, o satélite Planck foi lançado em maio de 2009 pela Agência Espacial Europeia. Este observatório espacial deve medir a radiação de fundo cósmico com maior sensibilidade do que a sonda Wilkinson. A série de medições tomadas desde 1965 são consistentes com a radiação térmica associada a uma temperatura de 2,7 K. A história toda da temperatura cósmica é um exemplo notável da ciência em funcionamento: construir um modelo, fazer uma previsão, realizar medições e testar as medições com respeito às previsões.

O primeiro capítulo da nossa *Conexão com o Contexto Cósmico* descreve o primeiro exemplo desta conexão. Ao estudar a radiação térmica decorrente de vibrações de objetos microscópicos, aprendemos algo sobre a origem de nosso Universo. No Capítulo 29 veremos mais exemplos desta conexão fascinante.

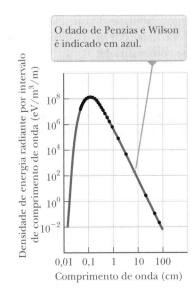

Figura 28.26 Corpo negro teórico e espectros de radiação medidos (pontos pretos) do Big Bang. A maioria dos dados foi coletada a partir do satélite Cosmic Background Explorer, ou Cobe.

⟩ RESUMO

As características da **radiação de corpo negro** não podem ser explicadas por conceitos clássicos. Planck apresentou o primeiro modelo da **Física Quântica** quando argumentou que os osciladores atômicos responsáveis por essa radiação existem apenas em estados **quânticos discretos.**

No **efeito fotoelétrico**, elétrons são ejetados de uma superfície metálica quando a luz nela incide. Einstein deu uma explicação bem-sucedida deste efeito, estendendo a teoria quântica de Planck para o campo eletromagnético. Neste modelo, a luz é vista como uma corrente de partículas chamada **fótons**, cada um com energia $E = hf$, onde f é a **constante de Planck**. A energia cinética máxima dos fotoelétrons ejetados é dada por

$$K_{máx} = hf - \phi \qquad 28.11 ◀$$

onde ϕ é a **função trabalho** do metal.

Raios X atingindo um alvo são espalhados em vários ângulos por elétrons no alvo. Uma mudança no comprimento de onda é observada para os raios X espalhados, e o fenômeno é conhecido como **efeito Compton**. A Física clássica não explica corretamente os resultados experimentais deste efeito. Se o raio X for tratado como um fóton, a conservação de energia e o momento aplicado ao sistema isolado do fóton e do elétron produz para o efeito Compton a expressão:

$$\lambda' - \lambda_0 = \frac{h}{m_e c}(1 - \cos\theta) \qquad 28.13 ◀$$

onde m_e é a massa do elétron, c é a velocidade da luz, e θ o ângulo de dispersão do fóton.

Todo objeto de massa m e momento p tem propriedades típicas de ondas, com um **comprimento de onda de De Broglie** dado pela relação

$$\lambda = \frac{h}{p} = \frac{h}{mu} \qquad 28.15 ◀$$

A dualidade onda-partícula é a base do **modelo de partícula quântica**. Ela pode ser interpretada imaginando uma partícula como sendo constituída por uma combinação de um grande número de ondas. Estas ondas interferem construtivamente em uma pequena região do espaço, chamada **pacote de ondas**.

O **princípio da incerteza** afirma que se a medição da posição de uma partícula é feita com incerteza Δx e uma medição *simultânea* de sua dinâmica é feita com a incerteza Δp_x, o produto das duas incertezas nunca pode ser menor que $\hbar/2$:

$$\Delta x \, \Delta p_x \geq \frac{\hbar}{2} \qquad 28.22 ◀$$

O princípio da incerteza é uma consequência natural do modelo do pacote de ondas.

Partículas são representadas por uma **função de onda** $\psi(x, y, z)$. A **densidade de probabilidade** de que uma partícula seja encontrada em um ponto é $|\psi_n|^2$. Se a partícula estiver confinada a mover-se ao longo do eixo x, a probabilidade de que ela será localizada em um intervalo dx é dada por $|\psi_n|^2\, dx$. Além disso, a função de onda deve ser **normalizada**:

$$\int_{-\infty}^{\infty} |\psi|^2\, dx = 1 \qquad 28.28◀$$

A posição medida x da partícula, em média ao longo de muitos ensaios, é chamada **valor esperado** de x, e definida por

$$\langle x \rangle \equiv \int_{-\infty}^{\infty} \psi^* x \psi\, dx \qquad 28.30◀$$

Se uma partícula de massa m está confinada a mover-se em uma caixa de comprimento unidimensional L cujas paredes são perfeitamente rígidas, as funções de onda permitidas para a partícula são

$$\psi_n(x) = A\,\mathrm{sen}\!\left(\frac{n\pi x}{L}\right) \qquad 28.34◀$$

onde n é um número quântico inteiro, começando em 1. A partícula tem um comprimento de onda λ bem definido, cujos valores são tais que o comprimento L da caixa é igual a um número inteiro de metade de um comprimento de onda, isto é, $L = n\lambda/2$. As energias de uma partícula em uma caixa são quantizadas e dadas por

$$E_n = \left(\frac{h^2}{8mL^2}\right) n^2 \quad n = 1, 2, 3, \ldots \qquad 28.35◀$$

A função de onda deve satisfazer a equação de Schrödinger. A **equação de Schrödinger independente do tempo** para uma partícula confinada a mover-se ao longo do eixo x é

$$-\frac{\hbar^2}{2m}\frac{d^2\psi}{dx^2} + U\psi = E\psi \qquad 28.36◀$$

onde E é a energia total do sistema e U a energia potencial do sistema.

Quando uma partícula de energia E encontra uma barreira de altura U, onde $E < U$, a partícula tem uma probabilidade finita de penetrar na barreira. Este processo, chamado **tunelamento**, é o mecanismo básico que explica o funcionamento do microscópio de tunelamento e o fenômeno do decaimento alfa em alguns núcleos radioativos.

▶ Modelo de análise para resolução de problemas

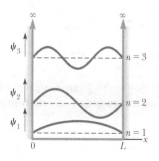

Partícula quântica sob condições de fronteira. A interação de uma partícula quântica com seu ambiente representa uma ou mais condições de fronteira. Se a interação limita a partícula para uma região finita do espaço, a energia do sistema é quantizada. Todas as funções de onda devem satisfazer as seguintes quatro condições de fronteira: (1) $\psi(x)$ deve permanecer finito conforme x aproxima-se de 0, (2) $\psi(x)$ deve aproximar-se de zero conforme x aproxima-se de $\pm\infty$, (3) $\psi(x)$ deve ser contínuo para todos os valores de x, e (4) $d\psi/dx$ deve ser contínuo para todos os valores finitos de $U(x)$. Se a solução para a Equação 28.36 for um conjunto de variáveis, as condições (3) e (4) devem ser aplicadas nas fronteiras entre as regiões de x nas quais a Equação 28.36 foi resolvida.

▶ PERGUNTAS OBJETIVAS

1. Em um experimento de espalhamento de Compton, um fóton de energia E é espalhado de um elétron em repouso. Após ocorrer o evento de espalhamento, qual das seguintes afirmativas é verdadeira? (a) A frequência do fóton é maior que E/h. (b) A energia do fóton é menor que E. (c) O comprimento de onda do fóton é menor que hc/E. (d) O momento do fóton aumenta. (e) Nenhuma das afirmações é verdadeira.

2. Considere (a) um elétron (b) um fóton, e (c) um próton, todos movendo-se no vácuo. Escolha todas as respostas corretas para cada questão. (i) Qual dos três possuem energia de repouso? (ii) Quais têm carga? (iii) Quais carregam energia? (iv) Quais carregam momento? (v) Quais movem-se à velocidade da luz? (vi) Quais têm um comprimento de onda que caracteriza seu movimento?

3. Cada uma das seguintes afirmações, de (a) até (e), é verdadeira ou falsa para um elétron? (a) É uma partícula quântica, comportando-se em alguns experimentos como uma partícula clássica, e em alguns experimentos como uma onda clássica. (b) Sua energia de repouso é zero. (c) Ele carrega energia em seu movimento. (d) Ele carrega momento em seu movimento. (e) O movimento é descrito por uma função de onda que tem um comprimento de onda e satisfaz uma equação de onda.

4. A probabilidade de se encontrar determinada partícula quântica na seção do eixo x entre $x = 4$ nm e $x = 7$ nm é de 48%. A função de onda da partícula $\psi(x)$ é constante ao longo deste intervalo. Qual valor numérico pode ser atribuído a $\psi(x)$, em unidades de $mn^{-1/2}$? (a) 0,48 (b) 0,16 (c) 0,12 (d) 0,69 (e) 0,40

5. Uma partícula quântica de massa m_1 está em um poço quadrado com paredes infinitamente altas e comprimento de 3 nm. Classifique as situações de (a) até (e) de acordo com a energia da partícula da mais alta para a mais baixa, observando os casos de igualdade. (a) A partícula de massa m_1 está no estado fundamental do poço. (b) A mesma partícula está no estado excitado $n = 2$ do mesmo poço. (c) Uma partícula com massa $2m_1$ está no estado fundamental

do mesmo poço. (d) Uma partícula de massa m_1 no estado fundamental do mesmo poço, e o princípio da incerteza tornou-se inoperacional, isto é, a constante de Planck foi reduzida a zero. (e) Uma partícula de massa m_1 está no estado fundamental de um poço de comprimento de 6 nm.

6. Qual dos seguintes fenômenos demonstra mais claramente a natureza corpuscular da luz? (a) difração (b) efeito fotoelétrico (c) polarização (d) interferência (e) refração

7. Em determinado experimento, uma lâmpada elétrica no vácuo carrega uma corrente I_1, você mede o espectro da luz emitida pelo filamento, que se comporta como um corpo negro a uma temperatura T_1. O comprimento de onda emitido com maior intensidade (simbolizado por $\lambda_{máx}$) tem o valor λ_1. Você então aumenta a diferença de potencial entre o filamento em um fator de 8, e a corrente aumenta em um fator de 2. **(i)** Após esta alteração, qual é o novo valor da temperatura do filamento? (a) $16T_1$ (b) $8T_1$ (c) $4T_1$ (d) $2T_1$ (e) ainda T_1. **(ii)** Qual é o novo valor do comprimento de onda emitido com a maior intensidade? (a) $4\lambda_1$ (b) $2\lambda_1$ (c) λ_1 (d) $\frac{1}{2}\lambda_1$ (e) $\frac{1}{4}\lambda_1$

8. Suponha que uma corrente de tunelamento em um dispositivo eletrônico passe por uma barreira de energia potencial. A corrente de tunelamento é pequena porque a largura da barreira é grande e a barreira é alta. Para aumentar a corrente de forma mais eficaz, o que você deve fazer? (a) Reduzir a largura da barreira. (b) Reduzir a altura da barreira. (c) Tanto a escolha (a) quanto (b) são igualmente eficazes. (d) Nem a escolha (a) nem a (b) aumenta a corrente.

9. Um próton, um elétron e um núcleo de hélio movem-se a uma velocidade v. Classifique seus comprimentos de onda de De Broglie do maior para o menor.

10. Uma partícula em uma caixa rígida de comprimento L está no primeiro estado excitado, para o qual $n = 2$ (Fig. PO28.10). Onde é mais provável que a partícula seja encontrada? (a) No centro da caixa. (b) Em qualquer extremidade da caixa. (c) Todos os pontos na caixa são igualmente prováveis. (d) A um quarto do percurso a partir das extremidades da caixa. (e) Nenhuma das respostas está correta.

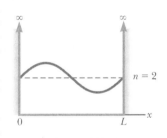

Figura PO28.10

11. Um feixe de partículas quânticas com energia cinética 2,00 eV é refletida de uma barreira potencial de pequena largura e altura original 3,00 eV. Como a fração das partículas que são refletidas muda conforme a altura da barreira é reduzida para 2,01 eV? (a) Aumenta. (b) Diminui. (c) Permanece constante em zero. (d) Permanece constante em 1. (e) Ele permanece constante com algum outro valor.

12. Um fóton de raio X é espalhado por um elétron originalmente estacionário. Em relação à frequência do fóton incidente, a frequência do fóton espalhado é (a) menor, (b) maior ou (c) inalterada?

13. **BIO** Qual das seguintes é mais provável de causar queimaduras solares, fornecendo mais energia para moléculas individuais em células da pele? (a) luz infravermelha (b) luz visível (c) luz ultravioleta (d) micro-ondas (e) as alternativas (a) a (d) são igualmente prováveis.

14. Qual é o comprimento de onda de De Broglie de um elétron acelerado a partir do repouso através de uma diferença de potencial de 50,0 V? (a) 0,100 nm (b) 0,139 nm (c) 0,174 nm (d) 0,834 nm (e) nenhuma das alternativas.

15. A figura PO28.15 representa a função de onda para uma partícula quântica hipotética em determinada região. Entre as alternativas a e e, em qual valor de x é mais provável que a partícula seja encontrada?

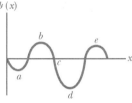

Figura PO28.15

16. Tanto um elétron quanto um próton são acelerados à mesma velocidade, e a incerteza experimental na velocidade é a mesma para as duas partículas. As posições de ambas as partículas são também medidas. A incerteza mínima possível na posição do elétron é (a) menor do que a incerteza mínima possível na posição do próton, (b) a mesma que a descrita para o próton, (c), mais do que aquela para o próton, ou (d) impossível dizer a partir da informação dada?

17. Classifique os comprimentos de onda das seguintes partículas quânticas do maior para o menor. Se alguma tiver o mesmo comprimento de onda, exiba a igualdade em sua classificação. (a) um fóton com energia 3 eV (b) um elétron com energia cinética 3 eV (c) um próton com energia cinética 3 eV (d) um fóton com energia 0,3 eV (e) um elétron com momento 3 eV/c.

18. Quais das seguintes afirmações são verdadeiras de acordo com o princípio da incerteza? Mais de uma afirmação pode estar correta. (a) É impossível determinar simultaneamente a posição e o momento de uma partícula ao longo do mesmo eixo com precisão arbitrária. (b) É impossível determinar simultaneamente a energia e o momento de uma partícula com precisão arbitrária. (c) É impossível determinar a energia de uma partícula com precisão arbitrária em uma quantidade finita de tempo. (d) É impossível medir a posição de uma partícula com precisão arbitrária em uma quantidade finita de tempo. (e) É impossível medir simultaneamente a energia e a posição de uma partícula com precisão arbitrária.

PERGUNTAS CONCEITUAIS

1. Qual tem mais energia, um fóton de radiação ultravioleta ou um fóton de luz amarela? Explique.

2. Qual é o significado da função de onda ψ?

3. **BIO** *Iridescência* é o fenômeno que dá cores brilhantes às penas dos pavões, beija-flores, quetzais resplandecentes e até mesmo patos e quíscalos. Sem pigmentos, colore borboletas morpho (Fig. PC28.3), traças urania, alguns besouros e moscas, trutas arco-íris, e madrepérola em conchas abalone.

Cores iridescentes mudam conforme você gira um objeto. Elas são produzidas por uma grande variedade de estruturas intrincadas em espécies diferentes. O Problema 68 no Capítulo 27 descreve as estruturas que produzem iridescência em uma pena de pavão. Essas estruturas eram todas desconhecidas até a invenção do microscópio eletrônico. Explique por que microscópios de luz não podem revelá-las.

166 | Princípios de física

Figura PC28.3

4. Todos os objetos irradiam energia. Por que, então, não somos capazes de ver todos os objetos em uma sala escura?

5. Discuta a relação entre a energia do estado fundamental e o princípio da incerteza.

6. Para as partículas quânticas em uma caixa, a densidade de probabilidade em certos pontos é zero, como visto na Figura PC28.6. Este valor implica que a partícula não pode se mover através destes pontos? Explique.

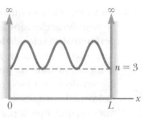

Figura PC28.6

7. Se o efeito fotoelétrico for observado para um metal, é possível concluir que o efeito também pode ser observado para outro metal sob as mesmas condições? Explique.

8. Como a equação de Schrödinger é útil para descrever fenômenos quânticos?

9. Por que a existência de uma frequência de corte no efeito fotoelétrico favorece a teoria das partículas de luz sobre a teoria das ondas?

10. A luz é uma onda ou uma partícula? Justifique sua resposta, citando evidência experimental específica.

11. Considere as funções de onda da Figura PC28.11. Quais delas não são fisicamente significativas no intervalo mostrado? Para aquelas que não são, explique por que não conseguem se qualificar.

12. Por que as seguintes funções de onda não são fisicamente possíveis para todos os valores de x? (a) $\psi(x) = Ae^x$ (b) $\psi(x) = A \, \text{tg} \, x$.

13. O modelo clássico de radiação de corpo negro dada pela Lei de Rayleigh-Jeans tem duas grandes falhas. (a) Identifique as falhas e (b) explique como a Lei de Planck lida com elas.

14. Ao descrever a passagem de elétrons por uma fenda e a chegada a uma tela, o físico Richard Feynman disse que "elétrons chegam em conjuntos, tal como partículas, mas a probabilidade de chegada desses conjuntos é determinada como a intensidade das ondas seria. É neste sentido que o elétron, às vezes, se comporta como uma partícula, e às vezes como uma onda". Elabore este ponto em suas próprias palavras. Para uma discussão mais aprofundada, consulte R. Feynman, *The Character of Physical Law* (Cambridge, MA: MIT Press, 1980), Cap. 6.

15. Suponha que uma fotografia do rosto de uma pessoa foi feita usando apenas alguns fótons. O resultado seria simplesmente uma imagem muito fraca do rosto? Explique sua resposta.

16. No efeito fotoelétrico, explique por que o potencial de parada depende da frequência da luz, mas não da intensidade.

17. Um elétron é uma onda ou uma partícula? Justifique sua resposta citando alguns resultados experimentais.

18. Na Mecânica Quântica, é possível que a energia E de uma partícula seja menor do que a energia potencial, mas classicamente esta condição não é possível. Explique.

19. Se a matéria tem natureza de onda, por que essa característica de onda não é observada em nossas experiências diárias?

20. Como o efeito Compton difere do efeito fotoelétrico?

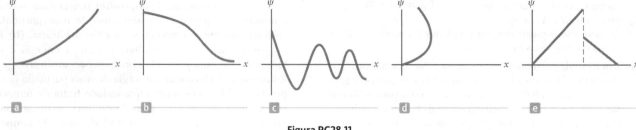

Figura PC28.11

PROBLEMAS

WebAssign Os problemas que se encontram neste capítulo podem ser resolvidos *on-line* na Enhanced WebAssign (em inglês).

1. denota problema direto; 2. denota problema intermediário; 3. denota problema desafiador;

1. denota problema mais frequentemente resolvidos no Enhanced WebAssign.

BIO denota problema biomédico;

PD denota problema dirigido;

M denota tutorial Master It disponível no Enhanced WebAssign;

Q|C denota problema que pede raciocínio quantitativo e conceitual;

S denota problema de raciocínio simbólico;

sombreado denota "problemas emparelhados" que desenvolvem raciocínio com símbolos e valores numéricos;

W denota solução no vídeo Watch It disponível no Enhanced WebAssign.

Seção 28.1 Radiação de corpo negro e Teoria de Planck

1. **BIO** **W** O olho humano é mais sensível à luz 560 nm (verde). Qual é a temperatura de um corpo negro que irradiaria mais intensamente nesse comprimento de onda?

2. **BIO** **Q|C** A Figura P28.2 mostra o espectro da luz emitida por um vaga-lume. (a) Determine a temperatura de um corpo negro que emitiria radiação de pico no mesmo comprimento de onda. (b) Com base em seu resultado, explique se a radiação do vagalume é a radiação de corpo negro.

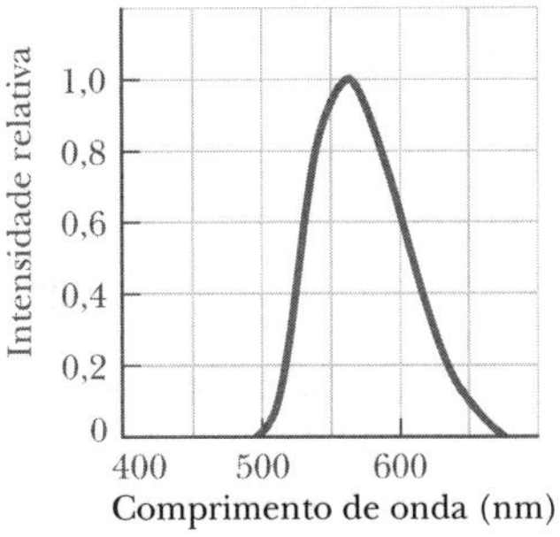

Figura P28.2

3. **Revisão.** Este problema é sobre quão forte a matéria é acoplada à radiação, tema com o qual a Mecânica Quântica começou. Para um modelo simples, considere uma esfera de ferro sólida de 2,00 cm de raio. Assuma que sua temperatura é sempre uniforme em todo seu volume. (a) Encontre a massa da esfera. (b) Suponha que a esfera esteja a 20,0°C e tem emissividade 0,860. Encontre a energia com a qual ela irradia ondas eletromagnéticas. (c) Se estivesse sozinha no Universo, a que taxa a temperatura da esfera estaria mudando? (d) Suponha que a Lei de Wien descreva a esfera. Encontre o comprimento de onda $\lambda_{máx}$ da radiação eletromagnética que ela emite mais fortemente. Embora ela emita um espectro de ondas com todos os diferentes comprimentos de onda, assuma que sua potência de saída seja transportada por fótons de comprimento de onda $\lambda_{máx}$. Encontre (e) a energia de um fóton e (f) o número de fótons que ela emite a cada segundo.

4. **M** (i) Calcule a energia, em elétron-volts, de um fóton cuja frequência é (a) 620 THz, (b) 3,10 GHz, e (c) 46,0 MHz. (ii) Determine os comprimentos de onda correspondentes para os fótons listados na parte (i), e (iii) explique a classificação de cada um no espectro eletromagnético.

5. **BIO** Com crianças pequenas e idosos, o uso de um termômetro para medir a febre tradicional tem riscos de contaminação bacteriana e perfuração do tecido. O termômetro de radiação mostrado na Figura 28.5 funciona rápido e evita a maioria dos riscos. O instrumento mede a energia de radiação infravermelha a partir do canal auditivo. Esta cavidade é descrita precisamente como um corpo negro e está perto do hipotálamo, centro de controle da temperatura do corpo. Tome a temperatura normal do corpo como 37,0 °C. Se a temperatura do corpo de um paciente febril for 38,3 °C, qual é o percentual de aumento na potência radiada do seu canal auditivo?

6. **M** Um transmissor de rádio FM tem potência de 150 kW e opera a uma frequência de 99,7 MHz. Quantos fótons por segundo o transmissor emite?

7. Um pêndulo simples tem comprimento 1,00 m e massa 1,00 kg. O deslocamento máximo horizontal do pêndulo a partir do equilíbrio é 3,00 centímetros. Calcule o número quântico n para o pêndulo.

8. **W** O raio do Sol é $6,96 \times 10^8$ m, e sua produção total de energia é $3,85 \times 10^{26}$ W. (a) Supondo que a superfície do Sol irradia como um corpo negro, calcule a temperatura da superfície. (b) Usando o resultado do item (a), encontre $\lambda_{máx}$ para o Sol.

9. **BIO** **M** O limiar médio da visão adaptada ao escuro (escotópica) é $4,00 \times 10^{-11}$ W/m² em um comprimento de onda central de 500 nm. Se a luz com esta intensidade e comprimento de onda entrar no olho e a pupila estiver aberta em seu diâmetro máximo de 8,50 mm, quantos fótons por segundo entrariam no olho?

Seção 28.2 O efeito fotoelétrico

10. **Revisão.** Uma esfera de cobre isolada de raio 5,00 cm, inicialmente neutra, é iluminada por luz ultravioleta de comprimento de onda 200 nm. A função trabalho para o cobre é 4,70 eV. Que carga o efeito fotoelétrico induz na esfera?

11. Elétrons são ejetados de uma superfície metálica com velocidades de até $4,60 \times 10^5$ m/s quando a luz com comprimento de onda de 625 nm é usada. (a) Qual é a função trabalho da superfície? (b) Qual é a frequência de corte para esta superfície?

12. **PD** **Q|C** A função trabalho da platina é 6,35 eV. Luz ultravioleta de comprimento de onda de 150 nm incide sobre a superfície limpa de uma amostra de platina. Desejamos o potencial frenador que precisaremos para os elétrons ejetados da superfície. (a) Qual é a energia dos fótons da luz ultravioleta? (b) Como você sabe que esses fótons irão ejetar elétrons da platina? (c) Qual é a energia cinética máxima dos fotoelétrons ejetados? (d) Qual tensão frenadora seria necessária para capturar a corrente de fotoelétrons?

13. O molibdênio tem função trabalho de 4,20 eV. (a) Encontre o comprimento de onda de corte e a frequência de corte para o efeito fotoelétrico. (b) Qual é o potencial frenador quando a luz incidente tem comprimento de onda de 180 nm?

14. **Q|C** A partir da dispersão de luz solar, J. J. Thomson calculou o raio clássico do elétron como tendo valor de $2,82 \times 10^{-15}$ m. A luz do Sol com intensidade de 500 W/m² cai sobre um disco com esse raio. Assuma que a luz seja uma onda clássica, e a luz que atinge o disco é completamente absorvida. (a) Calcule o intervalo de tempo necessário para ele acumular 1,00 eV de energia. (b) Explique como seu resultado para a parte (a) se compara com a observação de que fotoelétrons são emitidos imediatamente (dentro de $1,0^{-9}$ s).

15. Duas fontes de luz são utilizadas numa experiência fotoelétrica para determinar a função trabalho de determinada superfície de metal. Quando a luz verde de uma lâmpada de mercúrio (λ = 546,1 nm) é usada, um potencial frenador de 0,376 V reduz a fotocorrente a zero. (a) Com base nesta medição, qual é a função trabalho para este metal? (b) Qual potencial de parada seria observado quando fosse utilizada luz amarela de um tubo de descarga de hélio (λ = 587,5 nm)?

Seção 28.3 O efeito Compton

16. Um fóton de 0,110 nm colide com um elétron estacionário. Após a colisão, o elétron se move para a frente e o fóton recua. Encontre o momento e a energia cinética do elétron.

17. **W** Um fóton com energia $E_0 = 0,880$ MeV é espalhado por um elétron livre, inicialmente em repouso, de modo que o ângulo de espalhamento do elétron espalhado é igual ao do fóton espalhado, como mostrado na Figura P28.17. (a) Determine o ângulo de espalhamento do fóton e do elétron. (b) Determine a energia e o momento do fóton espalhado. (c) Determine a energia cinética e o momento do elétron espalhado.

18. **S** Um fóton com energia E_0 é espalhado por um elétron livre, inicialmente em repouso, de modo que o ângulo de espalhamento do elétron espalhado é igual ao do fóton espalhado, como mostrado na Figura P28.17. (a) Determine o ângulo θ. (b) Determine a energia e o momento do fóton espalhado. (c) Determine a energia cinética e o momento do elétron espalhado.

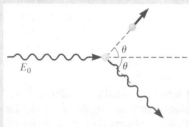

Figura P28.17 Problemas 17 e 18.

19. Raios X com energia de 300 keV sofrem espalhamento Compton a partir de um alvo. Os raios espalhados são detectados a 37,0° em relação aos raios incidentes. Encontre (a) o deslocamento Compton neste ângulo, (b) a energia do raio X espalhado, e (c) a energia do elétron em recuo.

20. Calcule a energia e o momento de um fóton de comprimento de onda de 700 nm.

21. Um fóton de 0,00160 nm é espalhado de um elétron livre. Para que ângulo de espalhamento (fóton) o elétron em recuo tem energia cinética igual à energia do fóton espalhado?

22. Depois que um fóton de 0,800 nm de raio X espalha a partir de um elétron livre, o elétron recua a $1,40 \times 10^6$ m/s. (a) Qual é o deslocamento Compton no comprimento de onda do fóton? (b) Através de qual ângulo o fóton é espalhado?

Seção 28.4 Fótons e ondas eletromagnéticas

23. **W** **Revisão.** Um laser de hélio-neônio produz um feixe de diâmetro 1,75 mm, fornecendo $2,00 \times 10^{18}$ fótons/s. Cada fóton tem comprimento de onda de 633 nm. Calcule as amplitudes dos (a) campos elétricos e (b) campos magnéticos no interior do feixe. (c) Se o feixe brilhar perpendicularmente sobre uma superfície perfeitamente refletora, que força ele exerce sobre a superfície? (d) Se o feixe for absorvido por um bloco de gelo a 0 °C durante 1,50 h, que massa de gelo é derretida?

24. **Q|C** Uma onda eletromagnética é chamada *radiação ionizante* se sua energia do fóton for maior do que, digamos, 10,0 eV; portanto, um único fóton tem energia suficiente para quebrar um átomo. Com referência à Figura P28.24, explique que região ou regiões do espectro eletromagnético se encaixa(m) nesta definição de radiação ionizante e quais não. (Se você deseja consultar uma versão maior da Fig. P28.24, consulte a Fig. 24.11.)

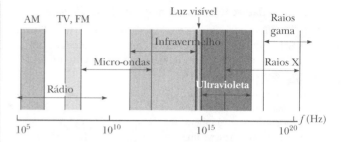

Figura P28.24

Seção 28.5 As propriedades de ondas das partículas

25. O poder de resolução de um microscópio depende do comprimento de onda utilizado. Se você quiser "ver" um átomo, um comprimento de onda de aproximadamente $1,00 \times 10^{-11}$ m seria necessário. (a) Se elétrons são usados (em um microscópio eletrônico), que energia cinética mínima é necessária para os elétrons? (b) **E se?** Se forem utilizados os fótons, qual é a energia de fóton mínima necessária para obter a resolução requerida?

26. *Por que a seguinte situação é impossível?* Depois de aprender sobre a hipótese de De Broglie, de que as partículas materiais de momento p movem-se como ondas com comprimento de onda $\lambda = h/p$, um estudante de 80 kg ficou preocupado em ser difratado ao passar por uma porta de largura $w = 75$ cm. Suponha que uma difração significativa ocorra quando a largura da abertura de difração for inferior a dez vezes o comprimento de onda da onda sendo difratada. Junto com seus colegas de classe, o aluno realiza experimentos de precisão, e descobre que ele, de fato, sofre difração mensurável.

27. No experimento Davisson-Germer, os elétrons 54,0 eV foram difratados por uma treliça de níquel. Se o primeiro máximo no padrão de difração foi observado a $\phi = 50,0°$ (Fig. P28.27), qual era o espaçamento da treliça entre as colunas verticais de átomos na figura?

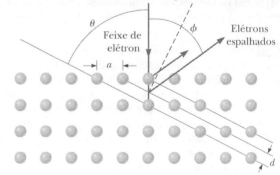

Figura P28.27

28. **Q|C** O núcleo de um átomo é da ordem de 10^{-14} m em diâmetro. Para um elétron estar confinado em um núcleo, seu comprimento de onda de De Broglie teria que estar nesta ordem de grandeza ou menor. (a) Qual seria a energia cinética de um elétron confinado a esta região? (b) Faça uma estimativa de ordem de grandeza da energia potencial elétrica de um sistema de um elétron dentro de um núcleo atômico. (c) Você esperaria encontrar um elétron em um núcleo? Explique.

29. (a) Um elétron tem energia cinética de 3,00 eV. Encontre seu comprimento de onda. (b) **E se?** Um fóton tem energia de 3,00 eV. Encontre seu comprimento de onda.

30. Calcule o comprimento de onda de De Broglie para um próton movendo-se a uma velocidade de $1,00 \times 10^6$ m/s.

Seção 28.6 Um novo modelo: a partícula quântica

31. **S** Considere uma partícula quântica movendo-se livremente, com massa m e velocidade u. Sua energia é $E = K = \frac{1}{2}mu^2$. (a) Determine a velocidade de fase da onda quântica representando a partícula e (b) mostre que é diferente da velocidade na qual a partícula transporta massa e energia.

32. **S** Para uma partícula quântica relativística livre movendo-se com velocidade u, a energia total é $E = hf = \hbar\omega = \sqrt{p^2c^2 + m^2c^4}$ e o momento é $p = h/\lambda = \hbar k = \gamma m u$. Para a onda quântica representando a partícula, a velocidade de grupo é $v_g = d\omega/dk$. Prove que a velocidade de grupo da onda é a mesma que a velocidade da partícula.

Seção 28.7 O experimento da fenda dupla revisto

33. **M Q C** Nêutrons deslocando-se a 0,400 m/s são direcionados por um par de fendas, separadas por 1,00 mm. Um conjunto de detectores é colocado a 10,0 m das fendas. (a) Qual é o comprimento de onda de De Broglie dos nêutrons? (b) A que distância do eixo está o primeiro ponto de intensidade zero no conjunto de detectores? (c) Quando um nêutron atinge um detector, podemos dizer qual fenda ele atravessa? Explique.

34. **W** Um osciloscópio modificado é usado para realizar um ensaio de interferência de elétrons. Elétrons incidem em um par de fendas estreitas de 0,0600 μm de distância. As bandas brilhantes no padrão de interferência são separadas por 0,400 mm em uma tela de 20,0 cm das fendas. Determine a diferença de potencial através da qual os elétrons foram acelerados para fornecer esse padrão.

35. Em determinado tubo de vácuo, os elétrons evaporam a partir de um cátodo quente a um ritmo lento e constante, e aceleram a partir do repouso através de uma diferença de potencial de 45,0 V. Em seguida, eles se deslocam 28,0 cm à medida que passam através de um conjunto de fendas e caem em uma tela para produzir um padrão de interferência. Se a corrente do feixe estiver abaixo de certo valor, apenas um elétron de cada vez voará no tubo. Nesta situação, o padrão de interferência ainda aparece, mostrando que cada elétron individual pode interferir consigo mesmo. Qual é o valor máximo para a corrente de feixe que irá resultar em apenas um elétron por vez voando no tubo?

Seção 28.8 O princípio da incerteza

36. *Por que a seguinte situação é impossível?* Um rifle de ar comprimido é usado para atirar partículas de 1,00 g a uma velocidade de $v_x = 100$ m/s. O cano do rifle tem diâmetro de 2,00 mm. O rifle está montado sobre um suporte perfeitamente rígido, de modo que é disparado exatamente da mesma maneira a cada vez. Por causa do princípio da incerteza, no entanto, depois de muitos disparos, o diâmetro dos grânulos pulverizados sobre um alvo de papel é de 1,00 cm.

37. **M** Um elétron e uma bala de 0,0200 kg, cada um tem velocidade de magnitude 500 m/s, com precisão de 0,0100%. Dentro de qual limite inferior podemos determinar a posição de cada objeto ao longo da direção da velocidade?

38. Um méson π^0 é uma partícula instável, produzida em colisões de partículas de alta energia. Sua energia de repouso é de aproximadamente 135 MeV, e ela existe por um tempo de vida de apenas $8,70 \times 10^{-17}$ s antes de decair em dois raios gama. Usando o princípio da incerteza, calcule a incerteza fracionada $\Delta m/m$ em sua determinação de massa.

39. Suponha que um pato viva em um universo no qual $h = 2\pi$ J · s. O pato tem massa de 2,00 kg e é inicialmente sabido que está dentro de uma lagoa 1,00 m de largura. (a) Qual é a incerteza mínima na componente da velocidade do pato paralela à largura da lagoa? (b) Supondo que esta incerteza na velocidade prevaleça por 5,00 s, determine a incerteza na posição do pato após este intervalo de tempo.

40. Uma mulher em uma escada derruba pequenos grânulos em direção a um alvo pontual no chão. (a) Mostre que, de acordo com o princípio da incerteza, a distância média de erro deve ser de pelo menos

$$\Delta x_f = \left(\frac{2\hbar}{m}\right)^{1/2}\left(\frac{2H}{g}\right)^{1/4}$$

onde H é a altura inicial de cada grânulo acima do solo, e m a massa de cada grânulo. Suponha que o espalhamento nos pontos de impacto seja dado por $\Delta x_f = \Delta x_i + (\Delta v_x)t$. (b) Se $H = 2,00$ m e $m = 0,500$ g, qual é Δx_f?

Seção 28.9 Uma interpretação da mecânica quântica

41. **M** Um elétron livre tem função de onda

$$\psi(x) = Ae^{i(5,00 \times 10^{10}x)}$$

onde x está em metros. Encontre seu (a) comprimento de onda de De Broglie, (b) momento, e (c) energia cinética em elétron-volts.

42. **S** A função de onda para uma partícula quântica é

$$\psi(x) = \sqrt{\frac{a}{\pi(x^2 + a^2)}}$$

para $a > 0$ e $-\infty < x < +\infty$. Determine a probabilidade de que a partícula esteja localizada em algum lugar entre $x = -a$ e $x = +a$.

Seção 28.10 Uma partícula em uma caixa

43. Um elétron está contido em uma caixa unidimensional de comprimento 0,100 nm. (a) Desenhe um diagrama de nível de energia para o elétron para níveis até $n = 4$. (b) Fótons são emitidos pelo elétron fazendo transições para baixo que poderiam, eventualmente, levá-los do estado $n = 4$ para o estado $n = 1$. Encontre os comprimentos de onda de todos esses fótons.

44. *Por que a seguinte situação é impossível?* Um próton está em um poço de potencial infinitamente profundo, de comprimento 1,00 nm. Ele absorve um fóton de micro-ondas de comprimento de onda 6,06 mm e é excitado para o próximo estado quântico disponível.

45. Um fóton com comprimento de onda λ é absorvido por um elétron confinado em uma caixa. Como resultado, o elétron move-se do estado $n = 1$ para $n = 4$. (a) Encontre o comprimento da caixa. (b) Qual é o comprimento de onda do fóton emitido na transição daquele elétron, do estado $n = 4$ para o estado $n = 2$?

46. Um elétron que tem energia de aproximadamente 6 eV move-se entre paredes infinitamente altas com 1,00 nm de distância. Encontre (a) o número quântico n para o estado de energia que o elétron ocupa e (b) a energia precisa do elétron.

47. **M** Uma partícula quântica em um poço quadrado infinitamente profundo tem uma função de onda que é dada por

$$\psi_1(x) = \sqrt{\frac{2}{L}} \operatorname{sen}\left(\frac{\pi x}{L}\right)$$

para $0 \leq x \leq L$ e é zero em caso contrário. (a) Determine a probabilidade de se encontrar a partícula entre $x = 0$ e $x = \frac{1}{3}L$. (b) Use o resultado deste cálculo e um argumento de simetria para encontrar a probabilidade de encontrar a partícula entre $x = \frac{1}{3}L$ e $x = \frac{2}{3}L$. Não reavalie a integral.

48. **Q|C** A energia potencial nuclear que liga os prótons e nêutrons em um núcleo é muitas vezes aproximada por um poço quadrado. Imagine um próton confinado em um poço quadrado infinitamente alto de comprimento 10,0 fm, um diâmetro nuclear típico. Supondo que o próton faça uma transição do estado $n = 2$ para o estado fundamental, calcule (a) a energia e (b) o comprimento de onda do fóton emitido. (c) Identifique a região do espectro eletromagnético a que este comprimento de onda pertence.

49. Um laser de rubi emite luz de 694,3 nm. Suponha que a luz deste comprimento de onda seja devida a uma transição de um elétron em uma caixa a partir de seu estado $n = 2$ para o estado $n = 1$. Encontre o comprimento da caixa.

50. **S** Um laser emite uma luz de comprimento de onda λ. Suponha que esta luz seja devida a uma transição de um elétron em uma caixa do seu estado $n = 2$ para o estado $n = 1$. Encontre o comprimento da caixa.

Seção 28.11 **Modelo de análise: partícula quântica sob condições de fronteira**

Seção 28.12 **A equação de Schrödinger**

51. **S** Uma partícula quântica de massa m desloca-se em um poço de potencial de comprimento $2L$. A energia potencial é infinita para $x < -L$ e para $x > +L$. Na região $-L < x < L$, a energia potencial é dada por

$$U(x) = \frac{-\hbar^2 x^2}{mL^2(L^2 - x^2)}$$

Além disso, a partícula está em um estado estacionário que é descrito pela função de onda $\psi(x) = A(1 - x^2/L^2)$ para $-L < x < +L$ e por $\psi(x) = 0$ em outros lugares. (a) Determine a energia da partícula em termos de h, m e L. (b) Determine a constante de normalização A. (c) Determine a probabilidade de que a partícula esteja localizada entre $x = -L/3$ e $x = +L/3$.

52. **S** Prove que o primeiro termo na equação de Schrödinger, $-(\hbar^2/2m)(d^2\psi/dx^2)$, reduz a energia cinética da partícula quântica multiplicado pela função de onda (a) para uma partícula movendo-se livremente, com a função de onda dada pela Equação 28.26, e (b) para uma partícula em uma caixa, com a função de onda dada pela Equação 28.41.

53. **Q|C** Uma partícula quântica em um poço quadrado infinitamente profundo tem uma função de onda dada por

$$\psi_2(x) = \sqrt{\frac{2}{L}} \operatorname{sen}\left(\frac{2\pi x}{L}\right)$$

para $0 \leq x \leq L$ e zero caso contrário. (a) Determine o valor esperado de x. (b) Determine a probabilidade de encontrar a partícula próximo a $\frac{1}{2}L$ calculando a probabilidade de que a partícula encontra-se no intervalo $0{,}490L \leq x \leq 0{,}510L$. (c) **E se?** Determine a probabilidade de encontrar a partícula próximo de $\frac{1}{4}L$ calculando a probabilidade de que a partícula se encontre no intervalo $0{,}240L \leq x \leq 0{,}260L$. (d) Argumente que o resultado da parte (a) não contradiz os resultados de partes (b) e (c).

54. **S** Mostre que a função de onda $\psi = Ae^{i(kx-\omega t)}$ é uma solução para a equação de Schrödinger (Eq. 28.36), onde $k = 2\pi/\lambda$ e $U = 0$.

55. A função de onda de um elétron é

$$\psi(x) = \sqrt{\frac{2}{L}} \operatorname{sen}\left(\frac{2\pi x}{L}\right)$$

Calcule a probabilidade de encontrar o elétron entre $x = 0$ e $x = L/4$.

56. **S** A função de onda para uma partícula quântica confinada a mover-se em uma caixa unidimensional localizada entre $x = 0$ e $x = L$ é

$$\psi_n(x) = A \operatorname{sen}\left(\frac{n\pi x}{L}\right)$$

Use a condição de normalização em ψ para mostrar que

$$A = \sqrt{\frac{2}{L}}$$

57. **S** A função de onda para uma partícula quântica de massa m é $\psi(x) = A \cos(kx) + B \operatorname{sen}(kx)$

onde A, B e k são constantes. (a) Supondo que a partícula esteja livre ($U = 0$), mostre que $\psi(x)$ é uma solução da equação de Schrödinger (Eq. 28.36). (b) Encontre a energia correspondente E da partícula.

Seção 28.13 **Tunelamento através de uma barreira de energia potencial**

58. **M** Um elétron com energia cinética $E = 5{,}00$ eV incide em uma barreira de largura $L = 0{,}200$ nm e altura $U = 10{,}0$ eV (Fig. P28.58). Qual é a probabilidade de que o elétron (a) realize tunelamento através da barreira? (b) Seja refletido?

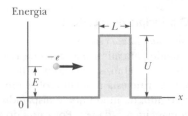

Figura P28.58 Problemas 58 e 59.

59. **W** Um elétron com energia total $E = 4{,}50$ eV aproxima-se de uma barreira retangular de energia com $U = 5{,}00$ eV e $L = 950$ pm, conforme mostrado na Figura P28.58. Classicamente, o elétron não pode passar através da barreira porque $E < U$. Em termos de Mecânica Quântica, no entanto, a probabilidade de tunelamento não é zero. (a) Calcule esta probabilidade, que é o coeficiente de transmissão. (b) Para que valor a largura L da barreira potencial deveria ser aumentada para que a chance de um elétron 4,50 eV incidente em tunelamento através da barreira fosse uma em um milhão?

60. [W] Um elétron tem energia cinética de 12,0 eV. O elétron incide sobre uma barreira retangular de altura 20,0 eV e largura 1,00 nm. Se o elétron absorveu toda a energia de um fóton de luz verde (com comprimento de onda de 546 nm) no instante em que alcançou a barreira, por que fator aumentaria a probabilidade de o elétron tunelar através da barreira?

Seção 28.14 Conteúdo em contexto: a temperatura cósmica

Observação: Problemas 10 e 61 no Capítulo 24 podem ser resolvidos com esta seção.

61. **Revisão.** Usar a Lei de Stefan para encontrar a intensidade da radiação cósmica de fundo emitida pela bola de fogo do Big Bang a uma temperatura de 2,73 K.

62. **Revisão.** Uma estrela afastando-se da Terra a $0,280c$ emite radiação que medimos ser mais intensa no comprimento de onda de 500 nm. Determine a temperatura da superfície dessa estrela.

63. **Revisão.** A radiação cósmica de fundo é uma radiação de corpo negro de uma fonte a temperatura de 2,73 K. (a) Use a Lei de Wien para determinar o comprimento de onda no qual esta radiação tem sua intensidade máxima. (b) Em que parte do espectro eletromagnético é o pico da distribuição?

Problemas adicionais

64. A tabela abaixo mostra os dados obtidos em um experimento fotoelétrico. (a) Usando esses dados, faça um gráfico semelhante ao da Figura Ativa 28.9 que represente graficamente uma linha reta. A partir do gráfico, determine (b) um valor experimental para a constante de Planck (em Joule-segundos) e (c) a função trabalho (em elétrons-volt) para a superfície. (Dois algarismos significativos para cada resposta são suficientes.)

Comprimento de onda (nm)	Energia cinética máxima dos fotoelétrons (eV)
588	0,67
505	0,98
445	1,35
399	1,63

65. **Revisão.** Fótons de comprimento de onda de 124 nm incidem em um metal. Os elétrons mais energéticos ejetados a partir do metal são dobrados em um arco circular com raio de 1,10 cm por um campo magnético, que tem magnitude de $8,00 \times 10^{-4}$ T. Qual é a função trabalho do metal?

66. [S] **Revisão.** Fótons de comprimento de onda λ incidem em um metal. O elétrons mais energéticos ejetados a partir do metal são dobrados em um arco circular com um raio R por um campo magnético, que tem magnitude B. Qual é a função trabalho do metal?

67. A Figura P28.67 mostra o potencial frenador contra a frequência do fóton incidente para o efeito fotoelétrico do sódio. Use o gráfico para encontrar (a) a função trabalho do sódio, (b) a razão h/e, e (c) o comprimento de onda de corte. Os dados foram tomados de R. A. Millikan, *Physical Review* 7:362 (1916).

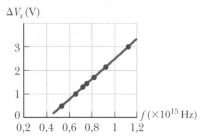

Figura P28.67

68. [S] Uma partícula quântica de massa m é colocada em uma caixa unidimensional de comprimento L. Suponha que a caixa seja tão pequena que o movimento da partícula é relativístico e $K = p^2/2m$ não é válido. (a) Derive uma expressão para o nível de energia cinética da partícula. (b) Suponha que a partícula seja um elétron em uma caixa de comprimento $L = 1,00 \times 10^{-12}$ m. Encontre sua menor energia cinética possível. (c) Qual é o percentual de erro da equação não relativística? *Sugestão*: Consulte a Equação 9.18.

69. **Revisão.** Desenhe um filamento de lâmpada incandescente. Um fio de tungstênio irradia ondas eletromagnéticas com potência de 75,0 W quando suas extremidades são conectadas por uma fonte de alimentação de 120 V. Assuma sua temperatura de funcionamento constante como 2.900 K e sua emissividade 0,450. Suponha também que ele leva energia apenas por transmissão elétrica e emite energia apenas por radiação eletromagnética. Você pode considerar a resistividade do tungstênio a 2.900 K como $7,13 \times 10^{-7}$ Ω · m. Especifique (a) o raio e (b) o comprimento do filamento.

70. [PD] [S] Um elétron está confinado a mover-se no plano xy em um retângulo cujas dimensões são L_x e L_y. Isto é, o elétron está aprisionado em um poço potencial bidimensional com comprimentos de L_x e L_y. Nesta situação, as energias permitidas do elétron dependem de dois números quânticos n_x e n_y e são dadas por

$$E = \frac{h^2}{8m}\left(\frac{n_x^2}{L_x^2} + \frac{n_y^2}{L_y^2}\right)$$

Usando essas informações, queremos encontrar o comprimento de onda de um fóton necessário para excitar o elétron do estado fundamental para o segundo estado excitado, assumindo $L_x = L_y = L$. (a) Usando a suposição sobre os comprimentos, escreva uma expressão para as energias permitidas do elétron em termos dos números quânticos n_x e n_y. (b) Que valores de n_x e n_y correspondem ao estado fundamental? (c) Encontre a energia do estado fundamental. (d) Quais são os valores possíveis de n_x e n_y para o primeiro estado excitado, isto é, o próximo estado mais elevado em termos de energia? (e) Quais são os valores possíveis de n_x e n_y para o segundo estado excitado? (f) Usando os valores da parte (e), qual é a energia do segundo estado excitado? (g) Qual é a diferença de energia entre o estado fundamental e o segundo estado excitado? (h) Qual é o comprimento de onda de um fóton que causará a transição entre o estado excitado e o segundo estado excitado?

71. **W** Uma partícula de massa $2,00 \times 10^{-28}$ kg está confinada em uma caixa unidimensional de comprimento $1,00 \times 10^{-10}$ m. Para $n = 1$, quais são (a) o comprimento de onda da partícula, (b) seu momento, e (c) sua energia de estado fundamental?

72. **S** Para uma partícula quântica descrita por uma função de onda $\psi(x)$, o valor esperado de uma quantidade física $f(x)$ associado com a partícula é definido por

$$\langle f(x) \rangle \equiv \int_{-\infty}^{\infty} \psi^* f(x) \psi \, dx$$

Para uma partícula numa caixa unidimensional infinitamente profunda que se estende de $x = 0$ a $x = L$, mostre que

$$\langle x^2 \rangle = \frac{L^2}{3} - \frac{L^2}{2n^2\pi^2}$$

73. Um truque favorito de uma pessoa ousada é sair de uma janela do 16º andar e cair 50,0 m em uma piscina. Uma repórter tira uma foto do ousado de 75,0 kg antes que ele faça um estardalhaço, usando um tempo de exposição de 5,00 ms. Encontre (a) o comprimento de onda de De Broglie do ousado neste momento, (b) a incerteza da medição de sua energia cinética durante o intervalo de tempo de 5,00 ms, e (c) o erro percentual causado por tal incerteza.

36. **Q|C** Um elétron é representado pela função de onda independente do tempo

$$\psi(x) = \begin{cases} Ae^{-\alpha x} \text{ para } x > 0 \\ Ae^{+\alpha x} \text{ para } x < 0 \end{cases}$$

(a) Desenhe a função de onda em função de x. (b) Desenhe a densidade de probabilidade que representa a probabilidade de que o elétron se encontra entre x e $x + dx$. (c) Apenas um valor infinito de energia potencial poderia produzir a descontinuidade na derivada da função de onda em $x = 0$. Além desta característica, argumente que $\psi(x)$ pode ser uma função de onda fisicamente razoável. (d) Normalize a função de onda. (e) Determine a probabilidade de encontrar o elétron em algum lugar no intervalo.

$$-\frac{1}{2\alpha} \leq x \leq \frac{1}{2\alpha}$$

75. Uma partícula quântica tem função de onda

$$\psi(x) = \begin{cases} \sqrt{\dfrac{2}{a}} e^{-x/a} & \text{para } x > 0 \\ 0 & \text{para } x < 0 \end{cases}$$

(a) Encontre e desenhe a densidade de probabilidade. (b) Encontre a probabilidade de que a partícula estará em qualquer ponto onde $x < 0$. (c) Mostre que ψ é normalizado e então (d) encontre a probabilidade de localizar a partícula entre $x = 0$ e $x = a$.

76. Partículas incidentes a partir da esquerda na Figura P28.76 são confrontadas com um degrau em energia potencial. O degrau tem altura U em $x = 0$. As partículas têm energia $E > U$. Classicamente, todas as partículas continuariam a avançar com velocidade reduzida. De acordo com a Mecânica Quântica, no entanto, uma fração das partículas são refletidas no degrau. (a) Prove que o coeficiente de reflexão R para este caso é

$$R = \frac{(k_1 - k_2)^2}{(k_1 + k_2)^2}$$

onde $k_1 = 2\pi/\lambda_1$ e $k_2 = 2\pi/\lambda_2$ são os números de onda para as partículas incidentes e transmitidas, respectivamente. Proceda da seguinte maneira. Mostre que a função de onda $\psi_1 = Ae^{ik_1x} + Be^{-ik_1x}$ satisfaz a equação de Schrödinger na região 1, para $x < 0$. Aqui Ae^{ik_1x} representa o feixe incidente e Be^{-ik_1x} representa as partículas refletidas. Mostre que $\psi = Ce^{ik_2x}$ satisfaz a equação de Schrödinger na região 2, para $x > 0$. Imponha as condições de fronteira $\psi_1 = \psi_2$ e $d\psi_1/dx = d\psi_2/dx$, em $x = 0$, para encontrar a relação entre B e A. Então avalie $R = B^2/A^2$. Uma partícula que tem energia cinética $E = 7,00$ eV incide de uma região onde a energia potencial é zero para uma onde $U = 5,00$ eV. Encontre (b) sua probabilidade de ser refletida e (c) sua probabilidade de ser transmitida.

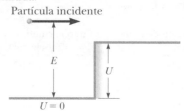

Figura P28.76

Capítulo | 29

Física atômica

Sumário

29.1 Primeiros modelos estruturais do átomo
29.2 Reavaliando o átomo de hidrogênio
29.3 As funções de onda para o hidrogênio
29.4 Interpretação física dos números quânticos
29.5 O princípio de exclusão e a tabela periódica
29.6 Mais sobre o espectro atômico: visível e raio X
29.7 Conteúdo em contexto: átomos no espaço

No Capítulo 28, apresentamos alguns dos conceitos e técnicas básicas usadas na Física Quântica e aplicadas a vários sistemas simples. Este capítulo descreve a aplicação da Física Quântica em modelos estruturais de átomos mais sofisticados do que os vistos anteriormente.

Estudamos o hidrogênio no Capítulo 11 (Volume 1) usando a abordagem semiclássica de Bohr. Neste, vamos analisar o átomo de hidrogênio com um modelo completamente quântico. Embora este átomo seja o sistema atômico mais simples, é especialmente importante por diversos motivos:

- Grande parte do que aprendemos sobre o átomo de hidrogênio, e seu elétron único, pode ser estendida a íons de elétron único, como o He$^+$ e o Li^{2+}.
- O átomo de hidrogênio é um sistema ideal para a realização de testes precisos confrontando teoria e prática, e para ampliar nosso entendimento geral da estrutura atômica.
- Os números quânticos usados para caracterizar os possíveis estados do hidrogênio podem ser usados para descrever os possíveis estados de átomos mais complexos. Esta caracterização nos permite entender a tabela periódica dos elementos, que é um dos maiores triunfos da Física Quântica.
- As ideias básicas sobre a estrutura atômica devem ser bem compreendidas antes de tentarmos lidar com as complexas estruturas moleculares e eletrônicas dos sólidos.

Uma exibição de fogos de artifício mostra várias cores diferentes. As cores são determinadas pelos tipos de átomos na queima do material na explosão. A cor branca brilhante surge geralmente da oxidação do magnésio ou alumínio. A vermelha, em geral, surge a partir do estrôncio, e a amarela do sódio. A luz azul é mais difícil de ser alcançada, mas pode ser obtida por meio da queima de uma mistura de pó de cobre, cloreto de cobre e hexacloroetano. A emissão de luz a partir dos átomos é uma pista importante que nos permite compreender a estrutura do átomo. Consulte o material complementar *on-line* para visualização da imagem com as cores originais.

29.1 | Primeiros modelos estruturais do átomo

Elétrons são pequenas cargas negativas em vários lugares dentro do átomo.

A carga positiva do átomo é continuamente distribuída em um volume esférico.

Figura 29.1 Modelo do átomo de Thomson.

O modelo estrutural do átomo na época de Newton descrevia o átomo como uma esfera minúscula, dura e indestrutível, um modelo de partícula que ignorava qualquer estrutura interna do átomo. Embora este modelo tenha servido como uma boa base para a teoria cinética dos gases (Capítulo 16, no Volume 2), novos modelos estruturais tiveram que ser criados quando futuros experimentos revelaram a natureza elétrica dos átomos. J. J. Thomson sugeriu um modelo estrutural que descreve o átomo como um volume contínuo de carga positiva com elétrons embutidos em toda sua estrutura (Fig. 29.1).

Em 1911, Ernest Rutherford e seus alunos Hans Geiger e Ernst Marsden realizaram um experimento cujos resultados foram inconsistentes com aqueles previstos pelo modelo de Thomson. Nele, um feixe de partículas alfa carregadas positivamente foi projetado em uma lâmina de metal fina, como ilustra a Figura 29.2a. A maioria das partículas atravessou a lâmina, como se ela fosse um espaço vazio, o que era consistente com o modelo de Thomson. Alguns dos resultados do experimento, no entanto, foram surpreendentes. Muitas partículas alfa foram defletidas da direção original de seus percursos em grandes ângulos. Algumas foram até mesmo defletidas para trás, revertendo o sentido de seu percurso. Quando Geiger informou estes resultados a Rutherford, este escreveu, "Foi o evento mais incrível que já me aconteceu na vida. Foi quase tão incrível quanto se você atirasse com uma bala de 15 polegadas em um pedaço de lenço de papel e ela voltasse e o atingisse".

Deflexões tão amplas não eram esperadas tendo como base o modelo de Thomson. De acordo com este modelo, uma partícula alfa positivamente carregada nunca chegaria tão perto de uma concentração suficientemente grande de carga positiva a ponto de gerar quaisquer deflexões com ângulos grandes. Além disso, os elétrons no modelo de Thomson possuem massa muito pequena para gerar uma deflexão tão grande de partículas alfa maciças. Rutherford explicou seus resultados espantosos com um novo modelo estrutural, conforme apresentado na Seção 11.5: ele presumiu que a carga positiva estava concentrada em uma região considerada pequena em comparação com o tamanho do átomo. Ele chamou esta concentração de carga positiva de **núcleo** do átomo. Presumiu-se que quaisquer elétrons que pertençam ao átomo encontram-se fora do núcleo. Para explicar por que esses elétrons não foram puxados para dentro do núcleo por uma força elétrica atrativa, Rutherford imaginou que os elétrons se movem em órbitas ao redor do núcleo, da mesma forma que os planetas se movem em orbitas ao redor do Sol, conforme ilustra a Figura 29.2b.

Existem duas dificuldades básicas com o modelo estrutural planetário de Rutherford. Como foi visto no Capítulo 11 (Volume 1), um átomo emite frequências características discretas de radiação eletromagnética, e nenhuma outra além desta; este modelo é incapaz de explicar este fenômeno. Uma segunda dificuldade é que os elétrons de Rutherford experimentam uma aceleração centrípeta. De acordo com as equações de Maxwell para o eletromagnetismo, cargas orbitando com frequência f experimentam uma aceleração centrípeta, e, portanto, devem irradiar ondas eletromagnéticas de frequência f. Infelizmente, este modelo clássico pode levar a um desastre quando aplicado ao átomo. À medida que o elétron irradia energia do sistema elétron-próton, o raio da órbita do elétron diminui progressivamente, e sua frequência de revolução aumenta. A energia é continuamente transferida para fora do sistema por meio da radiação eletromagnética. Como resultado, a energia do sistema diminui, gerando uma queda da órbita do elétron. Esta diminuição na energia total leva a um aumento

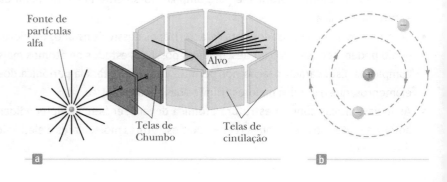

Figura 29.2 (a) Técnica de Rutherford para a observação do lançamento de partículas alfa a partir de um alvo fino de alumínio. A fonte é uma substância radioativa que ocorre na natureza, como o rádio.
(b) O modelo planetário do átomo de Rutherford.

na energia cinética do elétron,[1] uma frequência continuamente crescente de radiação emitida, e a um rápido colapso do átomo à medida que o elétron se funde com o núcleo (Fig. 29.3).

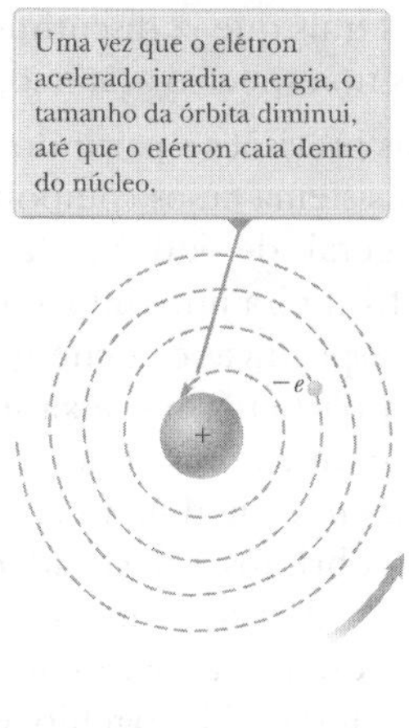

O cenário estava montado para Bohr e seu modelo discutido no Capítulo 11 (Volume 1). Para fugir das previsões malsucedidas do modelo de Rutherford – elétrons caindo para dentro do núcleo e um espectro de emissão contínuo a partir dos elementos –, Bohr postulou que a teoria clássica da radiação não se aplica a sistemas de dimensões atômicas. Ele superou o problema de um átomo que perde energia continuamente aplicando as ideias de Planck sobre níveis de energia quantizada aos elétrons atômicos orbitantes. Por isso, conforme descrito na Seção 11.5, Bohr postulou que os elétrons estão geralmente confinados a órbitas estáveis e não radiativas, chamadas estados estacionários. Além disso, aplicou o conceito de Einstein sobre o fóton para chegar a uma expressão para a frequência de radiação emitida quando o átomo faz uma transição de um estado estacionário para outro.

Embora o modelo de Bohr tenha sido mais bem-sucedido que o de Rutherford em termos da previsão de átomos estáveis e comprimentos de onda da radiação emitida, falhou ao prever detalhes espectrais mais sutis, conforme citado na Prevenção de Armadilhas 11.4. Uma das primeiras indicações de que a teoria de Bohr precisava ser alterada surgiu quando técnicas espectroscópicas mais sofisticadas foram usadas para determinar as linhas espectrais do hidrogênio. Descobriu-se que muitas das linhas na série de Balmer e outras séries não eram únicas. Em vez disso, cada uma era um grupo de linhas próximas umas das outras. Uma dificuldade adicional surgiu quando se observou que, em algumas situações, algumas linhas espectrais simples eram subdivididas em três próximas quando os átomos eram inseridos em um intenso campo magnético. O modelo de Bohr não pôde explicar este fenômeno.

Figura 29.3 O modelo clássico do átomo nuclear prevê que o átomo colapsa.

Esforços para explicar estas dificuldades com o modelo de Bohr levaram ao aperfeiçoamento do modelo estrutural do átomo. Uma das mudanças introduzidas foi o conceito de que o elétron possui um momento angular intrínseco chamado *spin*, que apresentamos no Capítulo 22 (Volume 3) em termos da sua contribuição para as propriedades magnéticas dos materiais. Discutiremos o *spin* em mais detalhe neste capítulo.

29.2 | Reavaliando o átomo de hidrogênio

Um tratamento quântico do átomo de hidrogênio exige uma solução para a equação de Schrödinger (Eq. 28.36), com U sendo a energia elétrica potencial do sistema elétron-próton. A solução completamente matemática da equação de Schrödinger aplicada ao átomo de hidrogênio fornece uma descrição bonita e completa das propriedades do átomo. Contudo, os procedimentos matemáticos que permitem a solução vão além do escopo deste livro, por isto os detalhes serão omitidos. As soluções de alguns estados do hidrogênio serão discutidas, em conjunto com os números quânticos usados para caracterizar possíveis estados estacionários. Discutimos também a significância física dos números quânticos.

Vamos descrever os componentes do modelo estrutural quântico para o átomo de hidrogênio:

1. *Descrição dos componentes físicos do sistema:* Assim como nos primeiros modelos do átomo de hidrogênio, os componentes físicos são o elétron e a carga positiva, que consideramos estar concentrados em um núcleo muito pequeno. Também modelamos o elétron como uma concentração localizada de carga, mas vamos descobrir que nossos resultados sugerem que esta suposição deve ser relaxada.

2. *Descrição de onde os componentes estão localizados com relação aos outros e como interagem:* Devido ao pequeno tamanho do átomo, supomos que o elétron e o núcleo estejam próximos, e, ainda, que interajam por meio da força elétrica. Não supomos qualquer tipo de órbita para o elétron.

3. *Descrição da evolução do sistema no tempo:* Desejamos entender os detalhes do átomo de hidrogênio estável, assim como o processo que ocorre em um intervalo de tempo incluindo uma emissão ou absorção de energia na forma de radiação eletromagnética.

4. *Descrição do acordo entre as previsões do modelo e as observações reais, e, possivelmente, previsões de novos efeitos que ainda não foram observados:* Nosso modelo deve prever as energias quantizadas e os comprimentos de ondas das linhas

---

[1] Conforme um sistema orbital que interage por meio de uma lei de força do inverso do quadrado perde energia, a energia cinética do corpo em órbita aumenta, mas a energia potencial do sistema diminui em maior quantidade; portanto, a mudança na energia total do sistema é negativa.

espectrais que já discutimos. Além disso, gostaríamos que nosso modelo fizesse previsões precisas dos detalhes sutis no espectro atômico, a estrutura da tabela periódica, detalhes do espectro de raio X etc.

Nossas previsões a partir do modelo quântico serão feitas da seguinte forma. Montaremos a equação de Schrödinger para um sistema cujos componentes físicos são descritos nos itens 1 e 2 acima. Resolveremos então a equação para as funções gerais de onda satisfazendo a equação. E, finalmente, aplicaremos o modelo da partícula quântica em condições de fronteira impondo as condições de fronteira nas funções gerais de onda para determinar as possíveis funções de onda específicas e as energias do átomo.

Para a partícula na caixa unidimensional da Seção 28.10, descobrimos que a imposição de condições de limite gerou um único número quântico. Para o sistema tridimensional do átomo de hidrogênio, a aplicação de condições de limite em cada dimensão apresenta um número quântico, então o modelo gerará três números quânticos. Também descobrimos a necessidade de um quarto número quântico, representando o *spin*, que não pode ser extraído da equação de Schrödinger.

Para montar a equação de Schrödinger, devemos especificar primeiro a função potencial de energia do sistema. Para o átomo de hidrogênio, esta função é

$$U(r) = -k_e \frac{e^2}{r}$$ 29.1◀

onde k_e é a constante de Coulomb e r é a distância radial entre o próton (situado a $r = 0$) e o elétron.

O procedimento formal para resolver o problema do átomo de hidrogênio é substituir $U(r)$ na equação de Schrödinger e encontrar as soluções adequadas para a equação. Fizemos isso para a partícula na caixa da Seção 28.12. O problema atual é mais complicado, entretanto, porque é tridimensional, e porque o U não é constante. Além disso, o U depende da coordenada radial r, em vez de uma coordenada cartesiana x, y ou z. Como resultado, devemos usar coordenadas esféricas. Não tentaremos chegar a estas soluções porque são bastante complicadas. Em vez disso, iremos simplesmente descrever suas propriedades e algumas de suas implicações com relação à estrutura atômica.

Quando as condições de fronteira são aplicadas às soluções da equação de Schrödinger, descobrimos que as energias dos possíveis estados para o átomo de hidrogênio são

▶ Energias permitidas para o átomo de hidrogênio.

$$E_n = -\left(\frac{k_e e^2}{2a_0}\right)\frac{1}{n^2} = -\frac{13{,}606 \text{ eV}}{n^2} \quad n = 1, 2, 3, \ldots$$ 29.2◀

onde a_0 é o raio de Bohr. Este resultado está em completo acordo com o modelo de Bohr e com as linhas espectrais observadas! Este acordo é *notável*, porque as teorias de Bohr e quântica chegaram ao mesmo resultado a partir de pontos completamente diferentes.

Note que as energias permitidas em nosso modelo dependem somente do número quântico n, chamado **número quântico principal**. A imposição das condições de fronteira também levou a novos números quânticos que não aparecem no modelo de Bohr. O número quântico ℓ é chamado **número quântico orbital**, e m_ℓ **número quântico orbital magnético**. Enquanto n está relacionado à energia do átomo, os números quânticos ℓ e m_ℓ estão relacionados ao momento angular do átomo, conforme descrito na Seção 29.4. A partir da solução da equação de Schrödinger, a seguir, descobrimos os valores possíveis para estes três números quânticos:

Prevenção de Armadilhas | 29.1
A energia depende de *n* apenas para o hidrogênio
A implicação na Equação 29.2 de que a energia depende apenas do número quântico n é verdadeira somente para o átomo de hidrogênio. Para átomos mais complicados, usaremos os mesmos números quânticos desenvolvidos aqui para o hidrogênio. Os níveis de energia para estes átomos dependem principalmente de n, mas dependem também em menor grau de outros números quânticos.

• n é um número inteiro que pode variar de 1 a ∞.

Para um valor específico de n,

• ℓ é um número inteiro que pode variar de 0 a $n-1$.

Para um valor específico de ℓ,

• m_ℓ é um número inteiro que pode variar de $-\ell$ a ℓ.

A Tabela 29.1 resume as regras para determinar os valores possíveis de ℓ e m_ℓ para um dado valor de n.

Por motivos históricos, acredita-se que todos os estados com o mesmo número quântico formam uma **camada**. As camadas são identificadas pelas letras K, L, M, . . . , que determinam os estados para os quais o $n = 1, 2, 3, \ldots$. Da mesma forma, acredita-se que todos os estados com os valores dados de n e ℓ formam uma **subcamada**. Com base nas antigas práticas em espectroscopia, as

TABELA 29.1 | Três números quânticos para o átomo de hidrogênio

Número quântico	Nome	Valores permitidos	Número de estados permitidos
n	Número quântico principal	1, 2, 3, ...	Qualquer número
ℓ	Número quântico orbital	0, 1, 2, ..., $n-1$	n
m_ℓ	Número quântico orbital orbital magnético	$-\ell, -\ell+1, ..., 0, ..., \ell-1, \ell$	$2\ell + 1$

letras[2] $s, p, d, f, g, h, ...$ são usadas para determinar as subcamadas para as quais $\ell = 0, 1, 2, 3, 4, 5, ...$. Por exemplo, a subcamada designada por $3p$ possui os números quânticos $n = 3$ e $\ell = 1$; a subcamada $2s$ possui os números quânticos $n = 2$ e $\ell = 0$. Estas notações são resumidas nas Tabelas 29.2 e 29.3.

Estados com números quânticos que violam as regras descritas na Tabela 29.1 não podem existir porque não satisfazem as condições de fronteira na função de onda do sistema. Por exemplo, um estado $2d$, que teria $n = 2$ e $\ell = 2$, não pode existir; o valor possível mais alto de ℓ é $n - 1$, ou 1 neste caso. Por isso, para $n = 2$, $2s$ e $2p$ são estados possíveis, mas $2d, 2f, ...$ não são. Para $n = 3$, as possíveis subcamadas são $3s, 3p$ e $3d$.

TABELA 29.2 | Notações da camada atômica

n	Símbolo da camada
1	K
2	L
3	M
4	N
5	O
6	P

TABELA 29.3 | Notações da subcamada atômica

ℓ	Símbolo da subcamada
0	s
1	p
2	d
3	f
4	g
5	h

TESTE RÁPIDO 29.1 Quantas subcamadas possíveis existem para o nível $n = 4$ do hidrogênio? (a) 5 (b) 4 (c) 3 (d) 2 (e) 1

TESTE RÁPIDO 29.2 Quando o número quântico principal é $n = 5$, quantos valores diferentes de (a) ℓ e (b) m_ℓ são possíveis?

Exemplo 29.1 | Nível de hidrogênio $n = 2$

Para um átomo de hidrogênio, determine os estados permitidos correspondentes ao número quântico principal $n = 2$ e calcule as energias destes estados.

SOLUÇÃO

Conceitualize Pense sobre o átomo no estado quântico $n = 2$. Existe apenas um estado como este na teoria de Bohr, mas nossa discussão da teoria quântica permite a existência de mais estados por causa dos valores possíveis de ℓ e m_ℓ.

Categorize Avaliamos os resultados utilizando as regras discutidas nesta seção; por isso, categorizamos este exemplo como um problema de substituição.

A partir da Tabela 29.1, descobrimos que quando $n = 2$, ℓ pode ser 0 ou 1. Descubra os valores possíveis de m_ℓ a partir da Tabela 29.1:

$\ell = 0 \rightarrow m_\ell = 0$
$\ell = 1 \rightarrow m_\ell = -1, 0,$ ou 1

Consequentemente, temos um estado, designado estado $2s$, que está associado aos números quânticos $n = 2$, $\ell = 0$, e $m_\ell = 0$ e temos três estados, estados $2p$, para os quais os números quânticos são $n = 2$, $\ell = 1$ e $m_\ell = -1$; $n = 2$, $l = 1$ e $m_\ell = 0$; e $n = 2$, $\ell = 1$ e $m_\ell = 1$.

Encontre a energia para todos os quatro estados com $n = 2$ a partir da Equação 29.2:

$$E_2 = -\frac{13{,}606 \text{ eV}}{2^2} = -3{,}401 \text{ eV}$$

---

[2] Estas designações de letras aparentemente estranhas provêm das descrições das linhas espectrais no início da história da espectroscopia: s – fortes; p – principais; d – difusas; f – finas. Depois de $s, p, d,$ e f, as letras subsequentes seguem a ordem alfabética a partir do f.

29.3 | As funções de onda para o hidrogênio

A energia potencial do átomo de hidrogênio depende somente da distância radial r entre o núcleo e os elétrons. Esperamos, portanto, que alguns dos estados possíveis para este átomo possam ser representados por funções de onda que dependem somente de r, que é, de fato, o caso. (Outras funções de onda dependem de r e das coordenadas angulares.) A função de onda mais simples para o átomo de hidrogênio descreve o estado $1s$ e é designada $\psi_{1s}(r)$:

▶ Função de onda para o hidrogênio em seu estado fundamental

$$\psi_{1s}(r) = \frac{1}{\sqrt{\pi a_0^3}} e^{-r/a_0}$$ 29.3 ◀

onde a_0 é o raio de Bohr e a dada função de onda é normalizada. Essa função de onda satisfaz as condições de fronteira mencionadas na Seção 28.11; isto é, ψ_1 se aproxima de zero, assim como $r \rightarrow \infty$, e permanece finita com $r \rightarrow 0$. Como ψ_{1s} depende somente de r, ela é esfericamente simétrica. De fato, todos os estados s são esfericamente simétricos.

Lembre-se de que a probabilidade de encontrar o elétron em qualquer região é equivalente a integral da densidade de probabilidade $|\psi|^2$ sobre a região, se ψ é normalizado. A densidade de probabilidade para o estado $1s$ é

$$|\psi_{1s}|^2 = \left(\frac{1}{\pi a_0^3}\right) e^{-2r/a_0}$$ 29.4 ◀

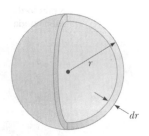

A probabilidade de se encontrar o elétron em um elemento de volume dV é $|\psi|^2 dV$. É conveniente definir a **função da densidade de probabilidade radial** $P(r)$ como a probabilidade por distância radial unitária de se encontrar o elétron em uma camada esférica de raio r e espessura dr. O volume de tal camada equivale a sua área superficial $4\pi r^2$ multiplicada pela espessura da camada dr (Fig. 29.4), de modo que

Figura 29.4 Uma camada esférica de raio r e espessura dr possui um volume igual a $4\pi r^2 dr$.

$$P(r)\,dr = |\psi|^2 dV = |\psi|^2 4\pi r^2\,dr$$ 29.5 ◀

$$P(r) = 4\pi r^2 |\psi|^2$$ 29.6 ◀

Substituindo a Equação 29.4 na 29.6 nos dá uma função de densidade de probabilidade radial para o átomo de hidrogênio em seu estado fundamental:

▶ Densidade de probabilidade radial para o estado $1s$ do hidrogênio

$$P_{1s}(r) = \left(\frac{4r^2}{a_0^3}\right) e^{-2r/a_0}$$ 29.7 ◀

Uma representação gráfica da função $P_{1s}(r)$ versus r é apresentada na Figura 29.5a. O pico da curva corresponde ao valor de r mais provável para este estado específico. A simetria esférica da função de distribuição é exibida na Figura 29.5b.

No Exemplo 29.2, mostramos que o valor de r mais provável para o estado fundamental do hidrogênio equivale ao raio de Bohr a_0. Esta é outra concordância *notável* entre os modelos de Bohr e quântico. De acordo com a mecânica quântica, o átomo não apresenta uma fronteira rigidamente definida. A distribuição de probabilidade na Figura 29.5a sugere que a carga do elétron não está localizada como em um modelo de partícula. Em vez disso, estende-se por toda a região difusa do espaço, comumente chamada **nuvem eletrônica**. Esta não localização do elétron não deve ser uma surpresa, com base no conceito do pacote de onda no modelo da partícula quântica, assim como nas previsões do princípio da incerteza. O modelo da nuvem eletrônica é bem diferente do modelo de Bohr, que posiciona o elétron a uma distância fixa do núcleo. A Figura 29.5b mostra a densidade de probabilidade do elétron em um átomo de hidrogênio no estado $1s$ como uma função da posição no plano xy. A porção mais escura da distribuição aparece em $r = a_0$, correspondente ao valor mais provável de r para o elétron.

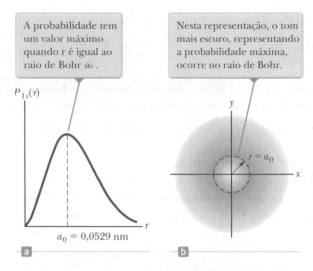

Figura 29.5 (a) A densidade da probabilidade de encontrar o elétron como uma função da distância do núcleo para o átomo de hidrogênio no estado $1s$ (fundamental). (b) A seção transversal no plano xy da distribuição da carga eletrônica esférica para o átomo de hidrogênio em seu estado $1s$.

Vamos agora discutir a evolução do sistema no tempo, isto é, o terceiro componente em nosso modelo estrutural do átomo. Para um átomo no estado quântico que é uma solução para a equação de Schrödinger, a nuvem eletrônica permanece a mesma, em média, com o passar do tempo. Portanto, *o átomo não irradia quando está em um estado quântico específico*. Este fato remove o problema que afligiu o modelo de Rutherford, no qual o átomo irradia continuamente enquanto o elétron espirala em direção ao núcleo. Uma vez que nenhuma mudança ocorreu na estrutura de carga na nuvem eletrônica, o átomo não irradia. A radiação ocorre somente quando uma transição é feita, por isso a estrutura da nuvem eletrônica é alterada com o passar do tempo.

A próxima função de onda mais simples para o átomo de hidrogênio é aquela que corresponde ao estado $2s$ ($n = 2$, $\ell = 0$). A função de onda normalizada para este estado é

$$\psi_{2s}(r) = \frac{1}{\sqrt{4\,2\pi}} \left(\frac{1}{a_0}\right)^{3/2} \left[2 - \frac{r}{a_0}\right] e^{-r/2a_0} \qquad 29.8 \blacktriangleleft$$

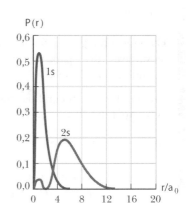

Figura Ativa 29.6 A função densidade de probabilidade radial *versus* r/a_0 para os estados $1s$ e $2s$ do átomo de hidrogênio.

Assim como a função ψ_{1s}, ψ_{2s} depende somente de r e é esfericamente simétrica. A energia que corresponde a este estado é $E_2 = -(13{,}6\ \text{eV}/4) = -3{,}4\ \text{eV}$. Este nível de energia representa o primeiro estado de excitação do hidrogênio.

Um mapa da função densidade de probabilidade radial para este estado em comparação com o estado $1s$ é exibido na Figura Ativa 29.6. O mapa para o estado $2s$ possui dois picos. Neste caso, o valor mais provável corresponde ao valor de r, que corresponde ao valor mais alto de P_{2s}, que está em $r \approx 5a_0$. Um elétron no estado $2s$ estaria muito mais distante do núcleo (em média) que o elétron no estado $1s$.

Exemplo 29.2 | O estado fundamental do hidrogênio

(A) Calcule o valor mais provável de r para um elétron no estado fundamental do átomo de hidrogênio.

SOLUÇÃO

Conceitualize Não imagine o elétron na órbita ao redor do próton, como na teoria de Bohr sobre o átomo de hidrogênio. Em vez disso, imagine a carga do elétron espalhada pelo espaço ao redor do próton em uma nuvem de elétrons com simetria esférica.

Categorize Porque a descrição do problema pede o "valor mais provável de r", categorizamos este exemplo como um problema no qual a abordagem quântica é usada. (No átomo de Bohr, o elétron se move em uma órbita com um valor *exato* de r.)

Analise O valor mais provável de r corresponde ao máximo no mapa de $P_{1s}(r)$ *versus* r. Podemos avaliar o valor mais provável de r definindo $dP_{1s}/dr = 0$ e resolvendo para r.

Derive a Equação 29.7 e iguale o resultado a zero:

$$\frac{dP_{1s}}{dr} = \frac{d}{dr}\left[\left(\frac{4r^2}{a_0^3}\right)e^{-2r/a_0}\right] = 0$$

$$e^{-2r/a_0}\frac{d}{dr}(r^2) + r^2\frac{d}{dr}(e^{-2r/a_0}) = 0$$

$$2re^{-2r/a_0} + r^2(-2/a_0)e^{-2r/a_0} = 0$$

$$(1) \quad 2r[1 - (r/a_0)]e^{-2r/a_0} = 0$$

Iguale a expressão no colchete a zero e resolva para r:

$$1 - \frac{r}{a_0} = 0 \quad \rightarrow \quad r = a_0$$

Finalize O valor mais provável de r é o raio de Bohr! A Equação (1) também é satisfeita para $r = 0$ e igualmente $r \rightarrow \infty$. Estes pontos são locais de *mínima* probabilidade, que é igual a zero, como ilustra a Figura 29.5a.

(B) Calcule a probabilidade de o elétron no estado fundamental do hidrogênio ser encontrado fora do raio de Bohr.

SOLUÇÃO

Analise A probabilidade é encontrada pela integração função da densidade de probabilidade radial $P_{1s}(r)$ para este estado a partir do raio de Bohr a_0 até ∞.

Defina a integral utilizando a Equação 29.7:

$$P = \int_{a_0}^{\infty} P_{1s}(r)\,dr = \frac{4}{a_0^3}\int_{a_0}^{\infty} r^2 e^{-2r/a_0}\,dr$$

continua

29.2 cont.

Coloque a integral de forma adimensional alterando as variáveis de r para $z = 2r/a_0$, notando que $z = 2$ quando $r = a_0$, e que $dr = (a_0/2)\, dz$:

$$P = \frac{4}{a_0^3}\int_2^\infty \left(\frac{za_0}{2}\right)^2 e^{-z}\left(\frac{a_0}{2}\right) dz = \frac{1}{2}\int_2^\infty z^2 e^{-z}\, dz$$

Avalie a função integral usando a integração parcial (veja Apêndice B.7):

$$P = -\tfrac{1}{2}(z^2 + 2z + 2)e^{-z}\Big|_2^\infty$$

Avalie entre os limites:

$$P = 0 - [-\tfrac{1}{2}(4 + 4 + 2)e^{-2}] = 5e^{-2} = 0{,}677 \text{ ou } 67{,}7\%$$

Finalize Esta probabilidade é maior que 50%. A razão para este valor é a assimetria na função de densidade de probabilidade radial (Fig. 29.5a), que tem uma área maior à direita do pico do que à esquerda.

E se? E se lhe perguntassem sobre o valor *médio* de r para o elétron em estado fundamental em vez do valor mais provável?

Resposta O valor médio de r é o mesmo que o valor esperado para r.

Use a Equação 29.7 para avaliar o valor médio de r:

$$r_{\text{méd}} = \langle r \rangle = \int_0^\infty rP(r)\, dr = \int_0^\infty r\left(\frac{4r^2}{a_0^3}\right)e^{-2r/a_0}\, dr$$

$$= \left(\frac{4}{a_0^3}\right)\int_0^\infty r^3 e^{-2r/a_0}\, dr$$

Avalie a integral com a ajuda da primeira integral listada na Tabela B.6 no Apêndice B:

$$r_{\text{méd}} = \left(\frac{4}{a_0^3}\right)\left(\frac{3!}{(2/a_0)^4}\right) = \tfrac{3}{2}a_0$$

Novamente, o valor médio é maior que o valor mais provável por causa da assimetria na função de onda como ilustra a Figura 29.5a.

Exemplo 29.3 | O sistema solar quantizado

Considere a equação de Schrödinger para um sistema de duas partículas interagindo por meio da força gravitacional: a Terra e o Sol. Qual é o número quântico do sistema com a Terra em sua órbita atual?

SOLUÇÃO

Conceitualize Imagine a Terra como o elétron e o Sol como o núcleo em uma enorme estrutura atômica.

Categorize Apesar do fato de que não precisamos usar a Física Quântica para descrever o movimento macroscópico de objetos de tamanhos planetários, a afirmação do problema sugere que categorizemos este problema utilizando uma abordagem quântica.

Analise A função energia potencial para o sistema é

$$U(r) = -G\frac{M_E M_S}{r}$$

onde M_E é a massa da Terra e M_S a do Sol. Comparando esta expressão com a Equação 29.1 para o átomo de hidrogênio, vemos que ela tem a mesma forma matemática e que a constante $GM_E M_S$ na expressão acima faz o papel de $k_e e^2$ na Equação 29.1. Portanto, as soluções para a equação de Schrödinger para o sistema Terra–Sol serão as mesmas daquelas do átomo de hidrogênio com a alteração adequada das constantes.

Faça a substituição das constantes na Equação 29.2 para encontrar as energias permitidas dos estados quantizados do sistema Terra–Sol:

$$E_n = -\left(\frac{k_e e^2}{2a_0}\right)\frac{1}{n^2} \;\rightarrow\; E_n = -\left(\frac{GM_E M_S}{2a_0}\right)\frac{1}{n^2}$$

Resolva esta equação para o número quântico n:

(1) $\quad n = \sqrt{-\left(\dfrac{GM_E M_S}{2a_0}\right)\dfrac{1}{E_n}}$

A partir da Equação 11.23, faça a substituição das constantes e encontre o raio de Bohr para o sistema Terra–Sol:

(2) $\quad a_0 = \dfrac{\hbar^2}{m_e k_e e^2} \;\rightarrow\; a_0 = \dfrac{\hbar^2}{M_E(GM_E M_S)} = \dfrac{\hbar^2}{GM_E^2 M_S}$

Avalie a energia do sistema Terra-Sol a partir da Equação 11.10, assumindo uma órbita correspondente ao número quântico n:

(3) $\quad E_n = -\dfrac{GM_E M_S}{2r_n}$

29.3 cont.

Substitua as Equações (2) e (3) na Equação (1):

$$n = \sqrt{-\left(\frac{GM_EM_S}{2a_0}\right)\frac{1}{E_n}} = \sqrt{-\left(\frac{GM_EM_S}{2}\right)\left(\frac{GM_E{}^2M_S}{\hbar^2}\right)\left(-\frac{2r_n}{GM_EM_S}\right)} = \sqrt{\frac{GM_E{}^2M_S r_n}{\hbar^2}}$$

Substitua os valores numéricos:

$$= \sqrt{\frac{(6{,}67 \times 10^{-11}\,\text{N} \cdot \text{m}^2/\text{kg}^2)(5{,}97 \times 10^{24}\,\text{kg})^2(1{,}99 \times 10^{30}\,\text{kg})(1{,}50 \times 10^{11}\,\text{m})}{(1{,}055 \times 10^{-34}\,\text{J} \cdot \text{s})^2}}$$

$$= 2{,}52 \times 10^{74}$$

Finalize Este resultado é um número quântico imensamente grande. Portanto, de acordo com o princípio da correspondência, a Mecânica clássica descreve o movimento da Terra assim como faz a Mecânica Quântica. As energias dos estados quânticos para valores adjacentes a n estão tão próximas umas das outras que não vemos a natureza quantizada da energia. Por exemplo, se a Terra se movesse para o próximo estado quântico, cálculos mostrariam que ela estaria mais distante do Sol por uma distância na ordem de 10^{-63} m. Mesmo em uma escala nuclear de 10^{-15} m, uma distância tão pequena é indetectável.

29.4 | Interpretação física dos números quânticos

Conforme discutido na Seção 29.2, a energia de um estado específico em nosso modelo depende do número quântico principal. Agora vamos ver em que os outros três números quânticos contribuem para a natureza física de nosso modelo estrutural quântico do átomo.

O número quântico orbital ℓ

Se a partícula se move em um círculo de raio r, a magnitude de seu momento angular com relação ao centro do círculo é $L = mvr$. A direção de $\vec{L}$ é perpendicular ao plano do círculo, e o sentido de $\vec{L}$ é dado pela regra da mão direita.[3] De acordo com a Física clássica, L pode ter qualquer valor. O modelo de hidrogênio de Bohr, no entanto, postula que o momento angular é restrito a números inteiros múltiplos de $\hbar$; isto é, $mvr = n\hbar$. Este modelo deve ser alterado, porque prevê (incorretamente) que o estado fundamental do hidrogênio ($n = 1$) possui uma unidade de momento angular. Nosso modelo quântico mostra que o menor valor do número quântico orbital, que está relacionado com o momento orbital, é $\ell = 0$, o que corresponde a zero momento angular.

De acordo com o modelo quântico, um átomo em um estado cujo número quântico principal é n pode apresentar os seguintes valores *discretos* para a magnitude do vetor do **momento angular orbital**:[4]

$$L = \sqrt{\ell(\ell+1)}\,\hbar \qquad \ell = 0, 1, 2, \ldots, n-1$$

▶ Valores permitidos de L **29.9**◀

O fato de L poder ser zero neste modelo aponta para as dificuldades inerentes a qualquer tentativa de descrever os resultados baseados na Mecânica Quântica em termos de um modelo puramente ligado a partículas. Não podemos pensar em termos de elétrons movendo-se em órbitas bem definidas de formato circular ou qualquer outro neste caso. É mais consistente com as noções de probabilidade da Física Quântica imaginar o elétron espalhado no espaço em uma nuvem eletrônica, com a "densidade" da nuvem mais alta onde a probabilidade for mais alta. Na interpretação da Mecânica Quântica, a nuvem eletrônica para o estado $L = 0$ é esfericamente simétrica e não possui um eixo fundamental de rotação.

O número quântico orbital magnético m_ℓ

Como o momento angular é um vetor, sua direção deve ser especificada. Lembre-se do Capítulo 22 (Volume 3) que uma espira percorrida por corrente possui momento magnético correspondente $\vec{\mu} = I\vec{A}$ (Eq. 22.15), onde I é a corrente na espira e $\vec{A}$ um vetor perpendicular à espira cuja magnitude é a área da espira. Tal momento posicionado em um campo magnético $\vec{B}$ interage com o campo. Suponha que um campo magnético fraco no eixo z defina uma direção no espaço. De acordo com a Física clássica, a energia do sistema espira-campo depende da direção do

---

[3] Veja as Seções 10.9 e 10.10 para uma revisão deste material sobre momento angular.

[4] A Equação 29.9 é o resultado direto da solução matemática da equação de Schrödinger e da aplicação das condições angulares de fronteira. Este desenvolvimento, no entanto, está além do escopo deste livro, e não será apresentado.

182 | Princípios de física

momento magnético da espira com relação ao campo magnético, conforme descrito na Equação 22.17, $U = -\vec{\mu} \cdot \vec{B}$. Qualquer energia entre $-\mu B$ e $+\mu B$ é permitida pela Física clássica.

Na teoria de Bohr, o elétron em circulação representa uma espira percorrida por corrente. Na abordagem da Mecânica quântica do átomo de hidrogênio, abandonamos o ponto de vista da órbita circular da teoria de Bohr, mas o átomo ainda possui um momento angular orbital. Portanto, há uma percepção de rotação ao redor do núcleo e um momento magnético está presente devido a este momento angular.

Como mencionado na Seção 29.1, observa-se que as linhas espectrais de alguns átomos se dividem em grupos menores de três linhas sutilmente espaçadas quando os átomos são posicionados em um campo magnético. Suponha que o átomo de hidrogênio está localizado em um campo magnético. De acordo com a Mecânica Quântica, há direções *discretas* permitidas para o vetor momento magnético $\vec{\mu}$ com relação ao vetor campo magnético $\vec{B}$. Esta situação é muito diferente daquela da Física clássica, na qual todas as direções são permitidas.

Como o momento magnético $\vec{\mu}$ do átomo pode estar relacionado ao vetor momento angular $\vec{L}$, as direções discretas de $\vec{\mu}$ se traduzem na direção de $\vec{L}$ sendo quantizada. Esta quantização significa que L_z (a projeção de $\vec{L}$ no eixo z) pode apresentar apenas valores discretos. O número quântico magnético orbital m_ℓ especifica os valores possíveis do componente z do momento angular orbital de acordo com a expressão

▶ Valores permitidos de L_z $$L_z = m_\ell \hbar$$ **29.10**◀

A quantização das orientações possíveis de $\vec{L}$ com relação a um campo magnético externo é normalmente conhecida como **quantização do espaço**.

Vamos analisar as possíveis orientações de $\vec{L}$ para um dado valor de ℓ. Lembre-se de que m_ℓ pode ter valores que variam de $-\ell$ a ℓ. Se $\ell = 0$, então $L = 0$, e não há vetor para o qual considerar uma direção. Se $\ell = 1$, então os valores possíveis de m_ℓ são $-1, 0$ e 1, portanto L_z pode ser $-\hbar, 0$ ou $\hbar$. Se $\ell = 2$, m_ℓ pode ser $-2, -1, 0, 1$ ou 2, correspondente aos valores de L_z de $-2\hbar, -\hbar, 0, \hbar$, ou $2\hbar$, e assim por diante.

Uma representação gráfica especializada que pode ser útil para entender a quantização do espaço é comumente chamada **modelo vetorial**. Um modelo vetorial para $\ell = 2$ é exibido na Figura 29.7a. Note que $\vec{L}$ nunca pode estar alinhado em paralelo ou antiparalelo ao eixo z porque L_z deve ser menor que a magnitude do momento angular $\vec{L}$. O vetor $\vec{L}$ pode ser *perpendicular* ao eixo z, que é o caso se $m_\ell = 0$. De um ponto de vista tridimensional, $\vec{L}$ pode estar na superfície de cones que formam ângulos θ com o eixo z, como ilustra a Figura 29.7b. A partir da figura, vemos que θ também é quantizado e que seus valores são especificados por meio de uma relação com base em um triângulo de modelo geométrico com o vetor $\vec{L}$ como a hipotenusa e o componente z como um dos catetos do triângulo:

$$\cos\theta = \frac{L_z}{L} = \frac{m_\ell}{\sqrt{\ell(\ell+1)}}$$ **29.11**◀

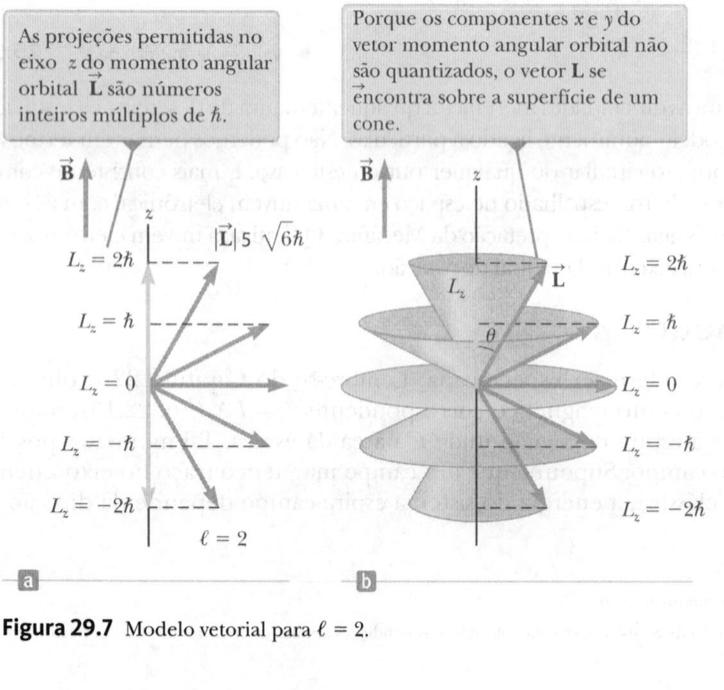

Figura 29.7 Modelo vetorial para $\ell = 2$.

Note que m_ℓ nunca é maior que ℓ, portanto m_ℓ é sempre menor que $\sqrt{\ell(\ell+1)}$, e por isso θ nunca pode ser zero, consistente com nossa restrição de $\vec{L}$ não ser paralelo ao eixo z.

Devido ao princípio da incerteza, $\vec{L}$ não aponta para uma direção específica, mas, em vez disso, permanece em algum lugar de um cone como citado acima. Se $\vec{L}$ tem uma direção definitiva, todos os três componentes L_x, L_y e L_z estariam especificados exatamente. Para o momento, vamos presumir que isto seja verdade e supor que o elétron se move no plano xy, assim como a incerteza $\Delta z = 0$. Como o elétron se move no plano xy, $p_z = 0$. Portanto, p_z é *precisamente* conhecido, então $\Delta p_z = 0$. O produto destas duas incertezas é $\Delta z \, \Delta p_z = 0$, mas isto é oposto ao princípio da incerteza, que exige que $\Delta z \, \Delta p \geq \hbar/2$. Na realidade, somente a magnitude de $\vec{L}$ e um componente (que é tradicionalmente selecionado como L_z) podem ter valores definitivos ao mesmo tempo. Em outras palavras, a Mecânica Quântica nos permite especificar L e L_z, mas não L_x e L_y. Porque a direção de $\vec{L}$ está constantemente mudando, os valores médios de L_x e L_y são zero, e L_z mantém um valor fixo $m_\ell \hbar$.

> **TESTE RÁPIDO 29.3** Faça o esboço de um modelo de vetor (exibido na Fig. 29.7a para $\ell = 2$) para $\ell = 1$.

Exemplo 29.4 | Quantização do espaço para o hidrogênio

Considere o átomo de hidrogênio no estado $\ell = 3$. Calcule a magnitude de $\vec{L}$, os valores permitidos de L_z, e os ângulos correspondentes θ que $\vec{L}$ forma com o eixo z.

SOLUÇÃO

Conceitualize Considere a Figure 29.7a, que é um modelo vetorial para $\ell = 2$. Desenhe um modelo vetorial para $\ell = 3$ para ajudar com este problema.

Categorize Avaliamos os resultados utilizando as equações desenvolvidas nesta seção; então, categorizamos este exemplo como um problema de substituição.

Calcule a magnitude do momento angular orbital usando a Equação 29.9:

$$L = \sqrt{\ell(\ell+1)}\hbar = \sqrt{3(3+1)}\hbar = 2\sqrt{3}\hbar$$

Calcule os valores permitidos de L_z usando a Equação 29.10 com $m_\ell = -3, -2, -1, 0, 1, 2,$ e 3:

$$L_z = -3\hbar, -2\hbar, -\hbar, 0, \hbar, 2\hbar, 3\hbar$$

Calcule os valores permitidos de $\cos\theta$ usando a Equação 29.11:

$$\cos\theta = \frac{\pm 3}{2\sqrt{3}} = \pm 0{,}866 \quad \cos\theta = \frac{\pm 2}{2\sqrt{3}} = \pm 0{,}577$$

$$\cos\theta = \frac{\pm 1}{2\sqrt{3}} = \pm 0{,}289 \quad \cos\theta = \frac{0}{2\sqrt{3}} = 0$$

Encontre os ângulos correspondentes a estes valores de $\cos\theta$:

$$\theta = 30{,}0°, 54{,}7°, 73{,}2°, 90{,}0°, 107°, 125°, 150°$$

E se? E se o valor de ℓ for um número inteiro arbitrário? Para um valor arbitrário de ℓ quantos valores de m_ℓ são permitidos?

Resposta Para um dado valor de ℓ os valores de m_ℓ variam de $-\ell$ para $+\ell$ em intervalos de 1. Portanto, existem 2ℓ valores diferentes de zero para m_ℓ (especificamente, $\pm 1, \pm 2, \ldots, \pm \ell$). Além disso, um valor a mais de $m_\ell = 0$ é possível, para um total de $2\ell + 1$ valores de m_ℓ. Este resultado é crítico para o entendimento dos resultados do experimento de Stern–Gerlach descrito a seguir com relação ao spin.

O número quântico magnético de spin m_s

Os três números quânticos n, ℓ e m_ℓ, discutidos até agora, são gerados por meio da aplicação das condições de fronteira às soluções da equação de Schrödinger, e podemos designar uma interpretação física para cada um dos números quânticos. Isto é o que viemos utilizando até aqui, o modelo estrutural quântico que foi desenvolvido na Seção 29.2. No entanto, devemos expandir o modelo incluindo considerações relacionadas à **rotação do elétron**. Os resultados relacionados à rotação *não* derivam da equação de Schrödinger.

O Exemplo 29.1 foi apresentado para que você saiba praticar a manipulação de números quânticos, mas, como veremos nesta seção, há *oito* estados de elétron para $n = 2$, em vez dos quatro encontrados anteriormente. Estes estados extras podem ser explicados pela exigência de um quarto número quântico para cada estado, o **número quântico magnético de rotação** m_s.

> **Prevenção de Armadilhas | 29.2**
> **O elétron não está girando**
> Embora o conceito de um elétron em rotação seja conceitualmente útil, não deve ser tomado literalmente. A rotação da Terra é do tipo mecânica. Por outro lado, a rotação do elétron é um efeito puramente quântico que dá ao elétron um momento angular como se estivesse fisicamente girando.

As evidências da necessidade deste novo número quântico surgiu devido a uma característica incomum no espectro de certos gases, como o vapor de sódio. Um exame detalhado de uma das linhas mais fortes do sódio mostra que são, de fato, duas linhas espaçadas muito próximas, chamadas de um dupleto. Os comprimentos de onda destas linhas ocorrem na região amarela a 589,0 nm e 589,6 nm. Em 1925, quando este dupleto foi observado pela primeira vez, modelos atômicos não podiam explicá-lo. Para resolver este dilema, Samuel Goudsmit e George Uhlenbeck, seguindo uma sugestão do físico austríaco Wolfgang Pauli, propuseram um novo número quântico, chamado número quântico de spin. Segundo mostraram Arnold Sommerfeld e Paul Dirac, a origem deste quarto número quântico está nas propriedades relativísticas do elétron, que precisa de quatro números quânticos para descrevê-lo no espaço-tempo quadridimensional.

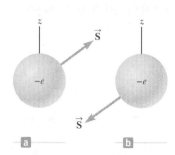

Figura 29.8 O spin de um elétron pode ser (a) para cima ou (b) para baixo com relação a um eixo z específico. Assim como no caso do momento angular orbital, os componentes x e y do vetor momento angular de spin não são quantizados.

Para descrever o número quântico de spin, é conveniente (mas incorreto!) pensar no elétron girando em seu eixo da mesma forma como orbita o núcleo em um modelo planetário, assim como a Terra gira em torno de seu próprio eixo enquanto orbita o Sol. A direção na qual o vetor momento angular de spin pode apontar é quantizada; ele pode ter apenas duas direções, conforme ilustra a Figura 29.8. Se a direção de rotação é a mesma exibida na Figura 29.8a, diz-se que o elétron tem "spin para cima". Se a direção de rotação é a mesma que a ilustrada na Figura 29.8b, diz-se que o elétron tem "spin para baixo". O momento angular de spin do elétron carregado tem um momento magnético associado a ele. Portanto, quando um átomo se encontra em um campo magnético, a Equação 22.17 nos diz que a energia do sistema (o átomo e o campo magnético) é sutilmente diferente para as duas direções de spin, e esta diferença de energia é responsável pelo dupleto de sódio. Os números quânticos associados ao spin do elétron são $m_s = \frac{1}{2}$ para o estado de spin para cima, e $m_s = -\frac{1}{2}$ para o estado de spin para baixo. Como veremos em breve, este número quântico adicionado dobra o número de estados especificados pelos números quânticos n, ℓ e m_ℓ.

Em 1921, Otto Stern (1888–1969) e Walther Gerlach (1889–1979) realizaram um experimento (Fig. 29.9) que detectou os efeitos da força sobre o momento magnético em um campo magnético não uniforme. O experimento demonstrou que o momento angular de um átomo é quantizado. Em seu experimento, um feixe de átomos de prata neutros foi lançado através de um campo magnético não uniforme. Em tal situação, os átomos experimentam uma força (na direção vertical da Fig. 29.9) devido a seus momentos magnéticos no campo. Classicamente, esperaríamos que o feixe se espalhasse em uma distribuição contínua sobre a placa fotográfica da Figura 29.9 porque todas as direções possíveis dos momentos magnéticos atômicos são permitidas. Stern e Gerlach descobriram, no entanto, que o feixe se dividia em dois componentes *discretos*. O experimento foi repetido com a utilização de outros átomos, e em cada caso o feixe se dividiu em dois ou mais componentes discretos.

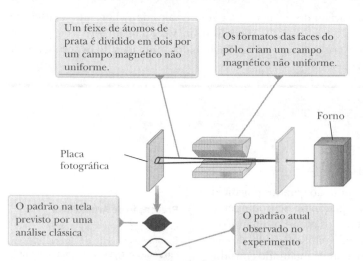

Figura 29.9 A técnica usada por Stern e Gerlach para verificar a quantização do espaço.

Estes resultados são claramente inconsistentes com a previsão de um modelo clássico. De acordo com um modelo quântico, entretanto, a direção do momento angular total do átomo, e consequentemente a de seu momento magnético $\vec{\mu}$, é quantizada. Portanto, o feixe defletido possui um número inteiro de componentes discretos, e o número de componentes determina o número de valores possíveis de μ_z. Como o experimento de Stern-Gerlach mostrou feixes discretos, a quantização do espaço foi ao menos verificada qualitativamente.

Por ora, vamos assumir que o momento angular do átomo se deve ao momento angular orbital.[5] Porque μ_z é proporcional a m_ℓ, o número de valores possíveis de μ_z é $2\ell + 1$. Além disso, como ℓ é um número inteiro, o número de valores de μ_z é sempre ímpar. Esta previsão não foi consistente com as observações de Stern e Gerlach, que observaram dois componentes, um número par, no

---

[5] O experimento de Stern–Gerlach foi realizado em 1921, antes da hipótese do spin, então o momento angular orbital era o único tipo de momento angular no modelo quântico naquele período.

feixe de átomos de prata. Portanto, apesar de o experimento de Stern-Gerlach ter demonstrado a quantização do espaço, o número de componentes não foi consistente com o modelo quântico desenvolvido naquele momento.

Em 1927, T. E. Phipps e J. B. Taylor repetiram o experimento de Stern–Gerlach utilizando um feixe de átomos de hidrogênio. Este experimento é importante porque lida com um átomo com um único elétron em seu estado fundamental, para o qual o modelo quântico faz previsões confiáveis. Em temperatura ambiente, quase todos os átomos de hidrogênio estão no estado fundamental. Lembre-se de que $\ell = 0$ para o hidrogênio em seu estado fundamental, por isso $m_\ell = 0$. Em consequência, a partir da abordagem do momento angular orbital, ninguém esperaria que o feixe fosse defletido pelo campo porque μ_z seria zero. O feixe no experimento de Phipps–Taylor, porém, foi novamente dividido em dois componentes. Com base neste resultado, pode-se concluir somente uma coisa: existe alguma contribuição para o momento angular do átomo e seu momento magnético além do momento angular orbital.

Wolfgang Pauli e Niels Bohr observam um pião. O spin do elétron é análogo à rotação do pião, mas é diferente de várias formas.

Como vimos, Goudsmit e Uhlenbeck propuseram que o elétron possui um momento angular intrínseco, o spin, independentemente de seu momento angular orbital. Em outras palavras, o momento angular total do elétron em um estado eletrônico específico contém tanto uma contribuição orbital $\vec{L}$ quanto uma contribuição de spin $\vec{S}$. Um número quântico s existe para o spin análogo a ℓ para o momento angular orbital. O valor de s para um elétron, entretanto, é *sempre* $s = \frac{1}{2}$, diferente de ℓ, que varia conforme estados diferentes do átomo.

Como $\vec{L}$, o vetor **momento angular de spin** $\vec{S}$ deve obedecer às regras do modelo quântico. Em analogia com a Equação 29.9, a **magnitude do momento angular de spin** $\vec{S}$ de um elétron é

$$S = \sqrt{s(s+1)}\hbar = \frac{\sqrt{3}}{2}\hbar \qquad \textbf{29.12} \blacktriangleleft \quad \blacktriangleright \text{Magnitude do momento angular de spin de um elétron}$$

Este resultado é o único valor permitido para a magnitude vetor momento angular de spin para um elétron, por isso normalmente não incluímos s em uma lista de números quânticos descrevendo estados do átomo. Como o momento angular orbital, o momento angular de spin é quantizado no espaço, conforme descrito na Figura 29.10. Ele pode apresentar duas orientações, especificadas pelo número quântico magnético de spin m_s, onde m_s possui dois valores possíveis, $\pm\frac{1}{2}$. Em analogia com a Equação 29.10, o componente z do momento angular de spin é

$$S_z = m_s \hbar = \pm \tfrac{1}{2}\hbar \qquad \textbf{29.13}\blacktriangleleft$$

Os dois valores $\pm\hbar/2$ para S_z correspondem às duas possíveis orientações para $\vec{S}$ exibidas na Figura 29.10. O número quântico m_s é listado como o quarto número quântico descrevendo um estado específico do átomo.

O momento magnético de spin $\vec{\mu}_{\text{spin}}$ do elétron está relacionado ao momento angular do spin $\vec{S}$ pela expressão

$$\vec{\mu}_{\text{spin}} = -\frac{e}{m_e}\vec{S} \qquad \textbf{29.14}\blacktriangleleft$$

onde e é a carga eletrônica e m_e é a massa do elétron. Como $S_z = \pm\tfrac{1}{2}\hbar$, o componente z do momento magnético de spin pode ter os valores

$$\vec{\mu}_{\text{spin},z} = \pm\frac{e\hbar}{2m_e} \qquad \textbf{29.15}\blacktriangleleft$$

A quantidade $e\hbar/2m_e$ é chamada **magneton de Bohr** μ_B e possui valor numérico de $9{,}274 \times 10^{-24}$ J/T.

Hoje, os físicos explicam os resultados do experimento de Stern-Gerlach da seguinte forma. Os momentos observados tanto para a prata quanto para o hidrogênio se devem apenas ao momento angular de spin, e não ao momento angular orbital. (O átomo de hidrogênio em seu estado fundamental tem $\ell = 0$; para a prata, usada no experimento de Stern-Gerlach, o momento angular orbital de rede para todos os elétrons é $|\vec{L}| = 0$.) Um átomo de elétron único como o hidrogênio tem seu spin de elétron quantizado no campo magnético de tal forma que seu componente z do momento angular de spin é $\tfrac{1}{2}\hbar$ e $-\tfrac{1}{2}\hbar$, correspondente a $m_s = \pm\tfrac{1}{2}$. Elétrons com spin $+\tfrac{1}{2}$ são defletidos em uma direção pelo campo magnético não uniforme, e aqueles com spin $-\tfrac{1}{2}$ são defletidos na direção oposta.

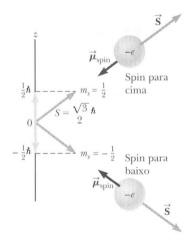

Figura 29.10 Momento angular de spin $\vec{S}$ exibe a quantização do espaço. Esta figura mostra as duas orientações permitidas do vetor do momento angular de spin $\vec{S}$ e do vetor momento magnético de spin $\vec{\mu}_{\text{spin}}$ para uma partícula de spin $-\tfrac{1}{2}$ tal como o elétron.

TABELA 29.4 | Números quânticos para o estado $n = 2$ do hidrogênio

n	ℓ	m_ℓ	m_s	Subcamada	Camada	Número de estados na subcamada
2	0	0	$\frac{1}{2}$	2s	L	2
2	0	0	$-\frac{1}{2}$			
2	1	1	$\frac{1}{2}$	2p	L	6
2	1	1	$-\frac{1}{2}$			
2	1	0	$\frac{1}{2}$			
2	1	0	$-\frac{1}{2}$			
2	1	-1	$\frac{1}{2}$			
2	1	-1	$-\frac{1}{2}$			

O experimento de Stern–Gerlach ofereceu dois resultados importantes. Primeiro, verificou o conceito de quantização do espaço. Segundo, mostrou que o momento angular de spin existe, embora esta propriedade não tenha sido reconhecida até muito depois que os experimentos tivessem sido realizados.

Como mencionamos, existem oito estados quânticos correspondendo a $n = 2$ no átomo de hidrogênio, e não quatro, como foi descoberto no Exemplo 29.1. Cada um dos quatro estados no Exemplo 29.1 é na realidade dois estados por causa dos dois valores possíveis de m_s. A Tabela 29.4 mostra os números quânticos correspondentes a estes oito estados.

> **PENSANDO A FÍSICA 29.1**
>
> O experimento de Stern–Gerlach diferencia o momento angular orbital do momento angular de spin?
>
> **Raciocínio** Uma força magnética no momento magnético surge tanto do momento angular orbital quanto do momento angular de spin. Neste sentido, o experimento não diferencia os dois. O número de componentes na tela nos diz alguma coisa, porém, como momentos angulares orbitais são descritos por um número quântico inteiro ℓ, enquanto o momento angular de spin depende de um número quântico semi-inteiro s. Se um número ímpar de componentes aparece na tela, surgem três possibilidades: o átomo tem (1) apenas momento angular orbital, (2) um número par de elétrons com momento angular de spin, ou (3) uma combinação de momento angular orbital e um número par de elétrons com momento angular de spin. Se um número par de componentes aparece na tela, pelo menos um momento angular de spin desemparelhado existe, possivelmente em combinação com momento angular orbital. Os únicos números de componentes para o qual podemos especificar o tipo de momento angular são um componente (sem orbital, sem spin) e dois componentes (spin de um elétron). Uma vez que mais de dois componentes são observados, múltiplas possibilidades surgem devido a várias combinações de $\vec{L}$ e $\vec{S}$. ◄

29.5 | O princípio de exclusão e a tabela periódica

O modelo quântico para o hidrogênio gerado a partir da equação de Schrödinger, incluindo a noção de rotação do elétron, é baseado em um sistema que consiste de um elétron e um próton. Assim que o próximo átomo, o hélio, for discutido, apresentaremos os fatores complicadores. Ambos os elétrons do hélio interagem com o núcleo, por isso podemos definir uma função de energia potencial para essas interações. Por outro lado, eles também interagem entre si. A linha de ação da interação elétron-núcleo se dá ao longo de uma linha entre o elétron e o núcleo. A linha de ação da interação elétron-elétron se dá ao longo de uma linha entre os dois elétrons, o que é diferente da interação do elétron-núcleo. Por isso, a equação Schrödinger é extremamente difícil de se resolver. À medida que consideramos átomos com mais e mais elétrons, a possibilidade de uma solução algébrica da equação de Schrödinger se torna mais distante.

Descobrimos, no entanto, que apesar de nossa inaptidão para resolver a equação de Schrödinger, podemos usar os mesmos números quânticos desenvolvidos para o hidrogênio para os elétrons em átomos mais pesados. Não conseguimos calcular com facilidade os níveis de energia quantizada, mas podemos obter informações sobre os níveis a partir de modelos teóricos e medições experimentais.

Como um estado quântico em qualquer átomo é especificado por quatro números quânticos, n, ℓ, m_ℓ, e m_s, uma pergunta óbvia e importante é: "Quantos elétrons em um átomo podem ter um conjunto específico de números quânticos?". Pauli nos deu uma resposta em 1925 em uma declaração explosiva conhecida como **princípio de exclusão:**

Dois elétrons em um átomo nunca podem estar em um mesmo estado quântico; isto é, dois elétrons no mesmo átomo não podem ter o mesmo conjunto de números quânticos.

É interessante que, se este princípio não fosse válido, cada átomo iria irradiar energia por meio de fótons e acabaria com todos os elétrons no estado mais baixo de energia. O comportamento químico dos elementos seria explicitamente modificado, porque este comportamento depende da estrutura eletrônica dos átomos. A natureza como a conhecemos não existiria! Na realidade, podemos visualizar a estrutura eletrônica de átomos complexos como uma sucessão de níveis completos aumentando em energia, na qual os elétrons externos são responsáveis principalmente pelas propriedades químicas do elemento.

Imagine construir um átomo formando o núcleo e, em seguida, preencher os estados quânticos disponíveis com elétrons até que o átomo fique neutro. Devemos usar aqui a linguagem comum que diz: "elétrons ocupam estados disponíveis". É importante ter em mente, no entanto, que os estados são aqueles do *sistema* do átomo. Como regra geral, a ordem de preenchimento das subcamadas de um átomo com elétrons é a seguinte. Uma vez que uma subcamada é preenchida, o próximo elétron vai para uma subcamada vaga com nível menor de energia.

Antes de discutirmos as configurações eletrônicas de alguns elementos, é conveniente definir o **orbital** como o estado de um elétron caracterizado pelos números quânticos n, ℓ e m_ℓ. A partir do princípio da exclusão, podemos observar que no máximo dois elétrons podem estar em qualquer orbital. Um destes elétrons tem $m_s = +\frac{1}{2}$ e o outro $m_s = -\frac{1}{2}$. Uma vez que cada orbital está limitado a dois elétrons, os números de elétrons que podem ocupar as camadas também são limitados.

A Tabela 29.5 mostra os estados quânticos permitidos para um átomo até $n = 3$. Cada quadrado na linha inferior da tabela representa um orbital, com a seta ↑ representando $m_s = +\frac{1}{2}$ e a ↓, $m_s = -\frac{1}{2}$. A camada $n = 1$ pode acomodar apenas dois elétrons porque apenas um orbital é permitido com $m_\ell = 0$. A camada $n = 2$ possui duas subcamadas, com $\ell = 0$ e $\ell = 1$. A subcamada $\ell = 0$ está limitada a apenas dois elétrons, porque $m_\ell = 0$. A subcamada $\ell = 1$ possui três orbitais permitidos, que correspondem a $m_\ell = 1$, 0 e -1. Como cada orbital pode acomodar dois elétrons, a subcamada $\ell = 1$ pode suportar seis elétrons (e a camada $n = 2$ pode suportar oito). A camada $n = 3$ possui três subcamadas e nove orbitais e pode acomodar até dezoito elétrons. Em geral, cada camada pode acomodar até $2n^2$ elétrons.

Os resultados do princípio de exclusão podem ser ilustrados por meio da análise do arranjo eletrônico em alguns dos átomos mais leves. Por exemplo, o **hidrogênio** tem apenas um elétron, que, em seu estado fundamental, pode ser descrito por um dos dois conjuntos de números quânticos: 1, 0, 0, $+\frac{1}{2}$ ou 1, 0, 0, $-\frac{1}{2}$. A configuração eletrônica

Wolfgang Pauli
Físico teórico austríaco (1900–1958)
Um físico teórico extremamente talentoso, Pauli deu contribuições importantes em diversas áreas da Física moderna. Pauli ganhou reconhecimento público aos 21 anos de idade, com um artigo contendo uma revisão magistral da relatividade, que ainda é considerada uma das mais abrangentes introduções ao assunto. Outras contribuições importantes foram a descoberta do princípio de exclusão, a explicação da conexão entre o spin da partícula e a estatística, e teorias sobre eletrodinâmica quântica relativista, a hipótese do neutrino, e a hipótese do spin nuclear.

Prevenção de Armadilhas | 29.3
O princípio de exclusão é mais geral
O princípio da exclusão discutido aqui é uma forma limitada do princípio de exclusão mais geral, que afirma que dois *férmions*, que são *todas* as partículas com spin meio-inteiro $\frac{1}{2}, \frac{3}{2}, \frac{5}{2}, \ldots$ não podem estar no mesmo estado quântico. A forma presente é satisfatória para nossa discussão da Física Atômica, e discutiremos a forma geral mais adiante, no Capítulo 31.

TABELA 29.5 | Estados quânticos permitidos para um átomo até $n = 3$

n	1	2			3								
ℓ	0	0	1		0	1			2				
m_ℓ	0	0	1	0	-1	0	1	0	-1	2	1	0	-1	-2
m_s	↑↓	↑↓	↑↓	↑↓	↑↓	↑↓	↑↓	↑↓	↑↓	↑↓	↑↓	↑↓	↑↓	↑↓

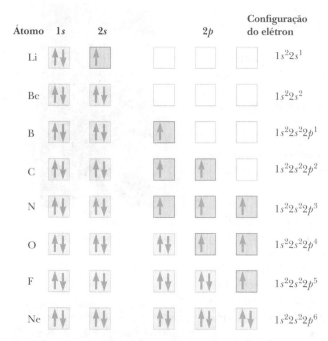

Figura 29.11 O preenchimento de estados eletrônicos deve obedecer ao princípio de exclusão e as regras de Hund.

deste átomo é sempre designada como $1s^1$. A notação $1s$ refere-se ao estado para o qual $n = 1$ e $\ell = 0$, e o sobrescrito indica que um elétron está presente nas subcamadas.

O **hélio** neutro possui dois elétrons. Em estado fundamental, os números quânticos para estes dois elétrons são 1, 0, 0, $+\frac{1}{2}$ e 1, 0, 0, $-\frac{1}{2}$. Nenhuma outra combinação de números quânticos é possível para este nível, e dizemos que a camada K está preenchida. A configuração eletrônica do hélio é designada como $1s^2$.

As configurações eletrônicas de alguns elementos sucessivos são fornecidas na Figura 29.11. O **lítio** neutro possui três elétrons. Em estado fundamental, dois deles estão na subcamada $1s$, e o terceiro na $2s$, porque esta subcamada tem menos energia que a subcamada $2p$. (Além da simples dependência de E em n na Eq. 29.2, há uma dependência adicional em ℓ, que será discutida na Seção 29.6.) Portanto, a configuração eletrônica para o lítio é $1s^2 2s^1$.

Note que a configuração eletrônica do **berílio**, com seus quatro elétrons, é $1s^2 2s^2$, e o **boro** possui a configuração $1s^2 2s^2 2p^1$. O elétron $2p$ no boro pode ser descrito por um dos seis conjuntos de números quânticos correspondentes a seis estados de energia equivalente.

O **carbono** possui seis elétrons, e uma pergunta surge a respeito de como atribuir os dois elétrons $2p$. Eles se posicionam no mesmo orbital com spins emparelhados ($\uparrow\downarrow$), ou ocupam orbitais diferentes com spins desemparelhados ($\uparrow\uparrow$ ou $\downarrow\downarrow$)? Dados experimentais mostram que a configuração de energia mais baixa é a última, onde os spins estão desemparelhados. Por isso, os dois elétrons $2p$ no carbono e os três elétrons $2p$ no nitrogênio possuem spins desemparelhados em estado fundamental (ver Fig. 29.11). As regras gerais que governam tais situações por toda a tabela periódica são chamadas **regras de Hund**. A regra apropriada para elementos como o carbono determina que, quando um átomo possui orbitais de energia equivalente, a ordem na qual eles são preenchidos pelos elétrons é tal que um número máximo de elétrons terá spins desemparelhados. Algumas exceções a esta regra ocorrem em elementos com subcamadas próximas de estar preenchidas ou preenchidas pela metade.

Uma antiga tentativa de encontrar alguma ordem entre os elementos foi feita por um químico russo, Dmitri Mendeleev (1834–1907), em 1871. Ele desenvolveu uma representação tabular dos elementos, que se tornou uma das mais importantes, e reconhecidas, ferramentas da ciência. Ele dispôs os átomos em uma tabela semelhante àquela exibida na Figura 29.12 de acordo com suas massas atômicas e semelhanças químicas. A primeira tabela proposta por Mendeleev continha muitos espaços em branco, e ele afirmou com coragem que as lacunas estavam ali somente porque os elementos ainda não tinham sido descobertos. Ao notar as colunas nas quais estes elementos faltantes deveriam estar localizados, ele foi capaz de fazer previsões grosseiras sobre suas propriedades químicas. Depois de 20 anos da declaração de Mendeleev, os elementos faltantes foram, de fato, descobertos. As previsões que se tornaram possíveis graças a esta tabela representam um exemplo excelente do poder de se apresentar uma informação com uma representação alternativa.

Os elementos na **tabela periódica** (Fig. 29.12) são dispostos de tal forma que os da coluna vertical possuem propriedades químicas semelhantes. Por exemplo, considere os elementos na última coluna: He (hélio), Ne (neônio), Ar (argônio), Kr (criptônio), Xe (xenônio) e Rn (radônio). A característica mais marcante de todos estes elementos é que eles normalmente não fazem parte de reações químicas; isto é, não se unem prontamente a outros átomos para formar moléculas. Eles são chamados, portanto, *gases inertes*.

Podemos entender parcialmente este comportamento observando as configurações eletrônicas na Figura 29.12. O elemento hélio é um no qual a configuração eletrônica é $1s^2$; em outras palavras, uma camada é preenchida. Além disso, descobriu-se que a energia associada à camada preenchida é consideravelmente mais baixa que a energia do próximo nível disponível, o nível $2s$. A seguir, veja a configuração eletrônica para o neônio, $1s^2 2s^2 2p^6$. Novamente, a camada externa é preenchida, e uma lacuna na energia ocorre entre os níveis $2p$ e $3s$. O argônio tem a configuração $1s^2 2s^2 2p^6 3s^2 3p^6$. Aqui, a subcamada $3p$ é preenchida, e uma lacuna em energia surge entre as subcamadas $3p$ e $3d$. Poderíamos continuar este procedimento com todos os gases inertes; o padrão permanece o mesmo. Um gás inerte é formado quando tanto a camada quanto a subcamada são preenchidas e uma lacuna em energia ocorre antes que o próximo nível seja encontrado.

Grupo I	Grupo II					Elementos de transição						Grupo III	Grupo IV	Grupo V	Grupo VI	Grupo VII	Grupo 0
H 1 $1s^1$																H 1 $1s^1$	He 2 $1s^2$
Li 3 $2s^1$	Be 4 $2s^2$											B 5 $2p^1$	C 6 $2p^2$	N 7 $2p^3$	O 8 $2p^4$	F 9 $2p^5$	Ne 10 $2p^6$
Na 11 $3s^1$	Mg 12 $3s^2$											Al 13 $3p^1$	Si 14 $3p^2$	P 15 $3p^3$	S 16 $3p^4$	Cl 17 $3p^5$	Ar 18 $3p^6$
K 19 $4s^1$	Ca 20 $4s^2$	Sc 21 $3d^14s^2$	Ti 22 $3d^24s^2$	V 23 $3d^34s^2$	Cr 24 $3d^54s^1$	Mn 25 $3d^54s^2$	Fe 26 $3d^64s^2$	Co 27 $3d^74s^2$	Ni 28 $3d^84s^2$	Cu 29 $3d^{10}4s^1$	Zn 30 $3d^{10}4s^2$	Ga 31 $4p^1$	Ge 32 $4p^2$	As 33 $4p^3$	Se 34 $4p^4$	Br 35 $4p^5$	Kr 36 $4p^6$
Rb 37 $5s^1$	Sr 38 $5s^2$	Y 39 $4d^15s^2$	Zr 40 $4d^25s^2$	Nb 41 $4d^45s^1$	Mo 42 $4d^55s^1$	Tc 43 $4d^55s^2$	Ru 44 $4d^75s^1$	Rh 45 $4d^85s^1$	Pd 46 $4d^{10}$	Ag 47 $4d^{10}5s^1$	Cd 48 $4d^{10}5s^2$	In 49 $5p^1$	Sn 50 $5p^2$	Sb 51 $5p^3$	Te 52 $5p^4$	I 53 $5p^5$	Xe 54 $5p^6$
Cs 55 $6s^1$	Ba 56 $6s^2$	57–71*	Hf 72 $5d^26s^2$	Ta 73 $5d^36s^2$	W 74 $5d^46s^2$	Re 75 $5d^56s^2$	Os 76 $5d^66s^2$	Ir 77 $5d^76s^2$	Pt 78 $5d^96s^1$	Au 79 $5d^{10}6s^1$	Hg 80 $5d^{10}6s^2$	Tl 81 $6p^1$	Pb 82 $6p^2$	Bi 83 $6p^3$	Po 84 $6p^4$	At 85 $6p^5$	Rn 86 $6p^6$
Fr 87 $7s^1$	Ra 88 $7s^2$	89–103**	Rf 104 $6d^27s^2$	Db 105 $6d^37s^2$	Sg 106 $6d^47s^2$	Bh 107 $6d^57s^2$	Hs 108 $6d^67s^2$	Mt 109 $6d^77s^2$	Ds 110 $6d^97s^1$	Rg 111	Cn 112		114		116		

*Séries de lantanídeos

La 57 $5d^16s^2$	Ce 58 $5d^14f^16s^2$	Pr 59 $4f^36s^2$	Nd 60 $4f^46s^2$	Pm 61 $4f^56s^2$	Sm 62 $4f^66s^2$	Eu 63 $4f^76s^2$	Gd 64 $5d^14f^76s^2$	Tb 65 $5d^14f^86s^2$	Dy 66 $4f^{10}6s^2$	Ho 67 $4f^{11}6s^2$	Er 68 $4f^{12}6s^2$	Tm 69 $4f^{13}6s^2$	Yb 70 $4f^{14}6s^2$	Lu 71 $5d^14f^{14}6s^2$

**Séries de actinídeos

Ac 89 $6d^17s^2$	Th 90 $6d^27s^2$	Pa 91 $5f^26d^17s^2$	U 92 $5f^36d^17s^2$	Np 93 $5f^46d^17s^2$	Pu 94 $5f^67s^2$	Am 95 $5f^77s^2$	Cm 96 $5f^76d^17s^2$	Bk 97 $5f^86d^17s^2$	Cf 98 $5f^{10}7s^2$	Es 99 $5f^{11}7s^2$	Fm 100 $5f^{12}7s^2$	Md 101 $5f^{13}7s^2$	No 102 $5f^{14}7s^2$	Lr 103 $5f^{14}6d^17s^2$

Figura 29.12 A tabela periódica dos elementos em uma representação tabular dos elementos que mostra seu comportamento químico periódico. Elementos de uma dada coluna possuem comportamento químico semelhante. Esta tabela mostra o símbolo químico para o elemento, o número atômico e a configuração eletrônica. Uma tabela periódica mais complexa está disponível no Apêndice C.

Se considerarmos a coluna à esquerda dos gases inertes na tabela periódica, observamos um grupo de elementos chamados *halogênios*: flúor, cloro, bromo, iodo e astato. Em temperatura ambiente, o flúor e o cloro são gases, o bromo é um líquido, e o iodo e o astato são sólidos. Em cada um destes átomos, a subcamada externa tem um elétron em falta para ser preenchido. Como resultado, os halogênios são quimicamente muito ativos, aceitando prontamente um elétron de outro átomo para formar uma camada fechada. Os halogênios tendem a formar fortes ligações iônicas com átomos do outro lado da tabela periódica. Em uma lâmpada halogênica, átomo de bromo ou iodo se combinam com átomos de tungstênio evaporados do filamento e os levam de volta ao filamento, resultando em uma lâmpada de mais longa duração. Além disso, o filamento pode ser operado a uma temperatura mais elevada que em lâmpadas comuns, fornecendo uma luz mais clara e mais branca.

Do lado esquerdo da tabela periódica, os elementos do Grupo I consistem no hidrogênio e nos *metais alcalinos* lítio, sódio, potássio, rubídio, césio e frâncio. Cada um destes átomos contém um elétron em uma subcamada fora de uma subcamada fechada. Portanto, estes elementos formam íons positivos com facilidade, porque o elétron aprisionado é compelido com uma energia relativamente baixa e facilmente removido. Por isso, os átomos de metais alcalinos são quimicamente ativos e formam ligações muito fortes com os átomos halogênios. Por exemplo, o sal de mesa, NaCl, é uma combinação de um metal alcalino e um halogênio. Como o elétron externo é facilmente perdido, metais alcalinos puros tendem a ser bons condutores elétricos, embora, devido a sua intensa atividade química, não sejam geralmente encontrados na natureza.

É interessante mapear a energia de ionização em comparação com o número atômico Z, como mostra a Figura 29.13. Note o padrão de diferenças em números atômicos entre os picos do gráfico: 8, 8, 18, 18, 32. Este padrão segue o princípio de exclusão de Pauli e ajuda a explicar por que os elementos repetem suas propriedades químicas em grupos. Por exemplo, os picos em $Z = 2$, 10, 18 e 36 correspondem aos elementos He, Ne, Ar e Kr, que possuem camadas preenchidas. Estes elementos possuem um comportamento químico semelhante.

Figura 29.13 A energia de ionização dos elementos *versus* o número atômico.

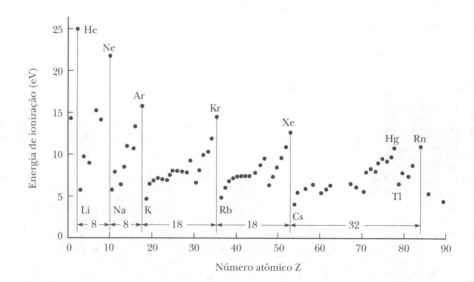

TESTE RÁPIDO 29.4 Classifique a energia necessária para remover o elétron externo dos três elementos a seguir, do menor para o maior: lítio, potássio, césio.

BIO Tratamento de cânceres com próton terapia   Uma variedade de planos de tratamento está disponível para combater tumores cancerígenos. Algumas dessas opções envolvendo os fenômenos atômico e nuclear serão discutidas neste e no próximo capítulo. Um desses procedimentos de tratamento é chamado *próton terapia*. Neste procedimento, um feixe de prótons é usado para irradiar o tecido cancerígeno. Prótons são uma forma de *radiação ionizadora*, isto é, uma radiação que irá ionizar átomos de tecidos doentes com o objetivo de destruir o tecido. Uma grande vantagem da utilização dos prótons é que a dose aplicada ao tecido, isto é, a energia ionizadora depositada nele, é um máximo sobre os últimos poucos milímetros da faixa de variação da partícula. Como resultado, relativamente pouca ionização ocorre ao longo da primeira parte da trajetória do próton, mantendo intactos os tecidos saudáveis. Ao ajustar a energia que chega aos prótons, em até 250 MeV, a profundidade na qual a maioria da energia é entregue pode ser ajustada para coincidir com o local do tumor. Bocais especiais na extremidade do feixe de prótons formatam o feixe de acordo com o formato tridimensional do tumor, permitindo que todo o tumor receba uma irradiação uniforme. Como resultado, o tecido cancerígeno é danificado, enquanto o tecido saudável ao redor experimenta um dano muito menor.

A próton terapia tem sido utilizada para tratar o câncer de próstata, sarcomas, câncer de pulmão inoperável, neuromas acústicos, e uma variedade de tumores oculares. Os procedimentos da próton terapia com prótons têm sido executados desde o início dos anos 1950 com a utilização de aceleradores de partículas construídos para a pesquisa em Física. No início da década de 1990, centros dedicados à próton terapia baseados em hospitais foram construídos. Em 2013, havia dez desses centros nos Estados Unidos, e 37 ao redor do mundo.

29.6 | Mais sobre o espectro atômico: visível e raio X

No Capítulo 11 (Volume 1), discutimos brevemente a origem das linhas espectrais para o hidrogênio e íons semelhantes ao hidrogênio. Lembre-se de que um átomo em estado excitado emitirá radiação eletromagnética se fizer uma transição para um estado de mais baixa energia.

O diagrama do nível de energia para o hidrogênio é exibido na Figura 29.14. Esta representação semigráfica é diferente da Figura Ativa 11.18, já que estados independentes correspondentes a valores diferentes de ℓ dentro de um dado valor de n são espalhados horizontalmente. A Figura 29.14 mostra apenas estados até $\ell = 2$; as camadas de $n = 4$ para cima teriam mais conjuntos de estados para a direita, que não são exibidos.

As linhas diagonais na Figura 29.14 representam transições permitidas entre estados estacionários. Sempre que um átomo faz uma transição de um estado de energia elevada para um estado de energia mais baixa, um fóton de luz é emitido.

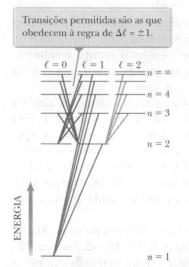

Figura 29.14 Algumas transições eletrônicas permitidas para o hidrogênio representadas pelas linhas com graduações de cinza.

A frequência deste fóton é $f = \Delta E/h$, onde ΔE é a diferença de energia entre os dois estados e h é a constante de Planck. As **regras de seleção** para as transições permitidas são

$$\Delta \ell = \pm 1 \quad \text{e} \quad \Delta m_\ell = 0 \text{ ou } \pm 1 \qquad \text{29.16} \blacktriangleleft \quad \blacktriangleright \text{ Regras de seleção para transições atômicas permitidas}$$

Transições que não obedecem às regras de seleção acima são **proibidas**. (Tal transição pode ocorrer, mas sua probabilidade é muito pequena se comparada à das transições permitidas.) Por exemplo, qualquer transição representada por uma linha vertical na Figura 29.14 é proibida porque o número quântico ℓ não se altera.

Uma vez que o momento angular de um átomo muda quando um fóton é emitido ou absorvido (ou seja, como resultado de uma transição), e porque o momento angular do sistema isolado do átomo e do fóton deve ser conservado, concluímos que o fóton envolvido no processo deve apresentar momento angular. De fato, o fóton possui um momento angular intrínseco equivalente ao da partícula com spin de $s = 1$, comparada com o elétron com $s = \frac{1}{2}$. Então, um fóton possui energia, momento linear e momento angular. Este exemplo é o primeiro que vimos de uma única partícula com spin *integral*.

A Equação 29.2 lista as energias dos estados quânticos permitidos para o hidrogênio. Também podemos aplicar a equação de Schrödinger a outros sistemas de um único elétron, tal como os íons He^+ e Li^{++}. A diferença principal entre estes íons e o átomo de hidrogênio é o número diferente de prótons Z no núcleo. O resultado é uma generalização da Equação 29.2 para estes sistemas de um único elétron:

$$E_n = -\frac{(13{,}6 \text{ eV}) Z^2}{n^2} \qquad \text{29.17} \blacktriangleleft$$

Para os elétrons externos em átomos com múltiplos elétrons, a carga nuclear Ze é cancelada ou blindada pela carga negativa dos elétrons mais internos. Consequentemente, os elétrons externos interagem com a carga líquida que é reduzida em relação a carga real do núcleo. (De acordo com a lei de Gauss, o campo elétrico na posição de um elétron externo depende da carga líquida do núcleo e dos elétrons próximos do núcleo.) A expressão para as energias permitidas para os átomos com múltiplos elétrons possui a mesma forma que a Equação 29.17, com Z substituído por um número atômico real Z_{ef}. Isto é,

$$E_n \approx -\frac{(13{,}6 \text{ eV}) Z_{\text{ef}}^2}{n^2} \qquad \text{29.18} \blacktriangleleft$$

onde Z_{ef} depende de n e ℓ.

> **PENSANDO A FÍSICA 29.2**

Uma estudante de Física está assistindo a uma chuva de meteoritos durante as primeiras horas da manhã. Ela percebe que as faixas de luz dos meteoritos que entram nas regiões mais altas da atmosfera duram até 2 ou 3 s antes de desaparecerem.

Ela também percebe uma tempestade de relâmpagos a distância. As faixas de luz do relâmpago desaparecem quase que imediatamente depois da explosão, certamente em muito menos que 1 s. Tanto o relâmpago quanto os meteoros transformam o ar em plasma por causa das elevadas temperaturas geradas. A luz é emitida de ambas as fontes quando os elétrons que estão no plasma se recombinam com as moléculas ionizadas. Por que esta luz dura mais tempo para os meteoros do que para o relâmpago?

Raciocínio A resposta está na sutil frase na descrição dos meteoritos "que entram nas regiões mais altas da atmosfera". Nestas, a pressão do ar é muito baixa. A *densidade* do ar é, portanto, muito baixa, então as moléculas do ar estão relativamente distantes umas das outras. Portanto, depois que o ar é ionizado pela passagem do meteorito, a probabilidade por intervalo de unidade de tempo de elétrons libertos encontrarem uma molécula ionizada para recombinar é relativamente baixa. Como resultado, o processo de recombinação para todos os elétrons libertos ocorre durante um intervalo de tempo relativamente longo, medido em segundos.

Por outro lado, o relâmpago ocorre nas regiões mais baixas da atmosfera (a troposfera), onde a pressão e a densidade são relativamente altas. Depois da ionização pela propagação do relâmpago, os elétrons libertos e as moléculas ionizadas estão muito mais próximas umas das outras do que na atmosfera superior. A probabilidade por intervalo de unidade de tempo de recombinação é muito maior, e o intervalo de tempo para a recombinação de todos os elétrons e íons é muito mais curto. ◀

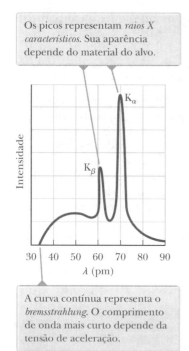

Os picos representam *raios X característicos*. Sua aparência depende do material do alvo.

A curva contínua representa o *bremsstrahlung*. O comprimento de onda mais curto depende da tensão de aceleração.

Figura 29.15 O espectro de raio X de um alvo de metal. Os dados exibidos foram obtidos quando os elétrons 37 keV bombardeavam um alvo de molibdênio.

BIO Imagiologia média com raios X

Espectro do raio X

Raios X são emitidos quando elétrons de alta energia ou quaisquer outras partículas carregadas bombardeiam um alvo de metal. O espectro do raio X consiste tipicamente de uma ampla faixa contínua contendo uma série de linhas fortes, como ilustra a Figura 29.15. Na Seção 24.6, mencionamos que uma carga elétrica acelerada emite radiação eletromagnética. Os raios X na Figura 29.15 são o resultado da desaceleração dos elétrons com alto nível de energia à medida que atingem o alvo. Podem ser necessárias várias interações com os átomos do alvo antes que o elétron perca toda sua energia cinética. A quantidade de energia cinética perdida em uma dada interação pode variar de zero até toda a energia cinética do elétron. Portanto, o comprimento de onda da radiação destas interações encontra-se em uma faixa contínua de algum valor mínimo até o infinito. É esta desaceleração geral dos elétrons que fornece a curva contínua da Figura 29.15, que mostra o corte de raios X abaixo de um valor mínimo de comprimento de onda que depende da energia cinética dos elétrons que chegam. A radiação por raio X com origem na desaceleração dos elétrons é chamada **bremsstrahlung**, palavra alemã para "radiação de frenagem".

Bremsstrahlung com energias extremamente elevadas são usadas para o tratamento de tecidos cancerígenos em um processo conhecido como *radioterapia por feixe externo*. A Figura 29.16 mostra uma máquina que utiliza um acelerador linear para acelerar elétrons até 18 MeV e esmagá-los contra um alvo de tungstênio. O resultado é um feixe de fótons, até uma energia máxima de 18 MeV, que na realidade está na faixa de raios gama exibida na Figura 24.11. Esta radiação é direcionada ao tumor do paciente.

Na seção anterior, discutimos o tratamento de tecidos cancerígenos com prótons energéticos. A vantagem daquela técnica é que a maioria da energia dos prótons é entregue dentro do tecido cancerígeno, mantendo os tecidos saudáveis intactos. As desvantagens são o tamanho e o custo do cíclotron ou sincrotron necessário para acelerar os prótons até energias terapêuticas. A radioterapia com feixe externo apresenta uma probabilidade maior de danos a tecidos saudáveis, mas o equipamento necessário para acelerar elétrons a energias terapêuticas é muito menor e mais barato que aquele usado na próton terapia.

Os raios X têm sido usados para imagiologia médica desde o início do século XX. À medida que os raios X passam pelo corpo, tecidos de várias densidades e composições absorvem quantidades diferentes de energia. Ao permitir que os raios X se exponham sobre o filme fotográfico depois de passar pelo corpo, o filme mostra uma imagem sombreada da estrutura interna do corpo. Em um procedimento mais avançado, chamado *fluoroscopia*, o filme fotográfico é substituído por uma tela fluorescente (primeira década do século XX) ou uma tela detectora e um monitor de vídeo (década de 1950). Este procedimento permite uma avaliação em tempo real da imagem de raio X. Na década de 1970, um grande avanço ocorreu com o desenvolvimento da *tomografia computadorizada*, ou *scans de TC*. Um scan de TC é criado pela combinação de uma fonte e um detector de raios X que gira ao redor do corpo e um computador para avaliar os dados. O resultado é uma série de imagens representando porções transversais do corpo. Scans de TC, incluindo versões mais novas que fornecem imagens tridimensionais, são amplamente utilizados em procedimentos médicos diagnósticos. Enquanto o uso de scans de TC possui algumas vantagens sobre o uso dos scans de ressonância magnética, como, por exemplo, na imagiologia de tumores na região torácica, ele tem uma desvantagem própria ao expor pacientes aos raios X, que podem causar danos a tecidos saudáveis. Os scans de ressonância magnética, por outro lado, expõem o paciente apenas a um campo magnético intenso e ondas de rádio inofensivas.

As linhas discretas na Figura 29.15, chamadas **raio X característico**, descobertas em 1908, têm origem diferente daquela da *bremsstrahlung*. Sua origem permaneceu inexplicada até que os detalhes da estrutura atômica fossem compreendidos. O primeiro passo na produção de raios X característicos ocorre quando um elétron colide com o átomo alvo. O elétron que chega deve ter energia suficiente para remover do átomo um elétron dentro de uma camada. A vaga criada na camada é preenchida quando um elétron em uma camada mais alta cai para uma camada contendo

Figura 29.16 *Bremsstrahlung* é criado por esta máquina e usado para tratar o câncer de um paciente.

uma vaga. O intervalo de tempo necessário para que isto ocorra é muito pequeno, menor que 10^{-9} s. Como de costume, esta transição é acompanhada pela emissão de um fóton cuja energia é igual à diferença de energia entre as duas camadas. Tipicamente, a energia de tal transição é maior que 1.000 eV, e os fótons de raio X emitidos possuem comprimentos de onda na faixa de 0,01 a 1 nm.

Vamos supor que o elétron que chega desalojou um elétron atômico da camada interna, a camada K. Se a vaga é preenchida por um elétron caindo da próxima camada mais alta, a camada L, o fóton emitido no processo tem uma energia correspondente à linha K_α na curva da Figura 29.15. Se a vaga for preenchida por um elétron caindo da camada M, a linha produzida é chamada linha K_β. Nesta notação, a letra K representa a camada final na qual o elétron cai, e o subscrito fornece uma letra grega correspondente ao número da camada acima da camada final da qual saiu o elétron. Portanto, K_α indica que a camada final é a K, enquanto a camada inicial é a primeira acima de K (porque α é a primeira letra no alfabeto grego), que é a camada L.

Outras linhas do raio X característico são formadas quando elétrons caem das camadas superiores nas vagas das camadas diferentes da camada K. Por exemplo, as linhas L são produzidas quando as vagas na camada L são preenchidas por elétrons caindo das camadas superiores. Uma linha L_α é produzida à medida que um elétron cai da camada M para a camada L, e uma linha L_β é produzida pela transição da camada N para a camada L.

Embora os átomos com múltiplos elétrons não possam ser analisados com exatidão por meio do modelo de Bohr ou da equação de Schrödinger, podemos aplicar nosso conhecimento da lei de Gauss do Capítulo 19 para fazer algumas estimativas surpreendentemente precisas das energias de raio X e comprimentos de onda esperados. Considere um átomo de número atômico Z no qual um dos dois elétrons na camada K tenha sido ejetado. Imagine que desenhamos uma esfera gaussiana dentro do raio mais provável dos elétrons L. O campo elétrico na posição dos elétrons L é uma combinação do núcleo, do único elétron de K, dos outros elétrons de L e dos elétrons externos. As funções de onda dos elétrons externos são tais que há uma probabilidade muito grande de elas estarem mais distantes do núcleo do que estão os elétrons em L. Portanto, elas têm muito mais chances de estar fora da superfície gaussiana, e, em média, não contribuem significativamente para o campo elétrico na posição dos elétrons em L. A carga efetiva dentro da superfície gaussiana é a carga nuclear positiva e uma carga negativa devido ao único elétron em K. Se ignorarmos as interações entre os elétrons em L, um único elétron se comporta como se experimentasse um campo elétrico devido a uma carga interna a uma superfície gaussiana de $(Z-1)e$. A carga nuclear está, na verdade, protegida pelo elétron na camada K de tal forma que Z_{eff} na Equação 29.18 é $Z-1$. Para as camadas de nível mais alto, a carga nuclear é protegida pelos elétrons em todas as camadas internas.

Podemos agora usar a Equação 29.18 para estimar a energia associada com um elétron na camada L:

$$E_L \approx -(Z-1)^2 \frac{13,6 \text{ eV}}{2^2}$$

Depois que um átomo faz a transição, existem dois elétrons na camada K. Podemos aproximar a energia associada com um destes elétrons daquela de um átomo com um único elétron. (Na realidade, a carga nuclear é reduzida de alguma forma pela carga negativa do outro elétron, mas vamos ignorar este efeito.) Portanto,

$$E_K \approx -Z^2(13,6 \text{ eV}) \qquad \text{29.19} \blacktriangleleft$$

Como mostramos no Exemplo 29.5, a energia do átomo com um elétron em uma camada M pode ser estimada de forma semelhante. Ao tomar a diferença em energia entre os níveis inicial e final, a energia e o comprimento de onda do fóton emitido podem então ser calculados.

Em 1914, Henry G. J. Moseley (1887–1915) plotou $\sqrt{1/\lambda}$ contra os valores de Z para um número de elementos, onde λ é o comprimento de onda da linha K_α de cada elemento. Ele descobriu que a curva é uma linha reta, como mostra a Figura 29.17. Esta descoberta é consistente com cálculos grosseiros dos níveis de energia dados pela Equação 29.19. A partir deste gráfico, Moseley foi capaz de determinar os valores Z de alguns elementos faltantes, o que forneceu uma tabela periódica em excelente acordo com as propriedades químicas conhecidas dos elementos.

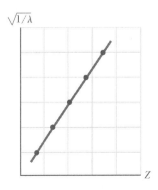

Figura 29.17 Um gráfico de Moseley de $\sqrt{1/\lambda}$ versus Z, onde λ é o comprimento de onda da linha de raio X K_α do elemento com número atômico Z.

194 | Princípios de física

> **TESTE RÁPIDO 29.5** Verdadeiro ou Falso: É possível para um espectro de raio X mostrar um espectro contínuo de raios X sem a presença dos raios X característicos.

> **TESTE RÁPIDO 29.6** Em um tubo de raio X, à medida que você aumenta a energia dos elétrons que se chocam contra o alvo de metal, os comprimentos de onda do raio X característico (a) aumentam, (b) diminuem, ou (c) permanecem constantes?

Exemplo **29.5** | **Estimando a energia de um raio X**

Estime a energia do raio X característico emitido de um alvo de tungstênio quando um elétron cai da camada M (estado $n = 3$) para uma vaga na camada K (estado $n = 1$). O número atômico para o tungstênio é $Z = 74$.

SOLUÇÃO

Conceitualize Imagine um elétron acelerado atingindo um átomo de tungstênio e ejetando um elétron da camada K. De forma subsequente, um elétron na camada M cai para preencher a vaga, e a diferença de energia entre os estados é emitida como um fóton de raio X.

Categorize Estimamos os resultados utilizando equações desenvolvidas nesta seção; portanto, categorizamos este exemplo como um problema de substituição.

Use a Equação 29.19 e $Z = 74$ para o tungstênio para estimar a energia associada com o elétron na camada K:

$$E_K \approx -(74)^2(13{,}6 \text{ eV}) = -7{,}4 \times 10^4 \text{ eV}$$

Use a Equação 29.18 e nove elétrons que protegem a carga do núcleo (oito no estado $n = 2$ e um no estado $n = 1$) para estimar a energia da camada M:

$$E_M \approx -\frac{(13{,}6 \text{ eV})(74-9)^2}{(3)^2} \approx -6{,}4 \times 10^3 \text{ eV}$$

Encontre a energia do fóton de raio X emitido:

$$hf = E_M - E_K \approx -6{,}4 \times 10^3 \text{ eV} - (-7{,}4 \times 10^4 \text{ eV})$$
$$\approx 6{,}8 \times 10^4 \text{ eV} = 68 \text{ keV}$$

A consulta das tabelas de raio X mostra que as energias da transição M–K no tungstênio variam de 66,9 keV a 67,7 keV, onde a faixa de energias se deve aos valores de energia sutilmente diferentes para estados de ℓ diferentes. Portanto, nossa estimativa difere do ponto médio desta faixa medida experimentalmente em aproximadamente 1%.

29.7 | Conteúdo em contexto: átomos no espaço

Passamos um bom tempo falando sobre o átomo de hidrogênio neste capítulo. Vamos considerar agora os átomos localizados no espaço. Como o hidrogênio é o elemento mais abundante no Universo, seu papel na Astronomia e na Cosmologia é muito importante.

Vamos começar considerando imagens de algumas nebulosas que você já pode ter visto em textos de Astronomia, como a da Figura 29.18. Fotografias de longa exposição destes objetos mostram uma variedade de cores. O que causa as cores destas nuvens de gás e grãos de poeira? Vamos imaginar uma nuvem de átomos de hidrogênio no espaço próximo a uma estrela muito quente. Os fótons de alta energia da estrela podem interagir com os átomos de hidrogênio, elevando-os para um estado de alta energia, ou ionizando-os. À medida que os átomos caem para os estados mais baixos, muitos átomos emitem a série Balmer de comprimentos de onda. Por isso, estes átomos fornecem as cores vermelha, verde, azul e violeta para a nebulosa, correspondendo às cores vistas no espectro de hidrogênio no Capítulo 11 (no Volume 1).

Na prática, nebulosas são classificadas em três grupos dependendo das transições que ocorrem nos átomos de hidrogênio. **Nebulosas de emissão** (Fig. 29.18a) estão próximas de uma estrela quente, então os átomos de hidrogênio são excitados pela luz da estrela como descrito acima. Portanto, a luz de uma nebulosa de emissão é dominada pelas discretas linhas espectrais de emissão e contém cores. **Nebulosas de reflexão** (Fig. 29.18b) estão próximas de uma estrela fria.

a, C. R. O'Dell (Rice University) and NASA; b, © Science Photo Library / Alamy; c, A. Caulet (ST-ECF, ESA) and NASA) 1007 29.16

Figura 29.18 Tipos de nebulosas astronômicas. (a) A parte central da Nebulosa de Orion representa uma nebulosa de emissão, da qual luz colorida é emitida dos átomos. (b) As Pleiades. As nuvens de luz ao redor das estrelas representam uma nebulosa de reflexão, da qual a luz das estrelas é refletida por partículas de poeira. (c) A Nebulosa Lagoon mostra os efeitos de uma nebulosa escura, na qual nuvens de poeira bloqueiam a luz das estrelas e aparecem como uma silhueta escura contra a luz das estrelas mais distantes. Para visualizar as figuras em cores, acesse o material complementar *on-line*.

Nesses casos, a maior parte da luz da nebulosa é a das estrelas refletida de grandes grãos de material na nebulosa, em vez de ser emitida por átomos excitados. Portanto, o espectro de luz da nebulosa é o mesmo que da estrela: um espectro de absorção com linhas escuras correspondentes aos átomos e íons nas regiões externas à estrela. A luz dessas nebulosas tendem a parecer branca. Finalmente, **nebulosas escuras** (Fig. 29.18c) não estão próximas de uma estrela. Consequentemente, pouca radiação está disponível para excitar átomos ou se refletir a partir de grãos de poeira. Como resultado, o material nessas nebulosas emite luz de estrelas além delas, e elas aparecem como uma mancha escura contra o brilho das estrelas mais distantes.

Além do hidrogênio, alguns outros átomos e íons no espaço são elevados a estados de energia mais alta pela radiação das estrelas e continuam a emitir várias cores. Algumas das cores mais proeminentes são violeta (373 nm) do íon O^+ e verde (496 nm e 501 nm) do íon O^{++}. O hélio e o nitrogênio também fornecem cores fortes.

Em nossa discussão dos números quânticos para o átomo de hidrogênio, defendemos que dois estados são possíveis na camada $1s$, correspondendo a um spin para cima ou para baixo, e que estes dois estados têm energias equivalentes na ausência de um campo magnético. Se modificamos nosso modelo estrutural para incluir o spin do próton, no entanto, descobrimos que estes dois estados atômicos correspondentes ao spin do elétron não possuem a mesma energia. O estado no qual os spins do elétron e do próton são paralelos é levemente mais alto em energia que o estado no qual eles são antiparalelos. A diferença em energia é apenas $5,9 \times 10^{-6}$ eV. Como estes dois estados diferem em energia, é possível para o átomo fazer uma transição entre os estados. Se a transição é de um estado paralelo para um antiparalelo, um fóton é emitido, com energia igual à diferença em energia entre os estados. O comprimento de onda do fóton é

$$\lambda = \frac{c}{f} = \frac{hc}{hf} = \frac{hc}{E} = \frac{1{,}240 \text{ eV} \cdot \text{nm}}{5{,}9 \times 10^{-6} \text{ eV}} \left(\frac{10^{-9} \text{ m}}{1 \text{ nm}} \right)$$

$$= 0{,}21 \text{ m} = 21 \text{ cm}$$

Esta radiação é chamada, por motivos óbvios, **radiação 21 cm**. É uma radiação com um comprimento de onda que é identificável com o átomo de hidrogênio. Por isso, quando observamos esta radiação no espaço, podemos detectar átomos de hidrogênio. Além disso, se o comprimento de onda da radiação observada não for igual a 21 cm, podemos inferir que houve um deslocamento Doppler devido ao movimento relativo entre a Terra e a fonte. Este deslocamento Doppler pode então ser usado para medir a velocidade relativa da fonte em direção ou contrária à Terra. Esta técnica tem sido extensamente usada para estudar a distribuição de hidrogênio na Via Láctea e detectar a presença de braços espirais na nossa galáxia, semelhante aos braços espirais em outras galáxias.

Nosso estudo de Física Atômica nos permite entender uma conexão importante entre o mundo microscópico da Física Quântica e o Universo macroscópico. Os átomos por todo o Universo agem como transmissores de informações sobre as condições locais. No Capítulo 30, que lida com Física Nuclear, veremos como nosso entendimento dos processos microscópicos pode nos ajudar a entender as condições locais no centro de uma estrela.

RESUMO

Os métodos da Mecânica Quântica podem ser aplicados ao átomo de hidrogênio utilizando-se a função de energia potencial adequada $U(r) = -k_e e^2/r$ na equação de Schrödinger. A solução para esta equação fornece as funções de onda para os estados permitidos e as energias permitidas, dadas por

$$E_n = -\left(\frac{k_e e^2}{2a_0}\right)\frac{1}{n^2} = -\frac{13{,}606 \text{ eV}}{n^2} \quad n = 1, 2, 3, \ldots \quad \mathbf{29.2}$$

que é precisamente o resultado obtido na teoria de Bohr. A energia permitida depende apenas do **número quântico principal** n. As funções de onda permitidas dependem de três números quânticos, n, ℓ e m_ℓ, onde ℓ é o **número quântico orbital** e m_ℓ é o **número quântico magnético orbital**. As restrições nos números quânticos são as seguintes:

$$n = 1, 2, 3, \ldots$$
$$\ell = 0, 1, 2, \ldots, n-1$$
$$m_\ell = -\ell, -\ell+1, \ldots, \ell-1, \ell$$

Todos os estados com o mesmo número quântico principal n formam uma camada, identificada pelas letras K, L, M, ... (correspondentes a $n = 1, 2, 3, \ldots$). Todos os estados com os mesmos valores para ambos n e ℓ formam uma **subcamada**, designadas pelas letras s, p, d, f, ... (correspondentes a $\ell = 0, 1, 2, 3, \ldots$).

Um átomo em estado caracterizado por um n específico pode ter os seguintes valores de **momento angular orbital** L:

$$L = \sqrt{\ell(\ell+1)}\hbar \quad \ell = 0, 1, 2, \ldots, n-1 \quad \mathbf{29.9}$$

Os valores permitidos da projeção do vetor do momento angular $\vec{L}$ ao longo do eixo z são dados por

$$L_z = m_\ell \hbar \quad \mathbf{29.10}$$

onde m_ℓ é restrito a valores inteiros que estão entre $-\ell$ e ℓ. Somente valores discretos de L_z são permitidos, e são determinados pelas restrições em m_ℓ. Esta quantização de L_z é conhecida como **quantização do espaço**.

Para descrever completamente um estado quântico do átomo de hidrogênio, é necessário incluir um quarto número quântico m_s, chamado **número quântico magnético de spin**. Este número quântico pode ter apenas dois valores, $\pm\frac{1}{2}$. De fato, este número quântico adicional dobra o número de estados permitidos especificados pelos números quânticos n, ℓ e m_ℓ.

O elétron possui um momento angular intrínseco chamado **momento angular de spin**. Isto é, o momento angular total de um átomo pode ter duas contribuições: uma surgindo do spin do elétron ($\vec{S}$) e uma surgindo do movimento orbital do elétron ($\vec{L}$).

O spin do elétron pode ser descrito por um número quântico $s = \frac{1}{2}$. A **magnitude do momento angular de spin** é

$$S = \frac{\sqrt{3}}{2}\hbar \quad \mathbf{29.12}$$

e o componente z de $\vec{S}$ é

$$S_z = m_s \hbar = \pm\frac{1}{2}\hbar \quad \mathbf{29.13}$$

O momento magnético $\vec{\mu}_{\text{spin}}$ associado ao momento angular de spin de um elétron é

$$\vec{\mu}_{\text{spin}} = -\frac{e}{m_e}\vec{S} \quad \mathbf{29.14}$$

O componente z do spin $\vec{\mu}_{\text{spin}}$ pode ter os valores

$$\mu_{\text{spin},z} = \pm\frac{e\hbar}{2m_e} \quad \mathbf{29.15}$$

A quantidade $e\hbar/2m_e$ é chamada **magneton de Bohr** μ_B e possui o valor numérico de $9{,}274 \times 10^{-24}$ J/T.

O **princípio da exclusão** afirma que dois elétrons em um mesmo átomo não podem ter o mesmo conjunto de números quânticos n, ℓ, m_ℓ e m_s. Utilizando este princípio, pode-se determinar a configuração eletrônica dos elementos. Este procedimento serve como base para o entendimento da estrutura atômica e das propriedades químicas dos elementos.

Estas transições eletrônicas permitidas entre dois estados em um átomo são governadas pelas **regras de seleção**

$$\Delta\ell = \pm 1 \quad \text{e} \quad \Delta m_\ell = 0 \text{ ou } \pm 1 \quad \mathbf{29.16}$$

O **espectro de raio X** de um alvo de metal consiste de um conjunto de linhas fortes características sobrepostas em um espectro amplo e contínuo. *Bremsstrahlung* é uma radiação X que tem sua origem na desaceleração de elétrons com altos níveis de energia à medida que encontram seu alvo. **Raios X característicos** são emitidos quando um elétron passa por uma transição de uma camada externa para uma vaga de elétron em uma das camadas internas.

PERGUNTAS OBJETIVAS

1. Se um elétron em um átomo possui os números quânticos $n = 3$, $\ell = 2$, $m_\ell = 1$ e $m_s = \frac{1}{2}$, em que estado ele se encontra? (a) $3s$ (b) $3p$ (c) $3d$ (d) $4d$ (e) $3f$

2. A tabela periódica é baseada em qual dos seguintes princípios? (a) O princípio da incerteza. (b) Todos os elétrons em um átomo devem ter o mesmo conjunto de números quânticos. (c) A energia é conservada em todas as interações. (d) Todos os elétrons em um átomo estão em orbitais com a mesma energia. (e) Dois elétrons no mesmo átomo não podem ter o mesmo conjunto de números quânticos.

3. Considere os números quânticos (a) n, (b) ℓ, (c) m_ℓ e (d) m_s. (i) Qual destes números quânticos são fracionários, ao invés de inteiros? (ii) Qual pode às vezes obter valores negativos? (iii) Qual deles pode ser zero?

4. Quando um elétron colide com um átomo, ele pode transferir toda ou parte de sua energia para o átomo. Um átomo de hidrogênio está em seu estado fundamental. Incidindo

no átomo estão vários elétrons, cada um com uma energia cinética de 10,5 eV. Qual é o resultado? (a) O átomo pode ser excitado a um estado permitido mais alto. (b) O átomo é ionizado. (c) Os elétrons passam pelo átomo sem interação.

5. Considere o nível de energia $n = 3$ no átomo de hidrogênio. Quantos elétrons podem ser colocados neste nível? (a) 1 (b) 2 (c) 8 (d) 9 (e) 18

6. (i) Qual é o número quântico principal do estado inicial de um átomo à medida que emite uma linha M_β em um espectro de raio X? (a) 1 (b) 2 (c) 3 (d) 4 (e) 5. (ii) Qual número quântico principal do estado final para esta transição? Escolha entre as mesmas alternativas da parte (i).

7. Qual das seguintes configurações eletrônicas *não* são permitidas para um átomo? Escolha todas as respostas corretas. (a) $2s^2 2p^6$ (b) $3s^2 3p^7$ (c) $3d^7 4s^2$ (d) $3d^{10} 4s^2 4p^6$ (e) $1s^2 2s^2 2d^1$.

8. (a) No átomo de hidrogênio, o número quântico n pode aumentar sem limites? (b) A frequência de possíveis linhas discretas no espectro de hidrogênio pode aumentar sem limites? (c) O comprimento de onda de possíveis linhas discretas no espectro de hidrogênio pode aumentar sem limites?

9. Quando um átomo emite um fóton, o que acontece? (a) Um de seus elétrons deixa o átomo. (b) O átomo muda para um estado de mais alta energia. (c) O átomo muda para um estado de mais baixa energia. (d) Um de seus elétrons colide com outra partícula. (e) Nenhum desses eventos ocorre.

10. O que pode ser concluído sobre o átomo de hidrogênio com seu elétron no estado d? (a) O átomo é ionizado. (b) O número quântico orbital é $\ell = 1$. (c) O número quântico principal é $n = 2$. (d) O átomo se encontra em seu estado fundamental. (e) O momento angular orbital do átomo não é zero.

PERGUNTAS CONCEITUAIS

1. Compare a teoria de Bohr e o tratamento de Schrödinger para o átomo de hidrogênio, comente especificamente sobre o tratamento da energia total e do momento angular orbital do átomo em ambas teorias.

2. É fácil entender como dois elétrons (um com spin para cima e o outro com spin para baixo) preenchem o $n = 1$ ou a camada K para um átomo de hélio. Como é possível que mais oito elétrons sejam permitidos na camada $n = 2$, preenchendo as camadas K e L para um átomo de neônio?

3. Suponha que o elétron no átomo de hidrogênio obedeça à mecânica clássica e não à quântica. Por que um gás com átomos tão hipotéticos emite um espectro contínuo ao invés do espectro em linhas observado?

4. Uma energia de cerca de 21 eV é necessária para excitar um elétron em um átomo de hélio no estado $1s$ para o estado $2s$. A mesma transição para o íon He$^+$ exige aproximadamente o dobro de energia. Explique.

5. O experimento de Stern-Gerlach poderia ser realizado com íons em vez de átomos neutros? Explique.

6. (a) De acordo com o modelo de Bohr do átomo de hidrogênio, qual a incerteza na coordenada radial do elétron? (b) Qual a incerteza no componente radial da velocidade do elétron? (c) De que forma o modelo viola o princípio da incerteza?

7. Por que lítio, potássio e sódio exibem propriedades químicas semelhantes?

8. Por que são necessários três números quânticos para descrever o estado de um átomo com um único elétron (ignorando o spin)?

9. Por que um campo magnético *não uniforme* é usado no experimento de Stern–Gerlach?

10. Discuta algumas consequências do princípio da exclusão.

PROBLEMAS

WebAssign Os problemas que se encontram neste capítulo podem ser resolvidos *on-line* na Enhanced WebAssign (em inglês).

1. denota problema direto; 2. denota problema intermediário; **3.** denota problema desafiador;

1. denota problema mais frequentemente resolvidos no Enhanced WebAssign.

BIO denota problema biomédico;

PD denota problema dirigido;

M denota tutorial Master It disponível no Enhanced WebAssign;

Q|C denota problema que pede raciocínio quantitativo e conceitual;

S denota problema de raciocínio simbólico;

sombreado denota "problemas emparelhados" que desenvolvem raciocínio com símbolos e valores numéricos;

W denota solução no vídeo Watch It disponível no Enhanced WebAssign

Seção 29.1 Primeiros modelos estruturais do átomo

1. (a) Calcule o momento angular da Lua devido a seu movimento orbital sobre a Terra. Em seu cálculo, utilize 3,84 × 10^8 m como a distância média entre a Terra e a Lua, e 2,36 × 10^6 s como o período da Lua em sua órbita. (b) Presuma que o momento angular da Lua é descrito pela suposição de Bohr $mvr = n\hbar$. Determine o número quântico correspondente. (c) Por qual fração a distância entre a Terra e a Lua teria aumentado para elevar em 1 o número quântico?

2. De acordo com a Física clássica, uma carga e movendo-se com uma aceleração a irradia energia a uma taxa

$$\frac{dE}{dt} = -\frac{1}{6\pi\epsilon_0}\frac{e^2 a^2}{c^3}$$

(a) Mostre que um elétron em um átomo de hidrogênio clássico (ver Fig. 29.3) gira para dentro do núcleo a uma taxa

$$\frac{dr}{dt} = -\frac{e^4}{12\pi^2\epsilon_0^2 m_e^2 c^3}\left(\frac{1}{r^2}\right)$$

(b) Descubra o intervalo de tempo no qual o elétron alcança $r = 0$, começando de $r_0 = 2,00 \times 10^{-10}$ m.

3. Um átomo isolado de certo elemento emite luz com comprimento de onda de 520 nm quando cai de seu quinto para o segundo estado excitado. O átomo emite um fóton com comprimento de onda de 410 nm quando cai de seu sexto para seu segundo estado excitado. Descubra o comprimento de onda da luz irradiada quando o átomo faz uma transição de seu sexto estado excitado para o quinto.

4. **S** Um átomo isolado de certo elemento emite luz com comprimento de onda λ_{m1} quando cai de seu estado com número quântico m para estado fundamental de número quântico 1. O átomo emite um fóton com comprimento de onda λ_{n1} quando cai de seu estado com número quântico n para seu estado fundamental. (a) Encontre o comprimento de onda da luz irradiada quando o átomo faz uma transição do estado m para o n. (b) Mostre que $k_{mn} = |k_{m1} - k_{n1}|$, onde $k_{ij} = 2\pi/\lambda_{ij}$ é o número de onda do fóton. Este problema exemplifica o *princípio da combinação de Ritz*, uma regra empírica formulada em 1908.

5. **Revisão.** No experimento de dispersão de Rutherford, partículas alfa de 4,00 MeV são espalhados por núcleos de ouro (contendo 79 prótons e 118 nêutrons). Suponha que uma partícula alfa específica se mova diretamente em direção ao núcleo de ouro e se espalhe para trás a 180°, e que o núcleo de ouro permaneça fixo durante todo o processo. Determine (a) a menor distância entre a partícula alfa e o núcleo de ouro, e (b) a máxima força exercida sobre a partícula alfa.

Seção 29.2 **Reavaliando o átomo de hidrogênio**

6. A série de Balmer para o átomo de hidrogênio corresponde a transições eletrônicas que terminam no estado quântico com $n = 2$ como mostra a Figura P29.6. Considere o fóton de maior comprimento de onda correspondente a uma transição ilustrada na figura. Determine (a) sua energia e (b) seu comprimento de onda. Considere a linha espectral de menor comprimento de onda correspondente a uma transição ilustrada na figura. Determine (c) a energia do seu fóton e (d) seu comprimento de onda. (e) Qual é o menor comprimento de onda possível na série de Balmer?

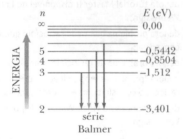

Figura P29.6 Diagrama dos níveis de energia para o hidrogênio mostrando a série de Balmer (não desenhada em escala).

7. Átomos de mesmo elemento mas com números diferentes de nêutrons no núcleo são chamados *isótopos*. Gás hidrogênio comum é uma mistura de dois isótopos contendo núcleos de uma ou duas partículas. Estes isótopos são o hidrogênio-1, com um próton no núcleo, e o hidrogênio-2, chamado deutério, com um núcleo de deutério. Um deutério é um próton e um nêutron ligados um ao outro. O hidrogênio-1 e o deutério possuem propriedades químicas idênticas, mas podem ser separados por meio de uma ultracentrífuga ou por outros métodos. Seu espectro de emissão mostra linhas das mesmas cores com comprimentos de onda levemente diferentes. (a) Use a equação dada no Problema 9 para mostrar que a diferença de comprimento de onda entre as linhas espectrais do hidrogênio-1 e do deutério associadas com a transição de um elétron específico é dada por

$$\lambda_H - \lambda_D = \left(1 - \frac{\mu_H}{\mu_D}\right)\lambda_H$$

(b) Descubra a diferença do comprimento de onda para a linha alfa de Balmer do hidrogênio, com comprimento de onda de 656,3 nm, emitida por um átomo fazendo uma transição do estado $n = 3$ para um estado $n = 2$. Harold Urey observou esta diferença de comprimento de onda em 1931, e então confirmou sua descoberta do deutério.

8. **Q C W** Um feixe de luz monocromático é absorvido por uma coleção de átomos de hidrogênio em estado fundamental, de tal forma que seis comprimentos de onda diferentes são observados quando o hidrogênio relaxa de volta ao estado fundamental. (a) Qual o comprimento de onda do feixe incidente? Explique os passos na sua solução. (b) Qual é o mais longo comprimento de onda no espectro de emissão destes átomos? (c) Que parte do espectro eletromagnético e (d) a qual série ele pertence? (e) Qual é o comprimento de onda mais curto? (f) Que parte do espectro eletromagnético e (g) a qual série ele pertence?

9. Uma expressão geral dos níveis de energia de átomos e íons de um único elétron é

$$E_n = -\frac{\mu k_e^2 q_1^2 q_2^2}{2\hbar^2 n^2}$$

Aqui μ é a massa reduzida do átomo dada por $\mu = m_1 m_2/(m_1 + m_2)$, onde m_1 é a massa do elétron e m_2 é a massa do núcleo; k_e é a constante de Coulomb; e q_1 e q_2 são as cargas do elétron e do núcleo respectivamente. O comprimento de onda para a transição de $n = 3$ para $n = 2$ do átomo de hidrogênio é 656,3 nm (luz vermelha visível). Quais são os comprimentos de onda para esta mesma transição no (a) positrônio, que consiste de um elétron e um pósitron, e (b) hélio levemente ionizado? *Observação*: Um pósitron é um elétron positivamente carregado.

10. **Q C S** Um elétron de momento p está a uma distância r de um próton estacionário. O elétron possui energia cinética $K = p^2/2m_e$. O átomo possui energia potencial $U = -k_e e^2/r$ e energia total $E = K + U$. Se o elétron é ligado ao próton para formar um átomo de hidrogênio, sua posição média está no próton, mas a incerteza em sua posição é aproximadamente igual ao raio r de sua órbita. O vetor momento médio do elétron é zero, mas seu momento quadrado médio é aproximadamente igual à incerteza em seu momento ao quadrado como dado pelo princípio da incerteza. Tratando o átomo como um sistema unidimensional, (a) estime a incerteza no momento do elétron em termos de r. Estime (b) a energia cinética do elétron e (c) a energia total do elétron em termos de r. O valor real de r é aquele que *minimiza a energia total*, resultando em um átomo estável. Encontre (d) o valor de r e (e) a energia total resultante. (f) Explique como suas respostas se comparam com as previsões da teoria de Bohr.

11. Um fóton com energia 2,28 eV é absorvido por um átomo de hidrogênio. Encontre (a) o mínimo valor de n para um átomo de hidrogênio que pode ser ionizado por tal fóton e (b) a velocidade do elétron liberado do estado na parte (a) quando estiver distante do núcleo.

Seção 29.3 As funções de onda para o hidrogênio

12. **S** A função de onda para um elétron no estado $2p$ do hidrogênio é

$$\psi_{2p} = \frac{1}{\sqrt{3}(2a_0)^{3/2}} \frac{r}{a_0} e^{-r/2a_0}$$

Qual é a distância mais provável do núcleo para encontrarmos um elétron no estado $2p$?

13. Mapeie a função de onda $\psi_{1s}(r)$ versus r (veja a Eq. 29.3) e a função da densidade de probabilidade radial $P_{1s}(r)$ versus r (veja a Eq. 29.7) para o hidrogênio. Permita que r varie de 0 a $1,5a_0$, onde a_0 é o raio de Bohr.

14. A função de onda em estado fundamental para o elétron em um átomo de hidrogênio é

$$\psi_{1s}(r) = \frac{1}{\sqrt{\pi a_0^3}} e^{-r/a}$$

onde r é a coordenada radial do elétron e a_0 é o raio de Bohr. (a) Mostre que a função de onda dada é normalizada. (b) Descubra a probabilidade de localizar o elétron entre $r_1 = a_0/2$ e $r_2 = 3a_0/2$.

15. Em um experimento, um grande número de elétrons é ativado em uma amostra de átomo de hidrogênio e observações são feitas sobre como as partículas incidentes se espalham. O elétron em estado fundamental de um átomo de hidrogênio é encontrado a uma distância momentânea de $a_0/2$ do núcleo em 1.000 das observações. Neste conjunto de ensaios, quantas vezes o elétron atômico é observado a uma distância $2a_0$ do núcleo?

16. **S** Para um estado esfericamente simétrico de um átomo de hidrogênio, a equação de Schrödinger em coordenadas esféricas é

$$-\frac{\hbar^2}{2m_e}\left(\frac{d^2\psi}{dr^2} + \frac{2}{r}\frac{d\psi}{dr}\right) - \frac{k_e e^2}{r}\psi = E\psi$$

(a) Mostre que a função de onda $1s$ para um elétron no hidrogênio,

$$\psi_{1s}(r) = \frac{1}{\sqrt{\pi a_0^3}} e^{-r/a_0}$$

satisfaz a equação de Schrödinger. (b) Qual é a energia do átomo para este estado?

Seção 29.4 Interpretação física dos números quânticos

17. Um átomo de hidrogênio está em seu quinto estado excita, com número quântico principal 6. O átomo emite um fóton com comprimento de onda de 1,090 nm. Determine a máxima magnitude possível do momento angular orbital do átomo depois da emissão.

18. *Por que a seguinte situação é impossível?* Um fóton com comprimento de onda de 88,0 nm atinge uma superfície limpa de alumínio, ejetando um fotoelétron. O fotoelétron então atinge um átomo de hidrogênio em seu estado fundamental, transferindo energia para ele e excitando-o a um estado quântico mais alto.

19. Se um átomo de hidrogênio possui momento angular orbital $4,714 \times 10^{-34}$ J · s, qual é o número quântico orbital para o estado do átomo?

20. **Q C W** (a) Descubra a densidade de massa de um próton, modelando-o como uma esfera sólida de raio $1,00 \times 10^{-15}$ m. (b) **E se?** Considere um modelo clássico de um elétron como uma esfera sólida uniforme com a mesma densidade que o próton. Encontre seu raio. (c) Imagine que este elétron possui um momento angular de spin $I\omega = \hbar/2$ por causa da rotação clássica sobre o eixo z. Determine a velocidade de um ponto no equador do elétron. (d) Explique como esta velocidade se compara à da luz.

21. Calcule a magnitude do momento angular orbital para o átomo de hidrogênio no (a) estado $4d$ e (b) no estado $6f$.

22. Descubra todos os valores possíveis de (a) L, (b) L_z, e (c) θ para um átomo de hidrogênio no estado $3d$.

23. Um elétron em um átomo de sódio está na camada N. Determine o valor máximo que o componente z de seu momento angular poderia ter.

24. Liste os possíveis conjuntos de números quânticos para o átomo de hidrogênio associado a (a) subcamada $3d$ e (b) subcamada $3p$.

25. Quantos conjuntos de números quânticos são possíveis para um átomo de hidrogênio para o qual (a) $n = 1$, (b) $n = 2$, (c) $n = 3$, (d) $n = 4$, e (e) $n = 5$?

26. **M Q C** O méson $\rho-$ possui uma carga de $-e$, um número quântico de 1, e uma massa 1,507 vezes maior que a do elétron. Os valores possíveis para seu número quântico magnético de spin são $-1, 0,$ e 1. **E se?** Imagine que os elétrons em átomos são substituídos por mésons $\rho-$. Liste os possíveis conjuntos de números quânticos para mésons $\rho-$ na subcamada $3d$.

Seção 29.5 O princípio de exclusão e a tabela periódica

27. Para um átomo neutro de elemento 110, qual seria a configuração eletrônica provável para o estado fundamental?

28. (a) Descreva a configuração eletrônica para o estado fundamental do oxigênio ($Z = 8$). (b) Descreva o conjunto de valores possíveis para os números quânticos n, ℓ, m_ℓ, e m_s para cada elétron no oxigênio.

29. **Revisão.** Para um elétron com momento magnético $\vec{\mu}$ em um campo magnético $\vec{B}$, o resultado do Problema 28 no Capítulo 22, mostra o seguinte. O sistema elétron-campo pode estar em um estado de energia mais elevada com o componente z do momento magnético do elétron oposto ao campo, ou em um estado de energia mais baixa com o componente z do momento magnético na direção do campo. A diferença em energia entre os dois estados é $2\mu_B B$.

Em alta resolução, muitas linhas espectrais são observadas como dupletos. As mais famosas destas linhas são as amarelas no espectro de sódio (as linhas D), com os comprimentos de onda de 588,995 nm e 589,592 nm. Sua existência foi explicada em 1925 por Goudsmit e Uhlenbeck, que postularam que um elétron possui um momento angular intrínseco. Quando o átomo de sódio é excitado com seu elétron externo em uma subcamada $3p$, o movimento orbital do elétron externo cria um campo magnético. A energia do átomo é de alguma forma diferente dependendo se o elétron tem spin para cima ou para baixo neste campo. Então, a energia do fóton que o átomo irradia quando cai de volta ao estado fundamental depende da energia do estado excitado. Calcule a magnitude do campo magnético interno mediando este acoplamento chamado de spin-órbita.

30. Elabore uma tabela semelhante àquela exibida na Figura 29.11 para átomos contendo de 11 a 19 elétrons. Use a regra de Hund e suposições embasadas.

31. Certo elemento tem seu elétron externo em uma subcamada 3p. Ele tem valência +3 porque possui três elétrons a mais que certo gás nobre. Que elemento é este?

32. Ao escanear a Figura 29.12 na ordem crescente para o número atômico, note que os elétrons normalmente preenchem as subcamadas de tal forma que aquelas com os menores valores de $n + \ell$ são preenchidas primeiro. Se duas subcamadas têm o mesmo valor de $n + \ell$, aquela com o menor valor de n é geralmente preenchida primeiro. Usando estas duas regras, escreva a ordem na qual as subcamadas são preenchidas por meio de $n + \ell = 7$.

33. Dois elétrons no mesmo átomo possuem ambos $n = 3$ e $\ell = 1$. Suponha que os elétrons sejam distinguíveis, de forma que trocá-los um pelo outro defina um novo estado. (a) Quantos estados de átomos são possíveis considerando os números quânticos que estes dois elétrons podem ter? (b) **E se?** Quantos estados seriam possíveis se o princípio da exclusão não funcionasse?

34. **Q|C** (a) À medida que descemos na tabela periódica, qual subcamada é preenchida primeiro, a $3d$ ou a $4s$? (b) Qual configuração eletrônica possui uma energia mais baixa, $[Ar]3d^44s^2$ ou $[Ar]3d^54s^1$? Observação: A notação $[Ar]$ representa a configuração preenchida para o argônio. *Sugestão:* Qual possui o maior número de spins desemparelhados? (c) Identifique o elemento com a configuração eletrônica na parte (b).

Seção 29.6 Mais sobre o espectro atômico: visível e raio X

35. **M** Use o método ilustrado no Exemplo 29.5 para calcular o comprimento de onda do raio X emitido por um alvo de molibdênio ($Z = 42$) quando um elétron se move da camada L ($n = 2$) para a camada K ($n = 1$).

36. A série K do espectro discreto do raio X do tungstênio contém comprimentos de onda de 0,0185 nm, 0,0209 nm, e 0,0215 nm. A energia de ionização da camada K é 69,5 keV. (a) Determine as energias de ionização das camadas L, M e N. (b) Desenhe um diagrama das transições.

37. (a) Determine os valores possíveis dos números quânticos ℓ e m_ℓ para o íon He^+ no estado correspondente a $n = 3$. (b) Qual é a energia deste estado?

38. Na produção de raios X, elétrons são acelerados por meio de uma alta tensão ΔV e, então, desacelerados ao atingir um alvo. Mostre que o menor comprimento de onda de um raio X que pode ser produzido é

$$\lambda_{mín} = \frac{1,240 \text{ nm} \cdot \text{V}}{\Delta V}$$

39. O comprimento de onda de raios X característicos na linha K_β de uma fonte específica é 0,152 nm. Determine o material no alvo.

40. Se você quer produzir raios X de 10,0 nm no laboratório, qual tensão mínima deve usar para acelerar os elétrons?

Seção 29.7 Conteúdo em contexto: átomos no espaço

41. No espaço interestelar, o hidrogênio atômico produz a forte linha espectral chamada de radiação 21cm, que os astrônomos consideram muito útil para a detecção de nuvens de hidrogênio entre as estrelas. Esta radiação é útil porque é o único sinal que o hidrogênio emite e porque a poeira interestelar que obscurece a luz visível é transparente a estas ondas de rádio. A radiação não é gerada pela transição de um elétron entre estados de energia caracterizados por diferentes valores de n. Em vez disso, em estado fundamental ($n = 1$), os spins do elétron e do próton podem ser paralelos ou antiparalelos com uma pequena diferença resultante nestes estados de energia. (a) Qual condição possui a energia mais elevada?

(b) Mais precisamente, a linha possui um comprimento de onda de 21,11 cm. Qual é a diferença de energia entre os estados? (c) O tempo de vida médio no estado excitado é cerca de 10^7 anos. Calcule a incerteza associada em energia do nível de energia excitado.

42. **S Revisão.** Consulte a Seção 24.3. Prove que o deslocamento Doppler no comprimento de onda de ondas eletromagnéticas é descrito por

$$\lambda' = \lambda\sqrt{\frac{1 + v/c}{1 - v/c}}$$

onde λ' é o comprimento de onda medido por um observador movendo-se a uma velocidade v para longe de uma fonte de ondas de comprimento de onda λ.

43. **M** O primeiro quasar a ser identificado e o mais brilhante até hoje, 3C 273 na constelação de Virgem, foi observado afastando-se da Terra com tal velocidade, que a linha azul de hidrogênio observada 434 nm Hγ é deslocada através do efeito Doppler para 510 nm, na parte verde do espectro (Fig. P29.43). (a) Quão rápido o quasar está recuando? (Você pode usar o resultado do Problema 42.) (b) Edwin Hubble descobriu que todos os objetos fora do grupo local de galáxias estão se afastando de nós, com velocidades v proporcionais a suas distâncias R. A lei de Hubble é expressa como $v = HR$, onde a constante de Hubble tem o valor aproximado de $H \approx 22 \times 10^{-3}$ m/(s · 1 ano-luz). Determine a distância entre este quasar e a Terra. Consulte o material complementar *on-line* para visualizar a imagem em cores.

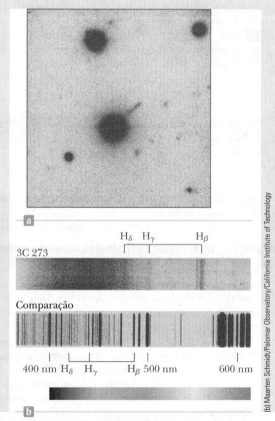

Figura P29.43 Problemas 43 e 44. (a) Imagem do quasar 3C 273. (b) Espectro do quasar acima do espectro de comparação emitido pelo hidrogênio estacionário e os átomos de hélio. Ambas as partes da figura são impressas como negativos de fotografias em preto e branco para revelar detalhes.

44. **S** As diversas linhas espectrais observadas na luz proveniente de um quasar distante possuem comprimentos de

onda mais longos λ'_n que os comprimentos de onda λ_n medidos na luz proveniente de uma fonte estacionária. Aqui, n é um índice que assume valores diferentes para linhas espectrais diferentes. A alteração fracionária no comprimento de onda em direção à linha vermelha é a mesma para todas as linhas espectrais. Isto é, o parâmetro de deslocamento para o vermelho Z definido por

$$z = \frac{\lambda'_n - \lambda_n}{\lambda_n}$$

é o mesmo para todas as linhas espectrais de um objeto. Em termos de Z, use a lei de Hubble para determinar (a) a velocidade de afastamento do quasar e (b) a distância entre o quasar e a Terra.

45. **Q|C** Astrônomos observam uma série de linhas espectrais na luz proveniente de uma galáxia distante. Na hipótese em que as linhas formam a série de Lyman para um (novo?) átomo com um único elétron, elas começam a formar o diagrama de níveis de energia exibido na Figura P29.45, que fornece os comprimentos de ondas das primeiras quatro linhas e o limite mais curto do comprimentos de ondas desta série. Com base nesta informação, calcule (a) a energia do estado fundamental e dos primeiros quatro estados excitadas para este átomo com um único elétron, e (b) os comprimentos de onda das primeiras três linhas e o limite mais curto dos comprimentos de onda na série de Balmer para este átomo. (c) Mostre que os comprimentos de onda das primeiras quatro linhas e o limite mais curto dos comprimentos de onda da série de Lyman para o átomo de hidrogênio são todos 60,0% dos comprimentos de onda para a série de Lyman em um átomo com um único elétron na galáxia distante. (d) Com base nesta observação, explique por que este átomo poderia ser o hidrogênio.

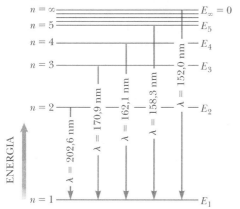

Figura P29.45

Problemas adicionais

46. O Exemplo 29.2 calcula o valor mais provável e o valor médio para a coordenada radial r do elétron no estado fundamental de um átomo de hidrogênio. Para a comparação com estes valores modais e médios, descubra o valor médio de r. Prossiga da seguinte forma. (a) Desenvolva uma expressão para a probabilidade, como uma função de r, de o elétron do hidrogênio em estado fundamental ser encontrado fora de uma esfera de raio r centrado no núcleo. (b) Faça um gráfico da probabilidade como uma função de r/a_0. Escolha valores de r/a_0 variando de 0 a 4,00 em incrementos de 0,250. (c) Encontre o valor de r para o qual a probabilidade de se encontrar o elétron fora de uma esfera de raio r e igual à de se encontrar o elétron dentro da esfera. Você deve resolver numericamente uma equação transcendental, e seu gráfico é um bom ponto de partida.

47. No modelo de Bohr do átomo de hidrogênio, um elétron segue uma trajetória circular. Considere outro caso no qual um elétron segue uma trajetória circular: um único elétron movendo-se perpendicularmente a um campo magnético $\vec{B}$. Lev Davidovich Landau (1908–1968) resolveu a equação de Schrödinger para este elétron. O elétron pode ser considerado como um átomo modelo sem um núcleo ou como o limite quântico irredutível do ciclotron. Landau provou que sua energia é quantizada em incrementos uniformes de $e\hbar B/m_e$. Em 1999, um único elétron foi preso por uma equipe de pesquisadores da Universidade de Harvard em uma lata de metal evacuada de dimensões mínimas (centímetros) resfriada até a temperatura de 80 mK. Em um campo magnético de magnitude 5,26 T, o elétron circulou durante horas em seu nível mais baixo de energia. (a) Avalie o tamanho do salto quântico na energia do elétron. (b) Para comparação, avalie $k_B T$ como uma medida da energia disponível para o elétron em radiação de corpo negro proveniente das paredes de seu contêiner. A radiação de micro-ondas foi aplicada para excitar o elétron. Calcule (c) a frequência e (d) o comprimento de onda do fóton absorvido pelo elétron quando ele pula para seu segundo nível de energia. A medição da frequência de absorção ressonante verificou a teoria e permitiu a determinação precisa das propriedades do elétron.

48. **S** Um teorema elementar da estatística diz que a incerteza do valor quadrático médio em uma quantidade r é dada por $\Delta r = \sqrt{\langle r^2 \rangle - \langle r \rangle^2}$. Determine a incerteza na posição radial do elétron em estado fundamental do átomo de hidrogênio. Use o valor médio de r descoberto no Exemplo 29.2: $\langle r \rangle = 3a_0/2$. O valor médio da distância quadrada entre o elétron e o próton é dada por

$$\langle r^2 \rangle = \int_{\text{todo o espaço}} |\psi|^2 r^2 dV = \int_0^\infty P(r) r^2 dr$$

49. (a) Para um átomo de hidrogênio fazendo uma transição do estado $n = 4$ para o estado $n = 2$, determine o comprimento de onda do fóton criado no processo. (b) Supondo que o átomo estava inicialmente em repouso, determine a velocidade de recuo do átomo de hidrogênio quando ele emite este fóton.

50. **S** (a) Use o modelo de Bohr do átomo de hidrogênio para mostrar que quando o elétron se move do estado n para o estado $n-1$, a frequência da luz emitida é

$$f = \left(\frac{2\pi^2 m_e k_e^2 e^4}{h^3}\right) \frac{2n-1}{n^2(n-1)^2}$$

(b) O princípio da correspondência de Bohr afirma que os resultados quânticos devem ser reduzidos para resultados clássicos no limite de grandes números quânticos. Mostre que quando $n \to \infty$, esta expressão varia como $1/n^3$ e é reduzida à frequência clássica que se espera que o átomo emita. *Sugestão:* Para calcular a frequência clássica, note que a frequência de revolução é $v/2\pi r$, onde v é a velocidade do elétron e r é dado pela Equação 11.22.

51. Suponha que um átomo de hidrogênio esteja no estado $2s$, com sua função de onda dada pela Equação 29.8. Tomando $r = a_0$, calcule os valores para (a) $\psi_{2s}(a_0)$, (b) $|\psi_{2s}(a_0)|^2$, e (c) $P_{2s}(a_0)$.

52. Os estados da matéria são: sólido, líquido, gasoso e plasma. Plasma pode ser descrito como um gás de partículas

carregadas ou um gás de átomos ionizados. A maior parte da matéria no Sistema Solar é plasma (por todo o interior do Sol). De fato, a maior parte da matéria no Universo é plasma; inclusive a chama de uma vela. Use a informação na Figura 29.13 para fazer uma estimativa da ordem de magnitude para a temperatura para a qual um elemento químico típico deve ser elevada para se tornar plasma através da ionização da maioria dos átomos em uma amostra. Explique suas razões.

53. **Revisão.** (a) A massa de um átomo de hidrogênio em seu estado fundamental é maior ou menor que a soma da massas de um próton e um elétron? (b) Qual é a diferença de massa? (c) Quão grande é a diferença como uma porcentagem da massa total? (d) Ela é grande o suficiente para afetar o valor da massa atômica listada com seis casas decimais na Tabela A.3 no Apêndice A?

54. **S** Mostre que a função de onda para o átomo de hidrogênio no estado $2s$

$$\psi_{2s}(r) = \frac{1}{4\sqrt{2\pi}}\left(\frac{1}{a_0}\right)^{3/2}\left(2 - \frac{r}{a_0}\right)e^{-r/2a_0}$$

satisfaz a equação de Schrödinger esfericamente simétrica dada no Problema 16.

55. A força sobre um momento magnético μ_z em um campo magnético não uniforme B_z é dada por $F_z = \mu_z(dB_z/dz)$. Se um feixe de átomos de prata percorre uma distância horizontal de 1,00 m através de um campo e cada átomo tem velocidade de 100 m/s, quão forte deve ser o gradiente do campo dB_z/dz para defletir o feixe em 1,00 mm?

56. **PD S** Queremos mostrar que a posição radial mais provável para um elétron no estado $2s$ do hidrogênio é $r = 5,236a_0$. (a) Use as Equações 29.6 e 29.8 para encontrar a densidade de probabilidade radial para o estado $2s$ do hidrogênio. (b) Calcule a derivada da densidade de probabilidade radial com relação a r. (c) Faça a derivada da parte (b) igual a zero e identifique três valores de r que representam o mínimo na função. (d) Descubra dois valores de r que representam o máximo na função. (e) Identifique quais dos valores na parte (c) representam a maior probabilidade.

57. Para o hidrogênio no estado $1s$, qual é a probabilidade de se encontrar o elétron mais distante que $2,50a_0$ do núcleo?

58. **S** Para o hidrogênio no estado $1s$, qual é a probabilidade de se encontrar o elétron mais distante que βa_0 do núcleo, onde β é um número arbitrário?

59. Descubra o valor médio (expectativa) de $1/r$ no estado $1s$ do hidrogênio. Note que a expressão geral é dada por

$$\langle 1/r \rangle = \int_{\text{todo o espaço}} |\psi|^2 (1/r) \, dV = \int_0^\infty P(r)(1/r) \, dr$$

O resultado é igual ao inverso do valor médio de r?

60. **Q|C** Todos os átomos têm o mesmo tamanho em ordem de magnitude. (a) Para demonstrar este fato, estime os diâmetros atômicos para o alumínio (com massa molar de 27,0 g/mol e densidade de 2,70 g/cm^3) e o urânio (massa molar de 238 g/mol e densidade de 18,9 g/cm^3). (b) O que os resultados da parte (a) implicam sobre as funções de onda para elétrons dentro de camadas à medida que progredimos a átomos com massas atômicas mais e mais altas?

61. **M** Na técnica conhecida como ressonância de spin do elétron (ESR), uma amostra contendo elétrons desemparelhados é introduzida em um campo magnético. Considere uma situação na qual um único elétron (não contido em um átomo) é imerso em um campo magnético. Nesta simples situação, apenas dois estados de energia são possíveis, correspondentes a $m_s = \pm\frac{1}{2}$. Na ESR, a absorção de um fóton faz que o momento magnético de spin do elétron mude do estado mais baixo de energia para o estado mais alto. De acordo com o resultado do Problema 28 no Capítulo 22 (no Volume 3), a mudança em energia é $2\mu_B B$. (O estado mais baixo de energia corresponde ao caso no qual o componente z do spin do momento magnético $\vec{\mu}_{\text{spin}}$ está alinhado com o campo magnético, e o estado mais alto de energia corresponde ao caso no qual o componente z de $\vec{\mu}_{\text{spin}}$ está alinhado em oposição ao campo.) Qual a frequência do fóton necessária para excitar uma transição de ESR em um campo magnético 0,350 T?

62. **S** Suponha que três partículas idênticas de massa m e spin $\frac{1}{2}$ contidas em uma caixa unidimensional de comprimento L. Qual é a energia do sistema em estado fundamental?

63. **W** **Revisão.** (a) Qual é a quantidade de energia necessária para levar um elétron do hidrogênio a se mover do estado $n = 1$ para o estado $n = 2$? (b) Suponha que o átomo ganha esta energia por meio das colisões entre os átomos de hidrogênio a uma temperatura elevada. A que temperatura a energia cinética atômica média $\frac{3}{2}k_B T$ seria elevada o suficiente para excitar o elétron? Aqui k_B é a constante de Boltzmann.

64. **Revisão.** Steven Chu, Claude Cohen-Tannoudji e William Phillips receberam o Prêmio Nobel da Física de 1997 pelo "desenvolvimento de métodos para resfriar e capturar átomos com luz de laser". Uma parte de seu trabalho foi feita com um feixe de átomos (massa $\sim 10^{-25}$ kg) que se move a uma velocidade da ordem de 1 km/s, semelhante à velocidade das moléculas no ar à temperatura ambiente. Um feixe intenso de luz de laser sintonizado a uma transição atômica visível (assuma 500 nm) é direcionado diretamente para o feixe atômico; isto é, o feixe atômico e o feixe de luz percorrem direções opostas. Um átomo em estado fundamental absorve imediatamente um fóton. O momento total do sistema é conservado no processo de absorção. Depois de um ciclo de vida na ordem de 10^{-8} s, o átomo excitado irradia por emissão espontânea. Ele tem a mesma probabilidade de emitir um fóton em qualquer direção. Portanto, o "recuo" médio do átomo é zero no decorrer de muitos ciclos de absorção e emissão. (a) Estime a desaceleração média do feixe atômico. (b) Qual é a ordem de magnitude da distância na qual os átomos no feixe são levados a uma parada?

65. Um elétron no cromo se move do estado $n = 2$ para o estado $n = 1$ sem emitir um fóton. Em vez disso, a energia excessiva é transferida para um elétron externo (um no estado $n = 4$), que é, então, ejetado pelo átomo. Neste processo chamado Auger (pronunciado "ohjay"), o elétron ejetado é conhecido como elétron de Auger. Use a teoria de Bohr para encontrar a energia cinética do elétron de Auger.

66. *Por que a seguinte situação é impossível?* Um experimento é realizado em um átomo. Medições do átomo quando ele está em um estado específico de excitação mostram cinco valores possíveis do componente z do momento angular orbital, variando entre $3,16 \times 10^{-34}$ kg · m^2/s e $-3,16 \times 10^{-34}$ kg · m^2/s.

Capítulo 30

Física nuclear

Sumário

30.1 Algumas propriedades do núcleo

30.2 Energia de ligação nuclear

30.3 Radioatividade

30.4 O processo de decaimento radioativo

30.5 Reações nucleares

30.6 Conteúdo em contexto: o mecanismo das estrelas

Em 1896, o ano que marcou o nascimento da Física Nuclear, Antoine Henri Becquerel (1852–1908) introduziu ao mundo da ciência a radioatividade em compostos de urânio através da descoberta acidental de que os cristais de sulfato de potássio de urânio emitem uma radiação invisível que pode escurecer uma placa fotográfica quando esta é coberta para eliminar a luz. Após uma série de experimentos, ele concluiu que a radiação emitida pelos cristais era de um tipo novo, que não exigia nenhum estímulo externo e tão penetrante que pode escurecer as placas fotográficas protegidas e ionizar gases.

Uma grande quantidade de pesquisa se seguiu à descoberta, conforme os cientistas tentavam compreender a radiação emitida por núcleos radioativos. O trabalho pioneiro de Rutherford mostrou que a radiação era de três tipos, que ele chamou de raios alfa, beta e gama. Os experimentos posteriores mostraram que os raios alfa são núcleos de hélio, os beta são elétrons ou partículas relacionadas chamadas pósitrons, e os gama são fótons de alta energia.

Ötzi, o homem de gelo, um homem da Idade do Cobre, foi descoberto por turistas alemães nos alpes italianos em 1991, quando uma geleira derreteu o suficiente para expor seus restos. A análise do cadáver expôs sua última refeição, a doença da qual sofria e os lugares onde viveu. Radioatividade foi utilizada para determinar que ele viveu em aproximadamente 3000 a.C. Ötzi pode ser visto hoje no Südtiroler Archäologiemuseum (Museu de Arqueologia de Tirol do Sul) em Bolzano, Itália.

Conforme visto na Seção 29.1, os experimentos de 1911 de Rutherford estabeleceram que os núcleos de um átomo têm um volume muito pequeno e que a maior parte da massa atômica está contida no núcleo. Além disso, tais estudos demonstraram um novo tipo de força, a força nuclear, primeiramente introduzida na Seção 5.5, que é predominante a distâncias da ordem de 10^{-15} m e essencialmente zero nas distâncias maiores.

Neste capítulo, discutimos a estrutura dos núcleos atômicos. Descreveremos as propriedades básicas dos núcleos, das forças nucleares, da energia de ligação nuclear, do fenômeno de radioatividade e das reações nucleares.

203

30.1 | Algumas propriedades do núcleo

No modelo estrutural comumente aceito do núcleo, todos os núcleos são compostos de dois tipos de partículas: prótons e nêutrons. A única exceção é o núcleo de hidrogênio comum, que é composto por um próton simples e nenhum nêutron. Na descrição do núcleo atômico, identificamos as seguintes quantidades, todas sendo números inteiros:

- o **número atômico** Z, que é igual ao número de prótons no núcleo (às vezes chamado *número de carga*)
- o **número de nêutrons** N, que é igual ao número de nêutrons no núcleo
- o **número de massa** $A = Z + N$, que é igual ao número de **núcleons** (nêutrons mais prótons) no núcleo

> **Prevenção de Armadilhas | 30.1**
> **O número de massa não é a massa atômica**
> O número de massa A não deve ser confundido com a massa atômica. O número de massa é um número inteiro específico ao isótopo e não tem unidades; é simplesmente uma contagem da quantidade de núcleons. A massa atômica tem unidades e geralmente não é um número inteiro, porque é uma média das massas de isótopos que ocorrem naturalmente em um determinado elemento.

Um **nuclídeo** é uma combinação específica de número atômico e número de massa que representa um núcleo. Na representação de nuclídeos, é conveniente ter uma representação simbólica que mostre quantos prótons e nêutrons estão presentes. O símbolo utilizado é $^{A}_{Z}X$, onde X representa o símbolo químico para o elemento. Por exemplo, $^{56}_{26}Fe$ (ferro) tem número de massa 56 e número atômico 26; portanto, contém 26 prótons e 30 nêutrons. Quando é provável que nenhuma confusão aconteça, omitimos o subscrito Z porque o símbolo químico pode sempre ser utilizado para determinar Z. Portanto, $^{56}_{26}Fe$ é o mesmo que ^{56}Fe e pode também ser expresso como "ferro-56".

Os núcleos de todos os átomos de um elemento particular contêm a mesma quantidade de prótons, mas frequentemente diferentes quantidades de nêutrons. Os núcleos relacionados desta maneira são chamados **isótopos**. Os isótopos de um elemento têm o mesmo valor Z, mas diferentes valores de N e A. As abundâncias naturais de isótopos podem diferir substancialmente. Por exemplo, $^{11}_{6}C$, $^{12}_{6}C$, $^{13}_{6}C$ e $^{14}_{6}C$ são quatro isótopos de carbono. A abundância natural do isótopo $^{12}_{6}C$ é de aproximadamente 98,9%, enquanto do isótopo $^{11}_{6}C$ é somente de aproximadamente 1,1%. ($^{11}_{6}C$ e $^{14}_{6}C$ existem em pequenas quantidades.) Mesmo o elemento mais simples, o hidrogênio, tem isótopos: $^{1}_{1}H$, o núcleo do hidrogênio comum; $^{2}_{1}H$, deutério, e $^{3}_{1}H$, trítio. Alguns isótopos não ocorrem naturalmente, mas podem ser produzidos em laboratório através de reações nucleares.

> **TESTE RÁPIDO 30.1** Para cada parte deste Teste Rápido, escolha uma das seguintes respostas: (a) prótons (b) nêutrons (c) núcleons. (i) Os três núcleos ^{12}C, ^{13}N e ^{14}O têm a mesma quantidade de qual tipo de partícula? (ii) Os três núcleos ^{12}N, ^{13}N e ^{14}N têm a mesma quantidade de qual tipo de partícula? (iii) Os três núcleos ^{14}C, ^{14}N e ^{14}O têm a mesma quantidade de qual tipo de partícula?

Carga e massa

O próton carrega uma única carga positiva $+e$, e o elétron carrega uma única carga negativa $-e$, onde $e = 1{,}60 \times 10^{-19}$ C. O nêutron é eletricamente neutro, como o nome sugere. Por conta de o nêutron não ter carga, era difícil encontrá-lo com aparelhos e técnicas experimentais antigas. Hoje, podemos detectar nêutrons com relativa facilidade com dispositivos modernos de detecção.

Uma unidade conveniente para medição da massa em uma escala nuclear é a **unidade de massa atômica** u. Esta unidade é definida de tal maneira que a massa atômica do isótopo $^{12}_{6}C$ é exatamente 12 u, onde 1 u = $1{,}660539 \times 10^{-27}$ kg. O próton e o nêutron têm massa de aproximadamente 1 u, e o elétron tem massa que é somente uma fração pequena de uma unidade de massa atômica:

Massa do próton = 1,007276 u
Massa do nêutron = 1,008665 u
Massa do elétron = 0,0005486 u

TABELA 30.1 | Massas de partículas selecionadas em diversas unidades

Partícula	kg	Massa u	MeV/c^2
Próton	$1,67262 \times 10^{-27}$	1,007276	938,27
Nêutron	$1,67493 \times 10^{-27}$	1,008665	939,57
Elétron	$9,10938 \times 10^{-31}$	$5,48580 \times 10^{-4}$	0,510999
$^1_1$H átomo	$1,67353 \times 10^{-27}$	1,007825	938,783
$^4_2$He núcleo	$6,64466 \times 10^{-27}$	4,001506	3727,38
$^{12}_6$C átomo	$1,99265 \times 10^{-27}$	12,000000	11177,9

Por conta da energia em repouso de uma partícula ser dada por $E_R = mc^2$ (Seção 9.7), é frequentemente conveniente expressar a unidade de massa atômica em termos de energia em repouso equivalente. Por uma unidade de massa atômica, temos

$$E_R = mc^2 = (1,660\,539 \times 10^{-27}\,\text{kg})(2,997\,92 \times 10^8\,\text{m/s})^2 = 931,494\,\text{MeV}/c^2$$

em que utilizamos a conversão $1\,\text{eV} = 1,602176 \times 10^{-19}\,\text{J}$. Utilizando esta equivalência, o físico nuclear frequentemente expressa a massa em termos da unidade MeV/c^2. As massas das diversas partículas simples são dadas na Tabela 30.1. As massas e outras propriedades de isótopos selecionados são fornecidas na Tabela A.3 do Apêndice A.

O tamanho dos núcleos

O tamanho e a estrutura dos núcleos foram primeiramente investigados nos experimentos de espalhamento de Rutherford, discutidos na Seção 29.1. Utilizando o princípio de conservação de energia, Rutherford descobriu uma expressão para quão perto uma partícula alfa que se move diretamente em direção ao núcleo pode se aproximar dele antes de mudar de direção por conta da repulsão de Coulomb.

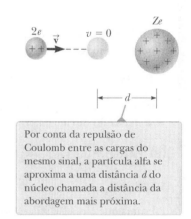

Por conta da repulsão de Coulomb entre as cargas do mesmo sinal, a partícula alfa se aproxima a uma distância d do núcleo chamada a distância da abordagem mais próxima.

Vamos considerar o sistema como uma partícula alfa ($Z = 2$) arremessada e o núcleo (Z arbitrário), e aplicar a versão de energia do modelo de sistema isolado. Por conta de o núcleo presumido ser muito mais massivo do que a partícula alfa, identificamos a energia cinética do sistema como energia cinética apenas da partícula alfa. Quando a partícula alfa e o núcleo estão distantes, podemos aproximar a energia potencial do sistema como zero. Se a colisão for frontal, a partícula alfa para momentaneamente em dado ponto (Figura Ativa 30.1) e a energia do sistema é inteiramente potencial. Portanto, a energia cinética inicial da partícula arremessada alfa é totalmente convertida em energia potencial elétrica do sistema quando a partícula para:

Figura Ativa 30.1 Uma partícula alfa no curso de colisão de frente com um núcleo de carga Ze.

$$\tfrac{1}{2}mv^2 = k_e \frac{q_1 q_2}{r} = k_e \frac{(2e)(Ze)}{d}$$

onde d é a distância da abordagem mais próxima, e Z o número atômico do núcleo-alvo. Foi utilizada a expressão não relativística para a energia cinética, pois as velocidades das partículas alfa do decaimento radioativo são pequenas em relação a c. Resolvendo para d, descobrimos que:

$$d = \frac{4 k_e Z e^2}{mv^2}$$

A partir desta expressão, Rutherford descobriu que as partículas alfa se aproximaram em até $3,2 \times 10^{-14}$ m de um núcleo quando a folha era feita de ouro. Com base neste cálculo e na análise de resultados para as colisões não frontais, Rutherford argumentou que o raio do núcleo de ouro deveria ser menor que este valor. Para átomos de prata, a distância da abordagem mais próxima foi descoberta como sendo 2×10^{-14} m. A partir destes resultados, Rutherford chegou à conclusão de que a carga positiva no átomo é concentrada em uma pequena esfera chamada núcleo, cujo raio não é maior que aproximadamente 10^{-14} m. Observe que este raio está na ordem de 10^{-4} do raio de Bohr, correspondendo ao volume nuclear da ordem de 10^{-12} do volume de um átomo de hidrogênio. O núcleo é uma parte incrivelmente pequena do átomo! Por conta de pequenos comprimentos serem comuns na Física Nuclear,

Figura 30.2 O núcleo pode ser modelado como um grupo de esferas bem fechadas, onde cada esfera tem um núcleon.

uma unidade conveniente de comprimento é o *femtômetro* (fm), às vezes chamados **fermi**, assim definido

$$1 \text{ fm} \equiv 10^{-15} \text{ m}$$

Desde o tempo dos experimentos de espalhamento de Rutherford, uma série de outros experimentos indicou que a maioria dos núcleos pode ser geometricamente modelada como sendo aproximadamente esférico com um raio médio de

$$r = aA^{1/3} \qquad \text{30.1} \blacktriangleleft$$

onde A é a quantidade de massa e a é uma constante igual a $1,2 \times 10^{-15}$ m. Por conta de o volume de uma esfera ser proporcional ao cubo do raio, segue da Equação 30.1 que o volume do núcleo (presumido como sendo esférico) é diretamente proporcional a A, a quantidade total de núcleons, que sugere que todos os núcleos tenham aproximadamente a mesma densidade. Os núcleons se combinam para formar um núcleo como se fossem esferas firmemente agrupadas (Fig. 30.2).

Exemplo 30.1 | O volume e a densidade de um núcleo

Considere um núcleo de número de massa A.

(A) Encontre uma expressão aproximada para a massa do núcleo.

SOLUÇÃO

Conceitualize Imagine o núcleo como sendo uma coleção de prótons e nêutrons, conforme indicado na Figura 30.2. O número de massa A possui *ambos*, prótons e nêutrons.

Categorize Vamos presumir que A seja uma grande quantidade, de modo que possamos imaginar o núcleo como esférico.

Analise A massa do próton é aproximadamente igual à do nêutron. Portanto, se a massa de uma destas partículas for m, a massa do núcleo é aproximadamente Am.

(B) Encontre uma expressão para o volume deste núcleo em termos de A.

SOLUÇÃO

Presuma que o núcleo seja esférico e utilize a Equação 30.1: $\qquad$ (1) $V_{\text{núcleo}} = \frac{4}{3}\pi r^3 = \frac{4}{3}\pi a^3 A$

(C) Encontre um valor numérico para a densidade deste núcleo.

SOLUÇÃO

Utilize a Equação 1.1 e substitua a Equação (1):

$$\rho = \frac{m_{\text{núcleo}}}{V_{\text{núcleo}}} = \frac{Am}{\frac{4}{3}\pi a^3 A} = \frac{3m}{4\pi a^3}$$

Substitua os valores numéricos:

$$\rho = \frac{3(1,67 \times 10^{-27} \text{ kg})}{4\pi(1,2 \times 10^{-15} \text{ m})^3} = 2,3 \times 10^{17} \text{ k /m}^3$$

Finalize A densidade nuclear é de aproximadamente $2,3 \times 10^{14}$ vezes a da água ($\rho_{\text{água}} = 1,0 \times 10^3$ kg/m³).

E se? E se a Terra fosse comprimida até que tivesse esta densidade? Qual seria seu tamanho?

Resposta Por conta de esta densidade ser muito grande, prevemos que uma Terra desta densidade seria muito pequena.

Utilize a Equação 1.1 e a massa da Terra para encontrar o volume da Terra comprimida:

$$V = \frac{M_E}{\rho} = \frac{5,97 \times 10^{24} \text{ kg}}{2,3 \times 10^{17} \text{ kg/m}^3} = 2,6 \times 10^7 \text{ m}^3$$

A partir deste volume, encontre o raio:

$$V = \tfrac{4}{3}\pi r^3 \quad \rightarrow \quad r = \left(\frac{3V}{4\pi}\right)^{1/3} = \left[\frac{3(2,6 \times 10^7 \text{ m}^3)}{4\pi}\right]^{1/3}$$

$$r = 1,8 \times 10^2 \text{ m}$$

Uma Terra com este raio é, de fato, uma Terra pequena!

Estabilidade nuclear

Por conta de o núcleo consistir de um conjunto de prótons e nêutrons, você pode se surpreender pelo simples fato de ele existir. As forças eletrostáticas repulsivas muito amplas entre os prótons em proximidade deveriam fazer que o núcleo se desintegrasse. No entanto, os núcleos são estáveis por conta da presença de outra força, a **força nuclear** (consulte a Seção 5.5). Esta força de curto alcance (ela é diferente de zero somente para as separações de partículas menores de aproximadamente 2 fm) é uma força atrativa que age entre os núcleons.

A força nuclear domina a força repulsiva de Coulomb dentro dos núcleos (em curtas distâncias). Se este não fosse o caso, núcleos estáveis não existiriam. Além disso, a força nuclear é independente de carga. Em outras palavras, as forças associadas às interações próton-próton, próton-nêutron e nêutron-nêutron são as mesmas, com exceção da força repulsiva adicional de Coulomb para a interação próton-próton.

A evidência da faixa limitada de forças nucleares vem dos experimentos de dispersão e de estudos de energia de ligação nuclear, que discutiremos em breve. O curto alcance da força nuclear é indicada no valor de energia potencial nêutron-próton (n–p) da Figura 30.3a, obtida pelos nêutrons dispersos de um alvo contendo hidrogênio. A profundidade da energia potencial n–p é de 40 a 50 MeV, e um componente repulsivo forte evita que os núcleons se aproximem mais que 0,4 fm uns dos outros.

A força nuclear não afeta os elétrons, permitindo que, quando energizados, sirvam como sondas pontuais de densidade de carga dos núcleos. A independência de carga da força nuclear também significa que a diferença principal entre as interações n–p e p–p é que a energia potencial p–p consiste de uma *superposição* das interações nucleares e das de Coulomb, conforme indicado na Figura 30.3b. Em distâncias menores que 2 fm, as energias potenciais p–p e n–p são praticamente idênticas, mas para distâncias maiores, o potencial p–p tem uma barreira de energia positiva com um máximo em 4 fm.

Existem aproximadamente 260 núcleos estáveis; centenas de outros núcleos foram observados, mas são instáveis. Uma representação gráfica útil na Física Nuclear é um gráfico de N versus Z para núcleos estáveis, conforme indicado na Figura 30.4. Observe que os núcleos leves são estáveis se contiver quantidades iguais de prótons e nêutrons – ou seja, se $N = Z$ –, mas os núcleos pesados são estáveis se $N > Z$. Este comportamento pode ser parcialmente compreendido reconhecendo-se que conforme a quantidade de prótons aumenta, a resistência da força de Coulomb também aumenta, o que tende a quebrar os núcleos. Consequentemente, mais nêutrons são necessários para manter o núcleo estável, pois os nêutrons sofrem apenas os efeitos da força atrativa nuclear. Eventualmente, quando $Z = 83$, forças repulsivas entre os prótons não podem ser compensadas pela adição de mais nêutrons. Os elementos que contêm mais de 83 prótons não têm núcleos estáveis.

Curiosamente, os núcleos mais estáveis têm valores de A pares. Na verdade, determinados valores de Z e N correspondem aos núcleos com estabilidade geralmente alta. Estes valores de Z e N, chamados **números mágicos**, são

$$Z \text{ ou } N = 2, 8, 20, 28, 50, 82, 126 \qquad \textbf{30.2} \blacktriangleleft$$

Por exemplo, os núcleos de hélio (dois prótons e dois nêutrons), que têm $Z = 2$ e $N = 2$, são muito estáveis. Esta estabilidade lembra a estabilidade química dos gases inertes e sugere níveis de energia nuclear quantizada, o que descobrimos, na verdade, ser o caso. Alguns modelos estruturais dos núcleos preveem uma estrutura em concha, semelhante à do átomo.

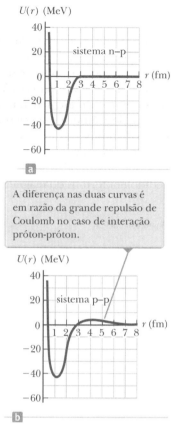

Figura 30.3 (a) Energia potencial *versus* distância de separação para o sistema nêutron-próton. (b) Energia potencial *versus* distância de separação para o sistema próton-próton. Para exibir a diferença nas curvas na escala, a altura do pico para a curva próton-próton foi exagerada por um fator de 10.

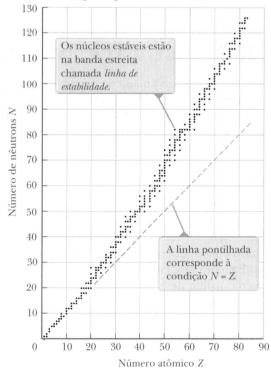

Figura 30.4 O número de nêutrons N *versus* número atômico Z para os núcleos estáveis (pontos pretos).

Spin nuclear e momento magnético

No Capítulo 29, discutimos que um elétron tem momento angular intrínseco chamado spin. Os prótons e os nêutrons, assim como os elétrons, também têm momento angular intrínseco. Além disso, um núcleo tem momento angular intrínseco resultante que surge dos spins individuais dos prótons e nêutrons. Este momento angular deve obedecer às mesmas regras quânticas, como o momento angular orbital e spin (Seção 29.4). Portanto, a magnitude do **momento angular nuclear** é em razão da combinação de todos os núcleons e igual a $\sqrt{I(I+1)}\,\hbar$, onde I é chamado número quântico de spin nuclear e pode ser um número inteiro ou uma metade. O componente máximo do momento angular nuclear projetado em qualquer direção é $I\hbar$. A Figura 30.5 ilustra as possíveis orientações do spin nuclear e suas projeções ao longo do eixo z para o caso em que $I = \frac{3}{2}$.

O momento angular nuclear tem momento magnético nuclear associado. O momento magnético de um núcleo é medido em termos do **magneton nuclear** μ_n, uma unidade de momento magnético definida como

▶ Magneton nuclear

$$\mu_n \equiv \frac{e\hbar}{2m_p} = 5{,}05 \times 10^{-27}\,\text{J/T} \qquad \text{30.3}◀$$

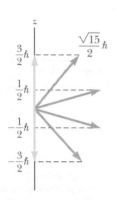

Figura 30.5 Um modelo vetorial mostrando as possíveis orientações do vetor momento angular de spin nuclear e as projeções ao longo do eixo x para o caso $I = \frac{3}{2}$.

Esta definição é análoga à da Equação 29.15 para o componente z do momento magnético de spin para um elétron, que é o magneton de Bohr μ_B. Observe que μ_n é menor que μ_B por um fator de aproximadamente 2.000, o que acontece por conta da grande diferença de massas do próton e do elétron.

O momento magnético de um próton livre é $2{,}7928\,\mu_n$. Infelizmente, nenhuma teoria geral de magnetismo nuclear explica este valor. Outro ponto surpresa é que um nêutron, além de não ter carga elétrica, tem momento magnético, cujo valor é $-1{,}9135\,\mu_n$. O sinal negativo indica que o momento magnético do nêutron é oposto ao seu momento angular de spin. Tal momento magnético para uma partícula neutra sugere que precisamos projetar um modelo estrutural para o nêutron que explique tal observação. Este modelo estrutural, o *modelo quark*, será discutido no Capítulo 31.

TESTE RÁPIDO 30.2 Em qual dos itens a seguir você espera ver uma pequena variação entre os diferentes isótopos de um elemento? (a) massa atômica (b) momento magnético de spin nuclear (c) comportamento químico.

30.2 | Energia de ligação nuclear

Foi descoberto que a massa de um núcleo é sempre menor que a soma das massas dos núcleons. Por conta de a massa ser uma manifestação de energia, a energia total em repouso do sistema acoplado (o núcleo) é menor que a energia em repouso combinada dos núcleons separados. Esta diferença em energia é chamada **energia de ligação** E_b do núcleo, e representa a energia que deve ser adicionada ao núcleo para desintegrá-lo nos seus componentes:

▶ Energia de ligação de um núcleo

$$E_b(\text{MeV}) = [ZM(\text{H}) + Nm_n - M(^A_Z\text{X})] \times 931{,}494\,\text{MeV/u} \qquad \text{30.4}◀$$

onde $M(\text{H})$ é a massa atômica do átomo de hidrogênio neutro, $M(^A_Z\text{X})$ representa a massa atômica de um átomo do isótopo ^A_ZX, m_n é a massa do nêutron, e as massas estão em unidades de massa atômica. Observe que a massa dos Z elétrons inclusos em $M(\text{H})$ cancela com a massa dos Z elétrons inclusos nos termos de $M(^A_Z\text{X})$ desconsiderando uma pequena diferença associada com a energia de ligação atômica dos elétrons. Uma vez que as energias das ligações nucleares geralmente são da ordem de diversos elétrons–volts, e as energias das ligações nucleares são da ordem de milhões de elétrons–volts, esta diferença é insignificante, e adotamos um modelo de ligações simplificado no qual ignoramos esta diferença.

Exemplo **30.2** | **A energia de ligação do dêuteron**

Calcule a energia de ligação de um dêuteron (o núcleo de um átomo de deutério), que consiste de um próton e um nêutron, dado que a massa atômica do deutério é 2,014102 u.

SOLUÇÃO

Conceitualize Imagine como a Figura 30.2 pareceria se houvesse somente dois núcleons, como no núcleo de um átomo de deutério. O núcleo claramente não seria esférico. A expressão da energia de ligação na Equação 30.4 não depende do formato do núcleo, então é válida nesta situação.

Categorize Aplicaremos a Equação 30.4 para encontrar o resultado; portanto, categorizamos este exemplo como um problema de substituição.

A partir da Tabela 30.1, vemos que a massa do átomo de hidrogênio, representando o próton, é $M(H) = 1,007\ 825$ u, e que a massa do nêutron é $m_n = 1,008\ 665$ u. A partir desta informação, encontre a energia de ligação do dêuteron:

$$E_b(\text{MeV}) = [(1)(1,007\ 825\ \text{u}) + (1)(1,008\ 665\ \text{u}) \\ - 2,014\ 102\ \text{u}] \times 931,494\ \text{MeV/u}$$

$$= 2,224\ \text{MeV}$$

Este resultado nos diz que a separação de um dêuteron nos prótons e nêutrons constituintes exige a adição de 2,224 MeV de energia para o dêuteron. Uma maneira de fornecer para o dêuteron esta energia é bombardeando-o com partículas energéticas.

Um gráfico da energia de ligação por núcleon E_b/A como uma função da quantidade de massa para diversos núcleos estáveis é indicado na Figura 30.6. Observe que a curva tem um máximo próximo de $A = 60$, correspondendo aos isótopos de ferro, cobalto e níquel. Ou seja, os núcleos com números de massa maior ou menor que 60 não têm ligação tão forte como as que estão próximas do centro da tabela periódica. Os valores mais altos de ligação de energia por núcleon próximo de $A = 60$ implicam que a energia é liberada quando um núcleo pesado (próximo à direita do gráfico) se divide, ou *fissiona*, em dois núcleos mais leves. A energia é liberada em fissão por conta de os núcleons em cada núcleo resultante serem mais rigidamente ligados do que são os núcleons no núcleo original. O processo importante de fissão e um segundo processo importante, de *fusão*, no qual a energia é liberada como uma combinação de núcleos leves, são considerados com detalhes na Seção 30.6.

A energia de ligação por núcleon na Figura 30.6 é aproximadamente constante, com valor de 8 MeV para $A > 20$. Neste caso, as forças nucleares entre dado núcleon e todos os outros no núcleo são ditas ser *saturadas*; ou seja, dado núcleon

Prevenção de Armadilhas | 30.2

Energia de ligação
Quando os núcleons separados são combinados para formar um núcleo, a energia do sistema é reduzida. Portanto, a mudança na energia é negativa. O valor absoluto desta mudança é chamado energia de ligação. Esta diferença em sinal pode ser confundida. Por exemplo, um *aumento* na energia de ligação corresponde a uma *diminuição* na energia do sistema.

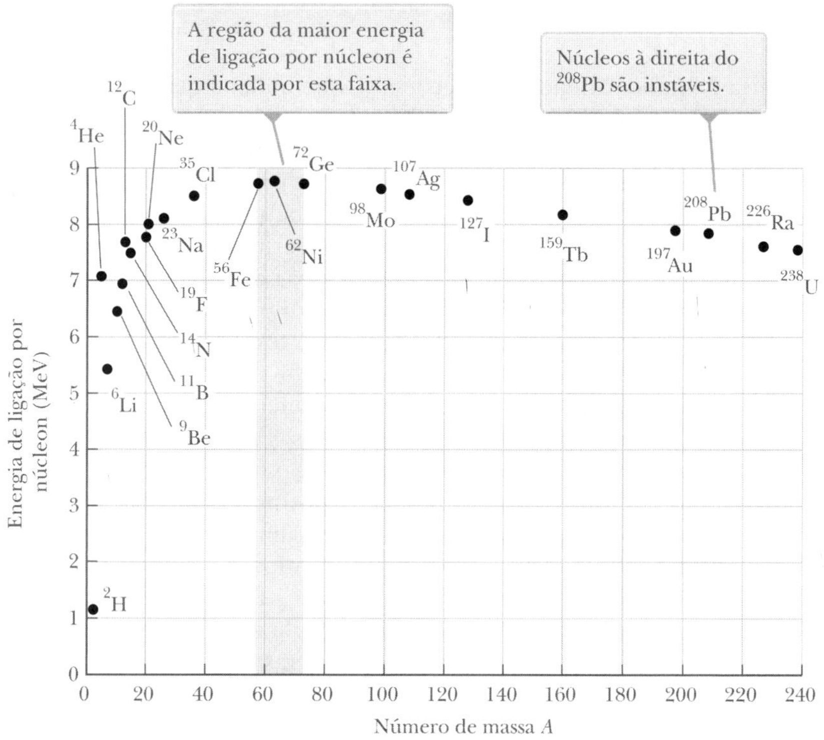

Figura 30.6 Energia de ligação por núcleon *versus* número de massa para os nuclídeos que estão ao longo da linha de estabilidade na Figura 30.4. Alguns núcleos representantes aparecem como pontos pretos e rotulados.

interage somente com uma quantidade limitada de outros núcleons por conta da natureza de curto alcance da força nuclear. Esses outros núcleons podem ser visualizados como sendo os mais próximos na estrutura totalmente fechada indicada na Figura 30.2.

A Figura 30.6 fornece uma percepção das questões fundamentais sobre a origem dos elementos químicos. No início da vida do Universo, existiam somente hidrogênio e hélio. As nuvens de gás cósmico se juntaram sob forças gravitacionais para formar as estrelas. À medida que a estrela "envelhece", produz elementos mais pesados a partir dos elementos mais leves contidos nelas, começando com a fusão dos átomos de hidrogênio para formar o hélio. Este processo continua à medida que a estrela continua envelhecendo, gerando átomos com números atômicos cada vez maiores. O nuclídeo $^{62}_{28}$Ni tem a maior energia de ligação por núcleon de 8,794 5 MeV/núcleon. É necessária energia adicional para criar elementos em uma estrela com número de massa maior que 62 por conta das baixas energias de ligação por núcleon. Esta energia vem da explosão de supernova que ocorre no fim da vida de algumas estrelas grandes. Portanto, todos os átomos pesados em seu corpo foram produzidos por explosões de estrelas antigas. Você é literalmente feito de poeira estrelar!

> **PENSANDO A FÍSICA 30.1**
>
> A Figura 30.6 mostra o gráfico de uma quantidade média de energia necessária para remover um núcleon do núcleo. A Figura 29.13 mostra a energia necessária para remover um elétron do átomo. Por que a Figura 30.6 mostra uma quantidade *aproximadamente constante* de energia necessária para remover o núcleon (acima de aproximadamente $A = 20$), mas a Figura 29.13 mostra quantidades *amplamente variáveis* de energia necessária para remover um elétron do átomo?
>
> **Raciocínio** No caso da Figura 30.6, o valor aproximadamente constante da energia de ligação nuclear é o resultado de uma natureza de curto alcance da força nuclear. Determinado núcleon interage somente com alguns dos mais próximos, em vez de todos os núcleons no núcleo.
>
> Portanto, não importa quantos núcleons estão presentes no núcleo, a remoção de um núcleon envolve sua separação somente dos arredores mais próximos. A energia para fazê-lo é, portanto, aproximadamente independente de quantos núcleons estejam presentes.
>
> Por outro lado, a força elétrica que aprisiona os elétrons a um núcleo em um átomo é uma força de longo alcance. Um elétron no átomo interage com *todos* os prótons no núcleo. Quando a carga nuclear aumenta, ocorre uma atração mais forte entre o núcleo e os elétrons. Consequentemente, à medida que a carga nuclear aumenta, mais energia é necessária para remoção de um elétron, conforme demonstrado pela tendência ascendente da energia de ionização na Figura 29.13 para cada período. ◀

30.3 | Radioatividade

No início deste capítulo, discutimos a descoberta da radioatividade por Becquerel, que indicou que os núcleos emitem partículas e radiação. Esta emissão espontânea logo foi chamada **radioatividade**.

Marie Curie
Cientista polonesa (1867–1934)
Em 1903, Marie Curie compartilhou o Prêmio Nobel de Física com o marido, Pierre, e Becquerel pelos estudos de substâncias radioativas. Em 1911, foi premiada com um Prêmio Nobel de Química pela descoberta do rádio e do polônio.

As investigações mais significativas deste fenômeno foram conduzidas por Marie Curie e Pierre Curie (1859–1906). Após muitos anos de processos de separação química laboratorial cuidadosa em toneladas de uraninita, uma combinação natural de minerais radioativos, os Curies relataram a descoberta de dois elementos previamente desconhecidos, ambos radioativos, chamados polônio e rádio. Os experimentos subsequentes, incluindo o famoso trabalho de Rutherford sobre dispersão de partículas alfa, sugeriram que a radioatividade foi o resultado da desintegração, ou decaimento, dos núcleos instáveis.

Os três tipos de radiação podem ser emitidos por uma substância radioativa: os raios alfa (α), onde as partículas emitidas são núcleos ^{4}He; os raios beta (β), nos quais as partículas emitidas são elétrons ou pósitrons; e os raios gama (γ), nos quais as partículas emitidas são fótons de alta energia. O **pósitron** é uma partícula semelhante ao elétron em todos os aspectos, exceto que tem uma carga de $+e$ (o pósitron é dito ser uma **antipartícula** do elétron; discutiremos antipartículas no Capítulo 31). O símbolo e^{-} é utilizado para designar um elétron, e e^{+} designa um pósitron.

É possível distinguir estas três formas de radiação utilizando o esquema ilustrado na Figura 30.7. A radiação de uma variedade de amostras radioativas é direcionada a uma região com campo magnético. A radiação é separada em três componentes pelo campo magnético, duas curvas em direções opostas e a terceira sem mudança na direção. A partir desta simples observação, é possível concluir que a radiação do feixe não defletido não carrega nenhuma carga (o raio gama), o componente defletido para cima corresponde a partículas positivamente carregadas (partículas alfa), e o componente defletido para baixo corresponde a partículas negativamente carregadas (e⁻). Se o feixe incluiu pósitrons (e⁺), essas partículas seriam defletidas para cima com um raio diferente da curvatura das partículas alfa.

Os três tipos de radiação têm energias de penetração bem diferentes. As partículas alfa penetram muito pouco em uma folha de papel, já as beta podem penetrar em alguns milímetros de alumínio, e os raios gama podem penetrar em vários centímetros de chumbo.

A taxa na qual um processo de decaimento ocorre em uma amostra radioativa é proporcional à quantidade de núcleos radioativos presentes na amostra (i.e., aqueles núcleos que ainda não decaíram). Esta dependência é semelhante ao comportamento de crescimento populacional, no qual a taxa em que os bebês nascem é proporcional à quantidade de pessoas vivas. Se N é a quantidade de núcleos radioativos presentes em algum momento, a taxa de variação de N é

$$\frac{dN}{dt} = -\lambda N \qquad 30.5$$

onde λ é chamado **constante de decaimento** (ou **constante de desintegração**) e tem valor diferente para os diferentes núcleos. O sinal negativo indica que dN/dt é um número negativo; ou seja, N diminui no tempo.

Se escrevermos a Equação 30.5 na forma de

$$\frac{dN}{N} = -\lambda\, dt$$

podemos integrar de um momento inicial arbitrário $t = 0$ até um tempo posterior t:

$$\int_{N_0}^{N} \frac{dN}{N} = -\lambda \int_0^t dt$$

$$\ln\left(\frac{N}{N_0}\right) = -\lambda t$$

$$N = N_0 e^{-\lambda t} \qquad 30.6$$

Figura 30.7 A radiação das fontes radioativas pode ser separada em três componentes utilizando um campo magnético para desviar as partículas carregadas. A matriz do detector à direita registra os eventos.

> **Prevenção de Armadilhas | 30.3**
> **Raios ou partículas?**
> No início da história da Física Nuclear, o termo radiação era utilizado para descrever as emanações dos núcleos radioativos. Agora, sabemos que as radiações alfa e beta envolvem a emissão de partículas com energia de repouso diferente de zero. Mesmo que não sejam exemplos de radiação eletromagnética, a utilização do termo *radiação* para os três tipos de emissão é profundamente enraizada na nossa língua e na comunidade física.

> **Prevenção de Armadilhas | 30.4**
> **Aviso de notação**
> Na Seção 30.1, introduzimos o símbolo N como um número inteiro que representa a quantidade de nêutrons em um núcleo. Nesta discussão, o símbolo N representa a quantidade de núcleos não decaídos em uma amostra radioativa restante após algum intervalo de tempo. À medida que avança, tenha certeza em considerar o contexto para determinar o significado apropriado para o símbolo N.

▶ Quantidade de núcleos não decaídos como uma função de tempo

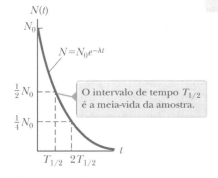

Figura Ativa 30.8 Gráfico da lei de decaimento exponencial para núcleos radioativos. O eixo vertical representa a quantidade de núcleos radioativos não decaídos presentes em qualquer tempo t, e o eixo horizontal é o tempo.

A constante N_0 representa a quantidade de núcleos radioativos não decaídos em $t = 0$. Já vimos comportamentos exponenciais antes; por exemplo, a descarga de um capacitor na Seção 21.9. Com base nessas experiências, podemos identificar o inverso da constante de decaimento $1/\lambda$ como o intervalo de tempo necessário para que a quantidade de núcleos decaia para $1/e$ do valor original. Portanto, $1/\lambda$ é a **constante de tempo** para este decaimento, semelhante à constante de tempo que investigamos para a queda da corrente em um circuito RC na Seção 21.9 e um circuito RL na Seção 23.6.

A **taxa de decaimento** R é obtida derivando a Equação 30.6 com relação ao tempo:

$$R = \left|\frac{dN}{dt}\right| = N_0 \lambda e^{-\lambda t} = R_0 e^{-\lambda t} \qquad 30.7$$

onde $R = N\lambda$ e $R_0 = N_0\lambda$ é a taxa de decaimento em $t = 0$. A taxa de decaimento de uma amostra é frequentemente chamada de sua **atividade**. Observe que tanto N quanto R diminuem exponencialmente com o tempo. O gráfico de N versus t na Figura Ativa 30.8 ilustra a lei de decaimento exponencial.

Uma unidade comum de atividade para uma amostra radioativa é a **curie** (Ci), definida como

▶ A curie
$$1 \text{ Ci} \equiv 3{,}7 \times 10^{10} \text{ decaimentos/s}$$

Esta unidade foi selecionada como a original da atividade por conta da atividade aproximada de 1 g de rádio. A unidade no SI de atividade é chamada **becquerel** (Bq):

▶ O bacquerel
$$1 \text{ Bq} \equiv 1 \text{ decaimento/s}$$

Portanto, $1 \text{ Ci} = 3{,}7 \times 10^{10}$ Bq. As unidades mais comumente utilizadas são milicurie (mCi) e microcurie (μCi).

Um parâmetro útil para caracterização de decaimento radioativo é a **meia-vida** $T_{1/2}$. Meia-vida de uma substância radioativa é o intervalo de tempo necessário para metade de uma determinada quantidade de núcleos radioativos decair. Atribuindo $N = N_0/2$ e $t = T_{1/2}$ na Equação 30.6 dá

$$\frac{N_0}{2} = N_0 e^{-\lambda T_{1/2}}$$

Escrevendo esta equação na forma $e^{\lambda T_{1/2}} = 2$ e calculando o logaritmo natural de ambos os lados, temos

▶ Meia-vida
$$T_{1/2} = \frac{\ln 2}{\lambda} = \frac{0{,}693}{\lambda} \qquad \textbf{30.8}◀$$

Prevenção de Armadilhas | 30.5
Meia-vida
Não é verdade que todos os núcleos originais tenham se desintegrado após duas meias-vidas! Em uma meia-vida, metade do núcleo original decairá. Na segunda meia-vida, a outra metade decairá, deixando 1/4 da quantidade original.

que é uma expressão conveniente relacionando a meia-vida com a constante de decaimento. Observe que após um intervalo de tempo de uma meia-vida, $N_0/2$ núcleos radioativos permanecem (por definição); após duas meias-vidas, metade desses núcleos decaíram, e $N_0/4$ radioativos permanecem; após três meias-vidas, $N_0/8$ permanecem; e assim por diante. Em geral, após n meias-vidas, a quantidade de núcleos radioativos restantes é $N_0/2^n$.

Os isótopos radioativos são utilizados em uma variedade de maneiras nos campos biomédicos. Em 1950, os físicos Rosalyn Yalow (1921–2011) e Solomon Berson (1918–1972) utilizaram isótopos radioativos no desenvolvimento da técnica de *radioimunologia*. Eles utilizaram a técnica para realizar medições altamente sensíveis de quantidades mínimas de insulina no sangue humano.

BIO Desenvolvimento da radioimunologia

O procedimento envolveu o preparo de anticorpos contra insulina, que depois foram fixados em esferas de plástico. Para isso, eles adicionaram insulina livre marcada com uma quantidade conhecida de um isótopo radioativo, como o $^{131}_{}$I, e a insulina ocupou os locais de ligação nos anticorpos. Quando o sangue de um paciente foi adicionado à mistura, a insulina do sangue deslocou a insulina radioativamente marcada. Após separar o sangue, Yalow e Berson puderam medir a atividade de ^{131}I restante e determinar a quantidade inicial de insulina no sangue. Yalow ganhou uma parte do Prêmio Nobel de Fisiologia ou Medicina pelo trabalho em 1977. (Berson já era falecido, e os Prêmios Nobel não são concedidos postumamente.) Mesmo que outras técnicas tenham sido desenvolvidas, a radioatividade continua sendo utilizada hoje para medição de pequenas concentrações do número de antígenos.

TESTE RÁPIDO 30.3 No seu aniversário, você mede a atividade de uma amostra de ^{210}Bi, que tem meia-vida de 5,01 dias. A atividade medida é de 1,000 μCi. Qual será a atividade desta amostra no seu próximo aniversário? **(a)** 1,000 μCi **(b)** 0 **(c)** $\sim$0,2 μCi **(d)** $\sim$0,01 μCi **(e)** $\sim 10^{-22}$ μCi

TESTE RÁPIDO 30.4 Suponha que exista um material radioativo puro com uma meia-vida de $T_{1/2}$. Você começa com N_0 núcleos não decaídos em $t = 0$. Em $t = \frac{1}{2}T_{1/2}$, quantos desses núcleos *decaem*? **(a)** $\frac{1}{4}N_0$ **(b)** $\frac{1}{2}N_0$ **(c)** $\frac{3}{4}N_0$ **(d)** $0{,}707N_0$ **(e)** $0{,}293N_0$

▶ PENSANDO A FÍSICA 30.2

O isótopo $^{14}_{6}$C é radioativo e tem meia-vida de 5.730 anos. Se você inicia com uma amostra de 1.000 núcleos de carbono-14, quantos permanecerão (não decairão) após 17.190 anos?

Raciocínio A quantidade de meias-vidas representadas pelo intervalo de tempo de 17.190 anos é (17.190)/(5.730) = 3. Portanto, a quantidade de núcleos radioativos restante após este intervalo de tempo é $N_0/2^n = 1.000/2^3 = 125$.

Estes números representam as circunstâncias ideais. Decaimento radioativo é um processo estatístico sobre uma grande quantidade de átomos, e o resultado atual depende da probabilidade. Nossa amostra original neste exemplo continha somente 1.000 núcleos, que certamente não é uma quantidade muito grande quando lidamos com átomos, para os quais medimos a quantidade em amostras macroscópicas em termos do número de Avogadro. Portanto, se efetivamente calcularmos a quantidade restante após três meias-vidas para esta pequena amostra, provavelmente não seria exatamente 125. ◄

Exemplo 30.3 | A atividade do carbono

No momento $t = 0$, uma amostra de radioatividade contém 3,50 μg de $^{11}_{6}C$ puro, que tem meia-vida de 20,4 min.

(A) Determine a quantidade de núcleos N_0 na amostra em $t = 0$.

SOLUÇÃO

Conceitualize A meia-vida é relativamente curta, então a quantidade de núcleos não decaídos cai rapidamente. A massa molar de $^{11}_{6}C$ é de aproximadamente 11,0 g/mol.

Categorize Avaliamos os resultados utilizando as equações desenvolvidas nesta seção; então, categorizamos este exemplo como um problema de substituição.

Encontre o número de moléculas em 3,50 μg de $^{11}_{6}C$ puro:
$$n = \frac{3,50 \times 10^{-6}\, g}{11,0\, g/mol} = 3,18 \times 10^{-7}\, mol$$

Encontre a quantidade de núcleos não decaídos nesta quantidade de $^{11}_{6}C$ puro:
$$N_0 = (3,18 \times 10^{-7}\, mol)(6,02 \times 10^{23}\, núcleos/mol) = 1,92 \times 10^{17}\, núcleos$$

(B) Qual é a atividade da amostra inicialmente e após 8,00 h?

SOLUÇÃO

Encontre a atividade inicial da amostra utilizando a Equação 30.7:
$$R_0 = N_0 \lambda = N_0 \frac{0,693}{T_{1/2}} = (1,92 \times 10^{17}) \frac{0,693}{20,4\, min} \left(\frac{1\, min}{60\, s}\right)$$

$$= (1,92 \times 10^{17})(5,66 \times 10^{-4}\, s^{-1}) = 1,09 \times 10^{14}\, Bq$$

Utilize a Equação 30.7 para encontrar a atividade em $t = 8,00\, h = 2,88 \times 10^4\, s$:
$$R = R_0 e^{-\lambda t} = (1,09 \times 10^{14}\, Bq) e^{-(5,66 \times 10^{-4}\, s^{-1})(2,88 \times 10^4\, s)} = 8,96 \times 10^6\, Bq$$

Exemplo 30.4 | Um isótopo radioativo de iodo

Uma amostra do isótopo ^{131}I, que tem meia-vida de 8,04 dias, tem uma atividade de 5,0 mCi no momento do envio. No recebimento da amostra no laboratório médico, a atividade é 2,1 mCi. Quanto tempo se passou entre as duas medições?

SOLUÇÃO

Conceitualize A amostra está continuamente em decaimento à medida que transita. A diminuição nesta atividade é de 58% durante o intervalo de tempo entre o envio e o recebimento, então esperamos que o tempo transcorrido seja maior que a meia-vida de 8,04 dias.

Categorize A atividade declarada corresponde a muitos decaimentos por segundo, então N é grande e podemos categorizar este problema como um dos quais podemos utilizar nossa análise estatística de radioatividade.

Analise Resolva a Equação 30.7 para a razão entre a atividade final e a atividade inicial:
$$\frac{R}{R_0} = e^{-\lambda t}$$

Tome o logaritmo natural de ambos os lados:
$$\ln\left(\frac{R}{R_0}\right) = -\lambda t$$

Resolva para o tempo t:
$$(1) \quad t = -\frac{1}{\lambda}\ln\left(\frac{R}{R_0}\right)$$

continua

30.4 cont.

Utilize a Equação 30.8 para substituir λ:

$$t = -\frac{T_{1/2}}{\ln 2} \ln\left(\frac{R}{R_0}\right)$$

Substitua os valores numéricos:

$$t = -\frac{8{,}04 \text{ dias}}{0{,}693} \ln\left(\frac{2{,}1 \text{ mCi}}{5{,}0 \text{ mCi}}\right) = \boxed{10 \text{ dias}}$$

Finalize Este resultado é realmente maior do que a meia-vida, conforme esperado. Este exemplo demonstra a dificuldade em enviar amostras radioativas com meias-vidas curtas. Se o envio for atrasado por diversos dias, somente uma pequena fração da amostra pode permanecer até o recebimento. Esta dificuldade pode ser combatida através do envio de uma combinação de isótopos no qual o isótopo desejado está no produto de um decaimento que ocorre dentro da amostra. É possível que um isótopo desejado se mantenha em *equilíbrio*, onde ele é criado na mesma taxa em que decai. Portanto, a quantidade de isótopos desejados permanece constante durante o processo de envio e armazenamento subsequente. Quando necessário, o isótopo desejado pode ser separado do resto da amostra; o decaimento da atividade inicial começa neste ponto em vez de no envio.

30.4 | O processo de decaimento radioativo

Quando um núcleo se transforma em outro sem influência externa, o processo é chamado **decaimento espontâneo**. Conforme afirmamos na Seção 30.3, um núcleo radioativo decai espontaneamente por um dos três processos: decaimento alfa, decaimento beta ou decaimento gama. A Figura Ativa 30.9 mostra uma magnificação de uma parte da Figura 30.4 de $Z = 65$ a $Z = 80$. Os círculos pretos são núcleos estáveis vistos na Figura 30.4. Além disso, são indicados os núcleos instáveis acima e abaixo da linha de estabilidade para cada valor de Z. Acima da linha de estabilidade, os círculos cinza-claros mostram os núcleos instáveis que são ricos em nêutrons e passam por um processo de decaimento beta no qual um elétron é emitido. Abaixo dos círculos pretos estão os círculos cinza-escuros correspondentes aos núcleos instáveis ricos em prótons que primariamente passam pelo processo de decaimento beta no qual um pósitron é emitido, ou um processo concorrente chamado captura de elétron. O decaimento beta e a captura de elétron são descritos com mais detalhes abaixo. Muito abaixo da linha de estabilidade (com algumas exceções) estão os círculos cinza mais claro que representam os núcleos muito ricos em próton para os quais o mecanismo de decaimento primário é o decaimento alfa, que discutiremos primeiramente.

Decaimento alfa

Se um núcleo emite uma partícula alfa ($^{4}_{2}\text{He}$) em um decaimento espontâneo, ele perde dois prótons e dois nêutrons. Portanto, N diminui por 2, Z diminui por 2 e A diminui por 4. O **decaimento alfa** pode ser escrito com uma representação simbólica como

$$^{A}_{Z}\text{X} \rightarrow \,^{A-4}_{Z-2}\text{Y} + \,^{4}_{2}\text{He} \qquad 30.9\blacktriangleleft$$

onde X é chamado **núcleo pai** e Y **núcleo filho**. Como regras gerais, (1) a soma das quantidades de massa deve ser a mesma em ambos os lados da representação simbólica e (2) a soma das quantidades atômicas deve ser a mesma em ambos os lados. Como exemplo, ^{238}U e ^{226}Ra são emissores e decaem de acordo com os esquemas

$$^{238}_{92}\text{U} \rightarrow \,^{234}_{90}\text{Th} + \,^{4}_{2}\text{He} \qquad 30.10\blacktriangleleft$$

$$^{226}_{88}\text{Ra} \rightarrow \,^{222}_{86}\text{Rn} + \,^{4}_{2}\text{He} \qquad 30.11\blacktriangleleft$$

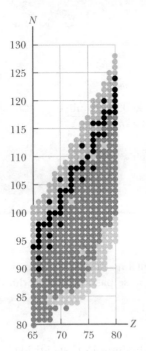

- Beta (elétron)
- Estável
- Beta (pósitron) ou captura de elétron
- Alfa

Figura Ativa 30.9 Uma magnificação da linha de estabilidade na Figura 30.4 de $Z = 65$ a $Z = 80$. Os pontos pretos representam o núcleo estável como na Figura 30.4. Outros pontos cinza representam os isótopos instáveis acima e abaixo da linha de estabilidade, com o tom do ponto indicando os meios primários de decaimento.

A meia-vida para o decaimento de ^{238}U é $4{,}47 \times 10^9$ anos, e a meia-vida para o decaimento de ^{226}Ra é $1{,}60 \times 10^3$ anos. Em ambos os casos, observe que a quantidade da massa A do núcleo secundário é 4 vezes menor do que o do núcleo principal. Da mesma forma, o número atômico Z é reduzido por 2.

O decaimento de ^{226}Ra é indicado na Figura Ativa 30.10. Além das regras para o número de massa e o número atômico, a energia total do sistema isolado deve ser conservada no decaimento. Se chamarmos M_X a massa do núcleo pai, M_Y a massa do núcleo filho, e M_α a massa da partícula alfa, podemos definir a **energia de decaimento** Q:

$$Q \equiv (M_X - M_Y - M_\alpha)c^2 \qquad \mathbf{30.12} \blacktriangleleft$$

O valor de Q será em joules se as massas estiverem em kg e $c = 3{,}00 \times 10^8$ m/s. No entanto, quando as massas nucleares são convenientemente expressas em variedade de massa atômica u, o valor de Q pode ser calculado em unidades MeV utilizando a expressão

$$Q = (M_X - M_Y - M_\alpha) \times 931{,}494 \text{ MeV/u} \qquad \mathbf{30.13} \blacktriangleleft$$

A energia de desintegração Q representa a diminuição da energia de ligação do sistema e aparece em forma de energia cinética do núcleo filho e da partícula alfa. Neste exemplo nuclear da versão do modo de energia de um sistema isolado, nenhuma energia entra ou deixa o sistema. A energia no sistema simplesmente se transforma de energia de repouso em energia cinética, e a Equação 30.13 proporciona a quantidade de energia transformada no processo. Às vezes, esta quantidade é referida como **valor** Q da reação nuclear.

Além da conservação de energia, também podemos aplicar a versão do modelo do momento de um sistema isolado para o decaimento. Uma vez que o momento do sistema isolado é conservado, a partícula alfa mais leve se move em uma velocidade muito maior do que o núcleo filho após a ocorrência do decaimento. Consequentemente, a maior parte da energia cinética disponível está associada com a partícula alfa. Geralmente, as partículas leves carregam a maioria da energia no decaimento nuclear.

A Equação 30.11 sugere que as partículas alfa são emitidas com uma energia discreta. Tal energia é calculada no Exemplo 30.5. Na prática, descobrimos que as partículas alfa são emitidas com um *conjunto* de energias discretas (Figura Ativa 30.11), com o valor *máximo* calculado como no Exemplo 30.5. Este conjunto de energia ocorre porque a energia do núcleo é quantizada, semelhante às energias quantizadas em um átomo. Na Equação 30.13, assumimos que o núcleo filho é deixado em seu estado fundamental. Se o núcleo filho é deixado no estado excitado, no entanto, menos energia estará disponível para o decaimento, e a partícula alfa será emitida com energia menor que a energia cinética máxima. O fato de as partículas alfa terem um conjunto discreto de energias é evidência direta para a quantização de energia no núcleo. Esta quantização é consistente com o modelo de uma partícula quântica sob as condições de fronteira, porque os núcleons são partículas quânticas e estão sujeitas às restrições impostas pelas forças mútuas.

Finalmente, é interessante observar que assume que ^{238}U (ou outros emissores alfa) decai pela emissão dos prótons e nêutrons, a massa dos produtos de decaimento excede os núcleos principais, correspondendo a valores negativos de Q. Como isso não pode ocorrer para um sistema isolado, tal decaimento espontâneo não ocorre.

Figura Ativa 30.10 Decaimento alfa do rádio 226. O núcleo do rodônio está inicialmente em repouso. Após o decaimento, o núcleo rádon tem energia cinética K_{Rn} e momento $\vec{p}_{Rn}$, e a partícula alfa tem energia cinética K_α e momento $\vec{p}_\alpha$.

Prevenção de Armadilhas | 30.6
Outro Q
Já vimos o símbolo Q, mas este uso é um meio novo para este símbolo: a energia de decaimento. Neste contexto, não é o calor ou a carga, para os quais antes utilizamos Q.

Figura Ativa 30.11 Distribuição das energias de partícula alfa em um decaimento alfa típico.

TESTE RÁPIDO 30.5 Quais dos seguintes itens tem o núcleo filho correto associado ao decaimento alfa do $^{157}_{72}Hf$ (a) $^{157}_{72}Hf$ (b) $^{153}_{70}Yb$ (c) $^{157}_{70}Yb$

Exemplo **30.5 | A energia liberada quando o rádio decai**

O núcleo ^{226}Ra passa por decaimento alfa de acordo com a Equação 30.11. Calcule o valor de Q para este processo. Da Tabela A.3 no Anexo A, as massas são 226,025 410 u para ^{226}Ra, 222,017578 u para ^{222}Rn, e 4,002 603 u para ^4_2He.

SOLUÇÃO

Conceitualize Estude a Figura Ativa 30.10 para compreender o processo de decaimento alfa neste núcleo.

Categorize Usamos uma equação desenvolvida nesta seção; então, categorizamos este exemplo como um problema de substituição.

Avalie Q utilizando a Equação 30.13:

$$Q = (M_X - M_Y - M_\alpha) \times 931{,}494 \text{ MeV/u}$$
$$= (226{,}025\,410 \text{ u} - 222{,}017\,578 \text{ u} - 4{,}002\,603 \text{ u}) \times 931{,}494 \text{ MeV/u}$$
$$= (0{,}005\,229 \text{ u}) \times 931{,}494 \text{ MeV/u} = \boxed{4{,}87 \text{ MeV}}$$

continua

> **30.5** *cont.*
>
> **E se?** Suponha que a energia cinética da partícula alfa a partir deste decaimento tenha sido medida. É possível medir 4,87 MeV?
>
> **Resposta** O valor de 4,87 MeV é a energia de desintegração para o decaimento. Ela inclui a energia cinética tanto da partícula alfa quanto do núcleo filho após o decaimento. Portanto, a energia cinética da partícula alfa seria *menor* que 4,87 MeV.
>
> Vamos determinar a energia cinética matematicamente. O núcleo pai é um sistema isolado que decai em partícula alfa e em um núcleo filho. Portanto, o momento deve ser conservado para o sistema.
>
> Monte uma equação de conservação de momento, observando que o momento inicial do sistema é zero:
>
> (1) $\quad 0 = M_Y v_Y - M_\alpha v_\alpha$
>
> Ajuste a energia de decaimento igual à soma das energias cinéticas da partícula alfa e do núcleo filho (presumindo que este núcleo é deixado no estado fundamental):
>
> (2) $\quad Q = \frac{1}{2} M_\alpha v_\alpha^2 + \frac{1}{2} M_Y v_Y^2$
>
> Resolva a Equação (1) para v_Y e substitua na Equação (2):
>
> $$Q = \frac{1}{2} M_\alpha v_\alpha^2 + \frac{1}{2} M_Y \left(\frac{M_\alpha v_\alpha}{M_Y} \right)^2 = \frac{1}{2} M_\alpha v_\alpha^2 \left(1 + \frac{M_\alpha}{M_Y} \right)$$
>
> $$Q = K_\alpha \left(\frac{M_Y + M_\alpha}{M_Y} \right)$$
>
> Resolva a energia cinética para a partícula alfa:
>
> $$K_\alpha = Q \left(\frac{M_Y}{M_Y + M_\alpha} \right)$$
>
> Avalie esta energia cinética para o decaimento específico do ^{226}Ra que estamos explorando neste exemplo:
>
> $$K_\alpha = (4{,}87 \text{ MeV}) \left(\frac{222}{222 + 4} \right) = 4{,}78 \text{ MeV}$$

Agora, nos voltamos ao modelo estrutural para o mecanismo do decaimento alfa que permite alguma compreensão sobre tal processo:

1. *Descrição dos componentes físicos do sistema*: Imagine que a partícula alfa se forma dentro do núcleo pai; assim, este núcleo é modelado como um sistema consistindo da partícula alfa e do núcleo filho restante.
2. *Descrição de onde os componentes estão localizados e como interagem*: A partícula alfa e o núcleo filho interagem pela força elétrica e pela força nuclear. A Figura 30.12 é uma representação gráfica da energia potencial deste sistema como uma função da distância de separação r entre a partícula alfa e o núcleo filho. A distância R é o alcance da força nuclear. A força elétrica repulsiva descreve a curva para $r > R$. A força nuclear atrativa faz que a curva de energia seja negativa para $r < R$. Conforme vimos no Exemplo 30.5, uma energia de decaimento típica é de poucos MeV, o que é a energia cinética aproximada da partícula alfa emitida representada pela linha pontilhada inferior na Figura 30.12.
3. *Descrição da evolução do tempo do sistema*: De acordo com a Física clássica, a partícula alfa é aprisionada no poço de potencial da Figura 30.12 para sempre. No entanto, sabemos que o decaimento alfa ocorre na natureza de modo que, em certo tempo, a partícula alfa se separará do núcleo filho. Como ela escapa do núcleo? A resposta a esta pergunta foi dada por George Gamow (1904–1968) e, de forma independente, Ronald Gurney (1898–1953) e Edward Condon (1902–1974) em 1928, utilizando a Mecânica Quântica. A visão da Mecânica Quântica é que sempre existe alguma probabilidade de que a partícula possa *tunelar* pela barreira, como discutimos na Seção 28.13.
4. *Descrição do acordo entre as predições do modelo e as observações de fato, e, possivelmente, previsões de novos efeitos que não foram observados*: Nosso modelo da curva de energia potencial, combinado com a possibilidade de tunelamento, prediz que a probabilidade de penetração aumentaria à medida que a energia da partícula aumenta por conta do estreitamento da barreira para energias mais altas. Esta probabilidade aumentada deve refletir em uma atividade aumentada e, consequentemente, em uma meia-vida menor.

Os dados experimentais concordam com a relação prevista no componente 4 acima: os núcleos com energias de partícula alfa com energia maior têm meias-vidas menores. Se a curva da energia potencial na Figura 30.12 é modelada como uma série de barreiras quadradas cujas alturas variam com a separação de partícula de acordo com a curva, podemos gerar uma relação teórica entre a energia da partícula e a meia-vida que está em excelente acordo com os resultados experimentais. Esta aplicação particular do modelo e a Física Quântica é uma demonstração muito eficaz do poder destas abordagens.

Decaimento beta

Quando um núcleo radioativo sofre **decaimento beta**, os núcleos filho têm a mesma quantidade de núcleons como os núcleos pai, mas o número atômico é modificado por 1:

$$^A_Z X \rightarrow {}^A_{Z+1}Y + e^- \quad \text{(expressão incompleta)} \quad \mathbf{30.14} \blacktriangleleft$$

$$^A_Z X \rightarrow {}^A_{Z-1}Y + e^+ \quad \text{(expressão incompleta)} \quad \mathbf{30.15} \blacktriangleleft$$

Novamente, observe que a quantidade de núcleon e a carga total são conservadas nestes decaimentos. Conforme veremos posteriormente, no entanto, estes processos não são totalmente descritos por estas expressões. Explicaremos esta descrição incompleta em breve.

O elétron ou pósitron envolvido nesses decaimentos é criado dentro do núcleo como uma etapa inicial no processo. Por exemplo, durante o decaimento beta-menos, um nêutron no núcleo é transformado em um próton e um elétron:

$$n \rightarrow p + e^- \quad \text{(expressão incompleta)}$$

Após este processo, o elétron é expulso do núcleo. Para o decaimento beta-mais, temos um próton transformado em um nêutron e um pósitron:

$$p \rightarrow n + e^+ \quad \text{(expressão incompleta)}$$

Após este processo, o pósitron é expulso do núcleo.

Fora do núcleo, este processo posterior não ocorrerá porque o nêutron e o elétron têm uma massa total maior do que a do próton. No entanto, este processo pode ocorrer dentro do núcleo, porque consideramos as mudanças da energia de repouso do sistema nuclear completo, não apenas as partículas individuais. No decaimento beta-mais, o processo $p \rightarrow n + e^+$ de fato resulta em uma diminuição na massa do núcleo, então este processo ocorre espontaneamente.

Assim como no decaimento alfa, a energia do sistema isolado do núcleo e da partícula emitida deve ser conservada no decaimento beta. De maneira experimental, descobre-se que as partículas beta são emitidas em uma faixa contínua de energia (Figura Ativa 30.13), ao contrário das partículas alfa, emitidas com energias discretas (Figura Ativa 30.11). O aumento da energia cinética do sistema deve ser equilibrado pela diminuição na energia de repouso do sistema; qualquer uma destas mudanças é o valor Q. No entanto, por conta de os núcleos em decaimento terem a mesma massa inicial, o valor Q deve ser o mesmo para cada decaimento. Assim, por que os elétrons emitidos têm a mesma faixa de energia cinética? A versão do modelo isolado para a energia do sistema parece fazer uma previsão incorreta! Outros experimentos mostram que, de acordo com os processos de decaimento dados pelas Equações 30.14 e 30.15, as versões do momento angular (spin) e do momento linear do modelo de sistema isolado também falham, nem o momento angular nem o momento linear do sistema são conservados!

Claramente, o modelo estrutural para o decaimento beta deve se diferenciar do decaimento alfa. Após a grande quantidade de experimentos e estudo teórico, Pauli propôs em 1930 que uma terceira partícula fosse envolvida no decaimento para explicar a energia e o momento "faltantes". Posteriormente, Enrico Fermi nomeou esta partícula como **neutrino** (um pequeno neutro) porque precisa ser eletricamente neutro e ter pouca ou nenhuma energia em repouso. Embora tenha iludido a detecção por muitos anos, o neutrino (simbolizado por ν, letra grega nu) foi finalmente detectado experimentalmente em 1956 por Frederick Reines (1918–1998) e Clyde Cowan (1919–1974). Reines recebeu o Prêmio Nobel de Física em 1995 por este trabalho importante. O neutrino tem as seguintes propriedades:

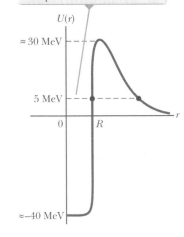

Figura 30.12 A partícula alfa escapa tunelando através da barreira.

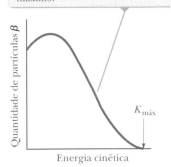

Figura Ativa 30.13 Distribuição das energias de partícula beta em um decaimento beta típico. Compare esta distribuição contínua de energias com a distribuição discreta de energias de partícula alfa na Figura Ativa 30.11.

- Carga elétrica nula.
- Sua massa é muito menor do que a do elétron. Os experimentos recentes mostram que a massa do neutrino é diferente de 0 e colocam seu limite superior em aproximadamente 2 eV/c^2.
- Um spin de $\frac{1}{2}$, que permite que a lei de conservação do momento angular seja atendida no decaimento beta.
- Interage muito fracamente com a matéria e é, portanto, muito difícil de detectar.

Agora, podemos escrever os processos do decaimento beta (Eqs. 30.14 e 30.15) na forma correta:

$$^{A}_{Z}X \rightarrow \,^{A}_{Z+1}Y + e^- + \bar{\nu} \quad \text{(expressão completa)} \qquad 30.16◀$$

$$^{A}_{Z}X \rightarrow \,^{A}_{Z-1}Y + e^+ + \nu \quad \text{(expressão completa)} \qquad 30.17◀$$

em que $\bar{\nu}$ representa o **antineutrino**, a antipartícula para o neutrino. Discutiremos as antipartículas no Capítulo 31. Por ora, basta dizer que um neutrino é emitido no decaimento de pósitron, e um antineutrino é emitido no decaimento de elétron. O spin do neutrino permite que o momento angular seja conservado nos processos de decaimento. Além da massa pequena, o neutrino carrega momento, que permite que o momento linear seja conservado.

Os decaimentos do nêutron e próton dentro do núcleo são mais apropriadamente escritos como

$$n \rightarrow p + e^- + \bar{\nu} \quad \text{(expressão completa)}$$

$$p \rightarrow n + e^+ + \nu \quad \text{(expressão completa)}$$

Como exemplos de decaimento beta, podemos escrever os esquemas de decaimento para o carbono-14 e nitrogênio-12:

$$^{14}_{6}C \rightarrow \,^{14}_{7}N + e^- + \bar{\nu} \quad \text{(expressão completa)} \qquad 30.18◀$$

$$^{12}_{7}N \rightarrow \,^{12}_{6}C + e^+ + \nu \quad \text{(expressão completa)} \qquad 30.19◀$$

> **Prevenção de Armadilhas | 30.7**
> **Número de massa do elétron**
> Uma notação alternativa para um elétron na Equação 30.18 é o símbolo $^{0}_{-1}e$, que não implica que o elétron tenha zero na energia de repouso. A massa do elétron é muito menor do que o núcleon mais leve, no entanto, que podemos aproximar isso como zero no contexto do decaimento e reações nucleares.

A Figura Ativa 30.14 mostra uma representação gráfica dos decaimentos descritos pelas Equações 30.18 e 30.19.

No decaimento beta-mais, o sistema final consiste do núcleo filho, pósitron e neutrino expulsos e um elétron protegido do átomo para neutralizar o átomo filho. Em alguns casos, este processo representa um aumento geral na energia de repouso, então isso não ocorre. Existe um processo alternativo que permite que alguns núcleos ricos em prótons se desintegrem e se tornem mais estáveis. Este processo, chamado **captura de elétron**, ocorre quando um núcleo pai captura um dos próprios elétrons orbitais e emite um neutrino. O produto final após o decaimento é um núcleo cuja carga é $Z - 1$:

Figura Ativa 30.14 (a) O decaimento beta do carbono-14. (b) O decaimento beta de nitrogênio-12.

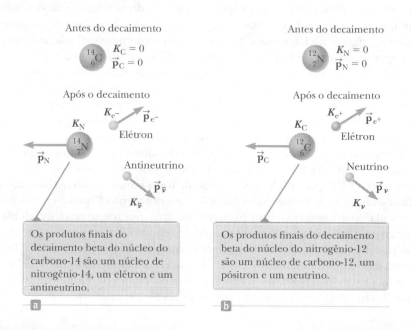

Figura 30.15 (a) Um fragmento dos Manuscritos do Mar Morto, que foram descobertos em cavernas localizadas na área da Cisjordânia no Oriente Médio e visíveis na parte inferior da fotografia (b). O material empacotado dos manuscritos foi analisado pela datação de carbono para determinar a idade.

$$_Z^A X + e^- \rightarrow \,_{Z-1}^A Y + \nu$$

30.20 ◄ ► Captura de elétrons

Na maioria dos casos, um elétron interno da camada K é capturado, um processo referido como **captura K**. Neste processo, as únicas partículas de saída são o neutrino e os fótons de raio X, que se originam de elétrons de camadas mais altas caindo na vaga deixada pelo elétron da camada K.

TESTE RÁPIDO 30.6 Quais dos seguintes itens tem o núcleo filho correto associado ao decaimento alfa de $_{72}^{184}\text{Hf}$? (a) $_{72}^{183}\text{Hf}$ (b) $_{73}^{183}\text{Ta}$ (c) $_{73}^{184}\text{Ta}$

Datação por carbono BIO

O decaimento beta do ^{14}C dado pela Equação 30.18 é comumente utilizado para datar amostras orgânicas. Os raios cósmicos (partículas de alta energia vindas do espaço sideral) na atmosfera superior causam as reações nucleares que criam o ^{14}C. A relação das moléculas de dióxido de carbono ^{14}C para ^{12}C da nossa atmosfera tem um valor constante de aproximadamente $1{,}3 \times 10^{-12}$. Todos os organismos vivos têm a mesma relação de ^{14}C para ^{12}C porque trocam continuamente dióxido de carbono com seu entorno. Quando um organismo morre, no entanto, não absorve ^{14}C da atmosfera, e então a relação de ^{14}C a ^{12}C diminui como resultado do decaimento beta do ^{14}C, que tem meia-vida de 5.730 anos. Portanto, é possível determinar a idade da amostra biológica medindo a atividade por massa de unidade em razão do decaimento do ^{14}C. Utilizando a datação de carbono, amostras de madeira, carvão, ossos e cascas foram identificadas como tendo vivido entre 1.000 e 25.000 anos atrás.

Um exemplo particularmente interessante é a datação dos Escritos do Mar Morto, um conjunto de manuscritos descobertos por um pastor de ovelhas em 1947 (Fig. 30.15). A tradução mostrou serem documentos religiosos, incluindo a maioria dos livros do Antigo Testamento. Por conta do significado histórico e religioso, os eruditos queriam saber a idade dos documentos. A datação de carbono aplicada ao material no qual os escritos foram embalados estabeleceu a idade em aproximadamente 1.950 anos.

Enrico Fermi
Físico italiano (1901–1954)
Fermi imigrou para os Estados Unidos para escapar dos fascistas. Ele foi premiado com o Prêmio Nobel de Física de 1938 pela produção dos elementos transurânicos pela irradiação de nêutron e pela descoberta de reações nucleares geradas por nêutrons lentos. Fermi fez muitas outras contribuições consideráveis para a Física, incluindo a teoria de decaimento beta, a teoria de metais de elétron livre e o desenvolvimento do primeiro reator de fissão em 1942. Foi verdadeiramente um físico teórico e experimental premiado. E também bastante conhecido pela habilidade em apresentar a Física de maneira clara e empolgante. Ele escreveu: "Não importa o que a natureza tem guardado para a humanidade, desagradável como pode ser, o homem deve aceitar, porque a ignorância nunca será melhor que o conhecimento".

> **PENSANDO A FÍSICA 30.3**
>
> Em 1991, turistas alemães descobriram os resíduos bem preservados de um homem, agora chamado "Ötzi, o homem de gelo", aprisionado nos alpes italianos. (Veja a fotografia na abertura deste capítulo.) A datação radioativa com ^{14}C revelou que esta pessoa estava viva aproximadamente há 5.300 anos. Por que os cientistas dataram uma amostra de Ötzi utilizando ^{14}C em vez de ^{11}C, que é um emissor beta com meia-vida de 20,4 min?

> **Raciocínio** O ^{14}C tem meia-vida longa de 5.730 anos, então a fração do núcleo ^{14}C restante após uma meia-vida é alta o suficiente para medir as mudanças precisas na atividade da amostra. O isótopo ^{11}C, que tem meia-vida muito curta, não é útil, porque a atividade diminui para um valor muito baixo decorridos 5.300 anos, tornando a detecção impossível.
>
> Um isótopo utilizado para datar uma amostra deve estar presente em uma quantidade conhecida na amostra quando é formada. Como regra geral, um isótopo escolhido para datar uma amostra deve ter também uma meia-vida com o mesmo pedido de magnitude como a idade da amostra. Se a meia-vida for muito menor do que a idade da amostra, não haverá atividade suficiente para medição, porque a maioria dos núcleos radioativos originais terá se desintegrado. Se a meia-vida for muito maior do que a idade da amostra, a redução na atividade que ocorreu desde a morte da amostra será muito menor para medição. ◄

Exemplo 30.6 | Datação radioativa

Um pedaço de carvão com 25,0 g de carbono é encontrado em alguma ruína de uma cidade antiga. A amostra mostra uma atividade ^{14}C R de 250 decaimento/min. Quanto tempo tem o carvão vindo desta árvore?

SOLUÇÃO

Conceitualize Por conta de o carvão ter sido encontrado em ruínas antigas, esperamos que a atividade atual seja menor do que a atividade inicial. Se pudermos determinar a atividade inicial, poderemos descobrir há quanto tempo a madeira está morta.

Categorize O texto da questão nos ajuda a categorizar este exemplo como um problema de datação de carbono.

Analise Resolva a Equação 30.7 para t:

(1) $\quad t = -\dfrac{1}{\lambda} \ln\left(\dfrac{R}{R_0}\right)$

Avalie a relação R/R_0 utilizando a Equação 30.7, o valor inicial da relação $^{14}C/^{12}C$ r_0, o número de moléculas n de carbono e o número de Avogadro N_A:

$$\dfrac{R}{R_0} = \dfrac{R}{\lambda N_0(^{14}C)} = \dfrac{R}{\lambda r_0 N_0(^{12}C)} = \dfrac{R}{\lambda r_0 n N_A}$$

Substitua o número de moléculas em termos da massa molecular M de carbono e massa m da amostra e substitua pela constante de decaimento λ:

$$\dfrac{R}{R_0} = \dfrac{R}{(\ln 2/T_{1/2})r_0(m/M)N_A} = \dfrac{RMT_{1/2}}{r_0 m N_A \ln 2}$$

Substitua os valores numéricos:

$$\dfrac{R}{R_0} = \dfrac{(250\ \text{min}^{-1})(12,0\ \text{g/mol})(5.730\ \text{anos})}{(1,3 \times 10^{-12})(25,0\ \text{g})(6,022 \times 10^{23}\ \text{mol}^{-1})\ln 2}\left(\dfrac{3,156 \times 10^7\ \text{s}}{1\ \text{ano}}\right)\left(\dfrac{1\ \text{min}}{60\ \text{s}}\right)$$

$$= 0{,}667$$

Substitua esta relação na Equação (1) e substitua pela constante de decaimento λ:

$$t = -\dfrac{1}{\lambda}\ln\left(\dfrac{R}{R_0}\right) = -\dfrac{T_{1/2}}{\ln 2}\ln\left(\dfrac{R}{R_0}\right)$$

$$= -\dfrac{5.730\ \text{anos}}{\ln 2}\ln(0{,}667) = \boxed{3{,}4 \times 10^3}$$

Finalize Observe que o intervalo de tempo encontrado aqui é a mesma ordem de magnitude como na meia-vida; então, ^{14}C é um isótopo válido para utilizar para esta amostra, conforme discutido na seção Pensando a Física 30.3.

Decaimento gama

Com muita frequência, um núcleo que sofre decaimento radioativo é deixado em um estado quântico excitado. O núcleo pode, então, passar por um segundo decaimento, um **decaimento gama**, para um estado menor, talvez para o estado fundamental, através da emissão de um fóton:

▶ Decaimento gama $\quad\quad {}^{A}_{Z}X^{*} \rightarrow {}^{A}_{Z}X + \gamma \quad\quad$ 30.21◄

em que X^* indica um núcleo em estado excitado. A meia-vida típica de um estado nuclear excitado é 10^{-10} s. Os fótons emitidos em tais processos de desexcitação são chamados **raios gama**. Tais fótons têm energia muito mais

TABELA 30.2 | Diversos caminhos de decaimento

Decaimento alfa	$^{A}_{Z}X \rightarrow {}^{A-4}_{Z-2}Y + {}^{4}_{2}He$
Decaimento beta (e^-)	$^{A}_{Z}X \rightarrow {}^{A}_{Z+1}Y + e^- + \bar{\nu}$
Decaimento beta (e^+)	$^{A}_{Z}X \rightarrow {}^{A}_{Z-1}Y + e^+ + \nu$
Captura de elétrons	$^{A}_{Z}X + e^- \rightarrow {}^{A}_{Z-1}Y + \nu$
Decaimento gama	$^{A}_{Z}X^* \rightarrow {}^{A}_{Z}X + \gamma$

alta (na ordem de 1 MeV ou mais) relativa à energia de luz visível (na ordem de alguns elétron-volts). Relembre do Capítulo 29 que a energia dos fótons emitidos (ou absorvidos) por um átomo se iguala à diferença em energia entre dois estados quânticos atômicos envolvidos na transição. De maneira semelhante, um fóton de raio gama tem energia hf que iguala a diferença de energia ΔE entre dois estados quânticos nucleares. Quando um núcleo se desintegra através da emissão de um raio gama, acaba em um estado inferior, mas sua massa atômica A e o seu número atômico Z não se modificam.

Um núcleo pode alcançar um estado excitado como resultado de uma colisão violenta com outra partícula. No entanto, é mais comum para um núcleo estar em um estado excitado após ter passado por um decaimento alfa ou beta. A seguinte sequência de eventos representa uma situação típica na qual o decaimento gama ocorre:

$$^{12}_{5}B \rightarrow {}^{12}_{6}C^* + e^- + \bar{\nu} \qquad \text{30.22} \blacktriangleleft$$

$$^{12}_{6}C^* \rightarrow {}^{12}_{6}C + \gamma \qquad \text{30.23} \blacktriangleleft$$

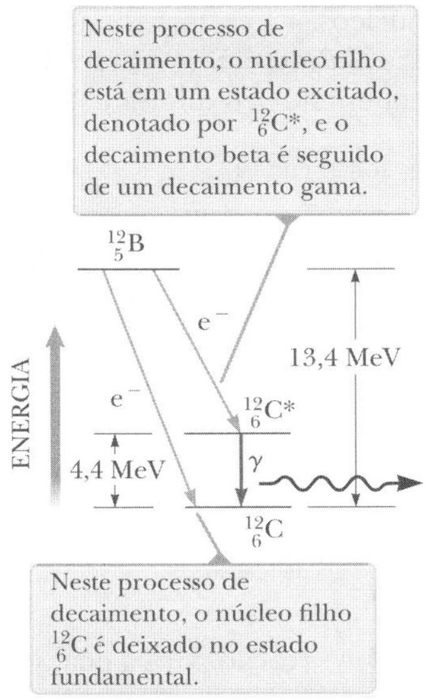

A Figura 30.16 mostra o esquema de decaimento para ^{12}B, que passa por decaimento beta com uma meia-vida de 20,4 ms para um dos dois níveis de ^{12}C. É possível (1) decair diretamente ao estado fundamental de ^{12}C pela emissão de um elétron com 13,4 MeV, ou (2) sofrer decaimento beta-menos para um estado excitado do $^{12}C^*$, seguido pelo decaimento gama para o estado fundamental. O processo posterior resulta na emissão de um elétron de 9,0 MeV e um fóton de 4,4 MeV. A Tabela 30.2 resume os caminhos pelos quais os núcleos radioativos passam por decaimento.

Figura 30.16 Um diagrama de níveis de energia que mostra o estado inicial nuclear de um núcleo ^{12}B e dois estados possíveis de menor energia do núcleo ^{12}C.

BIO Tratamento do câncer com braquiterapia

No Capítulo 29, discutimos o tratamento dos tumores cancerígenos com próton terapia e a radioterapia de feixe externo. Mesmo assim, o tratamento alternativo para alguns cânceres localizados é a *braquiterapia*. Neste procedimento, uma fonte radioativa é colocada dentro ou ao lado da área de tratamento. Este plano de tratamento resulta em uma alta dosagem de energia para o tecido cancerígeno no tumor sem a absorção de energia pelo tecido saudável, o que é um efeito colateral comum da radioterapia de feixe externo. As aplicações comuns de braquiterapia inclui os cânceres do colo uterino, próstata, pulmão e pele.

No tratamento do câncer de próstata, por exemplo, até 150 sementes radioativas são plantadas dentro da próstata de um paciente com câncer em estágio inicial. Uma fonte radioativa comum nas sementes é o paládio (^{103}Pd), um emissor de raios gama com meia-vida de 17 dias. Com esta fonte, a radioatividade terá diminuído para um nível muito baixo para um período de tratamento de 2 a 3 meses. As sementes encapsuladas por titânio são deixadas permanentemente no corpo após o tratamento. Os resultados da braquiterapia no tratamento do câncer de próstata são comparáveis aos da prostatectomia radical ou radioterapia de feixe externo.

Outro emissor gama, ^{99}Tc, é utilizado em *mapeamento nuclear de ossos*. No teste de diagnóstico, um "detector" é injetado no paciente, com aproximadamente 600 MBq do isótopo tecnécio, que se espalha por todo o corpo. Em particular, o detector é absorvido nos ossos. A "câmera gama" é utilizada para detectar o decaimento gama. As áreas escuras na imagem absorveram pouco o detector. Isto pode sugerir falta de fornecimento de sangue em razão do câncer no osso. As áreas brilhantes na imagem correspondem à absorção significante do detector, sugerindo uma possível artrite, fratura ou infecção.

BIO Mapeamento nuclear de ossos

30.5 | Reações nucleares

Na Seção 30.4, discutimos os processos pelos quais os núcleos podem se modificar *espontaneamente* para outro núcleo passando por um processo de decaimento radioativo. Também é possível modificar as estruturas e as propriedades dos núcleos atacando-as com partículas energéticas. Tais mudanças são chamadas de **reações nucleares**. Em 1919, Rutherford foi o primeiro a observá-las, utilizando as fontes radioativas que ocorrem naturalmente como partículas de bombardeio. A partir deste momento, milhares de reações nucleares foram observadas seguindo o desenvolvimento dos aceleradores de partículas carregadas nos anos 1930. Com a tecnologia avançada de hoje, nos aceleradores de partículas e detectores de partícula é possível alcançar energias de partículas de mais de 1.000 GeV = 1 TeV. Essas partículas de altas energias são utilizadas para criar novas partículas, cujas propriedades estão ajudando a resolver os mistérios dos núcleos.

Considere uma reação (Fig. 30.17) na qual o núcleo-alvo X é atacado por uma partícula de entrada a, resultando em um núcleo diferente Y e uma partícula de saída b:

▶ Reação nuclear $$a + X \rightarrow Y + b$$ 30.24◀

Às vezes, esta reação é escrita na representação simbólica equivalente

$$X(a, b)Y$$

Na seção anterior, o valor Q, ou a energia de decaimento, associada ao decaimento radioativo foi definida como a mudança na energia em repouso, que é a quantidade de energia em repouso transformada em energia cinética durante o processo de decaimento. De maneira semelhante, definimos **energia de reação** Q associada à reação nuclear como a diferença entre as energias em repouso inicial e final do sistema de partículas participantes na reação:

▶ Energia de reação Q $$Q = (M_a + M_X - M_Y - M_b)c^2$$ 30.25◀

Uma reação para a qual Q é positivo é chamada **exotérmica**. Após a reação, a energia em repouso transformada aparece como um aumento em energia cinética de Y e b sobre a e X.

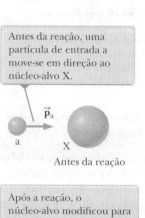

Uma reação para a qual Q é negativo é chamada **endotérmica** e representa um aumento na energia em repouso. Uma reação endotérmica não ocorrerá a menos que o ataque de partículas tenha uma energia cinética maior que $|Q|$. A energia cinética mínima da partícula de entrada necessária para tal reação ocorrer é chamada **energia-limite**. A energia-limite é maior que $|Q|$, porque devemos também conservar o momento linear no sistema isolado das partículas inicial e final. Se uma partícula de entrada tem apenas energia $|Q|$, energia suficiente está presente para aumentar a de repouso do sistema, mas nenhuma é deixada para a energia cinética das partículas finais; ou seja, nada está se movendo após a reação. Portanto, a partícula de entrada tem um momento antes da reação, mas não existe nenhum momento do sistema depois, o que é uma violação da lei de conservação do momento.

Se as partículas a e b em uma reação nuclear forem idênticas de modo que X e Y sejam necessariamente idênticos, a reação é chamada **evento de espalhamento**. Se a energia cinética do sistema (a e X) antes do evento é a mesma que a do sistema (b e Y) após o evento, ele é classificado como *espalhamento elástico*. Se as energias cinéticas do sistema antes e após o evento não forem as mesmas, a reação é descrita como *espalhamento elástico*. Neste caso, a diferença na energia é explicada pelo núcleo-alvo que transita para um estado excitado pelo evento. Agora, o sistema final consiste de b e um núcleo excitado Y*, e, eventualmente, se torna b, Y e γ, sendo que γ é o fóton de raio gama emitido quando o sistema retorna para o estado fundamental. Esta terminologia elástica e inelástica é idêntica à utilizada nas descrições de colisões entre os objetos macroscópicos (Seção 8.4).

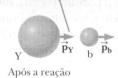

Figura 30.17 Uma reação nuclear.

Além da energia e do momento, a carga total e a quantidade total de núcleons devem ser conservadas no sistema de partículas para uma reação nuclear. Por exemplo, considere a reação $^{19}F(p, \alpha)^{16}O$, que tem um valor Q de 8,124 MeV. Podemos mostrar esta reação mais completamente como

$$^{1}_{1}H + ^{19}_{9}F \rightarrow ^{16}_{8}O + ^{4}_{2}He$$

Vimos que a quantidade total de núcleons antes da reação (1 + 19 = 20) é igual à quantidade total após a reação (16 + 4 = 20). Além disso, a carga total ($Z = 10$) é a mesma antes e depois da reação.

30.6 | Conteúdo em contexto: o mecanismo das estrelas

Uma das características importantes das reações nucleares é que muito mais energia é liberada (ou seja, convertida da energia de repouso) em comparação com as reações químicas normais, tal como queima de combustível fóssil. Vamos olhar novamente para nossa curva de energia de ligação (Fig. 30.6) e considerar duas reações nucleares importantes relacionadas àquela curva. Se um núcleo pesado à direita do gráfico se divide em dois núcleos mais leves, a energia de ligação total dentro do sistema aumenta, representando a energia liberada do núcleo. Este tipo de reação foi observada e relatada em 1939 por Otto Hahn (1879–1968) e Fritz Strassman (1902–1980). Esta reação, conhecida como **fissão**, era de grande interesse científico e político no momento da Segunda Guerra Mundial por conta do desenvolvimento da primeira arma nuclear.

Na reação de fissão, um núcleo separável (o núcleo-alvo X), que é frequentemente ^{235}U, absorve um nêutron que se move lentamente (a partícula de entrada a) e o núcleo se divide em dois núcleos menores (dois núcleos Y_1 e Y_2), liberando energia e mais nêutrons (diversas partículas b). Esses nêutrons podem então ser absorvidos dentro de outro núcleo, causando outras fissões. Sem nenhum meio de controle, o resultado é uma explosão de reação em cadeia, conforme sugerido pela Figura Ativa 30.18. Com o controle apropriado, o processo de fissão é utilizado em energia nuclear gerada pelas usinas nucleares.

Embora as usinas de energia nuclear tenham êxito na geração de energia no mundo todo, existem sérias questões de segurança a ser consideradas. Uma explosão em 1986 na Usina Nuclear de Chernobyl, na atual Ucrânia, liberou quantidades significativas de material radioativo no ar. Os aumentos nas leituras da radiação foram medidos na maior parte da Europa e grande parte da Rússia.

Mais recentemente, uma quantidade significativa de radiação foi liberada de usinas nucleares após um terremoto devastador em março de 2011 na costa do Japão. As usinas foram automaticamente desligadas após o terremoto, mas o *tsunami* que seguiu desabilitou os geradores de emergência necessários para manter a operação das bombas de resfriamento. Essas bombas de resfriamento são necessárias mesmo após o reator ter sido desligado para remover a energia interna resultante do decaimento dos subprodutos de fissão. Devido ao resfriamento intencional para reduzir as pressões, houve uma descarga intencional da água de resfriamento no meio ambiente e explosões, a liberação da radiação colocou a situação nuclear do Japão na mesma categoria que o acidente de Chernobyl.

Ao examinar a outra extremidade da ligação da curva de energia, vemos que poderíamos aumentar a energia de ligação do sistema e liberar a energia pela combinação de dois núcleos leves. Este processo de **fusão** é dificultado porque os núcleos devem sobrepor uma repulsão de Coulomb muito forte antes que se aproximem o suficiente para fundir-se. Uma maneira de ajudar os núcleos na superação desta repulsão é movimentá-los com energia cinética muito alta, elevando o sistema de núcleos a uma temperatura muito alta. Se a densidade dos núcleos também for alta, a probabilidade

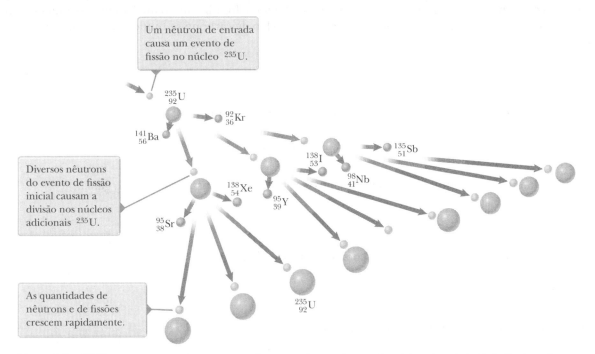

Figura Ativa 30.18 Uma reação nuclear iniciada pela captura de um nêutron. Os núcleos do urânio são indicados pelas esferas maiores cinza, núcleos filhos em esferas menores cinzas, e nêutrons em esferas ainda menores cinza-claras.

de colisão dos núcleos é alta e pode ocorrer a fusão. O problema tecnológico para a criação de temperaturas e densidades muito altas é o principal desafio na área de pesquisa de fusão controlada com base na Terra.

Em alguns locais naturais (por exemplo, o núcleo das estrelas), as altas temperaturas necessárias e as densidades existem. Considere uma coleção de gás e poeira em qualquer lugar no Universo como um sistema isolado. O que acontece quando este sistema entra em colapso pela própria atração gravitacional? A energia do sistema é conservada, e a energia potencial gravitacional associada às partículas separadas diminui, enquanto a energia cinética das partículas aumenta. Como as partículas descendentes colidem com as partículas que já caíram na região central de colapso, a energia cinética é distribuída em outras partículas por colisões e randomizadas; ela se torna energia interna, que é relacionada à temperatura do conjunto de partículas.

Se a temperatura e a densidade do núcleo do sistema aumentam até um ponto onde a fusão possa ocorrer, o sistema se torna uma estrela. O componente primário do Universo é o hidrogênio, então a reação de fusão no centro de uma estrela combina os núcleos de hidrogênio – prótons – em núcleos de hélio. Um processo de reação comum para estrelas com núcleos relativamente frios ($T < 15 \times 10^6$ K) é o **ciclo próton-próton**. Na primeira etapa do processo, dois prótons se combinam para formar o deutério:

$$^1_1H + ^1_1H \rightarrow ^2_1H + e^+ + \nu$$

Observe que o núcleo implícito ^2_2H formado não aparece na equação de reação. Este núcleo é altamente instável e decai muito rapidamente pelo decaimento beta-mais no núcleo do deutério, um pósitron e um neutrino.

Na próxima etapa, os núcleos de deutério entram em fusão com outro próton para formar um núcleo hélio-3:

$$^1_1H + ^2_1H \rightarrow ^3_2He + \gamma$$

Finalmente, dois núcleos com hélio-3 formados pelas reações podem se fundir para formar hélio-4 e dois prótons:

$$^3_2He + ^3_2He \rightarrow ^4_2He + ^1_1H + ^1_1H$$

O resultado líquido deste ciclo é a junção de quatro prótons para formar um núcleo hélio-4, com a liberação de energia que eventualmente deixa a estrela como radiação eletromagnética a partir da superfície. Além disso, observe que a reação libera neutrinos, que servem como uma assinatura do decaimento beta que ocorre dentro da estrela. A observação do aumento do fluxo de neutrino de uma supernova é uma ferramenta importante na análise desse evento.

Para estrelas com núcleo mais quente ($T > 15 \times 10^6$ K), outro processo, chamado **ciclo de carbono**, domina. Em temperaturas de tal magnitude, os núcleos de hidrogênio podem se fundir com os núcleos mais pesados que o hélio, como o carbono. Na primeira das seis etapas do ciclo, um núcleo de carbono se funde com um próton para formar o nitrogênio:

$$^1_1H + ^{12}_6C \rightarrow ^{13}_7N$$

O núcleo de nitrogênio é rico em próton e passa por decaimento beta-mais:

$$^{13}_7N \rightarrow ^{13}_6C + e^+ + \nu$$

O núcleo resultante de carbono-13 se funde com outro próton, com a emissão de um raio gama:

$$^1_1H + ^{13}_6C \rightarrow ^{14}_7N + \gamma$$

O nitrogênio-14 se funde com outro próton, com mais emissão gama:

$$^1_1H + ^{14}_7N \rightarrow ^{15}_8O + \gamma$$

O núcleo de oxigênio passa por decaimento beta-mais:

$$^{15}_8O \rightarrow ^{15}_7N + e^+ + \nu$$

Finalmente, o nitrogênio-15 se funde com outro próton:

$${}^{1}_{1}H + {}^{15}_{7}N \rightarrow {}^{12}_{6}C + {}^{4}_{2}He$$

Observe que o efeito líquido deste processo combina quatro prótons em um núcleo de hélio, exatamente como o ciclo próton-próton. O carbono-12 com o qual começamos o processo retorna no fim, então age somente como um catalisador para o processo e não é consumido.

Dependendo da massa, a estrela transforma energia no núcleo na taxa entre 10^{23} e 10^{33} W. A energia transformada da energia de repouso dos núcleos no núcleo da estrela é transferida para fora através das camadas vizinhas por transferência de matéria em duas formas. Na primeira, os neutrinos carregam a energia diretamente através das camadas para o espaço, pois estas partículas interagem de uma maneira muito fraca com a matéria. Na segunda, a energia carregada pelos fótons do núcleo é absorvida pelos gases nas camadas externas do núcleo da estrela e lentamente viaja até a superfície por convecção. Esta energia é eventualmente radiada da superfície da estrela pela radiação eletromagnética, principalmente nas regiões infravermelhas, visíveis e ultravioletas do espectro eletromagnético. O peso das camadas de fora do núcleo da estrela impedem que ele exploda. Todo o sistema de uma estrela é estável enquanto durar o fornecimento de hidrogênio no núcleo.

Nos capítulos anteriores, apresentamos exemplos das aplicações da Física Quântica e Física Atômica para os processos no espaço. Neste capítulo, vimos que os processos nucleares também têm um papel importante no universo. A formação das estrelas é um processo crítico no desenvolvimento do Universo. A energia fornecida pelas estrelas é crucial para a vida nos planetas, como a Terra. No próximo (e último) capítulo, discutiremos os processos que ocorrem em uma escala ainda menor, a das *partículas básicas*. Descobriremos novamente que olhar para uma escala menor nos permite avançar nossa compreensão sobre o sistema em escala maior, o Universo.

RESUMO

Um nuclídeo pode ser representado por ${}^{A}_{Z}X$, em que A é o **número de massa**, a quantidade total de núcleos, e Z é o **número atômico**, a quantidade total de prótons. A quantidade total de nêutrons em um núcleo é a **quantidade** N, em que $A = N + Z$. Os elementos com os mesmos valores Z mas A e N diferentes são chamados **isótopos.**

Presumindo que um núcleo seja esférico, o raio é dado por

$$r = aA^{1/3} \quad \text{30.1}\blacktriangleleft$$

onde $a = 1,2$ fm.

Os núcleos são estáveis por conta da **força nuclear** entre os núcleons. Esta força de curto alcance domina a força repulsiva de Coulomb em distâncias menores que 2 fm e é independente da carga.

Os núcleos leves são mais estáveis quando a quantidade de prótons se iguala à de nêutrons. Os núcleons mais pesados são mais estáveis quando a quantidade de nêutrons excede a de prótons. Além disso, muitos núcleos estáveis têm os valores Z e N pares. Os núcleos com estabilidade extraordinariamente alta têm os valores N ou Z de 2, 8, 20, 28, 50, 82 e 126, e são chamados **números mágicos**.

Os núcleos têm um momento angular intrínseco (spin) de magnitude $\sqrt{I(I+1)}\hbar$, em que I é o **número quântico de spin nuclear**. O momento magnético de um núcleo é medido em termos do **magneton nuclear** μ_n, onde

$$\mu_n \equiv \frac{e\hbar}{2m_p} = 5,05 \times 10^{-27} \text{J/T} \quad \text{30.3}\blacktriangleleft$$

A diferença na massa entre núcleons separados e o núcleo contendo estes núcleons, quando multiplicados por c^2, proporciona a **energia de ligação** E_b dos núcleos. Podemos calcular a energia de ligação de quaisquer núcleos ${}^{A}_{Z}X$ utilizando a expressão

$$E_b(\text{MeV}) = [ZM(H) + Nm_n - M({}^{A}_{Z}X)] \times 931,494 \text{ MeV/u} \quad \text{30.4}\blacktriangleleft$$

Os processos radioativos incluem o decaimento alfa, o decaimento beta e o decaimento gama. Uma partícula alfa é um núcleo ^{4}He, uma partícula beta é ou um elétron (e^-) ou um pósitron (e^+), e uma partícula gama é um fóton de alta energia.

Se um material radioativo contém núcleos radioativos N_0 em $t = 0$, a quantidade N de núcleos restantes no momento t é

$$N = N_0 e^{-\lambda t} \quad \text{30.6}\blacktriangleleft$$

em que λ é a **constante de decaimento**, ou **constante desintegração**. A **taxa de decaimento**, ou **atividade**, de uma substância radioativa é dada por

$$R = \left|\frac{dN}{dt}\right| = N_0\lambda e^{-\lambda t} = R_0 e^{-\lambda t} \quad \text{30.7}\blacktriangleleft$$

em que $R_0 = N_0\lambda$ é a atividade em $t = 0$. A **meia-vida** $T_{1/2}$ é definida como o intervalo de tempo necessário para metade de uma determinada quantidade de núcleos radioativos decair, onde

$$T_{1/2} = \frac{\ln 2}{\lambda} = \frac{0,693}{\lambda} \quad \text{30.8}\blacktriangleleft$$

Decaimento alfa pode ocorrer, pois, de acordo com a Mecânica Quântica, alguns núcleos têm barreiras que podem ser penetradas pelas partículas alfa (o processo de turnelamento). Este processo é energicamente mais favorável para os núcleos com quantidade excessiva de nêutrons. Um núcleo pode sofrer **decaimento beta** de duas formas. Ele pode emitir um elétron (e⁻) e um antineutrino ($\bar{\nu}$) ou um pósitron (e⁺) e um neutrino (ν). No processo de **captura de elétron**, o núcleo de um átomo absorve um dos próprios elétrons (geralmente da camada K) e emite um neutrino. No **decaimento gama**, um núcleo no estado excitado se desintegra no estado fundamental e emite um raio gama.

As **reações nucleares** ocorrem quando um núcleo-alvo X é atacado por uma partícula a, resultando em um núcleo Y e uma partícula de saída b:

$$a + X \rightarrow Y + b \quad \text{ou} \quad X(a, b)Y \quad \text{30.24}◄$$

A energia de repouso transformada em energia cinética em tal reação, chamada de **energia de reação** Q, é

$$Q = (M_a + M_X - M_Y - M_b)c^2 \quad \text{30.25}◄$$

Uma reação para a qual Q é positiva é chamada **exotérmica**. Uma reação para a qual Q é negativa é chamada **endotérmica**. A energia cinética mínima da partícula de entrada necessária para tal reação ocorrer é chamada **limiar de energia**.

PERGUNTAS OBJETIVAS

1. Qual das quantidades a seguir representa a energia de reação de uma reação nuclear? (a) (massa final − massa inicial)/c^2 (b) (massa inicial − massa final)/c^2 (c) (massa final − massa inicial)c^2 (d) (massa inicial − massa final)c^2 (e) nenhuma dessas quantidades.

2. Duas amostras do mesmo nuclídeo radioativo são preparadas. A amostra G tem duas vezes a atividade inicial da H. **(i)** Como a meia-vida de G se compara com a de H? (a) É duas vezes maior. (b) É a mesma. (c) Tem metade do tamanho. **(ii)** Após cada uma passar cinco meias-vidas, como suas atividades se comparam? (a) G tem mais que duas vezes a atividade de H. (b) G tem duas vezes a atividade de H. (c) G e H têm a mesma atividade. (d) G tem atividade inferior a H.

3. No decaimento $^{234}_{90}\text{Th} \rightarrow ^{A}_{Z}\text{Ra} + ^{4}_{2}\text{He}$, identifique o número de camadas e o número atômico do núcleo de Ra: (a) $A = 230$, $Z = 92$ (b) $A = 238$, $Z = 88$ (c) $A = 230$, $Z = 88$ (d) $A = 234$, $Z = 88$ (e) $A = 238$, $Z = 86$.

4. Qual é o valor de Q para a reação $^9\text{Be} + \alpha \rightarrow ^{12}\text{C} + n$? (a) 8,4 MeV (b) 7,3 MeV (c) 6,2 MeV (d) 5,7 MeV (e) 4,2 MeV.

5. Se o nuclídeo radioativo $^A_Z X$ decai emitindo um raio gama, o que acontece? (a) O nuclídeo resultante tem um valor diferente de Z. (b) O nuclídeo resultante tem os mesmos valores de A e Z. (c) O nuclídeo resultante tem um valor diferente de A. (d) Tanto A quanto Z diminuem por um. (e) Nenhuma destas declarações está correta.

6. Um nêutron livre tem meia-vida de 614 s. Ele sofre decaimento beta ao emitir um elétron. Um próton livre pode sofrer decaimento semelhante? (a) Sim, o mesmo decaimento, (b) sim, mas ao emitir um pósitron, (c) sim, mas com uma meia-vida muito diferente, (d) não.

7. A meia-vida do rádio-224 é por volta de 3,6 dias. Que fração aproximada de uma amostra se mantém sem decaimento após duas semanas? (a) $\frac{1}{2}$ (b) $\frac{1}{4}$ (c) $\frac{1}{8}$ (d) $\frac{1}{16}$ (e) $\frac{1}{32}$

8. Um núcleo designado como $^{40}_{18}X$ contém (a) 20 nêutrons e 20 prótons, (b) 22 prótons e 18 nêutrons, (c) 18 prótons e 22 nêutrons, (d) 18 prótons e 40 nêutrons, ou (e) 40 prótons e 18 nêutrons?

9. Quando o núcleo $^{95}_{36}\text{Kr}$ sofre decaimento beta pela emissão de um elétron e um antineutrino, o núcleo filho (Rb) contém (a) 58 nêutrons e 37 prótons, (b) 58 prótons e 37 nêutrons, (c) 54 nêutrons e 41 prótons, ou (d) 55 nêutrons e 40 prótons?

10. Quando $^{144}_{60}\text{Nd}$ decai para $^{140}_{58}\text{Ce}$, identifique a partícula liberada. (a) um próton (b) uma partícula alfa (c) um elétron (d) um nêutron (e) um neutrino

11. Quando $^{32}_{15}\text{P}$ decai para $^{32}_{16}\text{S}$, quais das seguintes partículas é emitida? (a) um próton (b) uma partícula alfa (c) um elétron (d) um raio gama (e) um antineutrino.

12. No primeiro teste de armas nucleares realizado no Novo México, Estados Unidos, a energia emitida foi equivalente a aproximadamente 17 militoneladas de dinamite. Estime a diminuição da massa no combustível nuclear que representa a energia convertida a partir da de repouso em outras formas neste evento. *Observação*: Uma tonelada de dinamite tem energia equivalente a $4,2 \times 10^9$ J. (a) 1 μg (b) 1 mg (c) 1 g (d) 1 kg (e) 20 kg.

PERGUNTAS CONCEITUAIS

1. Compare e contraste as propriedades de um fóton e de um neutrino.

2. No decaimento de um pósitron, um próton no núcleo se transforma em um nêutron e a carga positiva é levada para longe pelo pósitron. No entanto, um nêutron tem uma energia de repouso maior do que a de um próton. Como isso é possível?

3. No experimento de Rutherford, presuma que uma partícula alfa esteja direcionada diretamente para o núcleo de um átomo. Por que a partícula alfa não faz contato físico com o núcleo?

4. Explique por que os núcleos que estão bem fora da linha de estabilidade na Figura 30.4 tendem a ser instáveis.

5. Um estudante declara que uma forma pesada de hidrogênio decai por emissões alfa. Como você responderia?

6. Por que quase todos os isótopos que ocorrem naturalmente estão acima da linha $N = Z$ na Figura 30.4?

7. Por que os núcleos muito pesados são instáveis?

8. Qual fração de uma amostra radioativa decai após duas meias-vidas terem sido transcorridas?

9. (a) Quantos valores de I_z são possíveis para $I = \frac{5}{2}$? (b) Para $I = 3$?

10. No decaimento beta, a energia do elétron ou pósitron emitido do núcleo está em algum lugar em uma faixa relativamente grande de possibilidades. No entanto, no decaimento alfa, a energia de partícula alfa pode ter somente valores discretos. Explique esta diferença.

11. Considere dois núcleos pesados X e Y tendo quantidade de massa semelhante. Se X tem uma energia de ligação maior, quais núcleos tendem a ser mais instáveis? Explique.

12. "Se nenhuma pessoa nascer, a lei de crescimento populacional se assemelharia fortemente à lei de decaimento radioativo." Discuta esta afirmação.

13. A Figura PC30.13 mostra um relógio do início do século XX. Os números e os ponteiros do relógio são pintados com uma tinta que contém uma pequena quantidade de rádio natural $^{226}_{88}Ra$ misturada com um material fosforescente. O decaimento do rádio faz que o material fosforescente brilhe continuamente. O nuclídeo radioativo $^{226}_{88}Ra$ tem uma meia-vida de aproximadamente 1,60 X 10³ anos. Tendo o sistema solar aproximadamente 5 bilhões de anos, por que este isótopo ainda era disponível no século XX para uso em relógios?

Figura PC30.13

14. Suponha que pudesse ser mostrado que a intensidade de raios cósmicos na superfície da Terra fosse maior 10.000 anos atrás. Como esta diferença afetaria o que aceitamos como valores datados e válidos de carbono da idade de amostras antigas de uma matéria viva? Explique.

15. A datação carbono-14 pode ser utilizada para medir a idade de uma rocha? Explique.

16. Um núcleo pode emitir partículas alfa com energias diferentes? Explique.

17. Se um núcleo como ^{226}Ra, que está inicialmente em repouso, passa por decaimento alfa, qual tem mais energia cinética após o decaimento, a partícula alfa ou o núcleo filho? Explique.

PROBLEMAS

> **WebAssign** Os problemas que se encontram neste capítulo podem ser resolvidos *on-line* na Enhanced WebAssign (em inglês).
>
> **1.** denota problema direto; **2.** denota problema intermediário; **3.** denota problema desafiador;
>
> **1.** denota problemas mais frequentemente resolvidos no Enhanced WebAssign;
>
> **BIO** denota problema biomédico;
>
> **PD** denota problema dirigido;
>
> **M** denota tutorial Master It disponível no Enhanced WebAssign;
>
> **Q|C** denota problema que pede raciocínio quantitativo e conceitual;
>
> **S** denota problema de raciocínio simbólico;
>
> sombreado denota "problemas emparelhados" que desenvolvem raciocínio com símbolos e valores numéricos;
>
> **W** denota solução no vídeo Watch It disponível no Enhanced WebAssign

Observação: As massas atômicas são listadas na Tabela A.3 no Anexo A.

Seção 30.1 Algumas propriedades do núcleo

1. **M** (a) Utilize os métodos de energia para calcular a menor distância de aproximação para uma colisão frontal entre uma partícula alfa com energia inicial de 0,500 MeV e um núcleo de ouro (^{197}Au) em repouso. Presuma que o núcleo de ouro permaneça em repouso durante a colisão. (b) Qual a velocidade inicial mínima que a partícula alfa deve ter para se aproximar a 300 fm do núcleo de ouro?

2. (a) Qual é a ordem de magnitude da quantidade de prótons no seu corpo? (b) E a quantidade de nêutrons? (c) E a de elétrons?

3. Encontre o raio de (a) um núcleo de $^{4}_{2}U$ e (b) a um núcleo de $^{238}_{92}U$.

4. **Q|C** No experimento de dispersão de Rutherford, as partículas alfa que têm energia cinética de 7,70 MeV são disparadas em direção ao núcleo de ouro que permanece em repouso durante a colisão. As partículas alfa se aproximam a 29,5 fm do núcleo de ouro antes de se virar. (a) Calcule o comprimento de onda de De Broglie para a partícula alfa de 7,70 MeV e compare-o com a menor distância de aproximação 29.5 fm. (b) Com base nesta comparação, por que é apropriado tratar a partícula alfa como partícula e não como uma onda no experimento de dispersão de Rutherford?

5. **Revisão.** Carbono unicamente ionizado é acelerado a 1.000 V e passa por um espectrômetro de massa para determinar

o isótopo presente (consulte o Capítulo 22, no Volume 3). A magnitude do campo magnético no espectrômetro é de 0,200 T. O raio da órbita para um isótopo ^{12}C, à medida que passa pelo campo, é $r = 7,89$ cm. Encontre o raio da órbita de um isótopo ^{13}C.

6. **S Revisão.** Carbono unicamente ionizado é acelerado por uma diferença potencial ΔV e passa por um espectrômetro de massa para determinar o isótopo presente (consulte o Capítulo 22). A magnitude do campo magnético no espectrômetro é B. O raio da órbita para um isótopo de massa m_1, à medida que passa pelo campo, é r_1. Encontre o raio da órbita de um isótopo de massa m_2.

7. Uma estrela no fim da vida, com massa de quatro a oito vezes a do Sol, deve entrar em colapso e depois sofrer o evento de supernova. No remanescente que não é repelido pela explosão da supernova, prótons e nêutrons se combinam para formar uma estrela de nêutrons com aproximadamente duas vezes a massa do Sol. Esta estrela pode ser pensada como um núcleo atômico gigantesco. Suponha que $r = aA^{1/3}$ (Eq. 30.1). Se uma estrela de massa $3,98 \times 10^{30}$ kg é composta inteiramente de nêutrons ($m_n = 1,67 \times 10^{-27}$ kg), qual seria seu raio?

8. **Revisão.** Duas bolas de golfe têm cada uma diâmetro de 4,30 cm, separadas por 1,00 m. Qual seria a força gravitacional exercida pelas bolas, uma na outra, se fossem feitas de matéria nuclear?

9. A frequência de rádio na qual um núcleo que tem momento magnético de magnitude μ mostra uma absorção ressonante entre estados de spin é chamada de frequência de Larmor, que é dada por

$$f = \frac{\Delta E}{h} = \frac{2\mu B}{h}$$

Calcule a frequência de Larmor para (a) nêutrons livres em um campo magnético de 1,00 T, (b) prótons livres em um campo magnético de 1,00 T e (c) prótons livres no campo magnético da Terra em um local onde a magnitude do campo é de 50,0 μT.

Seção 30.2 Energia de ligação nuclear

10. Um par de núcleos para os quais $Z_1 = N_2$ e $Z_2 = N_1$ são chamados *isóbaros espelhos* (números atômicos e de nêutrons intercambiados). As medições da energia de ligação neles podem ser utilizadas para obter evidências da independência de forças nucleares (isto é, as forças nucleares próton-próton, próton-nêutron e nêutron-nêutron são iguais). Calcule a diferença na energia de ligação para os dois isóbaros espelhos $^{15}_{8}$O e $^{15}_{7}$N. A repulsão elétrica entre oito prótons em vez de sete é responsável pela diferença.

11. Calcule a energia de ligação por núcleon para (a) ^{2}H, (b) ^{4}He, (c) ^{56}Fe, e (d) ^{238}U.

12. Utilizando o gráfico da Figura 30.6, estime quanta energia é liberada quando um núcleo de número de massa 200 se fissiona em dois núcleos, cada um de massa 100.

13. Núcleos com mesmos números de massa são chamados *isóbaros*. O isótopo $^{139}_{57}$La é estável. Um isóbaro radioativo, $^{139}_{59}$Pr, está localizado abaixo da linha dos núcleos estáveis, como mostrado na Figura P30.13 e decai pela emissão de e$^+$. Outro isóbaro radioativo de $^{139}_{57}$La, $^{139}_{55}$Cs, decai pela emissão de e$^-$ e está localizado acima da linha dos núcleos estáveis na Figura P30.13. (a) Qual desses três isóbaros tem a maior relação nêutron-próton? (b) Qual tem a maior energia de ligação por núcleon? (c) Qual você espera que seja mais pesado, $^{139}_{59}$Pr ou $^{139}_{55}$Cs?

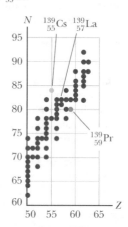

Figura P30.13

Seção 30.3 Radioatividade

14. **Q|C** (a) O núcleo filho formado no decaimento radioativo é geralmente radioativo. Considere N_{10} representando o número de núcleos pai no tempo $t = 0$, $N_1(t)$ o número de núcleos filhos no tempo t, e λ_1 a constante de decaimento do pai. Suponha que o número de núcleos filhos no tempo $t = 0$ seja zero. Considere $N_2(t)$ como o número de núcleos filhos no tempo t, e λ_2 como a constante de decaimento do filho. Mostre que $N_2(t)$ satisfaz à equação diferencial

$$\frac{dN_2}{dt} = \lambda_1 N_1 - \lambda_2 N_2$$

(b) Verifique, por substituição, que esta equação diferencial tem a solução

$$N_2(t) = \frac{N_{10}\lambda_1}{\lambda_1 - \lambda_2}(e^{-\lambda_2 t} - e^{-\lambda_1 t})$$

Esta equação é a lei dos decaimentos radioativos sucessivos. (c) ^{218}Po decai para ^{214}Pb com meia-vida de 3,10 min, e ^{214}Pb decai para ^{214}Bi com meia-vida de 26,8 min. Nos mesmos eixos, faça as representações gráficas de $N_1(t)$ para ^{218}Po e $N_2(t)$ para ^{214}Pb. Considere $N_{10} = 1.000$ núcleos e escolha os valores de t de 0 a 36 min em intervalos de 2 min. (d) A curva para ^{214}Pb obtida na parte (c) primeiro sobe até o máximo e depois começa a decair. Em qual instante t_m o número dos núcleos de ^{214}Pb está no máximo? (e) Ao aplicar a condição para um máximo $dN_2/dt = 0$, obtenha uma equação simbólica para t_m em termos de λ_1 e λ_2. (f) Explique se o valor obtido na parte (c) concorda com esta equação.

15. **M** O isótopo radioativo ^{198}Au tem meia-vida de 64,8 h. Uma amostra contendo este isótopo tem atividade inicial ($t = 0$) de 40,0 μCi. Calcule o número de núcleos que decaem no intervalo de tempo entre $t_1 = 10,0$ h e $t_2 = 12,0$ h.

16. **S** Um núcleo radioativo tem meia-vida $T_{1/2}$. Uma amostra contendo esses núcleos tem atividade inicial R_0 em $t = 0$. Calcule o número de núcleos que decaem durante o intervalo entre os tempos posteriores t_1 e t_2.

17. Qual intervalo de tempo transcorre enquanto 90,0% da radioatividade de uma amostra de $^{72}_{33}$As desaparece conforme medido pela atividade? A meia-vida de $^{72}_{33}$As é 26 h.

18. **M** Uma amostra recentemente preparada de um determinado isótopo radioativo tem uma atividade de 10,0 mCi. Após 4,00 h, a atividade é 8,00 mCi. Encontre (a) a constante de decaimento e (b) a meia-vida. (c) Quantos átomos do isótopo estavam contidos na amostra recentemente preparada? (d) Qual é a atividade de amostra 30,0 h após o preparo?

19. Uma amostra de material radioativo contém $1,00 \times 10^{15}$ átomos e tem uma atividade de $6,00 \times 10^{11}$ Bq. Qual é a sua meia-vida?

20. A meia-vida do ^{131}I é de 8,04 dias. Em determinado dia, a atividade de uma amostra de iodo-131 é de 6,40 mCi. Qual é a atividade 40,2 dias depois?

21. **BIO** Em um experimento sobre transporte de nutrientes na estrutura de uma planta, dois nuclídeos radioativos X e Y são utilizados. Inicialmente, 2,50 vezes mais núcleos do tipo X estão presentes do que o tipo Y. Em um momento 3,00 dias depois, há 4,20 vezes mais núcleos do tipo X do que o tipo Y. O isótopo Y tem meia-vida de 1,60 dias. Qual é a meia-vida do isótopo X?

22. **BIO** **S** Em um experimento sobre transporte de nutrientes na estrutura de uma planta, dois nuclídeos radioativos X e Y são utilizados. Inicialmente, a relação da quantidade de núcleos do tipo X presentes para os do tipo Y é r_1. Após um intervalo de tempo Δt, a relação da quantidade dos núcleos do tipo X presentes para os do tipo Y é r_2. O isótopo Y tem meia-vida T_Y. Qual é a meia-vida do isótopo X?

Seção 30.4 O processo de decaimento radioativo

23. **BIO** *Poluição de ar interno*. O urânio está naturalmente presente em rochas e no solo. Em uma etapa de sua série de decaimentos radioativos, o ^{238}U produz o gás quimicamente inerte radônio-222, com meia-vida de 3,82 dias. O radônio vaza do chão para se misturar na atmosfera, em geral tornando o ar radioativo com atividade 0,3 pCi/L. Nas residências, o ^{222}Rn pode ser um poluente perigoso, acumulando-se pode atingir atividades mais altas em espaços fechados. Se sua radioatividade exceder 4 pCi/L, a Agência de Proteção ao Meio Ambiente dos Estados Unidos sugere que sejam tomadas ações para reduzi-lo, por exemplo, reduzindo a infiltração do ar do chão. (a) Converta a atividade 4 pCi/L para unidades de becquerel por metro cúbico. (b) Quantos átomos de ^{222}Rn estão em 1 m³ de ar com esta atividade? (c) Qual fração da massa do ar o radônio constitui?

24. Identifique o nuclídeo ou a partícula desconhecida (X).

    (a) X $\rightarrow$ $^{65}_{28}$Ni + γ

    (b) $^{215}_{84}$Po $\rightarrow$ X + α

    (c) X $\rightarrow$ $^{55}_{26}$Fe + e^+ + ν

25. O núcleo $^{15}_{8}$O decai pela captura de elétron. A reação nuclear é escrita

    $$^{15}_{8}O + e^- \rightarrow {}^{15}_{7}N + \nu$$

(a) Escreva o processo que ocorre para uma única partícula dentro do núcleo. (b) Desconsiderando o recuo do núcleo filho, determine a energia do neutrino.

26. **BIO** **PD** **W** Um espécime vivo em equilíbrio com a atmosfera contém um átomo de ^{14}C (meia-vida = 5.730 anos) para cada $7,70 \times 10^{11}$ átomo de carbono estável. Uma amostra arqueológica de madeira (celulose, $C_{12}H_{22}O_{11}$) contém 21,0 mg de carbono. Quando a amostra é colocada dentro de um contador beta protegido com eficiência de contagem de 88,0%, 837 contagens são acumuladas em uma semana. Queremos encontrar a idade da amostra. (a) Encontre a quantidade de átomos de carbono na amostra. (b) Encontre a quantidade de átomos de carbono-14 na amostra. (c) Encontre a constante de decaimento para o carbono-14 em segundos^{-1}. (d) Encontre a quantidade inicial de decaimentos por semana logo após a morte do espécime. (e) Encontre a quantidade correta de decaimentos por semana a partir da amostra atual. (f) Das respostas às partes (d) e (e), encontre o intervalo de tempo em anos desde que o espécime morreu.

27. Encontre o símbolo de nuclídeo correto em cada retângulo cinza aberto na Figura P30.27, que mostra as sequências de decaimento nas séries radioativas naturais iniciando com o isótopo de longa vida urânio-235 e finalizando com um núcleo estável chumbo-207.

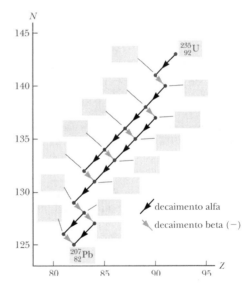

Figura P30.27

28. Um núcleo ^{3}H sofre decaimento beta em ^{3}He pela criação de um elétron e um antineutrino de acordo com a reação

    $$^{3}_{1}H \rightarrow {}^{3}_{2}He + e^- + \bar{\nu}$$

    Determine a energia total liberada neste decaimento.

29. Encontre a energia liberada no decaimento alfa

    $$^{238}_{92}U \rightarrow {}^{234}_{90}Th + {}^{4}_{2}He$$

Seção 30.5 Reações nucleares

Observação: O Problema 73 no Capítulo 20 pode ser resolvido com esta seção.

30. De todo o hidrogênio nos oceanos, 0,0300% da massa é deutério. Os oceanos têm um volume de 317 milhões mi³. (a) Se uma fusão nuclear fosse controlada e todos os deutérios nos oceanos fossem fundidos para $^{4}_{2}$He, quantos joules de energia seriam liberados? (b) **E se?** O consumo mundial de energia é de aproximadamente $1{,}50 \times 10^{13}$ W. Se o consumo for 100 vezes maior, quantos anos a energia calculada na parte (a) duraria?

31. Identifique os nuclídeos e as partículas desconhecidas X e X' nas reações nucleares

    (a) $X + {}^{4}_{2}He \rightarrow {}^{24}_{12}Mg + {}^{1}_{0}n$

    (b) $^{235}_{92}U + {}^{1}_{0}n \rightarrow {}^{90}_{38}Sr + X + 2({}^{1}_{0}n)$

    (c) $2({}^{1}_{1}H) \rightarrow {}^{2}_{1}H + X + X'$

32. O ouro natural tem somente um isótopo, $^{197}_{79}$Au. Se este ouro é irradiado por um fluxo de nêutrons lentos, elétrons são emitidos. (a) Formule a equação da reação. (b) Calcule a energia máxima dos elétrons emitidos.

33. **W** Um feixe de prótons de 6,61MeV é incidente em um alvo de $^{27}_{13}$Al. Aqueles que colidem produzem a reação

    $$p + {}^{27}_{13}Al \rightarrow {}^{27}_{14}Si + n$$

    Ignorando qualquer retrocesso do núcleo do produto, determine a energia cinética dos nêutrons emergentes.

34. A seguinte reação de fissão é tipicamente a que ocorre em uma estação de geração elétrica nuclear:

    $$^{1}_{0}n + {}^{235}_{92}U \rightarrow {}^{141}_{56}Ba + {}^{92}_{36}Kr + 3({}^{1}_{0}n)$$

    (a) Encontre a energia liberada na reação. As massas dos produtos são 140,914 411 u para $^{141}_{56}$Ba, e 91,926 156 u para $^{92}_{36}$Kr. (b) Qual fração da energia inicial de repouso do sistema é transformada em outras formas?

35. **M** Revisão. Suponha que a água do mar exerça uma força de resistência de atrito média de $1{,}00 \times 10^5$ N em um navio de propulsão nuclear. O combustível consiste de urânio enriquecido contendo 3,40% do isótopo físsil $^{235}_{92}$U, e o reator do navio tem uma eficiência de 20,0%. Presumindo que 200 MeV sejam liberados por evento de fissão, qual é a distância de deslocamento de navio por kg de combustível?

Seção 30.6 Conteúdo em contexto: o mecanismo das estrelas

36. **Q|C** Após determinar que o Sol existe há centenas de milhões de anos, antes da descoberta da Física Nuclear, os cientistas não podiam explicar por que o Sol continuava a queimar por esse longo intervalo de tempo. Por exemplo, se fosse um carvão em chamas, ele levaria 3.000 anos para ser queimado. Presuma que o Sol, cuja massa é igual a $1{,}99 \times 10^{30}$ kg, originalmente consistiu inteiramente de hidrogênio e a saída total de energia era $3{,}85 \times 10^{26}$ W. (a) Presumindo que o mecanismo de geração de energia do Sol é a fusão de hidrogênio em hélio pela reação líquida

    $$4({}^{1}_{1}H) + 2(e^{-}) \rightarrow {}^{4}_{2}He + 2\nu + \gamma$$

    calcule a energia (em joules) desprendida por esta reação. (b) Assuma que a massa de um átomo de hidrogênio seja igual a $1{,}67 \times 10^{-27}$ kg. Determine quantos átomos de hidrogênio constituem o Sol. (c) Se a saída total de energia permanece constante, após qual intervalo de tempo todo o hidrogênio será convertido em hélio, fazendo que o Sol morra? (d) Como sua resposta para a parte (c) se compara com as estimativas atuais da expectativa de vida do Sol, que são de 4 a 7 bilhões de anos?

37. As detonações de carbono são reações nucleares fortes que temporariamente afastam os núcleos dentro das estrelas massivas no fim da vida. Essas explosões são produzidas pela fusão de carbono, que exige uma temperatura de aproximadamente 6×10^8 K para sobrepor a forte repulsão de Coulomb entre os núcleos de carbono. (a) Estime a barreira de energia repulsiva para fusão, utilizando a temperatura necessária para a fusão de carbono. (Em outras palavras, qual é a energia cinética média de um núcleo de carbono a 6×10^8 K?) (b) Calcule a energia (em MeV) liberada em cada uma das reações de "queima de carbono":

    $$^{12}C + {}^{12}C \rightarrow {}^{20}Ne + {}^{4}He$$
    $$^{12}C + {}^{12}C \rightarrow {}^{24}Mg + \gamma$$

    (c) Calcule a energia em quilowatt-hora gerada quando 2,00 kg de carbono se funde totalmente de acordo com a primeira reação.

38. O Sol irradia energia na taxa de $3{,}85 \times 10^{26}$ W. Suponha que a reação $4({}^{1}_{1}H) + 2({}^{0}_{-1}e) \rightarrow {}^{4}_{2}He + 2\nu + \gamma$ seja a fonte de toda a energia liberada. Calcule a quantidade de prótons fundidos por segundo.

39. Além do ciclo próton-próton, o ciclo de carbono, primeiramente proposto por Hans Bethe (1906–2005) em 1939, é outro ciclo pelo qual a energia é liberada nas estrelas decorrente do hidrogênio convertido em hélio. O ciclo de carbono exige temperaturas mais altas do que o próton-próton. A série de reação é

    $$^{12}C + {}^{1}H \rightarrow {}^{13}N + \gamma$$
    $$^{13}N \rightarrow {}^{13}C + e^{+} + \nu$$
    $$e^{+} + e^{-} \rightarrow 2\gamma$$
    $$^{13}C + {}^{1}H \rightarrow {}^{14}N + \gamma$$
    $$^{14}N + {}^{1}H \rightarrow {}^{15}O + \gamma$$
    $$^{15}O \rightarrow {}^{15}N + e^{+} + \nu$$
    $$e^{+} + e^{-} \rightarrow 2\gamma$$
    $$^{15}N + {}^{1}H \rightarrow {}^{12}C + {}^{4}He$$

    (a) Presumindo que o ciclo próton-próton exige uma temperatura de $1{,}5 \times 10^7$ K, estime por proporção a temperatura necessária para o ciclo de carbono. (b) Calcule o valor de Q para cada etapa no ciclo de carbono e a energia geral liberada. (c) Você acha que a energia carregada pelos neutrinos é depositada na estrela? Explique.

40. Considere as duas reações nucleares

$$A + B \rightarrow C + E \quad (I)$$
$$C + D \rightarrow F + G \quad (II)$$

(a) Mostre que a energia de decaimento líquida para estas duas reações ($Q_{\text{líquido}} = Q_I + Q_{II}$) é idêntica à energia de decaimento para a reação líquida

$$A + B + D \rightarrow E + F + G$$

(b) Uma cadeia de reações no ciclo próton-próton no núcleo do Sol é

$$^1_1H + ^1_1H \rightarrow ^2_1H + ^0_1e + \nu$$
$$^0_1e + ^0_{-1}e \rightarrow 2\gamma$$
$$^1_1H + ^2_1H \rightarrow ^3_2He + \gamma$$
$$^1_1H + ^3_2He \rightarrow ^4_1H + ^0_1e + \nu$$
$$^0_1e + ^0_{-1}e \rightarrow 2\gamma$$

Com base na parte (a), qual é o $Q_{\text{líquido}}$ para esta sequência?

41. Uma teoria de Astrofísica Nuclear propõe que todos os elementos mais pesados que o ferro são formados em explosões de supernova, no final das vidas de estrelas massivas. Presuma que as quantidades iguais de ^{235}U e ^{238}U foram criadas no momento da explosão e a relação presente ^{235}U/^{238}U na Terra é 0,007 25. As meias-vidas de ^{235}U e ^{238}U são 0,704 × 10⁹ anos e 4,47 × 10⁹ anos, respectivamente. Há quanto tempo as estrelas que liberaram os elementos que formaram a Terra explodiram?

Problemas adicionais

42. **QC** (a) Por que o decaimento beta p → n + e⁺ + ν é proibido para um próton livre? (b) **E se?** Por que a mesma reação é possível se o próton for ligado em um núcleo? Por exemplo, ocorre a seguinte reação:

$$^{13}_7N \rightarrow ^{13}_6C + e^+ + \nu$$

(c) Quanto de energia é liberada na reação dada na parte (b)?

43. (a) Um método de produção de nêutrons para uso experimental é o bombardeio de núcleos leves com partículas alfa. No método utilizado por James Chadwick em 1932, as partículas alfa emitidas pelo polônio são incidentes em núcleos de berílio:

$$^4_2He + ^9_4Be \rightarrow ^{12}_6C + ^1_0n$$

Qual é o valor de Q nesta reação? (b) Os nêutrons também são frequentemente produzidos pelos aceleradores de partículas pequenas. Em um projeto, os deutérios acelerados em um gerador de Van de Graaff bombardeiam os núcleos de deutérios e causam a reação

$$^2_1H + ^2_1H \rightarrow ^3_2He + ^1_0n$$

Calcule o valor de Q na reação. (c) A reação da parte (b) é exotérmica ou endotérmica?

44. Quando, após uma reação ou distúrbio de qualquer tipo, um núcleo é deixado em um estado excitado, ele pode voltar ao estado normal (fundamental) pela emissão de um fóton em raio gama (ou diversos fótons). Este processo é ilustrado pela Equação 30.21. O núcleo emissor deve recuar para conservar tanto a energia quanto o momento. (a) Mostre que a energia de recuo do núcleo é

$$E_r = \frac{(\Delta E)^2}{2Mc^2}$$

onde ΔE é a diferença em energia entre os estados excitado e fundamental de um núcleo de massa M. (b) Calcule a energia de recuo do núcleo ^{57}Fe quando sofre decaimento gama do estado excitado 14,4-keV. Para este cálculo, use a massa 57 u. *Sugestão*: Presuma $hf \ll Mc^2$.

45. (a) Encontre o raio dos núcleos de $^{12}_6C$. (b) Encontre a força de repulsão entre um próton na superfície de um núcleo $^{12}_6C$ e os cinco prótons restantes. (c) Quanto de trabalho (em MeV) precisa ser feito para sobrepor esta repulsão elétrica e transportar o último próton a partir de uma grande distância até a superfície do núcleo? (d) Repita as partes (a), (b) e (c) para $^{238}_{92}U$.

46. **S** Como parte da descoberta do nêutron em 1932, James Chadwick determinou a massa da partícula recentemente identificada bombardeando um feixe de nêutrons rápidos, todos tendo a mesma velocidade, em dois diferentes alvos, e medindo as velocidades máximas de recuo dos núcleos-alvo. As velocidades máximas aumentam quando a colisão frontal elástica ocorre entre um nêutron e um núcleo-alvo estacionário. (a) Represente as massas e as velocidades finais e dos dois núcleos-alvo como m_1, v_1, m_2 e v_2, e presuma que são aplicadas as mecânicas newtonianas. Mostre que a massa do nêutron pode ser calculada pela equação

$$m_n = \frac{m_1 v_1 - m_2 v_2}{v_2 - v_1}$$

(b) Chadwick direcionou um feixe de nêutrons (produzido por uma reação nuclear) em parafina, que contém hidrogênio. A velocidade máxima dos prótons expelidos foi descoberta como sendo 3,30 × 10⁷ m/s. Como a velocidade dos nêutrons não pode ser diretamente determinada, um segundo experimento foi realizado utilizando nêutrons da mesma fonte e núcleos de nitrogênio como alvo. A velocidade máxima de recuo dos núcleos de nitrogênio foi descoberta como sendo 4,70 × 10⁶ m/s. As massas de um próton e um núcleo de nitrogênio são 1,00 u e 14,0 u, respectivamente. Qual era o valor de Chadwick para a massa de nêutron?

47. Em 4 de julho de 1054, uma luz brilhante apareceu na constelação de Touro. A supernova, que podia ser vista à luz do dia por alguns dias, foi registrada por astrônomos árabes e chineses. À medida que sumia, permaneceu visível por anos, perdendo brilho com uma meia-vida de 77,1 dias do cobalto radioativo-56 que tinha sido criado na explosão. (a) Agora, o restante da estrela forma a nebulosa do Caranguejo (consulte Fig. 10.24). Nela, agora, o cobalto-56 diminuiu para qual fração da atividade original? (b) Suponha que um americano, da comunidade chamada Anasazi, fez um desenho com carvão da supernova. O carbono-14 no carvão agora se desintegrou para qual fração da atividade original?

48. **Q|C** Numa peça de rocha da Lua, o conteúdo de ^{87}Rb é dito ser de $1{,}82 \times 10^{10}$ átomos por grama do material, e o conteúdo de ^{87}Sr é dito ser $1{,}07 \times 10^{9}$ átomos por grama. O decaimento relevante que relaciona estes nuclídeos é $^{87}\text{Rb} \to {}^{87}\text{Sr} + e^{-} + \bar{\nu}$. A meia-vida de decaimento é $4{,}75 \times 10^{10}$ anos. (a) Calcule a idade da rocha. (b) **E se?** O material da rocha poderia ser muito mais antigo? Qual suposição é implícita na utilização do método de datação radioativa?

49. **BIO** Após a liberação repentina de radioatividade no acidente do reator nuclear de Chernobyl em 1986, a radioatividade do leite na Polônia subiu para 2.000 Bq/L devido ao iodo-131 presente na grama ingerida pelo gado leiteiro. O iodo radioativo, com meia-vida de 8,04 dias, é particularmente perigoso porque a glândula tireoide o concentra. O acidente de Chernobyl causou um aumento mensurável de câncer de tireoide entre crianças na Polônia e vários outros países do Leste Europeu. (a) Para comparação, encontre a atividade do leite devido ao potássio. Suponha que 1,00 litro de leite contenha 2,00 g de potássio, dos quais 0,0117% é o isótopo ^{40}K com meia-vida de $1{,}28 \times 10^{9}$ anos. (b) Após quanto tempo a atividade causada pelo iodo cairia abaixo da do potássio?

50. Quando a reação nuclear representada pela Equação 30.24 é endotérmica, a energia de reação Q é negativa. Para que a reação prossiga, a partícula incidente deve ter uma energia mínima chamada limiar de energia, E_{th}. Uma fração da energia da partícula incidente é transferida ao núcleo do composto para conservar o momento linear. Portanto, E_{th} deve ser superior a Q. (a) Mostre que

$$E_{\text{th}} = -Q\left(1 + \frac{M_{\text{a}}}{M_{\text{X}}}\right)$$

(b) Calcule a energia limiar da partícula alfa incidente na reação

$$^{4}_{2}\text{He} + {}^{14}_{7}\text{N} \to {}^{17}_{8}\text{O} + {}^{1}_{1}\text{H}$$

51. **BIO** **W** Um pequeno prédio foi contaminado acidentalmente com radioatividade. O material com a vida mais longa no prédio é estrôncio-90. ($^{90}_{38}$Sr tem uma massa atômica 89,907 7 u, e a meia-vida é de 29,1 anos. Ele é particularmente perigoso, pois substitui o cálcio dos ossos.) Presuma que o prédio contém inicialmente 5,00 kg desta substância uniformemente distribuída por toda sua área e que o nível seguro é definido como menos de 10,0 decaimentos/min (que é pequeno se comparado à radiação de fundo). Por quanto tempo o prédio apresentaria riscos?

52. A atividade de uma amostra radioativa foi medida por 12 horas, com as taxas de contagem líquidas mostradas na tabela a seguir. (a) Represente graficamente o logaritmo da taxa de contagem como uma função do tempo. (b) Determine a constante de decaimento e a meia-vida dos núcleos radioativos na amostra. (c) Qual taxa de contagem você esperaria para a amostra em $t = 0$? (d) Supondo que a eficiência do instrumento de contagem seja de 10,0%, calcule o número de átomos radioativos na amostra em $t = 0$.

Tempo (h)	Taxa de contagem (contagem/min)
1,00	3.100
2,00	2.450
4,00	1.480
6,00	910
8,00	545
10,0	330
12,0	200

53. Quando raios gama incidem na matéria, sua intensidade quando passam pelo material varia com a profundidade x como $I(x) = I_0 e^{-\mu x}$, onde I_0 é a intensidade da radiação na superfície do material (em $x = 0$) e μ é o coeficiente de absorção linear. Para raios gama de 0,400 MeV no chumbo, o coeficiente linear de absorção é 1,59 cm^{-1}. (a) Determine a "meia espessura" para o chumbo, isto é, a espessura do chumbo que absorveria metade dos raios gama incidentes. (b) Qual espessura reduz a radiação por um fator de 10^4?

54. **S** Quando raios gama incidem na matéria, sua intensidade quando passam pelo material varia com a profundidade x com $I(x) = I_0 e^{-\mu x}$, onde I_0 é a intensidade da radiação na superfície do material (em $x = 0$) e μ o coeficiente de absorção linear. (a) Determine a "meia espessura" para um material com coeficiente de absorção linear μ, isto é, a espessura do material que absorveria metade dos raios gama incidentes. (b) Qual espessura altera a radiação por um fator de f?

55. **M** Quando raios gama incidem na matéria, a intensidade dos que passam pelo material varia com a profundidade x com $I(x) = I_0 e^{-\mu x}$, onde I_0 é a intensidade da radiação na superfície do material (em $x = 0$) e μ o coeficiente de absorção linear. Para raios gama de energia baixa em aço, considere o coeficiente de absorção como sendo 0,720 mm^{-1}. (a) Determine a "meia espessura" para o aço, isto é, a espessura que absorveria metade dos raios gama incidentes. (b) Em aminados de aço, a espessura do aço em folha que passa por um rolo é medida pelo monitoramento da intensidade da radiação gama que atinge um detector abaixo do metal, que se move rapidamente em uma pequena fonte imediatamente acima dele. Se a espessura da folha mudar de 0,800 mm para 0,700 mm, por qual porcentagem a intensidade dos raios gama mudam?

56. **S** Um método chamado *análise de ativação neutrôns* pode ser usado para análise dos isótopos. Quando uma amostra é irradiada pelos nêutrons, os átomos radioativos são produzidos continuamente e depois decaem de acordo com suas meias-vidas características. (a) Suponha que uma espécie de núcleos radioativos seja produzida a uma taxa constante R e seu decaimento seja descrito pela lei de decaimento radioativo convencional. Supondo que a irradiação comece no tempo $t = 0$, mostre que o número de átomos radioativos acumulados no tempo t é

$$N = \frac{R}{\lambda}(1 - e^{-\lambda t})$$

(b) Qual é a quantidade máxima de átomos radioativos que podem ser produzidos?

57. [W] Emissor alfa de plutônio-238 ($^{238}_{94}$Pu, massa atômica 238,049 560 u, meia-vida de 87,7 anos) foi utilizado em uma fonte de energia nuclear no Pacote de Experimentos de Superfície Lunar da Apollo (Fig. P30.57). A fonte de energia, chamada Gerador Termoelétrico de Radioisótopo, é o objeto pequeno, cinza, à esquerda (mais ao fundo) da Estação Central envolta em ouro na fotografia. Suponha que a fonte contém 3,80 kg de ^{238}Pu e a eficiência para conversão da energia de decaimento radioativo em energia transferida por transmissão elétrica seja de 3,20%. Determine a potência de saída da fonte.

Figura P30.57

58. [Q|C] (a) Calcule a energia (em quilowatt-hora) liberada se 1,00 kg de ^{239}Pu passa por fissão completa e a energia liberada pelo evento de fissão é 200 MeV. (b) Calcule a energia (em elétrons-volts) liberada na reação de fusão deutério-trítio

$$^{2}_{1}H + ^{3}_{1}H \rightarrow ^{4}_{2}He + ^{1}_{0}n$$

(c) Calcule a energia (em quilowatt-hora) liberada se 1,00 kg de deutério passa por fusão de acordo com esta reação. (d) **E se?** Calcule a energia (em quilowatt-hora) liberada pela combustão de 1,00 kg de carbono em carvão se cada reação $C + O_2 \rightarrow CO_2$ render 4,20 eV. (e) Liste as vantagens e desvantagens de cada um destes métodos de geração de energia.

59. O isótopo radioativo ^{137}Ba tem meia-vida relativamente curta, que pode ser facilmente extraída de uma solução contendo seu pai ^{137}Cs. Este isótopo de bário é comumente utilizado em um exercício de laboratório de graduação para demonstração da lei de decaimento radioativo. Estudantes de graduação que utilizam equipamentos experimentais simples usaram os dados apresentados na Figura P30.59. Determine a meia-vida para o decaimento de ^{137}Ba utilizando seus dados.

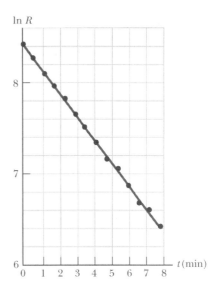

Figura P30.59

60. *Por que a seguinte situação é impossível?* Em um esforço para estudar o positrônio, um cientista coloca ^{57}Co e ^{14}C próximos. O núcleo ^{57}Co decai pela emissão e^+, e o núcleo ^{14}C pela emissão e^-. Alguns dos pósitrons e elétrons desses decaimentos se combinam para formar a quantidade suficiente de positrônio para o cientista coletar dados.

61. [BIO] Para destruir um tumor cancerígeno, uma dose de radiação gama com energia total de 2,12 J deve ser entregue em 30,0 dias a partir do lançamento de cápsulas contendo paládio-103. Suponha que este isótopo tenha meia-vida de 17,0 dias e emita raios gama de energia 21,0 keV, que são inteiramente absorvidos pelo tumor. (a) Encontre a atividade inicial do conjunto de cápsulas. (b) Encontre a massa total do paládio radioativo que essas "sementes" deveriam conter.

62. *Por que a seguinte situação é impossível?* Um núcleo ^{10}B é atingido por uma partícula alfa. Consequentemente, um próton e um núcleo ^{12}C deixam o local após a reação.

63. Em 6 de agosto de 1945, os Estados Unidos lançaram uma bomba nuclear em Hiroshima que liberou 5×10^{13} J de energia, o equivalente a 12.000 toneladas de TNT. A fissão de um núcleo $^{235}_{92}$U libera uma média de 208 MeV. Estime (a) a quantidade de núcleos fissionados e (b) a massa do $^{235}_{92}$U usado.

64. Revisão. A primeira bomba nuclear foi uma massa fissionável de plutônio-239, que explodiu no teste de Trinity na madrugada de 16 de julho de 1945, em Alamogordo, Novo México, Estados Unidos. Enrico Fermi estava a 14 km de distância, deitado no chão em uma instalação na direção oposta à bomba. Após todo o céu ter piscado com brilho inacreditável, Fermi se levantou e começou a jogar pedaços de papel no chão, que primeiro caíram a seus pés no ar calmo e silencioso. Após a onda de choque passar, por volta de 40 s após a explosão, o papel, agora voando, pulou aproximadamente a 2,5 m do hipocentro. (a) A Equação 3.10 do Volume 2 descreve a relação entre a amplitude de pressão $\Delta P_{máx}$ de uma onda de compressão de ar senoidal e a amplitude de deslocamento $s_{máx}$. O pulso de compressão produzido pela explosão da bomba não era uma onda senoidal, mas vamos utilizar a mesma equação para computar uma estimativa para a amplitude da pressão, considerando $\omega \sim 1\ s^{-1}$ como uma estimativa para a frequência angular na qual o pulso vai para cima e para baixo. (b) Encontre a variação no volume ΔV de uma esfera de raio de 14 km quando seu raio aumentar por 2,5 m. (c) A energia transportada pela onda de choque é o trabalho realizado por uma camada de ar até a próxima conforme o pico de onda passa. Uma extensão da lógica utilizada para obter a Equação 17.7 mostra que este trabalho é dado por $(\Delta P_{máx})(\Delta V)$. Faça uma estimativa para esta energia. (d) Suponha que a onda de choque transporte na ordem de um décimo da energia da explosão. Faça uma estimativa da ordem de grandeza da produção da bomba. (e) Uma tonelada de dinamite explodindo emite 4,2 GJ de energia. Qual era a ordem de grandeza da energia do teste de Trinity em toneladas de dinamite equivalentes? A estimativa imediata de Fermi da produção de energia da bomba concordou com os dados obtidos, dias depois, por análise de medições elaboradas.

65. Durante a fabricação de um componente de motor de aço, ferro radioativo (^{59}Fe) com meia-vida de 45,1 dias é incluído na massa total de 0,200 kg. O componente é posicionado em um motor de testes quando a atividade devida a este isótopo é 20,0 μCi. Após um período de testes de 1.000 h, uma parte do óleo lubrificante é removida do motor e descoberta como contendo ^{59}Fe para produzir 800 desintegrações/min/L de óleo. O volume total de óleo no motor é 6,50 L. Calcule a massa total usada do componente do motor por hora de operação.

66. Q|C O urânio natural deve ser processado para produzir um urânio enriquecido em ^{235}U para armas e usinas de energia. O processamento rende uma grande quantidade de ^{238}U puro como um subproduto chamado "urânio reduzido". Por conta da alta densidade de massa, ^{238}U é utilizado em projéteis de artilharia contra blindados. (a) Encontre a dimensão de borda de um cubo de 70,0 kg de ^{238}U ($\rho = 19,1 \times 10^3$ kg/m^3). (b) O isótopo ^{238}U tem meia-vida longa de $4,47 \times 10^9$ anos. Assim que um núcleo se desintegra, inicia-se uma série relativamente rápida de 14 etapas que constitui uma reação líquida

$^{235}_{92}U \rightarrow 8(^{4}_{2}He) + 6(^{0}_{-1}e) + ^{206}_{82}Pb + 6\bar{\nu} + Q_{líquida}$

Encontre a energia de decaimento líquida. (c) Argumente por que a amostra radioativa com a taxa de decaimento R e energia de decaimento Q tem saída de energia $P = QR$. (d) Considere um projétil de artilharia com uma jaqueta de 70,0 kg de ^{238}U. Encontre a saída de energia em razão da radioatividade do urânio e seus filhos. Presuma que a bala seja antiga o suficiente de modo que os filhos tenham alcançado os valores de estado estacionário. Expresse a energia em joules por ano. (e) E se? Um soldado de 17 anos com 70,0 kg trabalha em um arsenal onde muitos projéteis de artilharia são armazenados. Presuma que a exposição de radiação esteja limitada à absorção de 45,5 mJ anual por quilograma de massa corporal. Encontre a taxa líquida na qual ele pode absorver a energia de radiação em joules por ano.

67. M Nêutrons livres têm meia-vida característica de 10,4 min. Qual fração de um grupo de nêutrons livres com energia cinética de 0,0400 eV decai antes de viajar a uma distância de 10,0 km?

68. Q|C Aproximadamente 1 em cada 3.300 moléculas de água contém um átomo de deutério. (a) Se todos os núcleos de deutério em 1 L de água forem fundidos em pares, de acordo com a reação de fusão $^2H + ^2H \rightarrow ^3He + n + 3,27$ MeV, quanta energia em joules é liberada? (b) E se? A queima de gasolina produz aproximadamente $3,40 \times 10^7$ J/L. Mostre como a energia obtida da fusão do deutério em 1 L de água se compara com a liberada na queima de 1 L de gasolina.

69. Revisão. Uma usina de energia nuclear opera utilizando a energia emitida na fissão nuclear para converter 20 °C de água em 400 °C de vapor. Quanto de água pode teoricamente ser convertido em vapor pelo fissionamento completo de 1,00 g de ^{235}U a 200 MeV/fissão?

70. S Revisão. Uma usina de energia nuclear opera utilizando a energia emitida em fissão nuclear para converter água líquida em T_c até o vapor em T_h. Quanto de água pode teoricamente ser convertido para vapor pelo fissionamento completo de uma massa m de ^{235}U se a energia emitida por fissão for E?

Capítulo 31

Física de partículas

Sumário

31.1 As forças fundamentais da natureza
31.2 Pósitrons e outras antipartículas
31.3 Mésons e o início da física de partículas
31.4 Classificação das partículas
31.5 Leis de conservação
31.6 Partículas estranhas e estranheza
31.7 Medindo os tempos de vida das partículas
31.8 Encontrando padrões nas partículas
31.9 Quarks
31.10 Quarks multicoloridos
31.11 O modelo padrão
31.12 Conteúdo em contexto: investigando o sistema menor para entender o maior

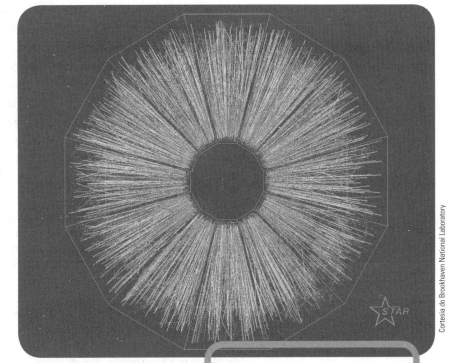

Rastros de partículas de uma colisão de núcleos de ouro, cada um movendo-se com energia de 100 GeV. Esta colisão ocorreu no Relativistic Heavy Ion Collider (RHIC), no Laboratório Nacional de Brookhaven, e foi registrada com o detector STAR (Rastreador Solenoidal no RHIC). Os rastros representam várias partículas fundamentais geradas da energia da colisão.

Nos primeiros capítulos deste livro, discutimos o modelo de partículas, que trata um corpo como uma partícula de tamanho zero sem estrutura. Alguns comportamentos de corpos, como a expansão térmica, podem ser entendidos modelando o corpo como um conjunto de partículas: átomos. Nesses modelos, qualquer estrutura interna que o átomo possua é ignorada. Por outro lado, não podemos ignorar a estrutura do átomo para entender fenômenos como o espectro atômico. Modelar o átomo de hidrogênio como um elétron orbitando um núcleo ajuda neste sentido (Seção 11.5). No Capítulo 30, entretanto, não foi possível modelar o núcleo como uma partícula e ignorar sua estrutura para entender comportamentos como estabilidade nuclear e decaimento radioativo. Foi necessário modelá-lo como um conjunto de partículas menores, os núcleons. E quanto a esses componentes nucleares, prótons e nêutrons? Podemos aplicar o modelo de partículas a essas entidades? Conforme veremos, até mesmo prótons e nêutrons possuem estrutura, o que nos leva a uma questão intrigante. À medida que continuamos a investigar a estrutura de "partículas" cada vez menores, chegaremos a um nível no qual as peças fundamentais são de fato completa e totalmente descritas pelo modelo de partículas?

Neste capítulo conclusivo, exploraremos esta questão examinando as propriedades e classificações das diversas partículas subatômicas conhecidas e as interações fundamentais que governam seus comportamentos. Discutiremos também o modelo atual de partículas elementares, no qual toda matéria é supostamente construída por apenas dois tipos de partículas: quarks e léptons.

A palavra "átomo" vem do grego, *atomos*, que significa "indivisível". Em certo momento, acreditava-se que os átomos eram os constituintes indivisíveis da matéria, ou seja, eram considerados como sendo as partículas elementares. Após 1932, os físicos viam toda matéria como sendo formada por apenas três partículas: elétrons, prótons e nêutrons. (O nêutron foi observado e identificado em 1932.) Com exceção do nêutron livre (em oposição a um nêutron dentro de um núcleo), essas partículas são muito estáveis. A partir de 1945, muitas novas partículas foram descobertas em experimentos envolvendo colisões altamente energéticas entre partículas conhecidas. Essas novas partículas são caracteristicamente muito instáveis e de meias-vidas muito curtas, entre 10^{-6} s e 10^{-23} s. Até o momento, mais de 300 dessas partículas instáveis e temporárias foram catalogadas.

Desde a década de 1930, muitos aceleradores de partículas potentes foram construídos ao redor do mundo, tornando possível observar colisões de partículas altamente energéticas em condições controladas de laboratório, de modo a revelar o mundo subatômico em mais detalhes. Até a década de 1960, os físicos estavam perplexos com a grande variedade de partículas subatômicas sendo descobertas. Eles se perguntavam se as partículas não possuíam uma relação sistemática conectando-as, ou se havia um padrão surgindo que daria origem a um melhor entendimento da elaborada estrutura do mundo subatômico. Desde aquela época, nosso conhecimento sobre a estrutura da matéria avançou tremendamente por meio do desenvolvimento de um modelo estrutural no qual a maior parte das partículas é formada por partículas menores chamadas *quarks*. Portanto, prótons e nêutrons, por exemplo, não são realmente partículas elementares, mas sim sistemas de quarks fortemente ligados.

31.1 | As forças fundamentais da natureza

Prevenção de Armadilhas | 31.1
A força nuclear e a força forte
A força nuclear discutida no Capítulo 30 foi historicamente chamada de força forte. Contudo, uma vez que a teoria dos quarks (Seção 31.9) foi estabelecida, o termo *força forte* foi reservado para referir-se à força entre quarks. Seguiremos esta convenção: força forte é a força entre quarks ou partículas compostas por quarks, e força nuclear é a força entre os núcleons em um núcleo atômico. A força nuclear é um resultado secundário da força forte, conforme discutido na Seção 31.10. Ela é eventualmente chamada de força forte residual. Devido ao desenvolvimento histórico dos nomes dessas forças, outros livros eventualmente referem-se à força nuclear como força forte.

▶ Partículas mediadoras

Conforme aprendemos no Capítulo 5, todos os fenômenos naturais podem ser descritos por quatro forças fundamentais entre partículas. Em ordem decrescente, elas são a força **forte**, a força **eletromagnética**, a força **fraca** e a força **gravitacional**. Nos modelos atuais, as forças eletromagnética e fraca são consideradas duas manifestações de uma única força, a **força eletrofraca**, conforme discutido na Seção 31.11.

A **força nuclear**, como mencionamos no Capítulo 30, une os núcleons. Seu alcance é extremamente curto e sua força é desprezível para distâncias superiores a 2 fm (tamanho médio do núcleo). A força eletromagnética, que une átomos e moléculas para formar a matéria convencional, possui cerca de 10^{-2} vezes a intensidade da força nuclear. É uma força de longo alcance que diminui de intensidade na proporção inversa do quadrado da distância separando as partículas. A força fraca é de curto alcance, que rege os processos de decaimento radioativo, sua intensidade é apenas cerca de 10^{-5} vezes a intensidade da força nuclear. Por fim, a força gravitacional é de longo alcance, com intensidade aproximada de 10^{-39} vezes a da força nuclear. Apesar de essa interação unir planetas, estrelas e galáxias, seu efeito sobre as partículas elementares é desprezível.

Na Física moderna, as interações entre as partículas são frequentemente descritas em termos de um modelo estrutural que envolve a troca de partículas de campo, também chamadas **partículas mediadoras** ou **partículas de troca**. As partículas de campo são também chamadas **bósons de gauge**.[1] (Em geral, todas as partículas com spin inteiro são chamadas de *bósons*.). No caso da interação eletromagnética, por exemplo, as partículas de campo são fótons. Na língua da Física moderna, dizemos que a força eletromagnética é *mediada* por fótons, e que o fóton é o quanta do campo eletromagnético. Da mesma maneira, a força nuclear é mediada por partículas de campo chamadas **glúons**, a força fraca é mediada por partículas chamadas **bósons W e Z**, e a força gravitacional é mediada pelo quanta do campo gravitacional, chamada **grávitons**. Essas forças, seus alcances e suas forças relativas estão resumidos na Tabela 31.1.

---
[1] A palavra gauge vem da *teoria de gauge*, uma sofisticada análise matemática que está fora do escopo deste livro.

TABELA 31.1 | Forças fundamentais

Força	Força relativa	Alcance da força	Partícula mensageira mediadora	Massa da partícula mediadora (GeV/c^2)
Nuclear/Forte	1	Curto (~1 fm)	Glúon	0
Eletromagnética	10^{-2}	∞	Fóton	0
Fraca	10^{-5}	Curto (~10^{-3} fm)	Bósons $W^{\pm}$, Z^0	80,4; 80,4; 91,2
Gravitacional	10^{-39}	∞	Gráviton	0

31.2 | Pósitrons e outras antipartículas

Na década de 1920, o físico teórico britânico Paul Adrien Maurice Dirac desenvolveu uma versão da Mecânica Quântica que incorporava a relatividade especial. A teoria de Dirac explicava a origem do spin dos elétrons e seu momento magnético. Porém, ela também apresentava uma grande dificuldade. A equação de onda relativística de Dirac exigia soluções correspondentes a estados negativos de energia até mesmo para elétrons livres. Contudo, se os estados negativos de energia de fato existissem, era de se esperar que um elétron no estado de energia positiva fizesse uma transição rápida para um desses estados, liberando um fóton durante o processo. Dirac contornou esta dificuldade postulando um modelo estrutural no qual todos os estados de energia negativa estão preenchidos. Os elétrons que ocupam esses estados são chamados coletivamente de *Mar de Dirac*. Elétrons no Mar de Dirac não são observáveis porque o princípio de exclusão de Pauli não permite que eles reajam a forças externas; não há estados disponíveis para que um elétron faça a transição em resposta a uma força externa. Portanto, um elétron em tal estado age como um sistema isolado, a não ser que uma interação com o ambiente seja forte o bastante para excitar o elétron para um estado positivo de energia. Tal excitação faz que um dos estados negativos de energia fique vazio, conforme ilustrado na Figura 31.1, deixando um buraco no mar de estados preenchidos. (Note que os estados positivos de energia existem apenas para $E > m_e c^2$, representando a energia de repouso. Similarmente, estados de energia negativa existem somente para $E < -m_e c^2$.) *O buraco pode reagir com forças externas e é observável.* Ele reage de maneira similar à do elétron, exceto pela carga positiva. Ele é a **antipartícula** do elétron.

A implicação profunda desse modelo é que *toda partícula possui uma antipartícula correspondente*. A antipartícula possui a mesma massa da partícula, mas carga oposta. Por exemplo, a antipartícula do elétron, chamada **pósitron**, possui massa de 0,511 MeV/c^2 e uma carga positiva de $1,60 \times 10^{-19}$ C.

Carl Anderson (1905–1991) observou e identificou um pósitron em 1932, e em 1936 recebeu o Prêmio Nobel de Física pela realização. Anderson descobriu o pósitron ao examinar rastros em uma Câmara de Wilson criada por partículas similares ao elétron com carga positiva. (A Câmara de Wilson contém um gás super-resfriado até uma temperatura logo abaixo de seu ponto de condensação. Ao passar pelo gás, uma partícula radioativa energética o ioniza e deixa um rastro visível. Os primeiros experimentos utilizavam raios cósmicos, principalmente prótons energéticos viajando pelo espaço interestelar, para iniciar reações altamente energéticas na atmosfera superior, o que resultava na produção de pósitrons no nível do solo.) Para diferenciar as cargas como sendo positivas ou negativas, Anderson colocou a Câmara de Wilson dentro de um campo magnético, fazendo que as partículas carregadas seguissem rotas curvadas, conforme discutido na Seção 22.3. Ele observou que alguns dos rastros similares aos dos elétrons desviam para uma direção correspondente à de uma partícula carregada positivamente.

Desde a descoberta de Anderson, o pósitron foi observado em diversos experimentos. Um processo comum para se produzir pósitrons é a **produção de pares**. Neste processo, um fóton de raio gama com energia suficientemente alta interage com um núcleo atômico, resultando na criação de um par elétron-pósitron. No modelo do Mar de Dirac, um elétron em um estado negativo de energia é excitado até um estado positivo de energia, resultando em um novo elétron observável e um buraco,

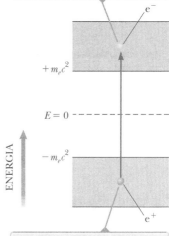

Figure 31.1 Modelo de Dirac para a existência de antielétrons (pósitrons).

Paul Adrien Maurice Dirac
Físico britânico (1902–1984)
Dirac foi fundamental no entendimento da antimatéria e na unificação da Mecânica Quântica com a relatividade. Ele deu diversas contribuições no desenvolvimento da Física Quântica e da Cosmologia. Em 1933, Dirac recebeu o Prêmio Nobel de Física.

Figura 31.2 (a) Rastros de pares elétron-pósitron na Câmara de Wilson produzidos por raios gama de 300 MeV chocando-se contra a placa de chumbo à esquerda. (b) Os eventos pertinentes à produção de par. Os pósitrons desviam para cima e os elétrons para baixo quando um campo magnético é aplicado.

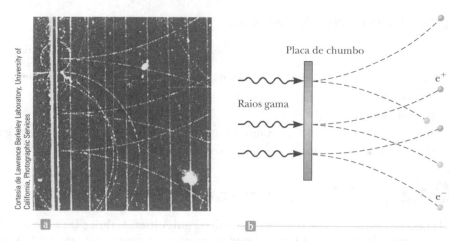

Prevenção de Armadilhas | 31.2

Antipartículas

As antipartículas não são definidas apenas com base nas cargas opostas. Até mesmo partículas neutras possuem antipartículas, nestes casos sendo definidas em termos de outras propriedades, como o spin.

o pósitron. Como a energia de repouso total do par elétron-pósitron é de $2m_e c^2 =$ 1,022 MeV, o fóton deve possuir pelo menos essa quantidade de energia para criar o par. Portanto, a energia na forma de um fóton de raio gama é convertida em energia de repouso de acordo com a relação de Einstein, $E_R = mc^2$. Podemos usar o modelo de sistema isolado para descrever este processo. A energia do sistema fóton-núcleo é conservada e transformada em energia de repouso para o elétron e o pósitron, energia cinética para essas partículas e um pouco de energia cinética associada com o núcleo. A Figura 31.2a mostra os rastros dos pares elétron--pósitron criados por raios gama de 300 MeV atingindo uma placa de chumbo.

TESTE RÁPIDO 31.1 Dadas as identificações das partículas na Figura 31.2b, qual é a direção do campo magnético externo na Figura 31.2a? (**a**) para dentro da página, (**b**) para fora da página, (**c**) impossível determinar.

O processo inverso também pode ocorrer. Sob as condições corretas, um elétron e um pósitron podem aniquilar--se para produzir dois fótons de raio gama (veja Pensando a Física 31.1) que possuem energia combinada de pelo menos 1.022 MeV:

$$e^- + e^+ \rightarrow 2\gamma$$

A aniquilação elétron-pósitron é utilizada na técnica de diagnóstico médico chamada *tomografia por emissão de pósi-*

BIO Tomografia por Emissão de Pósitrons (PET)

trons (PET, do inglês *positron-emission tomography*). Injeta-se no paciente uma solução de glicose contendo uma substância radioativa que decai com a emissão de pósitrons (geralmente ^{18}F), que é distribuída pelo corpo por meio da corrente sanguínea. Um pósitron emitido durante o decaimento dentro de um dos núcleos radioativos da solução de glicose aniquila-se com um elétron no tecido ao redor, resultando em dois fótons de raio gama emitidos em direções opostas. Um detector gama ao redor do paciente localiza a origem dos fótons e, com o auxílio de um computador, exibe uma imagem dos locais onde a glicose se acumula. (A glicose é metabolizada rapidamente em tumores cancerígenos e se acumula nesses locais, representando um forte sinal para o sistema de detecção PET.) As imagens de uma tomografia podem indicar diversos distúrbios no cérebro, incluindo a Doença de Alzheimer (Fig. 31.3). Além disso, como a glicose é metabolizada mais rapidamente em áreas ativas do cérebro, uma tomografia pode indicar quais áreas do cérebro estão envolvidas quando o paciente desempenha ações como o uso da língua, música ou visão.

Antes de 1955, com base na teoria de Dirac, era esperado que toda partícula possuísse uma antipartícula correspondente, mas o antipróton e o antinêutron não haviam sido detectados experimentalmente. Como a teoria relativística de Dirac tinha algumas falhas (ela previu um momento

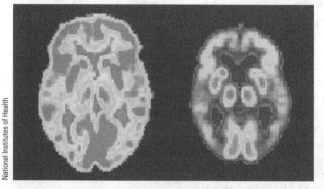

Figura 31.3 Tomografia PET do cérebro de uma pessoa idosa saudável (*esquerda*) e de um paciente portador da Doença de Alzheimer (*direita*). As regiões mais claras contêm maiores concentrações de glicose radioativa, indicando maiores taxas de metabolismo e, portanto, maior atividade cerebral.

magnético errado para o fóton), assim como muitos sucessos, era importante determinar se o antipróton realmente existia. Em 1955, uma equipe liderada por Emilio Segrè (1905–1989) e Owen Chamberlain (1920–2006) utilizou o acelerador de partículas Bevatron, na Universidade da Califórnia, em Berkeley, para produzir antiprótons e antinêutrons. Dessa maneira, eles estabeleceram com certeza a existência das antipartículas. Por seu trabalho, Segrè e Chamberlain receberam o Prêmio Nobel de Física em 1959. Foi então estabelecido que cada partícula possui uma antipartícula correspondente, com massa e spin iguais, porém com carga, momento magnético e estranheza de mesma magnitude mas de sinais opostos. (A propriedade estranheza é explicada na Seção 31.6.) As únicas exceções para essas regras para partículas e antipartículas são os fótons, píons e etas neutros, cada um dos quais sendo sua própria antipartícula.

Um aspecto intrigante da existência das antipartículas é que, se substituirmos cada próton, nêutron e elétron em um átomo por suas antipartículas, poderíamos criar um antiátomo estável. Combinações de antiátomos devem formar antimoléculas e, eventualmente, antimundos. Até onde sabemos, tudo se comportaria da mesma forma em um antimundo como se comporta no nosso mundo. Em teoria, é possível que existam galáxias de antimatéria extremamente distantes, separadas das galáxias de matéria convencional por milhões de anos-luz. Infelizmente, como o fóton é sua própria antipartícula, a luz emitida por uma galáxia de antimatéria não é diferente da emitida por galáxias de matéria convencional, e, portanto, observações astronômicas não são capazes de determinar se uma galáxia é composta por matéria ou antimatéria. Apesar de até o presente momento não haver evidências de que galáxias de antimatéria existam, é inspirador imaginar o espetáculo cósmico que resultaria de uma possível colisão entre galáxias de matéria e de antimatéria: uma gigantesca erupção de jatos de radiação provenientes da aniquilação, transformando toda a massa galáctica em partículas energéticas fugindo do ponto de colisão.

> **PENSANDO A FÍSICA 31.1**
>
> Quando um elétron e um pósitron se chocam a baixas velocidades no espaço livre, por que são produzidos dois raios gama de 0,511 MeV, em vez de um raio gama com energia de 1,022 MeV?
>
> **Raciocínio** Raios gama são fótons, e estes carregam momento. Aplicamos a versão de momento do modelo de sistema isolado, que consiste inicialmente de um elétron e um pósitron. Se o sistema, presumidamente em repouso, transformasse a energia em apenas um fóton, o momento não seria conservado, pois o momento inicial do sistema elétron-pósitron é zero, enquanto o sistema final consiste em um único fóton com energia de 1,022 MeV e momento diferente de zero. Por outro lado, os dois fótons de raio gama viajam em direções opostas; portanto, o momento total do sistema, composto pelos dois fótons, é zero, conservando então o momento. ◀

31.3 | Mésons e o início da física de partículas

Na metade da década de 1930, os físicos tinham uma visão relativamente simples sobre a estrutura da matéria. Os alicerces eram o próton, o elétron e o nêutron. Três outras partículas eram conhecidas ou haviam sido postuladas até então: o fóton, o neutrino e o pósitron. Essas seis partículas eram consideradas os constituintes fundamentais da matéria. Contudo, apesar dessa visão magnificamente simplista do mundo, ninguém era capaz de responder a uma questão importante. Como os prótons extremamente próximos uns dos outros em um núcleo atômico deveriam se repelir devido à suas cargas positivas, qual força da natureza mantinha os núcleos unidos? Os cientistas reconheciam que essa força misteriosa, que agora chamamos de força nuclear, deveria ser mais forte que tudo encontrado na natureza até aquele momento.

Em 1935, o físico japonês Hideki Yukawa propôs a primeira teoria a explicar com sucesso a natureza da força nuclear, um trabalho que mais tarde rendeu-lhe o Prêmio Nobel de Física. Para entender a teoria de Yukawa, é útil relembrar que, no modelo estrutural moderno das interações eletromagnéticas, partículas carregadas interagem por meio da troca de fótons. Yukawa utilizou essa ideia para explicar a força nuclear, propondo uma nova partícula cuja troca entre os núcleons dentro do núcleo atômico é responsável pela força nuclear. E, mais, estabeleceu que o alcance da força é inversamente proporcional à massa dessa partícula, e previu que a massa seria cerca de 200 vezes a do elétron. Como a nova partícula possuiria massa entre as do elétron e do próton, ela foi chamada de méson (do grego *meso*, significando "meio").

Hideki Yukawa
Físico japonês (1907-1981)
Yukawa recebeu o Prêmio Nobel de Física em 1949 por prever a existência dos mésons. Esta fotografia, mostrando-o durante o trabalho, foi tirada em 1950 em seu gabinete na Universidade de Columbia. Yukawa veio para Columbia em 1949, após passar o início de sua carreira no Japão.

Em um esforço para substanciar as previsões de Yukawa, os físicos começaram uma busca experimental pelo méson estudando os raios cósmicos que penetravam a atmosfera terrestre. Em 1937, Anderson e seus colaboradores descobriram uma partícula de massa 106 MeV/c^2, cerca de 207 vezes a massa do elétron. Entretanto, experimentos subsequentes mostraram que a partícula interagia de maneira muito fraca com a matéria, e que, portanto, não poderia ser a partícula mediadora da força nuclear. Essa situação curiosa inspirou diversos teóricos a propor que existiriam dois mésons com massas ligeiramente diferentes. A ideia foi confirmada pela descoberta do **méson pi** (π), ou simplesmente **píon**, em 1947, por Cecil Frank Powell (1903–1969) e Giuseppe P. S. Occhialini (1907–1993). A partícula descoberta por Anderson em 1937, que se pensava ser o méson de Yukawa, não é realmente um méson. (Discutiremos os requisitos para que uma partícula seja considerada um méson na Seção 31.4.) Em vez disso, ela é parte apenas de interações da força fraca e da força eletromagnética, sendo chamada atualmente de **múon** (μ). Discutimos o múon pela primeira vez na Seção 9.4, quando falamos sobre a dilatação do tempo.

O píon, a partícula mediadora da força nuclear proposta por Yukawa, possui três variantes correspondentes a três estados de carga: π^+, π^- e π^0. As partículas π^+ e π^- possuem massas de 139,6 MeV/c^2, e a partícula π^0 possui massa de 135,0 MeV/c^2. Píons e múons são partículas extremamente instáveis. Por exemplo, π^-, que possui um tempo de vida de $2{,}6 \times 10^{-8}$ s, primeiro decai em um múon e um antineutrino. O múon, que possui um tempo de vida de 2,2 μs, então decai em um elétron, um neutrino e um antineutrino:

$$\pi^- \rightarrow \mu^- + \overline{\nu} \qquad \textbf{31.1}$$

$$\mu^- \rightarrow e^- + \nu + \overline{\nu}$$

Note que para partículas sem carga (bem como para algumas partículas com carga, como o próton) uma barra sobre o símbolo denota uma antipartícula.

A interação entre duas partículas pode ser representada em um gráfico qualitativo simples, chamado **diagrama de Feynman**, desenvolvido pelo físico americano Richard P. Feynman. A Figura 31.4 é um diagrama de Feynman representando a interação eletromagnética entre dois elétrons que se aproximam um do outro. Diagrama de Feynman é um gráfico qualitativo com o tempo na direção vertical e espaço na direção horizontal. Ele é qualitativo no sentido de que os valores reais de tempo e espaço não são importantes, mas a aparência geral do gráfico dá uma representação do processo. A evolução temporal do processo pode ser aproximada começando na parte inferior do diagrama e movendo os olhos para cima.

No caso da simples interação elétron-elétron representada na Figura 31.4, o fóton é a partícula mediadora que media a força eletromagnética entre os elétrons. Note que toda a interação é representada no diagrama da maneira como se ela ocorresse em um único ponto do tempo. Portanto, os caminhos dos elétrons parecem sofrer uma mudança de direção descontínua no momento da interação. Essa representação está correta no nível microscópico ao longo de um intervalo de tempo que inclui a troca de um fóton, mas é diferente dos caminhos produzidos ao longo de um intervalo de tempo muito maior ao longo do qual observamos o fenômeno do ponto de vista macroscópico. Neste caso, os caminhos seriam curvados (como na Fig. 31.2) devido à troca contínua de grandes números de partículas de campo, ilustrando outro aspecto da natureza qualitativa do diagrama de Feynman.

Na interação elétron-elétron, o fóton, que transfere energia e momento de um elétron para o outro, é chamado *fóton virtual*, porque desaparece durante a interação sem ser detectado. No Capítulo 28, discutimos que um fóton possui energia $E = hf$, onde f é sua frequência. Consequentemente, para um sistema de dois elétrons inicialmente em repouso, a energia é $2m_e c^2$ antes de o fóton virtual ser liberado, e $2m_e c^2 + hf$ após ser liberado (mais qualquer energia cinética do elétron resultante da emissão do fóton). Isso representa uma violação da lei da conservação de energia para um sistema isolado? Não, esse processo *não* viola a lei de conservação de energia porque o fóton virtual possui tempo de vida Δt extremamente curto, que faz que a incerteza na energia $\Delta E \approx \hbar/2\,\Delta t$ do sistema composto por

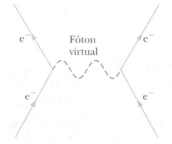

Figura 31.4 Diagrama de Feynman representando um fóton mediando a força eletromagnética entre dois elétrons.

Richard Feynman
Físico americano (1918–1988)
Inspirado por Dirac, Feynman desenvolveu a eletrodinâmica quântica, a teoria da interação entre luz e matéria, em um nível relativístico e quântico. Em 1965, recebeu o Prêmio Nobel de Física, compartilhado com Julian Schwinger e Sin Itiro Tomonaga. No início de sua carreira, Feynmann foi um dois principais membros da equipe que desenvolveu a primeira arma nuclear no Projeto Manhattan. No final de sua carreira, trabalhou na comissão que investigou a tragédia com o Challenger em 1986 e demonstrou os efeitos de baixas temperaturas nos anéis de vedação de borracha usados no ônibus espacial.

dois elétrons e um fóton seja maior que a energia do fóton. Portanto, dentro das restrições do princípio da incerteza, a energia do sistema é conservada.

Considere agora uma troca de píons entre um próton e um nêutron de acordo com o modelo de Yukawa (Figura 31.5a). A energia ΔE_R necessária para criar um píon de massa m_π é dada pela equação de Einstein $\Delta E_R = m_\pi c^2$. Assim como o próton na Figura 31.4, a própria existência do píon aparentemente violaria a lei de conservação de energia caso a partícula existisse por um tempo superior a $\Delta t \approx \hbar/2\,\Delta E_R$ (do princípio da incerteza), onde Δt é o intervalo de tempo necessário para que o píon vá de um núcleon para o outro. Portanto,

$$\Delta t \approx \frac{\hbar}{2\,\Delta E_R} = \frac{\hbar}{2 m_\pi c^2}$$

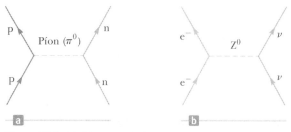

Figura 31.5 (a) Diagrama de Feynman representando um próton e um nêutron interagindo sob efeito da força nuclear com um píon neutro mediando a força. (Esse modelo *não* é o mais fundamental para interação entre núcleons.) (b) Diagrama de Feynman para um elétron e um neutrino interagindo sob efeito da força fraca com um bóson Z^0 mediando a força.

e o restante da energia do píon é:

$$m_\pi c^2 = \frac{\hbar}{2\,\Delta t} \qquad \text{31.2} \blacktriangleleft$$

Como o píon não pode viajar mais rápido que a velocidade da luz, a distância máxima d que pode viajar no intervalo de tempo Δt é $c\,\Delta t$. Portanto, utilizando a Equação 31.2 e $d = c\,\Delta t$, encontramos:

$$m_\pi c^2 = \frac{\hbar c}{2d} \qquad \text{31.3} \blacktriangleleft$$

Como visto no Capítulo 30, o alcance da força nuclear está na ordem de 10^{-15} fm. Utilizando o valor de d da Equação 31.3, estimamos que a energia de repouso do píon seja

$$m_\pi c^2 \approx \frac{(1{,}055 \times 10^{-34}\,\text{J} \cdot \text{s})(3{,}00 \times 10^8\,\text{m/s})}{2(1 \times 10^{-15}\,\text{m})}$$

$$= 1{,}6 \times 10^{-11}\,\text{J} \approx 100\,\text{MeV}$$

que corresponde a uma massa de 100 MeV/c^2 (aproximadamente 200 vezes a massa do elétron). Esse valor está razoavelmente de acordo com a massa observada do píon.

O conceito que acabamos de descrever é revolucionário. Na prática, ele diz que um sistema de dois núcleons pode mudar para dois núcleons mais um píon desde que retorne para seu estado original dentro de um intervalo extremamente curto de tempo. (Lembre-se de que esse modelo é o mais antigo e histórico, que assume que o píon é a partícula mediadora da força nuclear.) Os físicos com frequência dizem que um núcleon sofre *flutuações* à medida que emite e absorve píons. Como vimos, essas flutuações são consequência de uma combinação da Mecânica Quântica (pelo princípio da incerteza) e da relatividade especial (por meio da relação entre massa e energia $E_R = mc^2$ formulada por Einstein).

Esta seção tratou das partículas mediadoras da força nuclear, os píons, e a força eletromagnética, os fótons. Ideias atuais indicam que a força nuclear é mais fundamentalmente descrita como um efeito intermediário ou residual da força existente entre os quarks, como será explicado na Seção 31.10. O gráviton, mediador da força gravitacional, ainda precisa ser observado. As partículas $W^\pm$ e Z^0 que mediam a força fraca foram descobertas em 1983 pelo físico italiano Carlo Rubbia (1934–) e seus colegas utilizando um colisor próton-antipróton. Rubbia e Simon van der Meer (1925-2011), ambos trabalhando no Cern (Organização Europeia para a Pesquisa Nuclear, sigla em Francês), dividiram o Prêmio Nobel de Física de 1984 pela detecção e identificação das partículas $W^\pm$ e Z^0, bem como pelo desenvolvimento do colisor próton-antipróton. Nesse acelerador de partículas, os prótons e os antiprótons sofrem colisões diretas uns com os outros. Em algumas dessas colisões, as partículas $W^\pm$ e Z^0 são produzidas, identificadas pelos produtos de seu decaimento. A Figura 31.5b mostra um diagrama de Feynman ilustrando uma interação da força fraca mediada por um bóson Z^0.

31.4 | Classificação das partículas

Todas as partículas, com exceção das de campo, podem ser classificadas em duas amplas categorias: *hádrons* e *léptons*. O critério para a separação das partículas nessas categorias é se interagem ou não por meio da força forte. Essa força aumenta de acordo com a distância de separação, de maneira similar à força exercida por uma mola esticada. A força nuclear entre os núcleons dentro de um núcleo atômico é uma manifestação particular da força forte, mas, como mencionado na seção Prevenção de Armadilhas 31.1, usaremos o termo *força forte* para nos referirmos a qualquer interação entre partículas formadas por unidades mais elementares chamadas quarks. A Tabela 31.2 é um resumo das propriedades de algumas dessas partículas.

TABELA 31.2 | Algumas partículas e suas propriedades

Categoria	Nome da partícula	Símbolo	Antipartícula	Massa (MeV/c^2)	B	L_e	L_μ	L_τ	S	Tempo(s) de vida	Spin
Léptons	Elétron	e^-	e^+	0,511	0	+1	0	0	0	Estável	$\frac{1}{2}$
	Elétron-neutrino	ν_e	$\bar{\nu}_e$	< 2eV/c^2	0	+1	0	0	0	Estável	$\frac{1}{2}$
	Múon	μ^-	μ^+	105,7	0	0	+1	0	0	$2,20 \times 10^{-6}$	$\frac{1}{2}$
	Múon-neutrino	ν_μ	$\bar{\nu}_\mu$	< 0,17	0	0	+1	0	0	Estável	$\frac{1}{2}$
	Tau	τ^-	τ^+	1.784	0	0	0	+1	0	$< 4 \times 10^{-13}$	$\frac{1}{2}$
	Tau-neutrino	ν_τ	$\bar{\nu}_\tau$	< 18	0	0	0	+1	0	Estável	$\frac{1}{2}$
Hádrons											
Mésons	Píon	π^+	π^-	139,6	0	0	0	0	0	$2,60 \times 10^{-8}$	0
		π^0	Self	135,0	0	0	0	0	0	$0,83 \times 10^{-16}$	0
	Káon	K^+	K^-	493,7	0	0	0	0	+1	$1,24 \times 10^{-8}$	0
		K^0_S	$\bar{K}^0_S$	497,7	0	0	0	0	+1	$0,89 \times 10^{-10}$	0
		K^0_L	$\bar{K}^0_L$	497,7	0	0	0	0	+1	$5,2 \times 10^{-8}$	0
	Eta	η	Self	548,8	0	0	0	0	0	$< 10^{-18}$	0
		η'	Self	958	0	0	0	0	0	$2,2 \times 10^{-21}$	0
Bárions	Próton	p	$\bar{p}$	938,3	+1	0	0	0	0	Estável	$\frac{1}{2}$
	Nêutron	n	$\bar{n}$	939,6	+1	0	0	0	0	614	$\frac{1}{2}$
	Lambda	Λ^0	$\bar{\Lambda}^0$	1.115,6	+1	0	0	0	-1	$2,6 \times 10^{-10}$	$\frac{1}{2}$
	Sigma	Σ^+	$\bar{\Sigma}^-$	1.189,4	+1	0	0	0	-1	$0,80 \times 10^{-10}$	$\frac{1}{2}$
		Σ^0	$\bar{\Sigma}^0$	1.192,5	+1	0	0	0	-1	6×10^{-20}	$\frac{1}{2}$
		Σ^-	$\bar{\Sigma}^+$	1.197,3	+1	0	0	0	-1	$1,5 \times 10^{-10}$	$\frac{1}{2}$
	Delta	Δ^{++}	$\bar{\Delta}^{--}$	1.230	+1	0	0	0	0	6×10^{-24}	$\frac{3}{2}$
		Δ^+	$\bar{\Delta}^-$	1.231	+1	0	0	0	0	6×10^{-24}	$\frac{3}{2}$
		Δ^0	$\bar{\Delta}^0$	1.232	+1	0	0	0	0	6×10^{-24}	$\frac{3}{2}$
		Δ^-	$\bar{\Delta}^+$	1.234	+1	0	0	0	0	6×10^{-24}	$\frac{3}{2}$
	Xi	Ξ^0	$\bar{\Xi}^0$	1.315	+1	0	0	0	-2	$2,9 \times 10^{-10}$	$\frac{1}{2}$
		Ξ^-	$\bar{\Xi}^+$	1.321	+1	0	0	0	-2	$1,64 \times 10^{-10}$	$\frac{1}{2}$
	Ômega	Ω^-	Ω^+	1.672	+1	0	0	0	-3	$0,82 \times 10^{-10}$	$\frac{3}{2}$

Hádrons

Partículas que interagem sob o efeito da força forte são chamadas **hádrons**. As duas classes de hádrons, *mésons* e *bárions*, são diferenciadas por suas massas e spins.

Os **mésons** possuem spin igual a zero ou a um número inteiro (0 ou 1).[2] Conforme indicado na Seção 31.3, a origem do nome vem da expectativa de que a massa do méson proposto por Yukawa estaria entre a do elétron e a do próton. As massas de diversos mésons, de fato, estão nessa faixa, porém, existem mésons mais pesados cujas massas excedem a do próton.

Sabe-se que todos os mésons decaem em produtos finais que incluem elétrons, pósitrons, neutrinos e fótons. Os píons são os mais leves entre os mésons conhecidos, possuindo massa aproximada de 140 MeV/c^2 e spin igual a 0. Outro exemplo é o méson K, que possui massa aproximada de 500 MeV/c^2 e spin igual a 0.

Os **bárions** (o nome vem do grego *beryon*, "pesado"), a segunda classe de hádrons, possuem massas iguais ou superiores à do próton e spins sempre semi-inteiros ($\frac{1}{2}$ ou $\frac{3}{2}$). Prótons e nêutrons são bárions, assim como diversas outras partículas. Exceto pelo próton, todos os bários decaem de tal forma que os produtos finais incluem um próton. Por exemplo, o híperon Ξ decai no bárion Λ^0 em cerca de 10^{-10} s. O bárion Λ^0, por sua vez, decai em um próton e um π^- em aproximadamente 3×10^{-10} s.

Hoje, acredita-se que os hádrons não são partículas elementares, mas sim compostas por partículas mais elementares chamadas quarks. Discutiremos os quarks na Seção 31.9.

Léptons

Os **léptons** (do grego *leptos*, "pequeno" ou "leve") são um grupo de partículas que participam em interações das forças eletromagnética (se carregadas) e fraca. Todos os léptons possuem spins iguais a $\frac{1}{2}$. Ao contrário dos hádrons, que têm tamanho e estrutura, os léptons são aparentemente partículas verdadeiramente elementares e sem estrutura.

Diferente do que ocorre com os hádrons, o número conhecido de léptons é pequeno. Atualmente, os cientistas acreditam que existem apenas seis léptons: elétron, múon, tau, e^-, μ^-, τ^-, bem como um neutrino associado com cada um deles ν_e, ν_μ, ν_τ. O lépton tau, descoberto em 1975, possui massa aproximada de duas vezes a do próton. Evidências experimentais diretas quanto ao neutrino associado ao lépton tau foram anunciadas pelo Fermi National Accelerator Laboratory (Fermilab) em julho de 2000. Cada um desses seis léptons possui uma antipartícula correspondente.

Estudos atuais indicam que os neutrinos possam ter uma massa pequena, mas diferente de zero. Se de fato possuírem massa, não lhes seria possível viajar na velocidade da luz. Além disso, há tantos neutrinos, que sua massa combinada seria suficiente para fazer que toda a matéria do Universo eventualmente se comprimisse em um ponto de densidade infinita, e então explodisse, criando um Universo completamente novo! Discutiremos este conceito com mais detalhes na Seção 31.12.

31.5 | Leis de conservação

Vimos a importância das leis de conservação para sistemas isolados diversas vezes nos primeiros capítulos deste livro, e resolvemos problemas utilizando a conservação de energia, momento linear, momento angular e carga elétrica. As leis de conservação são importantes para entender por que certos decaimentos e reações ocorrem enquanto outros não. No geral, nossas leis de conservação nos dão um conjunto de regras que todos os processos devem seguir.

Algumas leis de conservação foram identificadas por meio de experimentação, e são importantes no estudo das partículas elementares. Os membros do sistema isolado mudam de identidade durante um decaimento ou reação. As partículas iniciais antes do decaimento ou reação são diferentes das finais.

Número bariônico

Resultados experimentais mostram que sempre que um bárion é criado em uma reação nuclear ou em um decaimento, um antibárion também é. Este esquema pode ser quantificado atribuindo-se um número bariônico $B = +1$

---

[2] Portanto, a partícula descoberta por Anderson em 1937, o múon, não é um méson. O múon possui spin igual a $\frac{1}{2}$ e pertence à categoria dos *léptons*, em uma descrição rápida.

para todos os bárions, $B = -1$ para todos os antibárions, e $B = 0$ para todas as outras partículas. Portanto, a **lei de conservação do número bariônico** diz que

▶ Conservação do número bariônico

> sempre que ocorre uma reação ou um decaimento, a soma dos números bariônicos do sistema antes do processo deve ser igual à soma destes números depois do processo.

Uma afirmação equivalente é que o número líquido de bárions permanece constante em qualquer processo.

Se o número bariônico é absolutamente conservado, o próton deve ser absolutamente estável. Por exemplo, o decaimento de um próton em um pósitron e um píon neutro satisfaria a conservação de energia, momento e carga elétrica. Tal decaimento, entretanto, nunca foi observado. Atualmente, podemos dizer apenas que o próton possui meia-vida de pelo menos 10^{33} anos (a idade estimada do Universo é de apenas 10^{10} anos). Portanto, é extremamente improvável que se observe um próton específico sofrer processo de decaimento. Se coletarmos um grande número de prótons, entretanto, talvez observemos *algum* próton sofrer decaimento, como discutido no Exemplo 31.2.

TESTE RÁPIDO 31.2 Considere os seguintes decaimentos: (i) $n \rightarrow \pi^+ + \pi^- + \mu^+ + \mu^-$ e (ii) $n \rightarrow p + \pi^-$. Das alternativas a seguir, quais leis de conservação são violadas por cada decaimento? (a) energia (b) carga elétrica (c) número bariônico (d) momento angular (e) nenhuma das leis de conservação.

Exemplo **31.1** | **Verificando os números bariônicos**

Utilize a lei de conservação do número bariônico para determinar se cada uma das seguintes reações pode ocorrer:

(A) $p + n \rightarrow p + p + n + \bar{p}$

SOLUÇÃO

Conceitualize A massa na direita é maior do que a na esquerda. Portanto, é tentador afirmar que a reação viola a lei de conservação de energia. Entretanto, a reação pode de fato ocorrer caso as partículas iniciais possuam energia cinética suficiente para permitir o aumento da energia de repouso do sistema.

Categorize Utilizamos uma lei de conservação exposta nesta seção; portanto, categorizamos este exemplo como um problema de substituição.

Avalie o número bariônico total para o lado esquerdo da reação:	$1 + 1 = 2$
Avalie o número bariônico total para o lado direito da reação:	$1 + 1 + 1 + (-1) = 2$

Dessa forma, o número bariônico é conservado e a reação pode ocorrer.

(B) $p + n \rightarrow p + p + \bar{p}$

SOLUÇÃO

Avalie o número bariônico total para o lado esquerdo da reação:	$1 + 1 = 2$
Avalie o número bariônico total para o lado direito da reação:	$1 + 1 + (-1) = 1$

Como o número bariônico não foi conservado, a reação não pode ocorrer.

Exemplo 31.2 | Detectando o decaimento do próton

Medições realizadas no detector de neutrinos Super Kamiokande (Fig. 31.6) indicam que a meia-vida dos prótons é de pelo menos 10^{33} anos.

(A) Estime quanto tempo teríamos de observar, em média, para ver o decaimento de um próton em um copo de água.

Figura 31.6 (Exemplo 31.2) Este detector no observatório de neutrinos Super Kamiokande, no Japão, é utilizado para estudar fótons e neutrinos. Ele contém 50.000 toneladas de água altamente purificada e 13.000 fotomultiplicadores. A fotografia foi tirada durante o enchimento do detector. Os técnicos utilizam um bote para limpar os fotodetectores antes que fiquem submersos.

Cortesia do ICRR (Institute for Cosmic Ray Research), University of Tokyo

SOLUÇÃO

Conceitualize Imagine diversos prótons em um copo de água. Apesar de o número ser imenso, a probabilidade de um único próton decair é pequena; portanto, teríamos de aguardar um longo tempo para observar o fenômeno.

Categorize Como a meia-vida é dada no problema, podemos categorizá-lo como um problema no qual podemos aplicar nossas técnicas de análise estatística da Seção 30.3.

Analise Vamos estimar que um copo contém massa $m = 250$ g de água, com massa molar $M = 18$ g/mol.

Encontre o número de moléculas no copo de água:
$$N_{\text{moléculas}} = nN_A = \frac{m}{M} N_A$$

Cada molécula de água contém um próton em cada um de seus átomos de hidrogênio e mais oito prótons no átomo de oxigênio, totalizando dez prótons. Portanto, há $N = 10N_{\text{moléculas}}$ de prótons no copo de água.

Encontre a atividade dos prótons pelas Equações 30.5, 30.7 e 30.8:

$$(1) \quad R = \lambda N = \frac{\ln 2}{T_{1/2}} \left(10 \frac{m}{M} N_A \right) = \frac{\ln 2}{10^{33} \text{ano}} (10) \left(\frac{250 \text{ g}}{18 \text{ g/mol}} \right) (6{,}02 \times 10^{23} \text{ mol}^{-1})$$
$$= 5{,}8 \times 10^{-8} \text{ano}^{-1}$$

Finalize A constante de decaimento representa a probabilidade de que um próton decaia em um ano. A probabilidade de que qualquer um dos prótons em nosso copo de água decaia dentro de um período de um ano é dada pela Equação (1). Portanto, devemos observar nosso copo por $1/R \approx$ 17 milhões de anos! De fato, como esperado, trata-se de um longo período de tempo.

(B) O detector de neutrinos Super Kamiokande contém 50.000 toneladas de água. Estime o intervalo de tempo médio entre cada detecção de decaimento dos prótons considerando que a meia-vida do próton é 10^{33} anos.

SOLUÇÃO

Analise A taxa de decaimento R em uma amostra de água é proporcional ao número N de prótons. Estabeleça a relação entre a taxa de decaimento no Super Kamiokande e no copo de água:

$$\frac{R_{\text{Kamiokande}}}{R_{\text{copo}}} = \frac{N_{\text{Kamiokande}}}{N_{\text{copo}}} \quad \rightarrow \quad R_{\text{Kamiokande}} = \frac{N_{\text{Kamiokande}}}{N_{\text{copo}}} R_{\text{copo}}$$

O número de prótons é proporcional à massa da amostra; portanto, expresse a taxa de decaimento em termos de massa:

$$R_{\text{Kamiokande}} = \frac{m_{\text{Kamiokande}}}{m_{\text{copo}}} R_{\text{copo}}$$

Substitua os valores numéricos:
$$R_{\text{Kamiokande}} = \left(\frac{50.000 \text{ ton}}{0{,}250 \text{ kg}} \right) \left(\frac{1.000 \text{ kg}}{1 \text{ ton}} \right) (5{,}8 \times 10^{-8} \text{ano}^{-1}) \approx 12 \text{ ano}^{-1}$$

Finalize O intervalo de tempo médio entre os decaimentos é de aproximadamente um doze avos de um ano, ou aproximadamente um mês. O intervalo é muito mais curto do que aquele na parte (A) devido à imensa quantidade de água no detector. Apesar dessa previsão otimista de que um próton decaia por mês, tal evento nunca foi observado. Isso sugere que a meia-vida do próton pode ser maior que 10^{33} anos, ou que o decaimento do próton simplesmente não ocorre.

Número leptônico

A partir de decaimentos comuns do elétron, do múon e do tau, chegamos às três leis de conservação envolvendo números leptônicos, uma para cada tipo de lépton. A **lei de conservação do número leptônico do elétron** diz que

▶ Lei de conservação do número leptônico do elétron

a soma dos números leptônicos dos elétrons de um sistema antes de uma reação ou decaimento dever ser igual à soma destes números após a reação ou decaimento.

O elétron e o elétron-neutrino recebem um número leptônico de elétrons positivo $L_e = +1$. Os antiléptons e^+ e $\bar{\nu}_e$ recebem um número leptônico de elétrons negativo $L_e = -1$. Todas as demais partículas recebem $L_e = 0$. Por exemplo, considere o decaimento do nêutron:

$$n \rightarrow p + e^- + \bar{\nu}_e$$

Antes do decaimento, o número leptônico de elétrons é $L_e = 0$. Após o decaimento, é $0 + 1 + (-1) = 0$. Logo, o número leptônico de elétrons é conservado. É importante reconhecer que o número bariônico também deve ser conservado, o que pode ser facilmente verificado ao se perceber que, antes do decaimento $B = +1$, e depois, B é $+1 + 0 + 0 = +1$.

De maneira similar, quando um decaimento envolve múons, o número leptônico de múons L_μ é conservado. As partículas μ^- e ν_μ recebem números positivos, $L_\mu = +1$. Os antimúons μ^+ e $\bar{\nu}_\mu$ recebem números negativos $L_\mu = -1$. Todas as demais recebem $L_\mu = 0$. Por fim, o número leptônico do tau L_τ também é conservado, e atribuições similares podem ser feitas ao lépton tau e seu neutrino.

TESTE RÁPIDO 31.3 Considere o seguinte decaimento: $\pi^0 \rightarrow \mu^- + e^+ + \nu_\mu$. Quais leis de conservação são violadas por ele? (a) energia (b) momento angular (c) carga elétrica (d) número bariônico (e) número leptônico de elétrons (f) número leptônico de múons (g) número leptônico de taus (h) nenhuma lei de conservação

TESTE RÁPIDO 31.4 Suponha que é feita uma afirmação de que o decaimento do nêutron é dado por $n \rightarrow p + e^-$. Qual lei de conservação é violada por esse decaimento? (a) energia (b) momento angular (c) carga elétrica (d) número bariônico (e) número leptônico de elétrons (f) número leptônico de múons (g) número leptônico de tau (h) nenhuma lei de conservação

---

Exemplo 31.3 | **Verificando os números leptônicos**

Utilize a lei de conservação dos números leptônicos para determinar se cada um dos esquemas de decaimento (A) e (B) a seguir podem ocorrer:

(A) $\mu^- \rightarrow e^- + \bar{\nu}_e + \nu_\mu$

SOLUÇÃO

Conceitualize Como esse decaimento envolve um múon e um elétron, L_μ e L_e devem ser conservados separadamente para que o processo ocorra.

Categorize Utilizamos uma das leis de conservação expostas nesta seção; portanto, categorizamos este exemplo como um problema de substituição.

Avalie os números leptônicos antes do decaimento: $\qquad L_\mu = +1 \qquad L_e = 0$

Avalie os números leptônicos totais após o decaimento: $\qquad L_\mu = 0 + 0 + 1 = +1 \qquad L_e = +1 + (-1) + 0 = 0$

Portanto, ambos os números são conservados; com base nisto, o decaimento é possível.

(B) $\pi^+ \rightarrow \mu^+ + \nu_\mu + \nu_e$

31.3 *cont.*

SOLUÇÃO

Avalie os números leptônicos antes do decaimento: $\qquad L_\mu = 0 \qquad L_e = 0$

Avalie os números leptônicos totais após o decaimento: $\qquad L_\mu = -1 + 1 + 0 = 0 \qquad L_e = 0 + 0 + 1 = 1$

Portanto, o decaimento não é possível, visto que o número leptônico de elétrons não é conservado.

31.6 | Partículas estranhas e estranheza

Muitas das partículas descobertas na década de 1950 foram produzidas por meio da interação nuclear de píons com prótons e nêutrons na atmosfera. Algumas dessas partículas, o káon (K), a lambda (Λ), e a sigma (Σ), exibiram propriedades incomuns quanto à produção e ao decaimento, e foram, portanto, chamadas de *partículas estranhas*.

Uma propriedade incomum dessas partículas é que elas são sempre produzidas em pares. Por exemplo, quando um píon colide com um próton, a probabilidade é alta de que sejam produzidas duas partículas estranhas neutras:

$$\pi^- + p \rightarrow \Lambda^0 + K^0$$

Por outro lado, a reação $\pi^- + p \rightarrow n^0 + K^0$, na qual apenas uma das partículas finais é uma partícula estranha, nunca ocorre, apesar de nenhuma das leis de conservação conhecidas na década de 1950 ser violada e de a energia do píon ser suficiente para iniciar a reação.

A segunda característica peculiar das partículas estranhas é que, apesar de serem produzidas com alta probabilidade pela força forte, a taxa com que decaem em partículas que interagem por meio da força forte não é muito alta. Em vez disso, elas decaem muito lentamente, o que é característico de uma interação de força fraca. Suas meia-vidas variam entre 10^{-10} s e 10^{-8} s. A maior parte das demais partículas que interagem por meio da força forte possui meia-vida extremamente curta, na ordem de 10^{-20} s ou menos.

Tais observações indicam a necessidade de se fazer modificações em nosso modelo. Para explicar tais propriedades incomuns das partículas estranhas, um novo número quântico S, chamado **estranheza**, foi introduzido em nosso modelo de partículas elementares, junto com uma nova lei de conservação. Os números de estranheza de algumas partículas são dados na Tabela 31.2. O problema de que as partículas estranhas sejam produzidas em pares é resolvido atribuindo-se $S = +1$ para uma das partículas e $S = -1$ para a outra. Todas as partículas não estranhas recebem estranheza de $S = 0$. A **lei de conservação de estranheza** afirma que

sempre que uma reação ou decaimento ocorre por meio da força forte, a soma dos números de estranheza do sistema antes do processo dever ser igual à soma destes números após o processo. Para processos que ocorrem por meio da força fraca, a estranheza pode não ser conservada. ▶ Conservação da estranheza

A baixa taxa de decaimento das partículas estranhas pode ser explicada assumindo-se que as interações que ocorrem por meio das forças nuclear e eletromagnética obedecem à lei de conservação de estranheza, mas as interações que ocorrem por meio da força fraca assim não fazem. Como a reação de decaimento envolve a perda de uma partícula estranha, ela viola a lei de conservação de estranheza e, portanto, procede lentamente por meio de interações de força fraca.

Exemplo **31.4** | A estranheza é conservada?

(A) Utilize a lei de conservação de estranheza para determinar se a reação $\pi^0 + n \rightarrow K^+ + \Sigma^-$ pode ocorrer.

SOLUÇÃO

Conceitualize Reconhecemos que há partículas estranhas nessa reação, e, portanto, teremos de investigar a conservação de estranheza.

Categorize Utilizamos uma lei de conservação exposta nesta seção; portanto, categorizamos este exemplo como um problema de substituição.

continua

31.4 cont.

Avalie a estranheza no lado esquerdo da reação utilizando a Tabela 31.2: $S = 0 + 0 = 0$

Avalie a estranheza no lado direito da reação: $S = +1 - 1 = 0$

Portanto, a estranheza é conservada e a reação pode ocorrer.

(B) Mostre que a reação $\pi^- + p \rightarrow \pi^- + \Sigma^+$ não conserva a estranheza.

SOLUÇÃO

Avalie a estranheza no lado esquerdo da reação: $S = 0 + 0 = 0$

Avalie a estranheza no lado direito da reação: $S = 0 + (-1) = -1$

Portanto, a estranheza não é conservada.

31.7 | Medindo os tempos de vida das partículas

A surpreendente variedade de entradas na Tabela 31.2 nos deixa ansiando por terra firme. De fato, é natural duvidar de uma entrada, por exemplo, que mostra uma partícula (Σ^0) que existe por 10^{-20} s e possui massa de 1.192,5 MeV/c^2. Como é possível detectar uma partícula que existe por somente 10^{-20} s?

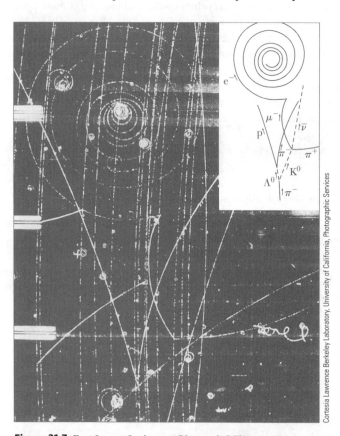

Figura 31.7 Esta fotografia de uma Câmara de Wilson mostra diversos eventos; desenho em destaque mostra os rastros identificados. As partículas estranhas Λ^0 e K^0 são formadas na parte inferior à medida que a partícula π^- interage com um próton de acordo com a reação $+ p \rightarrow \Lambda^0 + K^0$. (Note que as partículas neutras não deixam rastros, conforme indicado pelas linhas tracejadas no desenho.) A partícula Λ^0 então decai de acordo com a reação $\Lambda^0 \rightarrow \pi^- + p$, e a partícula K^0 de acordo com a reação $K^0 \rightarrow \pi^0 + \mu^- + \overline{\nu}_\mu$.

A maior parte das partículas é instável, e elas são criadas na natureza apenas raramente, durante chuvas de raios cósmicos. No laboratório, entretanto, grandes números dessas partículas são criados em colisões controladas entre partículas altamente energéticas e um alvo adequado. As partículas incidentes devem possuir alta energia, e leva-se um intervalo de tempo considerável para que os campos eletromagnéticos as acelerem até altos níveis energéticos. Portanto, partículas estáveis carregadas, como elétrons e prótons, geralmente constituem o feixe incidente. De maneira similar, os alvos devem ser simples e estáveis. O mais simples dos alvos, o hidrogênio, encaixa-se muito bem tanto como alvo (o próton) quanto como detector.

A Figura 31.7 mostra um evento típico no qual o hidrogênio dentro de uma Câmara de Wilson serviu tanto como alvo quanto como detector. (Câmara de Wilson é um aparato no qual os rastros de partículas carregadas são visíveis em hidrogênio líquido, mantido próximo do ponto de ebulição.) Diversos rastros paralelos de píons negativos podem ser vistos entrando na fotografia pela parte inferior. Como as legendas no desenho indicam, um dos píons chocou-se contra um próton em repouso no hidrogênio, produzindo duas partículas estranhas, Λ^0 e K^0, de acordo com a reação:

$$\pi^- + p \rightarrow \Lambda^0 + K^0$$

Nenhuma das partículas estranhas neutras deixa rastros, mas seus subsequentes decaimentos em partículas carregadas podem ser vistos claramente na Figura 31.7. Um campo magnético direcionado para dentro do plano da fotografia faz que os rastros de cada partícula carregada se curvem. A partir da curvatura medida é possível determinar a carga da partícula e seu momento angular.

Se a massa e o momento da partícula incidente forem conhecidos, geralmente é possível calcular a massa da partícula resultante, sua energia cinética e sua velocidade com base nas conservações de momento e energia. Por fim, combinando a velocidade da partícula resultante com um rastro de decaimento de comprimento mensurável, podemos calcular o tempo de vida da partícula. A Figura 31.7 mostra que, eventualmente, podemos utilizar esta técnica até mesmo para uma partícula neutra, a qual não deixa rastros. Contanto que o ponto inicial e o ponto final do rastro sejam conhecidos, bem como a velocidade da partícula, é possível inferir o comprimento do rastro e encontrar o tempo de vida da partícula neutra.

Partículas ressonantes

Com técnicas experimentais engenhosas e muito esforço, traços de decaimento de até 10^{-6} m podem ser medidos. Portanto, tempos de vida de até 10^{-16} podem ser medidos para partículas altamente energéticas viajando próximo à velocidade da luz. Chegamos a este resultado assumindo que uma partícula em decaimento viaja 1 μm com velocidade de $0,99c$ no quadro de referência do laboratório, resultando em um tempo de vida $\Delta t_{lab} = 1 \times 10^{-6}$ m$/0,99c \approx 3,4 \times 10^{-15}$ s. Contudo, este não é o resultado final, pois devemos levar em conta os efeitos relativísticos da dilatação do tempo. Como o tempo de vida real Δt_p medido no quadro de referência da partícula em decaimento é mais curto que o valor no quadro de referência do laboratório Δt_{lab} por um fator de $\sqrt{1 - (v^2/c^2)}$ (veja Eq. 9.6), é possível calcular o tempo de vida real:

$$\Delta t_p = \Delta t_{lab} \sqrt{1 - \frac{v^2}{c^2}} = (3,4 \times 10^{-15} \text{ s}) \sqrt{1 - \frac{(0,99c)^2}{c^2}} = 4,8 \times 10^{-16} \text{ s}$$

Infelizmente, mesmo com a ajuda de Einstein, a melhor resposta que podemos obter com o método do comprimento do rastro está várias ordens de magnitude distante de tempos de vida de 10^{-20} s. Como, então, podemos detectar a presença de partículas que existem apenas por intervalos de tempo como 10^{-20} s? Para partículas de vidas tão curtas, chamadas **partículas ressonantes**, tudo que podemos fazer é inferir suas massas, seus tempos de vida e, de fato, a própria existência dos dados sobre os produtos de seus decaimentos.

31.8 | Encontrando padrões nas partículas

Uma ferramenta que os cientistas utilizam para entender a natureza é a detecção de padrões nos dados. Um dos melhores exemplos do uso desta ferramenta está no desenvolvimento da tabela periódica, que proporciona um entendimento fundamental sobre o comportamento químico dos elementos. A tabela periódica explica como mais de cem elementos podem ser formados por três partículas: elétron, próton e nêutron. O número de partículas e ressonâncias observadas pela física de partículas é ainda maior que o de elementos. Será possível existir um pequeno número de entidades a partir das quais todas essas partículas possam ser construídas? Motivados pelo sucesso da tabela periódica, vamos explorar a busca histórica por padrões em meio às partículas.

Muitos esquemas de classificação foram propostos para agrupar as partículas em famílias. Considere, por exemplo, os bárions listados na Tabela 31.2, que possuem spins iguais a $\frac{1}{2}$: p, n, Λ^0, Σ^+, Σ^0, Σ^-, Ξ^0 e Ξ^-. Se construirmos um gráfico da estranheza *versus* a carga desses bárions utilizando um sistema de coordenadas com eixos inclinados, como na Figura 31.8a, podemos observar um padrão fascinante. Seis dos bárions formam um hexágono, enquanto os dois restantes encontram-se no seu centro.[3]

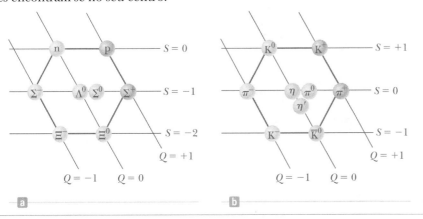

Figura 31.8 (a) Padrão óctuplo hexagonal para oito bárions com spin igual a $\frac{1}{2}$. Este gráfico de estranheza por carga utiliza um eixo inclinado para a carga Q e um eixo horizontal para a estranheza S. (b) Padrão óctuplo hexagonal para nove mésons de spin igual a zero.

---

[3] A razão para utilizarmos um sistema de coordenadas com eixos inclinados é a formação de um hexágono *regular*, com lados iguais. Se utilizarmos um sistema de coordenadas ortogonais convencional, o padrão ainda apareceria, mas os lados do hexágono seriam diferentes. Experimente!

Figura 31.9 Padrão para os bárions de maior massa e spin igual a $-\frac{3}{2}$ conhecidos quando o padrão foi proposto.

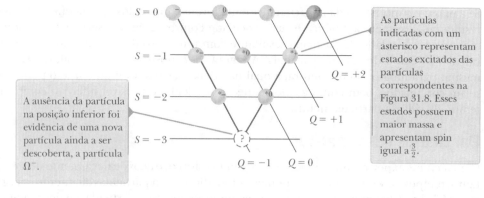

A ausência da partícula na posição inferior foi evidência de uma nova partícula ainda a ser descoberta, a partícula Ω^-.

As partículas indicadas com um asterisco representam estados excitados das partículas correspondentes na Figura 31.8. Esses estados possuem maior massa e apresentam spin igual a $\frac{3}{2}$.

Murray Gell-Mann
Físico americano (1929–)
Em 1969, Murray Gell-Mann recebeu o Prêmio Nobel de Física por seus estudos teóricos relacionados às partículas subatômicas.

Como um segundo exemplo, considere os seguintes nove mésons de spin igual a zero listados na Tabela 31.2: π^+, π^0, π^-, K^+, K^0, K^-, η, η', e a antipartícula $\overline{K}^0$. A Figura 31.8b é um gráfico de estranheza por carga para essa família. Novamente, um padrão hexagonal emerge. Neste caso, cada partícula no perímetro do hexágono está no vértice oposto a sua antipartícula, e as três partículas restantes (que formam suas próprias antipartículas) estão no centro. Esses padrões simétricos, bem como outros relacionados, foram desenvolvidos, de forma independente, em 1961 por Murray Gell-Mann e Yuval Ne'eman (1925–2006). Gell-Mann chamou os padrões de **caminho óctuplo**, em homenagem ao caminho para o nirvana do Budismo.

Grupos de bárions e mésons podem ser arranjados em muitos outros padrões simétricos dentro da estrutura do caminho óctuplo. Por exemplo, a família de bárions com spin igual a $-\frac{3}{2}$ conhecida em 1961 possuía nove partículas arranjadas em um padrão similar ao dos pinos de boliche, como visto na Figura 31.9. [As partículas Σ^{*+}, Σ^{*0}, Σ^{*-}, Ξ^{*0} e Ξ^{*-} são estados excitados das partículas Σ^+, Σ^0, Σ^-, Ξ^0 e Ξ^-. Nesses estados mais altamente energéticos, os spins dos três quarks (veja Seção 31.9) que compõem a partícula estão alinhados de modo que o spin total da partícula é $\frac{3}{2}$.] Quando esse padrão foi proposto, havia uma posição vazia (a inferior) correspondente a uma partícula que nunca havia sido observada. Gell-Mann inferiu que a partícula que faltava, a qual chamou ômega menos (Ω^-), deveria possuir spin igual a $\frac{3}{2}$, carga igual a -1, estranheza igual a -3, e energia em repouso aproximada de 1.680 MeV. Pouco tempo depois, em 1964, os cientistas do Brookhaven National Laboratory descobriram a partícula por meio de análise cuidadosa de fotografias de Câmaras de Wilson (Fig. 31.10) e confirmaram todas as propriedades previstas.

A predição da partícula faltante do caminho óctuplo tem muito em comum com a predição dos elementos faltantes na tabela periódica. Sempre que há uma lacuna em um padrão organizado de informações, os experimentalistas têm um guia para suas investigações.

Figura 31.10 Descoberta da partícula Ω^-. A fotografia à esquerda mostra os rastros originais na Câmara de Wilson. O desenho à direita isola os rastros dos eventos importantes.

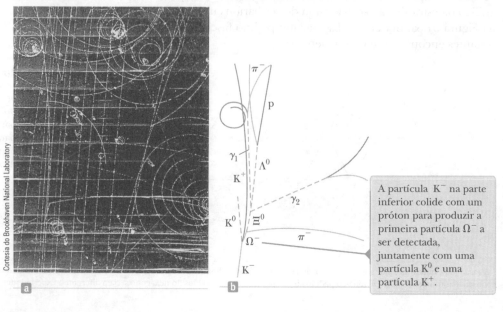

A partícula K^- na parte inferior colide com um próton para produzir a primeira partícula Ω^- a ser detectada, juntamente com uma partícula K^0 e uma partícula K^+.

31.9 | Quarks

Como pudemos perceber, os léptons aparentam ser realmente partículas fundamentais, pois ocorrem em poucos tipos, não possuem tamanho mensurável ou estrutura interna, e aparentemente não podem ser divididos em unidades menores. Os hádrons, por outro lado, são partículas complexas dotadas de tamanho e estrutura. A existência dos padrões do caminho óctuplo sugere que os hádrons possuem uma estrutura mais elementar. Além do mais, sabemos que existem centenas de tipos de hádrons, e que muitos decaem em outros hádrons. Esses fatos sugerem fortemente que os hádrons não podem ser realmente elementares. Nesta seção, mostraremos que a complexidade dos hádrons pode ser explicada por uma subestrutura simples.

O modelo de quark original: um modelo estrutural para os hádrons

Em 1963, Gell-Mann e George Zweig (nascido em 1937) propuseram, independentemente, que os hádrons possuem uma subestrutura mais elementar. De acordo com seu modelo estrutural, todos os hádrons são sistemas compostos de dois ou três constituintes fundamentais chamados **quarks**. [Gell-Mann emprestou o termo *quark* da passagem "Three quarks for Muster Mark" ("Três quarks para Mestre Mark", em tradução livre) do romance *Finnegan's Wake* de James Joyce.] O modelo propõe que existem três tipos de quark, designados pelos símbolos u, d e s, que receberam os nomes arbitrários de **up, down** e **strange** (cima, baixo e estranho, respectivamente). Os tipos de quarks são chamados **sabores**. Os bárions são compostos por três quarks, e os mésons por um quark e um antiquark. A Figura Ativa 31.11 é uma representação gráfica de como os quarks compõem diversos hádrons.

Uma propriedade incomum dos quarks é que carregam uma carga eletrônica fracionária. Os quarks u, d e s possuem cargas de $+\frac{2}{3}e$, $-\frac{1}{3}e$, $-\frac{1}{3}e$, respectivamente, onde e é a carga elementar $1{,}6 \times 10^{-19}$ C. Esta e outras propriedades dos quarks e antiquarks são dadas na Tabela 31.3. Note que os quarks possuem spin igual a $\frac{1}{2}$, o que significa que todos os quarks são *férmions*, definidos como

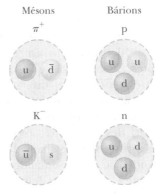

Figura Ativa 31.11 Composições de quarks para dois mésons e dois bárions.

TABELA 31.3 | Propriedades dos quarks e dos antiquarks

Quarks

Nome	Símbolo	Spin	Carga	Número bariônico	Estranheza	Charme	Bottomness	Topness
Up	u	$\frac{1}{2}$	$+\frac{2}{3}e$	$\frac{1}{3}$	0	0	0	0
Down	d	$\frac{1}{2}$	$-\frac{1}{3}e$	$\frac{1}{3}$	0	0	0	0
Estranho	s	$\frac{1}{2}$	$-\frac{1}{3}e$	$\frac{1}{3}$	-1	0	0	0
Charme	c	$\frac{1}{2}$	$+\frac{2}{3}e$	$\frac{1}{3}$	0	$+1$	0	0
Bottom	b	$\frac{1}{2}$	$-\frac{1}{3}e$	$\frac{1}{3}$	0	0	$+1$	0
Top	t	$\frac{1}{2}$	$+\frac{2}{3}e$	$\frac{1}{3}$	0	0	0	$+1$

Antiquarks

Nome	Símbolo	Spin	Carga	Número bariônico	Estranheza	Charme	Bottomness	Topness
Anti-up	$\bar{u}$	$\frac{1}{2}$	$-\frac{2}{3}e$	$-\frac{1}{3}$	0	0	0	0
Anti-down	$\bar{d}$	$\frac{1}{2}$	$+\frac{1}{3}e$	$-\frac{1}{3}$	0	0	0	0
Antiestranho	$\bar{s}$	$\frac{1}{2}$	$+\frac{1}{3}e$	$-\frac{1}{3}$	$+1$	0	0	0
Anticharme	$\bar{c}$	$\frac{1}{2}$	$-\frac{2}{3}e$	$-\frac{1}{3}$	0	-1	0	0
Anti-bottom	$\bar{b}$	$\frac{1}{2}$	$+\frac{1}{3}e$	$-\frac{1}{3}$	0	0	-1	0
Anti-top	$\bar{t}$	$\frac{1}{2}$	$-\frac{2}{3}e$	$-\frac{1}{3}$	0	0	0	-1

partículas com spin semi-inteiro. Como a Tabela 31.3 mostra, há um antiquark associado com cada quark, possuindo carga, número bariônico e estranheza opostos.

A composição de todos os hádrons conhecidos quando Gell-Mann e Zweig apresentaram seus modelos pode ser especificada completamente por três regras simples:

- Um méson consiste de um quark e um antiquark, resultando em um número bariônico de 0, como necessário.
- Um bárion consiste de três quarks.
- Um antibárion consiste de três antiquarks.

A teoria estabelecida por Gell-Mann e Zweig é conhecida como *modelo de quark original*.

TESTE RÁPIDO 31.5 Utilizando um sistema de coordenadas como o da Figura 31.8, construa um diagrama nos padrões do caminho óctuplo para os três quarks do modelo de quark original.

Charme e outros avanços

Apesar de o modelo de quark original ser altamente bem-sucedido em classificar as partículas em famílias, algumas discrepâncias entre as predições do modelo e certas taxas de decaimento experimentais eram evidentes. Ficou claro que o modelo estrutural necessitava de modificações para remover tais discrepâncias. Consequentemente, diversos físicos propuseram um quarto quark em 1967. Eles argumentaram que se existiam quatro léptons (conforme se acreditava naquele momento: elétron, múon e um neutrino associado com cada um), quatro quarks também deveriam existir para manter a simetria subjacente na natureza. O quarto quark, designado "c", recebeu uma propriedade chamada charme. Um **quark** charme possui carga de $+\frac{2}{3}e$, mas a propriedade chamada charme o diferencia dos demais três quarks. Essa adição introduz um novo número quântico, C, representando a propriedade charme. O novo quark possui charme $C = +1$, seu antiquark possui charme $C = -1$, e os demais quarks possuem $C = 0$, como indicado na Tabela 31.3. Charme, como a estranheza, é conservado em interações das forças forte e eletromagnética, mas não em interações da força fraca.

Evidências da existência do quark charme começaram a se acumular em 1974, quando uma nova partícula pesada, chamada J/Ψ (ou simplesmente Ψ) foi descoberta independentemente por dois grupos, um liderado por Burton Richter (1931–), no Acelerador Linear de Stanford (SLAC, de Stanford Linear Accelerator), e o outro por Samuel Ting (1936–), no Laboratório Nacional de Brookhaven. Richter e Ting receberam o Prêmio Nobel de Física em 1976 por este trabalho. A partícula J/Ψ não se enquadra no modelo estrutural de três quarks, possuindo propriedades de uma combinação do quark charme proposto e de seu antiquark ($c\bar{c}$). Ela é muito mais massiva que os outros mésons conhecidos (~ 3.100 MeV/c^2), e seu tempo de vida é muito mais longo do que o de partículas que decaem por meio da força forte. Logo, os mésons relacionados foram descobertos, correspondendo a combinações de quarks como $\bar{c}d$ e $c\bar{d}$, que possuem massas maiores e tempos de vida mais longos. A existência desses novos mésons proporcionou evidência sólida quanto ao quarto sabor de quark.

Em 1975, pesquisadores da Universidade de Stanford relataram fortes evidências quanto ao lépton tau (τ) com massa de 1.784 MeV/c^2. Ele foi o quinto lépton a ser descoberto, o que levou os físicos a proporem que mais sabores de quarks poderiam existir com base em argumentos quanto à simetria, como aqueles que levaram à descoberta do quark charme. Essas propostas levaram a modelos de quarks mais elaborados, e à sugestão da existência de dois novos quarks: ***top*** (t) e ***bottom*** (b) (em inglês, topo e fundo, respectivamente). Para diferenciar esses quarks dos quatro originais, números quânticos chamados *topness* e *bottomness* (os quais permitem os valores $+1, 0, -1$) foram atribuídos a todos os quarks e antiquarks (Tabela 31.3). Em 1977, pesquisadores do Fermi National Laboratory, sob a direção de Leon Lederman (1922–), relataram a descoberta de um novo méson supermassivo, o méson Υ, cuja composição acredita-se ser $b\bar{b}$, proporcionando evidências quanto ao quark *bottom*. Em março de 1995, pesquisadores do Fermilab anunciaram a descoberta do quark *top* (supostamente o último dos quarks a ser encontrado), com massa de 173 GeV/c^2.

A Tabela 31.4 lista a composição de quark dos mésons formados a partir dos quarks *up*, *down*, *strange*, charme e *bottom*. A Tabela 31.5 mostra as combinações de quarks para os bárions listados na Tabela 31.2. Note que apenas dois sabores de quarks, u e d, estão contidos em todos os hádrons encontrados na matéria comum (prótons e nêutrons).

TABELA 31.4 | Composição de quark dos mésons

Antiquarks

		$\bar{b}$		$\bar{c}$		$\bar{s}$		$\bar{d}$		$\bar{u}$	
	b	Υ	$(b\bar{b})$	B_c^-	$(\bar{c}b)$	$\bar{B}_s^0$	$(\bar{s}b)$	$\bar{B}_d^0$	$(\bar{d}b)$	B^-	$(\bar{u}b)$
	c	B_c^+	$(\bar{b}c)$	J/Ψ	$(\bar{c}c)$	D_s^+	$(\bar{s}c)$	D^+	$(\bar{d}c)$	D^0	$(\bar{u}c)$
Quarks	s	B_s^0	$(\bar{b}s)$	D_s^-	$(\bar{c}s)$	η, η'	$(\bar{s}s)$	$\bar{K}^0$	$(\bar{d}s)$	K^-	$(\bar{u}s)$
	d	B_d^0	$(\bar{b}d)$	D^-	$(\bar{c}d)$	K^0	$(\bar{s}d)$	π^0, η, η'	$(\bar{d}d)$	π^-	$(\bar{u}d)$
	u	B^+	$(\bar{b}u)$	$\bar{D}^0$	$(\bar{c}u)$	K^+	$(\bar{s}u)$	π^+	$(\bar{d}u)$	π^0, η, η'	(uu)

Nota: O quark *top* não forma mésons porque decai muito rapidamente.

Provavelmente você está se perguntando se essas descobertas nunca vão acabar. Quantos "elementos" de matéria realmente existem? Atualmente, os físicos acreditam que as partículas fundamentais da natureza são seis quarks e seis léptons (junto com suas antipartículas) listados na Tabela 31.6, e as partículas de campo listadas na Tabela 31.1. A Tabela 31.6 lista as energias de repouso e cargas dos quarks e léptons.

Apesar do esforço experimental extensivo, nunca um quark isolado foi observado. Os físicos acreditam atualmente que os quarks estão permanentemente confinados dentro de hádrons devido a uma grande força, o que os impede de escapar. Atualmente, esforços estão em andamento para formar um **plasma de quarks e glúons**, um estado da matéria em que os quarks são liberados dos prótons e nêutrons. Em 2000, cientistas do Cern anunciaram evidências de um plasma de quark e glúon formado pela colisão de núcleos de chumbo. Em 2005, cientistas do Relativistic Heavy Ion Collider (RHIC), no Brookhaven, relataram evidências, em quatro estudos experimentais, de um novo estado da matéria que pode ser um plasma de quark e glúon. Nem os resultados do Cern nem os do RHIC são totalmente conclusivos nem foram verificados de forma independente. Três detectores experimentais no novo LHC (Large Hadron Collider) do Cern vão procurar por evidências de criação do plasma de quark e glúon.

TABELA 31.5 | Composição de quark de vários bárions

Partícula	Composição de quark
p	uud
n	udd
Λ^0	uds
Σ^+	uus
Σ^0	uds
Σ^-	dds
Δ^{++}	uuu
Δ^+	uud
Δ^0	udd
Δ^-	ddd
Ξ^0	uss
Ξ^-	dss
Ω^-	sss

Nota: Alguns bárions têm a mesma composição de quark, tais como p, Δ^+, e n e Δ^0. Nestes casos, as partículas Δ são consideradas como estados excitados dos prótons e nêutrons.

TABELA 31.6 | As partículas elementares e suas energias de repouso e cargas

Partícula	Energia de repouso aproximada	Carga
Quarks		
u	2,4 MeV	$+\frac{2}{3}e$
d	4,8 MeV	$-\frac{1}{3}e$
s	104 MeV	$-\frac{1}{3}e$
c	1,27 GeV	$+\frac{2}{3}e$
b	4,2 GeV	$-\frac{1}{3}e$
t	173 GeV	$+\frac{2}{3}e$
Léptons		
e^-	511 keV	$-e$
μ^-	105,7 MeV	$-e$
τ^-	1,78 GeV	$-e$
ν_e	< 2 eV	0
ν_μ	< 0,17 MeV	0
ν_τ	< 18 MeV	0

PENSANDO A FÍSICA 31.2

Vimos a lei de conservação do *número leptônico* e a lei de conservação do *número bariônico*. Por que não existe uma lei de conservação do *número de méson*?

Raciocínio Podemos discutir a partir do ponto de vista da criação de pares partícula-antipartícula de energia disponível. (Reveja produção de pares na Seção 31.2.) Se a energia é convertida em energia de repouso de um par lépton-antilépton, nenhuma variação líquida ocorre no número de leptônico, porque o lépton tem um número de léptons de +1 e o antilépton −1. A energia também pode ser transformada em energia de repouso de um par bárion-antibárion. O bárion tem um número de bariônico +1, o antibárion −1, e nenhuma variação líquida ocorre no número de bariônico.

No entanto, suponha agora que a energia é transformada em energia de repouso de um par quark–antiquark. Por definição na teoria do quark, um par quark-antiquark *é um méson*. Portanto, criamos um méson a partir da energia, porque nenhum méson existia antes, e agora existe um. Assim sendo, o número de mésons não é conservado. Com mais energia podemos criar mais mésons, sem restrições de uma lei de conservação que não a da energia. ◀

31.10 | Quarks multicoloridos

Pouco depois de o conceito de quarks ser proposto, cientistas reconheceram que algumas partículas tinham composições de quarks que violavam o princípio da exclusão de Pauli. Como observado na seção Prevenção de Armadilhas 29.3, no Capítulo 29, todos os férmions obedecem ao princípio da exclusão. Devido ao fato de que todos os quarks são férmions de spin $\frac{1}{2}$, eles devem seguir este princípio. Exemplo de uma partícula que parece violar o princípio da exclusão é o bárion Ω^- (sss), que contém três quarks s com spins paralelos, dando-lhe um spin total de $\frac{3}{2}$. Outros exemplos de bárions que têm quarks idênticos com spins paralelos são Δ^{++} (uuu) e Δ^- (ddd). Para resolver este problema, em 1965 Moo-Young Han (1934–) e Yoichiro Nambu (1921–) sugeriram uma modificação no modelo estrutural de quarks em que os quarks possuem uma nova propriedade chamada **cor**. Essa propriedade é semelhante à carga elétrica em muitos aspectos, exceto que ela ocorre em três variedades, chamadas **vermelho, verde** e **azul**. Os antiquarks têm as cores **antivermelho, antiverde** e **antiazul**. Para satisfazer o princípio de exclusão, todos os três quarks em um bárion devem ter cores diferentes. Assim como a combinação de cores reais da luz pode produzir a cor branca neutra, a combinação de três quarks com diferentes cores também é descrita como branca, ou incolor. Um méson consiste em um quark de uma cor e um antiquark da anticor correspondente. O resultado é que os bárions e mésons são sempre incolores (ou brancos).

> **Prevenção de Armadilhas | 31.3**
> As cores de carga não são realmente cores
> A descrição da cor de um quark não tem nenhuma relação com a sensação visual da luz. É simplesmente um nome conveniente para uma propriedade que é análoga à carga elétrica.

Embora o conceito de cor no modelo de quark tenha sido originalmente concebido para satisfazer o princípio de exclusão, ele também proporcionou uma teoria melhor para explicar alguns resultados experimentais. Por exemplo, a teoria modificada prevê corretamente o tempo de vida de um méson π^0. A teoria de como os quarks interagem uns com os outros é chamada **cromodinâmica quântica**, ou QCD, em paralelo à eletrodinâmica quântica (a teoria de interação entre cargas elétricas). Na QCD, o quark carrega uma **carga de cor** ou **carga cromática** em analogia à carga elétrica. A força forte entre quarks normalmente é chamada **força de cor** ou **força cromática**.

A força de cor entre quarks é análoga à força elétrica entre cargas; cores iguais se repelem e cores opostas de atraem. Portanto, dois quarks verdes se repelem, mas um quark verde é atraído por um quark antiverde. A atração entre quarks de cores opostas para formar um méson (q$\bar{q}$) é indicada na Figura 31.12a. Quarks de cores diferentes também se atraem, mas com menos força do que cores opostas de quark e antiquark. Por exemplo, conjuntos de quarks vermelhos, azuis e verdes se atraem para formar um bárion, como indicado na Figura 31.12b. Portanto, todo bárion contém três quarks de três cores diferentes.

Como já afirmado, a força forte entre quarks é carregada por partículas sem massa que viajam na velocidade da luz, chamadas **glúons**. De acordo com o QCD, existem oito glúons, todos carregando duas cargas de cor, uma cor e uma

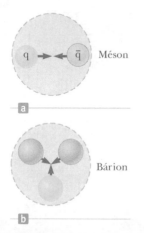

Figura 31.12 (a) Um quark verde (q) é atraído por um quark antiverde (q$\bar{q}$), formando um méson cuja estrutura de quark é (q$\bar{q}$). (b) Três quarks de cores diferentes se atraem para formar um bárion.

anticor, como um glúon "azul-antivermelho". Quando um quark emite ou absorve um glúon, sua cor muda. Por exemplo, um quark azul que emite um glúon azul–antivermelho, se torna um quark vermelho, e um quark vermelho que absorve esse glúon se torna um quark azul.

A Figura 31.13a mostra um diagrama de Feynman representando a interação entre um nêutron e um próton por meio do píon de Yukawa, neste caso um π^-. Na Figura 31.13a, o píon carregado transporta a carga de um núcleon para outro, de modo que os núcleons mudem a identidade e o próton se torne um nêutron, e este um próton. (Este processo difere do da Fig. 31.5a, em que a partícula de campo é um π^0, resultando na ausência de transferência de carga de um núcleon para outro.)

Vejamos a mesma interação do ponto de vista do modelo de quark mostrado na Figura 31.13b. Neste diagrama de Feynman, o próton e o nêutron são representados por seus constituintes de quark. Cada quark no nêutron e no próton está continuamente emitindo e absorvendo glúons. A energia de um glúon pode resultar na criação de um par quark-antiquark. Isso é semelhante à criação de pares elétron-pósitron na produção de pares, o que investigamos na Seção 31.2. Quando o nêutron e o próton se aproximam dentro de 1 a 2 fm um do outro, esses glúons e quarks podem ser trocados entre os dois núcleons, e essas trocas produzem a força forte. A Figura 31.13b representa uma possibilidade para o processo mostrado na Figura 31.13a. Um quark para baixo no nêutron à direita emite um glúon. A energia do glúon é então transformada para criar um par $u\bar{u}$. O quark u permanece dentro do núcleon (que agora passou a ser um próton), e o quark d que está recuando e o antiquark $\bar{u}$ são transmitidos para o próton do lado esquerdo do diagrama. Aqui, o $\bar{u}$ aniquila o quark u dentro do próton e o d é capturado. Portanto, o efeito líquido é mudar o quark u para um quark d, e o próton mudou para nêutron.

Enquanto o quark d e o antiquark $\bar{u}$ na Figura 31.13b viajam entre os núcleons, o d e o $\bar{u}$ trocam glúons uns com os outros e pode-se considerar que são ligados um ao outro por meio da força forte. Se olharmos na Tabela 31.4, vemos que essa combinação é um π^-, o que é uma partícula de campo de Yukawa! Portanto, o modelo de quark de interações entre núcleons é consistente com o modelo de píon de troca.

31.11 | O modelo padrão

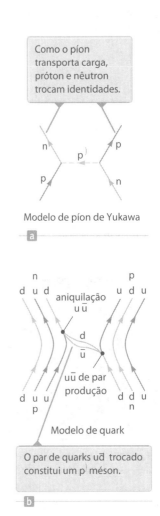

Figura 31.13 (a) Uma interação nuclear entre um próton e um nêutron explicada nos termos do modelo de píon de troca de Yukawa. (b) A mesma interação explicada nos termos de quarks e glúons.

Atualmente, os cientistas acreditam que existem três classificações de partículas verdadeiramente elementares: léptons, quarks e partículas de campo. Essas três partículas são ainda classificadas como férmions ou bósons. Quarks e léptons têm spin $\frac{1}{2}$, e, por isso, são férmions, ao passo que partículas de campos têm spin integral de 1, ou superior, e são bósons.

Lembre-se da Seção 31.1 que se acredita que a força fraca é mediada por bósons W^+, W^- e Z^0. Ditas partículas de *carga fraca*, assim como os quarks, têm carga cromática. Portanto, cada partícula elementar pode ter massa, carga elétrica, carga cromática e carga fraca. É claro que um ou mais desses podem ser zero.

Em 1979, Sheldon Glashow (1932–), Abdus Salam (1926–1996) e Steven Weinberg (1933–) ganharam o Prêmio Nobel de Física pelo desenvolvimento da teoria que unificou as interações eletromagnéticas e fracas. Esta **teoria eletrofraca** postula que as interações fracas e eletromagnéticas têm a mesma força em partículas de energia muito elevada. As duas interações são vistas como duas manifestações diferentes de uma única e unificada interação eletrofraca. O fóton e os três bósons massivos ($W^\pm$ e Z^0) desempenham papel fundamental na teoria eletrofraca. A teoria faz muitas previsões concretas, mas talvez a mais espetacular seja a das massas das partículas W e Z em cerca de 82 GeV/c^2 e 93 GeV/c^2, respectivamente. Como mencionado, o Prêmio Nobel de Física de 1984 foi atribuído a Carlo Rubbia e Simon van der Meer por seu trabalho que levou à descoberta dessas partículas com essas energias no Laboratório Cern, em Genebra, na Suíça.

A combinação da teoria eletrofraca e a QCD para a interação forte forma, como é referido na física de altas energias, o **Modelo Padrão**. Apesar de os detalhes do Modelo Padrão serem complexos, seus ingredientes essenciais podem ser resumidos com a ajuda da Figura 31.14. (O Modelo Padrão não inclui força gravitacional atualmente;

Figura 31.14 Modelo Padrão da física de partículas.

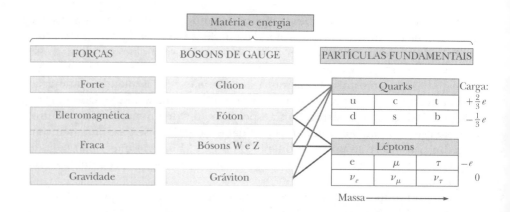

incluímos gravidade na Fig. 31.14, no entanto, porque os físicos esperam poder incorporar essa força em uma teoria unificada.)

Figura 31.15 A visão interna do túnel do Large Hadron Collider (LHC).

Este diagrama mostra que os quarks participam de todas as forças fundamentais, e que os léptons participam de tudo, exceto da força forte.

O Modelo Padrão não responde a todas as questões. A grande questão que ainda não foi respondida é por que, dos dois mediadores da interação eletrofraca, o fóton não tem massa, mas W e Z têm. Devido a essa diferença de massa, as forças eletromagnéticas e fracas são bastante distintas em baixas energias, mas tornam-se semelhantes a altas energias, quando a energia de repouso é insignificante em relação ao total de energia. O comportamento que vai de alta para baixa energia é chamado *quebra de simetria*, porque as forças são semelhantes, ou simétricas, em altas energias, mas muito diferentes em baixas energias. As energias de repouso dos bósons W e Z são diferentes de zero, o que levanta a questão da origem das massas das partículas. Para resolver este problema, uma partícula hipotética chamada **bóson de Higgs**, que fornece um mecanismo para a quebra da simetria eletrofraca, foi proposta. O Modelo Padrão, modificado para incluir o mecanismo de Higgs, fornece uma explicação lógica e consistente da natureza maciça dos bósons W e Z. Infelizmente, o bóson de Higgs ainda não foi encontrado, mas os físicos sabem que sua energia de repouso deve ser inferior a 1 TeV. Para determinar se o bóson de Higgs existe, dois quarks de pelo menos 1 TeV de energia devem colidir. Os cálculos mostram, no entanto, que este processo requer a injeção de 40 TeV de energia dentro do volume de um próton.

Os cientistas estão convencidos de que, devido à baixa energia disponível nos aceleradores convencionais usando alvos fixos, é necessário construir aceleradores de colisão de feixes chamados **colisores**. O conceito dos colisores é simples. Partículas com massas e energias cinéticas iguais, viajando em direções opostas em um anel acelerador, colidem frontalmente para produzir a reação necessária e a formação de novas partículas. Devido ao fato de que o impulso total do sistema de interação de partículas isolado é zero, toda sua energia cinética está disponível para a reação. O LEP (Grande colisor de elétrons e pósitrons) no Cern, próximo a Genebra, na Suíça, e o SLC, na Califórnia, foram desenvolvidos para colidir ambos, elétrons e pósitrons. O Super Proton Synchrotron no Cern acelera prótons e antiprótons a energias de 300–400 GeV, e foi usado para descobrir os bósons W e Z em 1983. Considerado durante muitos anos o acelerador de prótons com mais alta energia no mundo, o Tevatron localizado no Fermilab, no estado americano de Illinois, produz prótons de quase 1.000 GeV (1 TeV). O Cern completou a construção, em 2008, do Large Hadron Collider (LHC), um colisor próton-próton que fornece um centro de massa de energia de 14 TeV e permite uma exploração física do bóson de Higgs. O acelerador foi construído no mesmo túnel com circunferência de 27 km que anteriormente abrigava o colisor LEP (Fig. 31.15). O LHC iniciou sua operação no final de 2009, após reparos terem sido feitos em ímãs danificados no funcionamento inicial em 2008. As pesquisas pelo bóson de Higgs, bem como as respostas para outros mistérios atuais, serão feitas durante os primeiros anos de seu funcionamento.

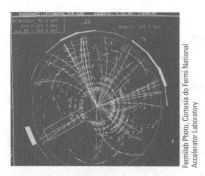

Figure 31.16 Computadores do Fermilab criam uma representação gráfica como esta dos caminhos das partículas após uma colisão.

Além de aumentar as energias em aceleradores modernos, as técnicas de detecção se tornaram cada vez mais sofisticadas. A Figura 31.16 mostra uma

> **PENSANDO A FÍSICA 31.3**
>
> Considere um carro fazendo uma colisão frontal com outro idêntico movendo-se no sentido oposto à mesma velocidade. Compare essa colisão com outra em que o segundo carro na colisão está em repouso. Em qual colisão acontece transformação de energia cinética em outras formas é maior? Como este exemplo se relaciona com aceleradores de partículas?
>
> **Raciocínio** Na colisão frontal com ambos os carros em movimento, a conservação do impulso para o sistema dos dois carros exige que estes entrem em repouso durante a colisão. Portanto, *toda* a energia cinética original é transformada em outras formas. Na colisão entre um carro em movimento e outro parado, os carros ainda estão em movimento com velocidade reduzida após a colisão, na direção do carro inicialmente em movimento. Portanto, *apenas uma parte* da energia cinética é transformada em outras formas.
>
> Esse exemplo sugere a importância da colisão de feixes em um acelerador de partículas em oposição ao disparo de um feixe em direção a um alvo parado. Quando partículas em movimento em sentidos opostos colidem, toda a energia cinética está disponível para transformação em outras formas, o que, neste caso, é a criação de novas partículas. Quando um feixe é disparado em direção a um alvo parado, apenas uma parte da energia está disponível para transformação, então partículas de massa elevada não podem ser criadas. ◄

representação gráfica gerada por computador da trajetória das partículas após uma colisão em um detector de partículas moderno.

31.12 | Conteúdo em contexto: investigando o sistema menor para entender o maior

Nesta seção, descreveremos um pouco mais uma das teorias mais fascinantes de toda a ciência – a teoria da criação do Universo, conhecida como Big Bang, introduzida na conexão com o Contexto do Capítulo 28 – e a evidência experimental que a suporta. Essa teoria cosmológica afirma que o Universo teve um início e, ainda, que foi tão cataclísmico, que é impossível olhar para algo que tenha acontecido antes dele. De acordo com essa teoria, o Universo irrompeu de uma singularidade com densidade infinita há cerca de 14 bilhões de anos. Nas primeiras poucas frações de segundo depois do Big Bang, foi vista uma energia tão extrema, que acredita-se que todas as quatro forças fundamentais da física eram unificadas e toda a matéria estava contida em um plasma de quarks e glúons.

A evolução das quatro forças fundamentais desde o Big Bang até hoje é mostrada na Figura 31.17. Durante os primeiros 10^{-43} s (a época ultraquente, $T \sim 10^{32}$ K), presume-se que a força forte, eletrofraca e gravitacional eram unidas e formavam uma força completamente unificada. Nos primeiros 10^{-35} s após o Big Bang (a época quente, $T \sim 10^{29}$ K), a gravidade se libertou dessa unificação, enquanto as forças forte e eletrofraca permaneceram unificadas. Durante esse período, a energia das partículas eram tão grandes ($>10^{16}$ GeV), que partículas de grandes massas, assim como quarks, léptons e suas antipartículas existiam. Então, depois de 10^{-35} s, o Universo se expandiu e resfriou rapidamente (a época morna, $T \sim 10^{29}$ to 10^{15} K), e as forças forte e eletrofraca se separaram. Como o Universo continuou a esfriar, a força eletrofraca se dividiu em fraca e eletromagnética em cerca de 10^{-10} s após o Big Bang.

Depois de alguns minutos, prótons se condensaram fora do plasma. Durante meia hora, o Universo passou por uma detonação termonuclear, explodindo como uma bomba de hidrogênio e produzindo a maioria dos núcleos de hélio que existem atualmente. O Universo continuou a se expandir e sua temperatura caiu. Até cerca de 700.000 anos depois do Big Bang, o Universo era dominado pela radiação. Radiação energética, impedindo a matéria de formar átomos de hidrogênio simples, porque colisões ionizavam instantaneamente qualquer átomo que se formasse. Fótons experimentaram espalhamento de Compton contínuo por conta do vasto número de elétrons livres, resultando em um Universo opaco à radiação. Na época em que o Universo tinha cerca de 700.000 anos, havia se expandido e resfriado até cerca de 3.000 K, e prótons puderam se ligar a elétrons para formar átomos de hidrogênio neutros. Devido às energias quantizadas dos átomos, a maioria dos comprimentos de onda de radiação não foi absorvida pelo átomo e, de repente, o Universo se tornou transparente aos fótons. A radiação não dominava mais o Universo, e aglomerados de matéria neutra aumentaram continuamente, primeiro átomos, seguidos por moléculas, nuvens de gás, estrelas e, finalmente, galáxias.

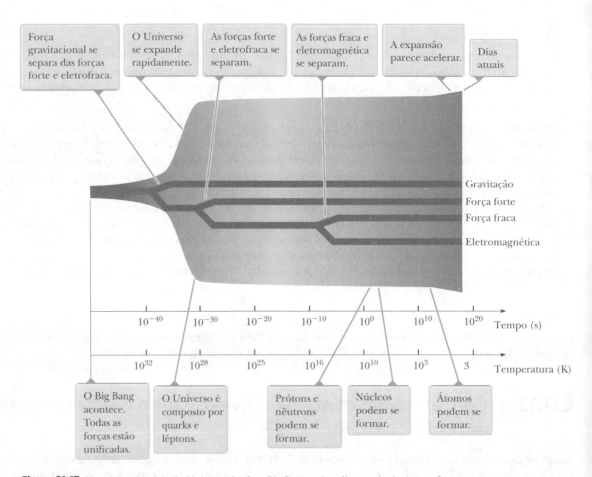

Figura 31.17 Uma breve história do Universo desde o Big Bang até os dias atuais. As quatro forças se tornaram distinguíveis durante o primeiro nanossegundo. Em seguida, todos os quarks se combinaram para formar partículas que interagem através da força forte. Os léptons, no entanto, se mantiveram separados, e até hoje existem como partículas individuais e observáveis.

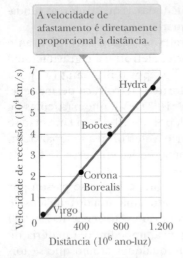

Figura 31.18 Lei de Hubble. Os pontos de dados são para quatro galáxias mostradas aqui.

▶ Lei de Hubble

Evidências do Universo em expansão

No Capítulo 28, discutimos a observação da radiação do corpo negro por Penzias e Wilson, que representa o brilho restante do Big Bang. Discutimos aqui uma relevância adicional às observações astronômicas. Vesto Melvin Slipher (1875–1969), astrônomo americano, relatou que a maioria das nebulosas está se afastando da Terra a velocidades de até vários milhões de quilômetros por hora. Slipher foi um dos primeiros a usar os métodos do efeito Doppler em linhas espectrais para medir as velocidades galácticas.

No final de 1920, Edwin P. Hubble (1889–1953) fez a ousada afirmação de que todo o Universo está em expansão. De 1928 a 1936, ele e Milton Humason (1891–1972) trabalharam no Observatório de Monte Wilson, na Califórnia, para provar esta afirmação, até atingir os limites daquele telescópio de 100 polegadas. Os resultados deste trabalho e da sua continuação no telescópio de 200 polegadas em 1940 mostraram que a velocidade das galáxias aumenta em proporção direta à sua distância R de nós (Fig. 31.18). Essa relação linear, conhecida como **Lei de Hubble**, pode ser escrita como

$$v = HR \qquad \text{31.4} \blacktriangleleft$$

onde H, chamado **parâmetro de Hubble**, tem o valor aproximado de

$$H \approx 22 \times 10^{-3} \text{ m}/(\text{s} \cdot \text{anos-luz})$$

Exemplo 31.5 | Recessão de um quasar

Quasar é um corpo que parece ser uma estrela e está muito distante da Terra. Sua velocidade pode ser determinada pela medição do efeito Doppler na luz que emite. Um quasar afasta-se da Terra a uma velocidade de 0,55c. A que distância ele se encontra?

SOLUÇÃO

Conceitualize Uma representação mental comum para a lei de Hubble é o pão de passas cozinhando em um forno. Imagine-se no centro do pão. Conforme o pão inteiro se expande com o aquecimento, as passas próximas a você se movem lentamente em relação a você. As passas longe de você, na beirada do pão, movem-se a uma velocidade maior.

Categorize Usamos um conceito desenvolvido nesta seção; portanto categorizamos este exemplo com um problema de substituição.

Encontre a distância através da lei de Hubble:

$$R = \frac{v}{H} = \frac{(0,55)(3,00 \times 10^8 \text{ m/s})}{22 \times 10^{-3} \text{ m/(s} \cdot \text{anos-luz)}} = 7,5 \times 10^9 \text{ anos-luz}$$

E se? Suponhamos que o quasar se moveu a essa velocidade desde o Big Bang. Com esta afirmação, estime a idade do Universo.

Resposta Vamos aproximar a distância entre a Terra e o quasar com a percorrida pelo quasar a partir da singularidade desde o Big Bang. Podemos encontrar o intervalo de tempo a partir de uma partícula sob o modelo de velocidade constante: $\Delta t = d/v = R/v = 1/H \approx 14$ bilhões de anos, o que está aproximadamente de acordo com outros cálculos.

O Universo irá se expandir para sempre?

Nas décadas de 1950 e 1960, Allan R. Sandage (1926–2010) usou o telescópio de 200 polegadas (aproximadamente 5 metros) no Observatório de Monte Palomar, na Califórnia, para medir as velocidades das galáxias a distâncias de até 6 bilhões de anos-luz da Terra. Essas medições mostraram que essas galáxias muito distantes estavam se movendo a cerca de 10.000 Km/s mais rápido do que o previsto pela lei de Hubble. De acordo com esse resultado, o Universo deveria estar se expandido mais rapidamente a 1 bilhão de anos atrás e, consequentemente, a expansão está desacelerando. Atualmente, astrônomos e físicos estão tentando determinar o ritmo dessa desaceleração.

Se a densidade média da massa dos átomos no Universo é inferior a algumas densidades críticas (cerca de 3 átomos/m³), as galáxias desacelerarão em sua expansão, mas ainda vão escapar para o infinito. Se a densidade média exceder o valor crítico, a expansão eventualmente vai parar, e a contração começará, possivelmente levando a um novo estado superdenso e a outra expansão. Neste cenário, temos um **Universo oscilatório**.

Exemplo 31.6 | A densidade crítica do Universo

(A) Começando pela conservação de energia, derive uma expressão para a densidade crítica de massa do Universo ρ_c em termos da constante de Hubble H e da constante universal gravitacional G.

SOLUÇÃO

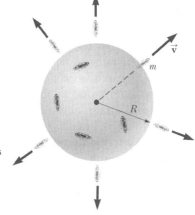

Figura 31.19 (Exemplo 31.6) A galáxia marcada com massa m está se afastando de um grande aglomerado de galáxias contidas em um volume esférico de raio R. Apenas a massa dentro de R retarda a galáxia.

Conceitualize A Figura 31.19 mostra uma grande parte do Universo contida em uma esfera de raio R. A massa total desse volume é M. Uma galáxia de massa $m \ll M$ que tem velocidade v a uma distância R do centro da esfera escapa para o infinito (onde sua velocidade se aproxima de zero) se a soma de sua energia cinética e a energia potencial gravitacional do sistema for zero.

Categorize O Universo pode ser infinito na extensão espacial, mas a lei de Gauss para gravitação (um análogo da lei de Gauss para campos elétricos no Capítulo 19, no Volume 3) implica que apenas a massa M dentro da esfera contribui para a energia potencial gravitacional do sistema galáxia-esfera. Portanto, categorizamos este problema como um dos quais aplicamos a lei de Gauss para gravitação. Modelamos a esfera na Figura 31.19 e a galáxia que escapa como um sistema isolado.

continua

31.6 cont.

Analise Escreva uma expressão para a energia mecânica total do sistema e a estabeleça igual a zero, representando a galáxia movendo-se na velocidade de escape:

$$E_{total} = K + U = \tfrac{1}{2}mv^2 - \frac{GmM}{R} = 0$$

Substitua para a massa M contida na esfera pelo produto da densidade crítica e pelo volume da esfera:

$$\tfrac{1}{2}mv^2 = \frac{Gm(\tfrac{4}{3}\pi R^3 \rho_c)}{R}$$

Resolva para a densidade crítica:

$$\rho_c = \frac{3v^2}{8\pi G R^2}$$

A partir da lei de Hubble, substitua a relação $v/R = H$: \hspace{1em} (1) \hspace{1em} $\rho_c = \dfrac{3}{8\pi G}\left(\dfrac{v}{R}\right)^2 = \boxed{\dfrac{3H^2}{8\pi G}}$

(B) Estime um valor numérico para a densidade crítica em gramas por centímetro cúbico.

SOLUÇÃO

Na Equação (1), substitua os valores numéricos por H e G:

$$\rho_c = \frac{3H^2}{8\pi G} = \frac{3[22 \times 10^{-3}\,\text{m}/(\text{s}\cdot\text{anos-luz})]^2}{8\pi(6{,}67 \times 10^{-11}\,\text{N}\cdot\text{m}^2/\text{kg}^2)} = 8{,}7 \times 10^5\,\text{kg/m}\cdot(\text{anos-luz})^2$$

Ajuste as unidades convertendo os anos-luz em metros:

$$\rho_c = 8{,}7 \times 10^5\,\text{kg/m}\cdot(\text{anos-luz})^2 \left(\frac{1\,\text{anos-luz}}{9{,}46 \times 10^{15}\,\text{m}}\right)^2$$

$$= 9{,}7 \times 10^{-27}\,\text{kg/m}^3 = \boxed{9{,}7 \times 10^{-30}\,\text{g/cm}^3}$$

Finalize Como a massa de um átomo de hidrogênio é $1{,}67 \times 10^{-24}$ g, esse valor de ρ_c corresponde a 6×10^{-6} átomos de hidrogênio por centímetro cúbico, ou 6 átomos por metro cúbico.

Massa faltante no Universo?

A matéria luminosa nas galáxias dá em média uma densidade do Universo de cerca de 5×10^{-33} g/cm³. A radiação no Universo tem massa equivalente a aproximadamente 2% da matéria visível. A massa total de matérias não luminosas (como o gás interestrelar e buracos negros) pode ser estimada pela velocidade das galáxias orbitando umas às outras em um aglomerado. Quanto mais alta a velocidade da galáxia, maior a massa do aglomerado. Medições no aglomerado de galáxias "Coma" indicam que a quantidade de matéria não luminosa é de 20 a 30 vezes a quantidade de matéria luminosa presente nas estrelas e em nuvens de gás luminoso. No entanto, esse grande componente invisível de matéria escura, se extrapolado para o Universo como um todo, deixa a densidade da massa observada um fator de 10 a menos do que o ρ_c. O déficit, chamado *massa faltante*, tem sido objeto de intenso trabalho teórico e experimental. Partículas exóticas como áxions, fotinos e partículas de supercordas têm sido sugeridas como candidatas à massa faltante. Propostas mais mundanas argumentam que a massa faltante está presente em algumas galáxias como neutrinos. De fato, neutrinos são tão abundantes, que a energia de repouso de um neutrino minúsculo de ordem de apenas 20 eV poderia fornecer a massa faltante e "fechar" o Universo. Portanto, experimentos atuais destinados a medir a energia de repouso do neutrino afetarão as previsões para o futuro do Universo, mostrando uma clara conexão entre uma das menores partes do Universo e o Universo como um todo!

Energia misteriosa no Universo?

Uma reviravolta surpreendente na história do Universo surgiu em 1998, com a observação de uma classe de supernovas que têm um brilho absoluto fixo. Combinando o brilho aparente e o desvio para o vermelho da luz dessas explosões, sua distância e velocidade de afastamento da Terra podem ser determinadas. Essas observações levaram à conclusão de que a expansão do Universo não está desacelerando, e sim acelerando! Observações de outros grupos também levaram à mesma interpretação.

Para explicar essa aceleração, os físicos propuseram a *energia escura*, que é a energia possuída pelo vácuo do espaço. No início da vida do Universo, a gravidade dominou a energia escura. À medida que o Universo se expandia e a força gravitacional entre galáxias se tornava menor devido às grandes distâncias entre elas, a energia escura se tornou mais importante. A energia escura resulta em uma força repulsiva eficaz que faz que o ritmo de expansão aumente.[4]

Embora tenhamos certo grau de certeza sobre o início do Universo, não estamos certos sobre como a história irá terminar. O Universo ficará eternamente em expansão, ou algum dia entrará em colapso e se expandirá novamente, talvez em uma série de oscilações infinitas? Resultados e respostas a essas perguntas permanecem inconclusivas, e a emocionante controvérsia continua.

RESUMO

Existem quatro forças fundamentais na natureza: **forte**, **eletromagnética**, **fraca** e **gravitacional**. A força forte é a força entre quarks. Um efeito residual da força forte é a **força nuclear** entre núcleons que mantém o núcleo unido. A força fraca é responsável pelo decaimento beta. As forças eletromagnéticas e fracas são consideradas atualmente como manifestações de uma única força, chamada **força eletrofraca**. Cada interação fundamental é mediada pela troca de **partículas de campo**. A interação eletromagnética é mediada pelo fóton; a interação fraca pelos **bósons** $W^{\pm}$ e Z^0; a interação gravitacional pelos **grávitons**; e a interação forte pelos **glúons**.

Uma **antipartícula**, e uma partícula têm a mesma massa, mas cargas opostas, e outras propriedades que podem ter valores opostos, como os números leptônico e bariônico. É possível produzir pares de partícula-antipartícula em reações nucleares se a energia disponível for maior que $2mc^2$, onde m é a massa da partícula (ou antipartícula).

Partículas que não as de campo são classificadas como hádrons ou léptons. **Hádrons** interagem através da força forte. Eles têm tamanho e estrutura e não são partículas elementares. Existem dois tipos de hádrons, bárions e mésons. **Mésons** têm número bariônico igual a zero e spin igual à zero ou integral. **Bárions**, que geralmente são as partículas mais massivas, têm número bariônico diferente de zero e spin igual a $\frac{1}{2}$ ou $\frac{3}{2}$. Nêutrons e prótons são exemplos de bárions.

Léptons não têm estrutura ou tamanho, e são considerados verdadeiramente elementares. Eles interagem através das forças fraca e eletromagnética. Os seis léptons são o elétron e^-, o múon μ^-, o tau τ^-; e seus neutrinos ν_e, ν_μ e ν_τ.

Em todas as reações e decaimentos, quantidades como energia, momento linear, momento angular, carga elétrica, número bariônico e número leptônico são estritamente conservadas. Algumas partículas têm propriedades chamadas **estranheza** e **charme**. Essas propriedades diferentes são conservadas apenas nas reações e decaimentos que ocorrem por conta da força forte.

Teorias na física de partículas elementares têm postulado que todos os hádrons são compostos de unidades menores conhecidas como **quarks**. Quarks têm carga elétrica fracionária e existem em seis "sabores": *up* (u), *down* (d), **estranho** (s), *charme* (c), *top* (t), e *bottom* (b). Cada bárion contém três quarks, e em cada méson estão contidos um quark e um antiquark.

De acordo com a teoria da **cromodinâmica quântica**, quarks têm uma propriedade chamada **carga cromática**, e a força forte entre quarks é referida como **força cromática**.

PERGUNTAS OBJETIVAS

1. Que interações afetam prótons em um núcleo atômico? Mais de uma resposta pode estar correta. (a) interação nuclear (b) interação fraca (c) interação eletromagnética (d) interação gravitacional.

2. Defina a densidade média do sistema solar ρ_{SS} como a massa total do Sol, dos planetas, dos satélites, dos anéis, dos asteroides, dos corpos gelados e dos cometas dividida pelo volume de uma esfera em torno do Sol, suficientemente larga para conter todos esses corpos. A esfera estende-se até a metade da distância da estrela mais próxima, com um raio de aproximadamente 2×10^{16} m, cerca de dois anos-luz. Como essa densidade média do sistema solar pode ser comparada com a densidade crítica ρ_c necessária para o Universo parar sua expansão da lei de Hubble? (a) ρ_{SS} é muito maior do que ρ_c. (b) ρ_{SS} é aproximadamente ou exatamente igual a ρ_c. (c) ρ_{SS} é muito menor do que ρ_c. (d) É impossível determinar.

3. Um múon isolado parado decai em um elétron, um elétron-antineutrino e um múon-neutrino. A energia cinética total dessas três partículas é (a) zero, (b) pequena, ou (c) grande em comparação com as suas energias de repouso, ou (d) nenhuma das alternativas anteriores?

4. Em um experimento, duas bolas de argila de mesma massa viajam com a mesma velocidade v em direção uma a outra. Elas colidem frontalmente e passam a ficar em repouso. Em um segundo experimento, duas bolas de argila de mesma massa são utilizadas novamente. Uma bola paira em repouso, suspensa do teto por um fio. A segunda é lançada em direção à primeira a uma velocidade v para colidir, colar na primeira bola e continuar avançando. A energia cinética que é transformada em energia interna no primeiro experimento é (a) um quarto maior do que no segundo experimento, (b) metade maior do que no segundo experimento,

---
[4] Para uma discussão sobre energia escura, veja S. Perlmutter, Supernovae, Dark Energy, and the Accelerating Universe, *Physics Today*, 56(4): 53–60, abril 2003.

(c) a mesma do segundo experimento, (d) o dobro do segundo experimento, ou (e) quatro vezes maior do que no segundo experimento?

5. A partícula Ω^- é um bárion com spin $\frac{3}{2}$. As partículas Ω^- têm (a) três possíveis estados de spin em um campo magnético, (b) quatro possíveis estados de spin, (c) três vezes a carga de uma partícula com spin $-\frac{1}{2}$ ou (d) três vezes a massa de uma partícula com spin $-\frac{1}{2}$, ou (e) nenhuma das alternativas anteriores está correta?

6. Qual das seguintes partículas de campo medeia a força forte? (a) fóton (b) glúon (c) gráviton (d) bósons W^+ e Z (e) nenhuma dessas partículas de campo.

7. Quando um elétron e um pósitron se encontram a baixa velocidade em um espaço vazio, eles se aniquilam para produzir dois raios gama de 0,511 MeV. Qual lei de conservação seria violada se eles produzissem um raio gama com uma energia de 1,02 MeV? (a) de energia (b) do momento (c) da carga (d) do número bariônico (e) do número leptônico do elétron

8. Coloque os seguintes eventos na sequência correta desde os mais antigos até os mais recentes na história do Universo. (a) Átomos neutros se formam. (b) Prótons e nêutrons não são mais aniquilados assim que se formam. (c) O Universo é uma sopa de quarks e glúons. (d) O Universo é como o núcleo de uma estrela normal de hoje, formando hélio pela fusão nuclear. (e) O Universo é como a superfície de uma estrela quente de hoje, que consiste em um plasma de átomos ionizados. (f) Moléculas poliatômicas se formam. (g) Materiais sólidos se formam.

PERGUNTAS CONCEITUAIS

1. A partícula Ξ^0 decai pela interação fraca de acordo com modo de decaimento $\Xi^0 \to \Lambda^0 + \pi^0$. Você espera que esse decaimento seja rápido ou lento? Explique.

2. Descreva as características essenciais do Modelo Padrão da física de partículas.

3. Átomos neutros não existiam até centenas de milhares de anos depois do Big Bang. Por quê?

4. As leis de conservação do número bariônico, número leptônico e estranheza são baseadas nas propriedades fundamentais da natureza (como são as leis de conservação do momento e energia, por exemplo)? Explique.

5. Todos os káons decaem em estados finais que não contêm prótons ou nêutrons. Qual é o número bariônico para os káons?

6. Na teoria cromodinâmica quântica, quarks existem em três cores. Como você justificaria a afirmação de que "todos os bárions e mésons são incolores"?

7. Nomeie as quatro interações fundamentais e as partículas de campos que fazem a mediação de cada uma delas.

8. Descreva as propriedades dos bárions e dos mésons e uma diferença importante entre elas.

9. Quantos quarks existem em cada um dos itens seguintes: (a) um bárion, (b) um antibárion, (c) um méson, (d) um antiméson? (e) Como você explicaria que bárions têm spins semi-integral, enquanto mésons têm spins de 0 ou 1?

10. Quais são as diferenças entre hádrons e léptons?

11. Os bósons W e Z foram produzidos pela primeira vez no Cern em 1983, pelo encontro de um feixe de prótons e um feixe de antiprótons de alta energia. Por que essa descoberta foi importante?

12. Como Edwin Hubble determinou que o Universo se expandia em 1928?

13. Um antibárion interage com um méson. Um bárion pode ser produzido em tal interação? Explique.

PROBLEMAS

WebAssign Os problemas que se encontram neste capítulo podem ser resolvidos on-line na Enhanced WebAssign (em inglês).

1. denota problema direto; 2. denota problema intermediário; 3. denota problema desafiador;
1. denota problemas mais frequentemente resolvidos no Enhanced WebAssign.
BIO denota problema biomédico;
PD denota problema dirigido;

M denota tutorial Master It disponível no Enhanced WebAssign;
Q|C denota problema que pede raciocínio quantitativo e conceitual;
S denota problema de raciocínio simbólico;
sombreado denota "problemas emparelhados" que desenvolvem raciocínio com símbolos e valores numéricos;
W denota solução no vídeo Watch It disponível no Enhanced WebAssign

Seção 31.1 As forças fundamentais da natureza
Seção 31.2 Pósitrons e outras antipartículas

1. Modele um centavo como 3,10 g de puro cobre. Considere um anticentavo cunhado com 3,10 g de antiátomos de cobre, cada um com 29 pósitrons em órbita ao redor de um núcleo composto de 29 antiprótons e 34 ou 36 antinêutrons. (a) Descubra a energia liberada se as duas moedas colidirem. (b) Encontre o valor dessa energia pelo preço unitário de $ 0,11/kWh, uma taxa representativa de varejo para energia de uma companhia elétrica.

2. **BIO** Em algum momento da sua vida, você pode se encontrar em um hospital para fazer um exame PET, ou tomografia por emissão de pósitron. No procedimento, um

elemento radioativo que sofre um decaimento de e⁺ é introduzido em seu corpo. O equipamento detecta os raios gama que resultam da aniquilação de par quando o pósitron emitido encontra um elétron no tecido corporal. Durante esse exame, suponhamos que você recebeu uma injeção de glicose, contendo a ordem de 10^{10} átomos de ^{14}O, com meia-vida de 70,6 s. Suponhamos que o oxigênio restante é uniformemente distribuído depois de 5 min através de 2 L de sangue. Qual é, então, a ordem de grandeza da atividade dos átomos de oxigênio em 1 cm³ de sangue?

3. Um fóton produz um par próton-antipróton de acordo com a reação $\gamma \to p + \bar{p}$. (a) Qual é a frequência mínima possível do fóton? (b) Qual é seu comprimento de onda?

4. Dois fótons são produzidos quando um próton e um antipróton se aniquilam. No quadro de referência em que o centro de massa do sistema próton-antipróton é estacionário, quais são: (a) a frequência mínima e (b) o comprimento de onda correspondente de cada fóton?

5. **M** Um fóton com energia igual a $E_\gamma = 2{,}09$ GeV cria um par próton-antipróton em que o próton tem energia cinética de 95,0 MeV. Qual é a energia cinética do antipróton? *Nota:* $m_p c^2 = 938{,}3$ MeV.

Seção 31.3 Mésons e o início da física de partículas

6. Ocasionalmente, múons de alta energia colidem com elétrons e produzem dois neutrinos de acordo com a reação $\mu^+ + e^- \to 2\nu$. Que tipo de neutrinos eles são?

7. Um píon neutro em repouso decai em dois fótons de acordo com $\pi^0 \to \gamma + \gamma$. Encontre (a) a energia, (b) o momento, e (c) a frequência de cada fóton.

8. Quando um próton ou um píon de alta velocidade viaja quase na velocidade da luz e colide com um núcleo, ele viaja a uma distância média de 3×10^{-15} m antes de interagir. A partir desta informação, encontre a ordem de grandeza do intervalo de tempo necessário para a interação forte acontecer.

9. Um mediador da interação fraca é o bóson Z^0, com massa de 91 GeV/c^2. Use esta informação para encontrar a ordem de grandeza do alcance da interação fraca.

10. **QC** (a) Prove que a troca de uma partícula virtual de massa m pode ser associada a uma força com um alcance dado por:

$$d \approx \frac{1{,}240}{4\pi mc^2} = \frac{98{,}7}{mc^2}$$

onde d é em nanômetros e mc^2 está em elétrons-volts. (b) Estabeleça o padrão de dependência do alcance sobre a massa. (c) Qual é o alcance da força que pode ser produzido pela troca virtual de um próton?

11. **QCW** Um nêutron livre sofre um decaimento beta através da criação de um próton, um elétron e um antineutrino, de acordo com a reação $n \to p + e^- + \bar{\nu}$. Imagine que um nêutron livre devesse decair pela criação de um próton e um elétron de acordo com a reação

$$n \to p + e^-$$

e assuma que o nêutron está inicialmente em repouso no laboratório. (a) Determine a energia liberada nessa reação.

(b) Determine a velocidade dos prótons e dos elétrons após essa reação. (Energia e momento são conservados na reação.) (c) Alguma dessas partículas está se deslocando a uma velocidade relativística? Explique.

Seção 31.4 Classificação das partículas

12. Identifique a partícula desconhecida do lado esquerdo da seguinte reação

$$? + p \to n + \mu^+$$

13. Cite um modo de decaimento possível para Ω^+, $\overline{K}_S^0$, $\overline{\Lambda}^0$ e $\bar{n}$.

Seção 31.5 Leis de conservação

14. (a) Mostre que o decaimento do próton $p \to e^+ + \gamma$ não pode ocorrer porque viola a conservação do número bariônico. (b) **E se?** Imagine que essa reação ocorra e o próton está inicialmente em repouso. Determine as energias e grandezas do momento do pósitron e do fóton após a reação. (c) Determine a velocidade do pósitron após a reação.

15. Cada uma das seguintes reações é proibida. Determine quais leis de conservação são violadas em cada reação.

(a) $p + \bar{p} \to \mu^+ + e^-$ (b) $\pi^- + p \to p + \pi^+$
(c) $p + p \to p + p + n$ (d) $\gamma + p \to n + \pi^0$
(e) $\nu_e + p \to n + e^+$

16. Determine o tipo de neutrino ou antineutrino envolvido em cada um dos seguintes processos.

(a) $\pi^+ \to \pi^0 + e^+ + ?$ (b) $? + p \to \mu^- + p + \pi^+$
(c) $\Lambda^0 \to p + \mu^- + ?$ (d) $\tau^+ \to \mu^+ + ? + ?$

17. As seguintes reações ou decaimentos envolvem um ou mais neutrinos. Em cada caso, forneça o neutrino (ν_e, ν_μ ou ν_τ) ou antineutrino faltante.

(a) $\pi^- \to \mu^- + ?$ (b) $K^+ \to \mu^+ + ?$
(c) $? + p \to n + e^+$ (d) $? + n \to p + e^-$
(e) $? + n \to p + \mu^-$ (f) $\mu^- \to e^- + ? + ?$

18. A primeira das duas reações seguintes pode ocorrer, mas a segunda não. Explique.

$K_S^0 \to \pi^+ + \pi^-$ (pode ocorrer)
$\Lambda^0 \to \pi^+ + \pi^-$ (não pode ocorrer)

19. Uma partícula $\overline{K}_S^0$ em repouso decai para um π^+ e um π^-. A massa da partícula $\overline{K}_S^0$ é 497,7 MeV/c^2, e a massa de cada méson π é 139,6 MeV/c^2. Qual é a velocidade de cada píon?

20. **QC** (a) Mostre que o número bariônico e a carga são conservados nas seguintes reações de um píon com um próton.

(1) $\pi^+ + p \to K^+ + \Sigma^+$
(2) $\pi^+ + p \to \pi^+ + \Sigma^+$

(b) A primeira reação é observada, mas a segunda nunca ocorre. Explique.

21. Determine quais das seguintes reações podem ocorrer. Para aquelas que não podem ocorrer, determine a lei (ou as leis) de conservação violada(s).

(a) $p \to \pi^+ + \pi^0$ (b) $p + p \to p + p + \pi^0$
(c) $p + p \to p + \pi^+$ (d) $\pi^+ \to \mu^+ + \nu_\mu$
(e) $n \to p + e^- + \bar{\nu}_e$ (f) $\pi^+ \to \mu^+ + n$

Seção 31.6 Partículas estranhas e estranheza

22. Para cada um dos seguintes decaimentos proibidos, determine qual lei de conservação é violada.

(a) $\mu^- \to e^- + \gamma$ (b) $n \to p + e^- + \nu_e$
(c) $\Lambda^0 \to p + \pi^0$ (d) $p \to e^+ + \pi^0$
(e) $\Xi^0 \to n + \pi^0$

23. Determine se a estranheza é ou não conservada nos seguintes decaimentos e reações.

(a) $\Lambda^0 \to p + \pi^-$ (b) $\pi^- + p \to \Lambda^0 + K^0$
(c) $\overline{p} + p \to \overline{\Lambda}^0 + \Lambda^0$ (d) $\pi^- + p \to \pi^- + \Sigma^+$
(e) $\Xi^- \to \Lambda^0 + \pi^-$ (f) $\Xi^0 \to p + \pi^-$

24. **Q|C** O méson neutro ρ^0 decai pela interação forte entre dois píons:

$$\rho^0 \to \pi^+ + \pi^- \quad (T_{1/2} \sim 10^{-23}\ s)$$

O káon neutro também decai em dois píons:

$$K_S^0 \to \pi^+ + \pi^- \quad (T_{1/2} \sim 10^{-10}\ s)$$

Como você explica a diferença em meias-vidas?

25. Preencha a partícula que falta. Assuma que a reação (a) ocorre através da interação forte e as reações (b) e (c) envolvem interação fraca. Assuma também que o total de estranheza se altere por uma unidade caso não seja conservada.

(a) $K^+ + p \to ? + p$ (b) $\Omega^- \to ? + \pi^-$
(c) $K^+ \to ? + \mu^+ + \nu_\mu$

26. Identifique as quantidades conservadas nos seguintes processos.

(a) $\Xi^- \to \Lambda^0 + \mu^- + \nu_\mu$ (b) $K_S^0 \to 2\pi^0$
(c) $K^- + p \to \Sigma^0 + n$ (d) $\Sigma^0 \to \Lambda^0 + \gamma$
(e) $e^+ + e^- \to \mu^+ + \mu^-$ (f) $\overline{p} + n \to \Lambda^0 + \Sigma^-$

27. Quais dos seguintes processos são permitidos pelas interações forte, eletromagnética, fraca, ou nenhuma interação?

(a) $\pi^- + p \to 2\eta$ (b) $K^- + n \to \Lambda^0 + \pi^-$
(c) $K^- \to \pi^- + \pi^0$ (d) $\Omega^- \to \Xi^- + \pi^0$
(e) $\eta \to 2\gamma$

Seção 31.7 Medindo os tempos de vida das partículas

28. **GP** O decaimento de partículas $\Sigma^+ \to \pi^+ + n$ é observado em uma câmara de bolhas. A Figura P31.28 representa a trajetória de curva das partículas Σ^+ e π^+ e a rota invisível do nêutron na presença de um campo magnético uniforme de 1,15 T orientado para fora da página. A medida dos raios de curvatura é 1,99 m para partículas Σ^+ e 0,580 m para partículas π^+. A partir dessas informações, queremos determinar a massa da partícula Σ^+ (a) Encontre as grandezas dos momentos das partículas Σ^+ e π^+ em unidades MeV/c. (b) O ângulo entre o momento das partículas Σ^+ e π^+ no momento do decaimento é $\theta = 64{,}5°$. Encontre a grandeza do momento do nêutron. (c) Calcule a energia total da partícula π^+ e do nêutron a partir de suas massas conhecidas ($m_\pi = 139{,}6$ MeV/c^2, $m_n = 939{,}6$ MeV/c^2) e a relação energia-momento relativística. (d) Qual é a energia total da partícula Σ^+? (e) Calcule a massa da partícula Σ^+. (f) Compare a massa com o valor na Tabela 31.2.

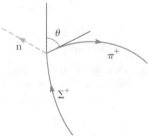

Figura P31.28

29. **M** Se um méson $\overline{K}_S^0$ em repouso decai em $0{,}900 \times 10^{-10}$ s, a que distância um méson $\overline{K}_S^0$ viaja se está se deslocando a $0{,}960c$?

30. Uma partícula de massa m_1 é atirada em direção a uma partícula estacionária de massa m_2, e uma reação ocorre em que novas partículas são criadas a partir da energia cinética incidente. Em conjunto, as partículas do produto têm massa total de m_3. A energia cinética mínima que o bombardeamento de partículas deve ter para produzir as reações é chamada energia limiar. Nessa energia, a energia cinética dos produtos é mínima, de modo que a fração da energia cinética incidente, que está disponível para criar novas partículas, é máxima. Essa situação ocorre quando todas as partículas de produto têm a mesma velocidade, então as partículas não têm energia cinética de movimento uma em relação à outra. (a) Usando a conservação de energia relativística e de momento, e a relação energia relativística–momento, mostre que a energia limiar é dada por

$$K_{min} = \frac{[m_3^2 - (m_1 + m_2)^2]c^2}{2m_2}$$

Calcule a energia limiar para cada uma das seguintes reações:

(b) $p + p \to p + p + p + \overline{p}$

(Um dos prótons iniciais está em repouso. Antiprótons são produzidos.)

(c) $\pi^- + p \to K^0 + \Lambda^0$

(O próton está em repouso. Partículas estranhas são produzidas.)

(d) $p + p \to p + p + \pi^0$

(Um dos prótons iniciais está em repouso. Píons são produzidos.)

(e) $p + \overline{p} \to Z^0$

(Uma das partículas iniciais está em repouso. Partículas Z^0 (massa 91,2 GeV/c^2) são produzidas.)

Seção 31.8 Encontrando padrões nas partículas
Seção 31.9 Quarks
Seção 31.10 Quarks multicoloridos
Seção 31.11 O modelo padrão

31. **E se?** Imagine que as energias de ligação pudessem ser ignoradas. Encontre as massas dos quarks u e d a partir das massas do próton e do nêutron.

32. A reação $\pi^- + p \to K^0 + \Lambda^0$ ocorre com alta probabilidade, enquanto a reação $\pi^- + p \to K^0 + n$ nunca ocorre. Analise essas reações no nível de quark. Mostre que a primeira reação conserva o número total de cada tipo de quark e a segunda não.

33. A composição do quark de um próton é uud, enquanto a de um nêutron é udd. Mostre que a carga, o número bariônico e a estranheza dessas partículas são iguais às somas desses números para seus quarks constituintes.

34. As composições de quark das partículas K^0 e Λ^0 são $d\bar{s}$ e uds, respectivamente. Mostre que a carga, o número bariônico e a estranheza dessas partículas são iguais às somas desses números para os quarks constituintes.

35. Qual é a carga elétrica dos bárions com composição de quark igual a (a) $\bar{u}\,\bar{u}\,\bar{d}$ e (b) $\bar{u}\,\bar{d}\,\bar{d}$? (c) Como esses bárions são chamados?

36. (a) Encontre o número de elétrons e o número de cada espécie de quark em 1 L de água. (b) Faça uma estimativa da ordem de grandeza do número de cada tipo de partícula de matéria fundamental em seu corpo. Mostre suas suposições e a quantidade de dados que você leva em consideração.

37. Analise cada uma das seguintes reações em termos de quarks constituintes e mostre que cada tipo de quark é conservado. (a) $\pi^+ + p \rightarrow K^+ + \Sigma^+$ (b) $K^- + p \rightarrow K^+ + K^0 + \Omega^-$ (c) Determine os quarks na partícula final para essa reação: $p + p \rightarrow K^0 + p + \pi^+ + ?$ (d) Na reação da parte (c), identifique a partícula misteriosa.

38. Identifique as partículas correspondentes aos estados de quarks (a) suu, (b) $\bar{u}d$, (c) $\bar{s}d$ e (d) ssd.

39. Uma partícula Σ^0 viajando através da matéria atinge um próton; e depois um Σ^+ e um raio gama, assim como uma terceira partícula, emergem. Use o modelo de quark de cada um para determinar a identidade da terceira partícula.

Seção 31.12 Conteúdo em contexto: investigando o sistema menor para entender o maior

Nota: O Problema 10 do Capítulo 24, Problemas 61 e 63 do Capítulo 28, e Problemas 42 e 43 do Capítulo 29 podem ser resolvidos nesta seção.

40. Se a densidade média do Universo é pequena em comparação com a densidade crítica, a expansão do Universo descrita pela lei de Hubble procede com velocidades que são quase constantes ao longo do tempo. (a) Prove que, neste caso, a idade do Universo é dada pela inversa da constante de Hubble. (b) Calcule $1/H$ e expresse isto em anos.

41. Usando a lei de Hubble, encontre o comprimento de onda da linha de sódio de 590 nm emitida das galáxias a (a) $2{,}00 \times 10^6$ anos-luz, (b) $2{,}00 \times 10^8$ anos-luz, e (c) $2{,}00 \times 10^9$ anos-luz da Terra.

42. Assuma que a densidade média do Universo é igual à densidade crítica. Prove que a idade do Universo é dada por $2/3H$. (b) Calcule $2/3H$ e expresse isto em anos.

43. Cientistas propuseram uma possibilidade para a origem da matéria escura: WIMPs, ou *weakly interacting massive particles* (partículas massivas de fraca interação, em tradução livre). Outra proposta é de que a matéria escura é composta por grandes corpos do tamanho de planetas, chamados MACHOs, ou *massive astrophysical compact halo objects* (corpos de halo compactos astrofísicos e massivos, em tradução livre), que flutuam pelo espaço interestelar e não são vinculados a um sistema solar. Considerando WIMPs ou MACHOs, suponha que astrônomos realizem cálculos teóricos e determinem a densidade média do Universo observável como $1{,}20\rho_c$. Se esse valor estiver correto, quantas vezes maior o Universo se tornará antes de começar a entrar em colapso? Isto é, por qual fator a distância entre galáxias remotas irá aumentar no futuro?

44. A lei de Hubble pode ser declarada na forma vetorial como $\vec{v} = H\vec{R}$. Fora do grupo local de galáxias, todos os corpos estão se afastando de nós com velocidades proporcionais às suas posições relativas a nós. Nessa forma, isto soa como se nossa localização no Universo fosse especialmente privilegiada. Prove que a lei de Hubble é igualmente verdadeira para um observador em outro lugar do Universo. Proceda da seguinte forma. Suponha que estamos na origem das coordenadas, um aglomerado de galáxias está na localização $\vec{R}_1$ e tem velocidade $\vec{v}_1 = H\vec{R}_1$ em relação a nós, e outro aglomerado de galáxias tem a posição de vetor $\vec{R}_2$ e velocidade $\vec{v}_2 = H\vec{R}_2$. Suponha que as velocidades não são relativísticas. Considere o quadro de referências de um observador no primeiro desses aglomerados de galáxias. (a) Mostre que a nossa velocidade relativa a ele, juntamente com a posição do vetor do nosso aglomerado de galáxias a partir dele, satisfazem a lei de Hubble. (b) Mostre que a posição e a velocidade do aglomerado 2 relativo ao 1 satisfazem a lei de Hubble.

45. Gravitação e outras forças impedem que a expansão da lei de Hubble ocorra, exceto em sistemas maiores do que aglomerados de galáxias. **E se?** Imagine que essas forças pudessem ser ignoradas e todas as distâncias se expandissem a uma taxa descrita pela constante de Hubble como 22×10^{-3} m/s · ano-luz. (a) A que ritmo a altura de 1,85 m de um jogador de basquete estaria aumentando? (b) A que ritmo a distância entre a Terra e a Lua estaria aumentando?

46. **Q|C** Assuma que a matéria escura exista em todo o espaço com uma densidade uniforme de $6{,}00 \times 10^{-28}$ kg/m³. (a) Encontre o valor de tal matéria escura dentro de uma esfera centrada no Sol, tendo a órbita de Terra como seu equador. (b) Explique se o campo gravitacional dessa matéria escura poderia ter um efeito mensurável na revolução da Terra.

47. No início, o Universo era denso, com fótons de raio gama de energia $\sim k_B T$ e uma energia tão alta que prótons e antiprótons eram criados pelo processo $\gamma \rightarrow p + \bar{p}$ tão rapidamente quanto se aniquilavam. À medida que o Universo resfriava em expansão adiabática, sua temperatura caiu abaixo de um valor e a produção de pares de prótons se tornou rara. Na época, existia um pouco mais de prótons do que antiprótons e, essencialmente, todos os prótons de hoje no Universo datam dessa época. (a) Estime a ordem de grandeza da temperatura do Universo quando prótons foram condensados. (b) Estime a ordem de grandeza da temperatura do Universo quando elétrons foram condensados.

Problemas adicionais

48. Um foguete foi sugerido para viagens no espaço usando propulsão de fóton e aniquilação de matéria-antimatéria. Suponha que o combustível para uma queima de curta duração consiste em N prótons e N antiprótons, cada um com massa

m. (a) Assuma que todo o combustível é aniquilado para produzir fótons. Quando os fótons são ejetados do foguete, qual momento pode ser comunicado por eles? (b) Se metade dos prótons e antiprótons se aniquila e a energia liberada é usada para ejetar as partículas restantes, qual momento pode ser dado ao foguete? Qual esquema resulta na maior mudança de velocidade para o foguete?

49. **Revisão.** Estima-se que a Supernova Shelton 1987A, localizada a aproximadamente 170.000 anos-luz da Terra, tenha emitido uma explosão de neutrinos transportando uma energia de $\sim 10^{46}$ J (Fig. P31.49). Suponha que a energia média do neutrino era 6 MeV e o corpo de sua mãe apresenta uma área transversal de 5.000 cm². Em termos de ordem de grandeza, quantos desses neutrinos passaram por ela?

Figura P31.49 Problemas 49 e 50. A estrela gigante catalogada como Sanduleak −69° 202 na imagem "de antes" (*acima*) se tornou a Supernova Shelton 1987A na imagem "depois" (*embaixo*).

50. A mais recente supernova vista a olho nu foi a Shleton 1987A (Fig. P31.49), a 170.000 anos-luz de distância em uma galáxia satélite próxima a nós, na Grande Nuvem de Magalhães. Cerca de 3 h antes seu brilho óptico foi notado, dois experimentos de execução contínua de detecção de neutrinos registraram simultaneamente os primeiros neutrinos de uma fonte identificada que não era o Sol. O experimento Irvine-Michigan-Brookhaven, em uma mina de sal em Ohio, registrou oito neutrinos durante um período de 6 s, e o experimento Kamiokande II, em uma mina de zinco no Japão, contou onze neutrinos em 13 s. (Como a supernova foi no extremo sul do céu, esses neutrinos entraram nos detectores por baixo. Eles atravessaram a Terra antes de ser absorvidos, por acaso, pelos núcleos nos detectores.) As energias dos neutrinos era entre cerca de 8 MeV e 40 MeV. Se os neutrinos não têm massa, neutrinos de todas as energias devem viajar juntos à velocidade da luz, e os dados são consistentes com esta possibilidade. Os horários de chegada poderiam mostrar dispersões, simplesmente porque neutrinos foram criados em momentos diferentes conforme o núcleo da estrela entrou em colapso em uma estrela de nêutrons. Se os neutrinos têm massa diferente de zero, neutrinos de baixa energia devem se deslocar relativamente devagar. Os dados são consistentes com um neutrino de 10 MeV, exigindo no máximo cerca de 10 s a mais do que um fóton exigiria para viajar de uma supernova até nós. Encontre o limite superior que essa observação estabelece sobre a massa de neutrino. (Outras evidências estabelecem um limite ainda menor.)

51. Uma partícula instável, inicialmente em repouso, decai em um próton (energia de repouso 938,3 MeV) e em um píon negativo (energia de repouso 139,6 MeV). Um campo magnético uniforme de 0,250 T existe perpendicularmente às velocidades das partículas criadas. O raio de curvatura de cada rota é 1,33 m. Qual é a massa da partícula original instável?

52. **S** Uma partícula instável, inicialmente em repouso, decai em uma partícula carregada positivamente com carga $+e$ e energia de repouso de E_+, e em uma partícula carregada negativamente com carga $+e$ e energia de repouso de E_-. Um campo magnético uniforme de grandeza B existe perpendicularmente às velocidades das partículas criadas. O raio de curvatura de cada rota é r. Qual é a massa da partícula original instável?

53. **Revisão.** Use a função de distribuição do Boltzmann $e^{-E/k_B T}$ para calcular a temperatura em que 100% da população de fótons terão energia maior do que 1,00 eV. A energia necessária para excitar um átomo é da ordem de 1 eV. Portanto, como a temperatura do Universo caiu abaixo do valor que você calcular, nuvens de átomos neutros poderiam se formar a partir do plasma, e o Universo se tornar transparente. A radiação cósmica representa nossa vasta visão desviada para o vermelho da opaca bola de fogo do Big Bang, como era naquela época e temperatura. A bola de fogo nos rodeia, nós somos brasas.

54. **M** O fluxo de energia carregada por neutrinos do Sol é estimado na ordem fracional de 0,400 W/m² na superfície da Terra. Estime a perda de massa do Sol sobre 10^9 anos devido à emissão de neutrinos. A massa do Sol é $1,989 \times 10^{30}$ kg. A distância Terra-Sol é igual a $1,496 \times 10^{11}$ m.

55. Dois prótons se aproximam com velocidades de igual grandeza em direções opostas. Qual é a energia cinética mínima de cada próton se os dois deveriam produzir um méson π^+ em repouso na reação p + p → p + n + π^+?

56. *Por que a seguinte situação é impossível?* Um fóton de raio gama com energia de 1,05 MeV atinge um elétron estacionário, causando a ocorrência da seguinte reação:

$$\gamma + e^- \rightarrow e^- + e^- + e^+$$

Assuma que todas as três partículas finais se movem com a mesma velocidade e na mesma direção após a reação.

57. Dois prótons se aproximam frontalmente, cada um com 70,4 MeV de energia cinética, e se envolvem em uma reação em que um próton e um píon positivo emergem em repouso. Qual terceira partícula, obviamente descarregada e consequentemente difícil de detectar, deve ter sido criada?

58. Identifique os mediadores para duas interações descritas nos diagramas de Feynman mostrados na Figura P31.58

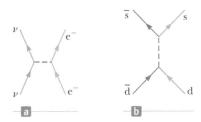

Figura P31.58

59. (a) Quais processos são descritos pelos diagramas de Feynman na Figura P31.59? (b) Qual é a partícula trocada em cada processo?

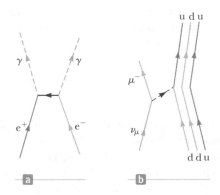

Figura P31.59

60. Um méson π^- em repouso decai de acordo com $\pi^- \to \mu^- + \bar{\nu}_\mu$. Assuma que o antineutrino não tem massa e se move na velocidade da luz. Considere $m_\pi c^2 = 139,6$ MeV e $m_\mu c^2 = 105,7$ MeV. Qual é a energia levada pelo neutrino?

61. Assuma que a meia-vida de nêutrons livres é 614 s. Qual fração de um grupo de nêutrons térmicos livres com energia cinética de 0,0400 eV irá decair antes de viajar uma distância de 10,0 km?

62. Os raios cósmicos de altíssima energia são, na sua maioria, prótons, acelerados por forças desconhecidas. Seu espectro mostra um corte na energia da ordem de 10^{20} eV. Acima dessa energia, um próton irá interagir com um fóton da radiação cósmica em micro-ondas para produzir mésons, por exemplo, de acordo com

$$p + \gamma \to p + \pi^0$$

Demonstre este fato obedecendo aos seguintes passos. (a) Encontre a energia mínima do fóton necessária para produzir essa reação no sistema de referência onde o momento total do sistema fóton-próton é zero. A reação foi observada experimentalmente na década de 1950 com fótons de algumas centenas de MeV. (b) Use a lei de deslocamento de Wien para encontrar o comprimento de onda de um fóton no pico do espectro de um corpo negro de radiação primordial de micro-ondas, com uma temperatura de 2,73 K. (c) Encontre a energia desse fóton. (d) Considere a reação da parte (a) em um quadro de referência em movimento de modo que o fóton seja o mesmo da parte (c). Calcule a energia do próton nesse sistema, que representa o sistema de referência da Terra.

63. Para cada um dos seguintes decaimentos ou reações, nomeie pelo menos uma lei de conservação que os impeça de ocorrer.

    (a) $\pi^- + p \to \Sigma^+ + \pi^0$
    (b) $\mu^- \to \pi^- + \nu_e$
    (c) $p \to \pi^+ + \pi^+ + \pi^-$

64. Uma partícula Σ^0 em repouso decai de acordo com $\Sigma^0 \to \Lambda^0 + \gamma$. Encontre a energia do raio gama.

65. Determine as energias cinéticas dos prótons e píons resultantes do decaimento de uma Λ^0 em repouso:

$$\Lambda^0 \to p + \pi^-$$

Contexto 9

CONCLUSÃO

Problemas e perspectivas

Já investigamos os princípios da Física Quântica e vimos muitas conexões com a nossa central de perguntas para o Contexto *Conexão Cósmica*:

> **Como podemos conectar a física de partículas microscópicas com a física do Universo?**

Enquanto os físicos de partícula têm explorado o campo dos muito pequenos, cosmólogos têm explorado a história cósmica de volta ao primeiro segundo depois do Big Bang. A observação de eventos, que ocorrem quando duas partículas colidem em um acelerador, é essencial na reconstrução dos primeiros momentos da história cósmica. A chave para entender o início do Universo é, primeiro, entender o mundo das partículas elementares. Cosmólogos e físicos acreditam ter muitos objetivos em comum e estão se unindo para tentar entender o mundo físico em seu nível mais fundamental.

Problemas

Fizemos grandes progressos na compreensão do Universo e da sua estrutura subjacente, mas uma série de perguntas continua sem resposta. Por que tão pouca antimatéria existe no Universo? Neutrinos têm energia de repouso pequena; se isto realmente for verdade, como eles contribuem com a "matéria escura" do Universo? Existe uma "energia escura" no Universo? É possível unificar as forças forte e eletrofraca de maneira lógica e consistente? A gravidade pode ser unificada a outras forças? Por que quarks e léptons formam três famílias semelhantes, porém distintas? Múons são o mesmo que elétrons (além da sua diferença de massa), ou têm outras diferenças sutis que não foram detectadas? Por que algumas partículas são carregadas e outras são neutras? Por que os quarks têm uma carga fracionária? O que determina as massas dos constituintes fundamentais? Um quark isolado pode existir? Léptons e quarks têm uma subestrutura?

Teoria das cordas: uma nova perspectiva

Vamos discutir brevemente um esforço atual para responder a algumas dessas perguntas propondo uma nova perspectiva da partícula. Como você leu este livro, deve se lembrar começando pelo modelo de partículas e fazendo um pouco de física com ele. No Contexto *Terremotos*, introduzimos o modelo de onda, e mais física foi utilizada para investigar as propriedades das ondas. Usamos um modelo de onda para a luz no Contexto *Lasers*. No início desse Contexto, no entanto, vimos a necessidade de retornar ao modelo de partículas para a luz. Além disso, verificamos que as partículas materiais tinham característica de onda. O modelo de partícula quântica do Capítulo 28 nos permitiu construir partículas de ondas, sugerindo que a onda é a entidade fundamental. No Capítulo 31, no entanto, discutimos partículas elementares como entidades fundamentais. Parece que não conseguimos nos decidir! De certa forma, isto é verdade, porque a dualidade onda-partícula ainda é uma área de pesquisa ativa. Neste Contexto *Conclusão*, discutiremos o esforço de pesquisa atual para construir partículas a partir de ondas e vibrações.

A **Teoria das cordas** é uma tentativa de unificar as quatro forças fundamentais, modelando todas as partículas como vários modos vibracionais quantizados de uma única entidade, uma corda incrivelmente pequena. O comprimento típico de tal corda é da ordem de 10^{-35} m, chamado **comprimento de Planck**. Vimos modos quantizados, como as frequências de vibração das cordas do violão no Capítulo 14 (no Volume 2), e os níveis de energia quantizada dos átomos no Capítulo 29. Na teoria das cordas, cada modo quantizado de vibração da corda corresponde a uma partícula elementar diferente no Modelo Padrão.

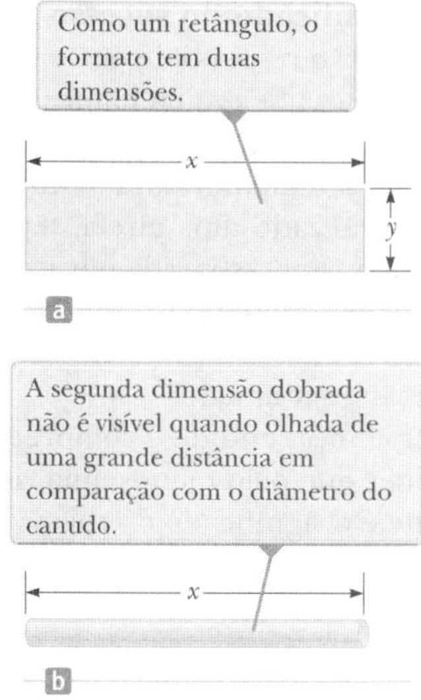

Um fator complicador na teoria das cordas é que ela requer que o tempo-espaço tenha dez dimensões. Apesar das dificuldades teóricas e conceituais em lidar com dez dimensões, esta teoria tem a promessa de incorporar a gravidade com as outras forças. Quatro das dez dimensões nos são visíveis, três espaciais e uma temporal, e as outras seis são *compactadas*. Em outras palavras, as seis dimensões estão dobradas tão fortemente que não são visíveis no mundo macroscópico.

Como analogia, considere um canudo de refrigerante. Podemos construir um canudo cortando um pedaço de papel retangular (Fig. 1a), que claramente tem duas dimensões, e enrolando-o em um pequeno tubo (Fig. 1b) De longe, o canudo de refrigerante parece uma linha reta unidimensional. A segunda dimensão foi enrolada e não é visível. A teoria das cordas afirma que seis dimensões de espaço-tempo estão dobradas de forma análoga, com o enrolado do tamanho do comprimento de Planck e impossível de ser visualizada do nosso ponto de vista.

Outro fator complicador da teoria das cordas é a sua dificuldade, para os teóricos das cordas, de guiar físicos experimentais em como e o que procurar em um experimento. O comprimento de Planck é tão incrivelmente pequeno que experiências diretas nas cordas são impossíveis. Até que a teoria tenha sido mais desenvolvida, teóricos das cordas estão restritos a aplicar a teoria a resultados conhecidos e a testar a consistência.

Uma das previsões da teoria das cordas é chamada **supersimetria** (SUSY, sigla em inglês), que sugere que cada partícula elementar tem uma superparceira que ainda não foi observada. Acredita-se que a supersimetria é uma simetria quebrada (como a simetria eletrofraca quebrada a baixas energias) e que as massas das superparceiras estão acima das nossas capacidades atuais de detecção por aceleradores. Alguns teóricos afirmam que a massa dos superparceiros é a massa faltante discutida no Contexto *Conclusão* do Capítulo 31. Mantendo a tendência caprichosa de nomear as partículas e suas propriedades, que vimos no Capítulo 31, nomes são dados às superparceiras, como *squark* (a superparceira do quark), *selétron* (elétron), e *gluinos* (glúon).

Outros teóricos estão trabalhando na **teoria M,** que é uma teoria de 11 dimensões baseada em membranas, em vez de cordas. De uma forma reminiscente ao princípio de correspondência, a teoria M é dita reduzir-se à teoria das cordas se as 11 dimensões forem compactadas em 10.

As perguntas que listamos no início deste Contexto continuam. Devido aos rápidos avanços e novas descobertas no campo da física das partículas, quando este livro for lido, algumas dessas perguntas poderão ter sido resolvidas, e outras novas surgir.

Figura 1 (a) Um pedaço de papel é cortado no formato retangular. (b) O papel é enrolado como um canudo de refrigerante.

Pergunta

1. **Pergunta de revisão.** Uma menina e sua avó moem milho, enquanto a mulher conta histórias para a menina sobre o que é mais importante. Um menino mantém corvos longe da maturação do milho, enquanto seu avô se senta na sombra e lhe explica o Universo e o seu lugar nele. O que as crianças não entendem este ano, entenderão melhor no ano que vem. Agora, você deve fazer parte dos adultos. Indique as verdades mais gerais, mais fundamentais, mais universais que você conhece. Se precisar repetir a ideia de alguém, tenha a melhor versão que puder dessas ideias e indique a sua fonte. Se existe algo que você não entende, faça planos para entender melhor no ano que vem.

Problemas

1. A relatividade geral clássica vê a estrutura do tempo-espaço como determinista e bem definida até, arbitrariamente, pequenas distâncias. Por outro lado, a relatividade geral quântica proíbe distâncias menores do que o comprimento de Planck, dado por $L = (\hbar G/c^3)^{1/2}$. (a) Calcule o valor do comprimento de Planck. A limitação quântica sugere que após o Big Bang, quando todas as seções atualmente observáveis do Universo estavam contidas dentro da singularidade de um ponto, nada pôde ser observado até que aquela singularidade se tornasse maior do que o comprimento de Planck. Devido ao fato de que o tamanho da singularidade cresceu à velocidade da luz, podemos inferir que nenhuma observação foi possível durante o intervalo de tempo necessário para a luz viajar no comprimento de Planck. (b) Calcule esse intervalo de tempo, conhecido como o tempo de Planck T, e o compare com a época ultraquente mencionada no texto. (c) Essa resposta sugere que poderemos nunca saber o que aconteceu entre o tempo $t = 0$ e o tempo $t = T$?

O significado do sucesso

Ganhar o respeito de pessoas inteligentes e o afeto das crianças;
Apreciar a beleza na natureza e em tudo o que nos rodeia;
Buscar e cultivar o melhor nos outros;
Dar o seu melhor para os outros sem a menor intenção de retorno, pois é dando que se recebe;
Ter realizado uma tarefa, seja salvando uma alma perdida, curando uma criança doente, escrevendo um livro, ou arriscando sua vida por um amigo;
Ter celebrado e rido com grande alegria e entusiasmo e cantado com exultação;
Ter esperança mesmo em momentos de desespero; enquanto você tiver esperança, terá vida;
Amar e ser amado;
Ser compreendido e compreender;
Saber que pelo menos uma vida respirou mais fácil porque você viveu;
Este é o significado do sucesso.

Ralph Waldo Emerson, modificado por Ray Serway

Apêndice A

Tabelas

TABELA A.1 | Fatores de conversão

Comprimento

	m	cm	km	pol.	pé	mi
1 metro	1	10^2	10^{-3}	39,37	3,281	$6,214 \times 10^{-4}$
1 centímetro	10^{-2}	1	10^{-5}	0,393 7	$3,281 \times 10^{-2}$	$6,214 \times 10^{-6}$
1 quilômetro	10^3	10^5	1	$3,937 \times 10^4$	$3,281 \times 10^3$	0,621 4
1 polegada	$2,540 \times 10^{-2}$	2,540	$2,540 \times 10^{-5}$	1	$8,333 \times 10^{-2}$	$1,578 \times 10^{-5}$
1 pé	0,304 8	30,48	$3,048 \times 10^{-4}$	12	1	$1,894 \times 10^{-4}$
1 milha	1 609	$1,609 \times 10^5$	1,609	$6,336 \times 10^4$	5 280	1

Massa

	kg	g	slug	u
1 quilograma	1	10^3	$6,852 \times 10^{-2}$	$6,024 \times 10^{26}$
1 grama	10^{-3}	1	$6,852 \times 10^{-5}$	$6,024 \times 10^{23}$
1 slug[1]	14,59	$1,459 \times 10^4$	1	$8,789 \times 10^{27}$
1 unidade de massa atômica	$1,660 \times 10^{-27}$	$1,660 \times 10^{-24}$	$1,137 \times 10^{-28}$	1

Nota: 1 ton métrica = 1 000 kg.

Tempo

	s	min	h	dia	ano
1 segundo	1	$1,667 \times 10^{-2}$	$2,778 \times 10^{-4}$	$1,157 \times 10^{-5}$	$3,169 \times 10^{-8}$
1 minuto	60	1	$1,667 \times 10^{-2}$	$6,994 \times 10^{-4}$	$1,901 \times 10^{-6}$
1 hora	3 600	60	1	$4,167 \times 10^{-2}$	$1,141 \times 10^{-4}$
1 dia	$8,640 \times 10^4$	1 440	24	1	$2,778 \times 10^{-5}$
1 ano	$3,156 \times 10^7$	$5,259 \times 10^5$	$8,766 \times 10^3$	365,2	1

Velocidade

	m/s	cm/s	pé/s	mi/h
1 metro por segundo	1	10^2	3,281	2,237
1 centímetro por segundo	10^{-2}	1	$3,281 \times 10^{-2}$	$2,237 \times 10^{-2}$
1 pé por segundo	0,304 8	30,48	1	0,681 8
1 milha por hora	0,447 0	44,70	1,467	1

Observação: 1 mi/min = 60 mi/h = 88 pés/s.

Força

	N	lb
1 newton	1	0,224 8
1 libra	4,448	1

(Continua)

---

[1] N.R.T.: *Slug* = unidade de massa associada a unidades inglesas $\left(slug = \dfrac{Lbf \cdot s^2}{ft}\right)$; (Lbf = libras força; ft = pé).

TABELA A.1 | Fatores de conversão *(continuação)*

Energia, transferência de energia

	J	pé · lb	eV
1 joule	1	0,737 6	$6,242 \times 10^{18}$
1 pé-libra	1,356	1	$8,464 \times 10^{18}$
1 elétron volt	$1,602 \times 10^{-19}$	$1,182 \times 10^{-19}$	1
1 caloria	4,186	3,087	$2,613 \times 10^{19}$
1 unidade térmica britânica (Btu)	$1,055 \times 10^{3}$	$7,779 \times 10^{2}$	$6,585 \times 10^{21}$
1 quilowatt-hora	$3,600 \times 10^{6}$	$2,655 \times 10^{6}$	$2,247 \times 10^{25}$

	cal	Btu	kWh
1 joule	0,238 9	$9,481 \times 10^{-4}$	$2,778 \times 10^{-7}$
1 pé-libra	0,323 9	$1,285 \times 10^{-3}$	$3,766 \times 10^{-7}$
1 elétron volt	$3,827 \times 10^{-20}$	$1,519 \times 10^{-22}$	$4,450 \times 10^{-26}$
1 caloria	1	$3,968 \times 10^{-3}$	$1,163 \times 10^{-6}$
1 unidade térmica britânica (Btu)	$2,520 \times 10^{2}$	1	$2,930 \times 10^{-4}$
1 quilowatt-hora	$8,601 \times 10^{5}$	$3,413 \times 10^{2}$	1

Pressão

	Pa	atm
1 pascal	1	$9,869 \times 10^{-6}$
1 atmosfera	$1,013 \times 10^{5}$	1
1 centímetro de mercúrio[a]	$1,333 \times 10^{3}$	$1,316 \times 10^{-2}$
1 libra por polegada ao quadrado[2]	$6,895 \times 10^{3}$	$6,805 \times 10^{-2}$
1 libra por pé ao quadrado	47,88	$4,725 \times 10^{-4}$

	cm Hg	lb/pol.²	lb/pé²
1 pascal	$7,501 \times 10^{-4}$	$1,450 \times 10^{-4}$	$2,089 \times 10^{-2}$
1 atmosfera	76	14,70	$2,116 \times 10^{3}$
1 centímetro de mercúrio[a]	1	0,194 3	27,85
1 libra por polegada ao quadrado	5,171	1	144
1 libra por pé ao quadrado	$3,591 \times 10^{-2}$	$6,944 \times 10^{-3}$	1

[a] A 0 °C e a uma localização onde a aceleração de queda livre tem seu valor "padrão", 9,806 65 m/s².

TABELA A.2 | Símbolos, dimensões e unidades de quantidades físicas

Quantidade	Símbolo comum	Unidade[a]	Dimensões[b]	Unidade em termos de unidades básicas SI
Aceleração	$\vec{a}$	m/s²	L/T²	m/s²
Quantidade de substância	n	MOL		mol
Ângulo	θ, ϕ	radiano (rad)	1	
Aceleração angular	$\vec{\alpha}$	rad/s²	T^{-2}	s^{-2}
Frequência angular	ω	rad/s	T^{-1}	s^{-1}
Momento angular	$\vec{L}$	kg · m²/s	ML²/T	kg · m²/s
Velocidade angular	$\vec{\omega}$	rad/s	T^{-1}	s^{-1}
Área	A	m²	L²	m²
Número atômico	Z			
Capacitância	C	farad (F)	Q²T²/ML²	A² · s⁴/kg · m²
Carga	q, Q, e	coulomb (C)	Q	A · s

(Continua)

---

[2] N.R.T.: Polegada² = Polegada × polegada.

TABELA A.2 | Símbolos, dimensões e unidades de quantidades físicas *(continuação)*

Quantidade	Símbolo comum	Unidade[a]	Dimensões[b]	Unidade em termos de unidades básicas SI
Densidade de carga				
Linha	λ	C/m	Q/L	$A \cdot s/m$
Superfície	σ	C/m^2	Q/L^2	$A \cdot s/m^2$
Volume	ρ	C/m^3	Q/L^3	$A \cdot s/m^3$
Condutividade	σ	$1/\Omega \cdot m$	Q^2T/ML^3	$A^2 \cdot s^3/kg \cdot m^3$
Corrente	I	AMPERE	Q/T	A
Densidade de corrente	J	A/m^2	Q/TL^2	A/m^2
Densidade	ρ	kg/m^3	M/L^3	kg/m^3
Constante dielétrica	κ			
Momento de dipolo elétrico	$\vec{p}$	$C \cdot m$	QL	$A \cdot s \cdot m$
Campo elétrico	$\vec{E}$	V/m	ML/QT^2	$kg \cdot m/A \cdot s^3$
Fluxo elétrico	Φ_E	$V \cdot m$	ML^3/QT^2	$kg \cdot m^3/A \cdot s^3$
Força eletromotriz	ε	volt (V)	ML^2/QT^2	$kg \cdot m^2/A \cdot s^3$
Energia	E, U, K	joule (J)	ML^2/T^2	$kg \cdot m^2/s^2$
Entropia	S	J/K	ML^2/T^2K	$kg \cdot m^2/s^2 \cdot K$
Força	$\vec{F}$	newton (N)	ML/T^2	$kg \cdot m/s^2$
Frequência	f	hertz (Hz)	T^{-1}	s^{-1}
Calor	Q	joule (J)	ML^2/T^2	$kg \cdot m^2/s^2$
Indutância	L	henry (H)	ML^2/Q^2	$kg \cdot m^2/A^2 \cdot s^2$
Comprimento	ℓ, L	METRO	L	m
Deslocamento	$\Delta x, \Delta \vec{r}$			
Distância	d, h			
Posição	$x, y, z, \vec{r}$			
Momento dipolo magnético	$\vec{\mu}$	$N \cdot m/T$	QL^2/T	$A \cdot m^2$
Campo magnético	$\vec{B}$	tesla (T) (= Wb/m^2)	M/QT	$kg/A \cdot s^2$
Fluxo magnético	Φ_B	weber (Wb)	ML^2/QT	$kg \cdot m^2/A \cdot s^2$
Massa	m, M	QUILOGRAMA	M	kg
Calor específico molar	C	$J/mol \cdot K$		$kg \cdot m^2/s^2 \cdot mol \cdot K$
Momento de inércia	I	$kg \cdot m^2$	ML^2	$kg \cdot m^2$
Momento	$\vec{p}$	$kg \cdot m/s$	ML/T	$kg \cdot m/s$
Período	T	s	T	s
Permeabilidade do espaço livre	μ_0	N/A^2 (= H/m)	ML/Q^2	$kg \cdot m/A^2 \cdot s^2$
Permissividade do espaço livre	ε_0	$C^2/N \cdot m^2$ (= F/m)	Q^2T^2/ML^3	$A^2 \cdot s^4/kg \cdot m^3$
Potencial	V	volt (V) (= J/C)	ML^2/QT^2	$kg \cdot m^2/A \cdot s^3$
Potência	P	watt (W) (= J/s)	ML^2/T^3	$kg \cdot m^2/s^3$
Pressão	P	pascal (Pa) (= N/m^2)	M/LT^2	$kg/m \cdot s^2$
Resistência	R	ohm (Ω) (= V/A)	ML^2/Q^2T	$kg \cdot m^2/A^2 \cdot s^3$
Calor específico	c	$J/kg \cdot K$	L^2/T^2K	$m^2/s^2 \cdot K$
Velocidade	v	m/s	L/T	m/s
Temperatura	T	KELVIN	K	K
Tempo	t	SEGUNDO	T	s
Torque	$\vec{\tau}$	$N \cdot m$	ML^2/T^2	$kg \cdot m^2/s^2$
Velocidade	$\vec{v}$	m/s	L/T	m/s
Volume	V	m^3	L^3	m^3
Comprimento de onda	λ	m	L	m
Trabalho	W	joule (J) (= $N \cdot m$)	ML^2/T^2	$kg \cdot m^2/s^2$

[a] As unidades de base SI são dadas em letras maiúsculas.
[b] Os símbolos M, L, T, K e Q denotam, respectivamente, massa, comprimento, tempo, temperatura e carga.

TABELA A.3 | Informação química e nuclear para isótopos selecionados

Número atômico Z	Elemento	Símbolo químico	Número de massa A (* significa radioativo)	Massa de átomo neutro (u)	Abundância percentual	Meia-vida, se radioativo $T_{1/2}$
−1	elétron	e-	0	0,000 549		
0	nêutron	n	1*	1,008 665		614 s
1	hidrogênio	^{1}H = p	1	1,007 825	99,988 5	
	[deutério	^{2}H = D]	2	2,014 102	0,011 5	
	[trítio	^{3}H = T]	3*	3,016 049		12,33 anos
2	hélio	He	3	3,016 029	0,000 137	
	[partícula alfa	α = ^{4}He]	4	4,002 603	99,999 863	
			6*	6,018 889		0,81 s
3	lítio	Li	6	6,015 123	7,5	
			7	7,016 005	92,5	
4	berílio	Be	7*	7,016 930		53,3 dias
			8*	8,005 305		10^{-17} s
			9	9,012 182	100	
5	boro	B	10	10,012 937	19,9	
			11	11,009 305	80,1	
6	carbono	C	11*	11,011 434		20,4 min
			12	12,000 000	98,93	
			13	13,003 355	1,07	
			14*	14,003 242		5 730 anos
7	nitrogênio	N	13*	13,005 739		9,96 min
			14	14,003 074	99,632	
			15	15,000 109	0,368	
8	oxigênio	O	14*	14,008 596		70,6 s
			15*	15,003 066		122 s
			16	15,994 915	99,757	
			17	16,999 132	0,038	
			18	17,999 161	0,205	
9	flúor	F	18*	18,000 938		109,8 min
			19	18,998 403	100	
10	neon	Ne	20	19,992 440	90,48	
11	sódio	Na	23	22,989 769	100	
12	magnésio	Mg	23*	22,994 124		11,3 s
			24	23,985 042	78,99	
13	alumínio	Al	27	26,981 539	100	
14	silício	Si	27*	26,986 705		4,2 s
15	fósforo	P	30*	29,978 314		2,50 min
			31	30,973 762	100	
			32*	31,973 907		14,26 dias
16	enxofre	S	32	31,972 071	94,93	
19	potássio	K	39	38,963 707	93,258 1	
			40*	39,963 998	0,011 7	$1,28 \times 10^9$ anos
20	cálcio	Ca	40	39,962 591	96,941	
			42	41,958 618	0,647	
			43	42,958 767	0,135	
25	manganês	Mn	55	54,938 045	100	
26	ferro	Fe	56	55,934 938	91,754	
			57	56,935 394	2,119	

(*Continua*)

TABELA A.3 | Informação química e nuclear para isótopos selecionados *(continuação)*

Número atômico Z	Elemento	Símbolo químico	Número de massa A (* significa radioativo)	Massa de átomo neutro (u)	Abundância percentual	Meia-vida, se radioativo $T_{1/2}$
27	cobalto	Co	57*	56,936 291		272 dias
			59	58,933 195	100	
			60*	59,933 817		5,27 anos
28	níquel	Ni	58	57,935 343	68,076 9	
			60	59,930 786	26,223 1	
29	cobre	Cu	63	62,929 598	69,17	
			64*	63,929 764		12,7 h
			65	64,927 789	30,83	
30	zinco	Zn	64	63,929 142	48,63	
37	rubídio	Rb	87*	86,909 181	27,83	
38	estrôncio	Sr	87	86,908 877	7,00	
			88	87,905 612	82,58	
			90*	89,907 738		29,1 anos
41	nióbio	Nb	93	92,906 378	100	
42	molibdênio	Mo	94	93,905 088	9,25	
44	rutênio	Ru	98	97,905 287	1,87	
54	xenônio	Xe	136*	135,907 219		$2,4 \times 10^{21}$ anos
55	césio	Cs	137*	136,907 090		30 anos
56	bário	Ba	137	136,905 827	11,232	
58	cério	Ce	140	139,905 439	88,450	
59	praseodímio	Pr	141	140,907 653	100	
60	neodímio	Nd	144*	143,910 087	23,8	$2,3 \times 10^5$ anos
61	promécio	Pm	145*	144,912 749		17,7 anos
79	ouro	Au	197	196,966 569	100	
80	mercúrio	Hg	198	197,966 769	9,97	
			202	201,970 643	29,86	
82	chumbo	Pb	206	205,974 465	24,1	
			207	206,975 897	22,1	
			208	207,976 652	52,4	
			214*	213,999 805		26,8 min
83	bismuto	Bi	209	208,980 399	100	
84	polônio	Po	210*	209,982 874		138,38 dias
			216*	216,001 915		0,145 s
			218*	218,008 973		3,10 min
86	radônio	Rn	220*	220,011 394		55,6 s
			222*	222,017 578		3,823 dias
88	rádio	Ra	226*	226,025 410		1 600 anos
90	tório	Th	232*	232,038 055	100	$1,40 \times 10^{10}$ anos
			234*	234,043 601		24,1 dias
92	urânio	U	234*	234,040 952		$2,45 \times 10^5$ anos
			235*	235,043 930	0,720 0	$7,04 \times 10^8$ anos
			236*	236,045 568		$2,34 \times 10^7$ anos
			238*	238,050 788	99,274 5	$4,47 \times 10^9$ anos
93	neptúnio	Np	236*	236,046 570		$1,15 \times 10^5$ anos
			237*	237,048 173		$2,14 \times 10^6$ anos
94	plutônio	Pu	239*	239,052 163		24 120 anos

Fonte: G. Audi, A. H. Wapstra e C. Thibault. "The AME2003 Atomic Mass Evaluation". *Nuclear Physics* A **729**: 337–676, 2003.

Apêndice B

Revisão matemática

Este apêndice em matemática tem a intenção de ser uma breve revisão de operações e métodos. No começo deste curso, você deve estar totalmente familiarizado com as técnicas básicas de álgebra, geometria analítica e trigonometria. As seções de cálculo diferencial e integral são mais detalhadas e direcionadas a estudantes que têm dificuldade em aplicar conceitos de cálculo em situações físicas.

B.1 | Notação científica

Em geral, muitas quantidades utilizadas por cientistas têm valores muito altos ou muito baixos. A velocidade da luz, por exemplo, é cerca de 300 000 000 m/s, e a tinta necessária para fazer o ponto sobre um *i* neste livro texto tem uma massa de cerca de 0,000 000 001 kg. Obviamente, é complicado ler, escrever e localizar esses números. Evitamos esse problema usando um método que lida com as potências do número 10:

$$10^0 = 1$$
$$10^1 = 10$$
$$10^2 = 10 \times 10 = 100$$
$$10^3 = 10 \times 10 \times 10 = 1\,000$$
$$10^4 = 10 \times 10 \times 10 \times 10 = 10\,000$$
$$10^5 = 10 \times 10 \times 10 \times 10 \times 10 = 100\,000$$

e assim por diante. O número de zeros corresponde à potência à qual o dez está elevado, chamado **expoente** de dez. Por exemplo, a velocidade da luz, 300 000 000 m/s, pode ser expressa como $3{,}00 \times 10^8$ m/s.

Por esse método, alguns números representativos menores que a unidade são os seguintes:

$$10^{-1} = \frac{1}{10} = 0{,}1$$
$$10^{-2} = \frac{1}{10 \times 10} = 0{,}01$$
$$10^{-3} = \frac{1}{10 \times 10 \times 10} = 0{,}001$$
$$10^{-4} = \frac{1}{10 \times 10 \times 10 \times 10} = 0{,}000\,1$$
$$10^{-5} = \frac{1}{10 \times 10 \times 10 \times 10 \times 10} = 0{,}000\,01$$

Nesses casos, o número de pontos decimais à esquerda do dígito 1 é igual ao valor do expoente (negativo). Números expressos em potência de dez multiplicados por outro número entre um e dez são chamados **notação científica**. Por exemplo, a notação científica para 5 943 000 000 é $5{,}943 \times 10^9$ e para 0,000 083 2 é $8{,}32 \times 10^{-5}$.

Quando os números expressos em notação científica são multiplicados, a regra geral a seguir é muito útil:

$$10^n \times 10^m = 10^{n+m}$$

B.1 ◀

em que *n* e *m* podem ser qualquer número (não necessariamente inteiros). Por exemplo, $10^2 \times 10^5 = 10^7$. A regra também se aplicará se um dos expoentes for negativo: $10^3 \times 10^{-8} = 10^{-5}$.

Na divisão de números expressos em notação científica, observe que:

$$\frac{10^n}{10^m} = 10^n \times 10^{-m} = 10^{n-m}$$

B.2 ◄

Exercícios

Com a ajuda das regras anteriores, verifique as respostas para as seguintes equações:

1. $86\,400 = 8,64 \times 10^4$
2. $9\,816\,762,5 = 9,816\,762\,5 \times 10^6$
3. $0,000\,000\,039\,8 = 3,98 \times 10^{-8}$
4. $(4,0 \times 10^8)(9,0 \times 10^9) = 3,6 \times 10^{18}$
5. $(3,0 \times 10^7)(6,0 \times 10^{-12}) = 1,8 \times 10^{-4}$
6. $\dfrac{75 \times 10^{-11}}{5,0 \times 10^{-3}} = 1,5 \times 10^{-7}$
7. $\dfrac{(3 \times 10^6)(8 \times 10^{-2})}{(2 \times 10^{17})(6 \times 10^5)} = 2 \times 10^{-18}$

B.2 | Álgebra

Algumas regras básicas

Quando operações algébricas são realizadas, aplicam-se as regras da aritmética. Símbolos como x, y e z em geral são usados para representar quantidades não especificadas, chamadas **desconhecidas**.

Primeiro, considere a equação

$$8x = 32$$

Se desejar resolver x, podemos dividir (ou multiplicar) cada lado da equação pelo mesmo fator sem desfazer a igualdade. Nesse caso, se dividirmos ambos os lados por 8, temos

$$\frac{8x}{8} = \frac{32}{8}$$
$$x = 4$$

Agora considere a equação

$$x + 2 = 8$$

Nesse tipo de expressão, podemos somar ou subtrair a mesma quantidade de cada lado. Se subtrairmos 2 de cada lado, teremos

$$x + 2 - 2 = 8 - 2$$
$$x = 6$$

Em geral, se $x + a = b$, então $x = b - a$.

Agora considere a equação

$$\frac{x}{5} = 9$$

Se multiplicarmos cada lado por 5, teremos x à esquerda sozinho e 45 à direita:

$$\left(\frac{x}{5}\right)(5) = 9 \times 5$$
$$x = 45$$

A.8 | Princípios de física

Em todos os casos, *sempre que uma operação for realizada do lado esquerdo da igualdade, deve ser realizada também do lado direito.*

As seguintes regras para multiplicar, dividir, somar ou subtrair frações devem ser lembradas, onde a, b, c e d são quatro números:

	Regra	Exemplo
Multiplicando	$\left(\dfrac{a}{b}\right)\left(\dfrac{c}{d}\right) = \dfrac{ac}{bd}$	$\left(\dfrac{2}{3}\right)\left(\dfrac{4}{5}\right) = \dfrac{8}{15}$
Dividindo	$\left(\dfrac{a/c}{c/d}\right) = \dfrac{ad}{bc}$	$\dfrac{2/3}{4/5} = \dfrac{(2)(5)}{(4)(3)} = \dfrac{10}{12}$
Somando	$\dfrac{a}{b} \pm \dfrac{c}{d} = \dfrac{ad \pm bc}{bd}$	$\dfrac{2}{3} - \dfrac{4}{5} = \dfrac{(2)(5) - (4)(3)}{(3)(5)} = -\dfrac{2}{15}$

Exercícios

Nos exercícios seguintes, resolva o problema para x.

Respostas

1. $a = \dfrac{1}{1+x}$ $x = \dfrac{1-a}{a}$
2. $3x - 5 = 13$ $x = 6$
3. $ax - 5 = bx + 2$ $x = \dfrac{7}{a-b}$
4. $\dfrac{5}{2x+6} = \dfrac{3}{4x+8}$ $x = -\dfrac{11}{7}$

Potências

Quando potências de dada quantidade x são multiplicadas, aplica-se a seguinte regra:

$$x^n x^m = x^{n+m} \qquad \text{B.3} \blacktriangleleft$$

Por exemplo, $x^2 x^4 = x^{2+4} = x^6$.

Quando as potências de dada quantidade são divididas, a regra é:

$$\frac{x^n}{x^m} = x^{n-m} \qquad \text{B.4} \blacktriangleleft$$

Por exemplo, $x^8/x^2 = x^{8-2} = x^6$.

Uma potência em forma de fração, como $\tfrac{1}{3}$, corresponde a uma raiz como segue:

$$x^{1/n} = \sqrt[n]{x} \qquad \text{B.5} \blacktriangleleft$$

TABELA B.1 | Regras dos expoentes

$x^0 = 1$
$x^1 = x$
$x^n x^m = x^{n+m}$
$x^n/x^m = x^{n-m}$
$x^{1/n} = \sqrt[n]{x}$
$(x^n)^m = x^{nm}$

Por exemplo, $4^{1/3} = \sqrt[3]{4} = 1{,}587\,4$. (Uma calculadora científica é útil para este tipo de cálculo.)

Finalmente, qualquer quantidade x^n elevada à m-ésima potência é

$$(x^n)^m = x^{nm} \qquad \text{B.6} \blacktriangleleft$$

A Tabela B.1 resume as regras dos expoentes.

Exercícios

Verificar as equações seguintes:

1. $3^2 \times 3^3 = 243$
2. $x^5 x^{-8} = x^{-3}$
3. $x^{10}/x^{-5} = x^{15}$
4. $5^{1/3} = 1{,}709\,976$ (Use sua calculadora.)
5. $60^{1/4} = 2{,}783\,158$ (Use sua calculadora.)
6. $(x^4)^3 = x^{12}$

Fatoração

Algumas fórmulas para fatorizar uma equação são as seguintes:

$ax + ay + az = a(x + y + z)$ Fator comum
$a^2 + 2ab + b^2 = (a + b)^2$ Quadrado perfeito
$a^2 - b^2 = (a + b)(a - b)$ Diferença de quadrados

Equações quadráticas

A forma geral de uma equação quadrática é

$$ax^2 + bx + c = 0 \qquad \text{B.7}$$

em que x é a quantidade desconhecida, e a, b e c são fatores numéricos referidos como **coeficientes** da equação. Essa equação tem duas raízes, dadas por

$$x = \frac{-b \pm \sqrt{b^2 - 4ac}}{2a} \qquad \text{B.8}$$

Se $b^2 \geq 4ac$, a raiz é real.

> **Exemplo B.1**
>
> A equação $x^2 + 5x + 4 = 0$ tem a seguinte raiz correspondente aos dois sinais do termo da raiz quadrada:
>
> $$x = \frac{-5 \pm \sqrt{5^2 - (4)(1)(4)}}{2(1)} = \frac{-5 \pm \sqrt{9}}{2} = \frac{-5 \pm 3}{2}$$
>
> $$x_+ = \frac{-5 + 3}{2} = -1 \qquad x_- = \frac{-5 - 3}{2} = -4$$
>
> em que x_+ se refere à raiz correspondente ao sinal positivo, e x_-, à raiz correspondente ao sinal negativo.

Exercícios

Resolva as seguintes equações quadráticas:

Respostas

1. $x^2 + 2x - 3 = 0$ $x_+ = 1$ $x_- = -3$
2. $2x^2 - 5x + 2 = 0$ $x_+ = 2$ $x_- = \frac{1}{2}$
3. $2x^2 - 4x - 9 = 0$ $x_+ = 1 + \sqrt{22}/2$ $x_- = \sqrt{22}/2$

Equações lineares

Uma equação linear tem a forma geral

$$y = mx + b \qquad \text{B.9}$$

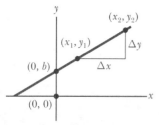

Figura B.1 Uma linha reta representada no sistema de coordenação xy. A inclinação da linha é a razão de Δy a Δx.

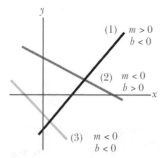

Figura B.2 A linha (1) tem uma inclinação positiva e uma intercepção y- negativa. A linha (2) tem uma inclinação negativa e uma intercepção y- positiva. A linha (3) tem uma inclinação negativa e uma intercepção y- negativa.

em que m e b são constantes. Essa equação é considerada linear porque o gráfico de y em função de x é uma linha reta, como mostra a Figura B.1. A constante b, chamada **intersecção y**, representa o valor de y onde a linha reta intercepta o eixo y. A constante m é igual à **inclinação** da linha reta. Se quaisquer dois pontos da linha reta são especificados pelas coordenadas (x_1, y_1) e (x_2, y_2), como na Figura B.1, a inclinação da linha reta pode ser expressa como

$$\text{Inclinação} = \frac{y_2 - y_1}{x_2 - x_1} = \frac{\Delta y}{\Delta x} \qquad \text{B.10} \blacktriangleleft$$

Observe que m e b podem ter tanto valores positivos como negativos. Se $m > 0$, a linha reta tem uma inclinação *positiva*, como na Figura B.1. Se $m < 0$, a linha reta tem uma inclinação *negativa*. Na Figura B.1, m e b são positivos. Outras três possíveis situações são mostradas na Figura B.2.

Exercícios

1. Faça gráficos para as seguintes linhas retas: (a) $y = 5x + 3$ (b) $y = -2x + 4$ (c) $y = -3x - 6$
2. Encontre a inclinação das linhas retas descritas no Exercício 1.
Respostas (a) 5 (b) −2 (c) −3
3. Encontre as inclinações das linhas retas que passam pelos seguintes pontos:
   (a) (0, −4) e (4, 2) (b) (0, 0) e (2, −5) (c) (−5, 2) e (4, −2)
Respostas (a) $3/2$ (b) $-5/2$ (c) $-4/9$

Resolvendo equações lineares simultâneas

Considere a equação $3x + 5y = 15$, que tem dois números desconhecidos, x e y. Esse tipo de equação não tem uma única solução. Por exemplo, $(x = 0, y = 3)$, $(x = 5, y = 0)$ e $(x = 2, y = 9/5)$ são todas soluções para essa equação.

Se um problema tem dois números desconhecidos, uma única solução será possível somente se tivermos *duas* informações. Na maioria dos casos, essas duas informações são equações. Em geral, se o problema tem n números desconhecidos, sua solução necessita de n equações. Para resolver duas equações simultâneas envolvendo dois números desconhecidos, x e y, resolvemos uma delas para x em termos de y e substituímos esta expressão na outra equação.

Em alguns casos, as duas informações podem ser (1) uma equação e (2) uma condição nas soluções. Suponhamos, por exemplo, a equação $m = 3n$ e a condição em que m e n devem ser o menor integral não zero positivo possível. Então, a equação única não permite uma única solução, mas a adição da condição dá $n = 1$ e $m = 3$.

Exemplo B.2

Resolva as duas equações simultâneas.

$$(1)\ 5x + y = -8$$
$$(2)\ 2x - 2y = 4$$

SOLUÇÃO

Da Equação (2), $x = y + 2$. Substituindo na Equação (1), temos

$$5(y + 2) + y = -8$$
$$6y = -18$$
$$y = \boxed{-3}$$
$$x = y + 2 = \boxed{-1}$$

continua

B.2 *cont.*

Solução alternativa Multiplique cada termo da Equação (1) pelo fator 2 e adicione o resultado na Equação (2):

$$10x + 2y = -16$$
$$\underline{2x - 2y = 4}$$
$$12x \phantom{{}-2y} = -12$$
$$x = \boxed{-1}$$
$$y = x - 2 = \boxed{-3}$$

Duas equações lineares contendo dois números desconhecidos também podem ser resolvidas por um método gráfico. Se as linhas retas correspondentes às duas equações estão plotadas num sistema de coordenadas convencional, a intersecção das duas linhas representa a solução. Por exemplo, considere as duas equações

$$x - y = 2$$
$$x - 2y = -1$$

Essas equações estão plotadas na Figura B.3. A intersecção das duas linhas tem as coordenadas $x = 5$ e $y = 3$, que representam a solução das equações. Você deve verificar essa solução por meio da técnica analítica já discutida.

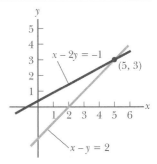

Figura B.3 Solução gráfica para duas equações lineares.

Exercícios

Resolva os seguintes pares de equações simultâneas envolvendo dois números desconhecidos:

Respostas

1. $x + y = 8$ $x = 5, y = 3$
   $x - y = 2$

2. $98 - T = 10a$ $T = 65, a = 3{,}27$
   $T - 49 = 5a$

3. $6x + 2y = 6$ $x = 2, y = -3$
   $8x - 4y = 28$

Logaritmo

Suponha que a quantidade x seja expressa como a potência de uma quantidade a:

$$x = a^y \qquad \text{B.11} \blacktriangleleft$$

O número a é chamado **base**. O **logaritmo** de x em relação a a é igual ao expoente ao qual a base deve estar elevada para satisfazer a expressão $x = a^y$:

$$y = \log_a x \qquad \text{B.12} \blacktriangleleft$$

Em contrapartida, o **antilogaritmo** de y é o número x:

$$x = \text{antilog}_a y \qquad \text{B.13} \blacktriangleleft$$

Na prática, as duas bases geralmente usadas são a 10, chamada de base de logaritmo *comum*, e a $e = 2{,}718\,282$, chamada constante de Euler ou base de logaritmo *natural*. Quando logaritmos comuns são usados,

$$y = \log_{10} x \quad (\text{ou } x = 10^y) \qquad \text{B.14} \blacktriangleleft$$

Quando logaritmos naturais são usados,

$$y = \ln x \quad (\text{ou } x = e^y) \qquad \text{B.15} \blacktriangleleft$$

Por exemplo, $\log_{10} 52 = 1{,}76$, então antilog$_{10}$ $1{,}716 = 10^{1,716} = 52$. Igualmente, $\ln 52 = 3{,}951$, então antiln $3{,}951 = e^{3,951} = 52$.

Em geral, observe que você pode converter entre base 10 e base e com a igualdade

$$\ln x = (2{,}302\ 585)\log_{10} x \qquad \text{B.16} \blacktriangleleft$$

Finalmente, algumas propriedades úteis para logaritmos:

$$\left.\begin{array}{l}\log(ab) = \log a + \log b \\ \log(a/b) = \log a - \log b \\ \log(a^n) = n\log a\end{array}\right\} \text{qualquer base}$$

$$\ln e = 1$$
$$\ln e^a = a$$
$$\ln\left(\frac{1}{a}\right) = -\ln a$$

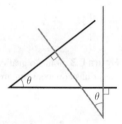

Figura B.4 Os ângulos são iguais porque seus lados são perpendiculares.

Figura B.5 O ângulo θ em radianos é a razão do comprimento do arco s ao raio r do círculo.

◀B.3 | Geometria

A **distância** d entre dois pontos tendo coordenadas (x_1, y_1) e (x_2, y_2) é

$$d = \sqrt{(x_2 - x_1)^2 + (y_2 - y_1)^2} \qquad \text{B.17} \blacktriangleleft$$

Dois ângulos serão iguais se seus lados forem perpendiculares, lado direito a lado direito e lado esquerdo a lado esquerdo. Por exemplo, os dois ângulos marcados θ na Figura B.4 são os mesmos por causa da perpendicularidade dos lados dos ângulos. Para distinguir o lado esquerdo do direito dos ângulos, imagine-se parado no vértice olhando para o ângulo.

Medida do radiano: O comprimento do arco s de um arco circular (Fig. B.5) é proporcional ao raio r para um valor fixo de θ (em radianos):

$$s = r\theta$$
$$\theta = \frac{s}{r} \qquad \text{B.18} \blacktriangleleft$$

A Tabela B.2 fornece as **áreas** e os **volumes** de várias formas geométricas utilizadas por todo este livro.

A equação de **linha reta** (Fig. B.6) é

$$y = mx + b \qquad \text{B.19} \blacktriangleleft$$

Figura B.6 Uma linha reta com uma inclinação de m e um ponto de intersecção y e b.

em que b é o intercepto y, e m é a inclinação da reta.

A equação de um **círculo** de raio R centrado na origem é

$$x^2 + y^2 = R^2 \qquad \text{B.20} \blacktriangleleft$$

A equação de uma **elipse** tendo a origem no centro (Fig. B.7) é

$$\frac{x^2}{a^2} + \frac{y^2}{b^2} = 1 \qquad \text{B.21} \blacktriangleleft$$

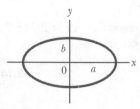

Figura B.7 Uma elipse com semieixo maior a e semieixo menor b.

em que a é o comprimento do semieixo maior (o mais comprido), e b, o comprimento do semieixo menor (o mais curto).

TABELA B.2 | Informações úteis para geometria

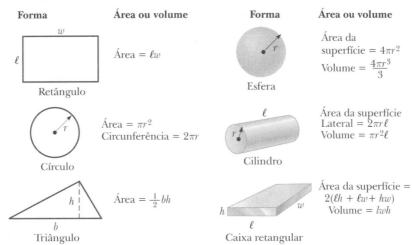

A equação de uma **parábola** cujo vértice está em $y = b$ (Fig. B.8) é

$$y = ax^2 + b \qquad \text{B.22} \blacktriangleleft$$

A equação de uma **hipérbole retangular** (Fig. B.9) é

$$xy = \text{constante} \qquad \text{B.23} \blacktriangleleft$$

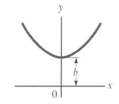

Figura B.8 Uma parábola com seu vértice em $y = b$.

B.4 | Trigonometria

Trigonometria é o ramo da matemática que trata das propriedades especiais do triângulo retângulo. Por definição, um triângulo retângulo é um triângulo com um ângulo de 90°. Considere o triângulo retângulo mostrado na Figura B.10, em que o lado a é oposto ao ângulo θ, o lado b é adjacente ao ângulo θ, e o lado c é a hipotenusa do triângulo. As três funções trigonométricas básicas definidas por esse triângulo são seno (sen), cosseno (cos) e tangente (tg). Em termos do ângulo θ, essas funções são definidas como:

$$\text{sen } \theta = \frac{\text{lado oposto } \theta}{\text{hipotenusa}} = \frac{a}{c} \qquad \text{B.24} \blacktriangleleft$$

$$\cos \theta = \frac{\text{lado adjacente } \theta}{\text{hipotenusa}} = \frac{b}{c} \qquad \text{B.25} \blacktriangleleft$$

$$\text{tg } \theta = \frac{\text{lado oposto } \theta}{\text{lado adjacente } \theta} = \frac{a}{b} \qquad \text{B.26} \blacktriangleleft$$

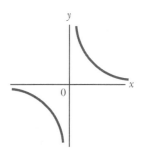

Figura B.9 Uma hipérbole.

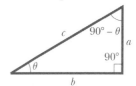

a = lado oposto
b = lado adjacente
c = hipotenusa

Figura B.10 Triângulo retângulo usado para definir as funções básicas da trigonometria.

O teorema de Pitágoras mostra a seguinte relação entre os lados de um triângulo retângulo.

$$c^2 = a^2 + b^2 \qquad \text{B.27} \blacktriangleleft$$

Das definições anteriores e do teorema de Pitágoras, temos que

$$\operatorname{sen}^2 \theta + \cos^2 \theta = 1$$

$$\operatorname{tg} \theta = \frac{\operatorname{sen} \theta}{\cos \theta}$$

As funções cossecante, secante e cotangente são definidas por

$$\operatorname{cossec} \theta = \frac{1}{\operatorname{sen} \theta} \quad \sec \theta = \frac{1}{\cos \theta} \quad \operatorname{cotg} \theta = \frac{1}{\operatorname{tg} \theta}$$

As seguintes relações são derivadas diretamente do triângulo retângulo mostrado na Figura B.10:

$$\operatorname{sen} \theta = \cos(90° - \theta)$$
$$\cos \theta = \operatorname{sen}(90° - \theta)$$
$$\operatorname{cotg} \theta = \operatorname{tg}(90° - \theta)$$

Algumas propriedades de funções trigonométricas são:

$$\operatorname{sen}(-\theta) = -\operatorname{sen} \theta$$
$$\cos(-\theta) = \cos \theta$$
$$\operatorname{tg}(-\theta) = -\operatorname{tg} \theta$$

As seguintes relações aplicam-se a qualquer triângulo, como mostrado na Figura B.11:

$$\alpha + \beta + \gamma = 180°$$

$$\text{Lei dos cossenos} \begin{cases} a^2 = b^2 + c^2 - 2bc \cos \alpha \\ b^2 = a^2 + c^2 - 2ac \cos \beta \\ c^2 = a^2 + b^2 - 2ab \cos \gamma \end{cases}$$

$$\text{Lei dos senos} \quad \frac{a}{\operatorname{sen} \alpha} = \frac{b}{\operatorname{sen} \beta} = \frac{c}{\operatorname{sen} \gamma}$$

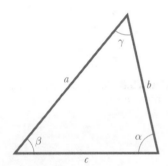

Figura B.11 Um triângulo arbitrário não retângulo.

A Tabela B.3 lista uma série de identidades trigonométricas úteis.

TABELA B.3 | Algumas identidades trigonométricas

$\operatorname{sen}^2 \theta + \cos^2 \theta = 1$	$\operatorname{cossec}^2 \theta = 1 + \operatorname{cotg}^2 \theta$
$\sec^2 \theta = 1 + \operatorname{tg}^2 \theta$	$\operatorname{sen}^2 \frac{\theta}{2} = \frac{1}{2}(1 - \cos \theta)$
$\operatorname{sen} 2\theta = 2 \operatorname{sen} \theta \cos \theta$	$\cos^2 \frac{\theta}{2} = \frac{1}{2}(1 + \cos \theta)$
$\cos 2\theta = \cos^2 \theta - \operatorname{sen}^2 \theta$	$1 - \cos \theta = 2 \operatorname{sen}^2 \frac{\theta}{2}$
$\operatorname{tg} 2\theta = \dfrac{2 \operatorname{tg} \theta}{1 - \operatorname{tg}^2 \theta}$	$\operatorname{tg} \dfrac{\theta}{2} = \sqrt{\dfrac{1 - \cos \theta}{1 + \cos \theta}}$
$\operatorname{sen}(A \pm B) = \operatorname{sen} A \cos B \pm \cos A \operatorname{sen} B$	
$\cos(A \pm B) = \cos A \cos B \mp \operatorname{sen} A \operatorname{sen} B$	
$\operatorname{sen} A \pm \operatorname{sen} B = 2 \operatorname{sen}\left[\frac{1}{2}(A \pm B)\right] \cos\left[\frac{1}{2}(A \mp B)\right]$	
$\cos A + \cos B = 2 \cos\left[\frac{1}{2}(A + B)\right] \cos\left[\frac{1}{2}(A - B)\right]$	
$\cos A - \cos B = 2 \operatorname{sen}\left[\frac{1}{2}(A + B)\right] \operatorname{sen}\left[\frac{1}{2}(B - A)\right]$	

Exemplo **B.3**

Considere o triângulo retângulo da Figura B.12, em que $a = 2{,}00$, $b = 5{,}00$ e c é desconhecido. Pelo teorema de Pitágoras, temos que

$$c^2 = a^2 + b^2 = 2{,}00^2 + 5{,}00^2 = 4{,}00 + 25{,}0 = 29{,}0$$
$$c = \sqrt{29{,}0} = \boxed{5{,}39}$$

Figura B.12 (Exemplo B.3)

Para encontrar o ângulo θ, observe que

$$\operatorname{tg}\theta = \frac{a}{b} = \frac{2{,}00}{5{,}00} = 0{,}400$$

Usando uma calculadora, encontramos

$$\theta = \operatorname{tg}^{-1}(0{,}400) = \boxed{21{,}8°}$$

em que $\operatorname{tg}^{-1}(0{,}400)$ é a notação para "ângulo cuja tangente é 0,400", às vezes escrito como arctg (0,400).

Exercícios

1. Na Figura B.13, identifique (a) o lado oposto de θ, (b) o lado adjacente de ϕ e depois encontre (c) $\cos\theta$, (d) $\operatorname{sen}\phi$ e (e) $\operatorname{tg}\phi$.

   Respostas (a) 3 (b) 3 (c) $\frac{4}{5}$ (d) $\frac{4}{5}$ (e) $\frac{4}{3}$

2. Em determinado triângulo retângulo, os dois lados que são perpendiculares um ao outro têm 5,00 m e 7,00 m de comprimento. Qual é o comprimento do terceiro lado?

   Resposta 8,60 m

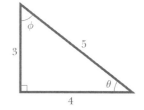

Figura B.13 (Exercício 1)

3. Um triângulo retângulo tem a hipotenusa de comprimento 3,0 m e um dos seus ângulos é 30°. (a) Qual é o comprimento do lado oposto ao ângulo de 30°? (b) Qual é o lado adjacente ao ângulo de 30°?

   Respostas (a) 1,5 m (b) 2,6 m

B.5 | Expansões de séries

$$(a+b)^n = a^n + \frac{n}{1!}a^{n-1}b + \frac{n(n-1)}{2!}a^{n-2}b^2 + \cdots$$

$$(1+x)^n = 1 + nx + \frac{n(n-1)}{2!}x^2 + \cdots$$

$$e^x = 1 + x + \frac{x^2}{2!} + \frac{x^3}{3!} + \cdots$$

$$\ln(1 \pm x) = \pm x - \tfrac{1}{2}x^2 \pm \tfrac{1}{3}x^3 - \cdots$$

$$\left.\begin{array}{l}\operatorname{sen} x = x - \dfrac{x^3}{3!} + \dfrac{x^5}{5!} - \cdots \\[4pt] \cos x = 1 - \dfrac{x^2}{2!} + \dfrac{x^4}{4!} - \cdots \\[4pt] \operatorname{tg} x = x + \dfrac{x^3}{3} + \dfrac{2x^5}{15} + \cdots \,|x| < \dfrac{\pi}{2}\end{array}\right\} x \text{ em radianos}$$

Para $x \ll 1$, as seguintes aproximações podem ser usadas:[1]

$$(1+x)^n \approx 1 + nx \qquad \operatorname{sen} x \approx x$$
$$e^x \approx 1 + x \qquad \cos x \approx 1$$
$$\ln(1 \pm x) \approx \pm x \qquad \operatorname{tg} x \approx x$$

---

[1] As aproximações para as funções sen x, cos x e tg x são para $x \leq 0{,}1$ rad.

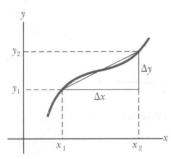

Figura B.14 Os comprimentos Δx e Δy são usados para definir a derivada desta função em um ponto determinado.

B.6 | Cálculos diferenciais

As ferramentas básicas de cálculo, inventadas por Newton, para descrever fenômenos físicos são utilizadas em vários ramos da ciência. O uso de cálculo é fundamental no tratamento de vários problemas em mecânica newtoniana, eletricidade e magnetismo. Nesta seção, relatamos algumas propriedades básicas e "regras gerais" que podem servir como uma revisão útil para os estudantes.

Primeiro, deve ser especificada a **função** que relaciona uma variável a outra variável (por exemplo, uma coordenada como função de tempo). Suponha que uma das variáveis seja denominada y (a variável dependente), e a outra, x (a variável independente). Devemos ter uma relação de função como

$$y(x) = ax^3 + bx^2 + cx + d$$

Se a, b, c e d são constantes especificadas, y pode ser calculada por qualquer valor de x. Geralmente lidamos com funções contínuas, que são aquelas para as quais y varia "suavemente" com x.

A **derivada** de y em relação a x é definida como o limite de Δx tendendo a zero da inclinação de retas desenhadas entre dois pontos na curva y *versus* x. Matematicamente, escrevemos essa definição como:

$$\frac{dy}{dx} = \lim_{\Delta x \to 0} \frac{\Delta y}{\Delta x} = \lim_{\Delta x \to 0} \frac{y(x + \Delta x) - y(x)}{\Delta x} \quad \blacktriangleleft \text{B.28}$$

em que Δy e Δx são definidas como $\Delta x = x_2 - x_1$ e $\Delta y = y_2 - y_1$ (Fig. B.14). Observe que dy/dx não significa dy dividido por dx; pelo contrário, é simplesmente a notação do processo de limite da derivada definido pela Equação B.28.

Uma expressão útil para lembrar quando $y(x) = ax^n$, em que a é uma *constante* e n é *qualquer* número positivo ou negativo (inteiro ou fração), é

$$\frac{dy}{dx} = nax^{n-1} \quad \blacktriangleleft \text{B.29}$$

Se $y(x)$ é uma função polinomial ou algébrica de x, aplicamos a Equação B.29 a *cada* termo no polinômio e tomamos $d\,[\text{constante}]/dx = 0$. Nos Exemplos B.4 a B.7, avaliamos as derivadas de várias funções.

Propriedades especiais da derivada

A. Derivada do produto de duas funções Se uma função $f(x)$ é dada pelo produto de duas funções – ou seja, $g(x)$ e $h(x)$ –, a derivada de $f(x)$ é definida como

$$\frac{d}{dx} f(x) = \frac{d}{dx}[g(x)\,h(x)] = g\frac{dh}{dx} + h\frac{dg}{dx} \quad \blacktriangleleft \text{B.30}$$

B. Derivada da soma de duas funções Se uma função $f(x)$ é igual à soma de duas funções, a derivada da soma é igual à soma das derivadas:

$$\frac{d}{dx} f(x) = \frac{d}{dx}[g(x) + h(x)] = \frac{dg}{dx} + \frac{dh}{dx} \quad \blacktriangleleft \text{B.31}$$

C. Regra da cadeia de cálculo diferencial Se $y = f(x)$ e $x = g(z)$, então dy/dz pode ser escrito como o produto de duas derivadas:

$$\frac{dy}{dz} = \frac{dy}{dx}\frac{dx}{dz} \quad \blacktriangleleft \text{B.32}$$

D. A segunda derivada de y em relação a x é definida como a derivada da função dy/dx (a derivada da derivada). Geralmente é escrita como

$$\frac{d^2y}{dx^2} = \frac{d}{dx}\left(\frac{dy}{dx}\right) \quad \blacktriangleleft \text{B.33}$$

Algumas das derivadas de funções mais usadas estão listadas na Tabela B.4.

TABELA B.4 | Derivadas de algumas funções

$\dfrac{d}{dx}(a) = 0$

$\dfrac{d}{dx}(ax^n) = nax^{n-1}$

$\dfrac{d}{dx}(e^{ax}) = ae^{ax}$

$\dfrac{d}{dx}(\text{sen}\,ax) = a\cos ax$

$\dfrac{d}{dx}(\cos ax) = -a\,\text{sen}\,ax$

$\dfrac{d}{dx}(\text{tg}\,ax) = a\sec^2 ax$

$\dfrac{d}{dx}(\text{cotg}\,ax) = -a\,\text{cossec}^2 ax$

$\dfrac{d}{dx}(\sec x) = \text{tg}\,x \sec x$

$\dfrac{d}{dx}(\text{cossec}\,x) = -\text{cotg}\,x\,\text{cossec}\,x$

$\dfrac{d}{dx}(\ln ax) = \dfrac{1}{x}$

$\dfrac{d}{dx}(\text{sen}^{-1} ax) = \dfrac{a}{\sqrt{1 - a^2 x^2}}$

$\dfrac{d}{dx}(\cos^{-1} ax) = \dfrac{-a}{\sqrt{1 - a^2 x^2}}$

$\dfrac{d}{dx}(\text{tg}^{-1} ax) = \dfrac{a}{\sqrt{1 + a^2 x^2}}$

Observação: Os símbolos a e n representam constantes.

Exemplo B.4

Suponha que $y(x)$ (isto é, y como função de x) seja dada por

$$y(x) = ax^3 + bx + c$$

em que a e b são constantes. Segue que

$$y(x + \Delta x) = a(x + \Delta x)^3 + b(x + \Delta x) + c$$
$$= a(x^3 + 3x^2 \Delta x + 3x \Delta x^2 + \Delta x^3) + b(x + \Delta x) + c$$

logo

$$\Delta y = y(x + \Delta x) - y(x) = a(3x^2 \Delta x + 3x\Delta x^2 + \Delta x^3) + b \Delta x$$

Substituindo isso na Equação B.28, temos

$$\frac{dy}{dx} = \lim_{\Delta x \to 0} \frac{\Delta y}{\Delta x} = \lim_{\Delta x \to 0} \left[3ax^2 + 3ax \Delta x + a \Delta x^2 \right] + b$$

$$\frac{dy}{dx} = \boxed{3ax^2 + b}$$

Exemplo B.5

Encontre a derivada de

$$y(x) = 8x^5 + 4x^3 + 2x + 7$$

SOLUÇÃO

Aplicando a Equação B.29 a cada termo independentemente e lembrando que d/dx (constante) $= 0$, temos

$$\frac{dy}{dx} = 8(5)x^4 + 4(3)x^2 + 2(1)x^0 + 0$$

$$\frac{dy}{dx} = \boxed{40x^4 + 12x^2 + 2}$$

Exemplo B.6

Encontre a derivada de $y(x) = x^3/(x+1)^2$ em termos de x.

SOLUÇÃO

Podemos escrever essa função como $y(x) = x^3(x+1)^{-2}$ e aplicar a Equação B.30:

$$\frac{dy}{dx} = (x+1)^{-2} \frac{d}{dx}(x^3) + x^3 \frac{d}{dx}(x+1)^{-2}$$
$$= (x+1)^{-2} 3x^2 + x^3(-2)(x+1)^{-3}$$

$$\frac{dy}{dx} = \boxed{\frac{3x^2}{(x+1)^2} - \frac{2x^3}{(x+1)^3}} = \boxed{\frac{x^2(x+3)}{(x+1)^3}}$$

Exemplo B.7

Uma fórmula útil que segue a Equação B.30 é a derivada do quociente de duas funções. Mostre que

$$\frac{d}{dx}\left[\frac{g(x)}{h(x)}\right] = \frac{h\dfrac{dg}{dx} - g\dfrac{dh}{dx}}{h^2}$$

SOLUÇÃO

Podemos escrever o quociente como gh^{-1} e depois aplicar as Equações B.29 e B.30:

$$\frac{d}{dx}\left(\frac{g}{h}\right) = \frac{d}{dx}(gh^{-1}) = g\frac{d}{dx}(h^{-1}) + h^{-1}\frac{d}{dx}(g)$$

$$= -gh^{-2}\frac{dh}{dx} + h^{-1}\frac{dg}{dx}$$

$$= \frac{h\dfrac{dg}{dx} - g\dfrac{dh}{dx}}{h^2}$$

B.7 | Cálculo de integral

Pensamos em integração como o inverso de diferenciação. Como exemplo, considere a expressão

$$f(x) = \frac{dy}{dx} = 3ax^2 + b \qquad \text{B.34}$$

que foi o resultado da diferenciação da função

$$y(x) = ax^3 + bx + c$$

no Exemplo B.4. Podemos escrever a Equação B.34 como $dy = f(x)\,dx = (3ax^2 + b)\,dx$ e obter $y(x)$ "somando" todos os valores de x. Matematicamente, escrevemos essa operação inversa como:

$$y(x) = \int f(x)\,dx$$

Para a função $f(x)$ dada pela Equação B.34, temos

$$y(x) = \int (3ax^2 + b)\,dx = ax^3 + bx + c$$

em que c é a constante da integração. Esse tipo de integral é chamada *indefinida* porque seu valor depende da escolha de c.

Uma integral **indefinida geral** $I(x)$ é definida como

$$I(x) = \int f(x)\,dx \qquad \text{B.35}$$

em que $f(x)$ é chamado de *integrando* e $f(x) = dI(x)/dx$.

Para funções *contínuas em geral* $f(x)$, a integral pode ser descrita como a área sob a curva limitada por $f(x)$ e o eixo x, entre dois valores específicos de x, isto é, x_1 e x_2, como na Figura B.15.

A área pontilhada do elemento na Figura B.15 é aproximadamente $f(x_i)\,\Delta x_i$. Se somarmos todos esses elementos

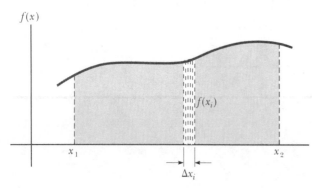

Figura B.15 A integral definida de uma função é a área sob a curva da função entre os limites x_1 e x_2.

de área entre x_1 e x_2 e tomarmos o limite da soma como $\Delta x_i \to 0$, obteremos o valor *real* da área sob a curva limitada por $f(x)$ e o eixo x, entre x_1 e x_2:

$$\text{Área} = \lim_{\Delta x_i \to 0} \sum_i f(x_i)\Delta x_i = \int_{x_1}^{x_2} f(x)\, dx \qquad \text{B.36} \blacktriangleleft$$

Integrais do tipo definido pela Equação B.36 são chamadas **integrais definidas**.
    Uma integral comum que surge em situações práticas tem a forma

$$\int x^n\, dx = \frac{x^{n+1}}{n+1} + c \quad (n \neq -1) \qquad \text{B.37} \blacktriangleleft$$

Esse resultado é óbvio, pois a diferenciação do lado direito em relação a x fornece $f(x) = x^n$ diretamente. Se os limites da integração são conhecidos, a *integral* torna-se *definida* e é escrita como:

$$\int_{x_1}^{x_2} x^n\, dx = \frac{x^{n+1}}{n+1}\bigg|_{x_1}^{x_2} = \frac{x_2^{n+1} - x_1^{n+1}}{n+1} \quad (n \neq -1) \qquad \text{B.38} \blacktriangleleft$$

Exemplos

1. $\int_0^a x^2\, dx = \dfrac{x^3}{3}\bigg|_0^a = \dfrac{a^3}{3}$

2. $\int_0^b x^{3/2}\, dx = \dfrac{x^{5/2}}{5/2}\bigg|_0^b = \dfrac{2}{5} b^{5/2}$

3. $\int_3^5 x\, dx = \dfrac{x^2}{2}\bigg|_3^5 = \dfrac{5^2 - 3^2}{2} = 8$

Integração parcial

Às vezes, é útil aplicar o método de *integração parcial* (também chamado "integração por partes") para avaliar algumas integrais. Esse método usa a propriedade

$$\int u\, dv = uv - \int v\, du \qquad \text{B.39} \blacktriangleleft$$

em que u e v são *cuidadosamente* escolhidos para reduzir uma integral composta a uma simples. Em muitos casos, muitas reduções devem ser feitas. Considere a função

$$I(x) = \int x^2 e^x\, dx$$

que pode ser avaliada pela integração por partes duas vezes. Primeiro, se escolhermos $u = x^2$, $v = e^x$, obteremos

$$\int x^2 e^x\, dx = \int x^2\, d(e^x) = x^2 e^x - 2\int e^x x\, dx + c_1$$

Agora, no segundo termo, escolhemos $u = x$, $v = e^x$, o que dá

$$\int x^2 e^x\, dx = x^2 e^x - 2x\, e^x + 2\int e^x\, dx + c_1$$

ou

$$\int x^2 e^x\, dx = x^2 e^x - 2x e^x + 2e^x + c_2$$

O diferencial perfeito

Outro método útil a ser lembrado é o do *diferencial perfeito*, no qual buscamos uma mudança de variável para que o diferencial da função seja o diferencial da variável independente aparecendo no integrando. Por exemplo, considere a integral

$$I(x) = \int \cos^2 x \, \text{sen} \, x \, dx$$

Essa integral será mais facilmente avaliada se reescrevermos o diferencial como $d(\cos x) = -\text{sen} \, x \, dx$. A integral fica então

$$\int \cos^2 x \, \text{sen} \, x \, dx = -\int \cos^2 x \, d(\cos x)$$

Se mudarmos as variáveis agora, deixando $y = \cos x$, obteremos

$$\int \cos^2 x \, \text{sen} \, x \, dx = -\int y^2 \, dy = -\frac{y^3}{3} + c = -\frac{\cos^3 x}{3} + c$$

A Tabela B.5 lista algumas integrais indefinidas úteis. A Tabela B.6 fornece a integral de probabilidade Gauss e outras integrais definidas. Uma lista mais completa pode ser encontrada em vários livros, como *The Handbook of Chemistry and Physics* (Boca Raton, FL: CRC Press, publicado anualmente).

TABELA B.5 | Algumas integrais indefinidas (uma constante arbitrária deve ser adicionada a cada uma das integrais)

$\int x^n \, dx = \dfrac{x^{n+1}}{n+1}$ (dada $n \neq 1$)

$\int \dfrac{dx}{x} = \int x^{-1} \, dx = \ln x$

$\int \dfrac{dx}{a + bx} = \dfrac{1}{b} \ln (a + bx)$

$\int \dfrac{x \, dx}{a + bx} = \dfrac{x}{b} - \dfrac{a}{b^2} \ln (a + bx)$

$\int \dfrac{dx}{x(x + a)} = -\dfrac{1}{a} \ln \dfrac{x + a}{x}$

$\int \dfrac{dx}{(a + bx)^2} = -\dfrac{1}{b(a + bx)}$

$\int \dfrac{dx}{a^2 + x^2} = \dfrac{1}{a} \text{tg}^{-1} \dfrac{x}{a}$

$\int \dfrac{dx}{a^2 - x^2} = \dfrac{1}{2a} \ln \dfrac{a + x}{a - x} \, (a^2 - x^2 > 0)$

$\int \dfrac{dx}{x^2 - a^2} = \dfrac{1}{2a} \ln \dfrac{x - a}{x + a} \, (x^2 - a^2 > 0)$

$\int \dfrac{x \, dx}{a^2 \pm x^2} = \pm \dfrac{1}{2} \ln (a^2 \pm x^2)$

$\int \dfrac{dx}{\sqrt{a^2 - x^2}} = \text{sen}^{-1} \dfrac{x}{a} = -\cos^{-1} \dfrac{x}{a} \, (a^2 - x^2 > 0)$

$\int \dfrac{dx}{\sqrt{x^2 \pm a^2}} = \ln \left(x + \sqrt{x^2 \pm a^2}\right)$

$\int \dfrac{x \, dx}{\sqrt{a^2 - x^2}} = -\sqrt{a^2 - x^2}$

$\int \ln ax \, dx = (x \ln ax) - x$

$\int xe^{ax} \, dx = \dfrac{e^{ax}}{a^2} (ax - 1)$

$\int \dfrac{dx}{a + be^{cx}} = \dfrac{x}{a} - \dfrac{1}{ac} \ln (a + be^{cx})$

$\int \text{sen} \, ax \, dx = -\dfrac{1}{a} \cos ax$

$\int \cos ax \, dx = \dfrac{1}{a} \text{sen} \, ax$

$\int \text{tg} \, ax \, dx = -\dfrac{1}{a} \ln (\cos ax) = \dfrac{1}{a} \ln (\sec ax)$

$\int \text{cotg} \, ax \, dx = \dfrac{1}{a} \ln (\text{sen} \, ax)$

$\int \sec ax \, dx = \dfrac{1}{a} \ln (\sec ax + \text{tg} \, ax) = \dfrac{1}{a} \ln \left[\text{tg}\left(\dfrac{ax}{2} + \dfrac{\pi}{4}\right)\right]$

$\int \text{cossec} \, ax \, dx = \dfrac{1}{a} \ln (\text{cossec} \, ax - \text{cotg} \, ax) = \dfrac{1}{a} \ln \left(\text{tg} \dfrac{ax}{2}\right)$

$\int \text{sen}^2 ax \, dx = \dfrac{x}{2} - \dfrac{\text{sen} \, 2ax}{4a}$

$\int \cos^2 ax \, dx = \dfrac{x}{2} + \dfrac{\text{sen} \, 2ax}{4a}$

$\int \dfrac{dx}{\text{sen}^2 ax} = -\dfrac{1}{a} \text{cotg} \, ax$

$\int \dfrac{dx}{\cos^2 ax} = \dfrac{1}{a} \text{tg} \, ax$

(continua)

TABELA B.5 | Algumas integrais indefinidas (uma constante arbitrária deve ser adicionada a cada uma das integrais) *(continuação)*

$$\int \frac{x\, dx}{\sqrt{x^2 \pm a^2}} = \sqrt{x^2 \pm a^2}$$

$$\int \sqrt{a^2 - x^2}\, dx = \tfrac{1}{2}\left(x\sqrt{a^2 - x^2} + a^2 \operatorname{sen}^{-1} \frac{x}{|a|}\right)$$

$$\int x\sqrt{a^2 - x^2}\, dx = -\tfrac{1}{3}(a^2 - x^2)^{3/2}$$

$$\int \sqrt{x^2 \pm a^2}\, dx = \tfrac{1}{2}\left[x\sqrt{x^2 \pm a^2} \pm a^2 \ln\left(x + \sqrt{x^2 \pm a^2}\right)\right]$$

$$\int x\left(\sqrt{x^2 \pm a^2}\right) dx = \tfrac{1}{3}(x^2 \pm a^2)^{3/2}$$

$$\int e^{ax}\, dx = \frac{1}{a} e^{ax}$$

$$\int \operatorname{tg}^2 ax\, dx = \frac{1}{a}(\operatorname{tg} ax) - x$$

$$\int \operatorname{cotg}^2 ax\, dx = -\frac{1}{a}(\operatorname{cotg} ax) - x$$

$$\int \operatorname{sen}^{-1} ax\, dx = x(\operatorname{sen}^{-1} ax) + \frac{\sqrt{1 - a^2 x^2}}{a}$$

$$\int \cos^{-1} ax\, dx = x(\cos^{-1} ax) - \frac{\sqrt{1 - a^2 x^2}}{a}$$

$$\int \frac{dx}{(x^2 + a^2)^{3/2}} = \frac{x}{a^2\sqrt{x^2 + a^2}}$$

$$\int \frac{x\, dx}{(x^2 + a^2)^{3/2}} = -\frac{1}{\sqrt{x^2 + a^2}}$$

TABELA B.6 | Integral de probabilidade de Gauss e outras integrais definidas

$$\int_0^\infty x^n e^{-ax}\, dx = \frac{n!}{a^{n+1}}$$

$$I_0 = \int_0^\infty e^{-ax^2}\, dx = \frac{1}{2}\sqrt{\frac{\pi}{a}} \quad \text{(integral da probabilidade de Gauss)}$$

$$I_1 = \int_0^\infty x e^{-ax^2}\, dx = \frac{1}{2a}$$

$$I_2 = \int_0^\infty x^2 e^{-ax^2}\, dx = -\frac{dI_0}{da} = \frac{1}{4}\sqrt{\frac{\pi}{a^3}}$$

$$I_3 = \int_0^\infty x^3 e^{-ax^2}\, dx = -\frac{dI_1}{da} = \frac{1}{2a^2}$$

$$I_4 = \int_0^\infty x^4 e^{-ax^2}\, dx = \frac{d^2 I_0}{da^2} = \frac{3}{8}\sqrt{\frac{\pi}{a^5}}$$

$$I_5 = \int_0^\infty x^5 e^{-ax^2}\, dx = -\frac{d^2 I_1}{da^2} = \frac{1}{a^3}$$

$$\vdots$$

$$I_{2n} = (-1)^n \frac{d^n}{da^n} I_0$$

$$I_{2n+1} = (-1)^n \frac{d^n}{da^n} I_1$$

B.8 | Propagação de incerteza

Em experimentos de laboratório, uma atividade comum é tirar medidas que atuam como dados brutos. Essas medidas são de diversos tipos – comprimento, intervalo de tempo, temperatura, voltagem, entre outros – e obtidas por meio de uma variedade de instrumentos. Apesar das medições e da qualidade dos instrumentos, **sempre existe incerteza associada a uma medida física**. Essa incerteza é uma combinação da incerteza relacionada ao instrumento e do sistema que está sendo medido com os instrumentos e relacionada ao sistema que está sendo medido. Um exemplo da incerteza relacionada ao instrumento é a inabilidade de determinar exatamente a posição de uma medida de comprimento entre as linhas numa régua. Exemplo de incerteza relacionada ao sistema que está sendo medido é a variação de temperatura de uma amostra de água, na qual é difícil determinar uma única temperatura para a amostra total.

Incertezas podem ser expressas de duas formas. **Incerteza absoluta** refere-se a uma incerteza expressa na mesma unidade que a medição. Sendo assim, o comprimento de uma etiqueta de disco de computador pode ser expresso como $(5,5 \pm 0,1)$ cm. A incerteza de $\pm 0,1$ cm por si só, no entanto, não é suficientemente descritiva para determinados propósitos. Essa incerteza será grande se a medida for 1,0, mas pequena se for 100 m. Para melhor descrever a incerteza, é utilizada a **incerteza fracional** ou **porcentagem de incerteza**. Nesse tipo de descrição, a incerteza é dividida pela medida real. Portanto, o comprimento da etiqueta do disco de computador pode ser expresso como

$$\ell = 5,5 \text{ cm} \pm \frac{0,1 \text{ cm}}{5,5 \text{ cm}} = 5,5 \text{ cm} \pm 0,018 \quad \text{(incerteza fracional)}$$

ou

$$\ell = 5,5 \text{ cm} \pm 1,8\% \text{ (incerteza percentual)}$$

Quando se combinam medidas em um cálculo, a incerteza percentual no resultado final é, em geral, maior que aquela em medidas individuais. Isso é chamado de **propagação da incerteza**, um dos desafios da física experimental. Algumas regras simples podem oferecer uma estimativa razoável da incerteza num resultado calculado:

Multiplicação e divisão: Quando medidas com incertezas são multiplicadas ou divididas, adicione a *incerteza percentual* para obter a porcentagem de incerteza no resultado.

Exemplo: A área de um prato retangular

$$A = \ell w = (5,5 \text{ cm} \pm 1,8\%) \times (6,4 \text{ cm} \pm 1,6\%) = 35 \text{ cm}^2 \pm 3,4\%$$
$$= (35 \pm 1) \text{ cm}^2$$

Adição e subtração: Quando medidas com incertezas são somadas ou subtraídas, adicione as *incertezas absolutas* para obter a incerteza absoluta no resultado.

Exemplo: Uma mudança na temperatura

$$\Delta T = T_2 - T_1 = (99,2 \pm 1,5)°\text{C} - (27,6 \pm 1,5)°\text{C} = (71,6 \pm 3,0)°\text{C}$$
$$= 71,6°\text{C} \pm 4,2\%$$

Potências: Se uma medida é tomada de uma potência, a incerteza percentual é multiplicada por tal potência para obter a porcentagem de incerteza no resultado.

Exemplo: O volume de uma esfera

$$V = \tfrac{4}{3}\pi r^3 = \tfrac{4}{3}\pi(6,20 \text{ cm} \pm 2,0\%)^3 = 998 \text{ cm}^3 \pm 6,0\%$$
$$= (998 \pm 60) \text{ cm}^3$$

Para cálculos complicados, muitas incertezas são adicionadas em conjunto, o que pode causar incerteza no resultado final, tornando-o muito maior do que aceitável. Experimentos devem ser desenhados de modo que tais cálculos sejam o mais simples possível.

Observe que, em cálculos, incertezas sempre são adicionadas. Como resultado, um experimento envolvendo uma subtração deve, se possível, ser evitado, especialmente se as medidas que estão sendo subtraídas forem próximas. O resultado desse tipo de cálculo é uma pequena diferença nas medidas e incertezas que se somam. É possível que se obtenha uma incerteza no resultado maior que o próprio resultado!

Apêndice C

Tabela periódica dos elementos

Legenda do quadro de elemento:
- Símbolo — Ca
- Número atômico — 20
- Massa atômica† — 40,078
- Configuração do elétron — $4s^2$

Grupo I	Grupo II			Elementos de transição					
H 1 1,0079 $1s$									
Li 3 6,941 $2s^1$	**Be** 4 9,0122 $2s^2$								
Na 11 22,990 $3s^1$	**Mg** 12 24,305 $3s^2$								
K 19 39,098 $4s^1$	**Ca** 20 40,078 $4s^2$	**Sc** 21 44,956 $3d^1 4s^2$	**Ti** 22 47,867 $3d^2 4s^2$	**V** 23 50,942 $3d^3 4s^2$	**Cr** 24 51,996 $3d^5 4s^1$	**Mn** 25 54,938 $3d^5 4s^2$	**Fe** 26 55,845 $3d^6 4s^2$	**Co** 27 58,933 $3d^7 4s^2$	
Rb 37 85,468 $5s^1$	**Sr** 38 87,62 $5s^2$	**Y** 39 88,906 $4d^1 5s^2$	**Zr** 40 91,224 $4d^2 5s^2$	**Nb** 41 92,906 $4d^4 5s^1$	**Mo** 42 95,94 $4d^5 5s^1$	**Tc** 43 (98) $4d^5 5s^2$	**Ru** 44 101,07 $4d^7 5s^1$	**Rh** 45 102,91 $4d^8 5s^1$	
Cs 55 132,91 $6s^1$	**Ba** 56 137,33 $6s^2$	57–71*	**Hf** 72 178,49 $5d^2 6s^2$	**Ta** 73 180,95 $5d^3 6s^2$	**W** 74 183,84 $5d^4 6s^2$	**Re** 75 186,21 $5d^5 6s^2$	**Os** 76 190,23 $5d^6 6s^2$	**Ir** 77 192,2 $5d^7 6s^2$	
Fr 87 (223) $7s^1$	**Ra** 88 (226) $7s^2$	89–103**	**Rf** 104 (261) $6d^2 7s^2$	**Db** 105 (262) $6d^3 7s^2$	**Sg** 106 (266)	**Bh** 107 (264)	**Hs** 108 (277)	**Mt** 109 (268)	

*Séries de lantanídeos

La 57 138,91 $5d^1 6s^2$	**Ce** 58 140,12 $5d^1 4f^1 6s^2$	**Pr** 59 140,91 $4f^3 6s^2$	**Nd** 60 144,24 $4f^4 6s^2$	**Pm** 61 (145) $4f^5 6s^2$	**Sm** 62 150,36 $4f^6 6s^2$

**Séries de actinídeos

Ac 89 (227) $6d^1 7s^2$	**Th** 90 232,04 $6d^2 7s^2$	**Pa** 91 231,04 $5f^2 6d^1 7s^2$	**U** 92 238,03 $5f^3 6d^1 7s^2$	**Np** 93 (237) $5f^4 6d^1 7s^2$	**Pu** 94 (244) $5f^6 7s^2$

Observação: Valores de massa atômica são médias de isótopos nas porcentagens em que existem na natureza.
† Para um elemento instável, o número da massa do isótopo conhecido mais estável é dada entre parênteses.
†† Os elementos 114 e 116 ainda não foram nomeados oficialmente.

Apêndice C – Tabela periódica dos elementos | **A.25**

		Grupo III	Grupo IV	Grupo V	Grupo VI	Grupo VII	Grupo 0
						H 1 1,007 9 $1s^1$	**He** 2 4,002 6 $1s^2$
		B 5 10,811 $2p^1$	**C** 6 12,011 $2p^2$	**N** 7 14,007 $2p^3$	**O** 8 15,999 $2p^4$	**F** 9 18,998 $2p^5$	**Ne** 10 20,180 $2p^6$
		Al 13 26,982 $3p^1$	**Si** 14 28,086 $3p^2$	**P** 15 30,974 $3p^3$	**S** 16 32,066 $3p^4$	**Cl** 17 35,453 $3p^5$	**Ar** 18 39,948 $3p^6$
Ni 28 58,693 $3d^84s^2$	**Cu** 29 63,546 $3d^{10}4s^1$	**Zn** 30 65,41 $3d^{10}4s^2$	**Ga** 31 69,723 $4p^1$	**Ge** 32 72,64 $4p^2$	**As** 33 74,922 $4p^3$	**Se** 34 78,96 $4p^4$	**Br** 35 79,904 $4p^5$	**Kr** 36 83,80 $4p^6$
Pd 46 106,42 $4d^{10}$	**Ag** 47 107,87 $4d^{10}5s^1$	**Cd** 48 112,41 $4d^{10}5s^2$	**In** 49 114,82 $5p^1$	**Sn** 50 118,71 $5p^2$	**Sb** 51 121,76 $5p^3$	**Te** 52 127,60 $5p^4$	**I** 53 126,90 $5p^5$	**Xe** 54 131,29 $5p^6$
Pt 78 195,08 $5d^96s^1$	**Au** 79 196,97 $5d^{10}6s^1$	**Hg** 80 200,59 $5d^{10}6s^2$	**Tl** 81 204,38 $6p^1$	**Pb** 82 207,2 $6p^2$	**Bi** 83 208,98 $6p^3$	**Po** 84 (209) $6p^4$	**At** 85 (210) $6p^5$	**Rn** 86 (222) $6p^6$
Ds 110 (271)	**Rg** 111 (272)	**Cn** 112 (285)		114[††] (289)		116[††] (292)		

Eu 63 151,96 $4f^76s^2$	**Gd** 64 157,25 $4f^75d^16s^2$	**Tb** 65 158,93 $4f^85d^16s^2$	**Dy** 66 162,50 $4f^{10}6s^2$	**Ho** 67 164,93 $4f^{11}6s^2$	**Er** 68 167,26 $4f^{12}6s^2$	**Tm** 69 168,93 $4f^{13}6s^2$	**Yb** 70 173,04 $4f^{14}6s^2$	**Lu** 71 174,97 $4f^{14}5d^16s^2$
Am 95 (243) $5f^77s^2$	**Cm** 96 (247) $5f^76d^17s^2$	**Bk** 97 (247) $5f^86d^17s^2$	**Cf** 98 (251) $5f^{10}7s^2$	**Es** 99 (252) $5f^{11}7s^2$	**Fm** 100 (257) $5f^{12}7s^2$	**Md** 101 (258) $5f^{13}7s^2$	**No** 102 (259) $5f^{14}7s^2$	**Lr** 103 (262) $5f^{14}6d^17s^2$

Apêndice D

Unidades SI

TABELA D.1 | Unidades SI

Quantidade básica	Unidade básica SI Nome	Símbolo
Comprimento	metro	m
Massa	quilograma	kg
Tempo	segundo	s
Corrente elétrica	ampere	A
Temperatura	kelvin	K
Quantidade de substância	mol	mol
Intensidade luminosa	candela	cd

TABELA D.2 | Algumas unidades derivadas SI

Quantidade	Nome	Símbolo	Expressão em termos de unidade básica	Expressão em termos de outras unidades SI
Ângulo do plano	radiano	rad	m/m	
Frequência	hertz	Hz	s^{-1}	
Força	newton	N	$kg \cdot m/s^2$	J/m
Pressão	pascal	Pa	$kg/m \cdot s^2$	N/m^2
Energia	joule	J	$kg \cdot m^2/s^2$	$N \cdot m$
Potência	watt	W	$kg \cdot m^2/s^3$	J/s
Carga elétrica	coulomb	C	$A \cdot s$	
Potencial elétrico	volt	V	$kg \cdot m^2/A \cdot s^3$	W/A
Capacitância	farad	F	$A^2 \cdot s^4/kg \cdot m^2$	C/V
Resistência elétrica	ohm	Ω	$kg \cdot m^2/A^2 \cdot s^3$	V/A
Fluxo magnético	weber	Wb	$kg \cdot m^2/A \cdot s^2$	$V \cdot s$
Campo magnético	tesla	T	$kg/A \cdot s^2$	
Indutância	henry	H	$kg \cdot m^2/A^2 \cdot s^2$	$T \cdot m^2/A$

Respostas aos testes rápidos e problemas ímpares

CAPÍTULO 24
Respostas aos problemas rápidos
1. (i) (b) (ii) (c)
2. (c)
3. (d)
4. (b), (c)
5. (c)
6. (a)
7. (b)

Respostas aos problemas ímpares
1. (a) fora da página (b) $1{,}85 \times 10^{-18}$ T
3. (a) 11,3 GV · m/s (b) 0,100 A
5. $(-2{,}87\hat{j} + 5{,}75\hat{k}) \times 10^9$ m/s^2
7. (a) 503 Hz (b) 12,0 μC (c) 37,9 mA (d) 72,0 μJ
9. 74,9 MHz
11. $2{,}25 \times 10^8$ m/s
13. (a) 6,00 MHz (b) $-73{,}4\hat{k}$ nT
    (c) $\vec{B} = -73{,}4\hat{k} \cos(0{,}126x - 3{,}77 \times 10^7 t)$
15. $0{,}220c$
17. $2{,}9 \times 10^8$ m/s $\pm$ 5%
19. (a) 13,4 m/s em sentido à estação e 13,4 m/s longe da estação (b) 0,0567 rad/s
21. $1{,}13 \times 10^4$ Hz
23. 307 μW/m^2
25. 3,34 μJ/m^3
27. (a) 332 kW/m^2 radialmente interno
    (b) 1,88 kV/m e 222 μT
29. $3{,}33 \times 10^3$ m^2
31. 49,5 mV
33. (a) 1,90 kN/C (b) 50,0 pJ (c) $1{,}67 \times 10^{-19}$ kg · m/s
35. (a) 4,16 m a 4,54 m (b) 3,41 m a 3,66 m
    (c) 1,61 m a 1,67 m
37. (a) 6,00 pm (b) 7,49 cm
39. (a) 0,690 comprimento de onda (b) 58,9 comprimento de onda
41. 545 THz
43. 56,2 m
45. (a) 54,7° (b) 63,4° (c) 71,6°
47. (a) seis (b) 7,50°
49. 0,375
51. (a) 2,33 mT (b) 650 MW/m^2 (c) 511 W
53. (a) $4{,}24 \times 10^{15}$ W/m^2 (b) $1{,}20 \times 10^{-12}$ J
55. (a) 28,3 THz (b) 10,6 μm (c) infravermelho
57. $3{,}49 \times 10^{16}$ fótons
59. $\sim 10^6$ J
61. (a) $3{,}85 \times 10^{26}$ W (b) 1,02 kV/m e 3,39 μT
63. (a) $6{,}67 \times 10^{-16}$ T (b) $5{,}31 \times 10^{-17}$ W/m^2
    (c) $1{,}67 \times 10^{-14}$ W (d) $5{,}56 \times 10^{-23}$ N
65. 378 nm
67. (a) 625 kW/m^2 (b) 21,7 kV/m (c) 72,4 μT (d) 17,8 min
69. (a) 0,161 m (b) 0,163 m^2 (c) 76,8 W (d) 470 W/m^2
    (e) 595 V/m (f) 1,98 mT (g) 119 W
71. (a) 388 K (b) 363 K
73. (a) 584 nT (b) 419 m^{-1} (c) $1{,}26 \times 10^{11}$ s^{-1}
    (d) $\vec{B}$ vibra no plano xz (e) $40{,}6\hat{i}$ W/m^2
    (f) 271 nPa (g) $407\hat{i}$ nm/s^2
75. (a) 22,6 h (b) 30,6 s

CAPÍTULO 25
Respostas aos testes rápidos
1. (d)
2. Os feixes ② e ④ são refletidos; os feixes ③ e ⑤ são refratados.
3. (c)
4. (a)
5. Falso
6. (i) (b) (ii) (b)
7. (c)

Respostas aos problemas ímpares
1. 86,8°
3. (a) 1,94 m (b) 50,0° sobre a horizontal
5. seis vezes do espelho da esquerda e cinco vezes do espelho da direita
7. 22,5°
9. 25,7°
11. (a) $4{,}74 \times 10^{14}$ Hz (b) 422 nm (c) $2{,}00 \times 10^8$ m/s
13. (a) $1{,}81 \times 10^8$ m/s (b) $2{,}25 \times 10^8$ m/s
    (c) $1{,}36 \times 10^8$ m/s
15. (a) $2{,}0 \times 10^8$ m/s (b) $4{,}74 \times 10^{14}$ Hz (c) $4{,}2 \times 10^{-7}$ m
17. $\text{tg}^{-1} n$
19. 3,39 m
21. 6,30 cm
23. 4,61°
25. 30,0° e 19,5° na entrada, 40,5° e 77,1° na saída
27. (a) 27,0° (b) 37,1° (c) 49,8°
29. 27,9°
31. 1,00007
33. 62,5°
35. 67,1°
37. 2,27 m
39. 3,79 m
41. (a) 334 μs (b) 0,014 6%
43. 23,1°
45. (a) 1,20 (b) 3,40 ns
47. 62,2%
49. (a) 0,0426 ou 4,26% (b) sem diferença
51. 70,6%
53. 27,5°
55. 1,93

57. 36,5°

59. (a) $\left(\dfrac{4x^2 + L^2}{L}\right)\omega$ (b) 0 (c) $L\omega$ (d) $2L\omega$ (e) $\dfrac{\pi}{8\omega}$

61. $\operatorname{sen}^{-1}\left[\dfrac{L}{R^2}\left(\sqrt{n^2R^2 - L^2} - \sqrt{R^2 - L^2}\right)\right]$ ou $\operatorname{sen}^{-1}\left[n\operatorname{sen}\left(\operatorname{sen}^{-1}\dfrac{L}{R} - \operatorname{sen}^{-1}\dfrac{L}{nR}\right)\right]$

CAPÍTULO 26
Respostas aos testes rápidos
1. C
2. falso
3. (b)
4. (b)
5. (b)
6. (c)
7. (c)

Respostas aos problemas ímpares
1. 89,0 cm
3. (a) $p_1 + h$, atrás do espelho inferior (b) virtual (c) vertical (d) 1,00 (e) não
5. (a) 4,00 m (b) 12,00 m (c) 16,00 m
7. (a) −12,0 cm; 0,400 (b) −15,0 cm; 0,250 (c) ambos verticais
9. (a) convexo (b) na marca de 30,0 cm (c) −20,0 cm
11. **(i)** (a) 13,3 cm (b) real (c) invertido (d) −0,333
    (ii) (a) 20,0 cm (b) real (c) invertido (d) −1,00
    (iii) (a) ∞ (b) nenhuma imagem formada (c) nenhuma imagem formada (d) nenhuma imagem formada
13. 0,790 cm
15. (a) 0,160 m (b) −0,400 m
17. 3,33 m desde o ponto mais profundo no nicho
19. (a) côncavo (b) 2,08 m (c) 1,25 m do objeto
21. (a) 15,0 cm (b) 60,0 cm
23. 4,82 cm
25. (a) 45,1 cm (b) −89,6 cm (c) −6,00 cm
27. 8,57 cm
29. (a) 650 cm da lente do lado oposto do objeto; real, invertido, aumentado (b) 600 cm da lente do mesmo lado do objeto; virtual, vertical, aumentado
31. 20,0 cm
33. (a) 16,4 cm (b) 16,4 cm
35. (a) 6,40 cm (b) −0,250 (c) convergindo
37. 2,84 cm
39. 2,18 mm fora do plano do filme
41. (a) 1,16 mm/s (b) em direção às lentes
43. (a) 39,0 mm (b) 39,5 mm
45. 23,2 cm
47. (a) 42,9 cm (b) +2,33 dioptrias
49. (a) −0,67 dioptrias (b) +0,67 dioptrias
51. (a) 0,833 mm (b) 0,820 mm
53. (a) 25,3 cm à direita do espelho (b) virtual (c) vertical (d) +8,05
55. (a) 267 cm (b) 79,0 cm
57. (a) 160 cm à esquerda das lentes (b) −0,800 (c) invertido
59. −25,0 cm
61. 8,00 cm
63. −40,0 cm
65. (a) 1,40 kW/m² (b) 6,91 mW/m² (c) 0,164 cm (d) 58,1 W/m²
67. (a) 1,50 m em frente ao espelho (b) 1,40 cm
69. $q = 10{,}7$ cm
71. +11,7 cm
73. (a) 0,334 m ou maior (b) $R_a/R = 0{,}0255$ ou maior

CAPÍTULO 27
Respostas aos testes rápidos
1. (c)
2. (a)
3. (a)
4. (a)
5. (a)
6. (c)

Respostas aos problemas ímpares
1. 1,54 mm
3. (a) 55,7 m (b) 124 m
5. 641
7. (a) 13,2 rad (b) 6,28 rad (c) $1{,}27 \times 10^{-2}$ deg (d) $5{,}97 \times 10^{-2}$ deg
9. Máxima a 0°, 29,1°, e 76,3°; mínima a 14,1° e 46,8°
11. 0,318 m/s
13. (a) 2,62 mm (b) 2,62 mm
15. 0,968
17. 11,3 m
19. (a) 1,29 rad (b) 99,6 nm
21. 0,500 cm
23. 290 nm
25. 8,70 μm
27. (a) quatro (b) $\theta = \pm 28{,}7°, \pm 73{,}6°$
29. $2{,}30 \times 10^{-4}$ m
31. 91,2 cm
33. 547 nm
35. 3,09 m
37. 16,4 m
39. 105 m
41. 1,81 μm
43. 514 nm
45. (a) 479 nm, 647 nm, 698 nm (b) 20,5°, 28,3°, 30,7°
47. (a) três (b) 0°, +45,2°, −45,2°
49. 0,0934 nm
51. (a) 217 nm (b) 93,1 nm
53. 2,50 mm
55. 632,8 nm
57. 113
59. (a) $m = \dfrac{\lambda_1}{2(\lambda_1 - \lambda_2)}$ (b) 266 nm
61. (a) 5,23 μm (b) 4,58 μm
63. $20{,}0 \times 10^{-6}\,°\mathrm{C}^{-1}$
65. (a) $3{,}53 \times 10^3$ regulamentos/cm (b) 11
67. 1,62 km
69. (a) 7,26 μrad, 1,50 arc segundos (b) 0,189 anos-luz (c) 50,8 μrad (d) 1,52 mm

Contexto 8 Conclusão
1. 130 nm
2. 74,2 ranhuras/mm
3. 1,8 μm/batida
4. 48.059
5. ~10^8 W/m²

CAPÍTULO 28
Respostas aos testes rápidos
1. (b)
2. Lâmpada de sódio, micro-ondas, rádio FM, rádio AM.
3. (c)
4. A expectativa clássica (que não se aplica ao experimento) produz um gráfico como o seguinte:

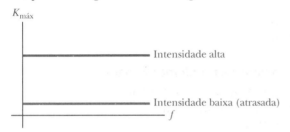

5. (c)
6. (b)
7. (b)
8. (i) (a) (ii) (d)
9. (c)
10. (a), (c), (f)

Respostas aos problemas ímpares
1. $5,18 \times 10^3$ K
3. (a) 0,263 kg (b) 1,81 W
   (c) $-0,0153$ °C/s $= -0,919$ °C/min
   (d) 9,89 μm (e) $2,01 \times 10^{-20}$ J (f) $8,99 \times 10^{19}$ fóton/s
5. 1,69%
7. $1,34 \times 10^{31}$
9. $5,71 \times 10^3$ fótons/s
11. (a) 1,38 eV (b) $3,34 \times 10^{14}$ Hz
13. (a) 295 nm, 1,02 PHz (b) 2,69 V
15. (a) 1,89 eV (b) 0,216 V
17. (a) 43,0° (b) $E = 0,601$ MeV; $p = 0,602$ MeV/c = $3,21 \times 10^{-22}$ kg · m/s (c) $E = 0,279$ MeV; $p = 0,279$ MeV/$c = 3,21 \times 10^{-22}$ kg · m/s
19. (a) $4,89 \times 10^{-4}$ nm (b) 268 keV (c) 31,8 keV
21. 70,0°
23. (a) 14,0 kV/m (b) 46,8 μT (c) 4,19 nN (d) 10,2 g
25. (a) 14,8 keV ou, ignorando correções relativistas, 15,1 KeV (b) 124 keV
27. 0,218 nm
29. (a) 0,709 nm (b) 413 nm
31. (a) $\dfrac{u}{2}$ (b) Isto é diferente da velocidade u na qual a partícula transporta massa, energia e momento.
33. (a) 989 nm (b) 4,94 mm (c) Não; não há forma de identificar a fenda por onde o nêutron passa. Mesmo se um nêutron por vez incide no par de fendas, um padrão de interferência ainda se desenvolve no agrupamento de detectores. Por isso, cada nêutron em efeito passa através de ambas as fendas.
35. $2,27 \times 10^{-12}$ A
37. dentro de 1,16 mm do elétron, $5,28 \times 10^{-32}$ m da bala
39. (a) 0,250 m/s (b) 2,25 m
41. (a) 126 pm (b) $5,27 \times 10^{-24}$ kg · m/s (c) 95,3 eV
43. (a)

n
4 ——— 603 eV
3 ——— 339 eV
2 ——— 151 eV
1 ——— 37,7 eV
ENERGIA

(b) 2,20 nm, 2,75 nm, 4,12 nm, 4,71 nm, 6,59 nm, 11,0 nm
45. (a) $(15h\lambda/8m_ec)^{1/2}$ (b) 1,25λ
47. (a) 0,196 (b) 0,609
49. 0,795 nm
51. (a) $\dfrac{\hbar^2}{mL^2}$ (b) $\sqrt{\dfrac{15}{16L}}$ (c) $\dfrac{47}{81} = 0,580$
53. (a) $\dfrac{L}{2}$ (b) $5,26 \times 10^{-5}$ (c) $3,99 \times 10^{-2}$ (d) no gráfico $n = 2$ texto na Figura Ativa 28.22b, é mais provável achar a partícula mesmo perto de $x = L/4$ ou $x = 3L/4$ do que no centro, onde a probabilidade de densidade é zero. Porém, a simetria da distribuição significa que a posição comum é $x = L/2$.
55. 0,250
57. (b) $\dfrac{\hbar^2 k^2}{2m}$
59. (a) $1,03 \times 10^{-3}$ (b) 1,91 nm
61. $3,15 \times 10^{-6}$ W/m²
63. (a) 1,06 mm (b) micro-ondas
65. 3,19 eV
67. (a) 1,7 eV (b) $4,2 \times 10^{-15}$ V · s (c) $7,3 \times 10^2$ nm
69. (a) 19,8 μm (b) 0,333 m
71. (a) $2,00 \times 10^{-10}$ m (b) $3,31 \times 10^{-24}$ kg · m/s (c) 0,171 eV
73. (a) $2,82 \times 10^{-37}$ m (b) $1,06 \times 10^{-32}$ J (c) $2,87 \times 10^{-35}$%
75. (a)

$|\psi|^2$
$\dfrac{2}{a}$
$|\psi|^2 = (2/a)e^{-2x/a}$
0 — a — x

(b) 0 (d) 0,865

CAPÍTULO 29
Respostas aos testes rápidos
1. (b)
2. (a) cinco (b) nove

3.
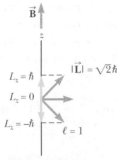

4. césio, potássio, lítio
5. verdadeira
6. (c)

Respostas aos problemas ímpares

1. (a) $2{,}89 \times 10^{34}$ kg·m²/s (b) $2{,}74 \times 10^{68}$
   (c) $7{,}30 \times 10^{-69}$
3. $1{,}94\ \mu m$
5. (a) $5{,}69 \times 10^{-14}$ m (b) $11{,}3$ N
7. (b) $0{,}179$ nm
9. (a) $1{,}31\ \mu m$ (b) 164 nm
11. (a) 3 (b) 520 km/s
13.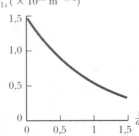
15. 797
17. $\sqrt{6}\hbar = 2{,}58 \times 10^{-34}$ J·s
19. $\ell = 4$
21. (a) $\sqrt{6}\hbar = 2{,}58 \times 10^{-34}$ J·s
    (b) $2\sqrt{3}\hbar = 3{,}65 \times 10^{-34}$ J·s
23. $3\hbar$
25. (a) 2 (b) 8 (c) 18 (d) 32 (e) 50
27. $1s^2 2s^2 2p^6 3s^2 3p^6 3d^{10} 4s^2 4p^6 4d^{10} 4f^{14} 5s^2 5p^6 5d^{10} 5f^{14} 6s^2 6p^6 6d^8 7s^2$
29. $18{,}4$ T
31. alumínio
33. (a) 30 (b) 36
35. $0{,}068$ nm
37. (a) Se $\ell = 2$, então $m_\ell = 2, 1, 0, -1, -2$; se $\ell = 1$, então $m_\ell = 1, 0, -1$; se $\ell = 0$, então $m_\ell = 0$. (b) $-6{,}05$ eV
39. manganês
41. (a) giros paralelos, com momentos magnéticos antiparalelos (b) $5{,}87 \times 10^{-6}$ eV (c) 10^{-30} eV
43. (a) $0{,}160c$ (b) $2{,}18 \times 10^9$ ly
45. (a) $-8{,}16$ eV, $-2{,}04$ eV, $-0{,}902$ eV, $-0{,}508$ eV, $-0{,}325$ eV (b) $1{,}090$ nm, 811 nm, 724 nm e 609 nm (c) 122 nm, 103 nm, $97{,}3$ nm, $95{,}0$ nm, $91{,}2$ nm (d) O espectro poderia ser o de hidrogênio, de frequência Doppler por meio de moção fora de nós com velocidade $0{,}471\ c$.
47. (a) $609\ \mu$eV (b) $6{,}9\ \mu$eV (c) 147 GHz (d) $2{,}04$ mm
49. (a) 486 nm (b) $0{,}815$ m/s
51. (a) $1{,}57 \times 10^{14}$ m$^{-3/2}$ (b) $2{,}47 \times 10^{28}$ m^{-3}

(c) $8{,}69 \times 10^8$ m^{-1}
53. (a) menor (b) $1{,}46 \times 10^{-8}$ u (c) $1{,}45 \times 10^{-6}$ % (d) não
55. $0{,}386$ T/m
57. $0{,}125$
59. $\dfrac{1}{a_0}$, não
61. $9{,}80$ GHz
63. (a) $1{,}63 \times 10^{-18}$ J (b) $7{,}88 \times 10^4$ K
65. $6{,}03$ keV

CAPÍTULO 30

Respostas aos testes rápidos

1. (i) (b) (ii) (a) (iii) (c)
2. (c)
3. (e)
4. (e)
5. (b)
6. (c)

Respostas as problemas ímpares

1. (a) 455 fm (b) $6{,}05 \times 10^6$ m/s
3. (a) $1{,}90$ fm (b) $7{,}44$ fm
5. $8{,}21$ cm
7. 16 km
9. (a) $29{,}2$ MHz (b) $42{,}6$ MHz (c) $2{,}13$ kHz
11. (a) $1{,}11$ MeV (b) $7{,}07$ MeV (c) $8{,}79$ MeV (d) $7{,}57$ MeV
13. (a) $^{139}_{55}$Cs (b) $^{139}_{57}$La (c) $^{139}_{55}$Cs
15. $9{,}47 \times 10^9$ núcleo
17. $86{,}4$ h
19. $1{,}16 \times 10^3$ s
21. $2{,}66$ d
23. (a) 148 Bq/m³ (b) $7{,}05 \times 10^7$ átomos/m³ (c) $2{,}17 \times 10^{-17}$
25. (a) $e^- + p \rightarrow n + \nu$ (b) $2{,}75$ MeV
27.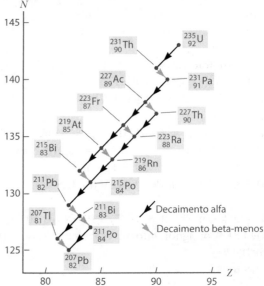
29. $4{,}27$ MeV
31. (a) $^{21}_{10}$Ne (b) $^{144}_{54}$Xe (c) $e^+ + \nu$

33. 1,02 MeV
35. $5,58 \times 10^6$ m
37. (a) 8×10^4 eV (b) 4,62 MeV e 13,9 MeV
    (c) $1,03 \times 10^7$ kWh
39. (a) 5×10^7 K (b) 1,94 MeV, 1,20 MeV, 1,02 MeV, 7,55 MeV, 7,30 MeV, 1,73 MeV, 1,02 MeV, 4,97 MeV, 26,7 MeV (c) A maioria dos neutrinos deixa a estrela imediatamente, depois da sua criação, sem interagir com outras partículas.
41. 5,94 Gyr
43. (a) 5,70 MeV (b) 3,27 MeV (c) exotérmico
45. (a) 2,7 fm (b) $1,5 \times 10^2$ N (c) 2,6 MeV (d) $r = 7,4$ fm; $F = 3,8 \times 10^2$ N; $W = 18$ MeV
47. (a) $\sim 10^{-1,362}$ (b) 0,891
49. (a) 61,8 Bq (b) 40,3 d
51. $1,66 \times 10^3$ anos
53. (a) 0,436 cm (b) 5,79 cm
55. (a) 0,963 mm (b) Aumenta em 7,47%.
57. 69,0 W
59. 2,7 min
61. (a) 421 MBq (b) 153 ng
63. (a) $1,5 \times 10^{24}$ núcleo (b) 0,6 kg
65. $4,44 \times 10^{-8}$ kg/h
67. 0,401%
69. $2,57 \times 10^4$ kg

CAPÍTULO 31
Respostas aos testes rápidos
1. (a)
2. (i) (c), (d) (ii) (a)
3. (b), (e), (f)
4. (b), (e)
5.

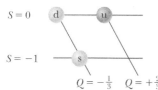

Respostas aos problemas ímpares
1. (a) $5,57 \times 10^{14}$ J (b) $\$1,70 \times 10^7$
3. (a) $4,54 \times 10^{23}$ Hz (b) $6,61 \times 10^{-16}$ m
5. 118 MeV
7. (a) 67,5 MeV (b) 67,5 MeV/c (c) $1,63 \times 10^{22}$ Hz
9. $\sim 10^{-18}$ m
11. (a) 0,782 MeV (b) $v_e = 0,919c$, $v_p = 380$ km/s (c) O elétron é relativista, o próton não.
13. $\Omega^+ \to \overline{\Lambda}^0 + K^+$, $\overline{K}_S{}^0 \to \pi^+ + \pi^-$, $\overline{\Lambda}^0 \to \overline{p} + \pi^+$, $\overline{n} \to \overline{p} + e^+ + \nu_e$
15. (a) número lépton múon e número lépton elétron
    (b) carga (c) número bárion (d) carga
    (e) número lépton elétron
17. (a) $\overline{\nu}_\mu$ (b) ν_μ (c) $\overline{\nu}_e$ (d) ν_e (e) ν_μ (f) $\overline{\nu}_e + \nu_\mu$
19. $0,828c$
21. (a) Não pode ocorrer porque viola a conservação do número barônico. (b) Pode ocorrer. (c) Não pode ocorrer porque viola a conservação do número barônico. (d) Pode ocorrer. (e) Pode ocorrer. (f) Não pode ocorrer porque viola a conservação dos números barônico e leptônico do múon e da conservação da energia.
23. (a) A estranheza não é conservada. (b) A estranheza é conservada. (c) A estranheza é conservada. (d) A estranheza não é conservada. (e) A estranheza não é conservada. (f) A estranheza não é conservada.
25. (a) K^+ (Evento disperso) (b) Ξ^0 (c) π^0
27. (a) Não é permitido porque o número barônico não é conservado (b) Interação forte (c) Interação fraca (d) Interação fraca (e) Interação eletromagnética
29. 9,25 cm
31. $m_u = 312$ MeV/c^2; $m_d = 314$ MeV/c^2
35. (a) $-e$ (b) 0 (c) antipróton; antinêutron
37. (a) A reação tem uma rede de 3u, 0d, e 0s antes e depois (b) A reação tem uma rede de 1u, 1d, e 1s antes e depois (c) (uds) antes e depois (d) Λ^0 ou Σ^0
39. A partícula desconhecida é um nêutron, udd.
41. (a) 590,09 nm (b) 599 nm (c) 684 nm
43. 6,00
45. (a) $4,30 \times 10^{-18}$ m/s (b) 0,892 nm/s
47. (a) $\sim 10^{13}$ K (b) $\sim 10^{10}$ K
49. $\sim 10^{14}$
51. 1,12 GeV/c^2
53. $2,52 \times 10^3$ K
55. 70,4 MeV
57. nêutron
59. (a) Aniquilação de elétron–pósitron; e^- (b) Um neutrino colide com um nêutron, produzindo um próton e um múon; W^+.
61. 0,407%
63. (a) A carga não é conservada. (b) Energia, número leptônico múon, e número leptônico do elétron não são conservados. (c) Número bárion não é conservado.
65. 5,35 MeV e 32,3 MeV

Contexto 9 Conclusão
1. (a) $1,61 \times 10^{-35}$ m (b) $5,38 \times 10^{-44}$ s (c) sim

Índice Remissivo

Os números de página em **negrito** indicam uma definição; números de página em *itálico* indicam figuras; números de página seguidos por "*n*" indicam notas de pé de página; números de página seguidos por "*t*" indicam tabelas.

A

Aberturas circulares, resolução de, 104-108, *105*
Acelerador de partículas Bevatron, 239
Aceleradores de partícula, para estudos nucleares, 222
Aceleradores, partícula, 236. Ver também física de partículas
Acelerador Linear de Stanford (SLAC), 252
Acelerador Tevatron, 256
Acomodação, pelas lentes dos olhos, **80**, 82
Agência Europeia Espacial (ESA), 163
Agrupamento Coma de galáxias, 260
Água. Veja também Mecânica de fluídos
 alfa, 214-217
 beta, 217-219
 datação por carbono, 219-220
 gama, 220-221
 visão geral, 221*t*
Alpher, Ralph, 162
Altura de barreira, em funções de energia potencial, **159**, *160*
Ampères-Lei de Maxwell, **5**
Amplitude (*A*)
 para ondas
 em interferência, 95-97
 em reflexão, 37-38
 em refração, 39, 42
 para partículas quânticas, em condições limites, 156-157
Amplitude de probabilidade, **150**
Analisador, para luz polarizada, **20**, *20*
Análise de ativação de nêutrons, 234
Anatomia humana
 cérebro, 62*n*
 olhos, 62*n*, 80-82, 106-109
Anderson, Carl, 237, 240, 243*n*
Ângulo crítico de incidência, **47**
Ângulo de divergência para luz laser, 21
Ângulo de incidência, **37**, 47, *48*
Ângulo de reflexão, **37**
Ângulo de refração, **40**, *40*
Antena parabólica, *67*
Antibárion, 252
Antielétrons, *237*
Antinêutrons, 238
Antipartículas, **210**, **237**-239
Antiprótons, 238
Aplicação biológica da física
 olhos, 80-82, 106-109
Aplicações médicas da física Ver também aplicações biológicas da física
 fibroscópio, 51
 formatação de imagens aplicações médicas, 82-83
 hipermetropia, lentes convergentes para, 81
 miopia, lentes divergentes para, 81
 radioimunoensaio, 212
 raios gama para câncer, 221
 raios-x, 192
 Sistema cirúrgico de da Vinci, 82
 terapia de próton, 190, 192, 221
 Tomografia computadorizada (CT) varredura, 192
 varredura de tomografia de emissão de pósitrons (PET), 238, 262
 Varredura nuclear de ossos, 221
Arago, Dominique, 101
Arco-íris, *34*, 44, *45*
Arco-íris duplo, 45
Armadilha laser de átomos, 23, *23*
Armazenagem óptica, 121

Astigmatismo, **82**
Astronautas do *Apollo*, 22
Atividade, taxa de decaimento radioativo, **211**
Átomo
 modelos primários de, 174-175
 no espaço, 194-195
Átomo de hidrogênio
 Diagrama de nível de energia para, 190
 funções de ondas para, 178-180
 números quânticos para, 177*t*, 186*t*
 princípio da exclusão em, 187
 Quantização espacial de, 182
 Séries de Balmer para, 198
 Tratamento quântico de, 173, 175-178
Átomo deutério, 209
Avião lutador de stealth F117A, 53

B

Bárions, 242*t*, **243**, *250*, 252, 253*t*
Bastonetes, na retina dos olhos, 80
Becquerel, Antoine-Henri, 203, 210
Becquerel (Bq, unidade SI de atividade radioativa), **212**
Bem, em partícula num problema de caixa, **158**
Berílio, **188**
Berson, Salomão, 212
Bethe, Hans, 230
Bohr, Niels
 modelo atômico do hidrogênio de, 130, 175, 178
 modificações para teorias de, 175
Bose, Satyendra Nath, 24
Bóson de Higgs, **256**
Bosons, medição, **236**
Bóson W, **236**, 241
Bóson Z, **236**, 241
Bragg, W. Lawrence, 110
Braquiterapia para cancer, 221
Bremsstrahlung ("radiação de travagem"), em raios-x, **192**, *192*

C

Câmera CCD de bombardeio de elétron, 137
Câmeras, 76, 137
Câncer de próstata, 190, 221
Captura de elétron, **219**
Captura K, **219**
Carbono, **188**
 decaimento beta de, 218
 isótopo radioativo de, 213
Carros. Ver veículos de combustível alternativo; Automóveis
Catástrofe ultravioleta, 129
Cavidade Ocular, 24
Células solares, 100-101, *101*
Cérebro, 62*n*
CERN (Organização Europeia para Pesquisas Nucleares), 241, 253, 256
Chadwick, James, 231
Challenger (ônibus espacial) tragédia (1986), 240
Chamberlain, Owen, 239
Chip semicondutor óptico, para projeção digital, 38
Chu, Steven, 23, 202
Ciclo de carbono, em estrelas, **223**

I.1

Ciclo de próton-próton, em estrelas, **223**
Cirurgia refrativa dos olhos, 83
Clorofluorcarbonetos, 19
COBE (Explorador de Fundo Cósmico), 163, *163*
Coeficiente de reflexão (*R*), **160**
Coeficiente de transmissão (*T*), **160**-161
Coerência, de luz laser, 21
Cohen-Tannoudji, Claude, 202
Colisor Linear de Stanford, 256
Colisor Relativístico de Íons Pesados (RHIC), 235, 253
Companhia Toro, 57
Comportamento de quebra de simetria, na física de partículas, 256
Compostos de urânio, 203
Comprimento de onda (λ)
   índice de refração e, 41-42, 44
   Turnos de distribuição em, 128
Comprimento de onda de Broglie, **142**, 142*n*
Comprimento de onda de corte, **136**
Comprimento de Planck, na teoria das cordas, **269**
Comprimento focal (*f*) de espelhos, **65**
Comprimento focal (*f*) de lentes, **74**, *74*
Compton, Arthur Holly, 138-139
Condensado Bose-Einstein, 24
Condições limite
   partícula quântica sob, 156-157
Cones, nas retinas dos olhos, 80
Conservação de energia
   cálculo do tamanho de núcleo e, 205
Constante de Boltzmann, 129
Constante de decaimento, **211**
Constante de desintegração, **211**
Constante de Planck (*h*), 129
Constante de tempo (τ)
   para decaimento radioativo, 211
"Construções inteligentes", fibras óticas, 50
Coordenadas
   esférico, 176
Cor
   como propriedade de quarks, 254
   comprimento de onda de luz visível e, 19*t*
   sensibilidade do cone de retina para, 80
Córnea, nos olhos, 80, *80*
Cornell, Eric, 24
Corpo negro, **15**
Corrente
   deslocamento, 5-6
Corrente de deslocamento, **5**-6
Corrente elétrica. Veja corrente
Cowan, Clyde, 217
Critério de Rayleigh, **105**
Cromodinâmica quântica (QCD), **254**
Curie (Ci, unidade de atividade radioativa), **212**
Curie, Marie, 210
Curie, Pierre, 210
Curral quântico, *158*

D

Datação de carbono, *219*, 219-220
Davisson, C. J., 142
Decaimento Alfa, radioatividade, **162**, 203, 210, *211*, *214*, **214**-217, *215*
Decaimento Beta, radioatividade, 203, 210, *211*, *214*, *217*, **217**-219, *217*
Decaimento espontâneo, radioativo, **214**
Decaimento gama, radioatividade, 203, 210, *211*, **220**-221
Densidade de energia instantânea total, **13**
Densidade de probabilidade, **151**, *152*
Descartes, René, 42*n*
Desvio para o vermelho, e efeito Doppler, 12
Detecção de câncer, 221, 238

Diagramas de Feynman, **240**, *240*, *241*, 255
Diagramas de nível de energia, *190*
Diagramas de raios
   descrição dos, 62
   em combinação de lentes, 79
   para espelhos esféricos, 66-70
   para lentes, 75-78
   para lentes finas, 75
Diferença de fase, em holografia, 111
Diferença de trajetória (δ), **95**, 99
Diferença potencial
   corrente fotoelétrica versus, 134
Difração, 36
   de raios-x por cristais, 109-110
   descrição de, 93
   grade, 107-111
   no experimento de Davisson-Germer, 142
Dioptrias, lentes prescritas em, **82**
Dirac, Paul Adrien Maurice, 184, 237-238
Direção polarizadora, **20**
Discos compactos (CDs), *121*, *122*
Dispersão de luz, **44**-45
Dispositivos de carga associada (CCD), 137
Dispositivos de microespelhos digitais (DMD), 38, 108
Distância da aproximação mais perto, do núcleo, 205, *205*
Distância de imagem, **62**
Distância do objeto, **61**
Distorção percepção, com espelhos convexos, 68
Distribuição intensa de padrão de interferência de dupla fenda, 97, 97, 107*n*, *108*
Distúrbio Ver Entropia
Divergência, ângulo de, 21
Doença de Alzheimer, 238, *238*
Doublet, em raia espectral, 182
Dualidade partícula-onda, 150

E

Efeito Compton, **138**-140, *140*
Efeito Doppler
   em lasers, 23
   Grande Explosão e, 162
   na teoria clássica da dispersão de ondas eletromagnéticas, 138-139
   para luz, 11-12
   radiação de 21-cm e, 195
Efeitos fotoelétricos, 36, **133**-138, 133*n*, *134*, *137*
Einstein, Albert
   antipartículas e, 238
   Condensado Bose-Einstein, 24
   Efeito Compton e, 138
   efeitos fotoelétricos, 135-136
   trabalho de Bohr, 175
Eixo de transmissão, luz polarizada e, 20, *20*, *21*
Eixo principal, de espelho côncavo, **64**, *64*
Eixos, 260
Elementos de metal alcalino, 189
Elementos halógenos, 189
Eletricidade, veículos movidos por. Veja veículos elétricos
Eletromagnetismo, 8
Elétron, *143*
   interferência, 118
   varredura por tunelamento (STM), 158, 162
Elétrons
   estados de energia negativa para, 237
   momento angular de rotação ($\vec{S}$), 185
   natureza de onda de, 127
   orbitais de, 187
   padrões de difração, 141-142
Emerson, Ralph Waldo, 270
Emissão simulada, para ação laser, 21

Emissividade (*e*), 128
Endoscópios, 82-83, *82*
Energia de desintegração (*Q*), **215**
Energia de ionização, 189-190, *190*
Energia de ligação (*E*), nuclear, **208**-210, *209*
Energia de limiar, **222**
Energia de reação (Q), **222**
Energia (*E*). Veja também Corrente; Indução; Termodinâmica
   conservação de, 205
   de ondas eletromagnéticas, 12-14
   de partículas elementares, 253*t*
   em reações nucleares, 221-222
   energia de desintegração (Q), 215
   energia de reação (Q), 222
   estados negativos de, 237
   fusão nuclear, 223-225
   ligação nuclear, 208-210
   quantizado, 130
Energia escura, 261
Energia potencial
   distância de separação versus, 207
   tunelamento através de barreira de, 159-162, 217
Equação de de Broglie, 151
Equação de Maxwell, **6**-8, 15
Equação de onda de Schrödinger, 151, 152*n*, 157-160, 175-176, 191
Equação de onda linear, 10*n*
Equação de turno de Compton, **139**, *139*
Equação do espelho, **65**, 75
Equação dos fabricantes de lentes, **75**
Equações de onda, 237
Escher, M. C., 86
Espaço, átomos no, 194-195
Espaço-tempo, 269
Espectro
   de luz visível, 44, 190-194
   de ondas eletromagnéticas, 18-19
   de raios-x, 190-194
Espectrômetro, com grade de difração, *108*
Espectroscopia, 177*n*
Espectroscopia atômica, 108
Espelho de Lloyd, 98, *98*
Espelhos
   convenções de sinal para, 66*t*
   esféricos, 64-70
   planos, 61-64
Espelhos divergentes, **66**
Espelhos esféricos
   côncavo, 64-66
   convexo, 66-68
   diagramas de raio para, 66-70
Espelhos esféricos côncavos, **64**-65, *65*, *66*
Espelhos esféricos convexos, **66**, *66*, *66*, 68, *68*
Espelhos planos, 61-64, *62*
Espelhos retrovisores, nos veículos, 63-64
Estabilidade, nuclear, 207
Estado metaestável de átomos, em lasers, 22
Estado quântico, **130**
Estados quânticos permitidos, 187*t*
Estados quânticos permitidos, para átomos, 187*t*
Estratégia de solução de problemas
   interferência de película fina, 100
Estrelas Plêiades, *195*
Estrutura atômica e notações de sub-estrutura, 177*n*, 177*t*
Eventos dispersos elásticos, em reações nucleares, **222**
Eventos dispersos, em reações nucleares, **222**
Eventos dispersos inelásticos, em reações nucleares, **222**
Excimer laser, 83
Expansão do Universo, 258-260
Experimento de Davisson-Germer, 142-143
Experimento de interferência de dupla fenda, 147-148, *148*
Experimento de Kamiokande II, 266

Experimento de Phipps-Taylor, 185
Experimento de Stern-Gerlach, *184*, 184-185, 184*n*
Experimento de Young de dupla fenda, *93*, 93-94, *94*, *95*
Experimento Irvine-Michigan-Brookhaven, 266
Explosão cósmica, *125*
Exposição de cristais líquidos, 126

F
Feixe de luz não polarizado, **19**, *20*
Femtômetro (unidade de comprimento nuclear), 206
Fermi, Enrico, 217, 219
Fermi (unidade de comprimento nuclear), **206**
Feynman, Richard, 166, 240
Fibra ótica, 49
Fibra óticas, *49*, **49**-51
Fibroscópio, 51, 82, *82*
Física atômica, 173-202
   átomo de hidrogênio
     funções de ondas para, 178-180
     tratamento quântico de, 175-178
   átomos no espaço, 194-195
   espectro visível e de raio-x, 190-194
   modelos primários de átomos, 174-175
   números quânticos, 181-186
   princípio da exclusão e tabela periódica, 186-189
Física de partícula, 235-268
   forças naturais fundamentais, 236-237
   hádrons, 242-243
   Leis da conservação em, 243-247
   léptons, 243
   mésons, 239-243
   modelo padrão em, 255-256
   padrões das partículas, 249-250
   partículas estranhas, 247-248
   pósitrons e outras anti-partículas, 237-239
   propriedades das partículas, 242*t*
   quarks, 251-255
   tempo de vida das partículas, 248-249
   Teoria da Grande Explosão e, 257-261
Física nuclear, 203-234
   Decaimento radioativo, 214-221
     alfa, 214-217
     beta, 217-219
     datação de carbono desde, 219-220
     gama, 220-221
   Energia de ligação nuclear, 208-210
   fusão nuclear, 223-225
   propriedades dos núcleos, 204-208
   radioatividade, 210-213
   reações nucleares, 221-222
Física quântica, 127-172, **129**
   efeito Compton, 138-140
   efeito fotoelétrico, 133-138
   equação de Schrödinger, 157-159
   experimento de dupla fenda, 147-148
   fótons e ondas eletromagnéticas, 141-145
   interpretação da, 150
   modelo da partícula quântica no restrita a condições de contorno, 156-157
   modelo de partícula quântica, 145-147
   para o átomo de hidrogênio, 173, 175-178
   princípio da incerteza, 148-150
   problema da partícula em uma caixa, 152-156
   radiação do corpo negro e a teoria de Planck, 128-133
   temperatura cósmica, 162-163
   tunelamento através de uma barreira de energia potencial, 159-162, 217
Fissão, 209, **223**, *223*
Fluido cérebro-espinhal (CSF), 83

Fluoroscopia, 192, 769
Fontes de luz incoerente, **93**
Força ($\vec{F}$)
    electromagnética, 236
    eletrofraca, 255
    força, 236, 237*t*, 242
    fraco, 236, 237*t*, 255
    Natural fundamental, 236-237, 237*t*
    no Modelo Padrão, 255-256
    nuclear, 236, 237*t*
Força da cor, **254**
Força elétrica fraca, **236**, **255**
Força eletromagnética, **236**
Força forte, **236**
Força fraca, **236**
Força gravitacional ($\vec{F}_g$)
    como força natural fundamental, 236
    no Modelo Padrão, 255-256
Força nuclear, **207**, *207*, **236**
Forças fundamentais da natureza, 236-237, 237*t*
Forças Fundamentais Naturais, 237*t*
Forças magnéticas ($\vec{F}$)
    campo magnético, 184
Forças naturais, fundamentais, 236-237
Formação de imagem, 61-91
    em aplicações médicas, 82-83
    pelos olhos, 80-82
    por espelhos esféricos, 64-70
        côncavo, 64-65
        convexo, 66
        diagramas de raio para, 66-70
    por espelhos planos, 61-64
    por lentes finas, 73-80
        combinações de, 79-80
        convergente e divergente, 74-75
        diagramas de raio para, 75-78
    por refração, 70-73
Formato de vídeo blu-ray, 123
Fossas, em discos compactos, *122*
Fotinos, 260
Fotometria fotoelétrica, 137
Fótons
    de aniquilação, 238
    descrição de, 135
    em raios gama, 203, 210, 220-221
    física quântica para, 141-145
    Força eletromagnética mediada por, 236, 239
    virtual, 240
Fótons virtuais, 240
Fototubo, 137
Franjas, no experimento de dupla fenda de Young, *94*, **94**-96, 104
Frequência de corte (f_c), **135**
Frequência (*f*)
    de ondas eletromagnéticas, 18-19
Função de energia de potencial de energia quadrada, **159**
Função densidade de probabilidade [$P(r)$], radial, **178**, *178*, *179*
Função densidade de probabilidade radial [$P(r)$], **178**, *178*, *179*
Função de onda (Ψ), **151**, *160*, 178-180
Função de trabalho (φ), **135**, 135*t*
Funções de onda normalizada, **152**
Fusão
    nuclear, 223
Fusão nuclear, **162**, 223-225

Gabor, Dennis, 110
Galáxia Via Láctea, 195
Gamow, George, 162
Gases
    inerte, 188
Gases inertes, 188
Geiger, Hans, 174
Gell-Mann, Murray, 250-252
Gerador Termoelétrico por Radioisótopo, 233
Gerlach, Walther, 184
Germer, L. H., 142
Glashow, Sheldon, 255
Glúons, **236**, **254**
Goudsmit, Samuel, 184-185
Gould, Gordon, 1
Grade de transmissão, 107
Gráfico de Moseley, *193*
Gráficos de intensidade versus comprimento de onda, 139
Grande Colisor de Electron-Positron (LEP), 256
Grande Colisor de Hádron (LHC), 253, 256, *256*
Grande Nuvem de Magalhães, *125*, 266
Gravação, digital, *121*, 121-122
Gravação digital, *121*, 121-122
Gráviton, **237**
Grimaldi, Francesco, 35

H
Hadrons, **242**-243, 242*t*, 251
Hahn, Otto, 223
Han, Moo-Young, 254
Hau, Lene Vestergaard, 24
Heisenberg, Werner, 149, 157
Hélio, **188**, 195, 203, 210
Hermann, Robert, 162
Hertz, Heinrich Rudolf, 7-8, 35, 133
Hidrocefalia, laser para tratar, 83
Hidrocefalia obstrutiva, lasers para tratar, 83
Hidrogênio (H)
    no espaço, 194-195
Hipermetropia, **81**, *81*
Hiperopia, 81
Hipótese de neutrino, 187
Holografia, **110**, 110, *110*
Holograma de arco-íris, 111
Hubble, Edwin P., 12, 258
Humason, Milton, 258
Humor aquoso, nos olhos, 80
Huygens, Christian, 35, 46

I
Imagem, **62**
Imagens reais, **62**
Imagens virtuais, **62**, *66*, *71*
Incidência, ângulo de, **37**, *47*, *48*
Incidência oblíqua, 15*n*
Índice de refracção, **41**, 41*t*, 98-100
Instalações do Super Kamiokande de neutrinos (Japão), *245*
Instituto Nacional de Padrões e Tecnologia, 24
Intensidade da luz de tempo médio, **97**
Intensidade (*I*), **13**
Interferência
    condições para, 92-93
    elétron, 148
    em filmes finos, 98-101
    em holografia, 110
    ondas em modelo de análise de interferência, 95-97
    para luz, 35
Interferência construtiva, *94*, **94-95**, 99, *145*
Interferência de elétron, *148*
Interferência destrutiva
    de ondas de luz, 35

em filmes finos, 99
experimentos de Young em, 94-95
partículas quânticas, 145
Inversão populacional de átomos, em lasers, **22**
Iodo, isótopo radioativo de, 213-214
Íons de Oxigênio, no espaço, 195
iPad Apple, *125*
Iridescência, 92, 165
Iris, estrutura dos olhos, 80
Isóbaros espelhos, em núcleos, 228
Isótopos, 198, **204**, 213

J
Japão, terremoto em (Março 2011), 223

K
Kao, Charles K., 49
Keratômetro, 87

L
Laboratório Nacional Brookhaven, 235, 250, 252-253
Laboratório Nacional Fermi (Fermilab), 243, 252, 256, *256*
Laboratórios de telefone de campainha, 162
Land, E. H., 20
Laser de dióxido de carbono, 23
Laser de gás Hélio-neon, 22, *22*
Laser de Q comutado, 83
Lasers
aplicações de, 2-3
em navegação espacial, 17
endoscópio com, 82
fibras óticas e, 50
hologramas para armazenar informação desde, 111
para informação digital, 121-123
propriedades de, 21-24
LASIK (keratomileusis in situ assistida a laser), *1*, 83
Laue, Max von, 109
Lederman, Leon, 252
Lei da força de Lorentz, **7**
Lei da reflexão, **37**
Lei de Bragg, 110, *139*
Lei de conservação da estranheza (S), **247**
Lei de conservação do número bariônico, **244**
Lei de conservação do número de léptron, **246**
Lei de deslocamento de Wien, **128**
Lei de Gauss
em equações de Maxwell, 6
para energia de raio-x esperada, 193-194
Lei de Hubble, **258**, *258*
Lei de Malus, **20**
Lei de Rayleigh-Jeans, **129**, *129*, 130
Lei de refração de Snell, **42**, 48
Lei de Stefan, **128**
Leis de conservação, em física de partículas, 243-247
Lentes
combinações de, 79-80
convergente e divergente, 74-75
conversões de sinal para, 75*t*
Diagramas de raio para, 75-78
Lentes convergentes
combinações de, 79
descrição de, 73-75
imagens formadas por, 77-78
para hipermetropia, 81
Lentes cristalinas, em olhos, 80
Lentes divergentes, 73, **73**-75, *74*, *81*

Lentes finas, **73**-80, *75*
combinações de, 79-80
conversões de sinal para, 75*t*
equação para, 75
Modelo de aproximação de, 74
Lentes panorâmicas para câmeras, 76
Léptons, 242*t*, **243**
Líquidos. Veja também Mecânica de fluídos
Lítio, **188**
Luz, 34-60. Veja também Ótica de ondas
como onda sob reflexão, 36-39
como onda sob refração, 39-44
dispersão e prismas, 44-45
Efeito Doppler em, 11-12
espectro de, 18
fibras óticas, 49-51
modelo de raio, 35-36
natureza de, 34-35
polarização de, 19-20
pressão exercida por, 15
Princípio de Huygens, 45-47
reflexão interna total de, 47-49
Luzes infravermelhas, 82
Luz laser monocromática, 21
Luz polarizada linearmente, **20**
Luz polarizada plana, **20**
Luz Ultravioleta (UV), **18**-19
Luz visível, **18**, 19*t*, **44**, 190-194

M
MACHOs (objetos de halo compacto de astrofísica massiva), 265
Magnetão nuclear (μ_n), **208**
Magneton de Bohr (μ_B), *185*, 208
Magnificação de imagens, **62**
Magnificação lateral de imagens, **62**
Magnitude do momento angular de giro ($\vec{B}$), **185**, *185*
Maiman, Theodore, 1
Mão com esfera refletora (auto-retrato em Espelho Esférico) (Escher), 86
Mar de Dirac, 237
Marsden, Ernest, 174
Máscaras de mergulho, lentes em, 77
Massa do Universo faltante, 260
Massa (*m*)
Unidade atômica de massa, 205*t*
Material polaroide, **20**
Máximo central, em padrão de difração, **101**
Máximo de ordem zero, **95**
Máximo de primeira ordem **95**
Máximo lado, no padrão de difração, **101**
Maxwell, James Clerk, 6, 35
Mecânica da matriz, 149, 157
Mecânica quântica, 237. Veja também Física quântica
Medição de bosons, **236**
Medição de insulina, por radioimunoensaio, 212
Melaço óptico, para armadilha de átomos laser, 23
Mendeleev, Dmitri, 188
Mésons, 239-243, 242*t*, *249*, 252, 253*t*
Metais, 135*t*
Micro-ondas, **18**, *67*
Microprocessador, *125*
Microscópio, *144*
Microscópio de elétron, *143*, 143-144
Microscópio de elétron de transmissão, *143*
Microscópio de elétron de varredura, 127
Microscópio de interferência, 119
Microscópio de tunelamento (STM) de baixa temperatura, *158*
Microscópio de varredura por tunelamento (STM), *158*, **162**
Mínima, em padrão de difração, **101**
Miopia, 81

Miopia, 76, **81**, *81*
Modelo da partícula quântica, **145**
Modelo de estrutura planetária dos átomos, 174, *174*
Modelo de onda de luz, 36
Modelo de partícula, 36
Modelo de quark original, 252
Modelo do quark, 208
Modelo do raio de luz, **35**-37
Modelo orbital de átomo, 175, *175*
Modelo padrão de física de partículas, **255**, *256*
Modo-único, fibra de índice degrau, 50, *51*
Momento ($\vec{p}$)
    de ondas eletromagnéticas, 15-18
Momento angular ($\vec{L}$)
    intrínseca, de fótons, 191
    intrínseca, em átomos, 175
    nuclear, 208
    orbital, 181
    rotação, 175, 182-186
Momento angular de giro ($\vec{S}$), **185**
Momento angular nuclear, **208**, *208*
Momento angular orbital ($\vec{L}$), *181*
Momento magnético ($\vec{\mu}$)
    força em, 184
    nuclear, 208
    números quânticos e, 181
Moseley, Henry G. J., 193
Movimento. Veja também movimento rotacional
Mudança de cor, de quarks, **254**
Mudança de fase, 98
Multimodo, fibra de índice degrau, 50, *50*
Multimodo, fibra de índice gradual, 50, *51*
Mundo subnuclear. Ver Física de partículas
Múons (μ), **240**, 243*n*

N

Nambu, Yoichiro, 254
Nanotecnologia, **158**
NASA (Aeronáutica Nacional e Administração Espacial), 163
Navegação espacial, **17**-17
Nebulosa de Carina, *126*
Nebulosa de emissão, **194**
Nebulosa de Órion, *195*
Nebulosa de reflexão, **194**, *195*
Nebulosa do caranguejo, *4*
Nebulosa escura, **195**, *195*
Nebulosa lagoa, *195*
Ne'eman, Yuval, 250
Neutrinos (ν), 217, 260
Nêutrons
    carga e massa de, 204, 205*t*
    no núcleo, 204
    quarks em, 251, 253*t*
Newton, Sir Isaac
    no modelo de partícula da luz, 36
Nitrogênio
    decaimento beta de, 218
    no espaço, 195
Notações de estrutura e subestrutura, para átomos, 177*n*, 177*t*
Núcleo de átomo, **174**
Núcleo filha, em decaimento radioativo, **214**, 217, *221*
Núcleons, 206, *206*, *209*, 222
Núcleo Pai, em decaimento radioativo, **214**, 217
Nuclídeo, **204**
Número atômico(Z), 189-190, *190*, **204**
Número bariônico, lei da conservação de, **244**
Número de carga (Z), **204**-205
Número de lépton, lei de conservação do, **246**
Número de massa (A), **204**, *209*
Número de nêutron (N), **204**

Número de ordem em ondas no modelo de análise de interfase, **95**
Número quântico de spin nuclear (I), **208**
Número quântico magnético de spin (m_s), **183**-184
Número quântico magnético orbital, **176**
Número quântico orbital (ℓ), 181
Número quântico principal, **176**
Números binários, amostra, 122*t*
Números complexos, 151*n*
Números mágicos (alta estabilidade nuclear), 207, *207*
Números quânticos
    bottomness, 251*t*, 252
    charm, 252
    interpretação física dos, 181-186
    no modelo de Planck, 129, 129*n*
    para o hidrogênio, 177*t*
    principais, orbital, e orbital magnético, 176
    spin nuclear, 208
    strangeness (S), 247
    topness, 251*t*, 252
Números quânticos de orbital magnética (m_ℓ), 181-182
Nuvem de elétron, **178**, *178*

O

Observatório do Monte Palomar (California), 258
Observatório do Monte Wilson (California), 258
Occhialini, Giuseppe P. S., 240
Óculos de sol, 18
Olhos, *80*
    formação de imagem por, 80-82
    hipermetropia, 81
    interpretação de imagem pelo cérebro e, 62*n*
    miopia, 76, 81
    resolução de, 106-108
Onda esférica, **8**
Onda plana, *36*
Onda (s)
    avião, 36
    elétrons como, 127
    em reflexão de luz, 36-39
    em refração de luz, 39-44
    modelo de análise sob reflexão, 37-38
    modelo de análise sob refração, 39, 42
    no modelo de análise de interferência, 95-97
Ondas coerentes, **93**, *93*, 111
Ondas de rádio, **18**
Ondas eletromagnéticas, 4-33, **8**, *8*
    Efeito Doppler em, 11-12
    energia carregada por, 12-14
    espectro de, 18
    física quântica de, 141-145
    interferência de, 93
    luzes como, 36
    momento e pressão de radiação, 15-17
    polarização de ondas, 19-21
    propriedades do laser, 21-24
    quantização, 135
    trabalho de Maxwell e Hertz, 6-8
    vista global, 7-10
Ondas eletromagnéticas de alta frequência, luz como, 36
Ondas infravermelhas, **18**, 19
Ondas sinusoidais
    eletromagnético, 11, 13
Órbitas, de elétrons, **187**
Organização Europeia de Pesquisas Nucleares (CERN), 241, 256, 1071
Ótica de onda, 92-120
    condições de interferência, 93
    difração de raio-x por cristais, 109-110
    experimento de Young de dupla fenda, 93-94

Grade de difração, 107-111
holografia, 110
Interferência em películas, 98-101
mudança de fase desde a reflexão, 98
ondas no modelo de análise de interferência, 95-97
padrões de difração, 101-104
resolução de abertura circular e de fenda única, 104-109
Ötzi o Homem de gelo (Homem da idade do cobre), 203, 219
Ozônio (O_3), 19

P

Pacote de Experimentos da Superfície Lunar do *Apollo*, 233
Pacote de onda, **145**, *145*, 147
Padrão de batida, *146*, *146*
Padrão de difração, *101*, **101**-104, *102*, *104*, *105*
Padrão de difração de Fraunhofer, *102*, **102**-103, *103*
Padrão de difração de Fresnel, 102*n*
Padrão Laue, 110, *110*
Paládio, como raio gama emitido para tratamento de câncer, 221
Parâmetro Hubble, **258**
Partícula Kaon (K), 247, *248*
Partícula lambda (Λ), 247, *248*
Partícula num problema de caixa, 152-158, *152*, *154*
Partícula Ômega-menos (Ω⁻), 250
Partícula quântica, 35
Partículas de campo, troca de, **236**
Partículas de ressonância, **249**
Partículas de supercorda, 260
Partículas estranhas, 247-248
Partícula Sigma (Σ), 247
Pauli, Wolfgang, 184-185, 187, 217
Penetração de barreira, **160**
Penzias, Arno, 32, 162
PET (Tomografia por emissão de pósitrons) Varredura, 238, 262
Phillips, William, 202
Phipps, T. E., 185
Pi (π) méson, **240**
Pinças ópticas, lasers como, 23
Pion (π), **239**, *241*
Pion (π) modelo de troca, 255, *255*
Pixels, 38
Planck, Max, 129, 175
Plano de polarização, **20**
Planta de Energia Nuclear de Chernobyl (Ucrânia), 223
Plasma de quarks e glúons, **253**
Poder (*P*)
de lentes, 82
de radiação emitida, 128
intensidade (I) e, 13
Polariton, 24
Polarização, 19-20
Polarizador, 20, *20*, *21*
Polônio, 210
Poluição do ar, no interior, 229
Poluição, 229
Poluição do ar no interior, 229
Ponteiro laser, 17
ponto brilhante Arago, 101
Ponto distante, do olho, **80**
Ponto focal (*F*) de espelhos, **65**-66, *66*
Ponto focal (*F*) de lentes, **74**, *74*
Ponto próximo, do olho, **80**
Ponto quântico, **158**
Pósitrons, 203, **210**, *237*, **237**-239
Potencial de parada, 134
Potencial quadrado, em partícula num problema de caixa **158**
Powell, Cecil Frank, 240
Prêmio Nobel em Física, 24, 49, 110, 129, 135, 139, 141, 149, 163, 202, 210, 217, 219, 237, 239-240, 252, 255

Prêmio Nobel em Fisiologia ou Medicina, 212
Prêmio Nobel em Química, 210
Presbiopia, **81**
Pressão da radiação, 15-17
Princípio da incerteza, **148**-150
Princípio da incerteza de Heisenberg, **148**-150
Princípio de correspondência, **131**
Princípio de exclusão, 186-189, **187**, 188
Princípio de Huygens, 45-47, *46*
Prismas, *44*, 44-45, *45*
Produção par, de pósitrons, **237**-238, *238*
Profundidade aparente, *73*
Projeção digital, 38
Projeto Manhattan, 240
Próton(s)
carga e massa de, 204, 205*t*
no núcleo, 204
quarks em, 251, 253*t*
Pupilas, nos olhos, 80

Q

QUaD, 163
Quantização
da energia em sistemas, 156
da energia no átomo de hidrogênio, 154, 176
da energia no núcleo, 215
de ondas eletromagnéticas, 135
do espaço, 182-186
dos osciladores de Planck, 129-130
Quantização do espaço, **182**-183, *185*
Quarks
bottom, 251*t*, 252
charmed, 251-254
down, 251, 251*t*
modelo original dos, 251, 251-252, 251*t*, 253*t*
multicoloridos, 251*t*, 254
na teoria da Grande Explosão, 126
prótons e nêutrons como sistemas de, 236
sabores, 251
strange, 251, 251*t*
top, 251*t*, 252
up, 251, 251*t*
Quarks anti-azuis, **254**
Quarks anti-verdes, **254**
Quarks anti-vermelhos, **254**
Quarks azuis, **254**
Quarks de base, **252**
Quarks encantados, **252**
Quarks estranhos, **251**
Quarks inferiores, **251**
Quarks multicoloridos, *254*, 254-255
Quarks red, **254**
Quarks superiores, **251**
Quarks Top, **252**
Quarks verdes, **254**
Quasares, 200, 259
Qubic, 163

R

Radiação
corpo negro, 128-133
estados quânticos atômicos e, 179
ionizante, 190
Radiação de 21-cm, 195
Radiação do corpo negro, *128*, **128**-133, 162-163, *162*
Radiação infravermelha, 131
Radiação ionizante, 190

Radiação térmica, **128**
Rádio, 210, *215*, 215
Radioatividade, 203, **210**-213
Radioimunoensaio, 212
Radioterapia de feixe externo, 192, 221
Raios gama, **19**, **221**, *221*, 238
Raios paraxiais, **64**
Raios X
    comprimento de onda de, 19
    difração de, por cristais, 109-110
    dispersão de, 139-140
    espectro de, 190-194
    Foto da Nebulosa do Caranguejo com, 4
Raio-x característico, *192*, **192**-193
Reação de cadeia nuclear, 139, *223*
Reação nuclear em cadeia sustentada, 139
Reações nucleares, 19, 221-**222**, *222*
Reator de fissão, 219
Reflexão
    de ondas de luz versus ondas numa corda, 98
    grade para, 107
    interna total, 47-49
    luz como onda sob, 36-39
    modelo de onda da luz e, 36
    mudança de fase de, 98
    princípio de Huygens aplicado à, 46-47
Reflexão de luz inercial total, 47-49
Reflexão difusa, **36**-37, *37*
Reflexão especular, **36**-37, *37*
Refração
    formação de imagem por, 70-73
    imagem formada por, 70-71
    índice de, 41*t*, 98-100
    luz como onda sob, 39-44
    modelo de ondas da luz e, 36, 40
    princípio de Huygens aplicado à, 46-47
    superfícies de, 72*t*
Regras de Hund, **188**, *188*
Regras de seleção para transições de energia permitidas, **191**
Reines, Frederick, 217
Relatividade espacial. Veja também Física quântica
    em mecânica quântica, 237
Reprodução digital, 122-123
Repulsão Coulomb, *205*, 207, *207*, 223
Resfriamento de laser, 24
Resolução de aberturas de fenda única e circular, 104-109
Resolução de aberturas de fenda única e circulares, **104**-109, *105*
Ressonância de ossos, 221
Ressonância de rotação de elétron, **202**
Retina, nos olhos, 80
Reversão de frente-atrás de imagens, 63
Revestimento, para fibras óticas, 49
RHIC (Colisor Relativístico de íons Pesados), 235
Richter, Burton, 252
Roentgen, Wilhelm, 109
Rolos do mar morto, 219, *219*
Rotação de elétron, **182**, *184*
Rubbia, Carlo, 241
Rutherford, Ernest, 174, 203, 205, 210

S

Sabores, de quarks, 251
Salam, Abdus, 255
Sandage, Allan R., 259
Satélite Planck, 163
Scanner de código de barras, *3*
Schawlow, Arthur L., 1
Schrödinger, Erwin, 151, 157
Schwinger, Julian, 240

Segrè, Emilio, 239
Semicondutores, 137
Séries Balmer, 198
Seurat, George, 117
Sinais de televisão, *67*
Sistema cirúrgico de da Vinci, 82
Sistema de energia transmitido, 17
Sistema de zoom de lentes, 90
Sistemas de pouso por instrumentos, 114
Sistemas de radares, micro-ondas para, 18
Sistemas de segurança, lentes divergentes para, 75
Sistema Solar
    poeira em, 16
    quantizado, 180
Snell, Willebrord, 43
Sommerfeld, Arnold, 184
Sonda Wilkinson de Anisotropia de Micro-ondas, 163
Spin, de elétron, 175
Spin, nuclear, 187, 208, *208*
Spin nuclear, 187
STAR (Rastreador Solenoidal), RHIC, 235
Stern, Otto, 184
Strangeness (*S*) número quântico, **247**, *249*
Strassman, Fritz, 223
Sulfato de potássio e uranila, 203
Superfícies planas de refração, 71-73, 72*t*
Supernova 1987A, na Grande Nuvem de Magalhães, *125*
Supernovas, 126
Supernova Shelton 1987A, 266, *266*
Super Proton Synchrotron, 256
Supersimetria (SUSY), na teoria das cordas, **269**

T

Tabela periódica, 186-189, **188**, *189*
Tangentes em calculadoras Taylor, J. B., 185
Tarde de Domingo na Ilha La Grande Jatte (Seurat), 117
Taxa de decaimento, **211**, *211*
Telescópio do Polo Sul, 163
Telescópio espacial Hubble, *126*
Telescópios, resolução para aberturas circulares de, 105
Temperatura
    cósmico, 162-163
    energia de radiação emitida e, 128
    transferência de distribuição de comprimento de onda e, 128
Temperatura cósmica, 162-163
Teoria da Grande Explosão
    física de partículas e, 257-261
    história do Universo após, 258
    modelos baseados em quarks para, 126
    radiação de micro-ondas de, 32
    radiação do corpo negro consistente com, 162
Teoria das cordas, 268-**269**
Teoria de Planck, 128-133
Teoria dos metais de elétrons livres, 219
Teoria-M, **269**
Terapia de próton, 190, 192, 221
Termômetro, 131, *131*
Termômetro de ouvido, 131, *131*
Terremotos
    no Japão (Março 2011), 223
Terrenos, em discos compactos, *122*
Thomson, G. P., 142
Thomson, J. J., 167, 174
Ting, Samuel, 252
Tomografia computadorizada (CT) varredura, 192
Tomografia de emissão de pósitron (PET) varredura, 238, 262
Tomonaga, Sin Itiro, 240
Townes, Charles H., 1
Transições proibidas, **191**

Troca de partículas, **236**
Tsunami, 223
Tubos fotomultiplicadores, 137, *137*
Tunelamento através de barreira de energia potencial, 159-162, 217, *217*
TURP (Resseção Transuretral de próstata), 83

U
Uhlenbeck, George, 184-185
Unidade de massa atômica, **204**-205
Universo, história do, *258*
Universo Oscilatório, **258**

V
Valor de expansão, **152**
Valor Q das reações nucleares, **215**, 217
Válvula de grade de luz (GLV), 108, *108*
van der Meer, Simon, 241
Variedade muito grande (VLA) de telescópios de rádio, 120
Varredura nuclear de ossos, 221
Veículos. Veja também veículos de combustível alternativo
Velocidade de fase, **146**
Velocidade de grupo, **147**
Velocidade (v). Veja também Velocidade ($\vec{v}$)

Ventriculostomia de laser assistido, 83
Vetor de Poynting, 13
Vida média, de amostras radioativas, *211*, 212, 214
Videodiscos, 121
Video projeção, 108
von Laue, Max, 109

W
Weinberg, Steven, 255
Wieman, Carl, 24
Wilson, Charles, 139
Wilson, Robert, 32, 162
WIMPs (Partículas massivas de interação fraca), 265

Y
Yalow, Rosalyn, 212
Young, Thomas, 35, 93
Yukawa, Hideki, 239, 255

Z
Zweig, George, 251-252

Algumas constantes físicas

Quantidade	Símbolo	Valor[a]
Unidade de massa atômica	u	$1,660538782(83) \times 10^{-27}$ kg $931,494028(23)$ MeV/c^2
Número de Avogadro	N_A	$6,02214179(30) \times 10^{23}$ partículas/mol
Magneton de Bohr	$\mu_B = \dfrac{e\hbar}{2m_e}$	$9,27400915(23) \times 10^{-24}$ J/T
Raio de Bohr	$a_0 = \dfrac{\hbar^2}{m_e e^2 k_e}$	$5,2917720859(36) \times 10^{-11}$ m
Constante de Boltzmann	$k_B = \dfrac{R}{N_A}$	$1,3806504(24) \times 10^{-23}$ J/K
Comprimento de onda Compton	$\lambda_C = \dfrac{h}{m_e c}$	$2,4263102175(33) \times 10^{-12}$ m
Constante de Coulomb	$k_e = \dfrac{1}{4\pi\epsilon_0}$	$8,987551788\ldots \times 10^9$ N·m^2/C^2 (exato)
Massa do dêuteron	m_d	$3,34358320(17) \times 10^{-27}$ kg $2,013553212724(78)$ u
Massa do elétron	m_e	$9,10938215(45) \times 10^{-31}$ kg $5,4857990943(23) \times 10^{-4}$ u $0,510998910(13)$ MeV/c^2
Elétron-volt	eV	$1,602176487(40) \times 10^{-19}$ J
Carga elementar	e	$1,602176487(40) \times 10^{-19}$ C
Constante dos gases perfeitos	R	$8,314472(15)$ J/mol·K
Constante gravitacional	G	$6,67428(67) \times 10^{-11}$ N·m^2/kg^2
Massa do nêutron	m_n	$1,674927211(84) \times 10^{-27}$ kg $1,00866491597(43)$ u $939,565346(23)$ MeV/c^2
Magneton nuclear	$\mu_n = \dfrac{e\hbar}{2m_p}$	$5,05078324(13) \times 10^{-27}$ J/T
Permeabilidade do espaço livre	μ_0	$4\pi \times 10^{-7}$ T·m/A (exato)
Permissividade do espaço livre	$\epsilon_0 = \dfrac{1}{\mu_0 c^2}$	$8,854187817\ldots \times 10^{-12}$ C^2/N·m^2 (exato)
Constante de Planck	h	$6,62606896(33) \times 10^{-34}$ J·s
	$\hbar = \dfrac{h}{2\pi}$	$1,054571628(53) \times 10^{-34}$ J·s
Massa do próton	m_p	$1,672621637(83) \times 10^{-27}$ kg $1,00727646677(10)$ u $938,272013(23)$ MeV/c^2
Constante de Rydberg	R_H	$1,0973731568527(73) \times 10^7$ m^{-1}
Velocidade da luz no vácuo	c	$2,99792458 \times 10^8$ m/s (exato)

Observação: Essas constantes são os valores recomendados em 2006 pela CODATA com base em um ajuste dos dados de diferentes medições pelo método de mínimos quadrados. Para uma lista mais completa, consulte P. J. Mohr, B. N. Taylor e D. B. Newell, "CODATA Recommended Values of the Fundamental Physical Constants: 2006". *Rev. Mod. Fís.* **80**:2, 633-730, 2008.

[a] Os números entre parênteses nesta coluna representam incertezas nos últimos dois dígitos.

Dados do Sistema Solar

Corpo	Massa (kg)	Raio médio (m)	Período (s)	Distância média a partir do Sol (m)
Mercúrio	$3,30 \times 10^{23}$	$2,44 \times 10^{6}$	$7,60 \times 10^{6}$	$5,79 \times 10^{10}$
Vênus	$4,87 \times 10^{24}$	$6,05 \times 10^{6}$	$1,94 \times 10^{7}$	$1,08 \times 10^{11}$
Terra	$5,97 \times 10^{24}$	$6,37 \times 10^{6}$	$3,156 \times 10^{7}$	$1,496 \times 10^{11}$
Marte	$6,42 \times 10^{23}$	$3,39 \times 10^{6}$	$5,94 \times 10^{7}$	$2,28 \times 10^{11}$
Júpiter	$1,90 \times 10^{27}$	$6,99 \times 10^{7}$	$3,74 \times 10^{8}$	$7,78 \times 10^{11}$
Saturno	$5,68 \times 10^{26}$	$5,82 \times 10^{7}$	$9,29 \times 10^{8}$	$1,43 \times 10^{12}$
Urano	$8,68 \times 10^{25}$	$2,54 \times 10^{7}$	$2,65 \times 10^{9}$	$2,87 \times 10^{12}$
Netuno	$1,02 \times 10^{26}$	$2,46 \times 10^{7}$	$5,18 \times 10^{9}$	$4,50 \times 10^{12}$
Plutão[a]	$1,25 \times 10^{22}$	$1,20 \times 10^{6}$	$7,82 \times 10^{9}$	$5,91 \times 10^{12}$
Lua	$7,35 \times 10^{22}$	$1,74 \times 10^{6}$	—	—
Sol	$1,989 \times 10^{30}$	$6,96 \times 10^{8}$	—	—

[a] Em agosto de 2006, a União Astronômica Internacional adotou uma definição de planeta que separa Plutão dos outros oito planetas. Plutão agora é definido como um "planeta anão" (a exemplo do asteroide Ceres).

Dados físicos frequentemente utilizados

Distância média entre a Terra e a Lua	$3,84 \times 10^{8}$ m
Distância média entre a Terra e o Sol	$1,496 \times 10^{11}$ m
Raio médio da Terra	$6,37 \times 10^{6}$ m
Densidade do ar (20 °C e 1 atm)	$1,20$ kg/m^3
Densidade do ar (0 °C e 1 atm)	$1,29$ kg/m^3
Densidade da água (20 °C e 1 atm)	$1,00 \times 10^{3}$ kg/m^3
Aceleração da gravidade	$9,80$ m/s^2
Massa da Terra	$5,97 \times 10^{24}$ kg
Massa da Lua	$7,35 \times 10^{22}$ kg
Massa do Sol	$1,99 \times 10^{30}$ kg
Pressão atmosférica padrão	$1,013 \times 10^{5}$ Pa

Observação: Esses valores são os mesmos utilizados no texto.

Alguns prefixos para potências de dez

Potência	Prefixo	Abreviação	Potência	Prefixo	Abreviação
10^{-24}	iocto	y	10^{1}	deca	da
10^{-21}	zepto	z	10^{2}	hecto	h
10^{-18}	ato	a	10^{3}	quilo	k
10^{-15}	fento	f	10^{6}	mega	M
10^{-12}	pico	p	10^{9}	giga	G
10^{-9}	nano	n	10^{12}	tera	T
10^{-6}	micro	μ	10^{15}	peta	P
10^{-3}	mili	m	10^{18}	exa	E
10^{-2}	centi	c	10^{21}	zeta	Z
10^{-1}	deci	d	10^{24}	iota	Y

Abreviações e símbolos padrão para unidades

Símbolo	Unidade	Símbolo	Unidade
A	ampère	K	kelvin
u	unidade de massa atômica	kg	quilograma
atm	atmosfera	kmol	quilomol
Btu	unidade térmica britânica	L ou l	litro
C	coulomb	Lb	libra
°C	grau Celsius	Ly	ano-luz
cal	caloria	m	metro
d	dia	min	minuto
eV	elétron-volt	mol	mol
°F	grau Fahrenheit	N	newton
F	faraday	Pa	pascal
pé	pé	rad	radiano
G	gauss	rev	revolução
g	grama	s	segundo
H	henry	T	tesla
h	hora	V	volt
hp	cavalo de força	W	watt
Hz	hertz	Wb	weber
pol.	polegada	yr	ano
J	joule	Ω	ohm

Símbolos matemáticos usados no texto e seus significados

Símbolo	Significado
$=$	igual a
$\equiv$	definido como
$\neq$	não é igual a
$\propto$	proporcional a
$\sim$	da ordem de
$>$	maior que
$<$	menor que
$>>(<<)$	muito maior (menor) que
$\approx$	aproximadamente igual a
Δx	variação em x
$\sum_{i=1}^{N} x_i$	soma de todas as quantidades x_i de $i=1$ para $i=N$
$\|x\|$	valor absoluto de x (sempre uma quantidade não negativa)
$\Delta x \to 0$	Δx se aproxima de zero
$\dfrac{dx}{dt}$	derivada x em relação a t
$\dfrac{\partial x}{\partial t}$	derivada parcial de x em relação a t
$\int$	integral

Conversões

Comprimento
1 pol. = 2,54 cm (exatamente)
1 m = 39,37 pol. = 3,281 pé
1 pé = 0,3048 m
12 pol = 1 pé
3 pé = 1 jarda
1 jarda = 0,914.4 m
1 km = 0,621 milha
1 milha = 1,609 km
1 milha = 5.280 pés
1 μm = 10^{-6} m = 10^3 nm
1 ano-luz = $9,461 \times 10^{15}$ m

Área
1 m^2 = 10^4 cm^2 = 10,76 pé^2
1 pé^2 = 0,0929 m^2 = 144 pol^2
1 pol.^{2} = 6,452 cm^2

Volume
1 m^3 = 10^6 cm^3 = $6,102 \times 10^4$ pol^3
1 pé^3 = 1.728 pol^3 = $2,83 \times 10^{-2}$ m^3
1 L = 1.000 cm^3 = 1,057.6 quart = 0,0353 pé^3
1 pé^3 = 7,481 gal = 28,32 L = $2,832 \times 10^{-2}$ m^3
1 gal = 3,786 L = 231 pol^3

Massa
1.000 kg = 1 t (tonelada métrica)
1 slug = 14,59 kg
1 u = $1,66 \times 10^{-27}$ kg = 931,5 MeV/c^2

Força
1 N = 0,2248 lb
1 lb = 4,448 N

Velocidade
1 mi/h = 1,47 pé/s = 0,447 m/s = 1,61 km/h
1 m/s = 100 cm/s = 3,281 pé/s
1 mi/min = 60 mi/h = 88 pé/s

Aceleração
1 m/s^2 = 3,28 pé/s^2 = 100 cm/s^2
1 pé/s^2 = 0,3048 m/s^2 = 30,48 cm/s^2

Pressão
1 bar = 10^5 N/m^2 = 14,50 lb/pol^2
1 atm = 760 mm Hg = 76,0 cm Hg
1 atm = 14,7 lb/pol^2 = $1,013 \times 10^5$ N/m^2
1 Pa = 1 N/m^2 = $1,45 \times 10^{-4}$ lb/pol^2

Tempo
1 ano = 365 dias = $3,16 \times 10^7$ s
1 dia = 24 h = $1,44 \times 10^3$ min = $8,64 \times 10^4$ s

Energia
1 J = 0,738 pé · lb
1 cal = 4,186 J
1 Btu = 252 cal = $1,054 \times 10^3$ J
1 eV = $1,602 \times 10^{-19}$ J
1 kWh = $3,60 \times 10^6$ J

Potência
1 hp = 550 pé · lb/s = 0,746 kW
1 W = 1 J/s = 0,738 pé · lb/s
1 Btu/h = 0,293 W

Algumas aproximações úteis para problemas de estimação

1 m $\approx$ 1 jarda
1 kg $\approx$ 2 libra
1 N $\approx$ $\frac{1}{4}$ libra
1 L $\approx$ $\frac{1}{4}$ gal

1 m/s $\approx$ 2 mi/h
1 ano $\approx$ $\pi \chi \, 10^7$ s
60 mi/h $\approx$ 100 pé/s
1 km $\approx$ $\frac{1}{2}$ mi

Obs.: Veja a Tabela A.1 do Apêndice A para uma lista mais completa.

O alfabeto grego

Alfa	A	α	Iota	I	ι	Rô	P	ρ
Beta	B	β	Capa	K	κ	Sigma	Σ	σ
Gama	Γ	γ	Lambda	Λ	λ	Tau	T	τ
Delta	Δ	δ	Mu	M	μ	Upsilon	Υ	υ
Épsilon	E	ϵ	Nu	N	ν	Fi	Φ	φ
Zeta	Z	ζ	Csi	Ξ	ξ	Chi	X	χ
Eta	H	η	Omicron	O	o	Psi	Ψ	ψ
Teta	Θ	θ	Pi	Π	π	Ômega	Ω	ω

Cartela Pedagógica

Mecânica e Termodinâmica

Vetores deslocamento e posição	→	Vetores momento linear ($\vec{p}$) e angular ($\vec{L}$)	→
Componente de vetores deslocamento e posição	→	Componente de vetores momento linear e angular	→
Vetores velocidade linear ($\vec{v}$) e angular ($\vec{\omega}$)	→	Vetores torque $\vec{\tau}$	→
Componente de vetores velocidade	→	Componente de vetores torque	→
Vetores força ($\vec{F}$)	→	Direção esquemática de movimento linear ou rotacional	↷
Componente de vetores força	→		
Vetores aceleração ($\vec{a}$)	→	Seta dimensional de rotação	↻
Componente de vetores aceleração	→		
Setas de transferência de energia	W_{maq}, Q_f, Q_q	Seta de alargamento	↷
		Molas	⌇⌇⌇
		Polias	
Seta de processo	⇒		

Eletricidade e Magnetismo

Campos elétricos	→	Capacitores	⊣⊢
Vetores campo elétrico	→		
Componentes de vetores campo elétrico	→	Indutores (bobinas)	⌇⌇⌇
Campos magnéticos	→	Voltímetros	—(V)—
Vetores campo magnético	→		
Componentes de vetores campo magnético	→	Amperímetros	—(A)—
Cargas positivas	⊕	Fontes AC	—(∿)—
Cargas negativas	⊖	Lâmpadas	
Resistores	—/\/\/—	Símbolo de terra	⏚
Baterias e outras fontes de alimentação DC	⊣⊢	Corrente	→
Interruptores	—/ o—		

Luz e Óptica

Raio de luz	→	Espelho	
Raio de luz focado	→	Espelho curvo	
Raio de luz central	→	Corpos	↑
Lente convexa			
Lente côncava		Imagens	↑

Este livro foi impresso na
LIS GRÁFICA E EDITORA LTDA.
Rua Felício Antônio Alves, 370 – Bonsucesso
CEP 07175-450 – Guarulhos – SP
Fone: (11) 3382-0777 – Fax: (11) 3382-0778
lisgrafica@lisgrafica.com.br – www.lisgrafica.com.br